移动开发经典丛书

Android 6 开发秘籍

(第 5 版)

[美] Joseph Annuzzi, Jr.
Lauren Darcey
Shane Conder 著

郭华丰 刘杰 周云龙 译

清华大学出版社

北 京

图书在版编目(CIP)数据

Android 6 开发秘籍(第 5 版) / (美) 小约瑟夫·安妮兹 (Joseph Annuzzi) 等著；郭华丰，刘杰，周云龙译. —北京：清华大学出版社，2017

(移动开发经典丛书)

书名原文：Introduction to Android Application Development: Android Essentials (Fifth Edition)

ISBN 978-7-302-45581-3

Ⅰ. ①A… Ⅱ. ①小… ②郭… ③刘… ④周… Ⅲ. ①移动终端—应用程序—程序设计 Ⅳ. ①TN929.53

中国版本图书馆 CIP 数据核字(2016)第 272983 号

责任编辑：王　军　韩宏志
装帧设计：牛艳敏
责任校对：成凤进
责任印制：刘海龙

出版发行：清华大学出版社
网　　址：http://www.tup.com.cn，http://www.wqbook.com
地　　址：北京清华大学学研大厦 A 座　　**邮　　编**：100084
社 总 机：010-62770175　　**邮　　购**：010-62786544
投稿与读者服务：010-62776969，c-service@tup.tsinghua.edu.cn
质 量 反 馈：010-62772015，zhiliang@tup.tsinghua.edu.cn
印 装 者：清华大学印刷厂
经　　销：全国新华书店
开　　本：185mm×260mm　　**印　　张**：37　　**字　　数**：900 千字
版　　次：2017 年 1 月第 1 版　　**印　　次**：2017 年 1 月第 1 次印刷
印　　数：1~3000
定　　价：98.00 元

产品编号：069240-01

译 者 序

Google 公司于 2007 年推出了 Android 操作系统，距今已近十年。无论是青春年少的发烧友、年富力强的中年人还是白发苍苍的老人，都已经用上安装 Android 系统的设备。Android 系统从最早的 Android 手机渗透到一般家庭的智能化电视机，与我们的日常生活息息相关。与生俱来的开源基因、基于 Linux、采用 Java 编程语言，这些都促进了 Android 平台的蓬勃发展。

国内越来越多的开发者加入 Android 阵营，有的是因为兴趣爱好，有的为追求高薪。无论出于哪种动机，手中都需要一本详尽的中文指导书籍。在目前市面上，有关 Android 领域的书籍有介绍性能优化的，有介绍逆向破解的；而本书将带你构建健壮的商业级 Android 应用，全书内容丰富，通俗易懂，涵盖开始为现代 Android 设备开发专业应用的所有知识。不论你是 Android 开发新手，还是经验丰富的开发者，或是项目管理人员，本书都能给你带去一些有价值的信息！原书的三位作者都有十年以上移动端开发经历，有丰富的软件开发流程和测试经验。

本书共分六部分；第 I 部分简要介绍 Android 系统，阐述 Android 与其他系统的不同之处，讲解 Android 开发环境和工具的安装使用；带你开发首个应用，并在模拟器和真机上测试。第 II 部分介绍 Android 核心用户界面元素和控件，学习 Android 应用的结构。第III部分阐述 Android 设计准则，你可以学习到最新的材质设计、样式及应用中常用的设计模式。第Ⅳ部分讨论 Android 更高级的功能，如文件存储、使用 preferences 存储应用数据以及内容提供者等。第 V 部分完整介绍移动开发流程，针对项目管理者和用户界面设计人员提出了很多建议和技巧。第Ⅵ部分涵盖许多非常有用的附加信息，包括 Android Studio 开发工具的提示、模拟器、设备监视器以及 Gradle。

这里要特别感谢清华大学出版社的编辑，他们为本书的翻译投入了巨大的热情并付出了很多心血。没有他们的帮助和鼓励，本书不可能顺利付梓。

在翻译本书时，我们尽量保持原文的原汁原味。但就如同开发程序，bug 是难免的。限于个人水平，希望大家能指出翻译中的错误和失误。有任何意见和建议，请及时联系我们。本书全部章节由郭华丰、刘杰和周云龙合作翻译，参与翻译的还有曾光辉、丁群、王键尉、刘福昌、邓微、李鑫钊、何志盛、伍坚强、陈川川、唐龙、陈志杰、周智、周云辉、陈细都、李嘉俊、陈志雁、韦静，在此一并谢过。

作者简介

Joseph Annuzzi, Jr.是一名自由软件开发人员、艺术家、企业家、作家。他是以下方面的专家：Android平台，最前沿的HTML5技术，各种云技术，各种不同的编程语言，灵活掌握多种框架，集成各种 API，端对端技术，密码学，生物识别，以及创建卓越的3D渲染器。他是Internet和移动技术的前瞻者。他毕业于加州大学戴维斯分校的管理经济学专业，获学士学位，辅修计算机科学，并经常住在硅谷。

除了技术领域的成就外，他还曾经被媒体发现与国际影星共同在BlackSea沙滩上晒日光浴；他曾在冬天徒步穿越巴伐利亚森林；曾沉浸于意大利地中海文化；同时也亲身经历过发生在东欧的某ATM机(刚好是他乘坐的出租车下车地点)暴力犯罪事件。他的生活健康阳光，他设计出了独特的减肥方式来保持身材，并且很喜欢他的小猎犬Cleopatra。

Lauren Darcey 领导一家专门从事移动技术的小型软件公司，该公司主要从事Android 和 iOS 开发，同时提供咨询服务。Lauren 在软件开发领域有超过二十年的专业经验，并且是应用程序架构和商业级移动应用开发方面公认的权威。Lauren 毕业于加州大学圣克鲁斯分校的计算机科学专业，获学士学位。

她利用大量的空余时间与痴迷于移动开发的丈夫和女儿一起环游世界。她还喜欢拍摄自然风景。她的工作成果曾经见诸于世界的各类书报中。在南非，她和一条4 米长的大白鲨一起潜入水中；也曾被困在一群发疯的河马和大象之间。她在日本被猴子攻击过；也曾在肯尼亚因两只饥饿的狮子而被困山谷；在埃及差点渴死；在瑞士的阿尔卑斯山记录下她的行程；在德国啤酒城一路买醉；睡在欧洲的摇摇欲坠的城堡中；在冰岛曾把舌头粘在冰山之中(并被一群野生驯鹿看到了)。最近，可以发现她沿阿巴拉契亚徒步旅行，用Google Glass跟踪记录与她女儿的旅程。

Shane Conder 有非常丰富的应用开发经验，并且在过去十多年中一直专注于移动开发和嵌入式开发。他设计并研发了许多商业级应用，目标平台包括 Android、iOS、BREW、BlackBerry、J2ME、Palm 和 Windows Mobile——其中有一些应用已经安装在世界各地数百万台手机中。Shane 在他的技术博客中撰写了大量关于移动领域和开发平台趋势方面的文章，并在博客圈中“家喻户晓”。他本科毕业于加州大学圣克鲁斯分校的计算机科学专业，获学士学位。

自称设计狂人的 Shane 总是拥有最新潮的智能手机、平板电脑或可穿戴设备。他也很享受与其妻子一起畅游世界，即使妻子曾强迫他与 4 米长的大白鲨一起深潜，也曾使他在肯尼亚差点被狮子吃掉。他承认自己一定携带最少两部手机——即使当前没有网络信号覆盖。他喜欢收集电子产品，智能手表也多得戴不过来。还好女儿愿意戴着玩。没办法，工程师的女儿就要更多地接触跟工程师的工作有关的东西。

致　　谢

本书得以顺利出版归功于很多人士在多方面的努力：包括 Pearson Education (Addison-Wesley)团队、技术审校者的专业建议，以及来自家庭、朋友、同事和其他人士的支持和鼓励。同时感谢 Android 开发人员社区、Google 和 Android 开源项目组织的远见和专业态度。特别感谢 Mark Taub 对这个版本的信任；感谢 Laura Lewin 在本书背后所做的强有力支持——没有她，本书就不会成为现实；感谢 Olivia Basegio 对本书参与者的精密分工和策划；感谢 Songlin Qiu 无数次的审校，以使本书得以顺利出版；还有技术审校者：Ray Rischpater 给出了很多有益的建议，Doug Jones 对细节部分提供了不少改进意见；Valerie Shipbaugh 提供了有关需要迫切澄清的提示(还有 Mike Wallace、Mark Gjoel、Dan Galpin、Tony Hillerson、Ronan Schwarz 和 Charles Stearns，他们审校了以前的版本)。Dan Galpin 为本书以前的版本提供了“提示”、“注意”和“警告”的清晰图片。Amy Badger 给出了瀑布式的完美描述图。最后，要感谢 Hans Bodlaender，他允许我们使用他在业余时间开发的有趣字体。

前　言

Android 是风靡于全球、自由且开源的移动平台，已经迅速占领移动开发市场。本书为软件开发小组提供了很多专业指导，包括如何设计、开发、测试、调试和发布专业的 Android 应用。如果你是一位经验丰富的移动开发人员，可能会关注于简化开发流程的提示和技巧，并充分利用 Android 的特性。如果你是移动开发新手，那么本书也同样可以帮助你顺利地从传统软件领域过渡到移动开发——确切地说，就是最有前途的 Android 平台。

本书读者对象

本书包含多年来从移动领域成功项目中总结出来的技巧，也提供开发人员从项目设想到最终实现所需知道的一系列知识。书中涵盖了移动端软件开发流程与传统软件开发流程的区别，以及一些可以帮助节省宝贵时间、发现和解决避免陷阱的实用技巧。不论项目规模有多大，本书都适用。

本书读者对象包括：

- **有志于开发专业 Android 应用的工程师**。本书大部分内容都适用于那些有 Java 经验，但不一定做过移动端开发的软件人员。对于经验更丰富的移动开发人员，他们也能从本书中学到如何充分利用 Android 系统的优势，并了解 Android 系统和当今市面上流行的其他移动平台的本质区别。
- **有志于测试 Android 应用的 QA 人员**。无论他们面对的是黑盒还是白盒测试，QA 人员都会觉得本书很有价值。我们专门占用几个章节来分析 QA 人员所关心的问题，包括如何制定可靠的测试计划、移动端的问题追踪系统、如何管理手机，以及如何利用 Android 提供的可用工具来彻底测试应用等。
- **有志于规划和管理 Android 开发团队的项目经理**。项目经理们在整个项目流程中，都可借助本书来制定计划、招聘人员，以及运作 Android 项目。我们会讨论项目的风险管理，以及如何让 Android 项目的运作更加顺畅。
- **其他读者**。本书除了适用于软件开发人员外，也适用于那些想在垂直市场应用领域掘金，或者是想规划很优秀的手机应用的人，抑或是单纯只想在自己手机上找点乐子的业余爱好者。甚至是想评估 Android 是否符合它们需求(包括可行性分析)的商人们，也会在本书中找到一些有价值的信息。任何对移动应用有好想法，或者是自己有 Android 设备的人，都可以从中获益，无论他们是为了赚钱，还是兴趣使然。

本书所要阐述的一些关键问题

本书为读者解答了如下疑问：

(1) Android 是什么？各个 SDK 版本有何不同？

(2) Android 和其他移动技术有什么区别，开发人员又该如何利用这些差异？

(3) 开发人员如何使用 Android Studio 和 Android SDK 工具，在模拟器或真实设备上开发和调试 Android 应用？

(4) Android 应用是如何组织的？

(5) 开发人员如何设计出可靠的移动端用户界面——特别是针对 Android 系统的界面？

(6) Android SDK 有哪些功能？开发人员又该如何正确地使用它们？

(7) 什么是材质设计(Material Design)，为什么它很重要？

(8) 移动端开发流程和传统桌面型应用的开发流程有何区别？

(9) 针对 Android 开发的最好策略是什么？

(10) 经理、开发人员或测试人员在规划、开发和测试移动应用时，应该关注哪些方面？

(11) 移动团队如何开发出优质的 Android 应用？

(12) 移动团队如何对 Android 应用打包以便部署？

(13) 移动团队如何从 Android 应用获利？

(14) 最后，作者在本次改版中添加了哪些新内容？

本书的编排结构

本书的侧重点在于 Android 开发过程中的一些精华部分，包括设置开发环境、理解应用的生命周期、用户界面设计、面向多种不同类型的设备进行开发，以及设计、开发、测试和发布商业级应用的整个软件流程。

本书分为 6 大部分。下面是对各部分的概述：

- **第 I 部分：Android 平台概述**

  第 I 部分介绍 Android 入门知识，阐述了它与其他移动平台的区别。你会逐渐熟悉 Android 的 SDK 工具，安装开发平台，以及编写和运行第一个 Android 应用——在模拟器上和在真机上。很多开发人员和测试人员(特别是白盒测试人员)对这一部分应该会尤其感兴趣。

- **第 II 部分：应用基础**

  第 II 部分介绍编写 Android 应用的一些设计原则。将介绍 Android 应用的结构，以及如何在项目中导入资源，例如字符串、图像和用户界面元素等。了解 Android 中的核心用户界面元素 View。还将介绍 Android SDK 提供的很多常用的用户界面控件和布局。开发人员对这一部分应该会感兴趣。

- **第Ⅲ部分：应用设计基础**
  第Ⅲ部分深入研究如何在 Android 中设计应用。将介绍材质设计、样式和应用中常用的设计模式。还将介绍如何设计和规划应用。开发人员对这一部分应该会感兴趣。
- **第Ⅳ部分：应用开发基础**
  第Ⅳ部分讨论大多数 Android 应用会用到的特性，包括使用 preferences 来存储应用数据；如何使用文件、文件夹、SQLite 和内容提供者(content provider)。开发人员对这一部分应该会感兴趣。
- **第Ⅴ部分：应用交付基础**
  第Ⅴ部分讨论完整的移动端软件开发流程，为项目管理人员、软件开发人员、用户界面设计人员及 QA 人员提供了很多建议和技巧。
- **第Ⅵ部分：附录**
  第Ⅵ部分包括了很多有用的附录信息，帮助你运行和使用重要的 Android 工具。本部分包括了 Android Studio 开发工具的提示和技巧，对 Android SDK 开发工具的概述，三个有用的 Android 开发工具快速入门指南——模拟器、Device Monitor 和 Gradle，以及每章最后的测试题的答案。

本次改版所做的修改

当我们开始撰写本书第 1 版时，市面上还没有 Android 设备。现如今全球已经有数以亿计的 Android 设备了(与数千种不同的设备型号)——手机、平板电脑、电子书阅读器、智能手表以及一些有特色的设备，例如游戏主机、电视和谷歌眼镜。另外，其他一些设备，诸如 Google Chromecast 之类的设备还可以让 Android 设备和电视实现屏幕共享。

与本书第 1 版出版时的 Android 平台相比，Android 平台已经发生了非常大的变化。Android SDK 有很多新的特性，开发工具也有不少必需的升级。Android 系统作为一种科技平台，已然是移动市场领域的王者。

在这一版本中，我们借此机会加入了丰富的信息。但不用担心，读者仍然会像前几个版本一样喜爱这个最新版本；只是现在它更强大，覆盖面更广，还加入了不少最佳实践建议。除新增了文字内容外，还对所有现存的内容(文本和范例代码)进行了升级，并且使用了最新的 Android SDK(当然，它们是向后兼容的)。我们提供了测试题来帮助读者确认是否已经很好地掌握了每章的学习重点；我们还在章节末尾添加了练习题，让读者可以更深入地理解 Android 系统。有各种不同的 Android 开发社区，而我们的目标就是面向所有的开发人员——不管他们的目标设备是什么。这其中也包括了那些希望为几乎所有平台提供服务的开发人员。因而一些老式 SDK 的关键部分在本书中仍然被保留下来——它们通常是考虑兼容性时最合理的选择。

在这一版本中，我们做了如下改进和升级：

- 整本书已经升级为最新的 Android Studio IDE。本书以前的版本包含了 Eclipse IDE。所有的内容、图像和代码示例已经根据 Android Studio 做了更新。此外，还包含了最新和最优秀的 Android 工具和实用程序。
- “定义清单文件”一章覆盖了新的 Android 6.0 Marshmallow(棉花糖，API 级别 23)权限模式，并提供了展示新权限模式的示例代码。
- 增加了全新的一章“材质设计”，演示了开发人员如何将常见的材质设计功能集成到应用中，并提供了示例代码。
- 增加了全新的一章“使用样式”，介绍如何更好地组织样式和重用常用 UI 组件，以便优化显示渲染，并提供了示例代码。
- 增加了全新的一章“架构设计模式”，包含了应用架构的各种设计模式的内容，并提供了示例代码。
- 增加了全新的一章“使用 SQLite 保存数据”包含了使用数据库持久化应用数据的内容，并提供了示例代码。
- 包含了使用 Android Studio 的提示和技巧的一个附录。
- 包含了 Gradle 构建系统的一个附录，以帮助了解 Gradle 是什么，以及为什么它很重要。
- AdvancedLayouts 示例代码已被更新，GridView 和 ListView 组件将分别使用 Fragment 类和 ListFragment 类。
- 一些示例代码，包括使用了新 Toolbar 的 ActionBar 示例，并使用支持库，以便兼容运行老版本 API 的设备。必要时，更新应用清单文件以便支持父-子 Activity 关系，从而支持向上导航。
- 许多示例代码使用了 AppCompatActivity 类和 appcompat-v7 支持库。
- 所有章节和附录现在都有小测试和练习题，以便读者可以评估学习成果。
- 所有章节都已更新，通常还伴随着一些全新的章节。
- 所有的示例代码和相应的应用都已升级，以保证可在最新 SDK 中运行。

如你所见，本书涵盖与 Android 相关的所有最热门的、最令人兴奋的特性。我们重新评估现有章节，更新内容，同时也添加了一些新章节。最后，还包含了很多附加的内容、声明，以及针对各位读者的回馈所做的修正。谢谢你们！

本书所用的开发环境

本书中的 Android 代码是在以下开发环境中编写的：

- Windows 7、8 和 Mac OS X 10.9
- Android Studio 1.3.2

- Android SDK API Level 23 (在本书中为 Android Marshmallow)
- Android SDK Tools 24.3.4
- Android SDK Platform Tools 23.0.0
- Android SDK Build Tools 23.0.0
- Android Support Repository 17(在适当时使用)
- Java SE Development Kit (JDK) 7 Update 55
- Android 设备：Nexus 4、5 和 6(手机)，Nexus 7(第一代和第二代 7 英寸平板电脑)，Nexus 9 和 10 (大尺寸平板电脑)，以及其他各式流行设备。

Android 在与其他移动平台(例如，Apple iOS、Windows Phone 和 Blackberry OS)的竞争中，仍然保持高速增长。不断有各种令人兴奋的 Android 新设备涌现。开发人员已经把 Android 列为用户今后一段时间的选择重点。

Android 最近的一次平台重大升级是 Android Marshmallow，它带来许多新功能。本书涵盖最新的 SDK 和可用工具。本书旨在帮助开发人员支持市面上所有流行的设备，而不仅仅是一部分特殊机器。在本书撰写阶段，大概有 9.7%的用户的设备运行着 Android Lollipop 5.0 或 5.1，而 Android Marshmallow 尚未在实际设备上发布。当然，有些设备将通过在线方式进行升级，有些用户将会购买新的 Lollipop 和 Marshmallow 设备。但对于开发人员而言，他们要面对的是各种不同版本的 Android 平台，以便能覆盖到这一领域的大部分设备。另外, Android 的下一个版本很可能在近期发布。

那么这些对本书意味着什么呢？这意味着我们既要提供对以前 API 的支持，也要讨论 Android SDK 中出现的那些新 API。我们从兼容性角度讨论了支持所有(至少是大部分)用户设备所需要采用的策略。我们提供了截屏图片来重点突出不同版本的 Android SDK 的差异，因为任何大的版本升级在 UI 外观上都会体现出来。换句话说，我们假设你正在下载最新的 Android 工具，所以提供了撰写本书时的屏幕截图和操作步骤。这是我们在对本书内容进行取舍时设定的界线。

附加的可用资源

本书示例的源代码可从 https://github.com/lambo4jos/introToAndroid5e 下载；也可从本书的官网下载，网址为 http://introductiontoandroid.blogspot.com/2015/08/5th-edition-book-code-samples.html。代码示例以章节进行组织，并以 zip 格式进行下载，或者使用 Git 的命令行进行访问。也可以在本书的官网中找到其他的 Android 讨论话题(http://introductiontoandroid.blogspot.com)。

另外，也可访问 www.tupwk.com.cn/downpage，输入中文书名或中文 ISBN，下载源代码。或者扫描本书封底的二维码，下载相关资料。

本书的编写约定

本书使用了如下约定：

- 代码是以等宽字体格式提供的。
- Java 的 import 语句、异常处理，以及错误检测通常会从书稿中移除，以便代码清晰，并将篇幅控制在合理范围之内。

本书也以如下几种形式提供了相关信息：

提示
提供有用的信息或有关当前文本的提示。

注意
提供额外的、可能很有趣的相关信息。

警告
提供一些可能遇到的陷阱，以及规避它们的实用建议。

更多支持信息

可在网上找到各种充满活力且有用的 Android 开发人员社区——其中包含了很多对 Android 开发人员和移动领域研究人员有价值的内容：

- Android Developer 官网以及 Android SDK 和开发人员参考资料网站：
  http://d.android.com/index.html 和 http://d.android.com
- Google Plus: Android Developers Group：
  https://plus.google.com/+AndroidDevelopers/posts
- YouTube: Android Developer 和 Google Design：
  https://www.youtube.com/user/androiddevelopers
  https://www.youtube.com/channel/UClKO7be7O9cUGL94PHnAeOA
- Google Material Design：
  https://www.google.com/design/spec/material-design/introduction.html

- Stack Overflow，其中包含众多 Android 方面的技术信息(完整的标记)，以及官方的支持论坛：
  http://stackoverflow.com/questions/tagged/android
- Android Open Source Project：
  https://source.android.com/index.html
- Open Handset Alliance，面向 Android 生产商、运营商和开发人员：
  http://openhandsetalliance.com
- Google Play，可供购买和销售 Android 应用：
  https://play.google.com/store
- tuts+的 Android 开发指南：
  http://code.tutsplus.com/categories/android
- Google Sample Apps，包含托管在 GitHub 上的开源 Android 应用：
  https://github.com/googlesamples
- Android 工具项目站点，工具团队在此讨论升级和修改：
  https://sites.google.com/a/android.com/tools/recent
- FierceDeveloper 是针对无线开发人员的每周快报：
  http://fiercedeveloper.com
- XDA-Developers 上的 Android 论坛：
  http://forum.xda-developers.com/android
- Developer.com 提供了面向移动开发人员的一系列文章：
  http://developer.com

联系作者

我们欢迎各位读者对本书做出评论、提出问题以及给出反馈。我们邀请你访问我们的博客，网址如下：

- http://introductiontoandroid.blogspot.com

或者给我们发 e-mail：

- introtoandroid5e@gmail.com

也可在 LinkedIn 上找到 Joseph Annuzzi：

- Joseph Annuzzi, Jr: https://www.linkedin.com/in/josephannuzzi

也可在 Google +中找到 Joseph Annuzzi：

- Joseph Annuzzi, Jr: http://goo.gl/FBQeL

目　　录

第Ⅲ部分 应用设计基础

第Ⅳ部分　应用开发基础

第Ⅵ部分 附录

第 I 部分

Android 平台概述

第 1 章

Android 概述

在移动开发社区的帮助与支持下，Android 操作系统已经成为移动操作系统中的全球领先者。移动设备用户已经显示出对 Android 的喜爱。开发 Android 应用是将移动用户作为目标并想留住用户的商业公司的一个主要方向。手机制造商和移动运营商已经在 Android 上投入巨资，用于给用户创造一种独特的体验。企业家和初创企业正努力为其服务提供 Android 应用的用户体验，这是在其他移动平台或其他平台(如桌面)上所见不到的情景。此外，新设备不断涌现，设备的创造者为这些设备采用 Android 操作系统充分支持。

在移动开发社区，Android 已逐渐成为一个改变游戏规则的平台。Android 是一个创新和开放的平台，随着持续扩展到手机和平板电脑之外的新型设备，以及向其他领域的进一步渗透，Android 正在满足不断增长的市场需求。本章将介绍 Android 是什么，该平台如何融入已建立的移动市场，以及该平台的运作方式。

1.1 Android 开源项目(AOSP)

Android 开源项目(Android Open Source Project，AOSP)由 Google 主导，旨在使 Android 操作系统的源代码可供所有人阅读、审查并可根据自己的喜好进行修改。只要愿意，也可以贡献自定义的代码供其他人使用。AOSP 的主要目标是提供一套相容性指导方针，以便 OEM 和设备制造商将 Android 移植到定制设备以及构建符合 Android 开放配件标准的附件，使 OEM 厂商和制造商能够提供标准体验。

虽然任何人都可以自由地创建 Android 操作系统的源代码分支，但是保持 OS 体验的一致性对 Android 生态系统非常重要，因为对体验进行根本性的改变将在市场上引入分裂，以及与 Android 分发形成竞争。要了解更多关于 AOSP 和审查 OS 源代码的信息，请参阅 https://source.android.com/index.html。

1.2 开放手机联盟

Google 一直致力于宣传它的愿景、品牌，推广它的搜索和创收平台以及针对移动市场的开发工具套件。Google 公司的商业模式已经在互联网上取得了巨大成功。从技术角度看，移动市场并没有什么不同。

1.2.1 Google 进入移动市场

Google 最初进入移动市场遇到了所能想象的所有问题。互联网用户享受的自由与使用旧式手机的用户完全不同，因为那时的移动操作系统是封闭的生态系统——不像 Android 是开放源代码的——所以能为这些处于封闭状态的手机操作系统开发应用的开发人员仅限于少数。

互联网用户可以选择一系列不同的电脑品牌、操作系统、互联网服务提供商和网络浏览器。几乎所有 Google 服务都是免费的，是由广告驱动的。Google 创建了许多应用，并直接与这些封闭生态系统的移动操作系统上可用的应用进行竞争。这些应用的范围从简单的日历和计算器到 Google 导航地图，更不用说其他服务，如 Gmail 和 YouTube。

然而，这种做法并没有产生预期的效果，Google 决定采用不同的方式：改造整个移动应用开发的基础系统，希望可以为用户和开发人员提供一个更开放的环境——互联网模式。互联网模式允许用户在免费软件、共享软件和付费软件之间选择，这允许不同服务之间的自由市场竞争。

到今天，Google 对 Android 的巨大投入已经成为人们关注的焦点。Google 的搜索引擎算法已被修改，从而对不兼容移动系统的网站实施惩罚。移动搜索的流量已经超过台式机搜索的流量，并且这还会持续增长。Google 移动至上的理念绝对非常重要。

1.2.2 开放手机联盟介绍

凭借以用户为中心、民主的设计理念，Google 将现存的、壁垒森严的移动市场转变为手机用户可以在不同运营商之间轻松切换，可以无限制地运行应用和服务的市场。凭借庞大的资源，Google 已经采取广泛的方法，研究移动市场的整个基础架构——从 FCC 的无线频谱政策，乃至手机制造商的需求、应用开发人员的需求以及移动运营商的期望。

多年前，Google 加入了具有相同理念的移动社区，并提出如下问题：如何制造更好的手机？开放手机联盟(Open Handset Alliance，OHA)这个成立于 2007 年 11 月的组织回答了这个问题。开发手机联盟是由这个星球上许多规模最大、最成功的手机厂商组成的联盟。它的成员包括芯片厂商、手机制造商、软件开发商和服务提供商。它们很好地代表了整个移动供应链。

Andy Rubin 被称为 Android 平台之父。他的公司 Android.Inc 于 2005 年被 Google 收购。OHA 成员(包括 Google)开始开发一个基于 Android.Inc 技术的开发式标准平台，旨在缓解阻碍移动社区的上述问题。这就产生了 Android 项目。

Google 在 Android 项目中的参与是如此广泛，以至于谁是 Android 平台的主导(OHA 还是 Google)并不清晰。Google 提供了 Android 开源项目的早期代码，并提供了在线 Android 文档、工具、论坛和软件开发工具包(Software Development Kit，SDK)，供开发人员使用。最重要的 Android 新闻来自 Google。Google 还举办了多项会议(Google I/O、全球移动通信大会和 CTIA 无线通信展览会)。一系列的竞赛用于鼓励开发人员编写 Android 平台的杀手级应用，优胜者可获取数百万美元的奖励。Google 不仅是组织者，更是平台后面的驱动力。

1.2.3 加入开放手机联盟

AOSP 提供了 Android 操作系统的完整源代码，以及为满足设备兼容性需求的指南，但这不包括许多 Google 私有应用套件的源代码。加入开放手机联盟的好处包括授予 Google 移动服务(Google Mobile Services，GMS)许可的能力，这包括 Google 私有的应用，如 Google Play、YouTube、Google 地图、Gmail 和其他许多 Google 自有品牌的应用和服务。GMS 不包括在 AOSP 中，必须从 Google 直接授权。成为 OHA 的成员，还可将 GMS 捆绑到 Android 兼容的设备。

1.2.4 制造商：设计 Android 设备

开发手机联盟里有一半的成员是设备制造商，例如 Samsung、Motorola、Dell、Sony Ericsson、HTC 和 LG，以及半导体公司，例如 Intel、Texas Instruments、ARM、NVIDIA 和 Qualcomm。

第一部搭载 Android 的手机 T-Mobile G1 由手机制造商 HTC 开发，由移动运营商 T-Mobile 提供服务，发布于 2008 年 10 月。许多其他的 Android 手机则于 2009 年和 2010 年早期发布。Android 平台发展势头迅猛，到了 2010 年第 4 季度，Android 开始统治智能手机市场，逐步取代了其他竞争的手机平台，例如 RIM 的黑莓、苹果公司的 iOS 以及 Windows Mobile。

Google 通常在每年的 Google I/O 会议和重要会议上宣布 Android 平台的统计数据，例如财务收入。到 2015 年 5 月，Android 设备销售到的国家和地区已超过 130 个，在过去 12 个月里，Google Play 有超过十亿的活跃用户，500 亿个应用被下载和安装。制造商和运营商支持的优势显得卓有成效。

制造商不断创造新一代的 Android 设备——从手机和配备高清显示器的平板电脑，到提高移动体验或管理健康水平的手表，再到专用的电子书阅读器，到全功能的电视机、上网本、与汽车集成，以及你能想象到的几乎其他所有“智能”设备。

1.2.5 移动运营商：提供 Android 体验

设备开发出来后，必须交付给用户使用。包括北美、南美和中美洲，以及欧洲、亚洲、印度、澳大利亚、非洲和中东地区的移动运营商都加入了 OHA，从而确保了 Android 的全球市场地位。拥有近 10 亿用户的电信巨头——中国移动也是联盟的创始成员之一。

大部分 Android 设备的成功往往基于以下事实：许多 Android 设备不需要和传统手机一样加上价签——不少手机由运营商提供免费激活；而竞争对手，如苹果公司的 iPhone 则受困于无法在低端市场提供有竞争力的产品。这是第一次，一个普通人可以负担得起全功能的智能手机。我们听说过很多人，从待业人员到杂货店的店员，说到他们的生活在收到第一部 Android 手机后变得更好了，而这种现象只会日益提升 Android 的霸主地位。

制造厂商为 Android 的增长做出了巨大贡献。2015 年 7 月，据 IDC 公司统计(http://www.idc.com/getdocjsp?containerId= prUS25804315)，2015 年第二季度，三星全球出货量 7320 万部智能手机，这些设备的大部分最有可能搭载的是 Android 系统。

Google 还创建了自己的 Android 品牌，称为 Nexus。现在的 Nexus 产品线有 6 款设备，分别是 Nexus 4、5、6、7、9 和 10，每款设备分别由手机制造商合作伙伴 LG(4、5)、摩托罗拉(6)、华硕(7)、HTC(9)和三星(10)制造。Nexus 设备提供了完整的、真正的 Google 所希望的 Android 体验。许多开发人员使用这些设备来创建和测试他们的应用，因为它们是世界上唯一能及时更新 Android 操作系统的设备。如果希望自己的应用能工作在最新的 Android 操作系统版本上，应该考虑购买其中一款或多款设备。

1.2.6 应用驱动设备的销售：开发 Android 应用

用户购买了 Android 后，他们需要杀手级应用，不是吗？

最初，Google 主导开发 Android 应用，其中有很多应用(例如电子邮件客户端和网页浏览器)是这个平台的核心功能。他们还开发了首个成功的第三方 Android 应用分发平台：Android 市场，也就是现在的 Google Play 商店。Google Play 商店仍然是用户下载应用的主要方式，但不再是唯一的 Android 应用分发平台。

截至 2015 年 5 月，在过去 12 个月内，从 Google Play 商店下载、安装的应用超过 500 亿。这些只考虑了应用在该市场分发，没有考虑其他应用单独出售或在其他市场分发的情况。这个数字也没有考虑到在 Android 平台上运行的 Web 应用。这些为 Android 用户提供了更多选择，也为 Android 开发人员提供了更多机会。

Google Play 商店一直在努力增加展示和销售游戏应用，并提供了 Play Game Services SDK。该 SDK 允许开发人员在游戏中增加实时社交功能，以及应用编程接口(Application Programming Interface，API)来实现排行榜和成就榜单，从而吸引新用户并鼓励老用户。Google 还在进行一项旨在帮助推动内容销售的工作。用户总是寻找新的音乐、电影、电视节目、书籍和杂志等。Google Play 专注于这些内容来满足用户对这方面服务的需求。

1.2.7 利用所有 Android 设备的优势

Android 的开放平台已经得到大量移动开发社区的支持——远远超过了 OHA 的成员。

随着 Android 设备和应用变得越来越容易获得，许多其他的移动运营商和设备制造商转而销售 Android 设备给他们的客户，特别是相对于其他专有平台的成本方面来考虑。

Android 平台的开放标准能为运营商减少许可和专利费用，所以我们看到了更多开放设备的迁移。市场已经完全敞开，新用户能够首次就考虑智能手机，而 Android 很好地填补了这一需求。

1.2.8　Android：我们现在取得的进展

Android 在各个方面(设备、开发人员和用户)持续增长。最近，焦点主要集中在以下这几个方面：

- **有竞争力的硬件和软件功能升级**：Android SDK 开发人员专注于提供竞争对手没有的功能 API，从而保持 Android 在市场上的领先地位。例如，最新发布的 Android SDK 版本显著改善了通知功能，在需要时为你提供重要信息。
- **扩展智能手机和平板电脑**：智能手表的用户与 Android 用户都呈上升趋势。目前市场上有许多新的 Android 穿戴设备，它们有不同的尺寸和外形。一些硬件制造商甚至将 Android 应用到游戏机、电视机和汽车仪表盘，以及许多其他需要操作系统的设备。Google 甚至已经宣布 Project Brillo，专为物联网(Internet of Things，IoT)设计的一个 Android 版本，以及一个用于连接这些设备的 IoT 协议 Weave。
- **提升面向用户功能**：Android 的开发团队将重点从功能的实现转到了提供面向用户的可用性升级和“多彩性”。投入巨资来创造更流畅、更快速、反应更灵敏的用户界面，并更新他们的设计文档，使其成为一流的教程供开发人员学习实践。遵循这些原则可以帮助所有的应用增加可用性。

注意

有些人可能会对移动市场中围绕着 Android 几乎所有成员的法律纠纷感到困惑。虽然大部分并没有直接影响开发人员，但其中一些(特别是涉及应用内购买的)则有影响。这种事情在任何主流的平台上都会发生。这里并不能提供任何法律意见。我们能给出的建议是保持对法律纠纷的关注，希望一切都好，不只是在 Android 平台，还在其他受影响的平台。

1.3　Android 平台的独特性

Android 平台本身被誉为“第一个完整、开放和免费的移动平台”。

- **完整**：在开发 Android 平台的时候，设计者进行了全面的考虑。他们从一个安全的操作系统开始，在上面建立一个健壮的软件框架，从而允许在上面开发丰富的应用。
- **开放**：Android 平台通过开源许可协议来提供。开发人员开发应用时可以获得前所未有的访问设备功能的权限。

- **免费**：Android 应用可以免费开发。在该平台上开发不需要许可费用。没有加入开发成员的费用，没有测试费用，不需要签名或认证费用。Android 程序可以通过多种方法来分发和商业化。分发自己的应用是免费的，也有免费发布应用以供下载的应用商店。但是在 Google Play 商店上架则需要注册和支付一笔一次性的$25 费用(免费意味着开发过程可能是有成本的，但这些在 Android 平台上不是强制要求的。这并不包括设计、开发、测试、市场和维护费用。如果提供了所有这些，可能不需要再付费，除了一项费用——$25 的开发人员注册费，这项收费用于鼓励开发人员为 Google Play 创建高质量的应用)。

1.3.1　Android 的由来

Android 的吉祥物是一个绿色的小机器人，如图 1.1 所示，这个小机器人经常用来表示 Android 相关的内容。

图 1.1　Android 官方吉祥物

自从 Android 1.0 SDK 发布以来，Android 平台持续以快速的步伐前进。相当一段时间，每隔几个月时间就有一个新的 Android SDK 发布出来！在高科技行业，每个 Android SDK 版本都有一个独特的项目名称。在 Android 世界里，每一代 SDK 是按字母顺序命名的甜点。

1.3.2　自由和开放源代码

Android 是一个开源平台，不论是开发人员还是设备制造商都不需要为该平台开发支付专利费或许可费用。

Android 底层的操作系统基于 GNU 通用公共许可第二版(GPLv2)著作权许可，它要求任何第三方的修改必须继续保持开源许可协议的条款；而 Android 框架则基于 Apache 软件许可证(ASL/Apache2)发布，它允许发布开源或闭源的版本。平台的开发人员(尤其是设备制造商)可以选择增强 Android 功能而不需要将他们的改动提供给开源社区。相反，平台开发人员可以从特定设备的改进工作中获利，并在他们想要的许可协议下重新发布工作成果。

Android 应用开发人员可以在他们喜爱的许可协议下发布他们的应用，也可以编写一个开源的自由软件或传统意义上的收费应用，或是介于两者之间的软件。

1.3.3　熟悉且廉价的开发工具

不像某些专有平台，需要开发人员缴纳注册费用、审批费用和购买昂贵的编译器，开发 Android 程序没有前期成本。

1. 免费提供的软件开发工具包(SDK)

Android SDK 和工具都可以免费得到。开发人员同意 Android SDK 许可协议后，就可以在 Android 网站下载 Android SDK。

2. 熟悉的编程语言，熟悉的开发环境

开发人员现在可以使用官方的集成开发环境(IDE)用于 Android 应用开发。Android Studio 集成了 Android SDK 工具、最新的 Android Platform 以及最新的带 Google API 的 Android 模拟器系统镜像。Android Studio 基于免费的由 JetBrains s.r.o 公司开发的 IntelliJ IDEA Community Edition。

在 Android Studio 成为 Android 开发的官方 IDE 之前，许多开发人员选择流行而且免费的 Eclipse IDE 来设计和开发 Android 应用。Eclipse 是最流行的 Android 集成开发环境之一。被称为 Android 开发人员工具(Android Developer Tools，ADT)的 Android Eclipse 的插件则可以辅助 Android 开发。

还可以选择从命令行以独立应用的方式使用 Android SDK 工具，而不将其整合到特定的 IDE 中，也可以运行命令行构建脚本。

Android Studio 是 Android 应用开发推荐的 IDE。Android 应用可以在以下操作系统中开发：

- Windows 2003、Vista、7 和 8 (32 位或 64 位)
- Mac OS X 10.8.5 至 10.9 的所有版本
- Linux GNOME 或 KDE 桌面(在 Ubuntu Linux 14.04 64 位上测试过)

1.3.4　合理的开发学习曲线

Android应用使用著名的编程语言Java编写。Android应用框架包含了传统的编程结构，如线程和进程，以及专门设计的数据结构来封装移动应用常用的对象。开发人员可以依靠熟悉的类库，例如 java.net 和 java.text。专业库的支持(例如图形和数据库的管理)则基于良好定义的开放标准，如 OpenGL 嵌入式系统(OpenGL ES)和 SQLite。

1.3.5　功能强大的应用开发支持

过去，设备制造商往往和信赖的第三方软件开发商(OEM、ODM)建立特殊关系。软件

开发商的精英们为之编写原生应用，如消息管理和 Web 浏览器，作为设备的核心功能集。为了设计这些应用，开发商需要给予开发人员得到内部软件框架和固件资料的权限。

而在 Android 平台上，原生应用和第三方应用之间并没有区别，从而可以保持开发人员之间的良性竞争。所有 Android 应用使用同一套 API，Android 应用可以访问底层硬件，允许开发人员编写更强大的应用。应用可以完全被扩展或替代。

1.3.6　丰富和安全的应用集成

Android 平台一个最引人瞩目和创新的功能是设计良好的应用集成。如果开发人员愿意，Android 可以允许开发人员编写一个应用，无缝地集成核心功能，如 Web 浏览器、联系人管理和短消息等。应用也可以作为内容提供程序并以安全的方式分享彼此的数据。

1.3.7　没有昂贵的开发费用

不像 iOS 等平台，Android 应用不需要昂贵和耗时的测试认证程序。创建 Android 应用，你所需要的仅是一台电脑、一个 Android 设备、一个好的想法和对 Java 的理解。

如果你想在 Google Play 商店发布应用，则需要支付一次性的低成本($25)的开发人员费用，但是你也可以选择一个不需要支付开发人员费用的应用商店来发布你的应用，或者你也可以自己为应用提供下载。

1.3.8　应用的“自由市场”

Android 开发人员可以自由选择任何一种他们想要的收入模式。他们可以开发免费软件、共享软件、试用软件或带广告的应用和收费应用。Android 的目的是从根本上颠覆移动应用的开发规则。在 Android 移动平台之前，开发人员面临着许多功能方面的限制，如：

- 软件市场对同一类特定类型应用数量的限制。
- 软件市场对价格、收费模式和专利费用的限制。
- 运营商不愿意为少数人提供应用。

在 Android 平台上，开发人员可以编写和成功发布他们想要的任何类型的应用。开发人员可以为少数人提供定制的应用，而不是基于移动运营商的要求只提供多数人的收费版本。垂直市场的应用可以部署到特定目标人群。

因为开发人员拥有多种应用分发机制的选择，他们可以选择一种方式而不需要强迫遵守别人的规则。Android 开发人员可以通过多种方式发布他们的应用：

- Google 开发的 Google Play 商店(原来的 Android 市场)——一个通用的收入共享的 Android 应用商店。Google Play 商店现在拥有一个 Web 商店用于在线浏览和购买应用。Google Play 同时也销售电影、音乐和书籍。因此，选择它，你的应用将出现在一个极好的商店里售卖。
- Amazon 在 2011 年上线了 Amazon AppStore，它包含了一系列令人兴奋的 Android 应用，并使用自己的收费和收入共享系统。

- 还有许多其他的第三方应用商店可供选择。有些比较小众，有些支持不同的移动平台。
- 开发人员还可以提供自己的支付/收费机制，例如在网站或企业内部分发。

移动运营商和手机开发商现在仍然可以免费地开发自己的应用商店并执行自定的规则，但这不再是开发人员分发他们应用的唯一方式。在这些平台分发你的应用之前，请一定仔细阅读应用商店的协议。

1.3.9　一个不断发展的平台

早期的 Android 开发人员必须面对新平台的典型困难：频繁修改的 SDK，缺乏良好的文档，市场的不确定性；移动运营商和设备制造商对 Android 的升级支持即使有，也很慢。这意味着 Android 开发人员常需面对不同的 SDK 版本以满足所有用户。幸运的是，不断发展的 Android 开发工具使其变得简单，现在 Android 已经是一个完善的平台，其中许多问题已经得到解决。Android 论坛社区十分活跃和友善，并非常倡导互相帮助解决困难。

Android SDK 每一次的版本更新都提供了一些平台的实质改善。在最新的版本中，Android 平台增加了很多人需要的“艳丽”用户界面，表现在视觉和性能上的改善。流行的设备，例如智能手表或互联网电视现在完全支持该平台，此外还支持新的类别，如智能汽车。

虽然大部分的升级和改善是受欢迎和必要的，但是新的 SDK 版本常会导致 Android 开发人员社区的混乱。一些已经发布的应用都需要重新测试和重新提交到 Google Play 商店来满足新的 SDK 的需求。这带来了 Android 设备的固件升级，使得一些旧的应用过时，有时甚至无法使用。

虽然这些成长中的阵痛可以预见，而且大部分开发人员已经容忍了这些，但记住，和 iOS 平台相比，Android 在移动市场是一个后来者。苹果的 APP Store 拥有许多应用，但用户希望在他们的 Android 设备上也有相同的应用，开发商很少只为一个平台开发部署，他们必须能支持所有流行的平台。

1.4　Android 平台

Android 是一个操作系统，也是开发应用的软件平台。一些日常任务的核心组件，例如网页浏览和电子邮件应用都包含在 Android 设备里。

作为 OHA 的愿景——强大开源的移动开发环境，Android 是一个领先的移动开发平台。该平台旨在鼓励自由开放的市场，一个用户所希望的和开发人员渴望去开发的市场。到目前为止，该平台没有辜负这一期望。

1.4.1　Android 的底层架构

与其前辈相比，Android 平台被设计成具有更高容错能力的平台。设备运行在 Linux 操作系统上，Android 应用在安全的方式下执行。每个 Android 应用运行在自己的应用沙箱中(见图 1.2)。Android 应用都是托管代码，因此，它们不太可能导致系统崩溃，进一步导致系统损坏(无法使用)的可能性更小。

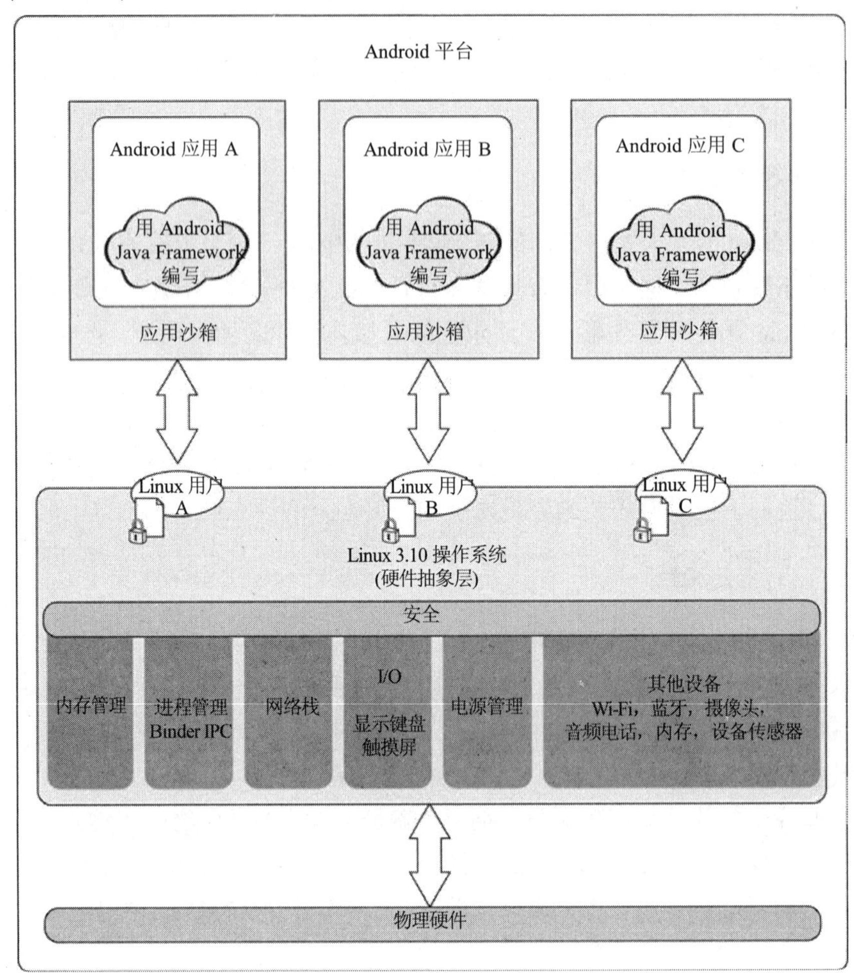

图 1.2　Android 平台架构图

1. Linux 操作系统

Linux 内核负责处理核心系统服务，并作为硬件抽象层(Hardware Abstraction Layer，HAL)介于物理硬件和 Android 软件栈之间。

内核处理的一些核心功能包括：

- 增强的应用权限和安全性。
- 低级别的内存管理。
- 进程管理和多线程。
- 网络栈。

- 显示、键盘输入、摄像头、Wi-Fi 无线、闪存、声音、Binder 进程间通信(IPC)和电源管理驱动的访问。

2. Android 应用运行时环境

每个 Android 应用运行在单独的进程中，在它自己的应用沙箱中。Android 运行时(Android Runtime，ART)是 Dalvik 的运行时继任者。ART 引入的一个主要改进功能是预编译(Ahead-Of-Time Compilation，AOT)，而不是 Dalvik 的及时编译(Just-In-Time Compilation，JIT)。有了 ART，应用在安装过程中编译。编译后的可执行文件存储在设备上，而不必在启动应用之前编译可执行文件。而另一方面，Dalvik 在启动应用之前将编译应用文件。ART 在 Android 5.0 中正式推出，并带来显著的性能增强，这是 Dalvik 以前所不具备的。

1.4.2　安全和权限

Android 平台的完整性通过一系列安全措施来维护。这些措施确保用户数据安全，设备不会遭受恶意软件和误操作的影响。

1. 应用作为操作系统的用户

当一个应用被安装后，操作系统创建了一个和该应用相关联的新的用户配置文件。每个应用作为不同的用户来运行，在文件系统中拥有私有的文件，有独立的用户 ID，独立的安全操作环境。

应用在操作系统中使用自己的用户 ID，在自己的应用安全沙箱中运行自己的进程。

2. 安全增强型 Linux 内核模块

Android 4.3 推出了安全增强型 Linux(Security-Enhanced Linux，SELinux)内核模块的修改版本。此版本为 Android 操作系统提供了增强的安全性，并进一步将应用限制在自己的沙盒，同时在所有进程上实施强制访问控制(MAC)。

3. 明确定义的应用权限

Android 应用需要注册所需要的特定权限来访问系统上的共享资源。有些权限允许应用使用设备的功能来拨打电话、访问网络、控制摄像头和其他硬件传感器。应用也需要权限来获取包含私人信息的共享数据，例如用户偏好、用户位置和联系人信息。

应用也可以声明其他应用来使用它们自己的权限。一个应用可以声明任意数量的不同权限类型，例如只读或读写权限，从而更好地施加控制。

Android 6.0(API 等级 23)推出了精简的许可程序。不再要求用户在安装应用时授予应用需要的所有权限，允许开发人员可在运行期间当应用实际上需要访问特定权限时请求权限。常规保护级别的权限在安装时进行授权，而非常规的其他所有级别的权限必须在运行期间请求授权。

4. 应用签名

所有 Android 应用包都使用证书来签名，所以用户知道该应用是认证过的。证书的私钥由开发人员保存。这有助于建立开发人员和用户的信任关系。它也能使开发人员控制哪些应用能提供系统上其他应用的访问权限。没有哪家证书颁发机构是必需的，自签名也是可以接受的。

5. 多用户和限制配置文件

Android 4.2(API 级别 17)带来了可共享设备，例如平板电脑的多用户账户支持。随着 Android 4.3(API 级别 18)版本的发布，主设备用户现在可以创建限制配置文件，用于限制用户访问特定应用的权限。开发人员也可以利用他们应用中的限制配置文件的功能，从而使主设备用户拥有进一步限制特定设备用户访问特定应用内容的能力。

6. Google Play 开发人员注册

为在广受欢迎的 Google Play 商店发布应用，开发人员必须创建一个开发人员账户。Google Play 商店管理严格，并且不允许有恶意软件。

1.4.3 探索 Android 应用

Android SDK 提供了大量最新的、健壮的 API。Android 设备的核心服务公开给所有的应用来访问。只要授予了相应的权限，Android 应用可以相互共享数据，并能安全地访问系统上的共享资源。

1. Android 编程语言选择

Android应用是用 Java 语言编写的。到目前为止，Java 语言是开发人员访问完整 Android SDK 的唯一选择。

提示

有一些猜测：其他的编程语言(例如 C++)可能会在 Android 未来版本中加入。如果你的应用必须依赖其他的编程语言(例如，C/C++)的本地代码，你可能需要考虑使用 Android Native Development Kit(NDK)。

也可以开发一个运行在 Android 设备上的移动 Web 应用。这些应用可以通过 Android 浏览器访问，也可以通过嵌入本地 Android 应用(仍然是用 Java 编写的)的 WebView 控件访问。本书专注于 Java 应用的开发。可以在 Android 开发人员网站找到更多关于开发 Web 应用的内容：http://d.android.com/guide/webapps/index.html。

想要部署到 Android 平台的 Flash 应用？请检查 Android 平台的 Adobe 的 AIR 支持情

况。用户从 Google Play 商店安装了 Adobe 的 AIR 应用之后，就可以用来加载兼容应用了。欲了解更多信息，请访问 Adobe 网站 http://adobe.com/devnet/air/air_for_android.html。

开发人员甚至可以选择使用某些脚本语言开发应用。目前有一个开源项目，它可以使用脚本语言，例如将 Python 等作为构建 Android 应用的选择，但是这个项目已经很长一段时间没有更新了。欲了解更多信息，请参阅 Android 脚本项目：https://github.com/damonkohler/sl4a。与 Web 应用、Adobe AIR 应用类似，开发 SL4A 应用不在本书的介绍范围之内。

2. 自带应用和第三方应用之间无差异

不像其他的应用开发平台，Android 平台上的自带应用和第三方应用之间没有区别。只要授予相应的权限，所有应用都能以相同的方式访问核心库以及底层接口。

Android 设备出厂的时候自带了一系列原生应用，例如 Web 浏览器和联系人管理器。第三方应用可以整合这些核心应用，并扩展它们以提供更丰富的用户体验，或者使用替代应用完全替代。这意味着：任何应用都是使用与第三方开发人员也能使用的完全相同的 API 构建的，从而营造了公平，或者尽可能接近公平的竞争环境。

值得注意的是，在较早时期 Goolge 公司自己在某些情况下使用了未文档化的 API。因为 Android 是开放的，没有私有的 API。Google 从来没有禁止访问这些未文档化的 API，但是警告了开发人员，使用这些私有 API 可能导致在未来的 SDK 版本中不兼容。参考博客 http://android-developers.blogspot.com//2011/10/ics-and-non-public-apis.html，有一些曾经未文档化的 API 成为公开 API 的示例。

3. 常用的包

在 Android 平台，移动开发人员不需要重新发明车轮。相反，开发人员可以使用 Android 的 Java 包内的类库来完成常见任务，包括图形、数据库访问、网络访问、安全通信和实用工具。Android 包提供了以下支持：

- 各种用户界面控件(按钮、下拉列表、文本输入)。
- 各种用户界面布局(表格、标签页、列表)。
- 整合功能(通知、窗口小部件)。
- 安全的网络和 Web 浏览功能(SSL、WebKit)。
- XML 支持(DOM、SAX、XML Pull 解析器)。
- 结构化存储和关系数据库(应用程序首选项、SQLite)。
- 强大的 2D 和 3D 图形库(包括 SGL、OpenGL ES 和 RenderScript)。
- 播放和录制单机或网络流的多媒体框架(MediaPlayer、JetPlayer、SoundPool 和 AudioManager)。
- 对许多音频和视频格式的广泛支持(MPEG4、H.264、MP3、AAC、AMR、JPG 和 PNG)。

- 可以访问可选的硬件，如基于位置的服务(Location-Based Services，LBS)、USB、无线网络、蓝牙、近场通信以及硬件传感器。

4. Android 应用框架

Android 应用框架提供了实现一般应用所需的一切东西。Android 应用的生命周期主要包含以下主要组件：

- Activity(活动)是应用执行的功能。
- Fragment(片段)是可重用和模块化的子 Activity。
- Loader(加载器)用于将数据异步加载到 Fragment 或 Activity 中。
- 视图的 Group(布局)用于定义应用的布局。
- Intent(意图)通知系统有关应用的计划。
- Service(服务)允许后台处理而不需要用户交互。
- Notification(通知)在一些有趣的事情发生时提醒用户。
- Content provider(内容提供程序)促进不同应用之间的数据传递。

5. Android 平台服务

Android 应用使用一系列管理器与操作系统以及底层硬件交互。每个管理器负责保持一些系统服务的状态。例如：

- LocationManager 用于和设备上的基于位置的服务进行交互。
- ViewManager 和 WindowManager 负责显示界面以及与设备相关的用户界面的基本组件。
- AccessibilityManager 负责辅助事件，为有物理损伤的用户提供支持。
- ClipboardManager 提供了访问设备全局剪切板的功能，可以剪切和复制内容。
- DownloadManager 作为系统服务，负责 HTTP 的后台下载。
- FragmentManager 管理 Activity 的 Fragment。
- AudioManager 提供对音频和振铃控制的访问。

6. Google 服务

Google 提供了 API 用于整合许多不同的 Google 服务。这些服务被添加之前，开发人员需要等待移动运营商和设备制造商更新 Android 设备，才可以使用许多功能，例如地图和基于位置的服务。现在，开发人员可通过在应用的项目中加入所需的 SDK 来整合这些最新最好的服务更新。Google 服务包括：

- 地图(Maps)
- 基于位置的服务(Places)
- 游戏服务(Play Game service)
- Google 账户登录(Google Sign-In)
- 应用内收费和订阅(In-app Billing and Subscription)

- Google 云消息(Google Cloud Messaging)
- 移动应用分析 SDK(Mobile App Analytics SDK)
- AdMob 广告服务(AdMob Ads)

1.5　OHA 和 GMS 之外的 Android 版本

设备制造商加入 OHA 的一个主要好处是可以授权使用 Google 品牌应用的 GMS 套件，如 Google Play。GMS 提供了很多特性和功能。也就是说，有一些与 OHA 没有关联的流行 Android 版本，所以如果设备售出后用户不自己安装 GMS 的话，这些版本的 Android 不能访问 GMS。基于非 OHA 的 Android 版本的设备，不包含 GMS 或 Google Play，这并不意味着你应该忽视为这些设备提供应用支持。下面介绍一些有趣的自定义 Android 版本。

1.5.1　Amazon Fire OS

亚马逊(Amazon)创建了自己的 Android 版本，名为 Fire OS。Fire OS 是 AOSP 的一个分支，Fire OS 安装在所有的亚马逊 Fire 品牌设备上，如 Fire Phone、Fire Tablet 和 Fire TV。最近，亚马逊发布了基于 Android Lollipop 的 Fire OS 5 开发人员预览版。

根据 Strategy Analytics 公司的一份报告，亚马逊 Fire TV 自开卖以来，出货量接近 450 万台(http://www.prnewswire.com/news-releases/amazonfires-to-the-top-of-the-us-digital-media-streamer-market-says-strategy-analytics-300094475.html)。有几百万台的设备，所以在亚马逊 Fire OS 上支持你的 Android 应用是绝对值得考虑的。

要进一步了解亚马逊的 Fire OS 版本的 Android，请参考 https://developer.amazon.com/public/solutions/platforms/android-fireos。

1.5.2　Cyanogen OS 和 CyanogenMod

另一个值得关注的 Android 版本是 Cyanogen OS。Cyanogen OS 基于 CyanogenMode 项目，该项目是 Android OS 的一个社区驱动的分支版本，没有 GMS，不过用户社区提供了指南和工具用于安装 Google Play 等应用。Cyanogen 公司的博客(https://cyngn.com/blog/an-open-future)号称分布在全球 190 个国家的超过 5000 万用户在运行不同版本的 CyanogenMod。CyanogenMod 定位为一个可替代的固件，为了替换购买时设备内置的系统，需要用户手动安装。另一方面，Cyanogen OS 是一个可预先安装在 Android 设备上的固件。

Cyanogen 是 Cyanogen OS 背后的公司，正在致力于创建一个像 Google 一样有竞争力的 Android 生态系统。Cyanogen 公司最近融到一笔 8000 万美元的风险投资，来自 Qualcomm Incorporated、Twitter Ventures、Rupert Murdoch、Andreesen Horowitz 以及腾讯等投资人。

欲了解更多有关 CyanogenMod 的信息，请参考 http://www.cyanogenmod.org。欲了解更多有关 Cyanogen OS 的信息，请参考 https://cyngn.com。

1.5.3　Maker Movement 和开源硬件

另一个值得关注的领域是“Maker Movement”，这是一个 DIY 技术爱好者社区，通常也称为“Makers”(创客)。这一社区的亚文化潜心于基于开源硬件的项目。类似于开源软件运动的早期，硬件工业正经历类似开源的趋势——主要在电子和印刷电路板(PCB)设计领域。进入设计复杂的电子设备(例如电脑、笔记本电脑、平板电脑或 IoT 设备)的壁垒似乎只局限于人们的想象力和创新的欲望。

主要的硬件组件公司历来谨慎保护电子和 PCB 设计，现在逐渐意识到某些开源设计的创新潜力。处理器制造商，例如 Intel，以及授权和制造基于 ARM 处理组件的其他公司，已发布开源 PCB 设计并提供完整的 PCB 电路图，列出了完成电路设计所需的组件。这对组件制造商提供可工作的 PCB 设计以帮助推动这些组件的销售是一种激励。

相当多生产 ARM 处理器的公司已经为平板电脑设备开发了开源 PCB，使用 Android 作为操作系统。这使得设计复杂的设备(运行 Android 的平板电脑)对有 PCB 设计能力的人来说能轻松完成。PCB 软件设计工具(例如，Altium Designer)被用于 PCB 设计。

强大的工具与开源 PCB 设计以及 AOSP 相结合，可能带来我们现在还无法想象的新一代设备。Android 应用开发的未来一定是光明的，为 Android 开发创新应用的可能性几乎是无限的。

1.5.4　保持警觉

虽然本书是关于开发 Android 应用的，但我们希望提供整个 Android 生态系统的背景知识。我们认为随着不断扩张的 Android 生态系统，对这些事情产生的影响保持警觉总是一个好主意，因为这些事情将影响每个参与者。今天，Android 有许多令人兴奋的事件值得关注，也希望未来能带给我们更多惊喜。

1.6　本章小结

Android 软件开发在过去几年发展迅猛。Android 已经成为移动开发平台的领头羊，它借鉴了其他平台过去的成功经验，吸取了过去其他平台的失败教训。Android 设计为鼓励开发人员编写创新型应用。该平台是开源的，没有前期费用，相对于其他的竞争平台，开发人员可以享受很多好处。Android 生态系统在不断地努力进军一些有前途的新领域。现在是深入研究 Android 平台，以便可以评估 Android 平台能给你带来什么的时候了。

1.7　小测验

1. 首字母缩写 AOSP 指的是什么？

2. 判断题：加入开放手机联盟后，就允许设备制造商绑定 Google Mobile Service。
3. Google 购买了哪家公司，并在 Android 操作系统中使用和发展了它的技术？
4. 第一款 Android 设备是什么？哪家设备制造商开发了它？在哪家移动运营商销售？
5. 基于 Android 的 Amazon OS 的名称是什么？

1.8　练习题

1. 描述 Android 作为开源系统的好处。
2. 用你自己的语言，阐述 Android 的底层架构。
3. 要熟悉 Android 的文档，可以通过下面的网址找到：http://d.android.com/index.html。

1.9　参考资料和更多信息

Android 开发人员：
http://d.android.com/index.html
Android 开源项目：
https://source.android.com/index.html
开放手机联盟：
http://openhandsetalliance.com
官方的 Android 开发人员博客：
http://android-developers.blogspot.com
本书的博客：
http://introductiontoandroid.blogspot.com
Intel 开放源码：Android 在 Intel 平台上：
https://01.org/android-IA
ARM Connected Community: Android Community:
http://community.arm.com/groups/android-community
Altium Designer:
http://www.altium.com/altium-designer/overview
Wikipedia: Maker Culture:
https://en.wikipedia.org/wiki/Maker_culture

第 2 章

设置开发环境

Android 开发人员在他们的计算机上编写和测试应用，然后将这些应用部署到真实的设备硬件上，以便进行测试。

本章中，你将熟悉开发 Android 应用需要掌握的所有工具，学会在虚拟设备和真机上配置开发环境，还将探索 Android SDK 及其提供的所有功能。

注意

Android SDK 和 Android Studio 会频繁更新。我们尽力提供最新工具的最新步骤。然而，本章描述的步骤和用户界面可能在任何时候更改。请参考 Android 开发网站(http://d.android.com/sdk/index.html)和本书网站，以便获取最新信息。

2.1 配置你的开发环境

为编写 Android 应用，必须配置 Java 编程环境。该软件可以免费在线下载。Android 应用可以在 Windows、Macintosh 或 Linux 系统上进行开发。

为开发 Android 应用，需要在计算机上安装以下软件。

- Java 开发工具包(Java Development Kit，JDK)，版本 7，可在以下网站下载：http://oracle.com/technetwork/java/javase/downloads/index.html(或 http://java.sun.com/javase/downloads/index.jsp，如果你念旧的话)。如果正在 Mac OS X 上开发，应使用 JRE 6 来运行 Android Studio，然后配置项目来运行 JDK7。

- 最新的 Android SDK。本书中，我们将介绍使用 Android Studio 中的 Android SDK，Android Studio 可以运行在 Windows、Mac 或 Linux 上，你可以在 http://d.android.com/sdk/index.html 上下载它。Android Studio 包含了学习本书示例和开发 Android 应用所需要的一切。Android Studio 还包含了 SDK 工具、平台工具、最新的 Android 平台，以及模拟器的最新 Android 系统映像。
- 一个兼容的 Java IDE 是必需的。幸运的是，基于免费 Community Edition 的 IntelliJ IDEA 的 Android Studio 为 Java 开发提供了 IDE。Android Studio 自带了最新的 Android SDK。本书重点使用 Android Studio。Android Studio 的一个替代是使用 IntelliJ IDEA Community 或 Ultimate Edition，或者使用 Eclipse，遗憾的是，Eclipse Android Developer Tools (ADT)插件不再受支持，所以我们仅推荐使用 Android Studio。

有关最新且最完整的 Android 开发系统需求列表可以参考 http://d.android.com/sdk/index.html。

提示

开发人员应该使用 Android Studio 进行 Android 开发，因为这是 Android 应用开发的官方 IDE。JetBrains 开发团队已经将 Android 开发工具直接整合到了 Android Studio 中。尽管本书的以前版本介绍了如何使用 Eclipse 开发 Android 应用，但本版只介绍如何使用 Android Studio。要了解如何使用 Android Studio 的更多信息，请阅读 http://d.android.com/tools/studio/index.html。

要了解从命令行工具管理项目的更多信息，可首先阅读下面的链接：http://d.android.com/tools/projects/projects-cmdline.html，其中讨论了命令行工具的用法，这在使用其他环境进行开发时非常有用。可以通过下面这个链接下载独立的 SDK 工具：http://d.android.com/sdk/index.html#Other。另外，阅读 http://d.android.com/tools/debugging/debugging-projects-cmdline.html 可以了解如何使用其他 IDE 进行调试，阅读 http://d.android.com/tools/testing/testing_otheride.html 可以了解如何使用其他 IDE 进行测试。

基本的安装过程遵循以下步骤：

(1) 下载和安装操作系统对应的 JRE/JDK。

(2) 下载和安装(或解压缩)操作系统对应的 Android Studio。安装 Android Studio 时，确保选中你的系统设置可用的所有组件，参见 Android Studio 安装向导的 Choose Components 对话框，如图 2.1 所示。最后一个组件 Performance(Intel® HAXM)可能在你的设备上不可用，但不必担心。确保 Android SDK 和 Android Virtual Device 被选中。

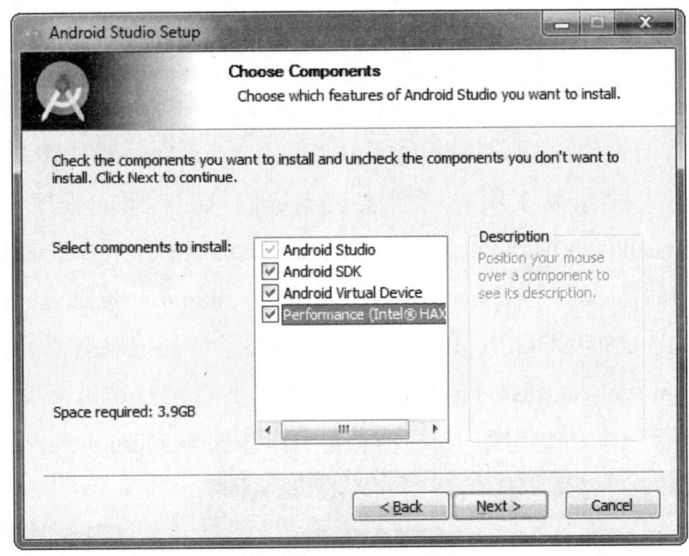

图 2.1　Android Studio 安装向导的 Choose Components 对话框

(3) 启动 Android Studio，使用 Android SDK Manager 下载和安装指定的 Android 平台版本和你可能需要使用的其他组件，包括文档、USB 驱动程序和附加工具。Android SDK Manager 被直接整合到了 Android Studio 中，同时也可从 Android Studio 作为独立工具访问。在选择哪些组件需要安装时，我们建议完全安装(选择所有组件)。

(4) 如有必要，可以通过安装合适的 USB 驱动程序，配置你的计算机以便进行真机调试。

(5) 配置你的 Android 设备，以便进行真机调试。

(6) 开始开发 Android 应用。

本书没有提供之前步骤中列出的每个组件的详细安装步骤，归结为以下主要原因：

- 这是一本面向中/高级读者的书，我们希望你已经熟悉了 Java 开发工具和 SDK 的安装。
- Android Developer 网站提供了关于安装开发工具和在许多不同操作系统上配置它们的非常详细的资料。Android Studio 的安装说明位于 http://d.android.com/sdk/installing/index.html?pkg=studio，独立 SDK 的安装说明位于 http://d.android.com/sdk/installing/index.html?pkg=tools。
- 安装 Android SDK 所需的具体步骤随不同的版本有微小的变化，所以你最好总是查看 Android 开发人员网站以获取最新信息。

请牢记，Android SDK、Android Studio 和工具经常会更新，可能与本书使用的开发环境并不完全一致(如在前言中所述)，并且在你的计算机上看到的和本书中呈现的会有差别。也就是说，我们将帮助你完成本节列出的后几个步骤，在你完成第 2 步安装和配置 JDK 及 Android Studio 之后。我们会浏览 Android SDK，以及介绍用于开发应用所需的一些核心工具。然后，在第 3 章，将测试你的开发环境，并编写你的第一个 Android 应用。

2.1.1　配置操作系统以便进行设备调试

要在 Android 设备上安装和调试 Android 应用，需要配置你的操作系统，以通过 USB 数据线(见图 2.2)访问设备。在某些操作系统中，例如 Mac OS，这一步骤是自动完成的。然而，在 Windows 操作系统中，需要安装相应的 USB 驱动程序。你可以从链接 http://d.android.com/sdk/win-usb.html 为任意 Google Nexus 设备下载和安装 Windows USB 驱动程序。如果使用的是 Galaxy Nexus 设备，可能需要从 http://www.samsung.com/us/support/owners/product/GT-I9250TSGGEN 下载驱动程序。要了解其他制造商的设备，可从链接 http://d.android.com/tools/extras/oem-usb.html 了解到更多相应 USB 驱动程序的信息。在 Linux 下，需要执行一些附加步骤，更多信息请访问 http://d.android.com/tools/device.html。

图 2.2　通过 IDE 和开发计算机上的设备模拟器，以及连接到开发计算机的 Android 手机来调试 Android 应用

2.1.2　配置 Android 硬件以便进行调试

默认情况下，Android 设备禁用调试功能。你的 Android 设备必须通过 USB 连接启用调试功能，以便工具能够安装和启动你要部署的应用。

为在真机上测试应用，在 Android 4.2+设备上需要启用 Developer Options(开发人员选项)。我们将讨论如何在 Android 4.2+设备上配置硬件。如果你使用的是 Android 的其他版本，请访问以下链接以了解如何设置你的版本：http://d.android.com/tools/device.html#setting-up。不同版本的 Android 使用不同的设置方法，所以请使用设备对应的方法。

注意

为启用 Developer Options，可以通过执行以下操作来实现：导航到 Settings，然后选择 About Phone(或 About Tablet)，然后向下滚动到 Build Number，将 Build Number 单击七次。单击几次以后，你会注意到“你现在离成为开发人员还有 X 步”的消息提示，这里 X 是你还需要单击的次数。继续单击版本号，直到被告知 Developer Options 已被启用。如果没有启用 Developer Options，将无法在你的设备上安装应用。

你还需要启用你的设备，来安装来自 Google Play 应用商店以外的市场的 Android 应用。为此，导航到 Settings，然后选择 Security。在此应该选中(启用)Unknown sources 选项，如图 2.3 所示。如果没有启用该选项，将不能安装开发人员创建的应用、示例应用或其他应用市场发布的应用。从服务器甚至电子邮件加载应用是测试部署的一种很好方式。

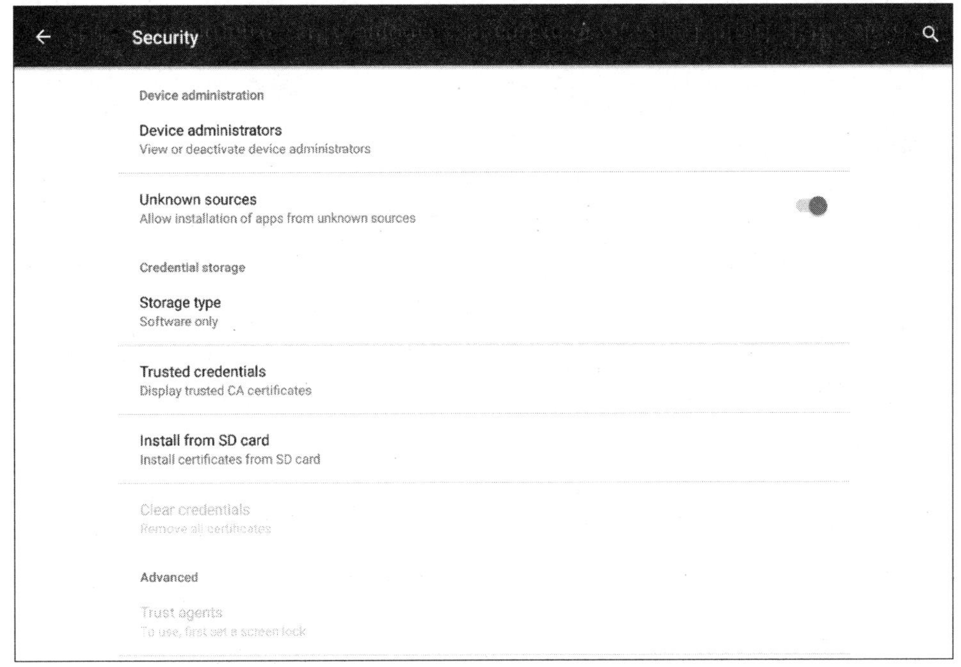

图 2.3　在设备上启用 Unknown sources

其他几个重要的开发设置可以通过选择 Settings，然后选择 Developer Options 来设置(见图 2.4)。

在此应该启用 USB debugging(USB 调试)选项，该设置允许你通过 USB 数据线调试你的应用。

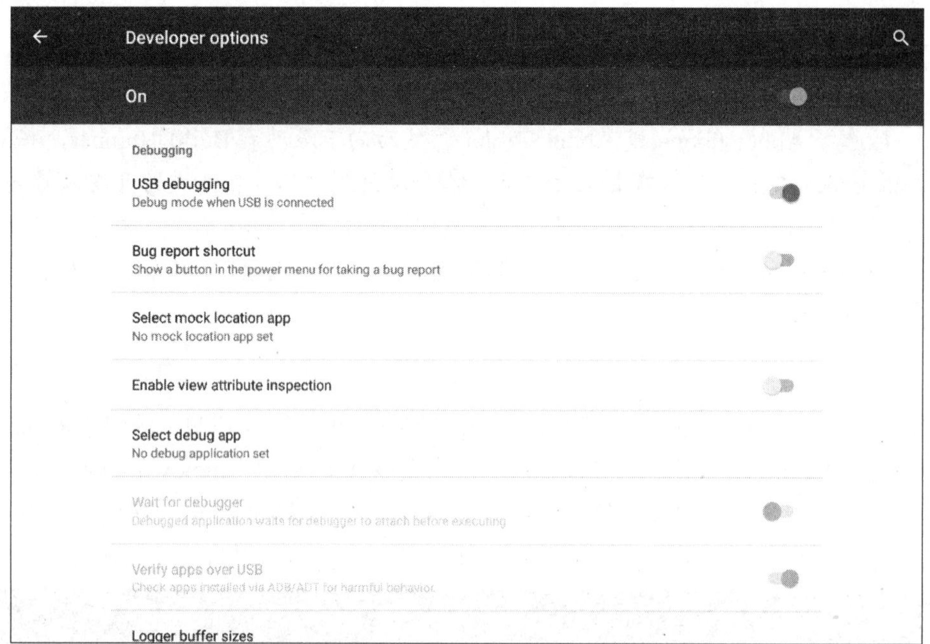

图 2.4　启用设备上的 Android Developer 设置

2.1.3　更新 Android Studio

Android Studio 经常更新。默认情况下，Android Studio 被设置成自动检查 IDE 更新。当有更新时，你将被通知，并在打开 IDE 时提示安装该更新。你还可以配置从哪个通道安装该更新。可选项有 Stable Channel、Beta Channel、Dev Channel 和 Canary Channel。除非你已经知道其他通道的用途，否则应该只考虑从默认的更新通道 Stable Channel 进行安装，Stable Channel 代表正式版本。

Beta Channel 用于安装接近稳定的版本，Android Studio 的 Beta 版本。Dev Channel 用于安装最新的开发版本。Canary Channel 用于安装最新的预览版本。这表示，如果决定使用 Canary Channel，将遇到很多错误和问题。

2.1.4　更新 Android SDK

Android SDK 经常更新。可使用 Android Studio 内置的 SDK Manager 轻松地更新 Android SDK 平台和工具，也可以使用独立的 SDK Manager，它已安装在 Android SDK 中。

Android SDK 的更新可能包括：增加、更新以及删除功能；包名的变化；工具的更新等待。伴随每个 SDK 的新版本，Google 提供了以下有用文档：

- 更改概览：对 SDK 主要更改的简述。
- API 差异报告：对 SDK 详细更改的完整清单。
- 发布说明：SDK 已知问题的清单。

每个 Android SDK 的新版本都有这些文档。例如，Android 5.1 的信息可在 http://d.android.com/about/versions/android-5.1.html 上找到，Android 5.0 的信息可在

http://d.android.com/about/versions/android-5.0.html 上找到。

你可在 http://d.android.com/sdk/installing/adding-packages.html 上找到更多关于增加和更新 SDK 包的信息。

2.1.5　Android Studio 存在的问题

当使用 Stable Channel 的 Android Studio 时，你可能在开发中不会经历任何 bug，但即使是稳定软件，偶然也会出错。另一方面，如果你使用了 Android Studio 其他通道的版本，遇到错误的概率就会增加。幸运的是，Android Studio 在 IDE 中有一个报告机制。当出现错误时，你将收到一个通知，提示你碰到了错误。如果你跟随通知指示，将被引导到一个将错误报告提交给 JetBrains 的对话框。提交错误报告不仅有助于 JetBrains 和 Android 开发人员社区，也有益于你自己。当 JetBrains 注意到碰到的问题时，会及时修复该问题。可以匿名提交这些报告，或者通过你的 JetBrains 账户提交(如果有的话)。

2.1.6　Android SDK 存在的问题

由于 Android SDK 在不断开发，因此可能会遇到问题。如果你认为自己发现了一个问题，可以在 Android 项目的 Issue Tracker 网站上找到一份公开问题清单，以及这些问题的状态。也可以提交新问题进行审查。

Android 开源项目的 Issue Tracker 网址是 https://code.google.com/p/android/issues/list。要了解你提供的 bug 或是被 Android 平台开发团队认为是缺陷的更多信息，请访问网站 http://source.android.com/source/report-bugs.html。

提示

你为所提交的 bug 的修复时间漫长而感到沮丧吗？了解 Android bug 解决处理过程的工作原理是十分有帮助的。有关该过程的详细信息，请访问网址 http://source.android.com/source/life-of-a-bug.html。

2.1.7　Android Studio 的替代者：IntelliJ IDEA

因为 Android Studio 基于 IntelliJ IDEA 的 Community 版本，你还可以使用 IntelliJ IDEA 的 Community 或 Ultimate 版本来开发 Android 应用。这些 IDE 都支持 Android 应用开发。如果你仅使用 Android SDK 编程，那么相对 Android Studio，使用 IntelliJ IDEA 的 Community 版本并没有太多优势。如果是这样的情况，你最好还是使用 Android Studio。

然而，如果你的项目涉及其他方面，例如 Web 开发或后端服务器开发，使用诸如 Python、Ruby、PHP、HTML、CSS 或 JavaScript 编程语言，或者如果你使用了 Web 开发框架，诸如 Spring、GWT、Node.js、Django、Rails 等，那么 IntelliJ IDEA Ultimate 版本值

得考虑。使用单一的 IDE 更方便，而不是必须跨多个不同的 IDE 来管理一个项目。如果发现你的项目和工作职责超出了 Android 开发范畴，那么应该考虑一下 IntelliJ IDEA Ultimate 版本。

IntelliJ IDEA Community 版本可免费下载和使用，但 Ultimate 版本需要购买一个商业或个人许可。JetBrains 为符合条件的创业公司提供了特殊价格，以及为学生和教师、开放源代码项目以及教育和培训目的提供了免费使用权。要进一步了解 IntelliJ IDEA 或价格信息，请访问网址 https://www.jetbrains.com/idea。IntelliJ IDEA 的 Community 和 Ultimate 版本之间差异的完整清单可通过下面的网址找到：https://www.jetbrains.com/idea/features/editions_comparison_matrix.html。

2.2 探索 Android SDK

Android SDK 包含了几个主要的组成部分：Android SDK Platform by version、SDK Platform Tools、SDK Build Tools、System Images、Google APIs、Android SDK 源代码、extras 以及示例应用。

2.2.1 了解 Android SDK 许可协议

在下载 Android Studio 之前，必须阅读并同意 Android SDK 许可协议。该协议是你(开发人员)和 Google(Android SDK 版权所有人)之间的协议。

即使你的公司有人代表你同意了许可协议，它对于作为开发人员的你也仍很重要，你需要注意以下几点：

- **权限授予**：Google(作为 Android 的版权支持人)授予你有限的、全球的、免税、不可转让的和非独家使用的协议来为 Android 平台开发应用。Google(和第三方贡献者)授予你许可，但是他们仍然拥有完整的版权和知识产权。使用 Android SDK 并没有赋予你使用任何 Google 品牌、Logo 或商标名称的权限。你不可以删除任何版权声明。与你的应用交互的第三方应用(其他 Android 应用)则取决于独立的条款，并在该协议之外。
- **SDK 的使用**：你仅可以开发 Android 应用。不可以从 SDK 制作衍生产品，或者在任何设备上分发 SDK，或将 SDK 的某一部分和其他软件一起分发。
- **SDK 的更改和向后兼容性**：Google 可以在任何时候更改 Android SDK，而不另行通知，且不考虑向后兼容性。虽然 Android API 的变化在预发行版本的 SDK 上是一个重要问题，但最近版本的发布已经相当稳定。也就是说，每个 SDK 的更新只会影响该领域的少部分现有应用，因此更新是有必要的。
- **Android 应用开发人员权利**：保留你使用 SDK 开发的 Android 软件的所有权利，包括知识产权。同时，也保留了你的工作的所有责任。

- **Android 应用隐私要求**：你同意你的应用将保护用户的隐私和合法权益。如果你的应用使用或访问用户的个人及私有信息(用户名和密码等)，你的应用必须提供足够的隐私声明，并确保数据的安全存储。需要注意隐私法律法规可能随着用户所在地区而改变，作为开发人员的你需要负责妥善管理这些数据。
- **Android 应用恶意软件要求**：你要负责自己开发的所有应用。你同意不编写破坏性代码或恶意软件。你需要为通过你的应用传输的所有数据负责。
- **特定 Google API 的附加条款**：使用 Google 地图 Android API 需要接受进一步的服务条款。你在使用这些特定 API 前必须同意这些附加条款，并且需要总是提供 Google 地图的版权声明。Google API(包括 Gmail、Blogger、Google Calendar、YouTube 等)的使用会被限制于只能访问用户在安装时授予的权限。
- **开发时的风险**：使用 Android SDK 开发产生的任何经济上的或其他伤害，都是你的过错，而与 Google 无关。

2.2.2　阅读 Android SDK 文档

Android 文档以 HTML 格式提供，可以从 http://d.android.com/index.html 获取。如果希望拥有文档的本地副本，需要使用 SDK 管理器下载它们。一旦下载了它们，就可以在 Android 安装目录的 docs 子目录下找到 Android 文档的本地副本(见图 2.5)。

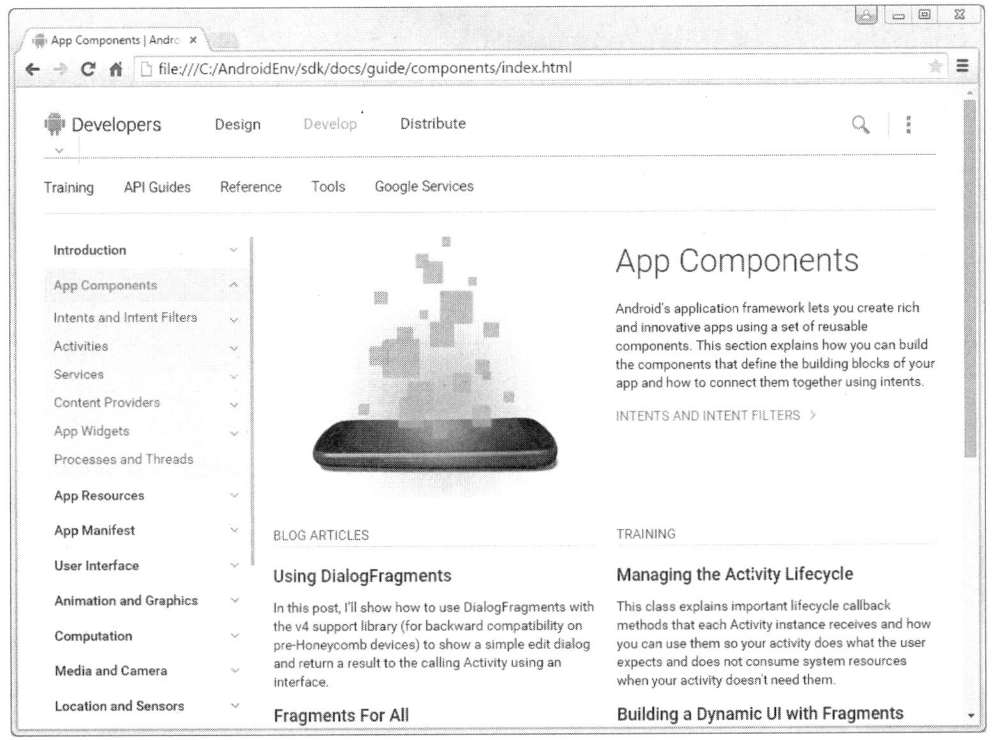

图 2.5　离线浏览 Android SDK 文档

2.2.3 探索 Android 应用框架核心

Android 应用框架由 android.jar 文件提供。该文件由几个重要的包组成，如表 2.1 所示。

表 2.1 Android SDK 中重要的包

顶 层 包 名	描 述
android.*	Android 应用基础
dalvik.*	Dalvik 虚拟机支持类
java.*	核心类和关于网络、安全、数学等方面的常见通用工具
javax.*	加密支持
junit.*	单元测试支持
org.apache.http.*	HTTP 协议支持
org.json	JSON 支持
org.w3c.dom	针对 Document Object Model Core(XML 和 HTML)的 W3C Java 绑定
org.xml.*	XML 的简单 API
org.xmlpull.*	高性能的 XML 拉式解析

一些可选的第三方 API 也可以使用，它们位于核心 Android SDK 之外。这些包必须单独从它们的各种网站上安装或者从 Android SDK 管理中安装(如果可用的话)。一些包来自 Google，而另一些来自设备制造商和其他提供商。其中最受欢迎的第三方 API 在表 2.2 中进行了描述。

要了解 Google Play 服务 API 的完整清单，请访问 https://developers.google.com/android/*guides/setup*。想了解提供了 Android API 的所有 Google 产品的完整清单，请访问 https://developers.google.com/products/。

表 2.2 受欢迎的第三方 Android API 精选

可选的 Android SDK	描 述
Android Support Library 包：变体	增加了最新 SDK 组件的旧版本支持。例如，许多 Loader API 以及 Fragment API 在 API 级别 11 时被引入，而 API 级别 4 可以使用这个插件以兼容模式使用
Google Mobile Ads SDK 包：com.google.android.gms.ads.*	允许开发人员在应用中加入 Google Mobile 广告来获取收益。该 SDK 需要同意附加的服务条款并注册账户。要了解更多信息，请访问 https://developers.google.com/mobile-ads-sdk/

(续表)

可选的 Android SDK	描　述
Google Analytics SDK for Android 包：com.google.android.gms.analytics.*	允许开发人员通过流行的 Google 分析服务收集和分析关于他们的 Android 应用如何被使用的信息。该 SDK 需要同意附加的服务条款并注册账户。要了解更多信息，请访问 https://developers.google.com/analytics/devguides/collection/android/v4/app
Google Cloud Messaging for Android (GCM) 包：com.google.android.gms.gcm	为开发人员提供将数据从网络推送到在设备上安装的应用的服务。该 SDK 需要同意附加的服务条款并注册账户。要了解更多信息，请访问 https://developers.google.com/cloud-messaging/
Google App Indexing 包：com.google.android.gms.appindexing	该 SDK 帮助你在 Google Search 中索引你的应用，以便你的应用可以被用户搜索到。要了解更多信息，请访问 https://developers.google.com/app-indexing/
Google App Invites 包：com.google.android.gms.appinvite	该 SDK 允许你的应用整合邀请功能，以便你的用户可以使用短信息或电子邮件邀请他们的 Google 联系人。要了解更多信息，请访问 https://developers.google.com/app-invites/
Google Play Games Services 包：com.google.android.gms.games	为你的游戏提供成就、排行榜和多人模式功能。该 SDK 需要同意附加的服务条款并注册账户。要了解更多信息，请访问 https://developers.google.com/games/services/
Google Fit 包：com.google.android.gms.fitness	允许开发人员在应用中整合健康跟踪功能。该 SDK 需要同意附加的服务条款并注册账户。要了解更多信息，请访问 https://developers.google.com/fit/
众多设备和制造商特定的附加项和 SDK	可以找到大量第三方附加项和制造商特定的 SDK，它们位于 Android SDK 和 Android 虚拟设备(AVD)附加项和 SDK 管理器的可用包内。还有一些可在第三方网站上找到。如果正在实现特定设备或制造商可用的功能，或已知服务提供商的服务，请查看他们是否为 Android 平台提供了可用的附加项

2.2.4　探索 Android 核心工具

Android SDK 提供了许多工具用于设计、开发、调试和部署 Android 应用。现在，我们希望你集中精力熟悉这些核心工具，这些工具用于创建和运行 Android 应用。附录 D 将详细讨论很多 Android 工具。

1. Android Studio

你将会在 IDE 中花费大量的开发时间。本书假定你使用 Android Studio，因为这是官方的开发环境配置。

Android Studio 无缝集成了许多重要的 Android SDK 工具，并提供了创建、调试和部署 Android 应用的各种向导。Android SDK 为 Android Studio 增加了许多有用的功能。在工具栏上有一些按钮，执行下列操作(如图 2.6 所示)：

- 启动 Android Virtual Device Manager
- 启动 Android SDK Manager
- 启动 Android Device Monitor

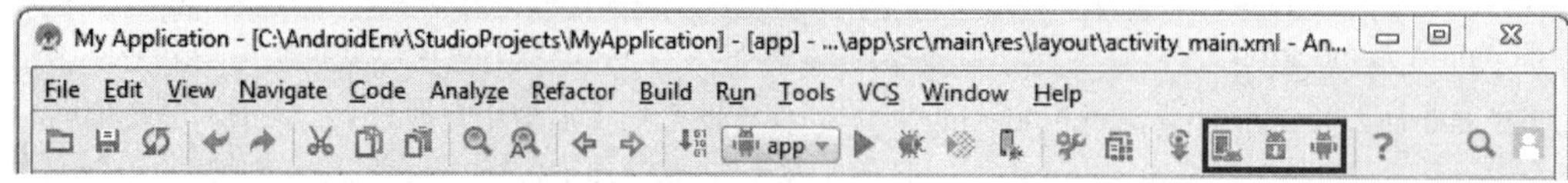

图 2.6　Android Studio 工具栏上的 Android 功能

2. Android SDK 和 AVD 管理器

在图 2.6 中，注意红色框中最左边像一个微型手机的图标，它的右下角有一个 Android 头像，这个图标用于启动 Android 虚拟设备管理器(图 2.7)。红色框中的第二个工具栏图标有一个小的绿色 Android 头像和一个向下的箭头，将启动内置的 Android SDK 管理器(见图 2.8)，而且包含一个启动独立 SDK 管理器的链接(见图 2.9)。

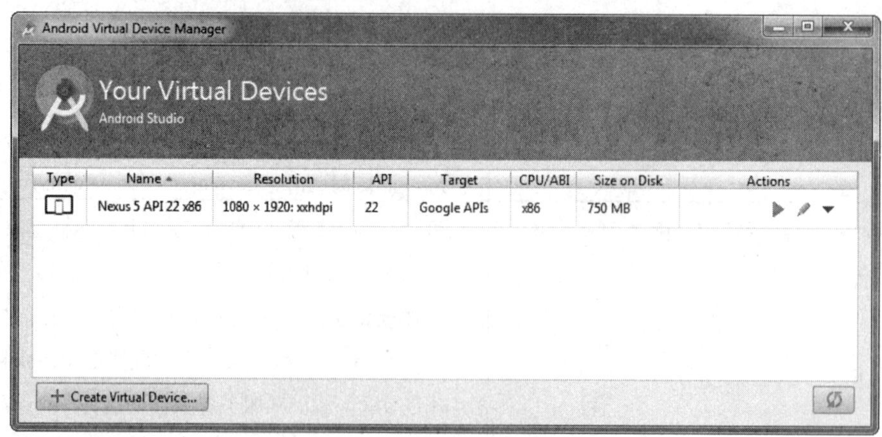

图 2.7　Android 虚拟设备管理器

这些工具执行两个主要功能：管理开发人员的 AVD 配置，管理开发机器上安装的 Android SDK 组件。

就像桌面型计算机，不同的 Android 设备运行不同版本的 Android 操作系统。开发人员需要他们的应用能够针对不同 Android SDK 版本。有些应用针对特定 Android SDK，而有些应用尽量同时为尽可能多的版本提供支持。

Android 虚拟设备管理器组织并提供工具来创建和编辑 AVD。为管理 Android 模拟器中的应用，必须配置不同的 AVD 配置文件。每个 AVD 配置文件描述了你想要配置的模拟设备的类型，包括需要支持哪个 Android 平台，以及设备的规格。可以指定不同的屏幕尺寸和方向，还可以指定模拟器是否有 SD 卡。如果有的话，它的容量是多大，以及其他许多设备配置。

Android SDK 管理器有助于 Android 开发同时跨多个平台版本。当一个新的 Android SDK 发布时，可以使用该工具下载和更新你的工具，同时仍然可以使用较旧版本的 Android SDK，保持向后兼容性。

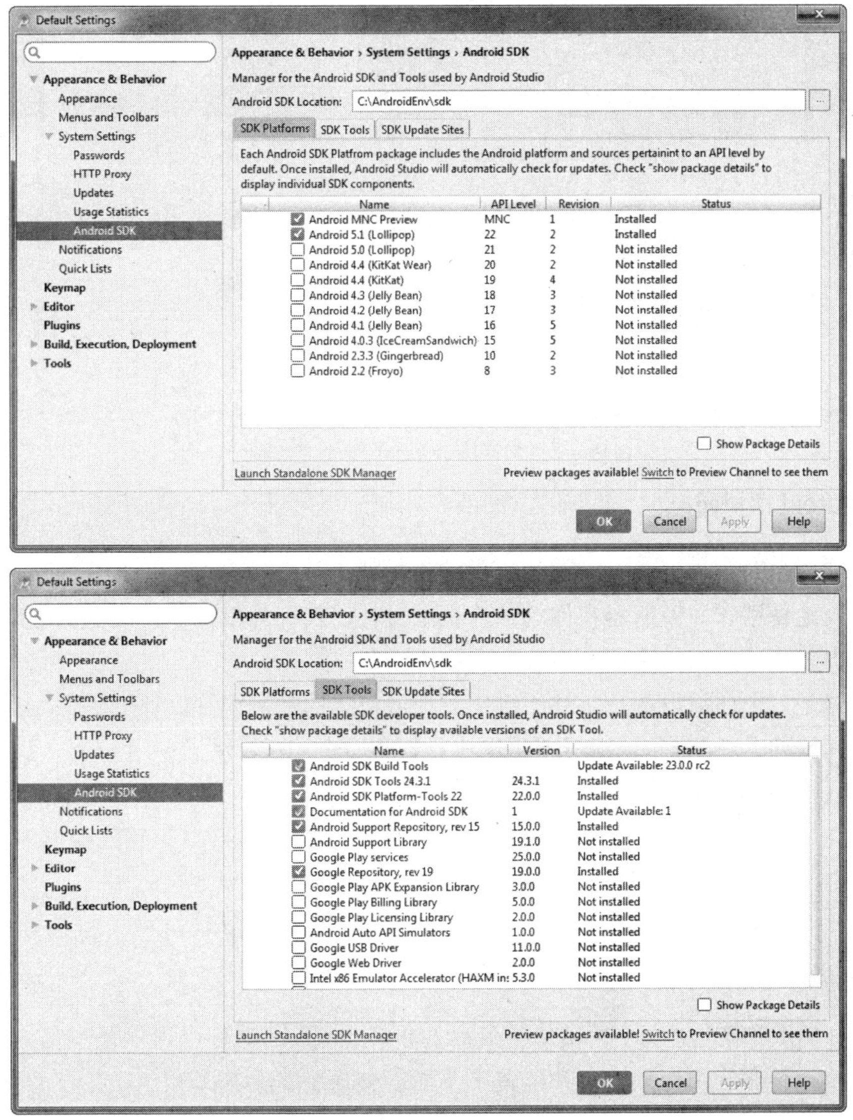

图 2.8　内置的 Android SDK Manager 显示了当前安装的 Android SDK Platforms(上图)和 SDK Tools(下图)

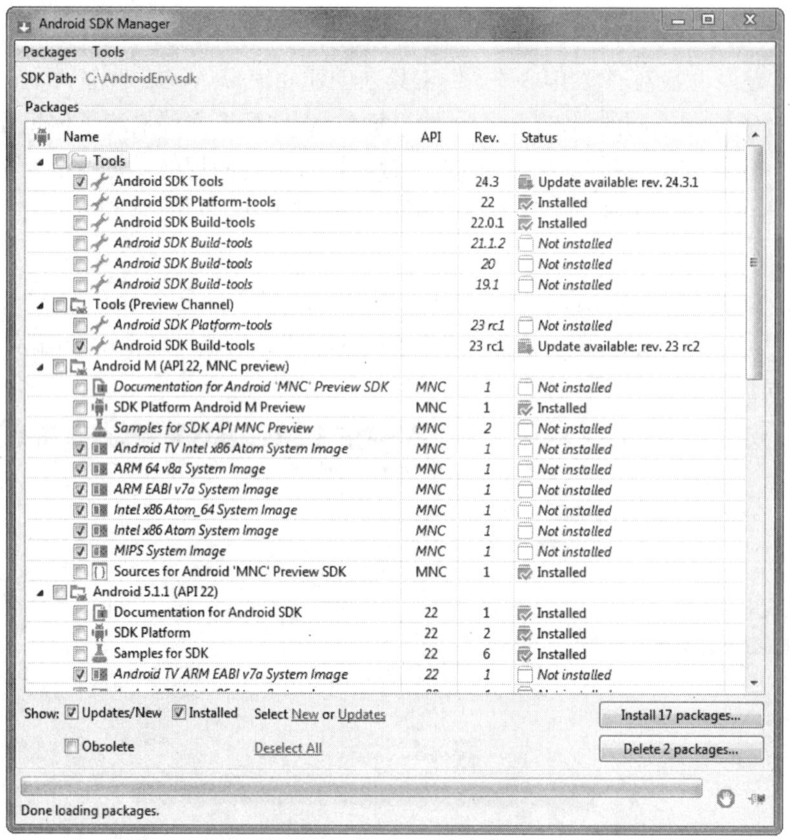

图 2.9 独立的 Android SDK 管理器

3. Android 模拟器

Android 模拟器是 Android SDK 提供的最重要工具之一。在设计和开发 Android 应用时，将频繁地使用它。模拟器在你的计算机上运行，其行为就像一个真正的移动设备。可在模拟器中加载、测试和调试应用。

模拟器是一个通用设备，它并不绑定到任何特定的手机配置。通过提供 AVD 配置，描述硬件和软件具体配置，模拟器就可以进行模拟。图 2.10 显示了使用一个典型的 Android 5.1 智能手机风格 AVD 配置的模拟器运行画面。

图 2.11 显示了使用一个典型的 Android 5.1 平板电脑风格 AVD 配置的模拟器运行画面。图 2.10 和图 2.11 显示了 Settings 应用在不同设备上的不同表现效果。

提示

你需要知道，Android 模拟器模拟了真实 Android 设备，但它并不完美。模拟器是一个有价值的测试工具，但它不能完全代替在真机上测试。

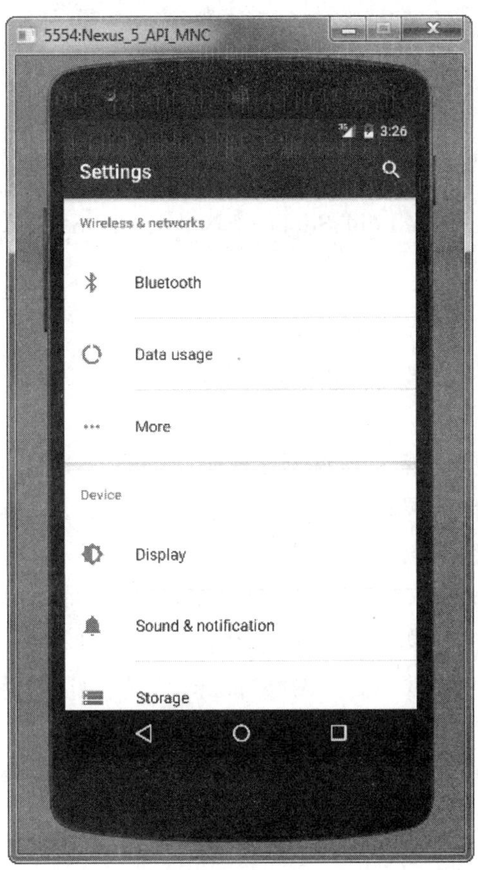

图 2.10　Android 模拟器(Nexus 5 智能手机风格，Android API 22 AVD 配置)

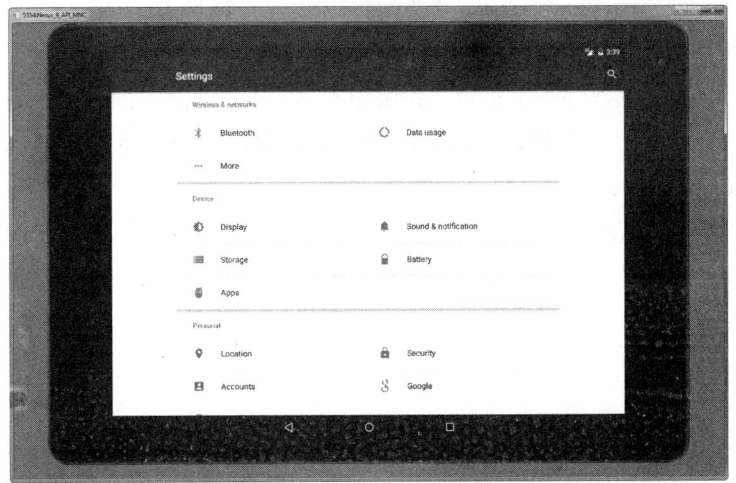

图 2.11　Android 模拟器(Nexus 9 平板电脑风格，Android API 22 AVD 配置)

2.2.5　探索 Android 示例应用

Android SDK 提供了许多示例和演示应用来帮助你学习 Android 开发的过程。这些演示应用默认并未作为 Android SDK 的一部分提供。Android Studio 提供了一个对话框用于从 GitHub 作为一个项目导入这些演示应用。

提示

要了解如何使用 Android Studio 导入 Android SDK 示例应用，请阅读第 3 章的 3.1.1 一节。

许多应用用于演示 Android SDK 的不同方面。一些关于通用应用开发任务，而另一些关于演示特定的 API。

针对 API 23，你应该查看的一些示例代码归类如下：

- Getting Started：包括演示通用 Android 组件的示例，如操作栏、浮动操作按钮等。
- Background：包括应该运行在后台的通用任务。
- Input：包括通用输入方法，如手势、多点触控和轻扫。
- Media：包括演示多媒体相关功能的示例，如摄像头、录音机、效果等。
- Connectivity：包括演示各种网络方法的示例，如蓝牙和 HTTP。
- Notification：包括演示各种 Notification API 的示例。
- Wearable：包括演示开发人员可用于穿戴式设备的各种功能的大量示例。

上面列出的示例只是大量应用分类中的一部分，这些示例应用演示了 Android API 的各种功能。

提示

我们将在第 3 章中讨论如何导入一个示例应用。一旦安装好 Android Studio，要在 Welcome to Android Studio 界面添加一个示例项目，选择 Import an Android Code Sample，选择要导入的示例项目，单击 Next，然后单击 Finish，现在示例项目应该准备就绪，可以在编辑器中修改它了。像平时一样，可以编译这个项目，然后在模拟器或真机设备上运行应用。在第 3 章中，当测试开发环境和编写第一个应用时，你将看到执行这些步骤的详情。

2.3 本章小结

在本章中，安装、配置并开始探索开始开发 Android 应用所需要的工具，包括相应的 JDK、Android SDK 和 Android Studio。你还了解了可选择替代的开发环境，如 IntelliJ IDEA Community 或 Ultimate 版本。你了解了如何配置 Android 硬件以便进行调试。此外，还探索了 Android SDK 提供的许多工具，了解了它们的基本目的。最后，查看了 Android SDK

提供的示例应用。现在你应该拥有一个正确配置的开发环境来编写 Android 应用。在第 3 章中，你将能够利用这些配置的所有优点，编写一个 Android 应用。

2.4 小测验

1. Android 开发需要什么版本的 Java JDK？
2. 当安装自己的应用而不使用安装Android市场的应用时，需要选择什么样的安全选项？
3. 为了调试应用，必须在硬件设备上启用什么选项？
4. 哪个.jar 文件包含 Android 应用框架？
5. 为单元测试提供支持的顶级包名是什么？
6. 为在应用中整合广告，Google 提供了哪个可选的 Android SDK？

2.5 练习题

1. 打开 Android SDK 中的 Android 文档的本地副本。
2. 启动 Android Studio SDK 管理器，并至少安装一个其他版本的 Android。
3. 列举 Android SDK 中的 5 个示例应用。

2.6 参考资料和更多信息

Google 的 Android Developers Guide：
http://d.android.com/guide/components/index.html
Android SDK 下载网址：
http://d.android.com/sdk/index.html
Android SDK License Agreement:
http://d.android.com/sdk/terms.html
Java Platform, Standard Edition:
http://oracle.com/technetwork/java/javase/overview/index.html
JetBrains:
https://www.jetbrains.com/
Android Developer Tools:
https://developer.android.com/tools/help/adt.html
EclipseProject:
http://eclipse.org

第3章

创建第一个 Android 应用

现在，你的电脑上应该已经配置好了 Android 开发环境。当然，如果有一台 Android 设备就更理想了。现在，是时候开始编写一些 Android 代码了。本章中，你将会学习如何验证 Android 开发环境是否设置正确，也将学会如何在 Android Studio 中添加和创建 Android 项目。然后，将在软件模拟器和 Android 设备上编写和调试你的第一个 Android 应用。

注意

Android 开发工具包(SDK)的更新频率很快。我们力求提供最新的工具和步骤。然而，这些步骤和本章提及的用户界面随时可能会更改。因此，请访问 Android 开发网站(http://d.android.com/sdk/index.html)以获取最新信息。

3.1　测试开发环境

确保正确配置开发环境最好的方法是运行一个现有的 Android 应用。当选择 Android Studio 中的 Import Sample 选项时，可以通过导入一个示例应用来轻松完成。示例应用在 Google 的 GitHub 账户中托管，GitHub 是一个流行的源代码控制服务，由于 Android Studio 集成了 GitHub，示例应用自动从 GitHub 抓取并导入到 Android Studio 中，不必执行任何额外的配置设置。

在可用的示例应用中，可以找到一个名为 BorderlessButtons 的应用。为了构建和运行 BorderlessButtons 应用，需要将示例项目导入到 Android Studio 中，创建一个合适的 Android 虚拟设备(AVD)配置文件，并为该项目设置启动配置。幸运的是，当一切都设置无误后，可在 Android 模拟器和 Android 设备中快速构建并运行该应用。通过示例应用来测试开发环境，可以排除项目配置和编码方面的问题，转而确定开发工具是否设置正确。当这些都完成后，就可以开始编写和编译自己的 Android 应用了。如果不能正确运行示例应用，说明在准备系统的开发环境时，可能漏掉了某些配置步骤。

3.1.1 在 Android Studio 中导入 BorderlessButtons 示例

要在 Android Studio 中导入 BorderlessButtons 示例，执行以下操作：

(1) 启动 Android Studio，等待 Welcome to Android Studio 界面出现(见图 3.1)。

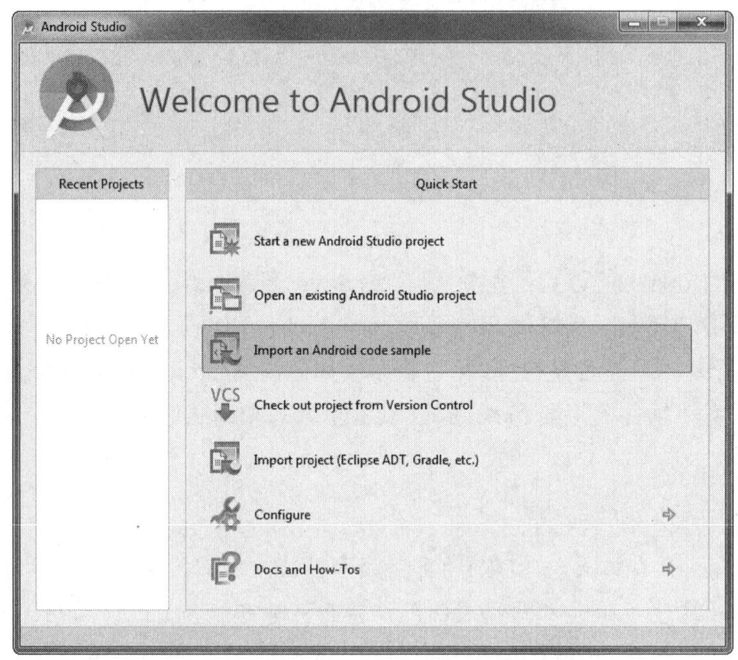

图 3.1　Welcome to Android Studio 界面

(2) 在 Welcome to Android Studio 界面单击 Import an Android code sample 选项(见图 3.1)。

(3) 在 Browse Sample 界面，在搜索栏中输入关键字 Borderless Buttons 以查找示例。应该看到两个结果出现在 Browse Sample 列表中。选择 Borderless Buttons 关键字的任何一个结果(见图 3.2)，因为它们都链接到同一个示例应用。我们选择 Design 组中的 Borderless Buttons。一旦选择这个示例应用，然后单击 Next。

(4) 在 Sample Setup 界面(见图 3.3)，应该看到 Application name 中已经填写了 BorderlessButtons 名称，Project location 也已经被选好。可以随意改变 Project location 到想要的路径，然后单击 Finish。

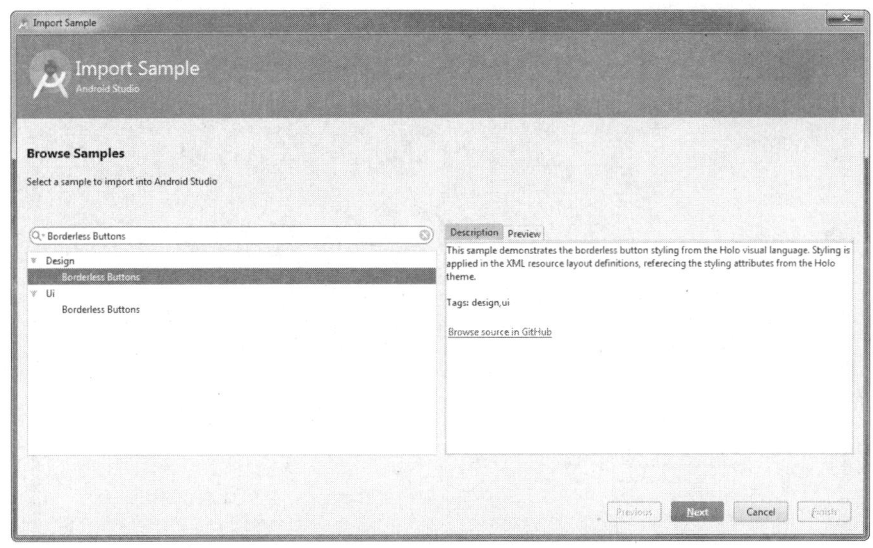

图 3.2　选择将 BorderlessButtons 示例应用导入到 Android Studio 中

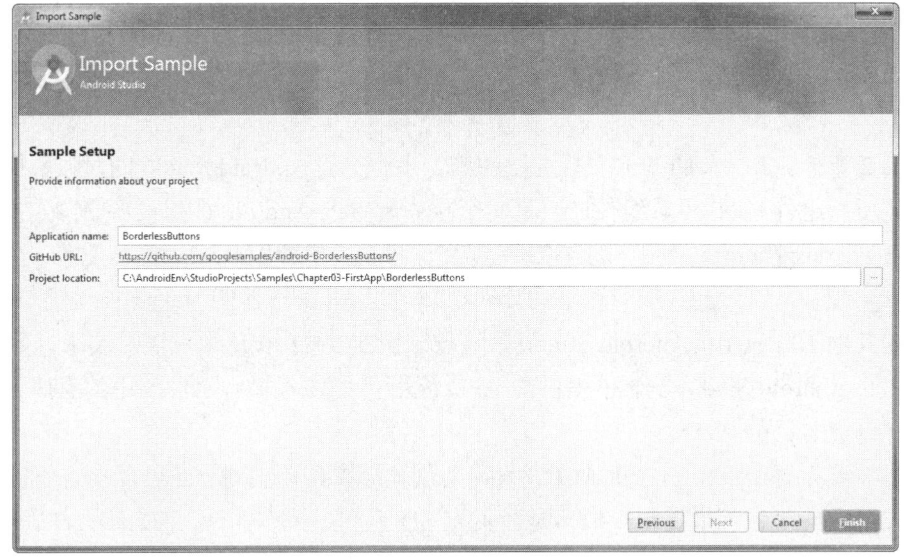

图 3.3　在导入到 Android Studio 之前检查 Application name 和 Project location

现在应该看到 Android Studio 中导入了 BorderlessButtons 示例应用，如果一切运行正常，在 Gradle Build 的 Messages 标签页窗口中应该不会出现任何错误消息(见图 3.4)。如果列出了任何错误，必须修复它们之后，才能继续。

现在，你知道了如何将示例应用导入到 Android Studio 中。示例应用对学习如何使用 Android 的特定 API 编写代码很有帮助。随意导入其他示例程序，并查看它们是如何被开发出来的。这是学习如何编写 Android 应用最快捷的方式之一。

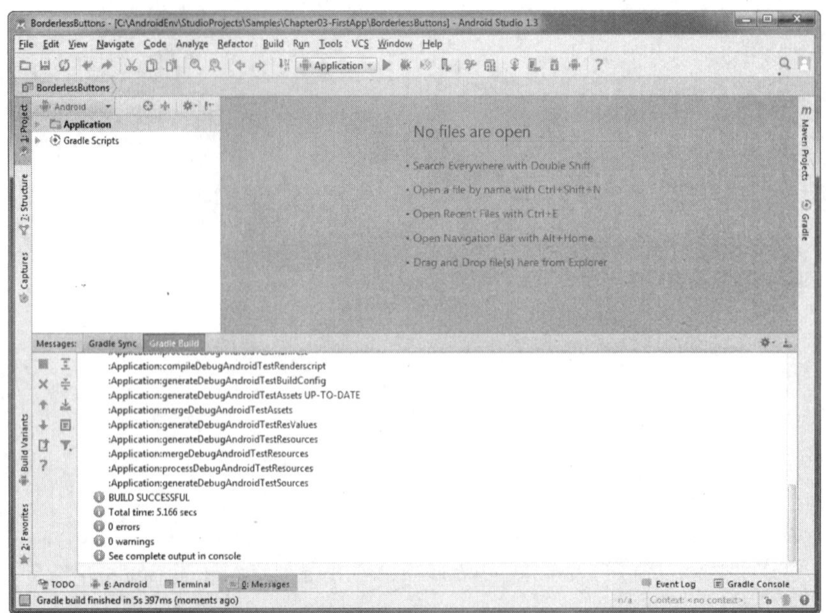

图 3.4　BorderlessButtons 示例应用被导入到 Android Studio 中，没报错

3.1.2　使用预装的 AVD 运行 BorderlessButtons 项目

在第 2 章的 2.1 一节的基本安装过程的第二步，安装 Android Studio 的时候，我们建议选择安装所有组件。安装可选组件之一是一个预先配置的 Android 虚拟设备。你将在该 AVD 上运行 BorderlessButtons 应用。该 AVD 配置文件描述了一个默认的模拟器配置，在撰写本书的时候，预装 AVD 配置是运行 API Level 22 兼容 x86 处理器的 Nexus 5。对于本例以及本书中的其他示例应用，Android Studio 默认安装所提供的 AVD 即可满足要求。只是需要注意，你的 Android Studio 安装中提供的 AVD 配置可能与本书中示例使用的有所不同。也可以选择创建自己的 AVD。

并不需要为每个应用创建新 AVD，只需要创建想要模拟的设备。可以指定不同的屏幕尺寸和屏幕方向，也可以指定模拟器是否具有 SD 卡，如果有的话，SD 卡的容量是多少。对于为 BorderlessButtons 项目配置 AVD 的具体步骤，以及了解不同的配置选项，请参阅附录 B。

在下一节中，将学习如何启动模拟器来运行应用。

3.1.3　在 Android 模拟器中运行 BorderlessButtons 应用

现在已经为 BorderlessButtons 项目创建了一个 AVD，可以通过以下步骤运行 BorderlessButtons 应用：

(1) 在 Android Studio 中打开应用，单击工具栏上的运行图标(▶)。

(2) 将出现一个对话框，提示选择设备。确保 Launch emulator 选项被选中，并且选中的 Android 虚拟设备是 Nexus 5 API 22 x86，然后单击 OK。

(3) Android 模拟器将会启动，这可能需要一些时间来初始化(如图 3.5 所示)。一旦启动，应用将被安装到模拟器上。

图 3.5　Android 模拟器启动

注意

即使是在非常快的计算机上，模拟器的启动也可能需要很长时间。你可能想要在工作的时候让它在后台运行(即不要关闭模拟器，因为重新启动一个模拟器需要很长的时间)，然后在需要的时候重新连接它。Android Studio 中的工具可以重新安装应用和重新启动它，这样就可以轻松地在任何时间保持模拟器的加载。这是另一个为每个 AVD 开启快照功能的原因。也可以在你需要模拟器之前就在 Android 虚拟设备管理器中单击 Start 按钮启动模拟器。想了解更多有关快照功能和配置以及启动 AVD 的信息，请参阅附录 B。

(4) 如有必要，请自下而上轻扫屏幕来解锁模拟器，如图 3.6 所示。

(5) BorderlessButtons 应用启动后，可以开始使用应用，如图 3.7 所示。

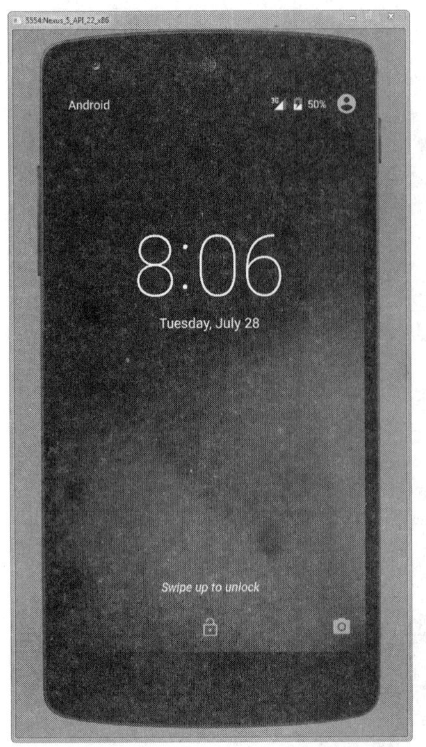

图 3.6 Android 模拟器启动中(锁定状态)

图 3.7 在 Android 模拟器中运行 BorderlessButtons 示例应用

只需要在使用 Android Studio 工作的时候，将模拟器保持在后台运行，并再次使用 Run 配置重新部署即可。

3.2 构建第一个 Android 应用

现在是时候从头开始编写第一个 Android 应用了。我们将会从一个简单的“Hello World”应用开始构建应用，并详细探索一些 Android 平台功能。

提示

本章提供的代码示例来自 MyFirstAndroidApp 应用。本书的网站提供 MyFirstAndroidApp 应用的源代码可供下载。

3.2.1 创建并配置一个新的 Android 项目

可以采用将 BorderlessButtons 应用添加到 Android Studio 中的类似方法创建一个新的 Android 应用。

需要做的第一件事是在 Android Studio 中创建一个新的项目。Android 应用项目创建向导将为 Android 应用创建所有必需的文件。要在 Android Studio 中创建一个新的项目，请执行下面的步骤：

(1) 启动 Android Studio，等待出现 Welcome to Android Studio 对话框后，选择 Quick Start 选项中列出的 Start a new Android Studio project，如图 3.8 所示。如果启动 Android Studio 时就已载入一个已经打开的项目，而不是出现 Welcome to Android Studio 对话框，那么在启动 Android Studio 之前确保关闭项目(选择 File | Close Project)。

(2) 选择一个应用名称，如图 3.9 所示。应用名称是应用的“友好”名称。该名称将会在应用启动器中和图标一起显示。将应用命名为 My First Android App。 这将自动创建一个名为 MyFirstAndroidApp 的 Project location 文件夹，但可以随意地更改为想要选择的名称和存储位置。

(3) 还需要修改 Package name，使用反向域名表示法(http://en.wikipedia.org/wiki/Reverse_domain_name_notation),在此使用 com.introtoandroid.myfirstandroidapp。为此，编辑 Company Domain 字段为 introtoandroid.com。当修改公司域名时，将看到包名自动更改。也可以通过单击 Package name 列表最右侧的 Edit 链接来编辑 Package name 字段。一旦完成，单击 Next。

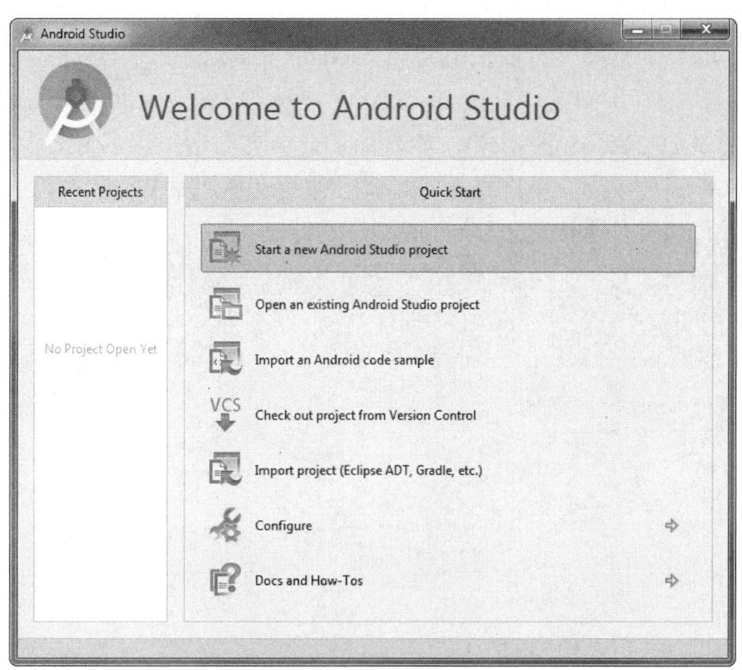

图 3.8　在 Welcome to Android Studio 对话框中选择 Start a new Android Studio project

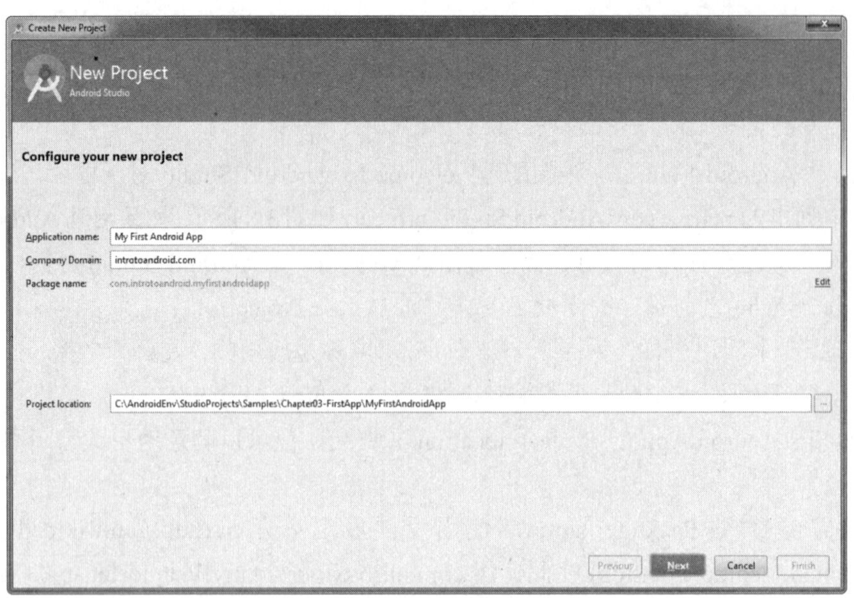

图 3.9　配置一个新的 Android 项目

(4) 在 Target Android Devices 对话框中(见图 3.10)，除了选择应用所需支持的 Minimum SDK，还应该选中 Phone and Tablet 选项。在撰写本书时，Minimum SDK 默认选中 Android 4.0.3 API Level 15。这将允许我们支持与 Google Play 商店中的应用兼容的所有设备的 94.0%。可以自由选择不同的 Minimum SDK，但是对于这个示例应用，把它设置为 API 15:Android 4.0.3(IceCreamSandwich)，如果尚未选中它的话。除了为大多数选项选择一个 Minimum SDK，还可以为应用选择支持其他形态的设备，如 Wear、TV、Android Auto 以及 Glass，但我们只关注 Phone and Tablet。单击 Next。

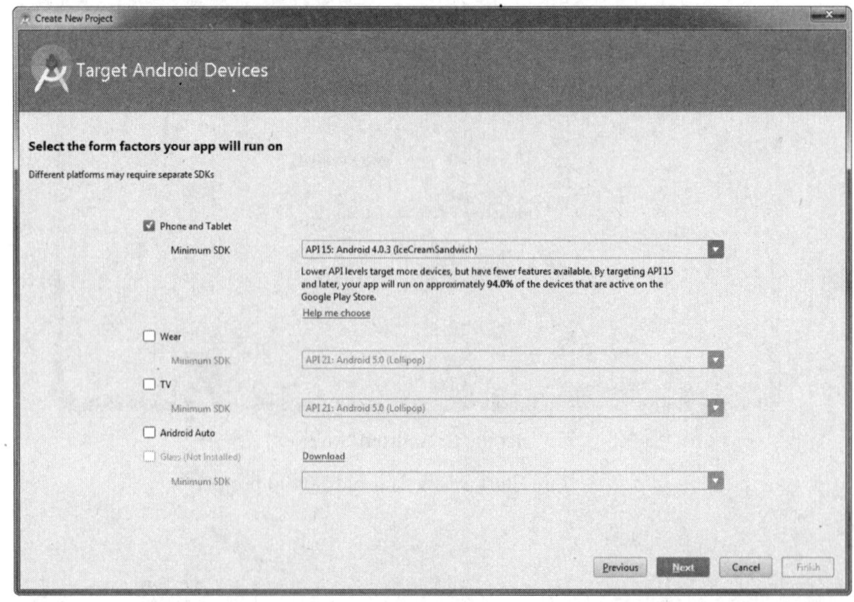

图 3.10　在 Target Android Devices 对话框中选择对应设备类型和 Minimum SDK 选项

(5) 在 Add an activity to Mobile 对话框中(见图 3.11)，可以从下面几种常用类型的 Activity 选项中选择想要的 Activity 类型并添加到应用中，也可以自由选择 Add No Activity。但在这个例子中，选择 Blank Activity 选项。单击 Next。

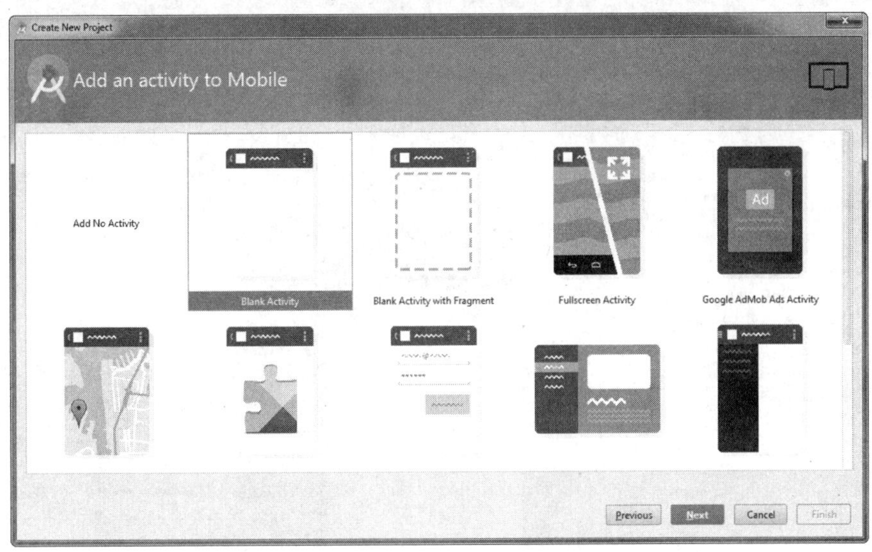

图 3.11　在 Add an activity to Mobile 对话框中选择 Blank Activity

(6) 在 Customize the Activity 对话框(见图 3.12)中可以提供一个 Activity 名称。将该 Activity 命名为 MyFirstAndroidAppActivity。注意到 Layout Name、Title 和 Menu Resource 字段也会随着编辑 Activity Name 字段而改变。现在你已经准备好创建应用了。最后，单击 Finish 按钮来创建应用。

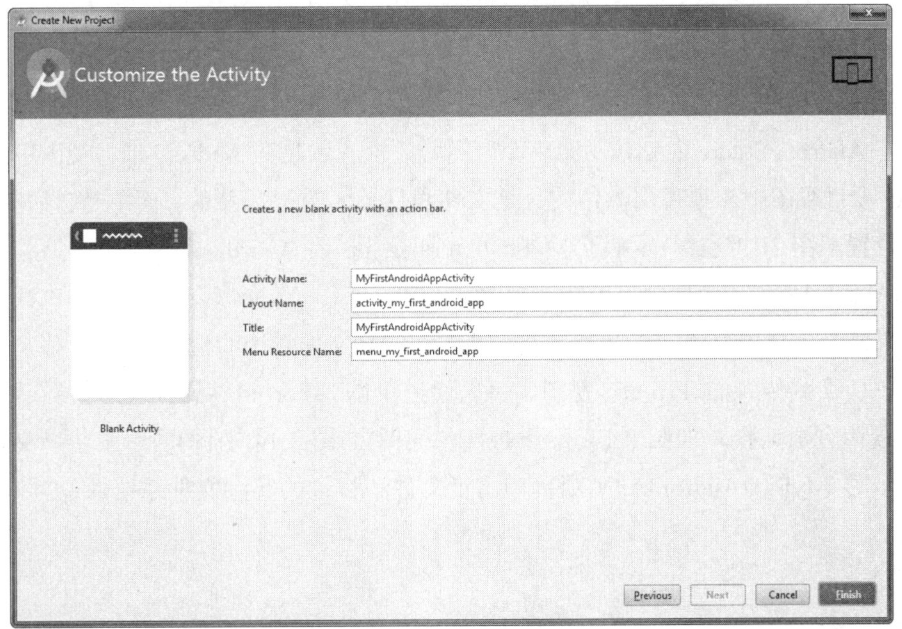

图 3.12　自定义 Activity

(7) Android Studio 可能需要一段时间来创建项目，一旦完成，就会显示我们创建的第一个应用，并且布局文件被打开以供我们编辑(见图 3.13)。

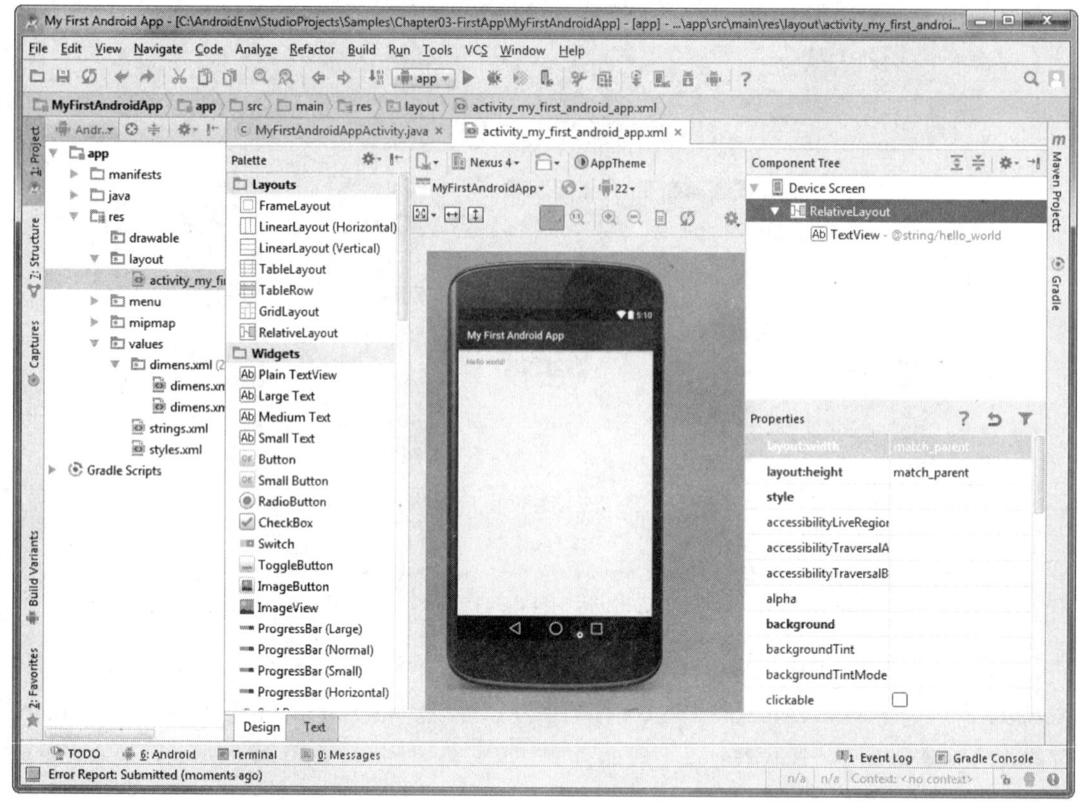

图 3.13 在 Android Studio 中创建第一个应用并打开

3.2.2 了解 Android 符号视图和传统 Project 视图

当在 Android Studio 中创建了第一个应用时，该应用是在 Android 项目视图中打开的。Android 项目视图中，项目层次结构只是文件和目录名的符号表示，而不是它们实际的文件系统位置。图 3.14(左图)显示了 MyFirstAndroidApp 的 Android 符号项目视图。Android 视图是 Android Studio 管理项目的默认视图。

如果偏爱查看项目的文件和目录在系统中的实际文件系统的位置，可以选择从 Android 符号视图切换到传统的 Project 视图。可以通过单击 Android 视图下拉列表，然后选择 Project 视图完成切换，如图 3.14 所示(顶部中间图)。图 3.14(右图)展示了传统 Project 视图，显示的 MyFirstAndroidApp 项目列出了文件和目录的实际文件系统的位置，以方便进行导航。

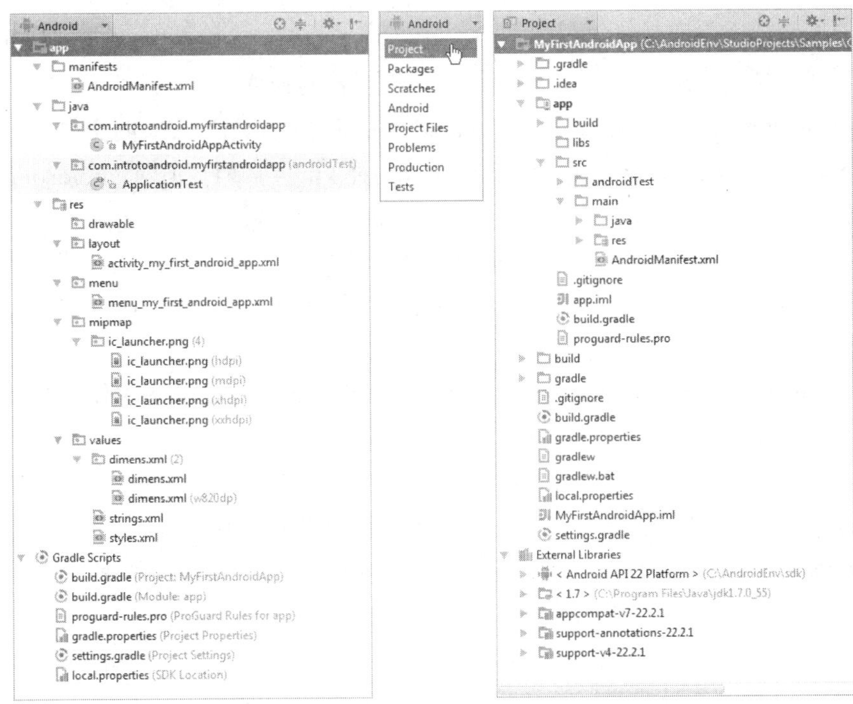

图 3.14　Android 符号视图(左图)，传统的 Project 视图(右图)，从 Android 符号视图切换到传统的 Project 视图(顶部中间图)

3.2.3　Android 应用的核心文件和目录

每个 Android 应用都会创建一组核心文件，用于定义应用的功能。想了解的文件位于 MyFirstAndroidApp 项目的 app 模块目录中。下列是一些在创建应用时默认创建的文件，它们位于 app 模块目录中：

- build/——所有自动生成文件所需的文件夹
- libs/——包含所有.jar 库项目的文件夹
- src/——包含了所有源代码的文件夹
- src/main/androidMainfest.xml——应用的核心配置文件。它定义了应用的功能和权限，以及如何运行。
- src/main/java——包含主 Activity 文件以及其他.java 和.aidl 文件的文件夹。
- src/androidTest/——包含所有测试源代码的文件夹。
- src/main/res/——必需的文件夹，放置和管理所有的应用资源。应用资源包括动画、颜色定义、可绘制图形、mipmap 启动图标、布局文件、菜单定义，以及诸如字符串、数字、xml 以及原始文件等数据。
- src/main/res/drawable——应用图形资源，定义了可绘制对象和形状。
- src/main/res/layout——必需的文件夹，包含一个或多个布局资源文件，每个文件管理应用中的不同 UI 或 App Widget 布局。

- src/main/res/layout/activity_my_first_android_app.xml——MyFirstAndroidAppActivity 相对应的布局资源文件，用来组织主应用屏幕的控件。
- src/main/res/menu——包含定义 Android 应用菜单的 XML 文件的文件夹。
- src/main/res/menu/menu_my_first_android_app.xml——MyFirstAndroidAppActivity 中使用的菜单资源文件，定义了一个 Settings 菜单项。
- src/main/res/mipmap-*——包括不同的分辨率、特定密度的应用启动图标的文件夹。
- src/main/res/values*——包含定义 Android 应用尺寸、字符串和样式的 XML 文件的文件夹。
- src/main/res/values/dimens.xml——MyFirstAndroidAppActivity 中使用的尺寸资源文件，用来定义屏幕的默认边距。
- src/main/res/values/strings.xml——MyFirstAndroidAppActivity 中使用的字符串资源文件，用来定义一些在整个应用中可能被重用的字符串变量。
- src/main/res/values/styles.xml——MyFirstAndroidAppActivity 中使用的样式资源文件，用来定义应用的主题风格。
- src/main/res/values-w820dp/dimens.xml——尺寸资源文件，当使用 7 英寸或 10 英寸平板电脑的横屏模式时，该文件将会覆盖 res/values/dimens.xml。
- proguard-rules.pro——由 Android Studio 和 ProGuard 使用的生成的构建文件。编辑这个文件为发布版本配置代码优化和混淆设置。
- build-gradle——自定义 Gradle 构建系统属性的文件。
- app.iml——IntelliJ IDEA 的一个模块。
- .gitignore——一个用于定义 Git 应该忽略哪些文件的文件。

许多其他的一些文件保存在磁盘上，作为 Android Studio 项目的一部分。然而，上面所列的文件和资源目录是平时接触和使用的重要项目文件。

3.2.4　在模拟器中运行 Android 应用

现在，可按以下步骤运行 MyFirstAndroidApp：

(1) 确保 Run/Debug Configuration 的名称 app(见图 3.15)被选中，然后单击工具栏上的 Run 图标(▶)。

图 3.15　Run/Debug Configuration 的名称 app 被选中

(2) 现在，系统会提示选择一台正在运行的设备(见图 3.16)。之前的例子启动了默认模拟器，所以它应该在运行的设备列表中。如果尚未运行，选择 Launch emulator，接着选择一个合适的 AVD，然后单击 OK。

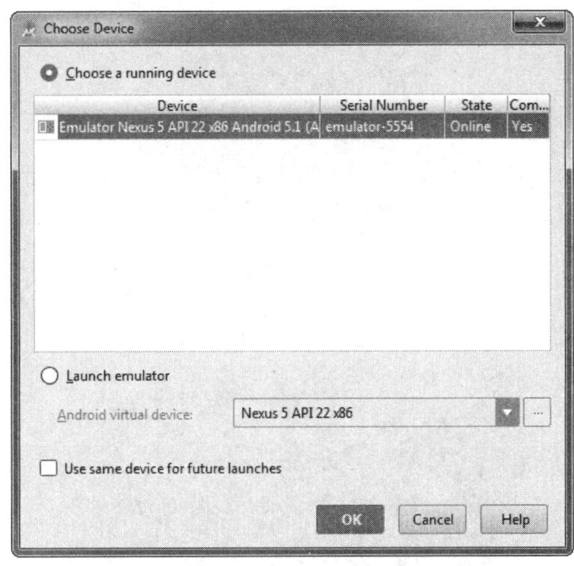

图 3.16　选择已经启动的正在运行的模拟器

(3) 如果模拟器没有事先启动，就会启动 Android 模拟器，这可能需要一些时间。

(4) 如果模拟器锁屏了，解锁它。

(5) 应用就会启动，如图 3.17 所示。

图 3.17　在模拟器中运行 My First Android App

(6) 单击模拟器的 Back 按钮结束应用，或者单击 Home 暂停应用。

(7) 单击 Favorites tray 中的 All Apps 按钮(如图 3.18 所示)，浏览 All Apps 屏幕中所有已经安装的应用。

图 3.18 All Apps 按钮

(8) 屏幕现在应该类似于图 3.19，单击 My First Android App 图标再次启动应用。

图 3.19 All Apps 屏幕中的 My First Android App 图标

3.2.5 在模拟器中调试 Android 应用

在继续之前，需要熟悉在模拟器中调试应用。为说明一些有用的调试工具，让我们在 My First Android App 中制造一个错误。

在项目中，编辑源文件 MyFirstAndroidAppActivity.java。在类中创建一个新方法 forceError()，并在 Activity 类的 onCreate()方法中调用该方法。forceError()方法会在应用中产生一个新的未处理的错误。

forceError()方法的代码如下：

```
public void forceError(){
    if(true){
        throw new Error("Whoops");
    }
}
```

这时运行该应用，并观察会发生什么，可能会很有帮助。在模拟器中，会看到应用已意外停止。还会看到一个对话框，提示应用已被停止，如图 3.20 所示。

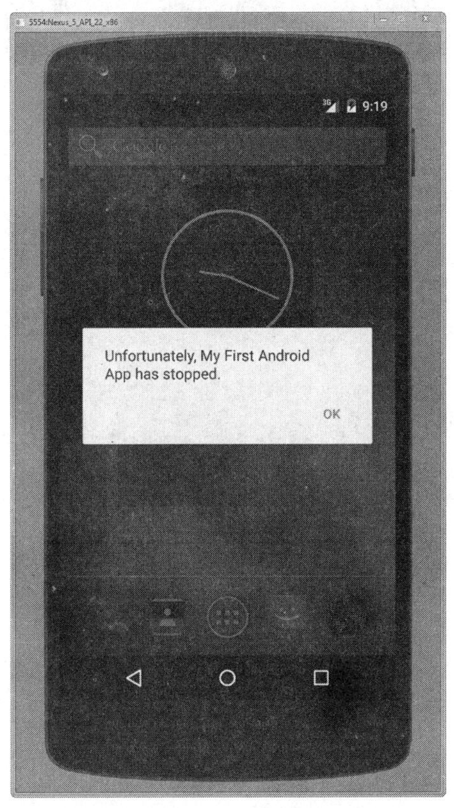

图 3.20　My First Android App 果然崩溃了

关闭应用，但保持模拟器仍然运行。现在到调试应用的时候了。可以按照以下步骤调试 MyFirstAndroidApp 应用:

(1) 确保 Run/Debug Configuration 的名称 app(见图 3.15)被选中，然后单击工具栏上的 Debug 图标( )。

(2) 接下来的操作和启动 Run 配置文件及选择合适的模拟器一样，如果需要的话，解锁屏幕。

调试器的连接需要一段时间。如果这是第一次调试 Android 应用，可能需要等待一些提示对话框，例如像图 3.21 所示的对话框，当应用第一次连接到调试器时会显示。

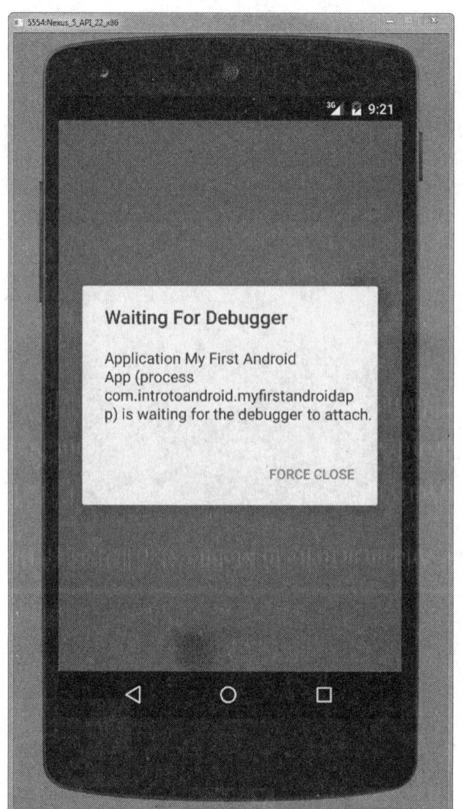

图 3.21　等待调试器附加到模拟器

在 Android Studio 中，使用 Debugger 标签页来查看断点(如图 3.22 所示)，单步执行代码，并观察 Logcat 中记录的应用信息。此时，当应用崩溃时，可使用调试器来确定原因。如果允许应用在抛出异常后继续运行，可以检查 Android Studio 中的 Debug 视图中的结果。如果检查 Debugger 标签页，可以看到应用由于未处理的异常而被迫退出。

特别地，可以看到一个 java.lang.error:Whoops 的 uncaughtexception()错误。回到模拟器，单击 Force Close 按钮。在 forceerror()方法中以 throw 开头的代码行的左侧单击，设置断点，这样会显示一个红色的圆圈(见图 3.22)。

提示

在 Android Studio 中，可以通过单击代码行的左侧设置断点，这样会显示一个红色的圆圈。也可以使用键盘快捷键来切换(设置和取消)断点，在 Windows 上按 Ctrl+F8，在 Mac 上按 Command+F8。可使用 Step Into(F7 功能键)、Step Over(F8 功能键)或 Step Out(Shift + F8)单步调试代码。

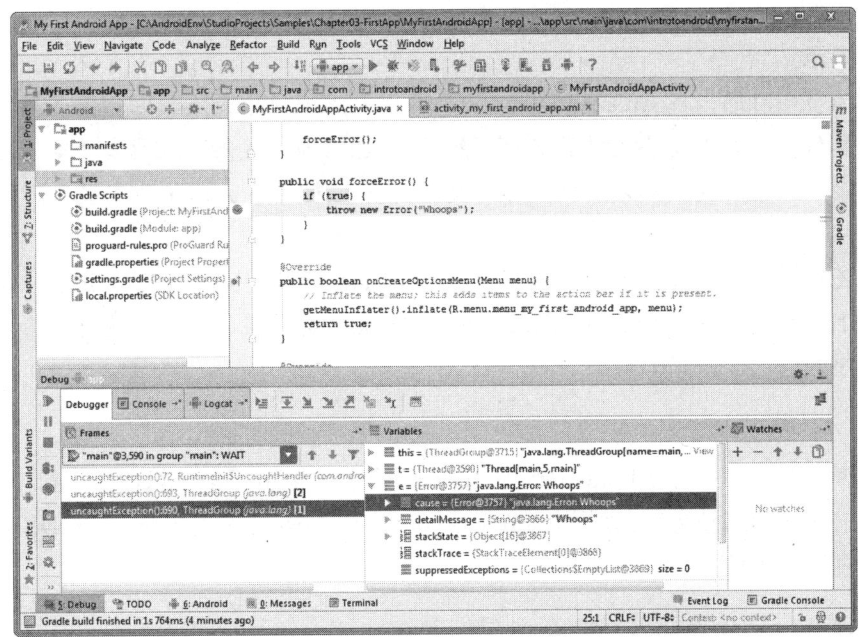

图 3.22　在 Android Studio 中调试 MyFirstAndroidApp 应用

在模拟器中，重新启动应用，然后通过单步调试代码。可以看到应用抛出了异常，然后异常在 Debugger 标签页中显示出来。展开其内容，将会显示这是 Whoops 错误。现在是重复引发程序崩溃，并熟悉控制操作的好时机。

3.2.6　为 Android 应用增加日志记录

在开始深入了解 Android SDK 中的各种功能前，需要熟悉日志记录，它是调试和学习 Android 的宝贵资源。Android 的日志记录功能包含在 android.util 包的 Log 类中。请参阅表 3.1 以了解 android.util.Log 类中一些有用的方法。

表 3.1　常用的日志记录方法

方　　法	作　　用
Log.e()	记录错误
Log.w()	记录警告
Log.i()	记录消息性信息
Log.d()	记录调试信息
Log.v()	记录详细信息

为在 MyFirstAndroidApp 中增加日志记录功能，需要编辑 MyFirstAndroidApp.java 文件。首先，必须为 Log 类添加适当的导入语句：

```
import android.util.Log;
```

提示

为节省时间，在 Android Studio 中，可以利用代码中的类来帮助导入类。可以将鼠标悬停在需要导入的类名上，然后按 Alt+Enter 键来导入所需的类。这会自动导入所需的包。如果遇到命名冲突的情况，这往往与 Log 类有关，可以选择实际想使用的包。

还可以使用 optimize imports 命令(在 Windows 上按快捷键 Ctrl+Alt+O 或在 Mac 上按快捷键^+Option+ O)来让 Android Studio 自动组织导入。这将删除未使用的导入。

接下来，在 MyFirstAndroidApp 类中，需要声明一个字符串常量，该字符串用于标记该类输出的所有日志消息。可使用 Android Studio 中的 Logcat 实用工具，基于 DEBUG_TAG 字符串来过滤日志信息：

```
private static final String DEBUG_TAG= "MyFirstAppLogging";
```

现在，在 onCreate()方法中，可以记录一些信息：

```
Log.i(DEBUG_TAG,
    "In the OnCreate() method of the MyFirstAndroidAppActivity.Class");
```

这里，必须移除之前的 forceError()调用，从而确保应用不会崩溃。现在，已经准备好运行 MyFirstAndroidApp 应用了。保存好你所做的工作，并在模拟器中进行调试(■)。注意，在 Logcat 列表中，将出现日志信息，这些信息的 DEBUG_TAG 值为 MyFirstAppLogging (见图 3.23)。

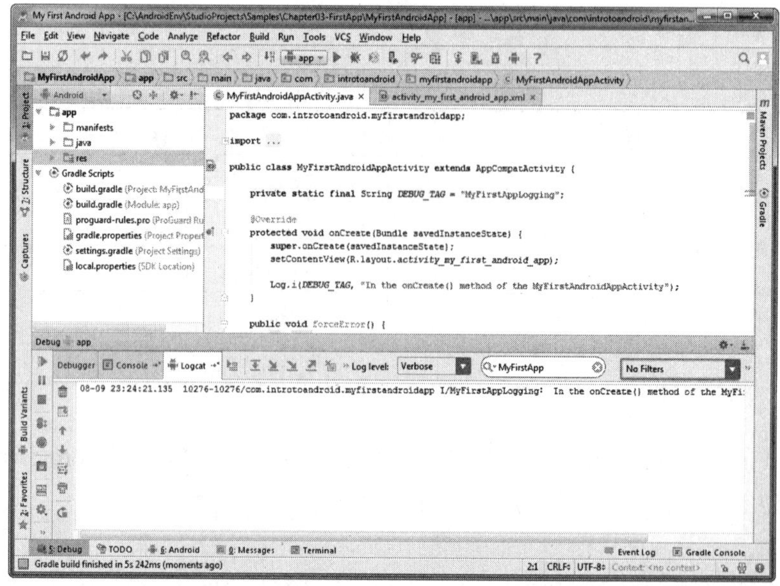

图 3.23 MyFirstAndroidApp 的 Logcat 记录

3.2.7　在硬件设备上调试应用

你已经掌握了如何在模拟器中运行应用。现在让我们在真实硬件上运行应用。本节将讨论如何将应用安装在运行 Android 5.1.1 的 Nexus 4 设备上。要了解如何安装到不同的设备或 Android 版本上，请阅读 http://d.android.com/tools/device.html。

通过 USB 将 Android 设备连接到电脑上，使用 Debug 选项重启应用，应该会在 Choose Device 对话框中看到一个真实的 Android 设备以供选择(见图 3.24)。

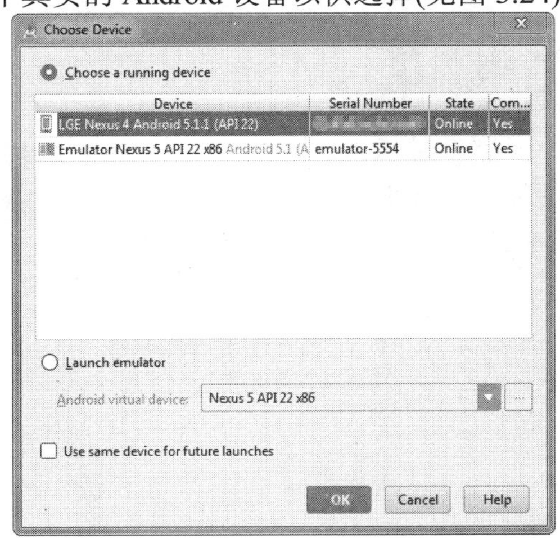

图 3.24　在 Choose Device 中选择 USB 连接的 Android 设备

选择该 Android 设备作为目标设备，你会看到 My First Android App 应用被加载到 Android 设备上，并和先前一样启动。假如在设备上启用了开发调试选项，也可以在这里调试应用。为开启 USB 调试，请前往 Settings 应用，然后选择 Developer Options，在 Debugging 下选择 USB debugging。将显示一个对话框(见图 3.25)，指出必须允许 USB 调试。单击 OK 以允许调试。

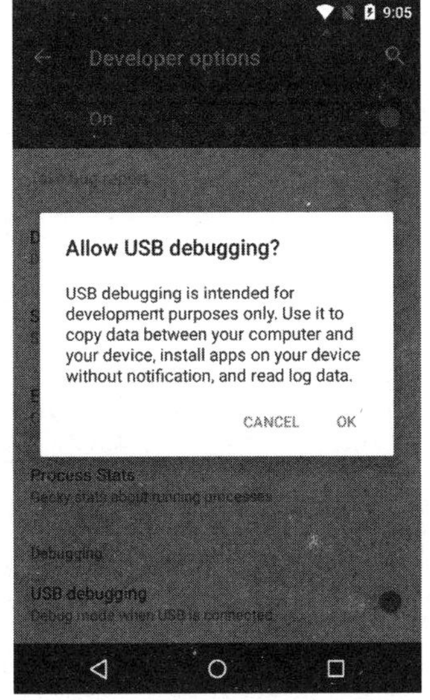

图 3.25　必须允许 USB 调试

一旦 USB 连接的 Android 设备被识别，可能会弹出另一个对话框，要求你确认开发电脑的 RSA 密钥指纹。如果是这样，选择 Always allow from this computer 选项并单击 OK(见图 3.26)。

一旦启用，你将被告知设备的 USB 调试连接已启动，因此一个小的 Android bug 状的小图标()将显示在状态栏。根据 Android 版本，这个 bug 般的图标可能会略有不同，类似于 Android 的版本代号。在这个示例中，一般为有眼和触角的棒棒糖虫。图 3.27 显示了应用运行在真实设备上的屏幕截屏(在本例中，手机上运行着 Android 5.1.1 系统)。

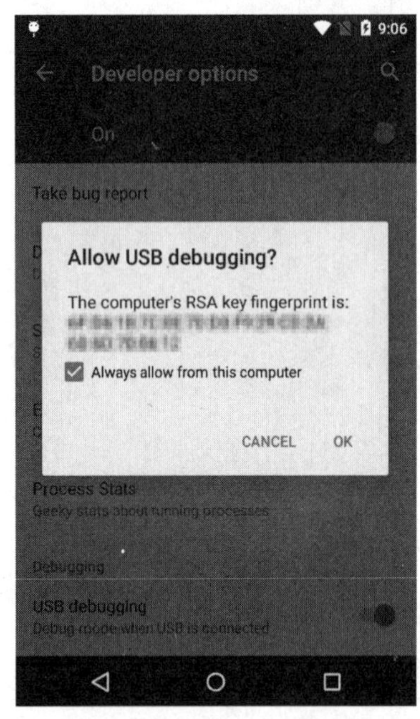

图 3.26 记住电脑的 RSA 密钥指纹

图 3.27 My First Android App 应用运行在 Android 设备硬件上

在设备上调试程序和在模拟器上调试大致相同，但有一些例外。不能使用模拟器控制一些事情，例如发送短信或设置设备的位置，但可以执行实际操作(真实的短信，真实的位置信息)来代替。

3.3 本章小结

本章展示了如何使用 Android Studio 来添加、构建、运行和调试 Android 项目。首先从 Android Studio 中安装示例应用，然后使用 Android Studio 中的示例应用来测试开发环境，以及从 GitHub 导入项目，接着使用 Android Studio 从头创建一个新的 Android 应用。还学习了如何快速修改应用，并展示了一些将在后续章节中学习的令人兴奋的 Android 功能。

在接下来的几章中，将会学习开发 Android 应用的一些工具，然后专注于使用应用清单文件来配置 Android 应用的一些细节问题，还将学习如何组织应用资源(例如图片和字符串)供应用使用。

3.4 小测验

1. 在 Android.util.Log 类中，e、w、i、v、d 分别代表什么？例如 Log.e()?
2. 在断点调试中，Step Into、Step Over 和 Step Out 的快捷键是什么？
3. 优化导入文件的快捷键是什么？
4. 在 Android Studio 中切换设置断点的快捷键是什么？
5. 哪些步骤允许在 Android 设备上开启 USB 调试？

3.5 练习题

1. 阐述 Create New Project 创建向导中的 Minimum SDK 选项的作用。

2. 在 Create New Project 创建向导中，在 Add an activity to Mobile 界面中，有一个 Activity 选项名为 Fullscreen Activity。用这个 Activity 创建一个新应用，然后描述 Blank Activity 和 Fullscreen Activity 的区别。

3. 描述 Android Studio 的 Android 符号视图与传统 Project 视图之间的区别。

3.6 参考资料和更多信息

Android 入门学习：
http://d.android.com/training/index.html
Android SDK 中 Activity 类的参考阅读：
http://d.android.com/reference/android/app/Activity.html
Android SDK 中 Log 类的参考阅读：
http://d.android.com/reference/android/util/Log.html
Android 工具："使用硬件设备"：
http://d.android.com/tools/device.html
Android 工具"项目管理概述"：
http://d.android.com/tools/projects/index.html
Android 示例代码：
http://d.android.com/samples/index.html

第 II 部分

应用基础

第 4 章

理解应用组件

经典的计算机科学课程通常根据功能和数据来定义应用，Android 应用也不例外。Android 应用执行任务、在屏幕上显示信息并操纵来自各种数据源的数据。

为资源受限的移动设备开发 Android 应用，需要深入理解应用的生命周期。Android 使用专有的术语来定义应用构建模块——例如，Context、Activity、Fragment 和 Intent。本章将帮助你熟悉最重要的术语，以及它们在 Android 应用中的相关 Java 类。

4.1 掌握重要的 Android 术语

本章将介绍 Android 应用开发中使用的术语，并帮助你深入理解 Android 应用如何实现功能以及如何与其他应用进行交互。下面是本章涵盖的一些重要术语：

- Context(上下文)：Context 是 Android 应用的中央指挥中心。大部分的应用相关功能可以通过 Context 访问或引用。Context 类(android.content.Context)是任何应用的基本构建模块，允许访问应用内的功能，例如应用的私有文件和设备资源，以及系统级服务。应用内 Context 对象会被实例化为一个 Application 对象(android.app.Application)。
- Activity(活动)：Android 应用由一系列任务组成，每个任务称为一个活动。应用内的每个活动都有一个唯一的任务或目的。Activity 类(android.app.Activity)是任何 Android 应用的基本构建模块，而且大部分应用由多个活动组成。通常，活动用于在屏幕上处理显示，但认为“一个活动就是一个屏幕”却过于简单。Activity 类是 Context 类的子类，因此它也拥有 Context 类的所有功能。
- Fragment(片段)：活动有一个独特的任务或目的，但它可以进一步组件化，每一个组件称为一个片段。应用中的每个片段具有其父活动包含的任务中的一个独特任务。Fragment 类(android.app.Fragment)通常用于组织活动的功能，从而允许在不同屏幕尺寸、方向和纵横比上提供更灵活的用户体验。片段通常用于在里面编写代码和屏幕逻辑，其目的是在多个 Activity 类表示的不同屏幕里实现相同的用户界面。

- **Intent(意图)**：Android 操作系统使用异步消息机制，用于匹配任务请求和合适的 Activity。每个请求被打包成一个意图。可将每个请求看成描述了想要做的事情的一条消息。使用 Intent 类(android.content.Intent)是应用组件(例如，活动和服务)之间通信的主要方法。
- **Service(服务)**：不需要用户交互的任务可以封装成服务。当需要长时间的操作(处理耗时操作)或者需要定时执行(例如，检查服务器是否有新邮件)时，服务就十分有用。活动运行在前台，通常有用户界面，而 Service 类(android.app.service)则用于处理 Android 应用的后台操作。Service 类继承自 Context 类。

4.2 应用 Context

应用 Context 是所有顶层的应用功能的集中地。Context 类可用于管理应用特定配置的详细信息，以及应用内操作和数据，使用应用 Context 访问设置，以及在多个 Activity 实例之间共享资源。

4.2.1 获取应用 Context

可以使用 getApplicationContext()方法在常见的类(例如 Activity 和 Service)中获取当前进程的 Context，例如：

```
Context context = getApplicationContext();
```

4.2.2 使用应用 Context

获取了有效的应用 Context 对象后，可使用它访问应用内的功能和服务，包括以下内容：

- 获取应用资源，例如字符串、图形和 XML 文件
- 访问应用首选项
- 管理私有的应用文件和目录
- 获取未编译的应用资产
- 访问系统服务
- 管理私有的应用数据库(SQLite)
- 使用应用权限

警告

因为 Activity 类是由 Context 类派生的，有时可以使用它，而不必显式地获取应用 Context。然而，不要在任何情况下都使用 Activity Context，因为这可能导致内存泄漏。有关这一话题的优秀文章，请访问 http://android-developers.blogspot.com/2009/01/avoiding-memory-leaks.html。

1. 获取应用资源

使用应用 Context 的 getResources()方法获取应用资源。获取资源的最简单方法是使用它的资源 ID，它是 R.java 类中自动生成的一个唯一数字。下例通过资源 ID 来获取应用资源中的 String 实例：

```
String greeting = getResources().getString(R.string.hello);
```

我们将在第 6 章中详细讨论不同类型的应用资源。

2. 访问应用首选项

使用应用 Context 的 getSharedPreferences()方法获取应用的首选项。SharedPreferences 类可用于保存简单的应用数据，例如配置设置或持久化应用状态信息。我们将在第 14 章中详细讨论应用首选项。

3. 访问应用文件和目录

使用应用 Context 访问、创建和管理应用私有的以及外部存储(SD 卡)上的文件和目录。我们将在第 15 章中详细讨论应用的文件管理。

4. 获取应用资产

使用应用 Context 的 getAssets()方法获取应用资源。它返回一个 AssetManager(android.content.res.AssetManager)实例，用于通过资源的名字打开指定的资源。

4.3　使用 Activity 执行应用任务

Android 的 Activity 类(android.app.Activity)是任何应用的核心。大多数时候，你会在应用中为每个屏幕定义和实现一个 Activity 类。例如，一个简单的游戏应用可能拥有以下 5 个活动，如图 4.1 所示。

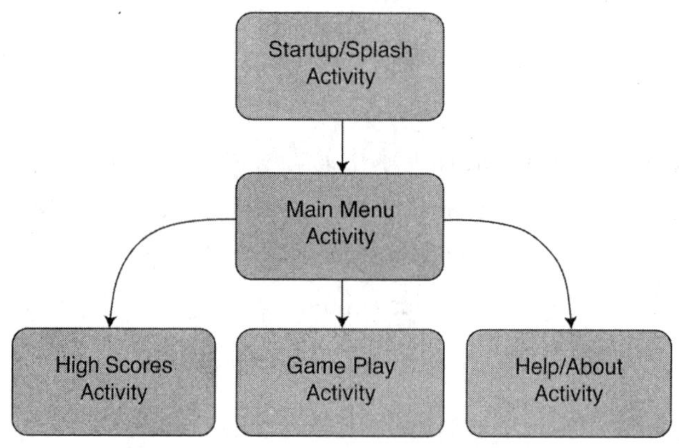

图 4.1　一个有 5 个活动的简单游戏应用

- **Startup/Splash(启动或闪屏屏幕)**：该活动作为应用的主入口点。它显示了应用的名称和版本信息，在这个屏幕短暂地停留后，将切换到主菜单。
- **Main Menu(主菜单屏幕)**：该活动作为切换开关，使用户进入应用的核心活动。此处，用户必须选择在应用中想要做什么。
- **Game Play(游戏屏幕)**：该活动是游戏核心玩法屏幕。
- **High Scores(高分屏幕)**：该活动显示游戏得分或设置。
- **Help/About(帮助/关于屏幕)**：该活动显示用户为了玩游戏而需要的帮助信息。

Android Activity 的生命周期

Android 应用可以是多进程的，只要内存和处理器足够，Android 操作系统允许多个应用同时运行。应用可以有后台行为，当事件(如电话呼入)发生时，应用可以被中断或暂停。同一时刻，只有一个活动的应用对用户可见——具体来说，在任何给定的时刻，只能有一个应用的活动位于前台。

Android 操作系统通过将 Activity 保存在 Activity 堆栈来跟踪所有的 Activity(见图 4.2)。该 Activity 堆栈被称为“返回栈”。当一个新的 Activity 启动时，栈顶的 Activity(当前位于前台的 Activity)暂停，新的 Activity 被压入栈顶。当那个 Activity 完成时，它将从 Activity 堆栈中移除，而堆栈中的前一个 Activity 恢复运行。

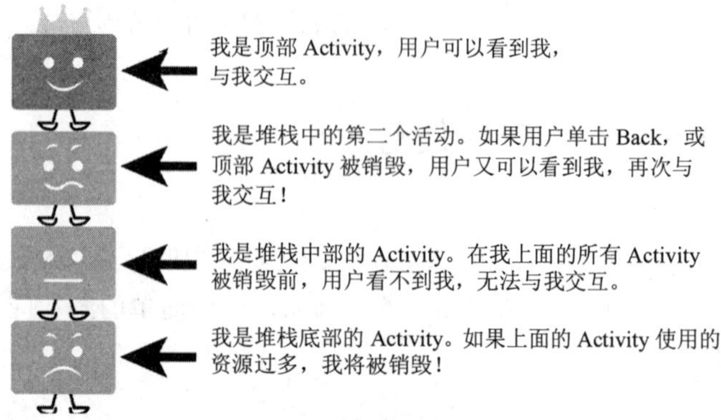

图 4.2　Activity 堆栈

Android 应用负责管理它们的状态，以及内存、资源和数据。它们必须无缝地暂停和继续。了解 Activity 生命周期中的不同状态，是设计和开发健壮的 Android 应用的第一步。

1. 使用 Activity 回调方法来管理应用的状态和资源

Activity 生命周期内的不同重要状态的改变将触发一系列重要的回调方法。这些回调方法如图 4.3 所示。

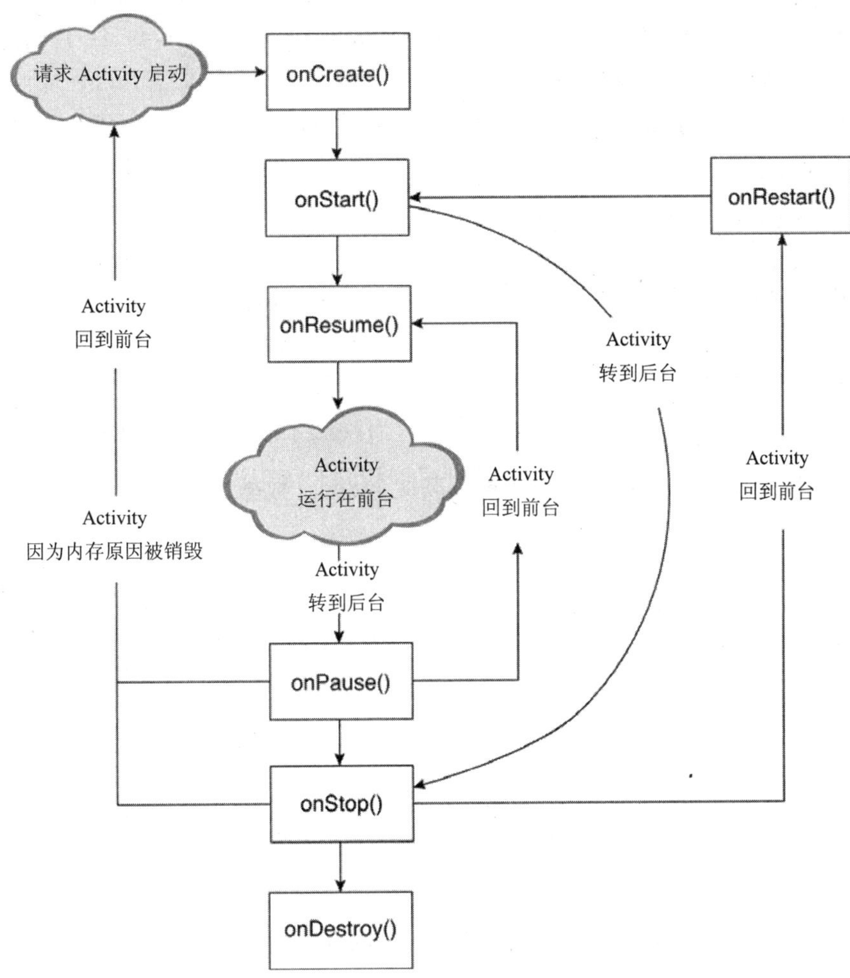

图 4.3　Android Activity 的生命周期

下面是 Activity 类中最重要的一些回调方法的方法存根：

```
public class MyActivity extends Activity {
   protected void onCreate(Bundle savedInstanceState);
   protected void onStart();
   protected void onRestart();
   protected void onResume();
   protected void onPause();
   protected void onStop();
```

```
    protected void onDestroy();
}
```

下面我们逐个查看这些回调方法，它们什么时候被调用，以及什么时候做什么。

2. 在 onCreate()方法中初始化静态 Activity 数据

当 Activity 第一次启动时，onCreate()方法会被调用。onCreate()方法有一个 Bundle 参数，如果这是一个新启动的 Activity，则该参数为 null。如果该 Activity 因为内存的原因被销毁，当它重新启动时，Bundle 参数包含了该 Activity 先前的状态信息，从而可以重新初始化该 Activity。在 onCreate()方法中适合执行任何设置，如布局和数据绑定，这包括调用 setContentView()方法。

3. 在 onStart()方法中确认功能

在调用 onCreate()方法之后，当需要第一次确认功能时，或者在调用 onStop()、onRestart()方法之后需要重新确认功能时，onStart()方法是确认用户设备是否启用了适当功能的最佳位置。例如，如果应用需要蓝牙功能才能正确运行，那么 onStart()方法是检查确认蓝牙是否开启的好地方，如果没有开启，应该要求用户启动蓝牙，才能正确地运行应用。

4. 在 onResume()方法中初始化或重新获取 Activity 数据

当 Activity 到达 Activity 堆栈顶部并变成前台进程时，onResume()方法被调用。虽然 Activity 在此刻还不为用户所见，但这是重新获取 Activity 运行所需的所有资源(不论独占与否)实例的最恰当地方。通常，这些是进程密集型的资源。因此，只有当 Activity 处于前台时才会获取它们。

提示

onResume()方法通常是开始播放音频、视频和动画的合适地方。

5. 在 onPause()方法中停止、保存和释放 Activity 数据

当另一个 Activity 移到 Activity 堆栈的顶部时，当前 Activity 会通过 onPause()方法被告知它将被压入 Activity 堆栈中。

这里，Activity 应该停止在 onResume()方法中启动的所有声音、视频和动画。这里也是必须停用资源(例如，数据库 Carsor 对象或随 Activity 终止时应该清理的其他对象)的地方。onPause()方法可能是 Activity 进入后台时用来清理或释放不需要的资源的最后机会。需要在这里保存任何未提交的数据，以防你的应用没有机会恢复。调用 onPause()方法后，系统保留杀死任何一个 Activity 而不再进一步通知的权利。

Activity 还可以将状态信息保存到 Activity 的特定首选项或应用内的首选项。我们将在第 14 章中详细讨论首选项。

Activity 需要在 onPause()方法中及时执行任何代码，因为只有在 onPause()方法返回之后，新的前台 Activity 才会启动。

警告

一般来说，在 onResume()方法中获取的任何资源和数据都应该在 onPause()方法中释放。如果不这样做的话，当进程终止时，这些资源可能无法彻底释放。

6. 避免 Activity 被杀死

在内存不足的情况下，Android 操作系统可以杀死任何暂停、停止或销毁的 Activity。这基本意味着，任何不在前台的 Activity 都会面临被关闭的可能。

如果 Activity 在 onPause()后被杀死，那么 onStop()和 onDestory()方法将不会被调用。在 onPause()方法中 Activity 释放的资源越多，Activity 就越不可能在后台被杀掉，即使没有其他的状态方法被调用。

杀死一个 Activity 并不导致它从 Activity 堆栈中删除。取而代之的是，如果 Activity 实现并为自定义数据使用了 onSaveInstanceState()方法，那么 Activity 状态将被保存到一个 Bundle 对象，而一些 View 数据将被自动保存。当稍后用户返回 Activity 时，onCreate()方法会被再次调用，这一次会有一个有效的 Bundle 对象作为参数。

提示

那么，为什么当应用直接恢复时被杀掉呢？这主要是因为响应速度。应用设计者必须保持数据和资源能快速恢复，而不能在后台暂停时降低 CPU 和系统资源的性能。

7. 在 onSaveInstanceState()方法中将 Activity 状态保存到 Bundle

当内存不足时，Activity 很容易被 Android 操作系统杀死，或者 Activity 需要响应诸如打开键盘的状态切换。这两种情况下，Activity 可以使用 onSaveInstanceState()回调方法将状态信息保存到 Bundle 对象中。该回调方法并不能保证在任何情况下都被调用，因此需要使用 onPause()方法来保证重要的数据被提交。我们的建议是，在 onPause()方法中将重要的数据保存到持久存储，但使用 onSaveInstanceState()来启动一些数据，用于快速将当前屏幕恢复到之前的状态(如该方法的名称所暗示的)。

提示

你可能想要使用 onSaveInstanceState()方法来存储不重要的信息，例如未提交的表单数据或者任何其他可以减少用户麻烦的状态信息。

当稍后 Activity 返回时，该 Bundle 对象被传递到 onCreate()方法，允许 Activity 返回到其暂停时的状态。也可以在 onStart()回调方法之后，使用 onRestoreInstanceState()回调方法读取 Bundle 信息。因此当存在 Bundle 信息时，恢复到先前状态会比从头开始更快速、更高效。

8. 在 onDestroy()方法中销毁静态 Activity 数据

当 Activity 正常被销毁时，onDestroy()方法将会被调用。onDestroy()方法会在两种情况下被调用：Activity 完成了它的生命周期，或者因为资源问题，Activity 被 Android 操作系统杀死，但仍然有足够的时间正常销毁 Activity(与不调用 onDestory()方法直接终止 Activity 不同)。

提示

如果 Activity 是被 Android 系统杀死的，isFinishing()方法会返回 false。该方法在 onPause()方法中十分有用，由此可以知道 Activity 是否能够恢复。然而，Activity 仍然可能在后面在 onStop()方法中被杀死。可以使用该方法作为提示，从而知道有多少被保存或永久存储的实例的状态信息。

9. 使用 AppCompatActivity 向后兼容 Activity

当 Android 新版本发布时，会加入许多新的 API，这些 API 专门为这一版本设计(以及更新的版本)，提供了不会在未来被废弃或移除的一些功能。Activity 类已经频繁地更新了许多功能，这也意味着这些功能不能在较早的 Android 版本上使用。这正是 AppCompatActivity 的使命所在。AppCompatActivity 提供了与 Activity 类同样的功能，它通过支持库使得同样的功能在较早的 Android 版本上可用。

本书自带的示例代码频繁使用了 Activity 类，并且很多情况下，使用了 AppCompatActivity 在较早的 Android 版本引入的新的 Activity 类的功能。尽管它们之间的 API 基本相同，但还是有一些细微的差异，你将会在本书以及本书中的示例代码中学到，示例代码可在本书网站下载。当 API 相同时，我们有时会交换使用 Activity 和 AppCompatActivity，但当 API 是专门针对某一特定版本时，我们将明确地指出。

为使用 AppCompatActivity，只需要从 AppCompatActivity 类而不是 Activity 类继承自定义的 Activity，并从 android.support.v7.app.AppCompatActivity 导入 AppCompatActivity 类。

同时还需要在 Gradle 构建文件中添加依赖项 appcompat-v7 支持库。要了解如何向 Gradle 构建文件添加支持库，请参考附件 E 的“配置应用依赖项”一节。

4.4　使用 Fragment 组织 Activity 组件

在 Android SDK 版本 3.0(API 级别 11)前，Activity 类和应用屏幕之间通常是一对一关系。应用的每一个屏幕，都需要定义 Activity 来管理它的用户界面。对于小屏幕设备(例如智能手机)，它工作良好，但当 Android SDK 开始增加对其他类型设备(例如平板电脑和电视)的支持时，这种关系被证明并不足够灵活。有时，屏幕需要组件化成比 Activity 类更低的层次。

因此，Android 3.0 引入了一个新概念—— Fragment(片段)。片段是屏幕功能的一个模块，或是可在 Activity 中存在且拥有独立生命周期的用户界面。它由 Fragment 类(android.app.Fragment)以及一些支持类表示。一个 Fragment 类的实例必须存在于 Activity 实例(和生命周期)中，但 Fragment 每次实例化时，不需要和相同的 Activity 类搭配。

提示

虽然 Fragment 直到 API 级别 11 才被引入 Android，但 Android SDK 包含了一个兼容包(也称为支持包)，它允许 Fragment 库在所有目前使用的 Android 平台版本上使用(最早到 API 级别 4)。基于 Fragment 的应用设计被认为是最大化设备兼容性的最好方法。Fragment 让应用设计变得复杂，但当为不同尺寸的屏幕设计时，应用的用户界面将更灵活。

Fragment 如何使应用变得更灵活，最好通过一个示例来向大家展示。考虑一个简单的 MP3 音乐播放器应用，允许用户查看艺术家列表，进一步查看他们的专辑列表，更进一步查看专辑的每个曲目。当用户在任何时候选择播放音乐，该曲目的专辑封面将随曲目信息和播放进度一并显示(以及“下一首”、“上一首”和“暂停”等)。

现在，如果使用一个屏幕对应一个 Activity 的简单准则，这里将需要 4 个屏幕，分别是艺术家列表、专辑列表、专辑曲目列表以及显示曲目。可以为每个屏幕创建一个 Activity，共创建 4 个 Activity。这种方式在小尺寸屏幕的设备，如智能手机上工作得很好。但在平板电脑或电视上，将浪费大量屏幕空间。或者说，从另一个方面来思考，你有机会在更大屏幕上提供更丰富的用户体验。实际上，在足够大的屏幕上，你可能想要实现一个标准的音乐库界面。

- 第一栏显示艺术家列表。选择一名艺术家将过滤第二栏的信息。
- 在第二栏显示艺术家专辑列表。选择一个专辑将过滤第三栏的信息。

- 在第三栏显示该专辑的曲目列表。
- 在屏幕的下半部分，所有分栏的下面，总是会显示艺术家、专辑或曲目的封面以及具体信息，这些信息取决于在上述分栏选择的内容。如果用户曾经选择过“播放”功能，应用可在屏幕的这个区域显示曲目的信息以及播放进度。

这种应用只需要一个单独的屏幕，因此只需要一个 Activity 类，如图 4.4 所示。

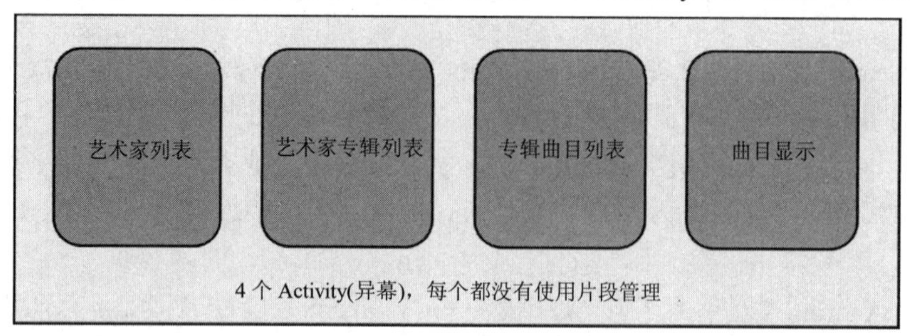

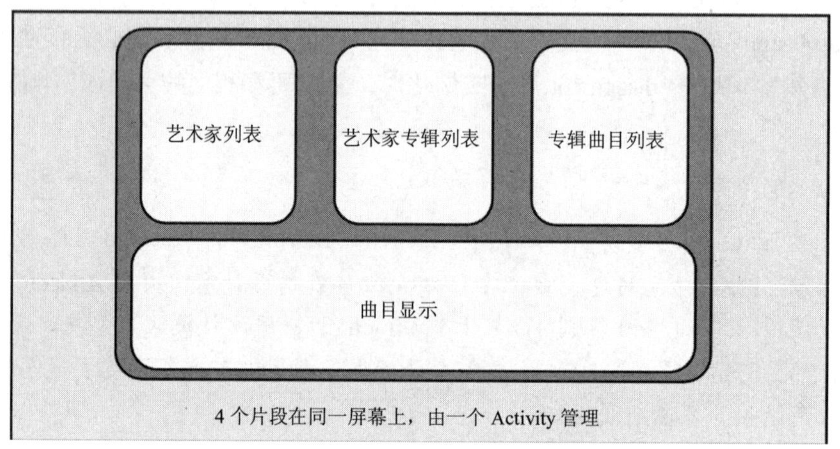

图 4.4　Fragment 如何提供应用工作流的灵活性

此时，你会陷入开发两个独立应用的困境：一个工作于较小的屏幕，而另一个工作于较大的屏幕。这就是引入 Fragment 的原因。如果将功能模块化，创建 4 个 Fragment(艺术家列表、艺术家专辑列表、专辑曲目列表和曲目显示)，就可以在运行时组合使用它们，但只需要维护一份代码。

我们将在第 9 章中详细讨论 Fragment。

4.5　使用 Intent 管理 Activity 之间的切换

在应用生命周期中，用户可能在多个不同的 Activity 实例中切换。有时，在 Activity 堆栈中可能有多个 Activity 实例。开发人员需要在这些切换过程中关注每个 Activity 的生命周期。

一些 Activity 实例——例如，应用的闪屏/启动界面——显示之后接着会切换到主菜单 Activity，而这些启动 Activity 实例就会永久丢弃。用户在不重启应用的情况下，将不可能回到闪屏界面 Activity。这种情况下，可使用 startActivity()和 finish()方法。

其他 Activity 切换是暂时的，例如，一个子 Activity 显示一个对话框，然后返回到原来的 Activity(该 Activity 之前在堆栈中被暂停，现在恢复)。这种情况下，父 Activity 启动子 Activity，并希望得到一个结果。因此，使用 startActivityForResult()和 onActivityResult()方法。

4.5.1　通过 Intent 切换 Activity

Android 应用可以有多个入口点。在 AndroidManifest.xml 文件中，一个特定的 Activity 设定成默认启动的主 Activity。我们将会在第 5 章中详述这个文件。

其他 Activity 被指定在特定情况下才启动。例如，一个音乐应用当通过应用菜单启动时默认启动一个通用的 Activity，但同时也定义另外的入口点 Activity，例如，通过播放列表 ID 或艺术家姓名来访问特定的音乐列表。

1. 通过类名启动新的 Activity

有多种方法可以启动 Activity。最简单的方法是使用应用 Context 对象调用 startActivity()方法，该方法接受一个 Intent 参数。

Intent(android.content.Intent)是一个异步消息机制，Android 操作系统用它来匹配合适的 Activity 或 Service(如有必要，启动服务)任务请求，并向系统广播 Intent 事件。

但是，现在我们只关注 Intent 对象，以及它如何和 Activity 一起使用。下面的代码调用了 startActivity()方法，并传递一个显式的 Intent 参数。该 Intent 要求启动的目标 Activity 的类名是 MyDrawActivity。该类在包的其他地方实现。

```
startActivity(new Intent(getApplicationContext(), MyDrawActivity.class));
```

该行代码对于一些应用可能就够用了，只需要简单地从一个 Activity 切换到另一个。然而，还能以更可靠的方式使用 Intent 机制。例如，可使用 Intent 结构在 Activity 之间传递数据。

2. 创建包含操作和数据的 Intent

我们已经看过使用 Intent 根据类名启动 Activity 的最简单方式了，Intent 还有一种方式并不需要显式地指定要启动的 Activity 类名。相反，可以创建一个 Intent 过滤器，并在 Android 清单文件中注册它。Intent 过滤器用于 Activity、Service 和 Broadcast Receiver，指定它们对哪些 Intent 感兴趣并接受该 Intent(并过滤掉其他的)。Android 操作系统尝试解析 Intent 的需求，并基于过滤准则启动合适的 Activity。

Intent 对象内部包含两个主要部分：需要执行的操作，以及操作所需的相关数据(可选)。也可以使用 Intent 操作类型和 Uri 对象来指定操作/数据对。如在第 3 章中所述，一个 Uri

对象表示一个对象的位置和名字。因此，一个 Intent 主要定义了对“它”(URI 描述了操作的目标资源)“做什么”(操作)。

最常见的操作类型在 Intent 类中有定义，包括 ACTION_MAIN(描述了 Activity 的主入口点)和 ACTION_EDIT(和 URI 一起使用，用于编辑数据)。还可以找到启动其他应用中的 Activity 的操作类型，如浏览器和拨号器。

3. 启动属于其他应用的 Activity

最初，你的应用可能只会启动应用自己包内定义的 Activity。然而，只要有适当的权限，应用也可以启动其他应用内的外部 Activity。例如，一个客户关系管理系统(CRM)应用可以启动联系人应用，浏览联系人数据库，选择指定的联系人，并返回该联系人的唯一标识符以供 CRM 应用使用。

下面是一个简单的例子，演示了如何创建一个包含预定义操作(ACTION_DIAL)的 Intent，用于启动电话拨号器，以简单的 Uri 对象指定要拨打的电话号码：

```
Uri number = Uri.parse("tel:5555551212");
Intent dial = new Intent(Intent.ACTION_DIAL, number);
startActivity(dial);
```

可在 http://d.android.com/guide/components/intents-common.html 找到常用的 Google 应用的 Intent 清单。也可以在 http://www.openintents.org/找到 OpenIntents 的开发人员管理的注册 Intent 协议。第三方应用以及 Android SDK 中可用的 Intent 也越来越多。

4. 使用 Intent 传递附加信息

还可以在 Intent 中附加数据。Intent 的 Extras 属性存储了一个 Bundle 对象。Intent 类也有一组方法用于获取和设置许多常见数据类型的名/值对。

例如，下面的 Intent 包含了两个额外的信息——一个字符串和一个布尔值：

```
Intent intent = new Intent(this, MyActivity.class);
intent.putExtra("SomeStringData","Foo");
intent.putExtra("SomeBooleanData",false);
startActivity(intent);
```

然后，在 MyActivity 类的 onCreate()方法中，可以通过以下方法获取发送的附加数据：

```
Bundle extras = getIntent().getExtras();
if (extras != null) {
    String myStr = extras.getString("SomeStringData");
    Boolean myBool = extras.getBoolean("SomeBooleanData");
}
```

提示

可为用于识别 Intent 额外对象的字符串指定任何想要的名字。但是，Android 的惯例是，额外数据的键名包含包名前缀——例如 com.introtoandroid.Multimedia.SomeStringData。我们也建议在使用额外字符串名的 Activity 中定义它们(在前面的例子中，为了简洁而跳过了该步骤)。

4.5.2　通过 Activity、Fragment 和 Intent 来组织应用导航

如前所述，你的应用可能有一些屏幕，每个都有各自的 Activity。在 Activity、Intent 和应用导航之间有着密切的关系。经常可以看到以不同方式使用的一种菜单模式用于应用导航：

- **主菜单或列表样式屏幕：**像开关一样，每个菜单项会启动应用中不同的 Activity，例如，不同的菜单项可以启动玩游戏 Activity、高分 Activity 和帮助 Activity。
- **抽屉式导航屏幕：**抽屉是一组或隐藏或显示的条目。当显示时，会展示一组条目，单击其中某个条目时，通过在不同的 Fragment 之间进行切换，从而达到控制 Activity 的主区域显示什么内容的目的。
- **主从样式屏幕：**像一个目录，其中的每个条目会启动相同的 Activity 或 Fragment，但每个条目会传递不同的数据给 Intent(例如，数据库记录的菜单项)。选择一个特定项可能启动编辑数据库记录的 Activity 或 Fragment，并传递该项的唯一标识符。
- **单击或滑动操作：**有时你想要以向导的方式在屏幕之间导航，可以为用户界面控件设置一个单击处理器，例如 Next 按钮，单击后触发一个新的 Activity 或 Fragment 启动，并结束当前的 Activity 或 Fragment。
- **操作栏(Action Bar)样式导航：**操作栏是包含导航按钮选项的功能性标题栏，其中的每个按钮都生成一个 Intent 并启动特定的 Activity。为在 Android 2.1(API 级别 7)的版本中支持操作栏，应该使用 SDK 包中的 android-support-v7-appcompat 支持库。

我们将在第 10 章中详细讨论应用的导航，将讨论用于 Android 应用的许多不同但常用的导航设计模式。

4.6　使用服务

当开始开发 Android 时，就将 Activity 和 Intent 填鸭式地塞满大脑，可能会让你望而生畏。我们已经尝试着提炼了你开始开发 Android 应用所需的一切 Activity 和 Fragment，但在这里如果我们不说明还有很多东西的话，那就是笔者失职了，这些内容大多数会使用实际的例子贯穿整本书。然而，我们现在需要事先介绍一下这些主题，因为在第 5 章中配置应用的 Android manifest 文件时将接触它们。

我们将要简要讨论的一个应用组件是服务。Android Service(android.app.Service)可以认为是一个没有用户界面的、开发人员创建的组件。Android Service 可以是下面二者之一，或者二者都是。服务可用于执行长时间的操作，可以超出单个 Activity 的作用范围。此外，服务可以作为客户端/服务端的服务器，通过进程间通信(IPC)远程调用提供功能。虽然服务经常用于控制长期运行的服务操作，但它也可以处理开发人员希望它做的任何事情。任何 Android 应用公开的 Service 类必须在 Android 清单文件中注册。

Service 可用于不同的目的。一般情况下，当不需要从用户接受输入时可使用 Service。在下面这些场景中，你可能想要实现或使用 Android Service：

- 天气、电子邮件或社交网络应用，可实现一个服务来定期检查网络(提示：还有实现查询的其他方法，但这是服务常用的方式)。
- 游戏可能会创建一个服务，在玩家真正需要时，下载和处理下一关的游戏内容。
- 照片或多媒体应用，为保持数据在线同步，可实现一个服务，当设备空闲时，在后台打包并上传新的内容。
- 视频编辑应用可以实现一个服务，将繁重的处理工作放在队列中依次处理，从而避免那些非核心的任务降低系统的整体性能。
- 新闻应用可以实现一个服务，在用户启动应用之前通过提前下载新闻故事预加载内容，从而提高性能和响应能力。

一条好的经验法则是：如果一项任务需要使用工作线程，它可能会影响应用的响应速度和性能，而对处理时间并不敏感，那就考虑实现一个服务，在应用的主线程和任何单独的 Activity 生命周期之外处理这项任务。

提示

此外，为使用服务延迟执行某些任务，Android 5.0 Lollipop 引入了新的 JobScheduler API，它允许在某些条件满足时调度一个 Service 来执行。

4.7 接收和广播 Intent

Intent 还有另外的目的。可以广播一个 Intent(通过调用 Context 类的 sendBroadcast()方法)给整个 Android 系统，允许任何对此有兴趣的应用(称为 BroadcastReceiver)接受此广播，并做相应处理。你的应用可以发送或监听 Intent 广播。广播通常用于通知系统发生了一些有趣的事情。例如，常被监听的一个广播 Intent 是 ACTION_BATTERY_LOW，当电池电量低时，会广播警告。如果你的应用是需要耗费大量电池类型的应用，或者在突然关机的情况下可能会丢失数据，那么应用可能需要监听这一类型的广播并执行相应的处理。还有一些其他有趣的系统广播事件，例如 SD 卡的状态变化、应用被安装或删除、壁纸被改变等。

你的应用还可以使用相同的广播机制共享信息。例如，电子邮件应用可以在新邮件到达时广播一个 Intent，以便对此类型事件感兴趣的其他应用(例如，垃圾邮件过滤器或防病毒应用)对此做出反应。

4.8　本章小结

我们尝试在提供全面的参考和大量灌输开发一个典型 Android 应用时不需要知道的细节之间找到平衡。我们把重点集中在那些使你在 Android 应用开发中不断进步，以及能理解本书中提供的所有示例所需要的细节上。

Activity 类是任何 Android 应用的核心构建模块。任何 Activity 执行应用中的一个特定任务。每个 Activity 通过一系列生命周期回调方法负责它自己的资源和数据。同时，可使用 Fragment 类将 Activity 类分解成若干个功能组件。这将允许多个 Activity 显示相似的屏幕组件，而不需要在多个 Activity 类之间复制代码。通过 Intent 机制，可以从 Activity 切换到另一个 Activity。Intent 作为一个异步消息机制，Android 操作系统处理并通过启动相应的 Activity 和 Service 来响应。你也可以使用 Intent 对象将系统范围的事件广播到任何感兴趣监听的应用。

4.9　小测验

1. Activity 类继承自什么类？
2. 在本章中，用什么方法可以获取应用的 Context？
3. 在本章中，用什么方法可以获取应用的资源？
4. 在本章中，用什么方法可以访问应用的首选项？
5. 在本章中，用什么方法可以获取应用的资产？
6. Activity 堆栈还有一个名称叫什么？
7. 在本章中，用什么方法可以保存 Activity 的状态？
8. 在本章中，用什么方法可以广播一个 Intent？

4.10　练习题

1. 针对 Activity 的每个回调方法，描述其在 Activity 生命周期中的总体功能。
2. 使用在线文档，确定负责 Fragment 生命周期的方法名。
3. 使用在线文档，创建一个包含 10 个 Activity 的 Intent 列表，其中一个 Activity 是 Intent

的目标组件。

4. 使用在线文档，确定负责 Service 生命周期的方法名。

4.11 参考资料和更多信息

Android SDK Reference 中关于应用 Context 类的文档：
http://d.android.com/reference/android/content/Context.html
Android SDK Reference 中关于 Activity 类的文档：
http://d.android.com/reference/android/app/Activity.html
Android SDK Reference 中关于 Fragment 类的文档：
http://d.android.com/reference/android/app/Fragment.html
Android API Guides: "Fragments"：
http://d.android.com/guide/components/fragments.html
Android Tools: Support Library：
http://d.android.com/tools/support-library/index.html
Android API Guides: "Intents and Intent Filters"：
http://d.android.com/guide/components/intents-filters.html
Android SDK Reference 中关于 JobScheduler 类的文档：
http://d.android.com/reference/android/app/job/JobScheduler.html

第5章 定义清单文件

Android 项目使用一个专门的配置文件 Android manifest 定义应用的设置，如应用名称和版本，以及应用运行所需要的权限、组成应用的组件等。本章将深入探讨 Android 清单文件，学习如何使用该文件定义和描述应用的行为。

5.1 使用 Android 清单文件配置 Android 应用

Android 应用配置文件是每个 Android 应用必须包含的一个专门格式的 XML 文件。该文件包含了关于应用 ID 的重要信息。在这里，定义了应用的名称和版本信息、应用依赖的组件、应用运行所需要的权限以及其他应用配置信息。

Android 的清单文件名为 AndroidManifest.xml。找到该文件最简单的办法是使 1:Project 选项成为 Android Studio 的 Active Tool Window，然后选择下拉列表 Android(见图 5.1 左)，那么 app 文件夹就成为项目结构导航的根节点。你应该看到 app 文件夹里有一个 manifests 文件夹，它里面包含了 AndroidManifest.xml 文件(见图 5.1 右)。

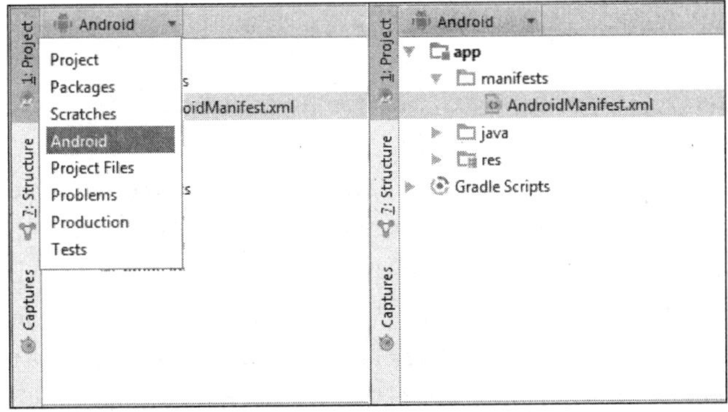

图 5.1　从 Active Tool Window 下拉列表中选择 Android(左)，以及显示在 app/manifests 目录中的 AndroidManifest.xml 文件(右)

该文件包含的信息被 Android 系统用于：

- 安装和更新应用包。
- 显示应用详细信息，如应用名称、描述和图标。
- 指定应用的系统需求，包括对 Android SDK 的支持，设备配置的需求(例如，游戏手柄导航)，以及应用依赖的平台功能(例如，多点触摸的功能)。
- 以市场过滤为目的，指定应用的哪些功能是必需的。
- 注册应用的 Activity，并指定它们何时被启动。
- 管理应用权限。
- 配置其他的高级应用组件配置的详细信息，包括定义服务、广播接收器以及内容提供器。
- 为 Activity、Service 和 Broadcast Receiver 指定 Intent 过滤器。
- 启用应用设置，例如，调试和旨在测试的配置仪器。

提示

当使用 Android Studio 创建项目时，会自动为你创建好初始 AndroidManifest.xml 文件。如果使用 Android 命令行工具，也会为你创建好 Android 清单文件。

编辑 Android 清单文件

你可以手动编辑 XML 文件来编辑 Android 清单文件 AndroidManifest.xml 文件。Android 清单文件是一个特殊格式的 XML 文件。

Android 清单文件包含了一个<manifest>标签和一个<application>标签。以下是一个名为 SimpleHardware 应用的 AndroidManifest.xml 文件。

```
<?xml version="1.0" encoding="utf-8"?>
<manifest xmlns:android="http://schemas.android.com/apk/res/android"
   package="com.introtoandroid.simplehardware" >

   <uses-permission android:name="android.permission.BATTERY_STATS" />

   <uses-feature android:name="android.hardware.sensor.accelerometer" />
   <uses-feature android:name="android.hardware.sensor.barometer" />
   <uses-feature android:name="android.hardware.sensor.compass" />
   <uses-feature android:name="android.hardware.sensor.gyroscope" />
   <uses-feature android:name="android.hardware.sensor.light" />
   <uses-feature android:name="android.hardware.sensor.proximity" />
   <uses-feature android:name="android.hardware.sensor.stepcounter" />
   <uses-feature android:name="android.hardware.sensor.stepdetector" />
```

```
    <application
        android:allowBackup="true"
        android:icon="@mipmap/ic_launcher"
        android:label="@string/app_name"
        android:theme="@style/AppTheme" >
        <activity
            android:name=".SimpleHardwareActivity"
            android:label="@string/app_name" >
            <intent-filter>
                <action android:name="android.intent.action.MAIN" />
                <category android:name="android.intent.category.LAUNCHER" />
            </intent-filter>
        </activity>
        <activity
            android:name=".SensorsActivity"
            android:label="@string/title_activity_sensors"
            android:parentActivityName=".SimpleHardwareActivity" >
            <meta-data
                android:name="android.support.PARENT_ACTIVITY"
            android:value="com.introtoandroid.simplehardware.
SimpleHardwareActivity" />
        </activity>
        <activity
            android:name=".BatteryActivity"
            android:label="@string/title_activity_battery"
            android:parentActivityName=".SimpleHardwareActivity" >
            <meta-data
                android:name="android.support.PARENT_ACTIVITY"
            android:value="com.introtoandroid.simplehardware.
SimpleHardwareActivity" />
        </activity>
    </application>
</manifest>
```

注意

在上面的代码中，你可能会奇怪，为什么在 Activity 标签的 name 特性前有一个点 (.)。这个点是以缩略方式指定 SimpleHardware、SensorsActivity 和 BatteryActivity 类属于清单文件中指定的包名。我们也可以指定整个包名的路径，但使用缩略方式可节省键入多余的字符。

下面是 SimpleHardware 应用的清单文件的内容概要。

- 应用使用包名是：com.introtoandroid.simplehardware。
- 应用的名称和标签存储在/res/values/strings.xml 文件的@string/app_name 资源字符串中。
- 应用的主题存储在文件 res/values/styles.xml 的@style/AppTheme 资源字符串中(创建了两个默认的文件用于支持设备的主题)。
- 由于 allowBackup 设置为 true，应用支持备份和还原。
- 应用图标是一个称为 ic_laucher.png 的 PNG 文件，它存储在 res/mipmap/目录(实际上针对不同的像素密度有多个版本)。
- 应用有 4 个 Activity(MenuActivity、SimpleHardwareActivity、SensorsActivity 以及 BatteryActivity)。
- SimpleHardwareActivity 是应用的主入口点，因为它处理了 android.intent.action.MAIN 操作。该 Activity 在应用启动器中显示，因为它的类别是 android.intent.category.LAUNCHER。每个<activity>标签也定义了 name 和 label 特性。
- SensorsActivity 和 BatteryActivity 都有一个 parentActivityName 特性，其值是 SimpleHardwareActivity。一次在<activity>标签的 android:parentActivityName 特性定义，用于在 API 17+以上支持向上导航功能，一次在<meta-data>标签中定义，用于在 API 级别 4～16 支持同样的功能。
- 应用需要 BATTERY_STATS 权限，使用<uses-pemission>标签。
- 最后，应用请求<uses-feature>标签使用各种不同的硬件传感器。

提示

当使用<uses-feature>标签时，你可以指定 android:required 的可选特性，并设置为 true 或者 false。这个特性可用于配置 Google Play 商店的过滤行为。如果该特性设置为 true，Google Play 将只会在具有特定硬件或者软件功能的设备上显示你的应用，在本例中，是各种传感器。想要进一步了解 Google Play 商店的过滤机制，请访问 http://d.android.com/google/play/filters.html。

现在，让我们详细讨论这些重要的配置。

5.2 管理应用 ID

应用的 Android 清单文件定义了应用的属性。包名必须使用 package 特性定义在 Android 清单文件的<manifest>标签中，如下：

```
<manifest
   xmlns:android="http://schemas.android.com/apk/res/android"
   package="com.introtoandroid.simplehardware">
```

设置应用的名称和图标

整个应用的设置都在 Android 清单文件内的<application>标签内配置。在这里，设置应用的基本信息，例如，应用图标(android.icon)和友好的名称(android.label)。这些设置都是<application>标签内的特性。

例如，下面的代码设置应用图标为应用包中的一个图像资源，设置应用名为一个字符串资源：

```
<application android:icon="@mipmap/ic_launcher"
   android:label="@string/app_name">
```

还可在<application>标签内设置一些可选的应用设置，例如，应用描述(android:description)。

提示

Android 棉花糖引入了自动备份功能。为在应用中使用这一功能，使用<application>的特性 android:fullBackupContent 并指定一个定义应用需要遵循的数据备份方案的 XML 文件作为其值。通过自动备份和还原信息，在用户丢失设备情况下，这一功能可帮助保护用户关心的信息。想要进一步了解以及如何实现这一功能，请访问 http://d.android.com/preview/backup/index.html.

5.3　设置应用的系统需求

除了配置应用的 ID，Android 清单文件还用于指定应用正常运行的系统需求。例如，一个增强现实的应用可能需要设备拥有 GPS、罗盘和照相机。

这些类型的系统需求可以在 Android 清单文件中定义和配置。当应用被安装到设备上，Android 平台将检查这些需求，如有必要，会提示错误。与此类似，Google Play 商店使用 Android 清单文件的信息用于过滤，为用户的设备提供相应的应用，以便用户安装的应用可以在他们的设备上运行。

开发人员通过 Android 清单文件可以配置的一些应用系统需求有：

- 应用使用的 Android 平台功能。
- 应用所需的 Android 硬件配置。
- 应用支持的屏幕尺寸和像素密度。

- 应用包含的外部库。

5.3.1 设置应用的平台需求

Android 设备拥有不同的硬件和软件配置。一些设备有内置的键盘，其他的则依赖于软键盘。与此类似，某些 Android 设备支持最新的 3D 图形库，而其他的则提供很少甚至没有图形支持。Android 清单文件有一些信息标签用于标记 Android 应用支持或需要的系统功能和硬件配置。

1. 指定支持的输入方法

<uses-configuration>标签可用于指定应用支持的硬件或软件的输入法。对于 five-way navigation 有多种不同的配置特性：硬件键盘和键盘类型、导航设备(例如方向键)和触摸屏设置。

在给定的特性中，不支持“或”。如果应用支持多种输入配置，必须在 Android 清单文件中定义多个<uses-configuration>标签——每个标签对应于一种输入配置。

例如，应用需要物理键盘和使用手指或手写笔的触摸屏，需要在清单文件中定义两个独立的<uses-configuration>标签，如下所示：

```
<uses-configuration android:reqHardKeyboard="true"
   android:reqTouchScreen="finger" />
<uses-configuration android:reqHardKeyboard="true"
   android:reqTouchScreen="stylus" />
```

有关清单文件中<uses-configuration>标签的更多信息，请访问 Android SDK 参考文档 http://d.android.com/guide/topics/manifest/uses-configuration-element.html。

警告

确保使用所有可用的输入类型测试你的应用，因为不是所有设备都支持所有输入类型。例如，TV 并没有触摸屏，如果你的应用设计了触摸屏输入，那么你的应用将不能在 TV 设备上正常工作。

2. 指定所需的设备功能

并不是所有的 Android 设备都支持每项 Android 功能。换句话说，Android 设备制造商和运营商可有选择性地包含许多 API。例如，并不是所有设备都支持多点触摸或者相机闪光灯。

<uses-feature>标签用于指定需要哪些 Android 功能应用才能正常运行。这些设置只供参考，Android 操作系统并不会强制执行这些设置，但分发渠道，例如，Google Play 商店

会使用这些信息为用户过滤可用的应用。其他应用也可能会检查这些信息。

如果应用需要多个功能，必须为每个功能创建一个<uses-feature>标签。例如，应用如果需要光线传感器和近距离传感器，就需要添加两个标签：

```
<uses-feature android:name="android.hardware.sensor.light" />
<uses-feature android:name="android.hardware.sensor.proximity" />
```

使用<uses-feature>标签的一个常见原因是指定应用所支持的 OpenGL ES 版本。默认所有的应用都以 OpenGL ES 1.0 工作(这是所有 Android 设备必须支持的功能)。但是，如果你的应用需要较新的 OpenGL ES 版本，例如，2.0 或 3.0 版本，就必须在 Android 清单文件中指定该功能。这可以在<uses-feature>标签中使用 android:glEsVersion 特性，来指定应用所需要的 OpenGL ES 的最低版本。如果应用可以在 1.0、2.0 和 3.0 都可以运行，则指定最低的版本(这样的话，Google Play 商店会允许更多用户安装你的应用)。

有关 Android 清单文件中<uses-feature>标签的更多信息，请访问 Android SDK 参考文档 http://d.android.com/guide/topics/manifest/uses-feature-element.html。

提示

如果某个功能对你的应用的正常运行并不是必需的，那么与其在 Google Play 商店提供过滤并限制特定的设备安装你的应用，还不如在应用运行时检查设备的这项功能，从而只在支持该项功能的设备上才运行特定的功能。使用这一策略，可使安装和使用你的应用的人群最大化。要在运行时检查特定的功能，可使用 hasSystemFeature()方法。例如，为了检查应用正在运行的设备是否具有触摸屏功能，执行 getPackageManager().hasSystemFeature("android.hardware.touchscreen")代码，它会返回一个布尔值。

3. 指定支持的屏幕尺寸

Android 设备有许多不同的形状和尺寸大小。当前市场上的 Android 设备有着非常多的屏幕尺寸和像素密度。<supports-screens>标签可以用来指定应用支持的 Android 屏幕类型。Android 平台将根据尺寸大小将屏幕类型分为多个种类(小、正常、大和非常大)，根据像素密度分为多个种类(LDPI、MDPI、HDPI、XHDPI、XXHDPI，分别代表低、中、高、非常高、超高密度显示屏)。这些特性有效地覆盖了 Android 平台中可用的各种屏幕类型。

例如，如果应用支持小和正常的屏幕，而不顾及像素密度，那么应用的<supports-screens>标签可以配置如下：

```
<supports-screens android:resizable="false"
                  android:smallScreens="true"
                  android:normalScreens="true"
```

```
                android:largeScreens="false"
                android:xlargeScreens="false"
                android:compatibleWidthLimitDp="320"
                android:anyDensity="true"/>
```

有关 Android 清单文件中<supports-screens >标签的更多信息，请访问 Android SDK 参考文档 http://d.android.com/guide/topics/manifest/supports-screens-element.html 以及 Android 开发指南中的屏幕支持：http://d.android.com/guide/practices/screens_support.html#DensityConsiderations.

5.3.2 其他应用配置设置和过滤器

你可能想要了解一些其他较少使用的清单文件的设置，因为它们也在 Google Play 商店内被用于应用的过滤。

- <supports-gl-texture>标签用于指定应用支持的 GL 纹理压缩格式。使用图形库的应用使用该标签，并用于兼容可以支持指定压缩格式的设备。有关这一清单文件标签，请访问 Android SDK 参考 http://d.android.com/guide/topics/manifest/supports-gl-texture-element.html。
- <compatible-screens>标签只在 Google Play 商店中使用，用来限制安装你的应用的设备需要指定的屏幕尺寸大小。该标签并不是由 Android 操作系统检查，并且该功能的使用并不被推荐，除非你完全确定需要限制应用在某些设备上安装。有关这一清单文件标签，请访问 Android SDK 参考资料：http://d.android.com/guide/topics/manifest/compatible-screens-element.html。

5.4 在 Android 清单文件注册 Activity

应用中的每个 Activity 必须在 Android 清单文件中的<activity>标签内定义。例如，下面的 XML 片段注册了名为 SensorActivity 的 Activity 类：

```
<activity android:name="SensorsActivity" />
```

该 Activity 必须定义在 com.introtoandroid.simplehardware 包内——也就是 Android 清单文件的<manifest>元素中指定的包名。也可以在 Activity 类的名字前使用点来指定 Activity 类的包范围：

```
<activity android:name=".SensorsActivity" />
```

或者也可以指定完整的类名：

```
<activity android:name="com.introtoandroid.simplehardware.SensorsActivity" />
```

警告

必须在<activity>标签中定义每个 Activity，否则该 Activity 将不能作为应用的一部分运行。对于开发人员来说，实现了一个 Activity 但忘记在清单文件中定义是非常常见的情况。然后他们花费大量的时间来解决为什么不能正常运行，最后才意识到原来忘记在 Android 清单文件中注册该 Activity。

5.4.1　使用 Intent 过滤器为应用指定主入口 Activity

可在 Android 清单文件的<intent-filter>标签配置 Intent 过滤器，并指定一个 Activity 类作为主入口点，可以使用 MAIN 操作类型或者 LAUNCHER 类别。

例如，下面的 XML 代码将名为 SimpleHardwareActivity 的 Activity 作为应用的主要启动点：

```
<activity android:name=".SimpleHardwareActivity"
    android:label="@string/app_name">
    <intent-filter>
        <action android:name="android.intent.action.MAIN" />
        <category android:name="android.intent.category.LAUNCHER" />
    </intent-filter>
</activity>
```

5.4.2　配置其他 Intent 过滤器

Android 操作系统使用 Intent 过滤器解析隐式的 Intent——即没有指定要启动的特定 Activity 或者其他组件类型的 Intent。Intent 过滤器可应用于 Activity、Service 和 Broadcast Receiver。Intent 过滤器声明了如果一个特定类型的 Intent 匹配过滤器的条件，那么，使用该 Intent 过滤器的应用组件可处理这个 Intent。

不同的应用可以具有相同的 Intent 过滤器，并且可以处理相同类型的请求。实际上，这就是 Android 操作系统内的“共享”功能以及灵活启动应用的工作原理。例如，设备上可以安装多个 Web 浏览器，所有浏览器都可以通过设置相应的过滤器来处理“浏览网页”的 Intent。

Intent 过滤器使用<intent-filter>标签来定义，并且必须包含至少一个<action>标签，但它也可以包含其他信息。例如，<category>和<data>块。下面，这一代码片段是用于<activity>标签中的 Intent 过滤器：

```
<intent-filter>
    <action android:name="android.intent.action.VIEW" />
    <category android:name="android.intent.category.BROWSABLE" />
    <category android:name="android.intent.category.DEFAULT" />
```

```
    <data android:scheme="geoname"/>
</intent-filter>
```

该 Intent 过滤器使用了预定义的动作 View，该动作用于查看特定内容。它也可以处理 BROWSABLE 或 DEFAULT 类型的 Intent 对象，并使用了 geoname 方案。这样，遇到由 geoname://开头的 URI，拥有该 Intent 过滤器的 Activity 可以启动来查看内容。

提示

可为应用定义自定义的操作。如果这样做，并且希望第三方使用它们，请将这些操作文档化。你可以自由地文档化它们：在你的网站提供 SDK 文档，或为你的客户直接提供机密文件。

5.4.3 注册其他应用组件

所有应用组件都必须在 Android 清单文件中定义。包括 Activity，所有的服务和广播接收器也必须在 Android 清单文件中定义。

- Service 使用<service>标签注册。
- Broadcast Receiver 使用<receiver>标签注册。
- Content provider 使用<provider>标签注册。

Service 和 Broadcast Receiver 都使用 Intent 过滤器。如果应用作为内容提供器(content provider)，能够为其他应用提供共享的数据服务，必须在 Android 清单文件中使用<provider>标签声明该内容提供器。配置 content provider 涉及确定共享哪些数据子集，以及如果需要权限才能访问它的话，确定这些权限。我们将在第 17 章中详细讨论内容提供器。

提示

本章提供的许多代码示例来自 SimplePermission 应用。该应用的源代码可在本书网站下载。

5.5 访问权限

Android 操作系统被锁定保护，因此应用对自己进程之外的空间产生不良影响的能力有限。Android 应用使用它们自己的 Linux 用户账户(以及相应权限)在它们自己的虚拟器沙箱内运行。

5.5.1　注册应用所需的权限

Android 应用默认情况下没有任何权限。对于共享资源或特权访问——无论是共享数据(例如，联系人数据库)，还是访问底层硬件(例如，内置相机)——必须在 Android 清单文件中明确注册权限。对于运行 Android 版本 Marshmallow 6.0 API Level 23 之前的设备，这些权限在应用安装时被赋予。对于运行 Android 版本 Marshmallow 6.0 API Level 23 以及更新的设备，PROTECTION_NORMAL 级别的所有权限，以及部分 PROTECTION_SIGNATURE 级别的权限在应用安装时被赋予，而 PROTECTION_DANGEROUS 级别的权限必须在运行时请求和验证。

下面是从 Android 清单文件内摘录的 XML 片段，它使用<uses-permission>标签定义了读取和写入联系人数据库权限，两个权限都是 PROTECTION_DANGEROUS 级别：

```
<uses-permission android:name="android.permission.READ_CONTACTS" />
<uses-permission android:name="android.permission.WRITE_CONTACTS" />
```

一份完整的权限清单可在 android.Manifest.permission 类中找到。应用清单文件应该只包含运行所需的权限。

提示

你可能会发现，在某些情况下，权限不会被强制执行(你可以在没有权限的情况下操作)，即有的设备可以运行，有的设备不可以运行。这种情况下，应该仍然谨慎地请求权限。这有两个原因。首先，用户将被告知应用正在执行敏感的操作。其次，该权限可能在设备未来更新后强制执行。另外要注意，在早期的 SDK 版本，并非所有权限都必须在平台级别执行。

警告

如果你开发的应用的描述或者类型与请求的权限不一致，你可能因为请求不必要的权限而得到较低的评分。我们发现许多应用请求了它们并不需要或没有理由获得的权限。许多注意到这点的用户将不会继续安装应用。隐私对许多用户来说是一个大问题，所以一定要尊重。

运行时请求权限

Android Marshmallow 版本引入了新的权限模型，允许用户先安装应用，当用户使用需要这些权限的功能时再接受应用权限。新的权限模型很重要，因为它可以减少以前权限导致的问题，例如，由于用户不乐意接受一个特别的权限，从而放弃安装你的应用。

有了 Android Marshmallow 权限模型，用户不需要在安装之前授权应用所有的权限，允许用户先安装和使用你的应用。当用户使用需要特别权限的某个功能时，将弹出一个对话框请求授予权限。如果权限被授予，系统将通知应用，从而权限被授予给用户。如果权限没有被授予，用户将不能访问应用中需要该权限的所有功能。权限使用常规的<uses-permission>标签在 Android 清单文件中进行声明。在应用代码中检查权限是否被授予。该权限模型允许用户在应用设置中取消特殊权限的授权，而不必卸载了应用重新安装才能取消这一特殊权限的授权。即使用户授予了一个特殊的权限，用户也可以随时取消这个权限的授权，所以你的应用必须始终需要检查这一权限是否被授予，而如果没有授权的话，应该弹出授权请求。

要在运行时请求授权，必须在 build.gradle 应用模块文件中添加下面的依赖项(附录 E 将详细讨论 Gradle 和依赖)：

```
compile 'com.android.support:support-v4:23.0.0'
compile 'com.android.support:appcompat-v7:23.0.0'
```

然后，你的 Activity 必须继承自 AppCompatActivity，并实现 ActivityCompat.OnRequest-PermissionsResultCallback 接口，如下所示：

```
public class PermissionsActivity extends AppCompatActivity
        implements ActivityCompat.OnRequestPermissionsResultCallback {
    // Activity code here
}
```

接着，必须检查权限是否被授予，如果没有，则请求授权。使用如下代码实现：

```
if (ActivityCompat.checkSelfPermission(this,
Manifest.permission.READ_CONTACTS)
        != PackageManager.PERMISSION_GRANTED
        || ActivityCompat.checkSelfPermission(this,
Manifest.permission.WRITE_
    CONTACTS)
        != PackageManager.PERMISSION_GRANTED) {
    Log.i(DEBUG_TAG, "Contact permissions not granted. Requesting
permissions.");
    ActivityCompat.requestPermissions(GridListMenuActivity.this, {
            Manifest.permission.READ_CONTACTS,
            Manifest.permission.WRITE_CONTACTS}, 0);
} else {
    Log.i(DEBUG_TAG,
          "Contact permissions granted. Displaying contacts.");
    // Do work here
}
```

上面代码中 if 语句检查 READ_CONTACTS 和 WRITE_CONTACTS 权限是否被授予，如果没有，则调用 ActivityCompat 的 requestPermissions()方法。接着必须在 Activity 中实现 onRequestPermissionsResult()方法，如下所示：

```
@Override
public void onRequestPermissionsResult(int requestCode,
        @NonNull String[] permissions, @NonNull int[] grantResults) {
    if (requestCode == REQUEST_CONTACTS) {
        Log.d(DEBUG_TAG, "Received response for contact permissions 
request.");
        // All Contact permissions must be checked
        if (verifyPermissions(grantResults)) {
            // All required permissions granted, proceed as usual
            Log.d(DEBUG_TAG, "Contacts permissions were granted.");
            Toast.makeText(this, "Contacts Permission Granted",
                    Toast.LENGTH_SHORT).show();
        } else {
            Log.d(DEBUG_TAG, "Contacts permissions were denied.");
            Toast.makeText(this, "Contacts Permission Denied",
                    Toast.LENGTH_SHORT).show();
        }
    } else {
        super.onRequestPermissionsResult(requestCode, permissions, 
grantResults);
    }
}
```

该方法处理用户的输入结果，如果用户接受了授权，权限就被授予给应用，如果用户拒绝了请求，权限将不可用。应用中需要这一被拒绝了的权限的所有其他功能将都不可用，除非用户选择授予这一权限。

注意

Android Marshmallow 引入了指纹识别权限。要在应用中加入这一权限，使用 android.permission.USE_FINGERPRINT 值。这将允许应用在支持指纹识别的设备上使用指纹识别功能。

5.5.2 注册应用强制的权限

应用也可通过<permission>定义自己的权限，并被其他应用使用。你必须描述权限，然后使用 android:permission 特性将其应用到特定的应用组件中，如 Activity 中。

提示

使用 Java 风格的作用域来为唯一的应用权限命名(例如，com.introtoandroid.media.ViewMatureMaterial)。

可在以下几个方面定义权限：

- 当启动 Activity 或 Service。
- 当访问由 content provider 提供的数据。
- 在调用方法的级别。
- 当通过一个 Intent 发送或接收广播。

权限拥有三个主要的保护级别：正常、危险和签名。正常的保护级别是应用很好的默认执行权限。危险的保护级别用于高风险、可能对设备造成不良影响的活动。最后，签名保护级别允许使用相同证书签名的应用使用该组件，从而控制应用间的可操作性。第 22 章将介绍更多关于应用签名的内容。

权限可以细分为类别，称为权限组，用来描述或警告什么特定的活动需要权限。例如，权限可能暴露应用的敏感数据，如位置和个人信息(android.permission-group.LOCATION 和 android.permission-group.PERSONAL_INFO)，访问底层硬件(android.permission-group.HARDWARE_CONTROLS)或者可能让用户产生费用的操作(android.permission-group.COST_MONEY)。权限组的完整清单可在 Manifest.permission_group 类中找到。

关于应用的更多信息，以及它们如何实施自己的许可权限，请查看 SDK 文档 http://d.android.com/guide/topics/manifest/permission-element.html 中的<permission>清单标签部分的内容。

5.6 探索清单文件的其他设置

现在我们已经了解了 Android 清单文件的基本知识，但 Android 清单文件中还有许多其他的可配置设置使用了不同的标签块，这与我们已经讨论过的标签特性不一样。

其他一些可在 Android 清单文件配置的功能包括：

- 在<application>标签特性中设置应用范围内的主题
- 使用<instrumentation>标签配置单元测试功能。
- 使用<activity-alias>标签为 Activity 指定别名。
- 使用<receiver>标签创建 broadcast receivers。
- 使用<provider>标签创建 content provider，并使用<grant-uri-permission>和<path-permission>标签管理 content provider 权限。
- 使用<meta-data>标签包含 Activity、Service 或 Receiver 组件注册的其他数据。

要了解每个标签的详细描述和在 Android SDK 中可用的特性(还有很多)，请查看 Android SDK Reference 中有关 Android 清单文件的内容：http://d.android.com/guide/topics/manifest/manifest-intro.html。

5.7　本章小结

每个 Android 应用都有一个特定格式的 XML 配置文件：AndroidManifest.xml。该文件非常详细地描述了应用的特性。有些信息必须在 Android 清单文件中定义，包括：应用的包名和名称、包含的应用组件、所需要的设备配置以及运行所需的权限。Android 操作系统使用 Android 清单文件来安装、更新和运行该应用包。第三方应用也使用 Android 清单文件中的一些细节，这包括了 Google Play 发布渠道。另外，新的 Marshmallow 权限模型允许用户在应用运行时授权以及取消授权。

5.8　小测验

1. 哪个 XML 标签用于指定应用支持的输入方式？
2. 哪个 XML 标签用于指定应用所需要的设备功能？
3. 哪个 XML 标签用于指定应用支持的屏幕尺寸？
4. 哪个 XML 标签用于注册应用执行的权限？
5. XML<uses-permission>标签的哪个特性用于指定应用支持指纹识别功能？

5.9　练习题

1. 定义一个虚拟的<application>清单 XML 标签，其中包括 icon、label、allowBackup、enabled 以及 testOnly 特性，并为每个特性指定值。

2. 使用 Android 文档，列出<uses-configuration>标签中 regNavigation 特性所有可用的字符串值。

3. 使用 Android 文档，列出<uses-feature>标签中 name 特性的 5 个硬件功能。

4. 使用 Android 文档，列出<supports-screens>清单 XML 标签中所有可能的特性和它们的值类型。

5. 使用 Android 文档，列出<uses-permission>清单 XML 标签中可用于定义 name 特性的 10 个不同的值。

5.10 参考资料和更多信息

Android Developers Guide: “The AndroidManifest.xml File”:
http://d.android.com/guide/topics/manifest/manifest-intro.html
Android Developers Guide: “Supporting Multiple Screens”:
http://d.android.com/guide/practices/screens_support.html
Android Developers Guide: “Security Tips: Using Permissions”:
http://developer.android.com/training/articles/security-tips.html#Permissions
Android Google Services: “Filters on Google Play”:
http://d.android.com/google/play/filters.html
Android Preview: “Permissions”:
http://d.android.com/preview/features/runtime-permissions.html

第6章

管理应用的资源

编写良好的应用会使用编程方式访问资源，而不是在源代码中硬编码资源。这么做有多种原因。将应用资源存储在单一的地方，能更好地组织开发资源，使得代码更具可读性和可维护性。外部资源，例如，字符串可以根据不同的语言和地区进行本地化。最后，不同的资源可能适合不同的设备需要。

本章将介绍 Android 应用如何存储和访问重要的资源，如字符串、图形和其他数据。也将学习如何组织项目中的 Android 资源，以便适合本地化和不同配置的设备。

6.1 资源的含义

所有的 Android 应用由两部分组成：功能(代码指令)和数据(资源)。功能是决定应用行为的代码，包括程序运行的任何算法。资源包括文本字符串、样式和主题、尺寸、图片和图标、音频文件、视频以及应用使用的其他数据。

提示

本章提供的示例代码大部分来自 SimpleResourceView、ResourceRoundup 以及 ParisView 应用。这些应用的源代码可在本书网站下载。

6.1.1 存储应用资源

Android 资源文件与.java 类文件分开存储。最常见的资源类型存放在 XML 文件内。也可以存储原始数据文件和图形资源。资源文件严格按照目录层次组织。所有的资源必须存放在项目的/res 目录下面的特定子目录中，这些子目录名必须是小写的。

不同资源类型存储在不同目录中。当创建一个 Android 项目时，生成的资源子目录如表 6.1 所示。

表 6.1 Android 默认的资源目录

资源子目录	目　　的
/res/drawable-*/	图形资源
/res/layout/	用户界面资源
/res/menu/	菜单资源，用于显示 Activity 中的选项或操作
res/mipmap	应用启动图标资源
/res/values/	简单的数据，例如，字符串、样式和主题以及尺寸

不同的资源类型对应于一个特定的资源子目录名。例如，所有的图形资源都存储在/res/drawable 目录结构下。资源可进一步使用更特殊的目录限定方式组织。例如，/res/drawable-hdpi 目录存储高像素密度屏幕的图形，/res/drawable-ldpi 目录存储低像素密度屏幕的图形，/res/drawable-mdpi 目录存储中等像素密度屏幕的图形，/res/drawable-xhdpi 目录存储超高像素密度屏幕的图形，/res/drawable-xxhdpi 目录存储极高像素密度屏幕的图形。如果图形资源要被所有屏幕尺寸共享，可简单地将资源存储在/res/drawable 目录中。我们将在本章后面详细讨论资源目录限定名。

如果使用 Android Studio，将资源添加到项目非常简单。当添加新资源到/res 目录下的正确子目录时，Android Studio 将自动检测到新资源。这些资源将被编译，生成 R.java 文件，该文件使得能以编程方式访问资源。

6.1.2 资源类型

Android 应用使用多种不同类型的资源，例如，文本字符串、图形和颜色，以供用户界面设计。

这些资源都存储在 Android 项目的 res 目录下，严格遵守(但有一定合理的灵活性)目录和文件名规则。所有的资源文件名必须是小写的且简单(只允许字母、数字和下划线)。

Android SDK 支持的资源类型，以及它们在项目中的存储方式如表 6.2 所示。

表 6.2 常见的资源类型如何存储在项目文件层次结构中

资 源 类 型	所 需 目 录	建议文件名	XML 标 签
字符串	/res/values/	strings.xml	<string>
字符串复数形式	/res/values/	strings.xml	<plurals>,<item>
字符串数组	/res/values/	strings.xml 或者 arrays.xml	<string-array>,<item>
布尔类型	/res/values/	bools.xml	<bool>
颜色	/res/values/	colors.xml	<color>

(续表)

资 源 类 型	所 需 目 录	建议文件名	XML 标 签
颜色状态列表	/res/color/	例如 buttonstates.xml 和 indicators.xml	<selector>,<item>
尺寸	/res/values/	dimens.xml	<dimen>
ID	/res/values/	ids.xml	<item>
整型	/res/values/	integers.xml	<integer>
整型数组	/res/values/	integers.xml	<integer-array>,<item>
类型数组	/res/values/	arrays.xml	<array>,<item>
简单可绘制图形(可绘制)	/res/values/	drawables.xml	<drawable>
XML 文件定义的图形，如形状	/res/drawable/	例如 icon.png、logo.jpg	支持的图形文件或者可绘制图形
补间动画	/res/anim/	例如 fadesequence.xml、Spinsequence.xml	<set>,<alpha>,<scale>,<translate>,<rotate>
属性动画	/res/animator/	mypropanims.xml	<set>,<objectAnimator>,<valueAnimator>
帧动画	/res/drawable/	例如 sequence1.xml 和 sequence2.xml	<animation-list>,<item>
菜单	/res/menu/	例如 mainmenu.xml、helpmenu.xml	<menu>,<item>,<group>
XML 文件	/res/xml/	例如 data.xml 和 data2.xml	由开发人员定义
原始文件	/res/raw/	例如 jingle.mp3、somevideo.mp4、helptext.txt	由开发人员定义
布局	/res/layout/	例如 main.xml、help.xml	多样，但必须是布局类型
样式	/res/values/	例如 styles.xml、themes.xml	<style>,<item>

提示

一些资源文件，例如，动画文件或者图形，是通过文件名(忽略文件的后缀名)作为变量引用它们，因此，请恰当地命名你的文件。欲了解更多信息，请参阅 Android 开发人员网站：http://d.android.com/guide/topics/resources/available-resources.html。

1. 存储基本资源类型

简单的资源值类型，如字符串、颜色、尺寸以及其他基本类型，都存储在项目/res/values

目录下的 XML 文件内。每一个在/res/values 目录下的资源文件都必须以下面的 XML 文件头开始：

```
<?xml version="1.0" encoding="utf-8"?>
```

在根节点<resources>下是特定的资源元素的类型，例如<string>或者<color>。每个资源都使用不同的元素名称来定义。基本资源类型只有一个唯一的名称和数值，例如，颜色资源：

```
<color name="myFavoriteShadeOfRed">#800000</color>
```

提示

虽然 XML 的文件名是任意的，但最好将它们存储在能反映其类型的单独文件中，例如 strings.xml 和 colors.xml 等。但是，这并不禁止开发人员为同一种类型创建多个资源文件，例如，两个分开的 XML 文件分别命名为 bright_color.xml 和 muted_colors.xml。我们将在第 13 章中学习替代资源如何命名和细分。

2. 存储图形和文件

除了在/res/values 目录下存储简单的资源文件，还可以存储大量其他类型的资源，如图形，任意的 XML 文件和原始文件。这些类型的资源并没有存储在/res/values 目录下，而是根据它们的类型存储在特定的目录下。例如，图形资源存储在/res/drawable 目录下，XML 文件可存储在/res/xml 目录下，原始文件可存储在/res/raw 目录下。

请确保恰当地命名资源文件，因为图形和文件的资源名称是从特定资源目录下的文件名来获取的。例如，/res/drawable 目录下的一个文件名为 flag.png 的文件将被命名为 R.drawable.flag。

3. 存储其他资源类型

所有其他资源类型，无论是补间动画序列、颜色状态列表或菜单，都以特殊 XML 格式存储在不同目录中，如表 6.2 所示。重申一次，每个资源的名称必须是唯一的。

4. 了解资源如何被解析

Android 平台有着非常健壮的机制，能够在运行时加载恰当的资源。可以根据多种不同的标准组织 Android 项目的资源文件。可认为本章中讨论的目录下存储的资源是应用的默认资源。在特定条件下，可提供一个特殊版本的资源以供应用加载，而不是使用默认版本的资源。这些专门的资源被称为替代资源。

开发人员使用替代资源的两个常见的原因是：国际化和本地化目的，以及设计在不同设备屏幕和方向下流畅运行的应用。我们将在本章中讨论默认资源，第 13 章将讨论替代资源。

默认资源和替代资源可以通过例子很好地说明。假设有一个简单的应用，以及它所需的字符串、图形和布局资源。在该应用中，资源文件存储在顶层的资源目录(例如/res/values/string.xml、/res/drawable/mylogo.png 以及/res/layout/main.xml)。无论应用运行在什么 Android 设备上(巨大的高清屏、邮票大小的屏幕、纵向或横屏等)，相同的资源文件将被加载和使用。该应用只使用默认资源。

但是，如果希望应用可以基于不同的屏幕密度使用不同尺寸的图片呢？为此，可使用替代的图形资源。例如，可为不同设备的屏幕密度提供多个版本的 mylogo.png.

- res/drawable-ldpi/mylogo.png (low-density screens)
- res/drawable-mdpi/mylogo.png (medium-density screens)
- res/drawable-hdpi/mylogo.png (high-density screens)
- res/drawable-xhdpi/mylogo.png (extra-high-density screens)
- res/drawable-xxhdpi/mylogo.png (extra-extra-high-density screens)
- res/drawable-xxxhdpi/mylogo.png (extra-extra-extra-high-density screens)
- res/drawable-nodpi/mylogo.png (不会因为任何原因而伸缩)
- res/drawable-tvdpi/mylogo.png (介于中等密度和高密度屏幕之间)

来看另一个示例。如果屏幕竖屏和横屏布局都很好地定制了，应用就会更好。我们可改变布局、移动控件位置，以达到更好的用户体验，并提供下面两个布局：

- res/layout-port/main.xml (水平模式加载的布局)
- res/layout-land/main.xml (竖直模式加载的布局)

我们现在介绍替代资源的概念，是因为它们很难在实际中避免，但本书的内容将主要使用默认资源，目的是为了专注于特定的编程任务，而不会被为了使应用良好地运行在各种配置的设备上所需要付出的大量繁杂的细节工作而分心。

6.1.3　以编程方式访问资源

开发人员使用 R.java 类和它的子类来访问特定的应用资源。当将资源添加到项目中时(如果使用 Android Studio)，R.java 类和它的子类会自动生成。可以在项目中通过资源名称来引用任何资源标识符(这就是名称必须唯一的原因)。例如，在/res/values/strings.xml 文件中定义了一个名为 strHello 的字符串。可通过下面的方式在代码中访问它：

```
R.string.strHello
```

该变量并不是名为 strHello 的字符串的真正数据。相反，需要使用该资源标识符在项目资源中获取该类型的资源(这里恰好是字符串)。

首先，为应用的 Context(android.content.Context)获取 Resources 实例，在本例中，因为 Activity 类继承自 Context，故使用 this 即可。然后，使用 Resources 的实例来获取所需的

相关资源。你会发现 Resources 类(android.content.res.Resources)有一个辅助方法来处理各种类型的资源。

例如，要获取 String 文本的一个简单方法是调用 Resources 类中的 getString()方法，如下所示：

```
String myString = getResources().getString(R.string.strHello);
```

在继续讨论之前，学会创建一些资源非常有帮助，因此让我们创建一个简单的示例。

6.2 在 Android Studio 中添加简单的资源值

为说明如何在 Android Studio 中添加资源，让我们来看一个例子。创建一个新的 Android 项目，并导航到/res/values/strings.xml 文件，双击该文件来编辑它。或者，你也可以使用本书中包含的 ResourceRoundup 项目进行参考。Strings.xml 文件将在右侧窗体中打开，类似于图 6.1，但只有较少的字符串。

现在，添加一些资源到 XML 文件中。创建下面的资源：

- 一个颜色资源，名为 prettyTextColor，数值为#ff0000
- 一个尺寸资源，名为 textPointSize，数值为 14pt
- 一个绘制资源，名为 redDrawable，数值为#F00

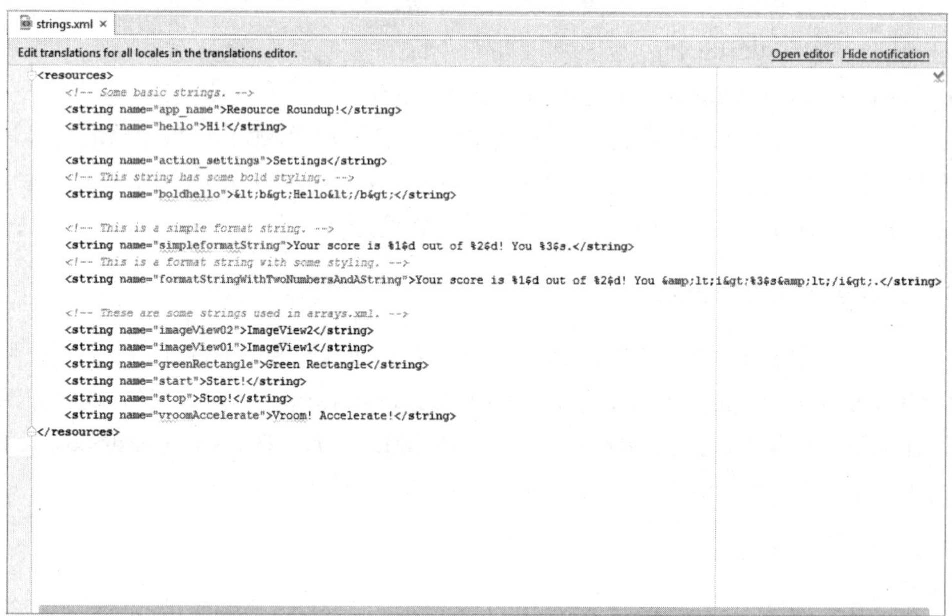


```
<resources>
    <!-- Some basic strings. -->
    <string name="app_name">Resource Roundup!</string>
    <string name="hello">Hi!</string>

    <string name="action_settings">Settings</string>
    <!-- This string has some bold styling. -->
    <string name="boldhello">&lt;b&gt;Hello&lt;/b&gt;</string>

    <!-- This is a simple format string. -->
    <string name="simpleformatString">Your score is %1$d out of %2$d! You %3$s.</string>
    <!-- This is a format string with some styling. -->
    <string name="formatStringWithTwoNumbersAndAString">Your score is %1$d out of %2$d! You &amp;lt;i&gt;%3$s&amp;lt;/i&gt;.</string>

    <!-- These are some strings used in arrays.xml. -->
    <string name="imageView02">ImageView2</string>
    <string name="imageView01">ImageView1</string>
    <string name="greenRectangle">Green Rectangle</string>
    <string name="start">Start!</string>
    <string name="stop">Stop!</string>
    <string name="vroomAccelerate">Vroom! Accelerate!</string>
</resources>
```

图 6.1 在 Android Studio 编辑器(XML)的一个示例字符串资源文件

现在，在 strings.xml 资源文件中有了几个不同类型的资源，其内容应该如下所示：

```
<?xml version="1.0" encoding="utf-8"?>
```

```
<resources>
   <string name="app_name">ResourceRoundup</string>
   <string
      name="hello">Hello World, ResourceRoundupActivity</string>
   <color name="prettyTextColor">#ff0000</color>
   <dimen name="textPointSize">14pt</dimen>
   <drawable name="redDrawable">#F00</drawable>
</resources>
```

保存 strings.xml 资源文件。Android Studio 将在项目中自动生成 R.java 文件，该文件中包含了相应的资源 ID，在文件被编译后，允许你通过编程方式访问资源。通过将 Android Studio 的 Project 签页的 Active Tool Window 切换到 Project Files。然后展开 app 文件夹，就会显示 build 文件夹。然后展开 r/debug，最后展开 com/introtoandroid/samples/resourceroundup，就会看到 R.java 文件(见图 6.2)。

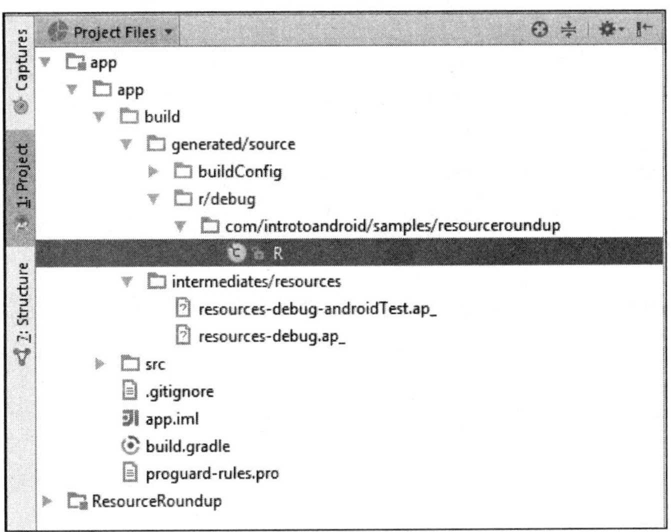

图 6.2　在 Android Studio 中显示 R.java 文件

双击打开 R.java 文件，文件内容应该如下所示：

```
package com.introtoandroid.resourceroundup;
public final class R {
  public static final class attr {
   }
   public static final class color {
      public static final int prettyTextColor=0x7f050000;
   }
   public static final class dimen {
      public static final int textPointSize=0x7f060000;
   }
   public static final class drawable {
```

```
        public static final int icon=0x7f020000;
        public static final int redDrawable=0x7f020001;
    }
    public static final class layout {
        public static final int main=0x7f030000;
    }
    public static final class string {
        public static final int app_name=0x7f040000;
        public static final int hello=0x7f040001;
    }
}
```

现在，可以在代码中随意使用这些资源。如果导航到 ResourceRoundupActivity.java 文件，可以添加以下代码获取资源并使用它们，如下所示：

```
String myString = getResources().getString(R.string.hello);
int myColor =
    ContextCompat.getColor(context, R.color.prettyTextColor);
float myDimen =
    getResources().getDimension(R.dimen.textPointSize);
ColorDrawable myDraw = (ColorDrawable) ContextCompat.
    getDrawable(R.drawable.redDrawable);
```

回到 strings.xml 文件，可以通过添加下面的 XML 元素向资源列表添加字符串数组，如下所示：

```
<?xml version="1.0" encoding="utf-8"?>
<resources>
    <string name="app_name">Use Some Resources</string>
    <string
        name="hello">Hello World, UseSomeResources</string>
    <color name="prettyTextColor">#ff0000</color>
    <dimen name="textPointSize">14pt</dimen>
    <drawable name="redDrawable">#F00</drawable>
    <string-array name="flavors">
        <item>Vanilla</item>
        <item>Chocolate</item>
        <item>Strawberry</item>
    </string-array>
</resources>
```

保存 strings.xml 文件，现在名为 flavors 的字符串数组就在源文件 R.java 中自动生成了，因此可以在 ResourceRoundupActivity.java 文件中通过编程方式使用它，如下所示：

```
String[] aFlavors =
```

```
getResources().getStringArray(R.array.flavors);
```

现在，你对如何使用 Android Studio 编辑器添加简单的资源应该有了大致了解，但还有一些类型的数据可添加为资源。常见的做法是在不同文件中存储不同类型的资源。例如，可在 /res/values/strings.xml 文件中存储字符串，在 /res/values/colors.xml 文件中存储 prettyTextColor 颜色资源，在/res/values/dimens.xml 文件中存储 textPointSize 尺寸数据。在资源目录下重新组织资源并不会改变资源的名称，也不会改变之前通过编程方式访问资源的代码。

现在，让我们讨论如何为 Android 应用添加一些常见类型的资源。

6.3　使用不同类型的资源

本节将讨论 Android 应用中可以使用的具体的资源类型，它们如何在项目中定义，以及如何使用编程方式访问资源数据。对于每种类型的资源，你将会学习到不同类型的数值是如何存储的，以及存储为何种格式。

6.3.1　使用字符串资源

对于开发人员来说，字符串资源是最简单的资源类型之一。字符串资源可以用于在表单视图中显示文本标签和帮助文本。应用的名称默认也被存储为一个字符串资源。

字符串资源定义在/res/values 目录下的 XML 文件中，并在构建时被编译到应用包中。所有包含撇号以及单引号的字符串需要被转义或者被双引号所包裹。一些良好格式的字符串值示例如表 6.3 所示。

表 6.3　字符串资源格式示例

字符串资源值	显　示　为
Hello, World	Hello, World
"User's Full Name:"	User's Full Name
User\'s Full Name:	User's Full Name
She said, \"Hi.\"	She said, "Hi."
She\'s busy but she did say, \"Hi.\"	She's busy but she did say, "Hi."

通过双击文件在 Android Studio 编辑器中打开它，就可以编辑该 XML 文件。当保存该文件后，资源标识符将会自动添加到 R.java 类文件中。

字符串值使用<string>标签标记，并表示为名称/值对。应用代码中将使用名称特性引用特定的字符串，所以请合理命名这些资源。

下面是/res/values/strings.xml 字符串资源文件的一个示例：

```
<?xml version="1.0" encoding="utf-8"?>
<resources>
    <string name="app_name">Resource Viewer</string>
    <string name="test_string">Testing 1,2,3</string>
    <string name="test_string2">Testing 4,5,6</string>
</resources>
```

粗体、斜体和带下划线的字符串

还可以为字符串资源添加三个 HTML 样式的特性：粗体、斜体和带下划线。可以分别使用<b>、<i>以及<u>标记分别指定特性，例如：

```
<string
    name="txt"><b>Bold</b>,<i>Italic</i>,<u>Line</u></string>
```

6.3.2 使用格式化的字符串资源

还可以创建格式化的字符串，但是需要将所有的粗体、斜体和带下划线的标签进行转义。例如，下例显示一个分数和“win”或“lose”字符串：

```
<string
    name="winLose">Score: %1$d of %2$d! You %3$s.</string>
```

如果想要在格式化的字符串中包含粗体、斜体和带下划线的样式，则需要将这些格式化的标签转义。例如，如果想要最后的“win”或“lose”字符串变成斜体，资源文件改成如下所示：

```
<string name="winLoseStyled">
    Score: %1$d of %2$d! You &lt;i&gt;%3$s&lt;/i&gt;.</string>
```

提示

如果熟悉 XML 语言的话，将会发现这是标准的 XML 转义方式。事实上，这就是 XML 转义。当一套标准的 XML 转义字符被解析后，转义字符串将使用这些格式化标签进行解析。正如任何的 XML 文档，都需要使用转义字符转义单引号(')、双引号(")以及&符号(&)。

以编程方式使用字符串资源

如本章前面所述，在代码中访问字符串资源非常简单。有两种主要的方式来访问字符串资源。

下面的代码可以访问应用中名为 hello 的字符串资源，并返回唯一的字符串。字符串包含的所有 HTML 样式的特性(粗体、斜体以及下划线)将会忽略。

```
String myStrHello =
   getResources().getString(R.string.hello);
```

也可以使用替代的方法来访问字符串，并且保留其格式：

```
CharSequence myBoldStr =
   getResources().getText(R.string.boldhello);
```

要加载一个带格式的字符串，需要保证任何格式的变量都被正确转义。可使用 TextUtils(android.text.TextUtils)类中的 htmlEncode()方法来实现。

```
String mySimpleWinString;
mySimpleWinString =
   getResources().getString(R.string.winLose);
String escapedWin = TextUtils.htmlEncode(mySimpleWinString);
String resultText = String.format(mySimpleWinString, 5, 5, escapedWin);
```

resultText 变量的值会是：

```
Score: 5 of 5! You Won.
```

现在，如果有类似前面 winLoseStyled 带格式的字符串，需要一些步骤来处理转义斜体的标记。为此，可使用 Html 类(android.text.Html)的 fromHtml()方法，如下所示：

```
String myStyledWinString;
myStyledWinString =
   getResources().getString(R.string.winLoseStyled);
String escapedWin = TextUtils.htmlEncode(myStyledWinString);
String resultText =
   String.format(myStyledWinString, 5, 5, escapedWin);
CharSequence styledResults = Html.fromHtml(resultText);
```

styledResults 变量的值会是：

```
Score: 5 of 5! You <i>Won</i>.
```

变量 styledResults 可以在用户界面控件(例如，TextView 对象)使用，其中的文本样式可以正确显示。

6.3.3 使用带数量的字符串

一种特殊的资源类型，名为<plurals>，可用来定义单词在语法上不同数量形式的字符串。下面是一个/res/values/strings.xml 示例资源文件，定义了两种不同数量形式的动物名称，它们基于上下文中的数量而改变：

```
<resources>
   <plurals name="quantityOfGeese">
```

```
        <item quantity="one">You caught a goose!</item>
        <item quantity="other">You caught %d geese!</item>
    </plurals>
</resources>
```

单数形式的鹅的单词是 goose，其复数形式是 geese。可以使用%d 形式来显示鹅的确切数量给用户。为在代码里使用复数化资源，getQuantityString()方法可用于获取字符串资源的复数形式，如下所示：

```
int quantity = getQuantityOfGeese();
Resources plurals = getResources();
String geeseFound = plurals.getQuantityString(
        R.plurals.quantityOfGeese, quantity, quantity);
```

getQuantityString()方法有三个参数。第一个参数是复数化的资源，第二个参数是数量值，用于告诉应用应该显示哪种语法类型的单词，第三个参数只有在需要显示具体的数量时才被定义，并会用实际的整数值替代占位符%d。

当国际化应用时，妥善管理单词的翻译，并考虑特定语言的数量问题非常重要。并不是所有语言都遵循相同的数量规则，为使该过程便于管理，使用复数化的字符串资源会有一定的帮助。

对于一个特定单词，可定义多种不同的语法形式。要在字符串资源文件中定义单词的多种数量形式，只需要指定超过一个<item>元素，并为每个<item>元素提供一个数量的值。可以使用指定<item>数量的值如表 6.4 所示。

表 6.4 字符串数量值

数 量	描 述
zero	用于表示 0 数量的单词
one	用于表示 1 个数量的单词
two	用于表示 2 个数量的单词
few	用于表示较小数量的单词
many	用于表示大数量的单词
other	用于表示没有数量形式的单词

6.3.4 使用字符串数组

可在资源文件中指定字符串列表。这是存储菜单选项和下拉列表值的很好方法。字符串数组定义在/res/values 目录下的 XML 文件中，并在应用构建时编译进应用包。

字符串数组使用<string-array>标签标记，并包含了一定数量的<item>子标签，每一个都是数组里的一条字符串。下面是一个简单的数组资源文件/res/values/arrays.xml：

```
<?xml version="1.0" encoding="utf-8"?>
<resources>
   <string-array name="flavors">
      <item>Vanilla</item>
      <item>Chocolate</item>
      <item>Strawberry</item>
      <item>Coffee</item>
      <item>Sherbet</item>
   </string-array>
   <string-array name="soups">
      <item>Vegetable minestrone</item>
      <item>New England clam chowder</item>
      <item>Organic chicken noodle</item>
   </string-array>
</resources>
```

如前所述，访问字符串数组资源非常容易。可使用 getStringArray()方法从资源文件中获取字符串数组。在本例中，是一个名为 flavors 的数组：

```
getResources().getStringArray(R.array.flavors);
```

6.3.5　使用布尔类型资源

其他的基本类型也可以被 Android 资源层次所支持。布尔类型资源可以用于存储应用的偏好和默认值信息。布尔类型资源定义在/res/values 下的 XML 文件中，并在应用构建时编译进应用包。

1. 在 XML 文件中定义布尔类型资源

布尔值使用<bool>标签标记，并表示为名/值对的形式。name 特性定义了如何在代码中引用布尔值，因此请合理地命名这些资源。

下面是一个布尔资源文件/res/values/bools.xml 示例：

```
<?xml version="1.0" encoding="utf-8"?>
<resources>
   <bool name="onePlusOneEqualsTwo">true</bool>
   <bool name="isAdvancedFeaturesEnabled">false</bool>
</resources>
```

2. 以编程方式使用布尔资源

为在代码中使用布尔类型的资源，使用 Resources 类的 getBoolean()方法加载布尔资源。以下代码将访问应用中名为 bAdvancedFeaturesEnabled 的布尔值资源：

```
boolean isAdvancedMode =
```

```
getResources().getBoolean(R.bool.isAdvancedFeaturesEnabled);
```

6.3.6 使用整型资源

除了字符串和布尔值，也能以资源方式存储整数。整数类型资源被定义在/res/values目录下的 XML 文件中，并在构建时编译进应用包。

1. 在 XML 中定义整型资源

整型使用<integer>标签来标记，并表示为名/值对。Name 特性定义如何在代码中引用整型值，因此请合理地命名这些资源。

下面是一个整型资源文件/res/values/nums.xml 的示例：

```
<?xml version="1.0" encoding="utf-8"?>
<resources>
    <integer name="numTimesToRepeat">25</integer>
    <integer name="startingAgeOfCharacter">3</integer>
</resources>
```

2. 以编程方式使用整型资源

为使用整型资源，可使用 Resources 类加载整型资源。下面的代码将访问应用中名为 numTimesToRepeat 的整型资源：

```
intrepTimes = getResources().getInteger(R.integer.numTimesToRepeat);
```

提示

类似字符串数组，可使用<integer-array>标签，以及定义数组每个元素的<item>子标签，以资源方式创建整型数组。然后，通过 Resources 类的 getIntArray()方法加载整型数组。

6.3.7 使用颜色资源

Android 应用可存储 RGB 颜色值，颜色值可应用到其他屏幕元素。可使用这些值来设置文本的颜色或者其他元素的颜色，例如，屏幕背景颜色。颜色类型资源定义在/res/values目录下的 XML 文件中，并在构建时编译进应用包。

1. 在 XML 文件中定义颜色资源

RGB 颜色值总以井号(#)开头。Alpha 值可用来控制透明度。以下的颜色格式都支持：

- #RGB(例如，#F00 是 12 位的红色)

- #ARGB(例如，#8F00 是 12 的红色，加上 50% alpha 的透明度)
- #RRGGBB(例如，#FF00FF 是 24 位的洋红色)
- #AARRGGBB(例如，#80FF00FF 是 24 位的洋红色，加上 50% alpha 的透明色)

颜色资源使用<color>标签来标记，并表示为名/值对形式。下面是颜色资源文件/res/values/colors.xml 的一个示例：

```
<?xml version="1.0" encoding="utf-8"?>
<resources>
    <color name="background_color">#006400</color>
    <color name="text_color">#FFE4C4</color>
</resources>
```

2. 以编程方式使用颜色资源

本章开始的例子就是访问颜色资源的例子。颜色资源是简单的整数值。下例显示了使用 getColor()方法来获取名为 prettyTextColor 的颜色资源：

```
int myResourceColor =
    ContextCompat.getColor(context, R.color.prettyTextColor);
```

6.3.8　使用尺寸资源

许多用户界面布局控件(如文本控件和按钮)显示成指定的尺寸。这些尺寸可以被存储为资源。尺寸值始终以度量单位标签结束。

1. 在 XML 文件中定义尺寸资源

尺寸资源使用<dimen>标签来标记，并表示为名称/值对的形式。尺寸类型资源定义在/res/values 目录下面的 XML 文件中，并在构建时编译进应用包。

支持的尺寸单位如表 6.5 所示。

表 6.5　支持的尺寸度量单位

度量单位	描　述	需要的资源标签	示　例
像素	实际的屏幕像素	px	20px
英寸	物理测量值	in	1in
毫米	物理测量值	mm	1mm
点阵	常见的字体度量单位	pt	14pt
屏幕密度无关像素	相对于 160dpi 屏幕的像素(最佳屏幕尺寸兼容性)	dp	1dp
缩放无关像素	最佳缩放字体显示	sp	14sp

下面是简单尺寸资源文件/res/values/dimens.xml 的一个示例：

```
<?xml version="1.0" encoding="utf-8"?>
<resources>
   <dimen name="FourteenPt">14pt</dimen>
   <dimen name="OneInch">1in</dimen>
   <dimen name="TenMillimeters">10mm</dimen>
   <dimen name="TenPixels">10px</dimen>
</resources>
```

注意

通常来说，dp 用于布局和图形，而 sp 则用于文本。设备默认的设置下，dp 和 sp 一般是相同的。然而，因为用户可以能以 sp 方式控制文本的大小，如果字体布局大小很重要(例如，标题)，则不应该使用 sp 来控制文本。相反，sp 很适用于内容文本，这种情况下用户的设置可能很重要(例如，为视障人士提供的大字体)。

6.3.9 以编程方式使用尺寸资源

尺寸资源是简单的浮点数值。下面的示例使用 getDimension()方法来获取名为 textPointSize 的尺寸资源：

```
float myDimension =
   getResources().getDimension(R.dimen.textPointSize);
```

警告

为应用选择尺寸单位时一定要小心。如果应用针对具备多种不同屏幕尺寸和分辨率的设备，那么需要在很大程度上依赖更具扩展性的单位，如 dp、sp，而不是像素、点阵、英寸和毫米等。

6.3.10 可绘制资源

Android SDK 支持多种不同类型的可绘制资源，用于管理项目中所需要的不同类型的图形资源。这些资源类型对于管理项目中可绘制文件的显示也非常有用。表 6.6 列出了一些可定义的不同类型的可绘制资源：

表 6.6　不同的可绘制资源

可绘制类	描述
ShapeDrawable	几何图形，如圆或矩形
ScaleDrawable	定义可绘制图形的缩放
TransitionDrawable	用于可绘制图形之间的交叉渐变
ClipDrawable	绘制可裁剪的可绘制图形
StateListDrawable	定义可绘制图形的不同状态，如按下或者选择
LayerDrawable	可绘制图形数组
BitmapDrawable	位图文件
NinePatchDrawable	可缩放的 PNG 文件

1. 使用简单的可绘制图形

可使用可绘制资源类型来指定简单颜色的矩形，然后可以应用到其他屏幕元素。这些可绘制资源类型通过特定的绘画颜色来定义，和定义颜色资源类似。

2. 在 XML 文件中定义简单的可绘制资源

简单的可绘制资源类型在/res/values 目录下的 XML 文件中定义，并在构建时编译进应用包。简单的可绘制资源使用<drawable>标签来标记，并表示为名/值对的形式。下面是一个简单的可绘制资源文件/res/values/drawables.xml 的示例：

```
<?xml version="1.0" encoding="utf-8"?>
<resources>
   <drawable name="red_rect">#F00</drawable>
</resources>
```

虽然看上去可能有一点混乱，但是也可以创建描述其他可绘制对象子类的 XML 文件，如 ShapeDrawable。Drawable XML 定义文件存储在项目/res/drawable 目录下的文件和图片。这和存储<drawable>资源并不完全相同，<drawable>资源是可绘制图形。如前所述，ShapeDrawable 存储在/res/values 目录下。

下面是/res/drawable/red_oval.xml 内的一个简单的 ShapeDrawable 资源：

```
<?xml version="1.0" encoding="utf-8"?>
<shape xmlns:android="http://schemas.android.com/apk/res/android"
   android:shape="oval">
   <solid android:color="#f00"/>
</shape>
```

当然，我们不需要指定大小，因为它会自动缩放以适应布局，类似于矢量图形格式。

3. 以编程方式使用可绘制资源

可绘制资源使用<drawable>来定义一个给定颜色的矩形，使用 Drawable 的子类 ColorDrawable 表示。在 Android Marshmallow 6.0 API Level 23 中，应该使用 ContextCompat 类来访问可绘制资源，并传入应用的上下文作为第一个参数。下面的代码获取了名为 redDrawable 的 ColorDrawable 资源：

```
ColorDrawable myDraw = (ColorDrawable) ContextCompat.
   getDrawable(context, R.drawable.redDrawable);
```

注意

欲了解如何为特定类型的绘制图形定义 XML 资源，并了解如何在代码中访问不同类型的可绘制资源，请参考 Android 文档：http://d.android.com/guide/topics/resources/drawable-resource.html。

提示

使用/res/mipmap/目录存储应用的启动图标。以前，应用启动图标存储在 drawables 目录下，但从现在起 mipmap 文件夹是保持这些资源的最佳位置。

6.3.11 使用图像

应用通常包含一些视觉元素，例如，图标和图片。Android 支持一些图片格式，可以直接在应用中加入。这些图像格式如表 6.7 所示。

表 6.7 Android 支持的图片格式

支持的图片格式	描　述	所需的扩展名
可移植网络图像(PNG)	最好的格式(无损)	.png
九宫格可缩放图像	最好的格式(无损)	.9、.png
联合图像专家组(JPEG)	可接受的格式(有损)	.jpg、.jpeg
图像互换格式(GIF)	不推荐的格式	.gif
WebP(WEBP)	Android 4.0+支持	.webp

这些图像格式被流行的图像编辑器如 Adobe 的 PhotoShop、GIMP、Microsoft 的画图工具很好地支持。向项目中添加图像资源很容易。简单地将图像资源拖入/res/drawable 目录即可，它会自动包含到应用包中。

警告

所有资源文件名必须由小写和简单字符串(字母、数字和下划线)组成。该规则适用于所有文件，包括图像。

1. 使用 9Patch 可伸缩图像

Android 设备的屏幕，不论是智能手机、平板或者电视，具有各种不同的尺寸。可以使用可伸展的图片从而允许适当地缩放单一的图片以适应不同的屏幕尺寸和方向以及不同长度的文本。这样可节省开发人员和设计师为不同屏幕尺寸创建图片的时间。

为实现这一目的，Android 支持 9Patch 可缩放图片。9Patch 图片是简单的 PNG 图片，包含有补丁或者是定义了缩放的区域，而不是将图片作为一个整体来缩放。中间部分通常是透明的或者是单色背景，因为它是可缩放的部分。因此，使用 9Patch 图片常见的用途是创建框架和边框。因为包含了边角，一个非常小的图片文件可以用作任何大小的图形或者 View 控件。

9Patch 可缩放图片可以使用 Android SDK 中的/tools 下的 draw9patch 工具从 PNG 文件中创建。第 13 章将详细讨论如何使用 9Patch 图片。

2. 以编程方式使用图片资源

图片资源只是另一种 Drawable 对象，称为 BitmapDrawable。大多数时候，只需要图片的资源 ID 来设置用户界面控件的特性。

例如，假设将 flag.png 图片拖入/res/drawable 目录，并添加 ImageView 控件到主布局，可用以下方法在代码中和布局中的控件交互：首先使用 findViewById()方法根据标识符获取控件，然后将其强制转换为正确的控件类型——在本例中是一个 ImageView(android.widget.ImageView)对象：

```
ImageView flagImageView =
    (ImageView)findViewById(R.id.ImageView01);
flagImageView.setImageResource(R.drawable.flag);
```

类似地，如果想要直接访问 BitmapDrawable(android.graphics.drawable.BitmapDrawable)对象，可以使用 getDrawable()方法直接获取资源，如下所示：

```
BitmapDrawable bitmapFlag = (BitmapDrawable)
    ContextCompat.getDrawable(context, R.drawable.flag);
int iBitmapHeightInPixels =
    bitmapFlag.getIntrinsicHeight();
int iBitmapWidthInPixels = bitmapFlag.getIntrinsicWidth();
```

最后，如果使用了 9Patch 图形，调用 getDrawable()方法可返回一个 NinePatchDrawable (android.graphics.drawable.NinePatchDrawable)对象，而不是 BitmapDrawable 对象：

```
NinePatchDrawable stretchy = (NinePatchDrawable)
    ContextCompat.getDrawable(context, R.drawable.pyramid);
int iStretchyHeightInPixels =
    stretchy.getIntrinsicHeight();
int iStretchyWidthInPixels = stretchy.getIntrinsicWidth();
```

6.3.12 使用颜色状态列表

一个特殊的资源类型是<selector>，可以用于定义基于控件的状态而显示不同的颜色或者图像。例如，可以定义一个 Button 控件的颜色状态列表，当 Button 被禁用时，显示为灰色，当 Button 被启用时，显示为绿色，当 Button 被按下时，显示为黄色。同样，可以定义基于 ImageButton 控件的状态的不同图像。

<selector>元素可拥有一个或者多个<item>子元素，每一个定义了不同状态的颜色。可以定义<item>元素的一些特性，也可以定义一个或者多个<item>元素来支持 View 对象的不同状态。表 6.8 显示了可以定义<item>元素的一些特性。

表 6.8 颜色状态列表<item>特性

特 性	值
Color	指定下列格式之一的一个十六进制颜色必需特性：#RGB、#ARGB、#RRGGBB 或#AARRGGBB，其中 A 是 Alpha 通道，R 为红色、G 为绿色、B 为蓝色
State_enabled	布尔类型，决定对象能否接受触摸或单击事件，值为 true 或者 false
State_checked	布尔类型，决定对象是否选中，值为 true 或者 false
State_checkable	布尔类型，决定对象是否可以选中，值为 true 或者 false
State_selected	布尔类型，决定对象是否选择，值为 true 或者 false
State_focused	布尔类型，决定对象是否能获取焦点，值为 true 或者 false
State_pressed	布尔类型，决定对象是否按下，值为 true 或者 false

1. 定义颜色状态列表资源

首先，必须创建一个资源文件，用于定义想要使用的 View 对象的不同状态。为完成这一工作，需要定义一个颜色资源，包含<selector>元素和多个<item>，以及想要使用的特性。下面是 res/color/text_color.xml 中名为 text_color.xml 的示例文件：

```
<selector xmlns:android="http://schemas.android.com/apk/res/android">
    <item android:state_disabled="true"
          android:color="#C0C0C0"/>
    <item android:state_enabled="true"
```

```
        android:color="#00FF00"/>
    <item android:state_pressed="true"
        android:color="#FFFF00"/>
    <item android:color="#000000"/>
</selector>
```

在该文件中定义了四种不同的状态：禁用、启用、按下以及一个只包含 color 特性的<item>元素的默认值。

2. 定义使用状态列表资源的 Button

现在，有了颜色状态列表资源，可将其应用到一个 View 对象。这里定义了一个 Button，并将其 textColor 特性设置为前面定义的状态列表资源文件 text_color.xml：

```
<Button
    android:layout_width="match_parent"
    android:layout_height="wrap_content"
    android:text="@string/text"
    android:textColor="@color/text_color" />
```

当用户和 Button 视图进行交互时，禁用状态是灰色的，启用状态是绿色的，按下状态是黄色的，以及默认状态是黑色的。

6.3.13　使用动画

Android 提供了两种类型的动画。第一类是属性动画，允许你设置对象的属性动画。第二类是视图动画。有两种视图动画：帧序列动画和补间动画。

帧序列动画涉及将一系列图像快速连续地显示。补间动画涉及对图片进行标准的图像变换，例如，旋转和淡入淡出。

Android SDK 提供了一些辅助工具，用于加载和使用动画资源。这些工具可在 android.view.animation.AnimationUtils 类中找到。让我们查看如何以资源的方式定义不同的视图动画。

1. 定义和使用帧序列动画资源

帧序列动画通常用于内容的逐帧改变。这种类型的动画可用于复杂的帧过渡——很像孩子翻书效果。

要定义帧序列动画，执行下面的步骤：

(1) 将每一帧图像作为独立的可绘制资源。将图像按照显示的次序来命名很有用，例如 frame1.png、frame2.png 等。

(2) 在/res/drawable/目录下，定义动画序列 XML 文件。

(3) 在代码中加载、启动和停止动画。

下面是一个名为/res/drawable/juggle.xml 的简单帧序列动画资源文件，它定义了一个简单的三帧动画，需要1.5秒完成一次循环播放：

```
<?xml version="1.0" encoding="utf-8" ?>
<animation-list
    xmlns:android="http://schemas.android.com/apk/res/android"
    android:oneshot="false">
    <item
        android:drawable="@drawable/splash1"
        android:duration="500" />
    <item
        android:drawable="@drawable/splash2"
        android:duration="500"/>
    <item
        android:drawable="@drawable/splash3"
        android:duration="500"/>
</animation-list>
```

帧序列动画集合资源使用<animation-list>定义，使用Drawable的子类AnimationDrawable表示。下面的代码获取了名为juggle的AnimationDrawable资源：

```
AnimationDrawable jugglerAnimation = (AnimationDrawable) ContextCompat.
    getDrawable(context, R.drawable.juggle);
```

有了一个有效的AnimationDrawable(android.graphics.drawable.Animation Drawable)之后，可将其指定给屏幕上一个View控件，并启动和停止动画。

2. 定义和使用补间动画资源

补间动画功能包括缩放、淡入淡出、旋转和平移。这些动画可以同时执行或者按先后顺序执行，并且可使用不同的参数。

补间动画序列并不依赖于特定的图像文件，因此可以编写一个序列，然后将其应用到不同的图像。例如，可使用一个缩放序列让月亮、星星和钻石图形产生脉冲效果，或者使用旋转序列让它们产生自旋效果。

3. 在XML文件中定义补间动画序列资源

图像动画序列可以存储在/res/anim目录下的XML文件中，并在构建时编译到应用包。

下面是名为/res/anim/spin.xml的简单动画资源文件，它定义了一个简单的旋转操作——将目标图形逆时针原地旋转四次，使用10秒钟完成该动画：

```
<?xml version="1.0" encoding="utf-8" ?>
<set xmlns:android="http://schemas.android.com/apk/res/android"
    android:shareInterpolator="false">
    <rotate
```

```
        android:fromDegrees="0"
        android:toDegrees="-1440"
        android:pivotX="50%"
        android:pivotY="50%"
        android:duration="10000" />
</set>
```

4. 以编程方式使用补间动画序列资源

回到先前的 BitmapDrawable 示例，现在可通过添加下面的代码加载动画资源文件 spin.xml 并设置动画。

```
ImageView flagImageView =
    (ImageView)findViewById(R.id.ImageView01);
flagImageView.setImageResource(R.drawable.flag);
...
Animation an =
    AnimationUtils.loadAnimation(this, R.anim.spin);
flagImageView.startAnimation(an);
```

现在，图形开始自旋了。注意，我们使用基类 Animation 对象来加载动画。也可以使用匹配的子类来加载特定的动画类型，如 RotateAnimation、ScaleAnimation、TranslateAnimation 和 AlphaAnimation (可在 android.view.animation 包中找到)。可在补间动画序列中使用许多不同的插值器。

6.3.14 使用菜单

可在项目中使用菜单资源。类似于动画资源，菜单资源并不依赖于特定的控件，而可以在任何菜单控件中重用。

1. 在 XML 文件中定义菜单资源

每个菜单资源(一组独立的菜单项)被存储在/res/menu 下的 XML 文件中，并在构建时编译进应用包。

下面是一个名为/res/menu/speed.xml 的简单菜单资源文件，它定义了一个包含四个菜单项的菜单。

```
<menu xmlns:android="http://schemas.android.com/apk/res/android">
    <item
        android:id="@+id/start"
        android:title="Start!"
        android:orderInCategory="1"></item>
    <item
        android:id="@+id/stop"
```

```
        android:title="Stop!"
        android:orderInCategory="4"></item>
    <item
        android:id="@+id/accel"
        android:title="Vroom! Accelerate!"
        android:orderInCategory="2"></item>
    <item
        android:id="@+id/decel"
        android:title="Decelerate!"
        android:orderInCategory="3"></item>
</menu>
```

可使用 Android Studio 来创建菜单，它可以为每个菜单项配置各种特性。在上例中，为每个菜单项设置了标题(label)，以及为每个菜单项指定了显示顺序。现在，可使用字符串资源，而不是直接输入字符串。例如：

```
<menu xmlns:android=
  "http://schemas.android.com/apk/res/android">
    <item
        android:id="@+id/start"
        android:title="@string/start"
        android:orderInCategory="1"></item>
    <item
        android:id="@+id/stop"
        android:title="@string/stop"
        android:orderInCategory="2"></item>
</menu>
```

2. 以编程方式使用菜单资源

要访问前面名为/res/menu/speed.xml 的菜单资源，只需要在 Activity 类中重写 onCreateOptionsMenu()方法，然后返回 true 就可以显示菜单：

```
public boolean onCreateOptionsMenu(Menu menu) {
    getMenuInflater().inflate(R.menu.speed, menu);
    return true;
}
```

就是这么简单。现在，如果运行应用，并按下菜单按钮，就会看到菜单。菜单项可以设置其他许多 XML 特性，要了解这些特性的完整清单，可以参阅 Android SDK Reference 中关于菜单的部分内容：http://d.android.com/guide/topics/resources/menu-resource.html。我们将在第 7 章中学习更多有关菜单和菜单事件处理的内容。

6.3.15　使用 XML 文件

可以在项目中包含任意的 XML 资源文件。应该将这些 XML 文件存储到/res/xml 目录下，它们会在构建时编译进应用包。

Android SDK 有许多 XML 操作的包和类。我们将在第 15 章中学习更多关于 XML 处理的内容。现在，我们创建一个 XML 资源文件，并通过代码访问它。

1. 定义原始 XML 资源文件

首先在/res/xml 目录下创建一个简单的 XML 文件。在本例中，创建 my_pets.xml 文件，并包含以下的内容：

```
<?xml version="1.0" encoding="utf-8"?>
<pets>
    <pet name="Bit" type="Bunny" />
    <pet name="Nibble" type="Bunny" />
    <pet name="Stack" type="Bunny" />
    <pet name="Queue" type="Bunny" />
    <pet name="Heap" type="Bunny" />
    <pet name="Null" type="Bunny" />
    <pet name="Nigiri" type="Fish" />
    <pet name="Sashimi II" type="Fish" />
    <pet name="Kiwi" type="Lovebird" />
</pets>
```

2. 以编程方式使用 XML 文件

现在，可使用以下方法来访问该 XML 资源文件：

```
XmlResourceParser myPets =
    getResources().getXml(R.xml.my_pets);
```

然后可以使用你选择的解析器来解析 XML 文件。我们将会在第 15 章中讨论文件，包括 XML 文件。

6.3.16　使用原始文件

应用还可以包括原始文件作为资源。例如，应用可能使用诸如音频文件、视频文件以及 Android SDK 所不支持的其他文件格式的原始文件。

提示

有关 Android 支持的媒体格式的完整清单，可以查看下面的 Android 文档：http://d.android.com/guide/appendix/media-formats.html。

1. 定义原始文件资源

所有的原始资源文件都应该放在/res/raw 目录下，它们将被直接添加到应用包，而不会进行进一步处理。

警告

所有资源文件名必须由小写字母和简单字符(字母、数字和下划线)组成。这也适用于原始文件的文件名，哪怕这些工具并不处理这些文件，而只是将其包含在应用包中。

资源的文件名在目录下必须是唯一的，并且应该具有描述性，因为该文件名(不包含扩展名)将成为访问该资源的名称。

2. 以编程方式访问原始资源

可以访问位于/res/raw 资源目录，以及任何/res/drawable 目录(位图文件或任何没有使用<resource>XML 定义方法的文件)的原始文件。下面是打开一个名为 the_help.txt 的方法：

```
InputStream iFile =
   getResources().openRawResource(R.raw.the_help);
```

6.3.17 引用资源

可引用资源，而不必复制它们。例如，应用可能需要在多个字符串数组中引用一个字符串资源。

使用资源引用最常见的情况是布局 XML 文件，布局可以引用任意数量的资源来指定布局的颜色、尺寸、字符串和图形。另一个常见的用途是样式和主题资源。

资源引用使用以下格式：

```
@resource_type/variable_name
```

回顾之前我们定义了一个包含各种汤名的字符串数组。如果想要本地化汤名列表，更好地创建数组的方法是为每个汤名创建独立的字符串，然后将其引用存储在字符串数组中(而不是文本)。

要这样做，在/res/strings.xml 文件中定义字符串资源，如下所示：

```
<?xml version="1.0" encoding="utf-8"?>
<resources>
   <string name="app_name">Application Name</string>
   <string name="chicken_soup">Organic chicken noodle</string>
   <string name="minestrone_soup">Veggie minestrone</string>
   <string name="chowder_soup">New England clam chowder</string>
```

```
</resources>
```

然后，在/res/arrays.xml 文件中通过引用字符串资源定义一个本地化的字符串数组，如下所示：

```
<?xml version="1.0" encoding="utf-8"?>
<resources>
    <string-array name="soups">
        <item>@string/minestrone_soup</item>
        <item>@string/chowder_soup</item>
        <item>@string/chicken_soup</item>
    </string-array>
</resources>
```

提示

需要先保存 strings.xml，从而保证字符串资源(包含在 R.java 类)在保存 arrays.xml 文件之前被定义，因为 arrays.xml 引用了这些字符串资源。否则，可能得到下面的错误信息：Error: No resource found that matches the given name。

还可使用引用为其他资源指定别名。例如，可通过在 strings.xml 资源文件中包含下面的内容，为系统资源 OK 字符串指定别名，如下所示：

```
<?xml version="1.0" encoding="utf-8"?>
<resources>
    <string id="app_ok">@android:string/ok</string>
</resources>
```

本章后面将介绍更多可用的系统资源。

提示

很像字符串数组和整型数组，可使用<array>标签和<item>标签创建各种类型的数组资源，在数组中为每一个资源定义一个项目。然后使用 Resources 类的 obtainTypedArray()方法加载各种资源。类型化资源通常用于分组以及一次调用加载一系列可绘制的资源。要了解更多信息，请参阅 Android SDK 文档中的类型化数组资源部分的内容。

6.4　使用布局

就像 Web 设计师使用 HTML，用户界面设计师使用 XML 来定义 Android 应用的屏幕元素和布局。布局 XML 资源将许多不同的资源整合在一起，形成一个 Android 应用屏幕。布局文件资源存储在/res/layout/目录下，它们会在构建时编译进应用包。布局文件可能包含许多用户界面的控件，并定义了整个屏幕的布局或者描述了在其他布局中使用的自定义控件。

下面是一个简单的布局文件示例(/res/layout/activity_simple_resource_view.xml)，它设置了屏幕的背景颜色，并在屏幕中间显示了一些文字(见图 6.3)。

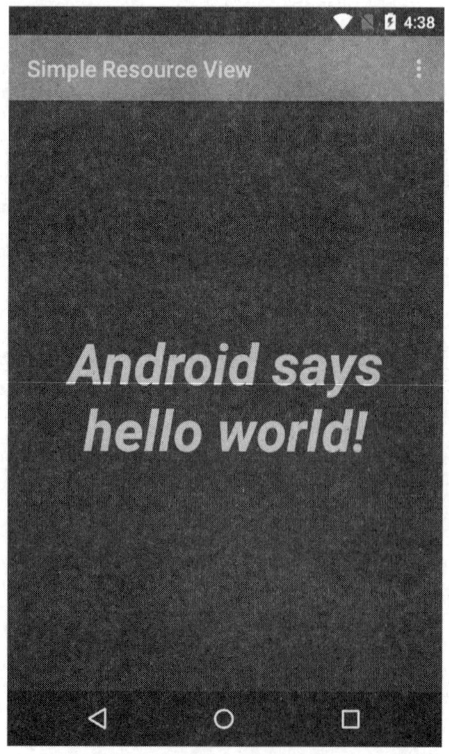

图 6.3　布局文件 activity_simple_resource_view.xml 在模拟器中显示的效果

显示这个屏幕的 activity_simple_resource_view.xml 布局文件引用了一些其他资源，包括颜色、字符串和尺寸值，所有这些都在 strings.xml、styles.xml、colors.xml 和 dimens.xml 资源文件中定义。屏幕背景颜色的颜色资源、TextView 控件的颜色、字符串和文本大小如下：

```
<?xml version="1.0" encoding="utf-8"?>
<LinearLayout xmlns:android=
    "http://schemas.android.com/apk/res/android"
    android:orientation="vertical"
```

```
    android:layout_width="match_parent"
    android:layout_height="match_parent"
    android:background="@color/background_color">
    <TextView
        android:id="@+id/TextView01"
        android:layout_width="match_parent"
        android:layout_height="match_parent"
        android:text="@string/test_string"
        android:textColor="@color/text_color"
        android:gravity="center"
        android:textSize="@dimen/text_size" />
</LinearLayout>
```

上述布局描述了屏幕上的所有视觉元素。在这个示例中，LinearLayout 控件作为容器，包含其他用户界面控件——这里指显示一行文本的 TextView 控件。

提示

可将常用的布局定义封装在 XML 文件中，然后使用<include>标签来包含这些布局。例如，可在 activity_resource_roundup.xml 布局定义中使用<include>标签来包含另一个名为/res/layout/mygreenrect.xml 的布局文件：

```
<include layout="@layout/mygreenrect"/>
```

6.4.1　在 Android Studio 中设计布局

可在 Android Studio 中通过使用资源编辑器功能设计和预览布局(见图 6.4)。如果单击/res/layout/activity_simple_resource_view.xml 文件，可以看到 Design 标签页，它展示了 activity_simple_resource_view.xml 在设备上的显示效果。以及 Text 标签页，它展示了布局文件的原始 XML。

与大多数用户界面编辑器类似，Android Studio 能很好地满足基本的布局需求。它允许你轻松地创建用户界面控件，例如，TextView 和 Button 控件，并在属性窗格设置控件的属性。

现在是了解布局资源编辑器的绝佳时刻。尝试创建一个名为 ParisView 的 Android 项目(可在本书的示例项目中获得)。导航到/res/layout/activity_paris_view.xml 布局文件，双击它在编辑器中打开它。默认情况下它很简单。

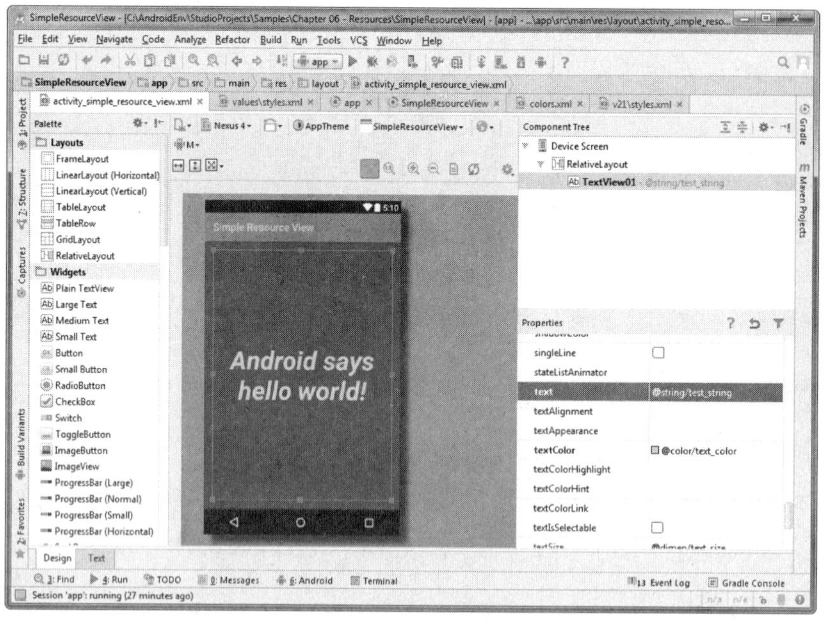

图 6.4　使用 Android Studio 设计布局文件

在 Design 预览窗口的右边是 Component Tree 窗格。它是布局文件的 XML 层次大纲。默认情况下，会看到一个 LinearLayout。如果展开它，可以看到其包含了一个 TextView 控件。单击 TextView 控件，可以看到 Android Studio 的 Properties 窗格，显示了该控件所有可用的属性。如果向下滚动到 text 属性，可以看到它被设置为字符串资源变量@string/hello_world。

提示

也可通过单击布局设计器预览区域中的控件来选择特定的控件。当前选中的控件以红色高亮显示。我们推荐使用 Component Tree，它可以保证单击的就是我们想要的控件。

可使用布局设计器来设置和预览布局控件的属性。例如，可修改 TextView 的 textSize 属性值为 18pt(尺寸值)。可在预览区域立即看到修改的效果。

切换到 Text 视图，注意到刚才设置的属性现在出现在 XML 文件中。如果保存文件，并在模拟器中允许该项目，你将看到和布局设计器预览界面类似的结果。

现在，在 Widgets 的 Palette 类别下，拖曳 ImageView 对象到预览编辑器中。现在，布局中有了一个新的控件。

拖入两个 PNG(或者 JPG)图形文件到/res/drawable 目录，并命名为 flag.png 和 background.png。在 Component Tree 中选中 ImageView，然后浏览 ImageView 控件的属性，并将其 src 属性手动设置为@drawable/flag。

然后继续选择 LinearLayout 对象，并将其 background 属性设置为刚才添加的背景图片资源。

保存布局文件，然后在模拟器(如图 6.5 所示)或手机上运行应用，将会看到和布局编辑器 Design 视图中同样的结果。

图 6.5　模拟器中显示一个包含 LinearLayout、TextView 和 ImageView 的布局

6.4.2　以编程方式使用布局资源

布局中的对象，不论是 Button 还是 ImageView 控件，都是从 View 类派生的。下面是获取名为 TextView01 的 TextView 对象的代码，该代码需要在 Activity 类中 setContentView()方法之后执行。

```
TextView txt = (TextView)findViewById(R.id.TextView01);
```

也可以像访问任何 XML 文件一样访问布局资源的 XML 文件。下面的代码获取了 activity_paris_view.xml 布局文件用于 XML 解析：

```
XmlResourceParser myMainXml =
   getResources().getLayout(R.layout.activity_paris_view);
```

开发人员还可以使用独特的属性来自定义布局。我们将在第 8 章中讨论更多关于布局文件和设计 Android 用户界面的内容。

警告

项目中的 Java 代码常常不会注意哪个版本的资源被加载——不论是默认版本还是一些替代版本。当提供可替代的布局资源时，要特别小心。布局文件越来越复杂，子控件往往通过名字在代码中被引用。因此，如果开始创建替代的布局资源，请确保代码中引用的每个命名的子控件都存在于每个替代布局中。例如，如有一个带 Button 控件的用户界面，请确保 Button 控件的标识符(android:id)在横屏、竖屏以及其他替代布局资源文件中是一致的。你可能会在不同的布局文件中包括不同的控件和属性值，并按照你的想法来重新排列，但被代码引用和交互的控件应该存在于所有布局中，如此，无论你的代码读取哪个布局，都能顺利运行。如果不怎么做的话，则需要在代码中设置条件判断，甚至可能需要考虑屏幕是否差异很大，需要使用不同的 Android 类来表示。

6.5 引用系统资源

处理项目中包含的资源，还可使用 Android SDK 中通用的资源。可以像访问自己的资源一样访问系统资源。Android 包中包含了各种资源，可以浏览 android.R 子类来查看它们。可以找到的系统资源如下：

- 淡入淡出的动画序列。
- 电子邮件/电话类型(家庭、工作等)的数组。
- 标准的系统颜色。
- 应用缩略图和图标的尺寸。
- 许多常用的可绘制图形和布局类型。
- 错误字符串和标准按钮文本。
- 系统样式和主题。

通过在资源前指定@android 包名来引用系统资源中的其他资源，例如，布局文件。例如，为设置背景颜色为系统的暗灰色，可设置 background color 特性为@android:color/darker_gray。

通过 android.R 类以编程方式访问系统资源。回到面前的动画示例，我们可使用系统动画替代自定义的动画。下面是一个相同的动画示例，但使用的是系统的动画淡入效果：

```
ImageView flagImageView =
    (ImageView)findViewById(R.id.ImageView01);
flagImageView.setImageResource(R.drawable.flag);
Animation an = AnimationUtils.
    loadAnimation(this, android.R.anim.fade_in);
```

```
flagImageView.startAnimation(an);
```

警告

虽然引用系统资源可以使应用外观和该设备的其他用户界面更为一致(用户会更喜欢)，但是这么做时仍然需要谨慎。如果特定的设备上的系统资源显著不同，或者并不包含应用所依赖的特定资源，你的应用可能会显示不正常或不能如期工作。一个可安装的应用名为 rs:ResEnum(https://play.google.com/store/apps/details?id=com.risesoftware.rsresourceenumerator)，可用于在给定的设备上枚举和显示不同的可用系统资源。因此，你可在目标设备上快速验证系统资源的可用性。

6.6 本章小结

Android 应用依赖于不同类型的资源，包括字符串、字符串数组、颜色、尺寸、可绘制对象、图形、动画序列、布局等。资源文件也可以是原始文件。这些资源很多都被定义在 XML 文件中，并组织在项目的特定目录下。默认资源和替代资源都可以使用这种层次结构定义资源。

资源可通过使用 R.java 类文件来编译和访问。当应用资源被保存时，Android Studio 会自动生成 R.java 文件，并允许开发人员通过编程方式访问资源。

6.7 小测验

1. 判断题：所有图形都存储在/res/graphics 目录下。
2. Android SDK 支持哪些资源类型？
3. 使用 Resources 什么方法获取字符串资源？
4. 使用 Resources 什么方法获取字符串数组资源？
5. Android SDK 支持哪些图片格式?
6. 引用资源的格式是什么？

6.8 练习题

1. 使用 Android 文档，创建一个包含不同类型的可绘制资源的列表。
2. 使用 Android 文档，创建一个包含带数量的字符串列表(<plurals>)，其中每个<item>

包含可用的数量特性值。

3. 提供在 XML 文件中定义 TypedArray 的例子。

6.9 参考资料和更多信息

Android API Guides: “App Resource”：

http://d.android.com/guide/topics/resources/index.html

Android API Guides: “Resource Types”：

http://d.android.com/guide/topics/resources/available-resources.html

第 7 章

探讨构建块

大多数 Android 应用不可避免地需要某些形式的用户界面。本章将讨论 Android SDK 中提供的用户界面元素。其中一些元素向用户显示信息，而另一些是输入控件，用于从用户端收集信息。本章将介绍如何使用各种常见用户界面控件来构建不同类型的屏幕。

7.1 Android 视图和布局介绍

在继续之前，需要先定义一些术语，以便能更好地理解 Android SDK 中提供的功能。首先讨论 View 以及它在 Android SDK 中的功能。

7.1.1 Android 视图

Android SDK 有一个名为 android.view 的 Java 包。该包包含了一些有关屏幕绘制的接口和类。然而，当提及 View 对象时，实际上是指该包中的一个特定类：android.view.View。

View 类是 Android 中基本的用户界面构建块。它表示屏幕中的一个矩形区域。View 类几乎是 Android SDK 中所有用户界面控件和布局的基类。

7.1.2 Android 控件

Android SDK 包含一个名为 android.widget 的 Java 包。通常，当提及控件时是指该包中的某个类。Android SDK 包含绘制最常用对象的类，包括 ImageView、FrameLayout、EditText 以及 Button 类。如前所述，所有控件都派生自 View。

本章主要讨论显示和从用户收集数据的控件。我们将详细介绍这些基本控件。

布局资源文件是由不同的用户界面控件组成的。有些是静态的，即不需要在代码中与它们交互。而其他控件则需要在 Java 代码中访问和修改。每个需要在代码中访问的控件都必须拥有一个唯一的标识符——android:id 属性。可在 Activity 类中通过 findViewById()方法使用前面的标识符来访问控件。大多数时候，需要将返回的 View 值转换为相应的控件类型。例如，下面的代码显示了如何使用标识符访问 TextView 控件：

```
TextView tv = (TextView) findViewById(R.id.textview01);
```

注意

勿将 android.widget 包中的用户界面控件和 AppWidget 相混淆。AppWidget (android.appwidget)是应用扩展，它通常显示在 Android 的主屏幕上。

7.1.3 Android 布局

在 android.widget 包中有一类特殊类型的控件称为布局。布局控件仍然是一个 View 对象，但它实际上并不在屏幕上绘制出具体的东西。相反，它是一个父容器，用于组织其他控件(子控件)。布局控件决定了子控件在屏幕上如何显示，以及在哪里显示。每种类型的布局控件使用特定规则来排列它的子控件。例如，LinearLayout 布局控件会将它的子控件排列成水平单行或垂直单列。类似地，TableLayout 布局控件将它的子控件按照表格格式排列。

在第 8 章中，我们将使用布局和其他容器来组织各种控件。这些特别的 View 控件都派生自 android.view.ViewGroup 类，在了解了这些容器可以容纳的显示控件后，它们会非常有用。本章将根据需要使用一些布局 View 对象来说明如何使用前面提到的控件。但本章不详细讲述 Android SDK 中可用的各种布局类型，第 8 章才会详细讲述。

注意

本章中提供的示例来自 ViewSamples 应用。本书的网站提供 ViewSamples 应用的源码下载。

7.2 使用 TextView 向用户显示文本

Android SDK 中的一个最基本用户界面元素(或者说控件)就是 TextView 控件。它用于在屏幕上绘制文本。主要用于显示固定的字符串或标签。

TextView 控件通常是其他屏幕元素和控件的子控件。和大多数用户界面元素一样，它也来自 android.widget 包，并继承自 View。因为它是一个 View，故所有的标准属性，如宽度、高度、填充和可见性都可应用于 View 对象。然而，由于它是一个文本显示控件，所以可以应用其他的 TextView 特性来控制其行为以及在不同情况下文本将如何显示。

首先，如何将文字快速地显示在屏幕上。<TextView>是 XML 布局文件标记，用于在屏幕上显示文本。可以设置 TextView 的 android:text 特性为原始文本字符串或者引用字符串资源。

下面是设置 TextView 的 android:text 特性的两种方法。第一种方法是设置文本特性为原始字符串。第二种方法使用了名为 sample_text 的字符串资源，该字符串资源必须在 string.xml 资源文件中定义。

```
<TextView
   android:id="@+id/TextView01"
   android:layout_width="wrap_content"
   android:layout_height="wrap_content"
   android:text="Some sample text here"/>
<TextView
   android:id="@+id/TextView02"
   android:layout_width="wrap_content"
   android:layout_height="wrap_content"
   android:text="@string/sample_text"/>
```

为在屏幕上显示该 TextView，Activity 需要调用 setContentView()方法，该方法需要传入之前定义在 XML 文件中的布局资源标识符。可以调用 TextView 对象的 setText()方法修改 TextView 对象显示的文本，调用 getText()方法获取文本。

现在，让我们查看 TextView 对象的常见特性。

7.2.1　配置布局和大小

TextView 控件有一些控制文本和排列的特殊特性。例如，可以设置 TextView 为单行高度和固定宽度。但是，如果文本的字符串太长而放不下，文本将会被截断。幸运的是，有些特性可以解决这个问题。

提示

当查看 TextView 对象的特性时，会发现 TextView 类包含了所有可编辑控件需要的功能。这意味着许多输入字段的特性主要由它的子类 EditText 使用。例如，autoText 特性可以帮助用户修改常见的拼写错误，最适合在可编辑的文本字段(EditText)使用。当你只需要显示文本时，通常没必要使用这个特性。

TextView 的宽度可以使用 ems 度量单位而不是像素来控制。em 是印刷中的术语，根据特定字体的磅值大小来定义的(例如，在 12 磅字体下 1 个 em 就是 12 点)。这种度量单位提供了更好的显示控制，而无关字体大小。通过 ems 特性，可以设置 TextView 的宽度。此外，还可以使用 maxEms 和 minEms 特性，基于 ems 度量单位分别设置 TextView 的最大最小宽度。

TextView 的高度可以根据文本的函数而不是像素来定义。类似地，这样可以控制显示多少文本，而与字体大小无关。Lines 属性设置了 TextView 可以显示的行数。还可以使用 maxLines 和 minLines 特性分别设置 TextView 显示的最大最小高度。

下面是一个结合了这两种类型大小属性的示例。这个 TextView 有两行高，12ems 宽。布局的宽度(即 android:layout_width)和高度(即 android:layout_height)用来指定 TextView 的大小，它们是 XML 中必需的特性。

```
<TextView
    android:id="@+id/TextView04"
    android:layout_width="wrap_content"
    android:layout_height="wrap_content"
    android:lines="2"
    android:ems="12"
    android:text="@string/autolink_test"/>
```

上面这个示例中，可启用 ellipsize 特性，这样的话文本超出时并不会被截断，而是将最后几个字符替换为省略号(…)，用户就知道并不是所有的文本都被显示。

7.2.2 在文本中创建上下文链接

如果文本中包含了电子邮件地址、网页、电话号码，甚至是街道地址，可能需要考虑使用 autoLink 特性(见图 7.1)。可以使用 autoLink 特性下的 6 个值。启用时，这些 autoLink 特性值可以创建标准的 Web 样式的链接，并可以在应用中使用该数据类型。例如，可将该值设置为 web，将会自动寻找并链接网页的 URL。

TextView 的 autoLink 特性可以包含以下的值：

- none：禁用所有链接。
- web：允许 Web 网页的 URL 链接。
- email：允许电子邮件地址链接，并在邮件客户端填写收件人。
- phone：允许电话号码链接，可在拨号器应用中填写电话号码来拨打电话。
- map：允许街道地址的链接，可在地图应用中显示位置。
- all：允许所有类型的链接。

开启 autoLink 功能依赖于 Android SDK 中的各种类型的检测。某些情况下，链接可能不正确，或者可能产生误导。

下面是链接到电子邮件和网页的示例，在我们看来，是最可靠和最可预测的示例。

```
<TextView
    android:id="@+id/TextView02"
    android:layout_width="wrap_content"
    android:layout_height="wrap_content"
    android:text="@string/autolink_test"
```

```
android:autoLink="web|email"/>
```

图 7.1　3 种 TextView 类型：Simple、autoLink none(不能单击)和 autoLink all(可以单击)

该特性还有两个值可以设置。可以设置为 none，以确保没有数据类型被链接。也可以设置为 all，确保所有已知类型被链接。图 7.2 显示了单击这些链接的结果。TextView 默认并不链接任何类型。如果希望用户看到一些高亮的数据类型，但却不希望用户单击它们，可设置 linksClickable 特性为 false。

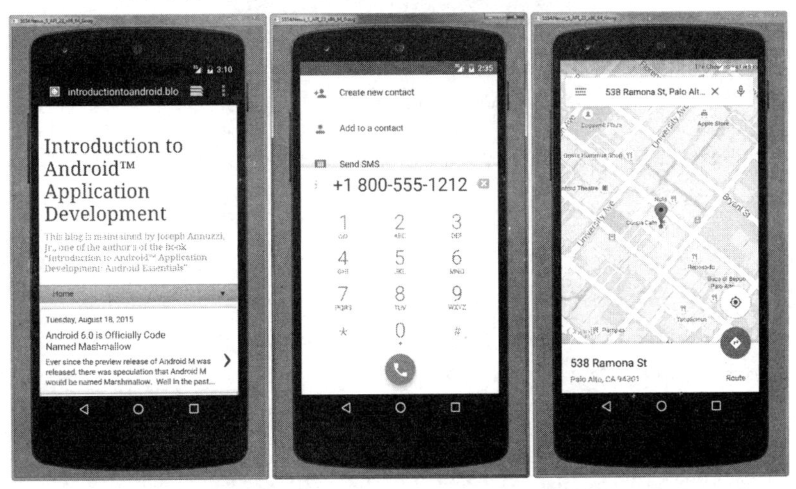

图 7.2　可单击的 autoLinks：URL 可以启动浏览器，电话号码可启动拨号器，街道地址可启动 Google 地图

7.3　使用文本字段从用户端获取数据

Android SDK 提供了一些控件，可以从用户端获取数据。应用中从用户端收集的最常见的数据之一就是文本。完成这个工作最常见的方法是使用 EditText 控件。

7.3.1　使用 EditText 控件获取输入文本

Android SDK 提供了 EditText 控件来方便地处理来自用户的文本输入。EditText 类派生自 TextView。事实上，它的大部分功能都包含在 TextView 中，但当它是 EditText 时才能被使用。EditText 对象有一些默认启用的实用功能，许多功能列在图 7.3 中。

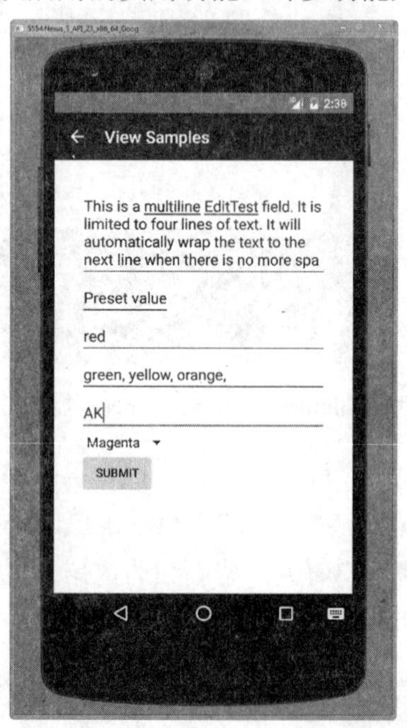

图 7.3　各种样式的 EditText、Spinner 和 Button 控件

首先，让我们查看如何在 XML 布局文件中定义一个 EditText 控件。

```
<EditText
    android:id="@+id/EditText01"
    android:layout_height="wrap_content"
    android:hint="type here"
    android:lines="4"
    android:layout_width="match_parent"/>
```

上面的布局代码显示了一个基本的 EditText 元素。有几个有趣的地方需要注意。首先，hint 特性在编辑框中显示，当用户开始输入文本时，它将会消失(运行示例代码查看 hint 特性的效果)。本质上说，它提示用户此处的内容是什么。接着是 lines 特性，它定义了输入框的行数，如果该特性没有设置，输入框将会随着输入文本而增长。但是通过设置一个数值允许用户在一个固定大小的框里滚动编辑文本。这也适用于宽度特性。

默认情况下，用户可以通过长按来弹出上下文菜单。它提供了一些基本的复制、剪切和粘贴操作，以及改变输入法，将单词添加到用户常用词字典的功能(如图 7.4 所示)。并不需要增加额外的代码来使用这些造福用户的功能。也可以从代码中高亮显示一部分文本。setSelection()可以实现这一功能。另外 selectAll 方法可以高亮显示整个文本输入字段。

EditText 对象本质上是一个可编辑的 TextView。这意味着，可使用 TextView 的方法 getText()来获取文本内容，使用 setText()来设置文本区域的初始文本。

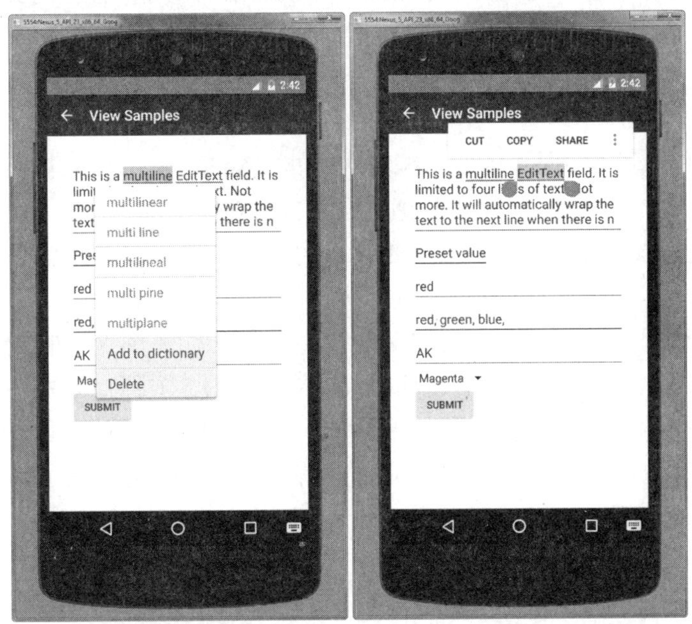

图 7.4　长按 EditText 控件时，通常会打开包含选择、剪切和复制的上下文菜单(当复制了文本时，会出现粘贴选项)

7.3.2　使用输入过滤器限制用户输入

有时，并不希望用户能输入任意内容。在用户输入后再验证输入的正确性是一种方法。然而，一个更好的方法是过滤输入，以免浪费用户的时间。EditText 控件允许设置 InputFilter 方法来实现这一功能。

Android SDK 提供了一些 InputFilter 对象以供使用。InputFilter 对象可以执行一些规则，例如，只允许大写文本，或者限制输入文本的长度。可以实现 InputFilter 接口创建自定义的过滤器。InputFilter 接口包含了一个 filter()方法。下面的 EditText 示例使用了两个内置的过滤器，适用于两个字母的州名缩写：

```
final EditText text_filtered = (EditText) findViewById(R.id.input_filtered);
text_filtered.setFilters(new InputFilter[] {
    new InputFilter.AllCaps(),
```

```
    new InputFilter.LengthFilter(2)
});
```

setFilters()方法的参数是 InputFilter 对象的数组。对于需要组合多个过滤器的情况非常有用，如上面的代码所示。在本例中，转换所有的输入为大写字符。此外，设置文本的最大长度为两个字符。这个 EditText 控件看起来和其他 EditText 控件并无区别，但是如果尝试输入小写字母，将会被转换为大写字母，并且该字符串被限制为两个字符。虽然这并不意味所有的输入都是有效的，但确实可以帮助用户不会输入太长的字符，也不必因为输入的大小写问题而感到烦恼。这也有助于应用程序确保来自该输入控件的文本是两个字符的长度，尽管这并没有限制用户只能输入字母。

7.3.3 使用自动完成功能帮助用户

EditText 控件除了提供基本的文本编辑功能外，Android SDK 还提供了一个方法帮助用户输入常用的用户数据格式。该方法通过自动完成功能提供。

有两种形式的自动完成功能。一个是基于用户输入的内容来填写整个文本的标准方式。当用户开始输入的字符串匹配开发人员提供的列表，用户就可以通过单击选择来完成单词输入。这是通过 AutoCompleteTextView 控件来实现的(见图 7.5 左图)。另一种方法允许用户输入条目列表，每一个都具有自动完成功能(见图 7.5 右图)。这些字符串都需要以某种方式分隔，提供给 MultiAutoCompleteTextView 对象的 Tokenizer 处理。 一 个 常 见 的 Tokenizer 的实现方式是提供由逗号分隔的列表，从而由 MultiAutoCompleteTextView.CommaTokenizer 对象使用。这对于指定通用标签等的列表有所帮助。

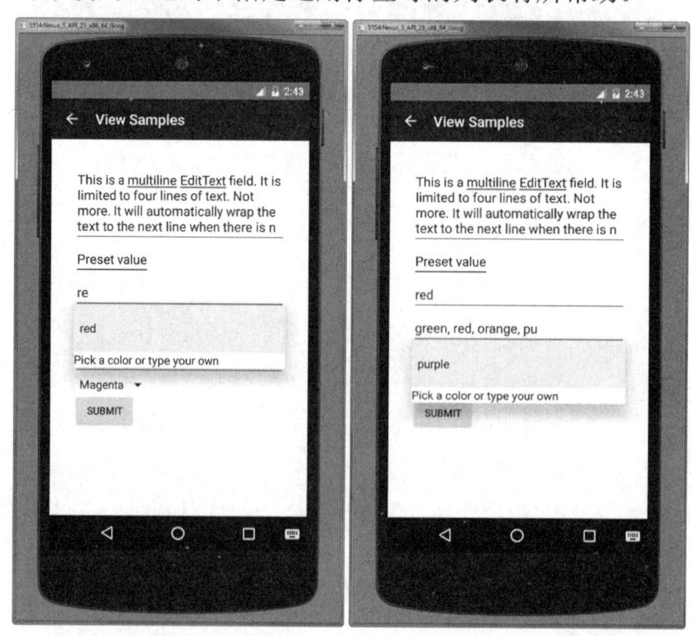

图 7.5 使用 AutoCompleteTextView(左)和 MultiAutoCompleteTextView(右)

这两种自动完成文本编辑框都使用了 Adapter 来获取文本列表，以便为用户提供自动完成功能。下面的示例说明了在代码中使用 AutoCompleteTextView 帮助用户输入一些来自数组的基本颜色：

```
final String[] COLORS = { "red", "green", "orange", "blue", "purple",
    "black", "yellow", "cyan", "magenta" };
ArrayAdapter<String> adapter = new ArrayAdapter<String>(this,
    android.R.layout.simple_dropdown_item_1line, COLORS);
AutoCompleteTextView text = (AutoCompleteTextView)
    findViewById(R.id.AutoCompleteTextView01);
text.setAdapter(adapter);
```

在这个示例中，当用户开始在字段中输入，如果开始输入 COLORS 数组中元素的首字母，将显示一个所有可用项的下拉列表。注意，这并不限制用户的输入。用户然后可以自由地输入任何文本(例如，“puce”)。Adapter 控制了下拉列表的外观。在本例中，使用了一个内置布局来定义外观。下面是该 AutoCompleteTextView 控件的布局资源的定义：

```
<AutoCompleteTextView
    android:id="@+id/AutoCompleteTextView01"
    android:layout_width="match_parent"
    android:layout_height="wrap_content"
    android:completionHint="Pick a color or type your own"
    android:completionThreshold="1"/>
```

这里有一些需要注意的地方。首先，可设置 completionThreshold 特性值，用于设置当用户输入几个字符时显示自动完成下拉列表。在本例中，设置为 1 个字符，所以当有匹配结果时就马上显示。默认值为需要 2 个字符来显示自动完成选项。其次，可以为 completionHint 特性设置文本。它将在下拉列表的底部显示，用于提示用户。最后，自动完成下拉列表的尺寸被设置为 TextView 的大小。它应该足够宽，能显示自动完成和 completionHint 特性的文本。

MultiAutoCompleteTextView 本质上和常规的自动完成类似，除了必须指定一个 Tokenizer，用来让控件知道自动完成什么时候开始。下例使用和之前一样的 Adapter，但是它包含了一个用户颜色反馈列表的 Tokenizer，每一个都由逗号分隔。

```
MultiAutoCompleteTextView mtext =
    (MultiAutoCompleteTextView) findViewById(R.id.MultiAutoCompleteTextView01);
mtext.setAdapter(adapter);
mtext.setTokenizer(new MultiAutoCompleteTextView.CommaTokenizer());
```

由上面的代码可以看到，显然两者的唯一区别就是设置 Tokenizer。这里使用了 Android SDK 提供的内置逗号 Tokenizer。在本例中，每当用户从列表中选择一个颜色，颜色的名称将被自动完成，并且都有逗号被自动添加，使得用户可以立即输入下一个颜色。和前面一样，这并不限制用户可以输入的内容。如果用户输入“maroon”后放一个逗号，自动完成将会重新启动，让用户可以输入其他颜色，虽然它不能帮助用户输入“maroon”。可以实现 MultiAutoCompleteTextView.Tokenizer 接口创建自己的 Tokenizer。如果你喜欢用分号或者其他一些更复杂的分隔符的话，你可以自行创建。

7.4 使用 Spinner 控件让用户选择

有时可能需要限制用户能输入的选项。例如，如果用户准备输入州名，你可能希望限制只能输入有效的名称，因为这是一个已知的集合。虽然你可以让用户输入，然后阻止无效的名称，但是也可以使用 Spinner 控件提供类似的功能。和自动完成方法类似，Spinner 的可用选项来自一个 Adapter。你使用数组资源的 entries 特性在布局定义中设置可使用的选项(确切地讲，是一个诸如@array/state-list 的字符串数组)。Spinner 控件实际上不是 EditText，虽然它们的使用方式通常类似。这里是一个 XML 布局中定义的 Spinner 控件，用于选择颜色：

```
<Spinner
   android:id="@+id/Spinner01"
   android:layout_width="wrap_content"
   android:layout_height="wrap_content"
   android:entries="@array/colors"
   android:prompt="@string/spin_prompt"/>
```

这将在屏幕上显示一个 Spinner 控件。一个关闭的 Spinner 控件如图 7.5 所示，只显示第一个选项：Red。一个打开的 Spinner 控件如图 7.6 所示，显示所有可选的颜色。当用户选择该控件，一个弹出框显示提示文本和可选列表。该可选列表一次只允许选择一个选项，当某一个选项被选择，弹出框就会消失。

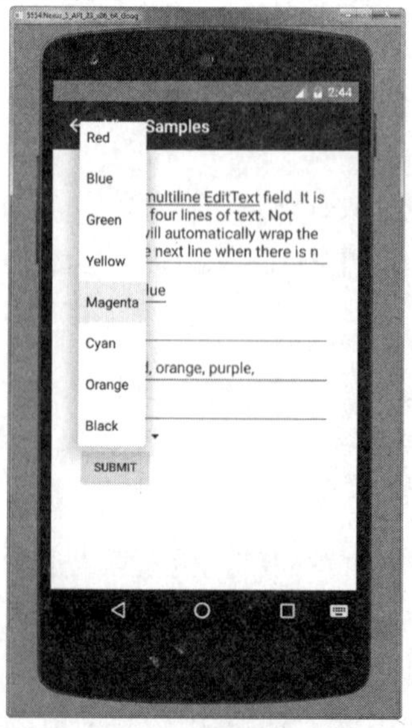

图 7.6 通过 Spinner 控件过滤可选项

这里有几件事需要注意。首先，entries 特性需要设置为一个字符串数组资源，这里是 @array/colors。其次，prompt 特性被定义为字符串资源。不像一些其他字符串特性，该特性必须是一个字符串资源。当 Spinner 控件打开，所有的选项都显示时，该 prompt 也会显示。该 prompt 用于提示用户可以选择什么类型的值。

因为 Spinner 控件不是 TextView，而是 TextView 对象的列表，所以不能直接从中选择文本。相反，需要获取选择的选项(每个都是一个 TextView 控件)，然后直接从中提取文本：

```
final Spinner spin = (Spinner) findViewById(R.id.Spinner01);
TextView textSel = (TextView) spin.getSelectedView();
String selectedText = textSel.getText().toString();
```

此外，还可以调用 getSelectedItem()、getSelectedItemIndex 或者 getSelectedItemId()方法来处理其他形式的选择。

7.5　使用 Button 和 Switch 允许用户简单选择

其他常见的用户界面元素是按钮和开关。本节讨论 Android SDK 中提供的不同种类的按钮和开关，包括了基本的 Button、CheckBox、ToggleButton 及 RadioButton。

- 基本的 Button 通常用于执行某种操作，例如提交表单或者确认选择。基本的 Button 控件可以包含文本和图片标签。
- CheckBox 是包含两种状态的按钮——选中和没选中。CheckBox 控件通常用于打开或关闭某项功能，或者从列表中选择多个项目。
- ToggleButton 类似于 CheckBox，但可以用于形象地展示状态。它的默认行为类似于电源的开关按钮。
- Switch 类似于 CheckBox，是有两种状态的控件。控件的默认行为类似于一个滑动开关，可以在“开”和“关”之间移动。
- RadioButton 提供了选择一个条目的功能。将多个 RadioButton 控件组合在一个名为 RadioGroup 的容器中，RadioGroup 可以使开发人员确保一次只能有一个 RadioButton 被选中。

可以在图 7.7 中查看每种类型的控件示例。

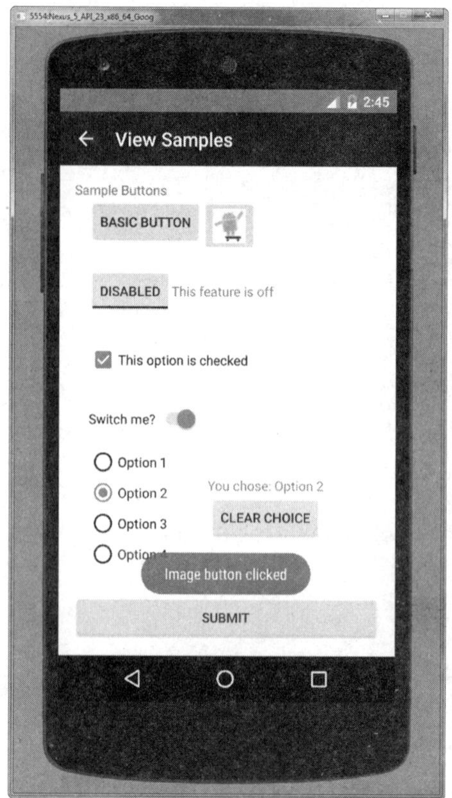

图 7.7　各种类型的 Button 控件

7.5.1　使用基本 Button

Android SDK 中 android.widget.Button 类提供了基本的 Button 实现。在 XML 布局资源中，使用 Button 元素来指定按钮。Button 最重要的特性是文本字段，这是在按钮中间显示的标签。通常使用基本 Button 控件来制作有文字的按钮，例如 OK、Cancel 或者 Submit 等。

提示

可在 Android 系统资源字符串(在 android.R.string 类中公开)中找到许多通用的字符串。这些通用按钮文字的字符串包括“Yes”、“No”、“OK”、“Cancel”和“Copy”等。有关系统资源的更多信息，请参阅第 6 章。

下面的 XML 布局资源文件展示了一个典型的 Button 控件的定义：

```
<Button
    android:id="@+id/basic_button"
    android:layout_width="wrap_content"
    android:layout_height="wrap_content"
```

```
android:text="Basic Button"/>
```

提示

一个流行的按钮风格是使用无边框的按钮。为创建一个没有边框的按钮，需要在布局文件中设置 Button 的 style 特性为 style:"?android:attr/borderlessButtonStyle"。欲了解更多有关按钮风格的信息，请参阅：http://d.android.com/guide/topics/ui/controls/button.html#Style。

Button 控件不像动画，如果没有代码来处理单击事件，将不会做任何事情。下面的代码片段的作用是，当单击基本 Button 时，将在屏幕上显示一个 Toast 消息：

```
setContentView(R.layout.buttons);
final Button basicButton = (Button) findViewById(R.id.basic_button);
basicButton.setOnClickListener(new View.OnClickListener() {
    public void onClick(View v) {
        Toast.makeText(ButtonsActivity.this,
            "Button clicked", Toast.LENGTH_SHORT).show();
    }
});
```

提示

Toast(android.widget.Toast)是一个简单的类似对话框的消息，显示一秒钟左右，然后消失。Toast 消息能给用户提供非必需的消息。它们对调试也非常有用。图 7.7 显示了 Toast 消息的示例，显示文本“Image button clicked”。

当 Button 按钮被按下后，需要处理单击事件，首先要通过 Button 的资源标识符获得它的引用。接着调用 setOnClickListener()方法，它需要 View.OnClickListener 类的一个有效实例。一个简单的方式是在该方法调用里定义一个 View.OnClickListener 对象实例。在该对象实例中需要实现 onClick()方法。在 onClick()方法中，可以自由地实现你想要的操作。在此简单地向用户显示一条消息，提示用户按钮被单击了。

一个和 Button 类似，其标签是一个图片的控件是 ImageButton。ImageButton 在大部分情况下，几乎完全是一个基本的 Button。处理单击的方法也相同。两者主要的区别是可为 src 特性设置一个图片。下面是一个在 XML 布局文件中定义 ImageButton 的示例：

```
<ImageButton
    android:layout_width="wrap_content"
```

```
    android:layout_height="wrap_content"
    android:id="@+id/image_button"
    android:src="@drawable/droid"
    android:contentDescription="@string/droidSkater"/>
```

在本例中，引用了一个小的可绘制资源。图 7.7 显示了“Android”按钮的样子(在基本 Button 的右列)。

提示

也可以使用 XML 中的 onClick 特性设置按钮的单击方法为 Activity 中的一个方法，并在此方法中实现功能。使用 android:onClick="MyMethod"方式可指定 Activity 类中处理单击事件的方法，然后定义一个 public void 方法，该方法接受一个 View 参数，然后实现单击处理。

7.5.2 使用 CheckBox 和 ToggleButton 控件

CheckBox 按钮通常用于项目列表中，用户可选择多项。Android 的 CheckBox 在复选框旁边包含一个文本特性。因为 CheckBox 类是从 TextView 和 Button 类派生的，大多数特性和方法行为都是类似的。

下面是一个在 XML 布局资源中定义的 CheckBox 控件，并显示了一些默认文本：

```
<CheckBox
    android:id="@+id/checkbox"
    android:layout_width="wrap_content"
    android:layout_height="wrap_content"
    android:text="Check me?"/>
```

下例显示了如何通过编程方式获取按钮的状态，以及切换状态时如何改变文本标签：

```
final CheckBox checkButton = (CheckBox) findViewById(R.id.checkbox);
checkButton.setOnClickListener(new View.OnClickListener() {
    public void onClick (View v) {
        CheckBox cb = (CheckBox) findViewById(R.id.checkbox);
        cb.setText(checkButton.isChecked() ?
            "This option is checked" :
            "This option is not checked");
    }
});
```

这和基本的 Button 控件类似。CheckBox 控件会自动显示选中或未选中状态。这使得我们只需要关注应用的行为，而不必关心 Button 本身的行为。布局文件在开始时显示文本的初始内容，当用户单击按钮后，文本将会根据选中状态改变内容。如图 7.7(中间)所示，可以看到当 CheckBox 被单击后(文本内容已更新)的显示。

ToggleButton 的行为类似于 CheckBox，但它通常用来显示或者切换“开”和“关”的状态。类似于 CheckBox，它有一个状态(选中与否)。同样类似于 CheckBox，ToggleButton 切换状态时的显示也由其自动处理。不同于 CheckBox，它不会在旁边显示文字。相反，它有两个文本字段。第一个特性是 textOn，是选中状态为开时 ToggleButton 显示的文本。第二个特性是 textOff，是选中状态为关时 ToggleButton 显示的文本。默认的文本分别是 ON 和 OFF。

下面的布局代码定义了 ToogleButton 控件，它会根据按钮的状态显示 Enabled 或 Disabled：

```
<ToggleButton
   android:id="@+id/toggle_button"
   android:layout_width="wrap_content"
   android:layout_height="wrap_content"
   android:text="Toggle"
   android:textOff="DISABLED"
   android:textOn="Enabled"/>
```

这种类型的按钮实际上并没有显示 text 特性的值，虽然它是一个有效的特性。这里，设置它的唯一目的是证明它实际上是不会显示的。可在图 7.7(DISABLED)看到 ToogleButton 是如何显示的。

Switch 控件(android.widget.Switch)在 API Level 14 中引入，它提供了类似 ToggleButton 控件的两种状态，只是更像一个滑动条来切换控件的状态。下面的布局代码显示了一个包含提示(Switch Me？)和两种状态(Wax On 和 Wax Off)的 Switch 控件：

```
<Switch android:id="@+id/switch1"
   android:layout_width="wrap_content"
   android:layout_height="wrap_content"
   android:text="Switch me?"
   android:textOn="Wax On"
   android:textOff="Wax Off"/>
```

7.5.3　使用 RadioGroup 和 RadioButton

当用户只能在一组选项中选择一个选项时，通常会使用 RadioButton。例如，一个询问性问题可提供 3 个选项：男、女和未定义。同一时刻只能选择一个选项。RadioButton 对象类似于 CheckBox 对象。它旁边有一个文本标签，可通过 text 特性设置，它有一个状态(选中或未选中)。但是，可在 RadioGroup 中将多个 RadioButton 对象组合，从而处理它们的组合状态，确保同一时刻只有一个 RadioButton 可以被选中。如果用户选择了一个已选中的 RadioButton，它不会变成未选中状态。但是，可为用户提供一种操作，来清除 RadioGroup

中所有对象的状态，使得所有按钮都是未选中的。

这里，我们在 XML 布局资源文件中定义了 RadioGroup，它包含了 4 个 RadioButton 对象(如图 7.7 所示，在屏幕底部)。RadioButton 对象有文字标签：Option1、Option2 等。XML 布局资源的定义如下所示：

```
<RadioGroup
   android:id="@+id/RadioGroup01"
   android:layout_width="wrap_content"
   android:layout_height="wrap_content">
   <RadioButton
      android:id="@+id/RadioButton01"
      android:layout_width="wrap_content"
      android:layout_height="wrap_content"
      android:text="Option 1"/>
   <RadioButton
      android:id="@+id/RadioButton02"
      android:layout_width="wrap_content"
      android:layout_height="wrap_content"
      android:text="Option 2"/>
   <RadioButton
      android:id="@+id/RadioButton03"
      android:layout_width="wrap_content"
      android:layout_height="wrap_content"
      android:text="Option 3"/>
   <RadioButton
      android:id="@+id/RadioButton04"
      android:layout_width="wrap_content"
      android:layout_height="wrap_content"
      android:text="Option 4"/>
</RadioGroup>
```

可通过 RadioGroup 对象中的 RadioButton 对象来处理它们的动作。下面的代码显示了如何为 RadioButton 的单击注册函数，并设置名为 TextView01 的 TextView 文本，TextView01 则定义在布局文件的其他地方：

```
final RadioGroup group = (RadioGroup) findViewById(R.id.RadioGroup01);
final TextView tv = (TextView) findViewById(R.id.TextView01);
group.setOnCheckedChangeListener(new RadioGroup.OnCheckedChangeListener() {
   public void onCheckedChanged(RadioGroup group, int checkedId) {
      if (checkedId !=-1) {
         RadioButton rb = (RadioButton) findViewById(checkedId);
         if (rb != null) {
            tv.setText("You chose: " + rb.getText());
```

```
            }
        } else {
            tv.setText("Choose 1");
        }
    }
});
```

如布局示例所示，不需要做额外的事情来让 RadioGroup 对象以及内部的 RadioButton 对象正常工作。上面的代码演示了如何注册并在 RadioButton 选项更改时接收通知。

该代码演示的通知包含了用户选择的特定 RadioButton 的资源标识符(由布局资源文件定义)。为此，需要提供资源标识符(或者文本标签)与相应的代码功能直接的映射。在这个示例中，我们查询所选择的按钮，获取它的文本，并将其文本指定给屏幕上的另一个 TextView 控件。

如前所述，这个 RadioGroup 可以被清空，使得没有 RadioButton 对象被选中。下面的示例演示了如何通过单击 RadioGroup 之外的按钮实现这个操作。

```
final Button clearChoice = (Button) findViewById(R.id.Button01);
clear_choice.setOnClickListener(new View.OnClickListener() {
    public void onClick(View v) {
        RadioGroup group = (RadioGroup) findViewById(R.id.RadioGroup01);
        if (group != null) {
            group.clearCheck();
        }
    }
}
```

调用 clearCheck 方法将触发调用 onCheckedChangedListener()回调方法。这就是为什么必须确保所接收的资源标识符有效的原因。调用 clearCheck()方法后，选中按钮的标识符就会变为无效值，设置为-1，用来指示没有 RadioButton 被选中。

提示

可为 RadioGroup 中的每一个 RadioButton 使用自定义的处理代码来处理 RadioButton 的单击事件。这种实现方式反映了 RadioButton 也是一个普通 Button 控件。

7.6　使用 Picker 获取日期、时间和数字

Android SDK 提供了一些控件来获取用户输入的日期、时间和数字。首先是 DatePicker 控件(见图 7.8 的顶部)。它用于获取用户输入的月、日和年。

XML 布局资源定义的基本的 DatePicker 如下所示：

```
<DatePicker
    android:id="@+id/DatePicker01"
    android:layout_width="wrap_content"
    android:layout_height="wrap_content"
    android:calendarViewShown="false"
    android:datePickerMode="spinner"
    android:spinnersShown="true"/>
```

提示

如果想控制用户可以在 DatePicker 选择的最小或最大日期，可在布局文件中设置 android: minDate 或 android: maxDate 值，也可在代码中使用 setMinDate()或 setMaxDate()方法来设置。

如在前例中所见，一些特性可用来控制 Picker 的外观。当使用 API 级别 11 及以上的级别时，可以设置 calenderViewShown 特性为 true，这将显示一个完整日历，还包括星期几，但这可能会占用更多空间。尝试在示例代码中使用它，看看是什么样子的。

在 API 级别 21 中添加了特性 datePickerMode。此特性被添加是因为当使用 Material 主题时，默认配置日历布局，所以设置 spinner 值强制使用微调框。和其他许多控件类似，代码可以注册以便接收方法调用。可通过实现 onDateChanged()方法来做到这一点：

```
final DatePicker date = (DatePicker) findViewById(R.id.DatePicker01);
Calendar cal = Calendar.getInstance();
date.init(2015, 7, 17,
    new DatePicker.OnDateChangedListener() {
        public void onDateChanged(DatePicker view, int year,
                int monthOfYear, int dayOfMonth) {
            Calendar calendar = Calendar.getInstance();
            calendar.set(year, monthOfYear, dayOfMonth,
                    time.getCurrentHour(), time.getCurrentMinute());
            text.setText(calendar.getTime().toString());
        }
});
```

前面的代码在 DatePicker.init()方法中设置 DatePicker.OnDateChangedListener。DatePicker 控件被初始化为一个特定的日期(请注意，月份的字段是从 0 开始的，因此 5 月的值为 4，而不是 5)。在我们的示例中，一个 TextView 控件用来显示用户输入 DatePicker 控件的日期值。

TimePicker 控件(图 7.8 底部)和 DatePicker 控件类似。它并没有任何特别的属性。但是，为了注册值更改时的回调方法，调用更传统的 TimePicker.setOnTimeChangedListener()方法。如下所示：

```
time.setOnTimeChangedListener(new TimePicker.OnTimeChangedListener() {
    public void onTimeChanged(TimePicker view, int hourOfDay, int minute) {
        Calendar calendar = Calendar.getInstance();
        calendar.set(calendar.get(Calendar.YEAR),
                calendar.get(Calendar.MONTH),
                calendar.get(Calendar.DAY_OF_MONTH),
                hourOfDay, minute);
        text.setText(calendar.getTime().toString());
    }
});
```

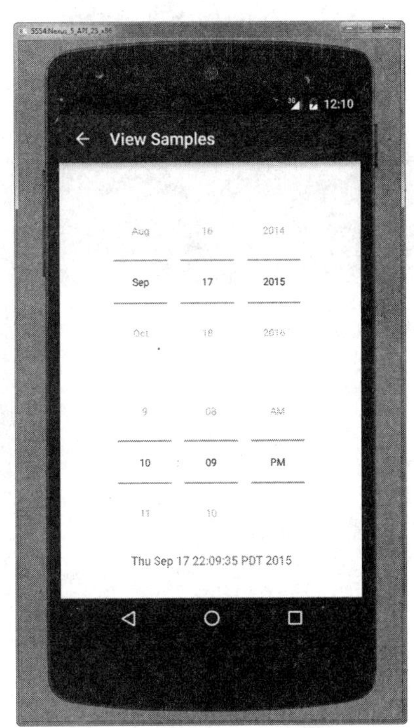

图 7.8　日期和时间控件

和前面的示例一样，这段代码还将 TextView 设置为显示用户输入的时间值的字符串。当同时使用 DatePicker 控件和 TimePicker 控件时，用户可以同时设置日期和时间。

Android 也提供了 NumberPicker 小组件，它和 TimePicker 小组件非常类似。可使用 NumberPicker 来给用户展示一个选择机制，让用户从预定义的范围内选择一个数字。有两种不同类型 NumberPicker 可以展示，这两种类型都完全基于应用所使用的主题。要了解关于 NumberPicker 的更多信息，请访问 http://d.android.com/reference/android/widget/NumberPicker.html。

7.7 使用 Indicator 为用户显示进度和活动

Android SDK 提供了多种控件，用于给用户在视觉上显示某种形式的信息。这些指示的控件包括 ProgressBar、activity bar、activity circle、clocks 以及其他类似的控件。

7.7.1 使用 ProgressBar 指示进度

应用执行操作通常需要一段时间。在这段时间中，良好的做法是向用户显示某种类型的进度指示器，以显示应用“正在做一些事情”。应用还可以通过一些操作，向用户显示已经过去多久，例如，播放一首歌或者观看视频的进度。Android SDK 提供了几种类型的进度指示器。

标准的 ProgressBar 是一个圆形指示器，并且只有动画，它并不显示这个操作完成了多少，但可以显示正在处理中。当一个操作的长度不确定的时候，它是十分有用的。有 3 种这种类型的进度指示器(见图 7.9)。

图 7.9 不同类型的进度指示器和评分指示器

第二种类型是水平的 ProgressBar，它显示了动作的完成度(例如，可以看到文件下载了多少)。这种水平的 ProgressBar 也可以有一个辅助进度指示器。它的一个用途示例是，当要播放一个网络多媒体文件时，用来显示媒体文件下载的百分比。

下面是一个 XML 布局资源文件的内容，定义了一个基本的不确定的 ProgressBar，如下所示：

```
<ProgressBar
    android:id="@+id/progress_bar"
    android:layout_width="wrap_content"
    android:layout_height="wrap_content"/>
```

默认样式是中等大小的圆形进度指示器，而不是一个“长条”。另外两种不确定的 ProgressBar 样式是 progressBarStyleLarge 和 progressBarStyleSmall。这些样式有自动动画。下面的示例显示了水平进度指示器的布局定义：

```
<ProgressBar
    android:id="@+id/progress_bar"
    style="?android:attr/progressBarStyleHorizontal"
    android:layout_width="match_parent"
    android:layout_height="wrap_content"
    android:max="100"/>
```

在这个示例中，我们设置 max 特性值为 100，这样就模仿出一个百分比 ProgressBar，也就是说，当设置进度为 75 时，将会显示 75%完成的指示器。

可以通过编程方式设定指示器的状态，如下所示：

```
mProgress = (ProgressBar) findViewById(R.id.progress_bar);
mProgress.setProgress(75);
```

7.7.2　向 ActionBar 添加进度指示器

也可以把一个 ProgressBar 放在应用的 ActionBar 或 Toolbar(如图 7.9 所示)。这样可以节省屏幕空间，也可以容易地开启和关闭一个不确定的进度指示器而不更改屏幕的外观。不确定进度指示器通常用于显示加载页面的进度，在页面可以绘制前需要加载所需的项目。它通常用在 Web 浏览器的屏幕上。下面的 XML 允许在 Toolbar(可在 appcompat-v7 支持库中找到，作为 Activity 的 ActionBar)上设置两个不同的进度栏，如下：

```
<android.support.v7.widget.Toolbar xmlns:app="http://schemas.android.com/apk/
res-auto"
    android:id="@+id/toolbar_progress"
    android:background="@color/bg_color"
    android:layout_width="match_parent"
    android:layout_height="wrap_content"
```

```
    android:minHeight="?attr/actionBarSize"
    app:popupTheme="@style/ThemeOverlay.AppCompat.Light"
    app:theme="@style/ToolbarTheme">
    <ProgressBar
        android:id="@+id/toolbar_spinner"
        android:layout_width="wrap_content"
        android:layout_height="wrap_content"
        android:layout_gravity="end"
        android:indeterminate="true"
        android:visibility="gone" />
</android.support.v7.widget.Toolbar>
```

下面的代码演示了如何在 Activity 屏幕的 ActionBar 上放置这种不确定进度指示器：

```
supportRequestWindowFeature(Window.FEATURE_INDETERMINATE_PROGRESS);
supportRequestWindowFeature(Window.FEATURE_PROGRESS);
setContentView(R.layout.indicators);
Toolbar toolbar = (Toolbar) findViewById(R.id.toolbar_progress);
toolbar.setTitleTextColor(Color.WHITE);
setSupportActionBar(toolbar);
if (getSupportActionBar() != null) {

    getSupportActionBar().setDisplayHomeAsUpEnabled(true);
}
ProgressBar toolbarProgress = (ProgressBar)
  findViewById(R.id.toolbar_spinner);
toolbarProgress.setVisibility(View.VISIBLE);
toolbarProgress.setProgress(5000);
```

为在 Activity 对象的 ActionBar 使用不确定进度指示器，需要请求 Window.FEATURE_INDETERMINATE_PROGRESS 功能，如前所述。这将在 ActionBar 的右侧显示一个小型圆形指示器。要在 ActionBar 显示水平 ProgressBar 样式，需要启用 Window.FEATURE_PROGRESS。这些功能必须在应用调用 setContentView()方法前就启用，如前面的示例所示。

你需要了解一些重要的默认行为。首先，指示器默认可见。调用前面示例中的可见性方法可以设置其可见性，或向不确定指示器使用 setProgress()。其次，水平 ProgressBar 的默认最大的进度值为 10 000。在前例中，我们设置它为 5000，这相当于 50%。当该值达到最大值后，指示器会消失不见。两种指示器都是这样。

7.7.3 使用 Activity Bar 和 Activity Circle 指示 Activity

当不知道操作需要多长时间才能完成，但是需要一种方法来指示用户操作正在进行，应该使用 Activity Bar 或者 Activity Circle。可以类似于定义 ProgressBar 的方式定义 Activity Bar 或者 Activity Circle，除了有一个小的区别：需要告诉 Android 系统该操作需要继续运行一段不确定的时间，为此可以设置 android:indeterminate 特性，或者在代码中使用 setIndeterminate()方法来设置 ProgressBar 的可见性为不确定。

提示

当使用 Activity Circle 时，没必要显示任何文本告知用户操作正在进行。单独的 Activity Circle 已经足够让用户明白操作正在进行。

7.8　使用 SeekBar 调整进度

你已经学会了如何为用户显示进度。但是，如果想允许用户移动指示器，例如，在播放媒体文件时设置当前位置，或者调整音量属性。可以使用由 Android SDK 提供的 SeekBar 控件来做到这点。它类似于常规的水平 ProgressBar，但它包含了一个 thumb 或者选择器，能够让用户拖动。默认情况下提供了 thumb 选择器，但也可以使用任何可绘制的项目作为 thumb。在图 7.9(中间)，我们使用一个小的 Android 图形替换默认的 thumb。

这里，我们有一个 XML 布局资源定义的简单的 SeekBar 的示例：

```
<SeekBar
    android:id="@+id/seekbar1"
    android:layout_height="wrap_content"
    android:layout_width="240dp"
    android:max="500"
    android:thumb="@drawable/droidsk1"/>
```

在这个 SeekBar 示例中，用户可以拖动名为 droidsk1 的 thumb，在 0～500 范围内移动。虽然可以从视觉上显示，显示用户选择的精确值是有用的。要做到这一点，可以实现 onProgressChanged()方法，如下：

```
SeekBar seek = (SeekBar) findViewById(R.id.seekbar1);
seek.setOnSeekBarChangeListener(
    new SeekBar.OnSeekBarChangeListener() {
        public void onProgressChanged(
            SeekBar seekBar, int progress, boolean fromTouch) {
            ((TextView) findViewById(R.id.seek_text))
                .setText("Value: "+progress);
            seekBar.setSecondaryProgress(
                (progress+seekBar.getMax())/2);
        }
});
```

在这个示例中有两个有趣之处。首先，fromTouch 参数告诉代码，该变化是来自用户输入还是来自程序控制的常规 ProgressBar 控件的变化。另一个是 SeekBar，它允许设置二级进度值。在这个示例中，我们设置二级进度值的数值为用户的选择值和 ProgressBar 最大值的中点。可使用该功能显示视频进度和缓冲流进度。

注意

如果想要创建自己的活动指示器，可自定义指示器。大多数情况下，Android 提供的默认指示器应该足够了。

7.9　其他有价值的用户界面控件

Android 还提供了其他一些实用的用户界面控件。本节主要介绍 RatingBar 和各种时间控件，如 Chronometer、DigitalClock、TextClock 以及 AnalogClock。

7.9.1　使用 RatingBar 显示评分数据

虽然 SeekBar 可以允许用户设定一个数值(例如，音量)，但 RatingBar 可以有更特定的目的：显示评分或者从用户那里得到评分。默认情况下，这种 ProgressBar 使用星型模式，默认为五颗星。用户可水平拖动来设置评分。程序也可设置评分。但是，二级指示器并不能使用，因为它被控件内部使用了。

下面是 XML 布局资源定义的 RatingBar 示例，它包含了四颗星：

```
<RatingBar
    android:id="@+id/ratebar1"
    android:layout_width="wrap_content"
    android:layout_height="wrap_content"
    android:numStars="4"
    android:stepSize="0.25"/>
```

布局中定义 RatingBar，演示了如何设置星的数目以及评分值之间的增减。图 7.9 中间显示了 RatingBar 的行为。在该布局定义中，用户可以选择 0～4.0 中的评分值，以 0.25 作为增量(stepSize 值)。例如，用户可以设置 2.25 的值。这将显示给用户，默认情况下，星被部分填充。

虽然该数值可以在视觉上让用户了解，可能还需要显示其数值形式的表示。可通过实现 RatingBar.OnRatingBarChangeListener 类的 onRatingChanged()方法来做到这一点，如下所示：

```
RatingBar rate = (RatingBar) findViewById(R.id.ratebar1);
```

```
rate.setOnRatingBarChangeListener(new
    RatingBar.OnRatingBarChangeListener() {
    public void onRatingChanged(RatingBar ratingBar,
            float rating, boolean fromTouch) {
        ((TextView)findViewById(R.id.rating_text))
            .setText("Rating: "+ rating);
    }
});
```

前面的示例演示如何注册该监听器。当用户选择使用该控件评分，一个 TextView 将设置为用户输入的数字等级。需要注意，和 SeekBar 不同，onRatingChange()方法的实现会在改变完成之后被调用(通常是用户抬起手指)。也就是说，当用户在星星间拖动进行评分时，该方法不会被调用。当用户停止按下该控件时才会被调用。

7.9.2　使用 Chronometer 显示时间的流逝

有时想显示时间的流逝而不是增加的进度条。这种情况下，可使用 Chronometer 控件作为定时器(见图 7.9，底部附近)。如果用户需要做一些耗时的工作或者玩游戏时一些动作需要计时，该控件就很有用了。Chronometer 可以使用文字设置其格式，如下面的 XML 布局资源定义所示：

```
<Chronometer
    android:id="@+id/Chronometer01"
    android:layout_width="wrap_content"
    android:layout_height="wrap_content"
    android:format="Timer: %s"/>
```

可使用 Chronometer 对象的 format 特性来设置显示时间的文本格式。只有 start()方法被调用后，Chronometer 才会显示流逝的时间，如果要停止它，可简单地调用 stop()方法。最后，可以改变定时器计数的起始时间，也就是说，可设置过去的一个特定时间，而不是从它开始的时间来计算。可调用 setBase()方法来做到这一点。

提示

Chronometer 使用 elapsedRealtime()方法来获取起始时间，将 android.os.SystemClock.elapsedRealtime()作为 setBase()方法的参数，可将 Chronometer 控件以 0 时刻开始计时。

下面的示例代码中，我们依照资源标识符从 View 获取计时器。接着，我们检查它的基值，并将其设置为 0。最后，我们从那个时刻开始计时。

```
final Chronometer timer = (Chronometer)findViewById(R.id.Chronometer01);
```

```
long base = timer.getBase();
Log.d(ViewsMenu.debugTag, "base = "+ base);
timer.setBase(0);
timer.start();
```

提示

可以通过实现 Chronometer.OnChronometerTickListener 接口来监听 Chronometer 的变化。

7.9.3 显示时间

在应用中显示的时间通常是不必要的，因为 Android 设备有一个状态栏来显示当前时间。但是，有两个时钟控件可以用来显示时间信息：TextClock 和 AnalogClock 控件。

使用 TextClock

TextClock 控件在最近的 API 级别 17 中被引入，其目的是用来取代 DigitalClock(它已经在 API 级别 17 中被定义为过时)。TextClock 比 DigitalClock 增加了更多功能，并允许设置日期和/或时间的显示格式。此外，TextClock 允许显示 12 小时模式或者 24 小时模式的时间，甚至允许设置时区。

默认情况下，TextClock 控件并不显示秒数。这里是 TextClock 控件的一个 XML 布局资源定义示例：

```
<TextClock
    android:id="@+id/TextClock01"
    android:layout_width="wrap_content"
    android:layout_height="wrap_content"/>
```

使用 AnalogClock

AnalogClock 控件(图 7.9 底部)是一个有钟面和两个指针的时钟。它会在每分钟自动更新。它根据 View 的大小来适当地缩放时钟的大小。

下面是 AnalogClock 控件的一个 XML 布局资源定义示例：

```
<AnalogClock
    android:id="@+id/AnalogClock01"
    android:layout_width="wrap_content"
    android:layout_height="wrap_content"/>
```

AnalogClock 控制的钟面是简单的。但是，可设置它的分针和时针。如果想让它有爵士风格的话，还可以为钟面设置特定的可绘制资源。这些时钟控件不能接受不同的时间或者一个静止的时间。它们只能显示设备上当前时区的当前时间，因此，它们不是特别有用。

7.9.4　使用 VideoView 播放视频

VideoView 控件是一个视频播放器 View，可用于播放视频。该 View 可以控制播放、暂停、快进、快退和搜索。图 7.10 显示一个在 Activity 中播放视频的 VideoView。

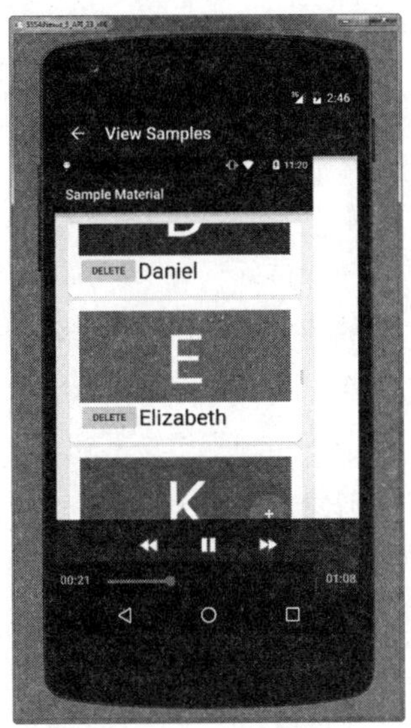

图 7.10　正在播放用户与应用交互视频的 VideoView

下面是 VideoView 控件的一个 XML 布局资源定义示例：

```
<VideoView
    android:id="@+id/video_view"
    android:layout_width="match_parent"
    android:layout_height="match_parent" />
```

下面是 Activity 的 onCreate() 方法：

```
@Override
protected void onCreate(Bundle savedInstanceState) {
    super.onCreate(savedInstanceState);
    setContentView(R.layout.activity_simple_video_view);
    VideoView vv = (VideoView) findViewById(R.id.videoView);
    MediaController mc = new MediaController(this);
    Uri video =
Uri.parse("http://andys-veggie-garden.appspot.com/vid/reveal.mp4");
    vv.setMediaController(mc);
    vv.setVideoURI(video);
}
```

首先从布局中获取 VideoView 控件，接着创建 MediaController 对象。在本示例中，我们从 Internet 获取视频，首先使用 Uri.parse 方法解析视频的 URL，以便在代码中使用一个有效的 Uri 对象。然后使用 setMediaController()方法将 MediaController 对象添加到 VideoView，最后使用 setVideoURI()方法将 Uri 传递到 VideoView。

由于这个示例是从 Internet 上拉取视频，一定要在 Android 清单文件中添加 INTERNET 权限，INTERNET 权限如下：

```
<uses-permission android:name="android.permission.INTERNET" />
```

7.10 本章小结

Android SDK 提供了许多有用的用户界面组件，帮助开发人员使用它们来创建引人瞩目和易于使用的应用。本章介绍了许多有用的控件，并讨论了它们行为和样式，以及如何处理来自用户的输入事件。

你学习了如何组合控件来创建用户输入窗体。重要的窗体控件包括 EditText、Spinner 以及各种 Button 控件。还学习了可以显示进度或者时间的控件。本章中讨论了许多常用的用户界面控件，但还有其他许多控件。在第 8 章中，将学习如何使用各种布局和容器控件来轻松且准确地组织屏幕上的各种控件。

7.11 小测验

(1) 如何使用 Activity 方法来获取 TextView 对象？

(2) 如何使用 TextView 方法来获取特定对象的文本？

(3) 哪种用户界面控件用来获取用户的文本输入？

(4) 有哪两种不同类型的自动完成控件？

(5) 判断题：一个 Switch 控件有 3 个或者更多个状态。

(6) 判断题：DateView 控件用于从用户获取日期。

7.12 练习题

(1) 创建一个简单的应用，使用 EditText 对象接受用户的文本输入，当用户单击更新按钮时，在 TextView 控件中显示文本。

(2) 创建一个简单的应用，它拥有一个在整数资源文件定义的整数，当应用启动时，在 TextView 控件中显示整数。

(3) 创建一个简单应用，它拥有在一个颜色资源文件定义的红色值。使用默认蓝色

textColor 特性在布局中定义 Button 控件。当应用启动时，默认蓝色 textColor 值更改为在颜色资源文件定义的红色值。

7.13　参考资料和更多信息

Android API Guides:"User Interface"：
http://d.android.com/guide/topics/ui/index.html
Android SDK Reference 中关于应用 View 类的文档：
http://d.android.com/reference/android/view/View.html
Android SDK Reference 中关于应用 TextView 类的文档：
http://d.android.com/reference/android/widget/TextView.html
Android SDK Reference 中关于应用 EditText 类的文档：
http://d.android.com/reference/android/widget/EditText.html
Android SDK Reference 中关于应用 Button 类的文档：
http://d.android.com/reference/android/widget/Button.html
Android SDK Reference 中关于应用 CheckBox 类的文档：
http://d.android.com/reference/android/widget/CheckBox.html
Android SDK Reference 中关于应用 Switch 类的文档：
http://d.android.com/reference/android/widget/Switch.html
Android SDK Reference 中关于应用 RadioGroup 类的文档：
http://d.android.com/reference/android/widget/RadioGroup.html
Android SDK Reference 中关于支持 v7 包 Toolbar 类的文档：
http://d.android.com/reference/android/support/v7/widget/Toolbar.html
Android SDK Reference 中关于应用 VideoView 类的文档：
http://d.android.com/reference/android/widget/VideoView.html

第8章

布局设计

本章将讨论如何设计 Android 应用的用户界面。将专注于各种布局控件，用于以不同方式来组织屏幕元素。还将介绍一些称为容器视图的更复杂的 View 控件。它们也是 View 控件，但可包含其他 View 控件。

8.1　在 Android 中创建用户界面

应用用户界面可以是简单的或者是复杂的，包含多个不同的屏幕或者只包含几个。布局和用户界面控件可在应用资源中定义，也可在程序运行时创建。

虽然有一点混淆，但在 Android 用户界面设计中，术语“布局”用于两个不同但相关的目的：

- 在资源方面，/res/layout/目录包含了 XML 资源的定义，我们称之为资源文件。这些 XML 文件提供了如何在屏幕上排列和绘制控件的模板；布局资源文件可包含任意数量的控件。
- 该术语也用于指代 ViewGroup 类的集合，例如，LinearLayout、FrameLayout、TableLayout、RelativeLayout 以及 GridLayout。这些控件用于组织其他 View 控件。本章后面将更多地讨论这些类。

8.1.1　使用 XML 资源文件创建布局

如前面章节所述，Android 提供了一个简单方法，用于在 XML 中创建布局资源文件。这些资源都存储在/res/layout 中。这是构建 Android 用户界面的最常见和最方便的方法，它对于在编译时就可以定义的屏幕元素和默认控件属性尤其有用。这些布局资源很像模板，它们将按默认特性值来加载，在运行时可通过代码来修改。

可使用 XML 布局资源文件配置几乎所有的 View 或者 ViewGroup 子类特性。这种方法极大地简化了用户界面的设计过程，将大部分用户界面控件的静态创建和布局以及控件基本特性的定义，从杂乱的代码部分移到 XML 文件中。开发人员保留了以编程方式改变这些布局的能力，但他们应该尽可能将所有默认值设置在 XML 模板中。

可看到下面是一个简单的布局文件，包含了一个 RelativeLayout 和一个简单的 TextView 控件。这是 Android Studio 中新建 Android 项目提供的默认布局文件 res/layout/activity_main.xml，假设 Activity 命名为 MainActivity：

```
<RelativeLayout xmlns:android="http://schemas.android.com/apk/res/android"
   xmlns:tools="http://schemas.android.com/tools"
   android:layout_width="match_parent"
   android:layout_height="match_parent"
   android:paddingBottom="@dimen/activity_vertical_margin"
   android:paddingLeft="@dimen/activity_horizontal_margin"
   android:paddingRight="@dimen/activity_horizontal_margin"
   android:paddingTop="@dimen/activity_vertical_margin"
   tools:context=".MainActivity">

   <TextView
      android:layout_width="wrap_content"
      android:layout_height="wrap_content"
      android:text="@string/hello_world" />

</RelativeLayout>
```

这部分 XML 代码显示了一个包含单个 TextView 控件的基本布局。第一行，你可以在大部分 XML 文件中找到，用来指定 Android 布局的命名空间。因为它在所有的文件中都通用，我们在其他示例中将不再显示。

接下来有一个 RelativeLayout 元素。RelativeLayout 是一个 ViewGroup，以相对于其他视图的方式来显示每个子视图。当它应用到整个屏幕时，意味着每个子视图相对于指定的视图进行绘制。

最后，还有一个子视图，本例中是一个 TextView。TextView 是一个控件，同时也是一个 View。TextView 在屏幕上绘制文本。在本例中，它将绘制在“@string/hello_World”字符串资源中定义的文本。

如果只创建一个 XML 文件，实际上并不会在屏幕上绘制任何东西。一个特定的布局通常和特定的 Activity 相关联。在默认的 Android 项目中，只有一个 Activity，在默认情况下设置 activity_main.xml 布局。要将 activity_main.xml 布局与 Activity 相关联，使用 setContentView()方法，并传入 activity_main.xml 布局的标识符。

布局的 ID 是 XML 的文件名(不带扩展名)。在本例中，来自于 activity_main.xml 文件，所以该布局的标识符即是 activity_main.xml，该布局实际上将显示在屏幕上，因为在项目创建期间已经创建了它：

```
setContentView(R.layout.activity_main);
```

警告

Android工具团队已尽最大努力使 Android Studio Design视图布局编辑器的功能保持完整，这个工具对于设计和预览各种不同设备上的布局资源效果非常有帮助。但是，预览功能并不能精确地反映布局在最终用户面前的显示效果。因此，必须在一个正确配置的模拟器上测试应用，更重要的是，在目标设备上测试。

8.1.2 以编程方式创建布局

可在运行时通过编程方式创建用户界面组件，例如，布局等。但对于代码组织和可维护性来说，最好将它认为是特殊情况而不是常规情况。最主要的原因是，代码创建布局是一项繁重的任务，而且难以维护，而 XML 资源方式则是可视化的，更具组织性，可由一个独立的没有 Java 技能的设计者来完成布局设计任务。

提示

本节中提供的示例代码来自于 SameLayout 应用。SameLayout 应用的源代码可以在本书的网站下载。

下面的示例演示了如何通过编程方式在一个 Activity 中实例化一个 LinearLayout，并在其中放置两个 TextView 作为其子控件。两个字符串资源用于设置控件的内容，这些操作都是在运行时完成的。

```
public void onCreate(Bundle savedInstanceState) {
    super.onCreate(savedInstanceState);

    assert getSupportActionBar() != null;
    getSupportActionBar().setDisplayHomeAsUpEnabled(true);

    TextView text1 = new TextView(this);
    text1.setText(R.string.string1);

    TextView text2 = new TextView(this);
    text2.setText(R.string.string2);
    text2.setTextSize(TypedValue.COMPLEX_UNIT_SP, 60);

    int pixelDimen = (int) TypedValue.applyDimension(
        TypedValue.COMPLEX_UNIT_DIP, 16,
        getResources().getDisplayMetrics());
```

```
        LinearLayout ll = new LinearLayout(this);
        ll.setOrientation(LinearLayout.VERTICAL);
        ll.setPadding(pixelDimen, pixelDimen,
            pixelDimen, pixelDimen);
        ll.addView(text1);
        ll.addView(text2);

        setContentView(ll);
    }
```

当 Activity 被创建时，将调用 onCreate()方法。该方法所做的第一件事是通过调用其超类的 onCreate()方法完成正常的初始化。

接着，配置 ActionBar，两个 TextView 控件被实例化。每个 TextView 的 Text 属性都是通过调用 setText()方法来设置的。所有 TextView 特性(例如 TextSize)都可以通过调用 TextView 控件的方法来设置。这些设置 Text 属性和 TextSize 属性的操作，和使用 Android Studio 布局编辑器来设置是一样的，只不过这些属性是在运行时设置的，而不是在布局文件中定义并编译到应用包中。

提示

XML 属性名与用于获取和设置相同控件属性的方法调用通常是类似的。例如，android:visibility 对应于 setVisibility()和 getVisibility()方法。在前面的 TextView 示例中，获取和设置 TextSize 属性的方法名为 getTextSize()和 setTextSize()。

为能恰当地显示 TextView 控件，我们需要通过某种容器(布局)的方式封装它们。在本例中，我们使用了一个 orientation 设置为 VERTICAL 的 LinearLayout 布局，因此，第二个 TextView 将位于第一个的下方，它们都对齐到了屏幕的左侧。这两个 TextView 控件被添加到 LinearLayout 中，以我们希望显示的顺序排列。

最后，我们调用 Activity 类中的 setContentView()方法，将 LinearLayout 和其内容显示在屏幕上。

正如所见，当添加更多 View 控件时，代码量将迅速增加，需要为每一个 View 设置更多特性。如下是一个同样的布局，在 XML 布局文件中：

```
<?xml version="1.0" encoding="utf-8"?>
<LinearLayout
    xmlns:android="http://schemas.android.com/apk/res/android"
    android:orientation="vertical"
    android:layout_width="match_parent"
    android:layout_height="match_parent">
    <TextView
```

```
        android:id="@+id/TextView1"
        android:layout_width="match_parent"
        android:layout_height="wrap_content"
        android:text="@string/string1" />
    <TextView
        android:id="@+id/TextView2"
        android:layout_width="match_parent"
        android:layout_height="wrap_content"
        android:textSize="60sp"
        android:text="@string/string2" />
</LinearLayout>
```

可能会注意到，这并不是上一节代码示例的简单转换，虽然它们的输出结果是相同的，如图 8.1 所示。

首先，在 XML 布局文件中，layout_width 和 layout_height 是必须存在的特性。接着，可以看到每个 TextView 控件都有唯一的 id 特性，这样可在运行时通过编程方式访问它。最后，textSize 属性需要定义其单位。XML 特性采用了 dimension 类型。

最终结果和编程方式得到的结果略有不同。然而，它更易于阅读和维护。现在，只需要一行代码来显示这个布局视图。同样，布局资源存储在 /res/layout/resource_based_layout.xml 文件中：

```
setContentView(R.layout.resource_based_layout);
```

图 8.1　两种不同的创建屏幕的方法得到了相同的结果

8.2 组织用户界面

第 7 章讨论了 View 类是如何作为 Android 用户界面构建块的。所有用户界面控件，例如，Button、Spinner 和 EditText，都是从 View 类派生的。

现在，我们讨论一种特殊的 View，称为 ViewGroup。从 ViewGroup 派生的类允许开发人员以一种有组织的方式在屏幕上显示 TextView 和 Button 等 View 控件。

了解 View 和 ViewGroup 之间的区别是很重要的。类似于其他的 View 控件，包括前一章讨论的控件，ViewGroup 控件表示了一个屏幕空间的矩形。ViewGroup 和典型控件的区别是 ViewGroup 对象可以包含其他 View 控件。一个包含其他 View 控件的 View 被称为父视图。父视图包含的 View 控件称为子视图。

可在代码中使用 addView()方法为 ViewGroup 增加子 View 控件。在 XML 中，可通过定义子 View 控件作为 XML 中的子节点(正如前面使用多次的 LinearLayout ViewGroup，在父 XML 元素中)将子对象添加到 ViewGroup 中。

ViewGroup 的子类可以分为两类：

- 布局类
- View 容器控件

8.2.1 使用 ViewGroup 子类来设计布局

用于屏幕设计的许多重要 ViewGroup 子类都是以“Layout”结尾的。例如，最常见的布局类有 LinearLayout、RelativeLayout、TableLayout、FrameLayout 以及 GridLayout。可使用这些类，它们以不同方式在屏幕上放置其他 View 控件。例如，我们已经使用 LinearLayout 将各个 TextView 和 EditText 控件垂直排列在屏幕上。用户一般不和布局直接交互。相反，它们与包含的 View 控件进行交互。

8.2.2 使用 ViewGroup 子类作为 View 容器

第二类 ViewGroup 的子类是间接的“子类”——有些是正式的，有些是非正式的。这些特殊的 View 控件作为 View 容器，和 Layout 对象功能类似，但它们也提供某些功能，使用户能够像其他控件一样与它们交互。但是，这些类没有固定规律的名字，相反，它们根据提供的功能来命名。

一些类属于这种类型，包括 RecyclerView、GridView、ImageSwitcher、ScrollView 以及 ListView。将这些对象认为是不同类型的 View 浏览器(或者容器类)是很有帮助的。ListView 和 RecyclerView 将每个 View 控件作为列表项，用户可以通过垂直滚动方式浏览各个控件。

8.3　使用内置的布局类

关于 LinearLayout 布局我们已经讨论了许多，但还有其他几种布局类型。每种布局类型各有不同的目的，它的子视图在屏幕显示的规则不同。布局派生自 android.view.ViewGroup 类。

Android SDK 框架内置的布局类型包括：

- LinearLayout(线性布局)
- RelativeLayout(相对布局)
- FrameLayout(帧布局)
- TableLayout(表格布局)
- GridLayout(网格布局)

提示

本节中提供的许多示例代码来自 SimpleLayout 应用。SimpleLayout 应用的源代码可通过本书网站下载。

所有布局(无论它们是什么类型)都有基本的布局属性。布局属性会应用到该布局内的所有子 View 控件。可在运行时通过编程方式设置布局特性，但最好使用下面的方式在 XML 中设置它们：

```
android:layout_attribute_name="value"
```

有些布局特性是所有 ViewGroup 对象都共享的。它们包括 size 特性和 margin 特性。可以在 ViewGroup.LayoutParams 类中找到基本的布局特性。Margin 特性允许布局中的每个子视图的每条边都有边距。可以在 ViewGroup.MarginLayoutParams 类中找到这些特性。也有一些用于处理子 View 绘制边界和动画设置的 ViewGroup 特性。

一些被所有 ViewGroup 子类型共享的重要特性如表 8.1 所示。

表 8.1　重要的 ViewGroup 特性

特性名称(都以 android:开头)	应　用　到	描　　述	取　　值
layout_height	父 View/子 View	View 的高度，用于布局中子 View 控件的特性。在一些布局中为必需的特性，在其他的一些布局中为可选的	尺寸值，或者 match_parent/或 wrap_content

(续表)

特性名称(都以android:开头)	应 用 到	描 述	取 值
layout_width	父 View/子 View	View 的宽度，用于布局中子 View 控件的特性。在一些布局中为必需的属性，在其他一些布局中为可选的	尺寸值，或者 match_parent/或 wrap_content
layout_margin	父 View/子 View	View 四周的额外空间	尺寸值。如有必要，使用更具体的 margin 特性来控制单独的边距

下面是一个布局资源 XML 的示例，它包含了一个设置为屏幕大小的 LinearLayout，其方向为垂直，以至于所有子元素以线性方式垂直显示，布局内有一个设置为 LinearLayout 完整高度和宽度的 TextView(因此它会占用整个屏幕)。

```
<LinearLayout xmlns:android=
    "http://schemas.android.com/apk/res/android"
    android:layout_width="match_parent"
    android:layout_height="match_parent"
    android:orientation="vertical">
    <TextView
        android:id="@+id/TextView01"
        android:layout_height="match_parent"
        android:layout_width="match_parent" />
</LinearLayout>
```

下例是布局资源文件中使用的一个通过 XML 设置的带有一些边距的 Button 对象：

```
<Button
    android:id="@+id/Button01"
    android:layout_width="wrap_content"
    android:layout_height="wrap_content"
    style="?android:button"
    android:text="Press Me"
    android:layout_marginRight="20dp"
    android:layout_marginTop="60dp" />
```

记住，一个布局元素可以覆盖屏幕上的任何矩形空间，它并不需要填满整个屏幕。布局可嵌套在另一个布局中。这为开发人员组织屏幕元素提供了极大的灵活性。开始使用 RelativeLayout、FrameLayout 或者 LinearLayout 布局作为整个屏幕的父布局是常见的做法，然后在父布局中组织各个屏幕元素，它们可以使用最合适的布局类型。

现在，让我们分别讨论几种常见的布局类型，以及它们之间的区别。

8.3.1 使用 LinearLayout

LinearLayout 视图将其子 View 控件组织成一行，如图 8.2 所示，或者一列，具体取决于 orientation 特性是 horizontal 还是 vertical。这是创建表单的便捷布局方法。

可以在 android.widget.LinearLayout.LayoutParams 查找 LinearLayout 子 View 控件的布局特性，表 8.2 描述了 Linearlayout 视图的一些重要特性。

注意

要了解更多关于 Linearlayout 的信息，请参阅 Android API 指南：http://d.android.com/guide/topics/ui/layout/linear.html。

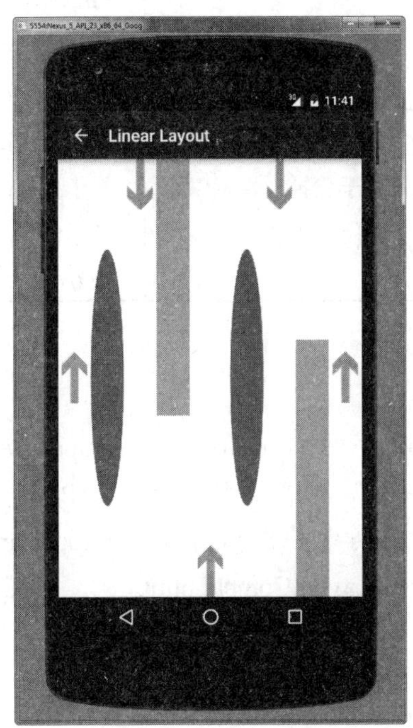

图 8.2 Linearlayout 的示例(水平方向)

表 8.2 重要的 LinearLayout 视图特性

特性名称(都以 android:开头)	应用到	描述	取值
orientation	父 View	布局是以单行(水平)或者单列(垂直)排列控件	horizontal 或者 vertical

(续表)

特性名称(都以android:开头)	应 用 到	描 述	取 值
gravity	父 View	布局中子控件的重力方向	以下一个或者多个常量(以“|”分隔)：top、bottom、left、right、center_vertical、fill_vertical、center_horizontal、fill_horizontal、center、fill、clip_vertical、clip_horizontal、start 以及 end
weightSum	父 View	所有子控件的权重之和	定义所有子控件的权重之和的数值，默认为 1
layout_gravity	子 View	特定子 View 的重力方向，用于放置视图	以下一个或者多个常量(以“|”分隔)：top、bottom、left、right、center_vertical、fill_vertical、center_horizontal、fill_horizontal、center、fill、clip_vertical、clip_horizontal、start 以及 end
layout_weight	子 View	特定子 View 的权重，基于父控件，提供屏幕空间占比	所有父 View 内的子 View 的数值之和必须等于父 LinearLayout 控件的 weightSum 特性。例如，一个子控件的值为 0.3，另一个为 0.7

注意

V7 appcompat 库提供了一个 LinearLayoutCompat 类，它向后兼容最新 API 版本中的 Linearlayout 功能，使得这些功能在 API 级别 7 以后都能用。欲了解 LinearLayoutCompat 类的更多信息，请参考 http://d.android.com/reference/android/support/v7/widget/LinearLayoutCompat.html。

8.3.2 使用 RelativeLayout

RelativeLayout 视图允许指定子 View 控件彼此之间的关系。例如，可通过引用唯一标识符的方式，设置一个子 View 在另一个 View 的“上边”、“下边”、“左边”或者“右边”。可基于其他控件或者父布局边界来对齐子 View 控件。结合 RelativeLayout 特性，可简化创建用户界面，而不需要依赖多个布局组来达到预期的效果。图 8.3 显示了基于相互位置来排列的 Button 控件。

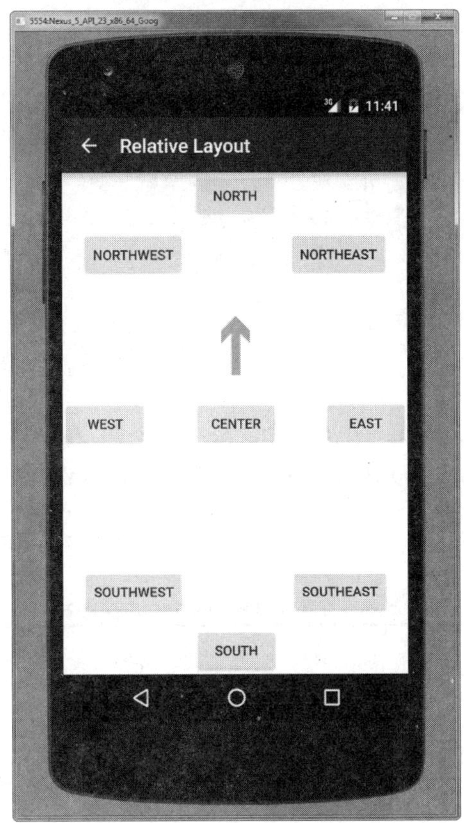

图 8.3 使用 RelativeLayout 的示例

可在 android.widget.RelativeLayout.LayoutParams 中找到 RelativeLayout 子 View 控件可用的布局特性。表 8.3 描述了 RelativeLayout 视图专用的一些重要特性。

下面是一个 XML 布局资源文件，包含了一个 RelativeLayout 和两个子 View 控件——一个相对于它的父控件对齐的 Button 对象，以及一个相对于 Button(和其父控件)对齐和放置的 ImageView。

```
<?xml version="1.0" encoding="utf-8"?>
<RelativeLayout xmlns:android=
    "http://schemas.android.com/apk/res/android"
    android:id="@+id/RelativeLayout01"
    android:layout_height="match_parent"
    android:layout_width="match_parent">
    <Button
        android:id="@+id/ButtonCenter"
        android:text="Center"
        android:layout_width="wrap_content"
        android:layout_height="wrap_content"
        android:layout_centerInParent="true" />
    <ImageView
```

```
        android:id="@+id/ImageView01"
        android:layout_width="wrap_content"
        android:layout_height="wrap_content"
        android:layout_above="@id/ButtonCenter"
        android:layout_centerHorizontal="true"
        android:src="@drawable/arrow" />
</RelativeLayout>
```

注意

要了解更多关于 RelativeLayout 的信息，请参阅 Android API 指南：http://d.android.com/guide/topics/ui/layout/relative.html。

表 8.3　重要的 RelativeLayout 视图特性

特性名称(都以 android:开头)	应 用 到	描　　述	取　　值
gravity	父 View	布局中子视图的重力方向	以下一个或者多个常量(以"|"分隔)：top、bottom、left、right、center_vertical、fill_vertical、center_horizontal、fill_horizontal、center、fill、clip_vertical、clip_horizontal、start 以及 end
layout_centerInParent	子 View	子 View 在父 View 水平方向和垂直方向居中	true/false
layout_centerHorizontal	子 View	子 View 在父 View 水平方向居中	true/false
layout_centerVertical	子 View	子 View 在父 View 垂直方向居中	true/false
layout_alignParentTop	子 View	子 View 与父 View 上方对齐	true/false
layout_alignParentBottom	子 View	子 View 与父 View 底部对齐	true/false
layout_alignParentLeft	子 View	子 View 与父 View 左边对齐	true/false

(续表)

特性名称(都以android:开头)	应 用 到	描 述	取 值
layout_alignParentRight	子 View	子 View 与父 View 右边对齐	true/false
layout_alignParentStart	子 View	子View与父View的开始边缘对齐	true/false
layout_alignParentEnd	子 View	子 View 与父 View 的结束边对齐	true/false
layout_alignRight	子 View	子 View 的右边缘与另一个特定ID 的子 View 的右边缘对齐	View ID；例如，@id/Button1
layout_alignLeft	子 View	子 View 的左边缘与另一个特定ID 指定的子 View 的左边缘对齐	View ID；例如，@id/Button1
layout_alignStart	子 View	子View的开始边缘与另一个特定ID指定的子View的开始边缘对齐	View ID；例如，@id/Button1
layout_alignEnd	子 View	子View的结束边缘与另一个特定ID指定的子View的结束边缘对齐	View ID；例如，@id/Button1
layout_alignTop	子 View	子 View 的上边缘与另一个特定ID 指定的子 View 的上边缘对齐	View ID；例如，@id/Button1
layout_alignBottom	子 View	子 View 的底边与另一个特定 ID指定的子 View 的底边对齐	View ID；例如，@id/Button1
layout_above	子 View	子 View 底边位于与另一个特定ID 指定的子 View 上方	View ID；例如，@id/Button1
layout_below	子 View	子 View 顶边位于与另一个特定ID 指定的子 View 下方	View ID；例如，@id/Button1
layout_toLeftOf	子 View	子View的右边缘位于另一个特定ID 指定的子 View 左方	View ID；例如，@id/Button1
layout_toRightOf	子 View	子 View 的左边缘与另一个特定ID 指定的子 View 右方	View ID；例如，@id/Button1

8.3.3 使用 FrameLayout

FrameLayout 视图设计用来显示按堆叠方式排列的子 View 项目。可在此布局中添加多个视图，但每个视图都是从左上角绘制。可使用该布局在同一区域显示多个视图，如图 8.4 所示，布局的大小是由堆叠的最大子 View 的大小来决定。

可以在 android.widget.FrameLayout.LayoutParams 找到 FrameLayout 子 View 控件的布

局特性。表 8.4 描述了 FrameLayout 视图的一些重要特性。

图 8.4 FrameLayout 使用示例

下面是一个 XML 布局资源，包含了一个 FrameLayout 和两个子 View 控件——它们都是 ImageView 控件。绿色矩形首先绘制，红色椭圆则绘制在它的上面。绿色矩形较大，所以它定义了 FrameLayout 的边界：

```
<FrameLayout xmlns:android=
    "http://schemas.android.com/apk/res/android"
    android:id="@+id/FrameLayout01"
    android:layout_width="wrap_content"
    android:layout_height="wrap_content"
    android:layout_gravity="center">
    <ImageView
        android:id="@+id/ImageView01"
        android:layout_width="wrap_content"
        android:layout_height="wrap_content"
        android:src="@drawable/green_rect"
        android:contentDescription="@string/green_rect"
        android:minHeight="300dp"
        android:minWidth="300dp" />
    <ImageView
        android:id="@+id/ImageView02"
```

```
        android:layout_width="wrap_content"
        android:layout_height="wrap_content"
        android:src="@drawable/red_oval"
        android:contentDescription="@string/red_oval"
        android:minHeight="150dp"
        android:minWidth="150dp"
        android:layout_gravity="center" />
</FrameLayout>
```

表 8.4 重要的 FrameLayout 视图特性

特性名称(都以android:开头)	应 用 到	描 述	取 值
foreground	父 View	内容最上层的可绘制资源	可绘制资源
foregroundGravity	父 View	内容最上层的可绘制资源的重力方向	以下一个或者多个常量(以“|”分隔)：top、bottom、left、right、center_vertical、fill_vertical、center_horizontal、fill_horizontal、center、fill、clip_vertical、clip_horizontal
measureAllChildren	父 View	限制所有子 View 布局的大小或仅限制设置为 VISIBLE(而非设置为 INVISIBLE)的子 View	true/false
layout_gravity	子 View	描述父 View 中子 View 的重力常数	以下一个或者多个常量(以“|”分隔)：top、bottom、left、right、center_vertical、fill_vertical、center_horizontal、fill_horizontal、center、fill、clip_vertical、clip_horizontal、start 以及 end

8.3.4 使用 TableLayout

TableLayout 视图将子视图组织成多行，如图 8.5 所示。可使用 TableRow 布局的 View(一个水平方向的 Linearlayout)，将每个 View 控件添加到表格每一行中。TableRow 的每一列都可以包含一个 View(或者包含 View 控件的布局)。可将 View 项目添加到 TableRow 的列中，按照它们添加的顺序排列。可指定列编号(从 0 开始计数)来跳过一些列(图 8.5 的最后一行演示了这点)。否则，View 控件将放在下一列的右面。列的宽度会缩放到该列最大子 View 的大小。可包含普通 View 控件而不是 TableRow 元素，如果希望该 View 占用整行的话。

可在 android.widget.TableLayout.LayoutParams 找到 TableLayout 的布局特性，用于控

制子 View 控件。可在 android.widget.TableRow.LayoutParams 找到 TableRow 的布局特性，用于控制子 View 控件。表 8.5 描述了 TableLayout 控件的一些重要特性。

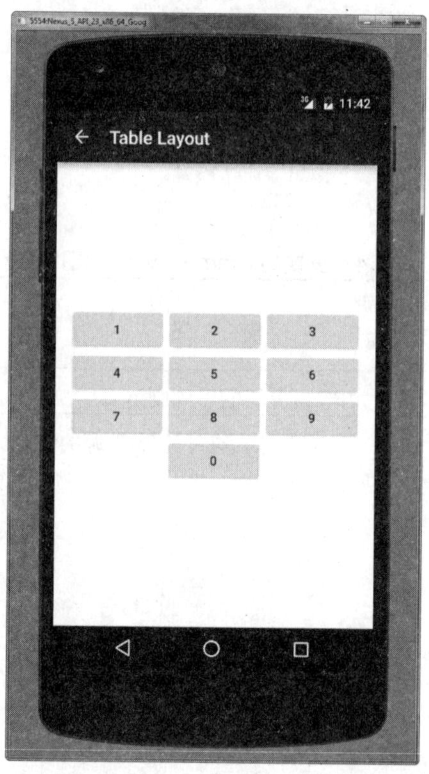

图 8.5 TableLayout 使用示例

表 8.5 重要的 TableLayout 和 TableRow 视图特性

特性名称(都以 android:开头)	应 用 到	描 述	取 值
collapseColumns	TableLayout	以逗号分隔的列序号列表，用于隐藏列(从 0 开始)	字符串或者字符串资源；例如，"0,1,3,5"
shrinkColumns	TableLayout	以逗号分隔的列序号列表，用于收缩列(从 0 开始)	字符串或者字符串资源；为所有列使用*。例如，"0,1,3,5"
stretchColumns	TableLayout	以逗号分隔的列序号列表，用于拉伸列(从 0 开始)	字符串或者字符串资源；为所有列使用*。例如，"0,1,3,5"
layout_column	TableRow 子 View	该子 View 应该显示在的列位置(从 0 开始)	整数或者整数资源；例如，"1"
layout_span	TableRow 子 View	该子 View 跨越的列数	整数或者整数资源，大于等于 1；例如，"3"

下面是一个 XML 布局资源示例，包含了一个 TableLayout，它有两行(两个 TableRow 子对象)。TableLayout 设置为将列拉伸列到屏幕的宽度。第一个 TableRow 有 3 列，每个单元格都有一个 Button 对象。第二个 TableRow 则明确将一个 Button 控件放到第二列中：

```
<TableLayout xmlns:android=
    "http://schemas.android.com/apk/res/android"
    android:id="@+id/TableLayout01"
    android:layout_width="match_parent"
    android:layout_height="match_parent"
    android:gravity="center_vertical"
    android:stretchColumns="*">
    <TableRow
        android:id="@+id/TableRow01"
        android:layout_width="match_parent"
        android:layout_height="match_parent">
        <Button
            android:id="@+id/ButtonLeft"
            style="?android:button"
            android:text="Left Door" />
        <Button
            android:id="@+id/ButtonMiddle"
            style="?android:button"
            android:text="Middle Door" />
        <Button
            android:id="@+id/ButtonRight"
            style="?android:button"
            android:text="Right Door" />
    </TableRow>
    <TableRow
        android:id="@+id/TableRow02"
        android:layout_width="match_parent"
        android:layout_height="match_parent">
        <Button
            android:id="@+id/ButtonBack"
            style="?android:button"
            android:text="Go Back"
            android:layout_column="1" />
    </TableRow>
</TableLayout>
```

8.3.5 使用 GridLayout

在 Android 4.0 (API 级别 14)中引入的 GridLayout 将它的子视图组织在网格里。但不要把它和 GridView 混淆。这种布局网格是动态创建的。不同于 TableLayout，GridLayout 里的子 View 控件可以跨越行和列，在布局呈现中更加流畅和高效。事实上，GridLayout 的子 View 控件告诉布局它们应该放哪里。图 8.6 显示了一个包含 5 个子控件的 GridLayout 的示例。

可在 android.widget.GridLayout.LayoutParams 找到 GridLayout 的布局特性，用于控制子 View 控件。表 8.6 描述了 GridLayout 视图的一些重要特性。

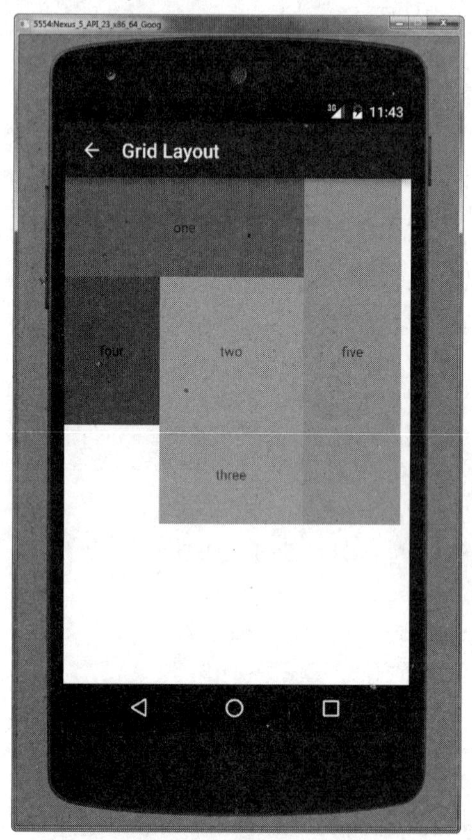

图 8.6 GridLayout 使用示例

下面是一个 XML 布局资源示例，包含了一个 4 行 4 列的 GridLayout。每个子控件占据一定数量行和列。因为默认 span 特性值为 1，我们只需要对占用多行或多列的元素指定即可。例如，第一个 TextView 是 1 行高，3 列宽。每个 View 控件的高度和宽度都需要指定来控制外观。否则，GridLayout 控件将会自动分配大小。

表 8.6 重要的 GridLayout 视图特性

特性名称(都以 android:开头)	应用到	描述	取值
columnCount	GridLayout	定义固定的网格列数	整数；例如 4
rowCount	GridLayout	网格的行数	整数；例如 3
orientation	GridLayout	当子 View 没有指定行/列，用于确定下一个子 View 的位置	可以是 vertical(下一行)，或者 horizontal(下一列)
layout_column	GridLayout 的子 View	子 View 应该显示在的列位置(从 0 开始)	整数或者整数资源；例如 1
layout_columnSpan	GridLayout 的子 View	子 View 跨越的列数	整数或者整数资源，大于等于 1；例如 3
layout_row	GridLayout 的子 View	子 View 应该显示在的行位置(从 0 开始)	整数或者整数资源；例如 1
layout_rowSpan	GridLayout 的子 View	子 View 跨越的行数	整数或者整数资源，大于等于 1；例如 3
layout_gravity	GridLayout 的子 View	指定子 View 在所在网格中的布置方向	以下一个或者多个常量(以“|”分隔)：baseline、top、bottom、left、right、center_vertical、fill_vertical、center_horizontal、fill_horizontal、center、fill、clip_vertical、clip_horizontal、start 以及 end。默认是 LEFT|BASELINE

```
<?xml version="1.0" encoding="utf-8"?>
<GridLayout xmlns:android="http://schemas.android.com/apk/res/android"
    android:id="@+id/gridLayout1"
    android:layout_width="match_parent"
    android:layout_height="match_parent"
    android:columnCount="4"
    android:rowCount="4" >
    <TextView
        android:layout_width="250dp"
        android:layout_height="100dp"
        android:layout_column="0"
        android:layout_columnSpan="3"
```

```
        android:layout_row="0"
        android:background="#f44336"
        android:gravity="center"
        android:text="one" />
    <TextView
        android:layout_width="150dp"
        android:layout_height="150dp"
        android:layout_column="1"
        android:layout_columnSpan="2"
        android:layout_row="1"
        android:layout_rowSpan="2"
        android:background="#ff9800"
        android:gravity="center"
        android:text="two" />
    <TextView
        android:layout_width="150dp"
        android:layout_height="100dp"
        android:layout_column="2"
        android:layout_row="3"
        android:background="#8bc34a"
        android:gravity="center"
        android:text="three" />
    <TextView
        android:layout_width="100dp"
        android:layout_height="150dp"
        android:layout_column="0"
        android:layout_row="1"
        android:background="#673ab7"
        android:gravity="center"
        android:text="four" />
    <TextView
        android:layout_width="100dp"
        android:layout_height="350dp"
        android:layout_column="3"
        android:layout_row="0"
        android:layout_rowSpan="4"
        android:background="#03a9f4"
        android:gravity="center"
        android:text="five" />
</GridLayout>
```

提示

可使用 v7 gridlayout 支持库将 GridLayout 布局添加到古老的 Android 2.1(API 级别 7)的应用中。要详细了解该布局的支持版本，请访问 http://d.android.com/reference/android/support/v7/widget/GridLayout.html。

8.3.6 在屏幕上使用多个布局

结合不同的布局方法在单一屏幕上可以创建复杂的布局。请记住，因为布局可以包含 View 控件，而布局本身是一个 View 控件，所以它可以包含其他布局。

注意

想要在 View 控件之间创建一定数量的空间而不使用嵌套的布局？请查看 Space 视图(android.widget.Space)。

图 8.7 展示了多个布局视图的组合，用于创建更复杂和有趣的屏幕。

图 8.7 使用多个布局的示例

警告

请牢记，移动应用的各个屏幕应保持流畅和相对简单。这并不仅是因为这种设计可以带来更好的用户体验，将屏幕填满复杂(和多层)的视图层次结构可能会导致性能问题。使用层次结构查看器工具可检查应用的布局。还可以使用 lint 工具来优化布局，并找到不必要的组件。还可在布局中使用<merge>和<include>标签，从而创建一组通用并可重用的组件，而不是复制它们。ViewStub 可用来根据需要在运行时为布局添加更复杂的视图，而不是直接将它们加入布局。

8.4 使用容器控件类

布局不只是可以包含其他 View 控件的唯一控件。虽然布局对于将其他 View 控件定位到屏幕上是有用的，但是它们并不能交互。现在，我们来讨论其他类型的 ViewGroup：容器。这些 View 控件封装了其他简单的 View 控件，并赋予用户交互浏览子 View 控件的能力。类似于布局，每个控件都有一些特殊的、明确定义的目的。

Android SDK 框架内置的 ViewGroup 容器类型包括：

- 列表(Lists)和网格(grid)。
- 支持滚动的 ScrollView 和 HorizontalScrollView。
- 支持切换的 ViewFlipper、ViewSwitcher、ImageSwitcher 和 TextSwitcher。

提示

本节提供的示例代码来自 AdvancedLayouts 应用，AdvancedLayouts 应用的源代码可从本书的网站下载。

8.4.1 使用数据驱动的容器

有些 View 容器控件被设计用来以特定方式显示重复的 View 控件。这种类型的 View 容器控件包括 ListView 和 GridView：

- ListView：包含一个可以垂直方向滚动、在水平方向填充 View 控件的列表，通常每个 View 包含一行数据。用户可选择一个项来执行某些操作。
- GridView：包含一个特定列数的 View 控件的网格。该容器通常和图像图标一起使用。用户可选择一个项来执行某些操作。

这些容器都是 AdapterView 控件的类型。一个 AdapterView 控件包含了一组子 View 控件，用于从一些数据源中显示数据。一个 Adapter 用于从数据源生成这些子 View 控件。

因为 Adapter 对象是所有这些容器控件的重要组成部分，我们将首先讨论 Adapter 对象。

在本节中，将学习如何使用 Adapter 对象将数据绑定到 View 控件。在 Android SDK 中，一个 Adapter 从数据源读取数据，基于一定的规则生成一个 View 控件的数据，具体取决于使用的 Adapter 类型。该 View 用来填充一个特定的 AdapterView 的子 View 控件。

最常见的 Adapter 类有 CursorAdapter 和 ArrayAdapter。CursorAdapter 从 Cursor 中收集数据，而 ArrayAdapter 从数组中收集数据。当使用数据库中的数据时，CursorAdapter 是个不错的选择。当只有一列数据，或者数据来自于一个资源数组时，ArrayAdapter 是一个很好的选择。

应该知道 Adapter 对象的一些通用元素。当创建一个 Adapter 时，需要提供一个布局的标识符。该布局是用于填充每一行数据的模板。创建的模板包含了特定控件的标识符，Adapter 为其指定数据。一个简单布局可只包含一个 TextView 控件。当创建一个 Adapter 时，需要引用布局资源和 TextView 控件的标识符。Android SDK 提供一些常见的布局资源可供你的应用使用。

1. 使用 ArrayAdapter

ArrayAdapter 将数组中的每个元素绑定到布局资源中定义的简单 View 控件。下面是创建 ArrayAdapter 的示例：

```
private String[] items = {"Item 1", "Item 2", "Item 3" };
ArrayAdapter adapt = new ArrayAdapter<>(this, R.layout.textview, items);
```

在这个示例中，我们有一个字符串数组称为 items。这是 ArrayAdapter 中用作数据源的数组。我们还使用一个布局资源，定义了数组中每个元素重复的 View。它的定义如下：

```
<TextView xmlns:android="http://schemas.android.com/apk/res/android"
    android:layout_width="match_parent"
    android:layout_height="wrap_content"
    android:textSize="20sp" />
```

这个布局资源包只含单一的 TextView。但是，也可使用一个更复杂的布局，它的构造函数中也使用布局中 TextView 的资源标识符。每一个 AdapterView 包含的子 View 都使用该 Adapter 来得到一个 TextView 实例，并包含字符串数组的一个字符串。

如果已经定义了一个数组资源，还可以直接将 AdapterView 的 entries 特性设置为该数组的资源标识符，以自动提供 ArrayAdapter。

2. 使用 CursorAdapter

一个 CursorAdapter 将一列或多列的数据绑定到提供的布局资源文件的一个或多个 View 控件。这里我们提供了一个示例。我们将在第 17 章中讨论 Cursor 对象，并提供更深入的关于内容提供者的讨论。

下面的示例演示了通过查询 Contacts 内容提供者来创建 CursorAdapter。CursorAdapter

需要使用 Cursor。

```
CursorLoader loader = new CursorLoader(
    this, ContactsContract.CommonDataKinds.Phone.CONTENT_URI,
    null, null, null, null);
Cursor contacts = loader.loadInBackground();
ListAdapter adapter = new SimpleCursorAdapter(this,
    R.layout.scratch_layout,
    contacts,
    new String[] {
        ContactsContract.CommonDataKinds.Phone.DISPLAY_NAME,
        ContactsContract.CommonDataKinds.Phone.NUMBER
    }, new int[] {
        R.id.scratch_text1,
        R.id.scratch_text2
    }, 0);
```

在这个示例中，我们引入了几个新概念。首先，需要知道 Cursor 必须包含一个名为 _id 的字段。在本例中，我们知道，ContactsContract 内容提供者确实提供该字段。该字段用于以后用户选择特定项目时的处理。

注意

CursorLoader 类在 Android 3.0 (API 级别 11)中被引入的。如果你需要支持早于 Android 3.0 的应用，可以使用 Android 的支持库为应用添加 CursorLoader 类(android.support.v4.content.CursorLoader)。我们将在第 13 章中讨论 Android 支持库。

我们实例化一个新的 CursorLoader，得到 Cursor。然后实例化一个 SimpleCursorAdapter 作为一个 ListAdatper。布局文件 R.layout.scratch_layout 包含了两个 TextView 控件，它们用于最后一个参数。

SimpleCursorAdapter 允许我们将数据库中的列和布局中的特定控件匹配起来。从查询返回的每一行，我们能得到 AdapterView 中的一个布局实例。

3. 将数据绑定到 AdapterView

现在，有了一个 Adapter 对象，可以将其应用到一个 AdapterView 控件上。前述的任何一个都可以工作。下面是将其应用到 ListView 的示例，继续先前的示例代码：

```
ListView adapterView = (ListView) findViewById(R.id.scratch_adapter_view)
adapterView.setAdapter(adapter);
```

然后调用 AdapterView 中的 setAdapter()方法，也就是本例中的 ListView。它应该在调用 setContentView()方法后调用。这就是将数据绑定到 AdapterView 时所需要做的。图 8.8 在 GridView 和 ListView 中显示了相同的数据。

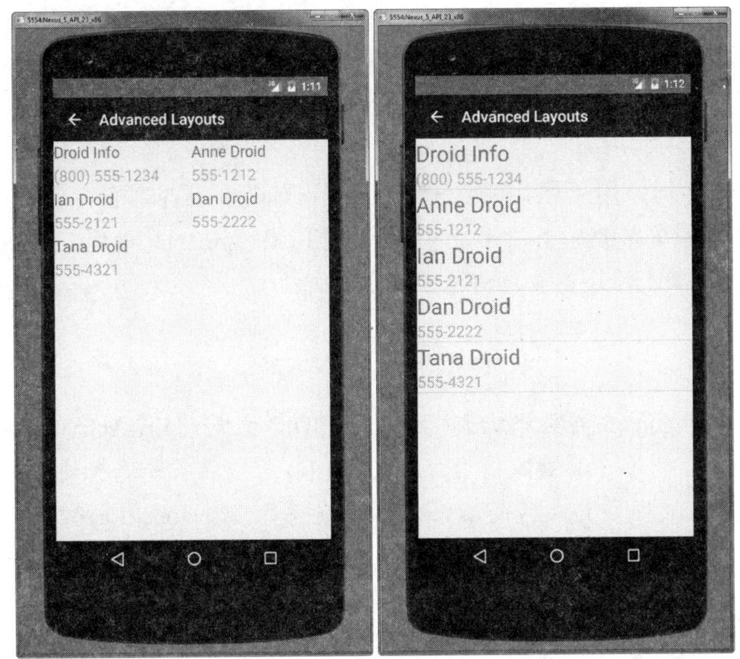

图 8.8 GridView 和 ListView：同样的数据，同样的列表项，不同的布局视图

4. 处理选择事件

通常使用 AdapterView 控件来显示用户可以选择的数据。我们讨论的 ListView 和 GridView 控件，都允许应用以同样的方式监听单击事件。需要在 AdapterView 中调用 setOnItemClickListener()方法，并传递一个 AdapterView.OnItemClickListener 类的实现。下面是一个该类的实现示例：

```
adapterView.setOnItemClickListener(
        new AdapterView.OnItemClickListener() {
    @Override
    public void onItemClick(AdapterView<?> parent,
            View view, int position, long id) {
        Toast.makeText(ListAdapterSampleActivity.this,
            "Clicked _id=" + id, Toast.LENGTH_SHORT).show();
    }
});
```

在前面的示例中，adapterView 是我们的 AdapterView。而 onItemClick()方法的实现则是有趣的。parent 参数是被单击项的 AdapterView，当屏幕有多个 AdapterView 时非常有用。view 参数是被单击项目的特定 View。position 则是用户选择的项目在列表中的位置(从 0 开始计数)。最后，id 参数是用户选择的特定项的_id 列。这对于查询特定项目数据行的进一步信息非常有用。

应用还可以监听特定项的长按事件。此外，应用可以监听选定的项目。虽然它们的参数是相同的，但应用在高亮项目改变时会收到通知。这可以用来响应用户使用箭头键滚动但没有选择项目的行为。

5. 使用 ListView 和 ListFragment

ListView 控件通常用于供用户选择项目的全屏菜单或者列表。因此，可考虑使用 ListFragment 作为该屏幕的基类，并为 View 添加 ListFragment。使用 ListFragment 可简化这些类型的屏幕。我们将在第 9 章讨论 Fragment。

警告

在 ListFragment 类被添加到 Android SDK 之前，ListActivity 类可用于制作 ListView。现在不再建议使用 ListActivity，而应该首先选择使用 ListFragment，它为应用提供了更大的灵活性。本章提供的 AdvancedLayouts 示例应用使用 ListView 实现了 ListFragment，以及使用 Fragment 实现了 GridView。

首先，需要在 ListFragment 提供实现方法来处理选项事件。例如，OnItemClickListener 的 onItemClick()方法相当于在 ListFragment 中实现 AdapterView.OnItemClickListener 接口的 onItemClick()方法。

接着，需要调用 setListAdapter()方法来分配一个 Adapter。但这一操作应该在调用 Activity 的 setContentView()方法后(在 ListFragment 方法 onActivityCreated()内)。这也显示了使用 ListFragment 的一些局限性。

要使用 ListFragment，通过 onCreateView()方法加载的布局文件必须包含一个标识符为 android:list 的 ListView，这不能改变。其次，也可以一个包含标识符为 @android:id/empty 的 View，用来显示没有数据从 Adapter 返回的 View。最后，这只适用于 ListView 控件，因此它使用有限。但当它用于应用时，可节省一些代码。

提示

可以使用 ListView 方法 addHeaderView()和 addFooterView()来创建 ListView 的页眉和页脚。

8.4.2 添加滚动支持

为屏幕提供垂直滚动支持的最简单方法是使用 ScrollView(垂直滚动)和 HorizontalScrollView(水平滚动)控件。它们用作包装容器，使其子 View 控件都有一个连续滚动条。ScrollView 和 HorizontalScrollView 只能包含单个子元素，因此，通常这个子元素为一个布局，例如 LinearLayout，该布局包含了所有“真实”的子控件，并可以滚动。

注意

本节中提供的示例代码来自 SimpleScrolling 应用，SimpleScrolling 应用的源代码可从本书的网站下载。

图 8.9 显示了使用和不使用 ScrollView 控件的屏幕。

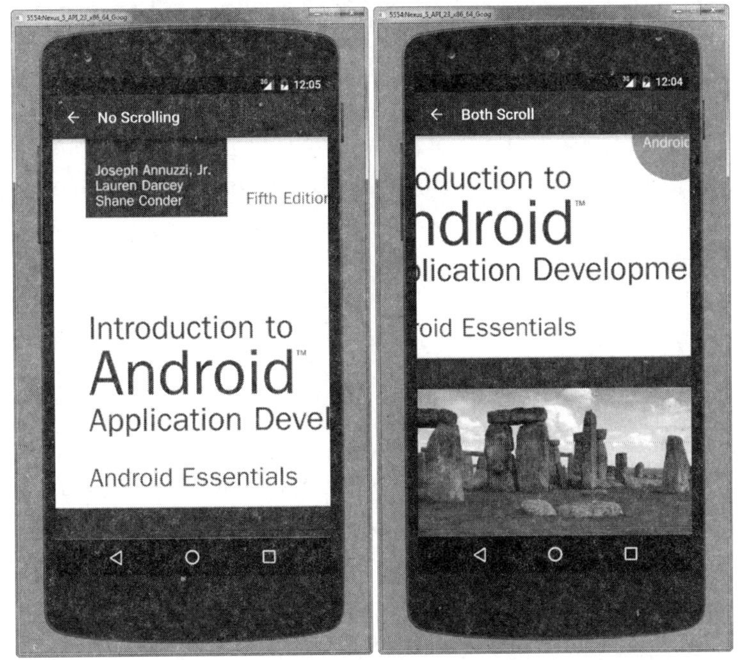

图 8.9　不使用 ScrollView 控件(左)和使用 ScrollView(右)控件的屏幕

8.4.3　探索其他 View 容器

在 Android 支持库中还有许多其他的界面控件，Android 支持库用于提供向后兼容功能，能提供特定 API 级别之后的兼容性，例如，v4 支持包在 API Level 4 之后所有的版本可用。我们应该熟悉支持库中的一些控件，下面列出其中的一部分：

- Toolbar：Toolbar 可用于应用的 ActionBar，或者也可在应用的视图层次结构中的其他任何地方使用。例如，如果应用有多媒体控件，你可能希望将多媒体控件嵌入到 Toolbar，并将 Toolbar 放在应用的底部。要使用 Toolbar，需要在项目中添加 v7 appcompat 库。
- SwipeRefreshLayout：当应用需要支持以垂直滑动手势更新应用的内容时，SwipeRefreshLayout 是一个有用的 View 容器。Activity 必须实现 OnRefreshListener，以便知道如何处理滑动手势。若要使用 SwipeRefreshLayout，需要在项目中添加 v4 支持库。

- RecyclerView：RecyclerView 类似于 ListView 容器，当显示一个包含大量数据的列表时提供了更高效的滚动操作。若要使用 RecyclerView，需要在项目中添加 v7 recyclerview 库。我们将在第 12 章中详细讨论 RecyclerView。
- CardView：CardView 是一个 FrameLayout 容器，它允许使用圆角和阴影效果。若要使用 CardView，需要在项目中添加 v7 Cardview 库。我们将在第 12 章中详细讨论 CardView。
- ViewPager：当应用具有多个不同页面的数据，需要支持左右滑屏来切换时，ViewPager 是一个很有用的 View 容器。要使用 ViewPager，必须创建一个 PagerAdapter 用来提供 ViewPager 的数据。Fragment 通常用于将数据分页面显示。
- DrawerLayout：Android 团队包含的新布局模式是 DrawerLayout。该布局可以提供一个隐藏的导航列表。当用户从左边或右边滑动时显示，或者是用户从操作栏按了 Home 按钮时显示(DrawerLayout 驻留在左边时)。DrawerLayout 应该只能在导航时使用，并且只在应用包含超过 3 个顶级视图时使用。要使用 DrawerLayout，必须将 v4 支持库添加到项目中。

8.5 本章小结

Android SDK 提供了许多功能强大的方法来设计美观可用的屏幕。本章介绍了许多布局。首先学习了许多 Android 布局控件，用于管理屏幕上的位置。LinearLayout 和 RelativeLayout 是最常用的两种布局，但其他的 FrameLayout、GridLayout 和 TableLayout 控件则为你的布局提供了极大的灵活性。很多情况下，这些布局允许你使用一套屏幕设计来满足大多数的屏幕尺寸和纵横比。

接着，了解了其他包含视图的对象，以及如何以特定方式将它们组合在屏幕上。这里包含了许多不同的控件，用于在屏幕上放置可读可浏览的数据。此外，还学习了如何使用 ListView 和 GridView 作为数据驱动的容器显示重复的内容。现在拥有了开发可用和令人兴奋的用户界面的所有工具了。

8.6 小测验

(1) 判断题：LinearLayout、FrameLayout、TableLayout、RelativeLayout 和 GridLayout 是指一组 ViewControl 类。

(2) 判断题：LinearLayout 用于显示一行或者一列的子视图。

(3) 将 XML 布局资源文件和 Activity 关联的方法名是什么？

(4) 判断题：创建 Android 用户界面的唯一方法是在布局资源 XML 文件中进行定义。

(5) 在布局资源 XML 文件中给特性赋值的语法是什么？

(6) 判断题：FrameLayout 用于在相框中包装多幅图像。

(7) 增加水平或垂直滚动的控件名称是什么？

(8) Android 支持库内有哪些 View 容器可用？

8.7 练习题

1. 使用 Android 文档，确定 CursorAdapter 和 SimpleCursorAdapter 之间的区别，并解释这些区别。

2. 使用 Android 文档，确定 GridView 和 GridLayout 之间的区别，并解释这些区别。

3. 创建一个简单的 Android 应用，演示如何使用 ViewSwitcher 控件。在 ViewSwitcher 中定义两个布局。第一个是 GridLayout 布局，里面定义一个包含 Login 按钮的登录表单，当单击 Login 按钮时，切换到显示欢迎信息的 Linearlayout。第二个布局包含一个 Logout 按钮，当单击 Logout 按钮时，切换到 GridLayout。

8.8 参考资料和更多信息

Android API Guides："Layout"：

http://d.android.com/guide/topics/ui/declaring-layout.html

Android SDK Reference 中关于应用 ViewGroup 类的文档：

http://d.android.com/reference/android/view/ViewGroup.html

Android SDK Reference 中关于应用 LinearLayout 类的文档：

http://d.android.com/reference/android/widget/LinearLayout.html

Android SDK Reference 中关于应用 RelativeLayout 类的文档：

http://d.android.com/reference/android/widget/RelativeLayout.html

Android SDK 中关于应用 FrameLayout 类的文档：

http://d.android.com/reference/android/widget/FrameLayout.html

Android SDK Reference 中关于应用 TableLayout 类的文档：

http://d.android.com/reference/android/widget/TableLayout.html

Android SDK Reference 中关于应用 GridLayout 类的文档：

http://d.android.com/reference/android/widget/GridLayout.html

Android SDK Reference 中关于应用 ListView 类的参考文档：

http://d.android.com/reference/android/widget/ListView.html

Android SDK Reference 中关于应用 ListActivity 类的文档：

http://d.android.com/reference/android/app/ListActivity.html

Android SDK Reference 中关于应用 ListFragment 类的文档：

http://developer.android.com/reference/android/app/ListFragment.html

Android SDKReference 中关于应用 GridView 类的文档：

http://d.android.com/reference/android/widget/GridView.html

Android SDK Reference 中关于应用 Toolbar 类的文档：

http://d.android.com/reference/android/support/v7/widget/Toolbar.html

Android SDK Reference 中关于应用 SwipeRefreshLayout 类的文档：

http://d.android.com/reference/android/support/v4/widget/SwipeRefreshLayout.html

Android SDK Reference 中关于应用 RecyclerView 类的文档：

http://d.android.com/reference/android/support/v7/widget/RecyclerView.html

Android SDK Reference 中关于应用 CardView 类的文档：

http://developer.android.com/reference/android/support/v7/widget/CardView.html

Android SDK Reference 中关于应用 ViewPager 类的文档：

http://d.android.com/reference/android/support/v4/view/ViewPager.html

Android SDK Reference 中关于应用 PagerAdapter 类的文档：

http://d.android.com/reference/android/support/v4/view/PagerAdapter.html

Android SDKReference 中关于应用 DrawerLayout 类的文档：

http://d.android.com/reference/android/support/v4/widget/DrawerLayout.html

Android Tools：“Support Library”：

http://d.android.com/tools/support-library/index.html

第 9 章

用 Fragment 拆分用户界面

传统方式下，Android 应用的每个屏幕都被绑到一个特定的 Activity 类。但 Android 3.0(Honeycomb)引入了 Fragment 概念。接着，Fragment 被包含到 Android 支持库，以便 Android 1.6(API 级别 4)及更新的版本能使用 Fragment。Fragment 将用户界面组件或者行为(没有用户界面)从特定的 Activity 生命周期中解耦。相反，Activity 类可以混合搭配用户界面元素或行为来创建更灵活的用户界面。本章将解释 Fragment 是什么，以及如何使用它们，也会介绍嵌套的 Fragment。

9.1 理解 Fragment

Fragment 被引入 Android SDK 时正是大量 Android 设备进入消费市场的时刻。我们现在看到的不只是智能手机，还有其他大屏幕设备，如平板电脑和电视机都运行 Android 平台。这些更大的设备配置了更大的屏幕资源以供开发人员利用。例如，典型的精简和优雅的智能手机用户界面在平板上往往显得过于简单。通过将 Fragment 组件集成到用户界面设计，可以只编写一个应用，支持这些不同屏幕特性和方向，而不是编写多个应用来支持不同类型的设备。这大大提高了代码重用性，简化了应用的测试需求，并减少了发布和管理应用软件的麻烦。

如本章的引言所述，开发 Android 应用曾经的基本规则是为应用的每一个屏幕提供一个 Activity。这将 Activity 类的基本“任务”功能直接与用户界面进行了绑定。但是，随着更大屏幕的设备出现，这种技术面临着一些问题。当在单独的屏幕上有更多的空间显示时，不得不实现独立的 Activity 类，它们具有非常相似的功能，用来提供特定屏幕上的更多功能。Fragment 有助于解决该问题，通过将屏幕功能封装在可重用的组件中，从而可在 Activity 中混合搭配。

让我们来看一个设想的示例。假设有一个传统的智能手机应用，包含两个屏幕。可能它是一个在线新闻杂志应用。第一个屏幕有一个包含 ListView 控件的 ListActivity。ListView

中的每一个项目代表了可能想要阅读的杂志文章。当单击一个特定的文章，因为它是一个在线新闻杂志应用，所以将跳转到一个新屏幕，这个屏幕有一个 WebView 控件，用于显示文章内容。这种传统的屏幕工作流程如图 9.1 所示。

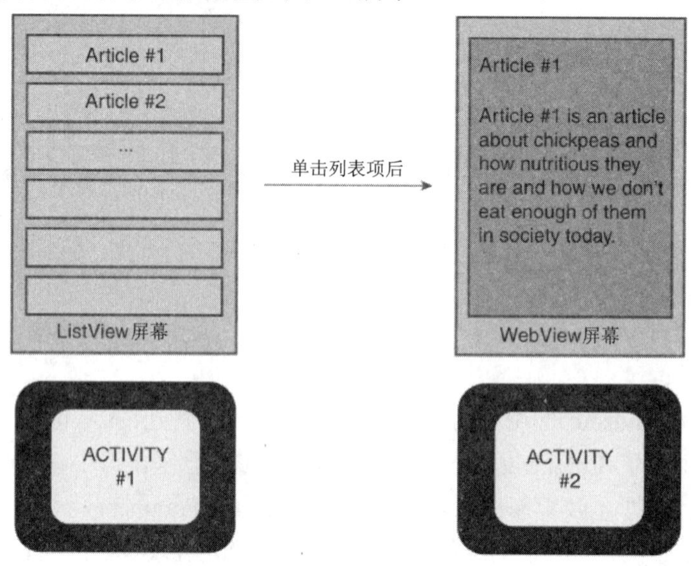

图 9.1　传统屏幕的工作流程(没有 Fragment)

这种工作流方式在小屏幕的智能手机上工作得很好，但它在平板或者电视上会浪费大量屏幕空间。这里，可能希望能在同一屏幕上查看文章列表，以及预览或阅读整篇文章。如果能将 ListView 和 WebView 屏幕组织成两个独立 Fragment 组件，可简单地创建一个布局，当屏幕空间允许时，将它们同时显示在屏幕上，如图 9.2 所示。

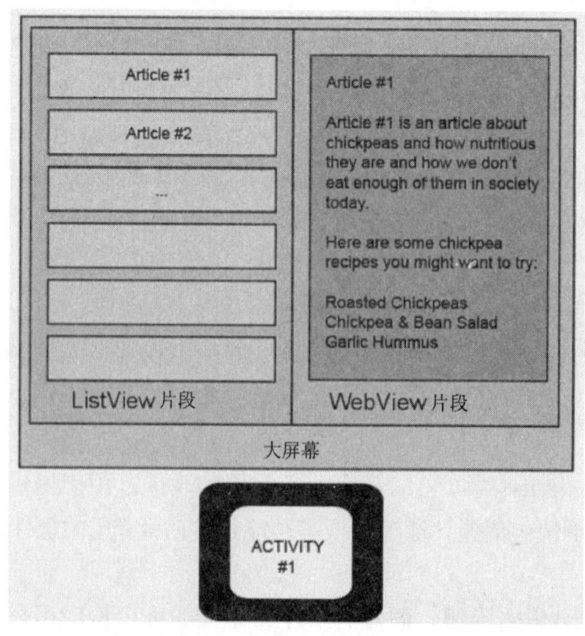

图 9.2　使用 Fragment 改善屏幕工作流程

9.1.1 了解 Fragment 的生命周期

第 4 章讨论了 Activity 的生命周期。现在，我们来查看 Fragment 是如何融入的。首先，Fragment 必须托管在一个 Activity 类中。Fragment 有自己的生命周期，但它并不是一个独立在 Activity 上下文之外的单独组件。

当整个用户界面状态被转移到独立的 Fragment 之后，Activity 类的管理职责被极大简化。拥有 Fragment 的 Activity 类不再需要耗费大量时间来保存和恢复其状态，因为 Activity 对象现在自动跟踪当前正附加的 Fragment。Fragment 组件使用它们自己的生命周期来跟踪自己的状态。通常情况下，可在 Activity 类中直接混合搭配 Fragment 和 View 控件。Activity 类依然负责管理 View 控件。

Activity 必须负责管理 Fragment 类。Activity 和它的 Fragment 组件之间的合作通过 FragmentManager(android.app.FragmentManager)协调。可以通过 getFragmentManager()方法获取 FragmentManager，该方法在 Activity 和 Fragment 类中都存在。当使用支持库时，相应地使用 FragmentManager (android.support.v4.app.FragmentManager)，它需要从 Fragment-Activity 支持 API 的 getSupportFragmentManager()方法获得。

定义 Fragment

Fragment 和应用中普通的类控件一样，可以使用<fragment>XML 标记来加入到布局资源文件中，然后在 Activity 的 onCreate()方法中使用标准的 setContentView() 方法将其加载到 Activity 中。

当在 XML 布局文件中引用一个定义在应用包中的 Fragment 类时，可使用<fragment>标记。该标记有几个重要特性。具体来说，需要设置 Fragment 的 android:name 特性为完整限定的 Fragment 类名。还需要使用 android:id 特性设置唯一的标识符，从而可以在需要时从程序中访问该组件。还需要设置组件的 layout_width 和 layout_height 特性，就像为布局中的其他控件设置的一样。下面是一个<fragment>布局的参考，包含了一个名为 VeggieGardenListFragment 的类，它被定义在包的.java 类中：

```
<fragment
   android:name="com.introtoandroid.simplefragments.VeggieGardenListFragment"
   android:id="@+id/list"
   android:layout_width="match_parent"
   android:layout_height="match_parent" />
```

9.1.2 管理 Fragment 修改

正如你所看到的，当一个 Activity 的屏幕包含多个 Fragment 组件时，用户和一个 Fragment 交互(例如我们的新闻 ListViewFragment)往往导致 Activity 更新另一个 Fragment(例如我们的文章 WebViewFragment)。Fragment 的更新或者修改是通过 FragmentTransaction(android.app.FragmentTransaction 或 android.support.v4.app.FragmentTransaction)

来完成的。使用 FragmentTransaction 操作可将许多个不同的动作应用于 Fragment，如下所示：

- Fragment 可附加或者重新附加到它的父 Activity
- Fragment 可从视图中隐藏和取消隐藏

也许这时会想知道 Back 按钮是如何适应基于 Fragment 的用户界面设计的。现在，父 Activity 类拥有它自己的返回堆栈。作为开发人员，可决定哪些 FragmentTransaction 操作值得保存在返回堆栈，哪些不使用 FragmentTransaction 对象的 addToBackStack()方法。例如，在我们的新闻应用中，我们可能想要将在 WebView Fragment 中显示的文章添加到父 Activity 类的返回堆栈中，这样如果用户单击 Back 按钮，他可以在整个退出 Activity 前返回到之前阅读的文章。

Activity 中附加和分离 Fragment

当有一个 Fragment 想要添加到 Activity 类中时，Fragment 的生命周期就需要发挥作用了。下面的回调方法对于管理 Fragment 的生命周期是非常重要的，因为它被创建，然后不再使用时被销毁。大部分生命周期的事件和 Activity 生命周期中的类似：

- 当 Fragment 首次被附加到一个特定的 Activity 类时，onAttach()回调方法被调用。
- 当 Fragment 首次被创建时，onCreate()回调方法被调用。
- 当和 Fragment 相关的用户界面布局，或者 View 层次被创建时，OnCreateView()回调方法被调用。
- 当父 Activity 类的 onCreate()方法调用完成时，OnActivityCreated()回调方法将会通知 Fragment。
- Fragment 的用户界面变为可见，但还没有激活时，onStart()回调方法被调用。
- 当父 Activity 继续或者使用 FragmentTransaction 更新 Fragment 后，OnResume()回调方法将会让 Fragment 的用户界面激活。
- 当父 Activity 暂停或者 FragmentTransaction 正在更新 Fragment 时，OnPause()回调方法被调用。它表明 Fragment 不再活动或者在前台。
- 当父 Activity 停止或者 FragmentTransaction 正在更新 Fragment 时，onStop()回调方法被调用。它表示 Fragment 不再可见。
- 当清理和 Fragment 相关的任何用户界面布局或者 View 层次资源时，onDestroyView()回调方法被调用。
- 当清理和 Fragment 相关的任何其他资源时，onDestroy()回调方法被调用。
- 当 Fragment 从 Activity 类分离之前，onDetach()回调方法被调用。

9.1.3 使用特殊类型的 Fragment

回顾一下第 8 章，有一些特别的 Activity 类用于管理某些常见的用户界面类型。例如，ListActivity 类简化了创建用于管理 ListView 控件的 Activity 的过程。同样，PreferenceActivity

类简化了创建用于管理首选项的 Activity 的过程。正如在我们新闻阅读器应用示例中所看到的，我们往往希望在 Fragment 中使用诸如 ListView 和 WebView 的用户界面控件。

因为 Fragment 是将用户界面功能和 Activity 类分离，你将会发现存在等价的 Fragment 子类实现了特殊 Activity(例如 ListActivity 和 PreferenceActivity)相同的功能。一些你将想要熟悉的特殊 Fragment 类包括：

- ListFragment (android.app.ListFragment)：就像 ListActivity，该 Fragment 类包含一个 ListView 控件。
- PreferenceFragment(android.preference.PreferenceFragment)：就像 PreferenceActivity，该 Fragment 类允许轻松管理用户首选项。
- WebViewFragment (android.webkit.WebViewFragment)：该 Fragment 包含一个 WebView 控件，用来轻松地呈现 Web 内容。应用将仍然需要 android.permission. INTERNET 权限来访问 Internet。
- DialogFragment (android.app.DialogFragment)：将用户界面功能从 Activity 中解耦，这意味着你并不希望通过 Activity 来管理对话框。相反，将会使用该类将 Dialog 控件作为 Fragment 来放置和管理。对话框可以是传统的弹出式或内嵌式窗口。我们将在第 10 章中详细讨论对话框。

注意

不同类型的特殊 Fragment 的完整清单，请参阅 Fragment 参考文档，查找可用的不同的子类，请参阅网址：http://d.android.com/reference/android/app/Fragment.html。

9.1.4　设计基于 Fragment 的应用

到现在为止，基于 Fragment 的应用的最好的学习方法是学习示例。因此，让我们来通过一个简单的示例来帮助掌握我们讨论至今的许多概念。为简单起见，我们将针对特定的 Android 平台版本：Android 4.3(棉花糖)。但很快就会发现，还可以用 Android 支持包为任何设备创建基于 Fragment 的应用。

提示

在本节中提供的许多示例代码来自于 SimpleFragments 应用，SimpleFragments 应用的源代码可在本书的网站下载。

Andy(一个虚构的机器人)是一个园艺爱好者，他在花园里种了很多水果和蔬菜。让我们创建一个简单的包含水果和蔬菜名称 ListView 的应用。单击 ListView 项目将加载一个 WebView 控件，并显示和该水果或蔬菜相关的特定网页。为简单起见，我们将水果和蔬菜列表和网页的 URL 列表存储在字符串数组资源中(请参阅完整的实现代码，在本书的网站上提供示例代码下载)。

那么，如何让我们的 Fragment 正常工作？我们将使用一个 ListFragment 显示水果和蔬菜列表，以及一个 WebViewFragment 显示每个相关联的网页。在竖屏模式下，我们将会在每个屏幕显示一个 Fragment，它需要两个 Activity 类，如图 9.3 所示。在此示例中，我们将使用 AppCompatActivity 类(android.support.v7.app.AppCompatActivity)。

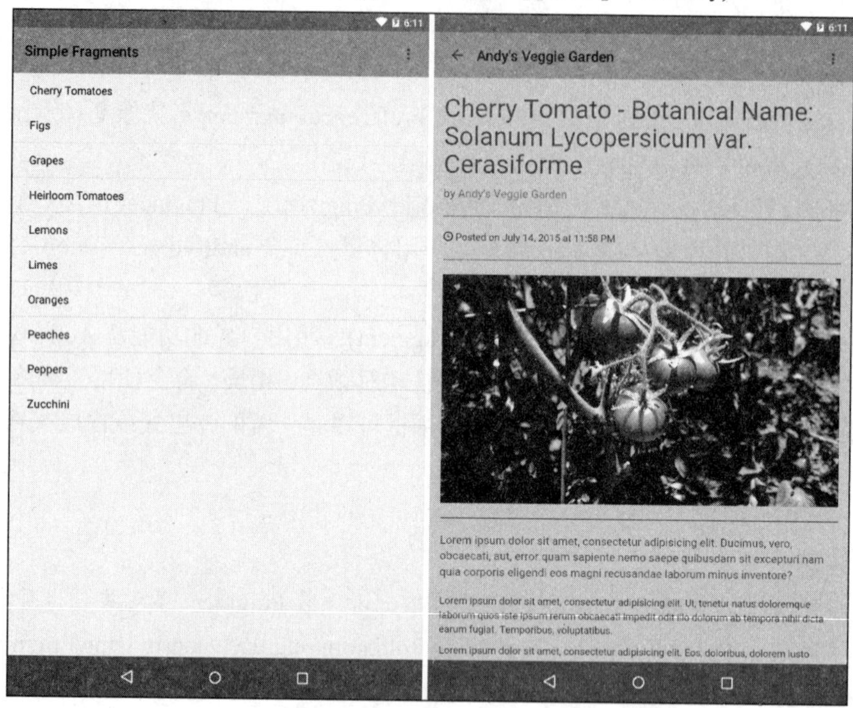

图 9.3 每个 Activity/屏幕中显示一个 Fragment

在横屏模式下，我们将会在同样的屏幕上显示两个 Fragment，它使用了同样的 AppCompatActivity 类，如图 9.4 所示。

图 9.4 在一个 Activity/屏幕中显示两个 Fragment

1. ListFragment 的实现

让我们首先定义一个名为 VeggieGardenListFragment 的自定义 ListFragment 类，用于显示水果和蔬菜的名称。该类将需要决定第二个 Fragment(即 VeggieGardenWebViewFragment)是应该加载，还是当单击 ListView 时启动 VeggieGardenViewActivity 类。VeggieGardenListFragment 类的代码如下：

```
public class VeggieGardenListFragment extends ListFragment implements
        FragmentManager.OnBackStackChangedListener {

    private static final String DEBUG_TAG = "VeggieGardenListFragment";
    int mCurPosition = 1;
    boolean mShowTwoFragments;

    @Override
    public void onActivityCreated(Bundle savedInstanceState) {
        super.onActivityCreated(savedInstanceState);

        getListView().setChoiceMode(ListView.CHOICE_MODE_SINGLE);
        String[] veggies = getResources().getStringArray(
                R.array.veggies_array);
        setListAdapter(new ArrayAdapter<>(getActivity(),
                android.R.layout.simple_list_item_activated_1, veggies));

        View detailsFrame = getActivity().findViewById(R.id.veggieentry);
        mShowTwoFragments = detailsFrame != null
                && detailsFrame.getVisibility() == View.VISIBLE;

        if (savedInstanceState != null) {
            mCurPosition = savedInstanceState.getInt("curChoice", 0);
        }

        if (mShowTwoFragments == true || mCurPosition != 1) {
            viewVeggieInfo(mCurPosition);
        }

        getFragmentManager().addOnBackStackChangedListener(this);
    }

    @Override
    public void onBackStackChanged() {
        VeggieGardenWebViewFragment details =
            (VeggieGardenWebViewFragment) getFragmentManager()
```

```
                .findFragmentById(R.id.veggieentry);
        if (details != null) {
            mCurPosition = details.getShownIndex();
            getListView().setItemChecked(mCurPosition, true);

            if (!mShowTwoFragments) {
                viewVeggieInfo(mCurPosition);
            }
        }
    }

    @Override
    public void onSaveInstanceState(Bundle outState) {
        super.onSaveInstanceState(outState);
        outState.putInt("curChoice", mCurPosition);
    }

    @Override
    public void onListItemClick(ListView l, View v, int position, long id) {
        viewVeggieInfo(position);
    }

    void viewVeggieInfo(int index) {
        mCurPosition = index;
        if (mShowTwoFragments == true) {
            // Check what fragment is currently shown, replace if needed.
            VeggieGardenWebViewFragment details =
                (VeggieGardenWebViewFragment) getFragmentManager()
                    .findFragmentById(R.id.veggieentry);
            if (details == null || details.getShownIndex() != index) {

              VeggieGardenWebViewFragment newDetails =
VeggieGardenWebViewFragment
                    .newInstance(index);

                FragmentManager fm = getFragmentManager();
                FragmentTransaction ft = fm.beginTransaction();
                ft.replace(R.id.veggieentry, newDetails);
                if (index != 1) {
                    String[] veggies = getResources().getStringArray(
                            R.array.veggies_array);
                    String strBackStackTagName = veggies[index];
                    ft.addToBackStack(strBackStackTagName);
```

```
                }

                ft.setTransition(FragmentTransaction.TRANSIT_FRAGMENT_FADE);
                ft.commit();
            }

        } else {
            Intent intent = new Intent();
            intent.setClass(getActivity(), VeggieGardenViewActivity.class);
            intent.putExtra("index", index);
            startActivity(intent);
        }
    }
}
```

大部分 Fragment 的控件的初始化操作在 onActivityCreated()回调方法中，这样我们可以只初始化 ListView 一次。接着，通过检查第二个组件是否在布局中定义，而得到我们想要的显示模式。最后，通过辅助方法 viewVeggieInfo()显示详细信息，该方法也是 ListView 控件的项目被单击时调用的方法。

ViewVeggieInfo()方法的逻辑考虑到了两种显示模式。如果设备是在竖直模式下，将通过 Intent 来启动 VeggieGardenViewActivity。然而，如果设备处于横屏模式下，我们将进行一些 Fragment 设置。

具体来说，FragmentManager 用于通过唯一的标识符(定义在布局资源文件的 R.id.veggieentry)来查找现有的 VeggieGardenWebViewFragment。然后，一个新的 VeggieGardenWebViewFragment 实例被创建，用于请求新的水果或蔬菜的页面。接着，当 FragmentTransaction 启动时，现有的 VeggieGardenWebViewFragment 将被新的所取代。我们将旧的放置到返回堆栈中，这样 Back 按钮将很好地工作，在博客条目之间设置过渡淡出动画，并提交事务，从而使屏幕异步更新。

最后，可通过调用 addOnBackStackChangedListener()方法来监听返回堆栈。而 onBackStackChanged()方法更新当前选定的条目的列表。这提供了一种可靠的方法来保持 ListView 的选择项目和当前显示的 Fragment 的同步，如将一个新的 Fragment 添加到返回堆栈和从返回堆栈删除一个 Fragment，例如，当用户按下返回 Button 按钮时。

2. WebViewFragment 的实现

接着，我们创建一个名为 VeggieGardenWebViewFragment 的自定义 WebViewFragment 类，用于显示和每种水果或蔬菜相关的网页。该 Fragment 类决定了需要加载哪个网页 URL，并将它加载到 WebView 控件中：

```
public class VeggieGardenWebViewFragment extends WebViewFragment {
```

```
    private static final String DEBUG_TAG = "VGWebViewFragment";

    public static VeggieGardenWebViewFragment newInstance(int index) {
        Log.v(DEBUG_TAG, "Creating new instance: " + index);
        VeggieGardenWebViewFragment fragment =
                new VeggieGardenWebViewFragment();

        Bundle args = new Bundle();
        args.putInt("index", index);
        fragment.setArguments(args);
        return fragment;
    }
    public int getShownIndex() {
        int index = 1;
        Bundle args = getArguments();
        if (args != null) {
            index = args.getInt("index", -1);
        }
        if (index == -1) {
            Log.e(DEBUG_TAG, "Not an array index.");
        }

        return index;
    }

    @Override
    public void onActivityCreated(Bundle savedInstanceState) {
        super.onActivityCreated(savedInstanceState);

        String[] veggieUrls = getResources().getStringArray(
                R.array.veggieurls_array);
        int veggieUrlIndex = getShownIndex();

        WebView webview = getWebView();
        webview.setPadding(0, 0, 0, 0);
        webview.getSettings().setLoadWithOverviewMode(true);
        webview.getSettings().setUseWideViewPort(true);

        if (veggieUrlIndex != 1) {
            String veggieUrl = veggieUrls[veggieUrlIndex];
            webview.loadUrl(veggieUrl);
        } else {
            String veggieUrl = "http://andys-veggie-garden." +
```

```
                              "appspot.com/cherrytomatoes";
            webview.loadUrl(veggieUrl);
        }
    }
}
```

大部分 Fragment 的控件的初始化操作在 onActivityCreated()回调方法中，从而确保只需初始化 WebView 一次。默认的 WebView 控件的配置看上去并不美观，因此可以进行一些配置更改。删除控件周围的边距，并设置一些参数，使浏览器更好地适应所在的屏幕区域。如果接收到特定的水果或蔬菜的加载请求，则查看 URL 并加载。否则将加载“默认”Web 页——Andy 的蔬菜花园中有关樱桃西红柿的页面。

3. 定义布局文件

现在已经实现了 Fragment 类，可以将它们放置在合适的布局资源文件中。将需要创建两个布局文件。在横屏模式下，希望有一个单一的 activity_simple_fragments.xml 布局文件来承载两个 Fragment 组件。在竖屏模式下，希望有一个相似的布局文件，但只承载一个我们定义的 ListFragment 组件。而我们定义的 WebViewFragment 的用户界面将会在运行时生成。

让我们从横屏模式的布局资源开始，该文件名为 res/layout-land/activity_simple_fragments.xml。注意将该 activity_simple_fragments.xml 资源文件存储在特殊的横屏模式的资源目录中。我们将在第 13 章中讨论如何存储替代资源。现在，只需要知道该布局文件将会在设备为横屏模式时自动加载。

```
<?xml version="1.0" encoding="utf-8"?>
<LinearLayout
    xmlns:android="http://schemas.android.com/apk/res/android"
    android:orientation="vertical"
    android:layout_width="match_parent"
    android:layout_height="match_parent">
    <include
        android:id="@+id/toolbar"
        layout="@layout/tool_bar" />
    <LinearLayout
        android:orientation="horizontal"
        android:layout_width="match_parent"
        android:layout_height="match_parent"
        android:baselineAligned="false">
        <fragment
android:name="com.introtoandroid.simplefragments.VeggieGardenListFragment"
            android:id="@+id/list"
            android:layout_weight="1"
```

```
            android:layout_width="200dp"
            android:layout_height="match_parent" />
        <FrameLayout
            android:id="@+id/veggieentry"
            android:layout_weight="4"
            android:layout_width="match_parent"
            android:layout_height="match_parent" />
    </LinearLayout>
</LinearLayout>
```

这里用一个简单的LinearLayout布局包装另一个包含两个子控件的LinearLayout布局。其中一个是静态的Fragment组件，引用我们自定义的ListFragment类。对于第二个区域，即我们想要放置WebViewFragment的区域，包含了一个FragmentLayout。这样将在运行时通过代码将其替换为我们定义的VeggieGardenWebViewFragment实例。

存储在正常布局目录中的资源将会在设备为非横屏模式下使用(换句话说，即竖屏模式)。这里，我们需要定义两个布局文件。首先在res/layout/activity_simple_fragments.xml文件中定义静态ListFragment。它看起来很像以前的版本，除了没有第二个FragmentLayout控件：

```
<?xml version="1.0" encoding="utf-8"?>
<LinearLayout
    xmlns:android="http://schemas.android.com/apk/res/android"
    android:orientation="vertical"
    android:layout_width="match_parent"
    android:layout_height="match_parent"
    tools:context=".SimpleFragmentActivity">
    <include
        android:id="@+id/toolbar"
        layout="@layout/tool_bar" />
    <fragment
android:name="com.introtoandroid.simplefragments.VeggieGardenListFragment"
        android:id="@+id/list"
        android:layout_weight="1"
        android:layout_width="0dp"
        android:layout_height="match_parent"
        tools:layout="@layout/activity_simple_fragments" />
</LinearLayout>
```

4. 定义 Activity 类

已经快完成了。现在需要定义Activity类来承载Fragment组件。需要两个Activity类：一个主要的类和一个次要的类，该次要的类只用于在竖屏模式显示VeggieGardenWebViewFragment。将主要的Activity类命名为SimpleFragmentsActivity，将次要的Activity类命名为 VeggieGardenViewActivity。

正如前面提到的，将所有用户界面逻辑移动到 Fragment 组件将会极大地简化 Activity 类的实现。例如，下面是 SimpleFragmentsActivity 类的完整实现：

```
public class SimpleFragmentsActivity extends AppCompatActivity {
    @Override
    public void onCreate(Bundle savedInstanceState) {
        super.onCreate(savedInstanceState);
        setContentView(R.layout.activity_simple_fragments);
        Toolbar toolbar;
        Toolbar = (Toolbar) findViewById(R.id.toolbar);
        getSupportActionBar(toolbar);
    }
}
```

是的，就是这些。VeggieGardenViewActivity 类稍微有趣一些：

```
public class VeggieGardenViewActivity extends AppCompatActivity {
    @Override
    public void onCreate(Bundle savedInstanceState) {
        super.onCreate(savedInstanceState);

        if (getResources().getConfiguration().orientation ==
            Configuration.ORIENTATION_LANDSCAPE) {
                finish();
                return;
        }

        if (savedInstanceState == null) {
            setContentView(R.layout.activity_simple_fragments);

            Toolbar toolbar = (Toolbar) findViewById(R.id.toolbar);
            getSupportActionBar(toolbar);
            getSupportActionBar().setDisplayHomeAsUpEnabled(true);
            VeggieGardenWebViewFragment details = new
              VeggieGardenWebViewFragment();
            details.setArguments(getIntent().getExtras());

            FragmentManager fm = getFragmentManager();
            FragmentTransaction ft = fm.beginTransaction();
            ft.replace(R.id.list, details);
            ft.commit();
        }
    }
```

```
    @Override
    public boolean onOptionsItemSelected(MenuItem item) {
        if (item.getItemId() == android.R.id.home) {
            onBackPressed();
            return true;
        }
        return super.onOptionsItemSelected(item);
    }
}
```

这里，在使用该 Activity 前检查的确是在正确的屏幕方向。然后创建 VeggieGardenWebViewFragment 实例，并通过代码将其添加到 Activity 中。通过替换 R.id.list 视图(任何 Activity 类的根视图)的方式在运行时生成用户界面。这就是通过 Fragment 组件实现简单示例应用所需要做的(将 Toolbar 组件作为 ActionBar)。

9.2 使用 Android 支持库包

Fragment 对于将来的 Android 平台是如此重要，以至于 Android 团队提供了兼容库，这样开发人员可以选择为 Android 1.6 以后的旧应用更新应用。这个库最早被称为 Compatibility Package，现在被称为 Android Support Library 包。

9.2.1 为旧应用添加 Fragment 支持

是否更新旧的应用是开发团队的个人选择。非 Fragment 的应用在可预见的未来可以继续工作而不会发生错误，这主要是因为 Android 团队在新平台版本发布时，会尽量继续支持旧应用。下面是开发人员考虑是否修改现有旧应用代码的一些注意事项：

- 保持旧应用原样，不会出现灾难性后果。应用将不会使用 Android 平台提供的最新和最棒的功能(用户会注意到这点)，但它应该能继续运行。如果没有计划更新或者升级旧应用，这很可能是一个合理选择。潜在的低效屏幕空间利用率可能会有问题，但不应该产生新错误。
- 如果应用拥有大量的市场，当 Android 平台发展成熟时，会继续更新，就很有可能想要考虑 Android 支持库包。用户可能需要它。当然可以继续支持旧应用，并创建一个新的改进版本，并使用新平台的特性，但这意味着组织和管理不同的源代码分支和不同的应用包，它将使应用的发布和报告变得复杂，更不用提维护和市场营销并发症。更好的办法是使用 Android 支持包来修改现存应用，并尽量只管理单个代码库。组织的规模和资源可能会在这里起决定性作用。

- 在应用中开始使用 Android 支持包并不意味着需要马上实现每一个新的功能(fragments、loaders、toolbars 等)。可简单地选择最适合应用的功能，并随着时间的推移，当团队有足够的资源和倾向时再添加其他功能。
- 选择不将代码更新到新控件可能会让旧应用和其他应用相比显得过时，如果应用已经完全自定义，并且不使用系统的控件(stock control)——通常是游戏或者其他高度图形化的应用，它可能并不需要更新。但是，如果需要符合最新的系统控件、外观和感觉，那么应用拥有一个最新的外观是非常重要的。

9.2.2 在新应用中针对旧平台使用 Fragment

如果刚开始开发一个新应用，并计划针对一些旧平台版本，将 Fragment 结合到设计是很自然的决定。如果刚刚开始一个项目，几乎没理由不使用 Fragment，有相当多的理由说明为什么应该使用它们，下面列出几点：

- 无论现在的目标设备是什么样的设备和平台，将来总会有新的不能预见的设备。Fragment 可让你灵活方便地调整用户屏幕的工作流程而不需要重写或者重新测试应用代码。
- 较早将 Android 支持库包整合进应用，意味着如果稍后添加了其他重要的平台功能，就能更新库，并轻松地开始使用它们。
- 通过使用 Android 支持库包，应用将不会很快过时，因为这样可以添加平台的新功能，并在旧平台上提供给用户。

9.2.3 将 Android 支持包链接到项目

Android 支持包就是一组静态支持库(作为.jar 文件)，可将它们链接到 Android 应用并使用。可以使用 Android SDK 管理器下载 Android 支持包，然后将其添加到选择的项目。它是一个可选包，默认不链接。Android 的支持包和其他项目一样进行版本控制，它们会不定时更新，添加新功能，更重要的是，修补 bug。

提示

可以在 Android 开发人员网站找到更多关于最新版本包的信息：
http://d.android.com/tools/support-library/index.html。

实际上有 7 个 Android 支持包，分别是 v4、v7、v8、v13、v17、Annotation 和 Design。v4 提供了 Honeycomb 加入的新类，并支持 API 级别 4 (Android 1.6)以后的平台版本。需要支持旧应用时，这就是想要使用的包。v7 包提供了在 v4 包中没有的额外 API，并支持 API 级别 7 (Android 2.1)以后的平台版本。它分为以下几组：appcompat、cardview、gridlayout、mediarouter、palette 和 recyclerview。v8 包提供 renderscript 包，用于支持 renderscript 计算，并支持 API 级别 8 (Android 2.2)以后的平台版本。v13 包为一些项目提供了更有效的实现方

式，例如 FragmentCompat。它可以运行在 API 级别 13 及以上。如果你的目标 API 级别是 13 或更高版本，可使用这个包来代替。v17 包提供了用于构建电视用户界面的一些控件，如 BrowseFragment、DetailsFragment、PlaybackOverlayFragment 和 SearchFragment。Annotation 包允许将元数据注释添加到你的代码，而 Design 包允许你添加材质设计模式和用户界面元素。

要在应用中使用 Android 支持包，请执行以下步骤：

(1) 如果使用 Android Studio 进行开发，打开 Android SDK 管理器下载 Android Support Repository(支持仓库)。Android Support Library(支持库)项目为 Eclipse 使用。

(2) 在 Android Studio Project 视图中找到 build.gradle 模块文件(不是 build.gradle 项目文件)，并打开该文件。

(3) 在依赖项部分中，添加任何项目需要包含的支持库功能，使用适当的标识符和版本号。针对 SimpleFragments 应用，我们加入了 support-v4，appcompat-v7 和 design 支持库包，每个都有一个指定的版本的 23.0.0，如下所示：

```
dependencies {
    compile fileTree(dir: 'libs', include: ['*.jar'])
    compile "com.android.support:support-v4:23.0.0"
    compile "com.android.support:appcompat-v7:23.0.0"
    compile 'com.android.support:design:23.0.0'
}
```

(4) 开始使用项目中可用的额外支持的 API。例如，要创建一个继承自 FragmentActivity 的类，需要导入 android.support.v4.app.FragmentActivity。

注意

在 Android 支持包中所使用的 API 和在更高版本 Android SDK 中的 API 之间存在一些差异。但是，也有一些类被重命名以避免名称冲突，并不是所有的类和功能目前都被纳入 Android 支持库包。

9.3 使用 Fragment 的其他方式

Fragment 非常适合创建可重用的界面组件，但还可在应用中以其他方式使用 Fragment。可创建没有用户界面的可重用行为组件，另外还可在 Fragment 中嵌套 Fragment。

9.3.1　没有用户界面的行为 Fragment

Fragment 不仅用于解耦 Activity 与用户界面组件。你可能还想要将应用的行为(例如后台处理)解耦到一个可重用的 Fragment。在添加或替换一个 Fragment 时，不是提供资源的 ID，只提供一个唯一的字符串标记。因为不是添加一个特定的视图到布局，onCreateView()方法从不会被调用。只需要确保使用 findFragmentByTag()从 Activity 获取这个行为 Fragment。

9.3.2　探索嵌套的 Fragment

最新的 Android 4.2 (API 级别 17)添加了在 Fragment 嵌套 Fragment 的功能。

嵌套的 Fragment 也被添加到了 Android 支持库，从而在 Android 1.6 (API 级别 4)以后都能使用该 API。为在一个 Fragment 中添加另一个 Fragment，必须调用 Fragment 的 getChildFragmentManager()方法，该方法会返回一个 FragmentManager。当有了 FragmentManager 后，可通过调用 beginTransaction()来开始一个 FragmentTransaction，然后调用它的 add()方法，该方法需要一个 Fragment 参数和它的布局，然后调用 commit()方法。甚至可以调用子 Fragment 的 getParentFragment()方法来得到父 Fragment，以供使用。

这为创建动态、可重用的嵌套组件提供了很多可能性。一些可用的示例包括：标签式 Fragment 包含标签式 Fragment，使用 ViewPager 将一个 Fragment 项目/Fragment 具体信息屏幕和另一个 Fragment 项目/Fragment 具体信息屏幕分页，使用 ViewPager 和标签式 Fragment 来分页 Fragment，或将一个无 UI 的行为 Fragment 嵌入到一个有 UI 的 Fragment，以及许多其他用例。

9.4　本章小结

Fragment 被引入到 Android SDK 用以帮助解决不同类型的屏幕设备，应用开发人员需要针对现在和未来的屏幕。Fragment 是一个简单的有用户界面或行为的独立块，拥有它自己的生命周期，可以独立于特定的 Activity 类。Fragment 必须放在 Activity 类中，但它们为开发人员提供了更多的灵活性，将屏幕的工作流分割成组件，从而可以根据设备屏幕的实际可用大小以不同方式搭配使用。Fragment 在 Android 3.0 中被引入，但如果使用 Android 支持包，允许针对 API 级别 4 (Android 1.6)及更高版本的旧应用使用 Android SDK 最新添加的功能。此外，嵌套的 Fragment API 为创建可重用组件提供了更大的灵活性。

9.5　小测验

(1) 哪个类用于处理 Activity 和它的 Fragment 组件之间的协调？

(2) 可以通过什么方法来获取用于处理 Activity 和它的 Fragment 组件之间的协调的类？

(3) <fragment> XML 标记下的 android:name 应该设置为什么值？

(4) 判断题：当一个 Fragment 第一次连接到特定的 Activity 类时，onActivityAttach()回调方法将会被调用。

(5) Fragment (android.app.Fragment)的子类有哪些？

(6) ListFragment (android.app.ListFragment)内可放置什么类型的控件？

(7) Fragment 在 API 级别 11 (Android 3.0)中被引入。如何为你的应用添加 Fragment 的支持，以支持运行在 Android 版本低于 API 级别 11 的设备？

9.6　练习题

(1) 使用 Android 文档，查看如何将 Fragment 添加到返回堆栈。创建一个简单的应用，包含一个 Fragment 用于插入数字(第一个 Fragment 从 1 开始)，它下面有一个按钮。当单击该按钮，用第二个 Fragment 替换第一个，并在该 Fragment 插入数字 2。继续这样直到数字 10，当这样做了以后，将每个 Fragment 添加到返回堆栈以支持后退导航。

(2) 使用 Android Studio，使用新项目创建向导，创建一个新的 Phone and Tablet Android 应用项目，并在 Add an activity to Mobile 页面，选择 Master/Detail Flow 选项，然后选择 Finish。在手机和平板电脑大小屏幕上启动该应用，观察它如何运行，然后分析该代码来了解 Fragment 是如何被使用的。

(3) 创建一个双窗格 Fragment 的布局，两个 Fragment 都在运行时通过程序来生成并插入布局中。设置每一个 Fragment 占据 50%的屏幕空间，并为每个 Fragment 使用不同的颜色。

9.7　参考资料和更多信息

Android Training: “Building a Dynamic UI with Fragments”:

http://d.android.com/training/basics/fragments/index.html

Android API Guides: “Fragments”:

http://d.android.com/guide/components/fragments.html

Android SDK Reference 中关于应用 Fragment 类的文档：

http://d.android.com/reference/android/app/Fragment.html

Android SDK Reference 中关于应用 ListFragment 类的文档：

http://d.android.com/reference/android/app/ListFragment.html

Android SDK Reference 中关于应用 PreferenceFragment 类的文档：

http://d.android.com/reference/android/preference/PreferenceFragment.html

Android SDK Reference 中关于应用 WebViewFragment 类的文档：

http://d.android.com/reference/android/webkit/WebViewFragment.html

Android SDK Reference 中关于应用 DialogFragment 类的文档：

http://d.android.com/reference/android/app/DialogFragment.html

Android Tools: "Support Library":

http://d.android.com/tools/support-library/index.html

Android Developers Blog："Android 3.0 Fragment API":

http://android-developers.blogspot.com/2011/02/android-30-fragments-api.html

第III部分

应用设计基础

第10章

架构设计模式

本章讨论使用不同的类、视图和布局来开发常见的架构设计模式。这很重要，因为应用的架构决定了用户在应用中的导航和操作。我们将学习多种不同的导航模式，并实现它们，还将讨论多种方式，引导用户在应用中执行操作。完成本章后，你应该能够自如地为应用创建基本架构。

10.1 应用的导航架构

首先，让我们花时间理解如何实现导航，以便用户可以访问应用中提供的功能。

提示

在讨论如何在应用中设计导航之前，应该花时间阅读用户如何在 Android 系统 UI 中导航的有关资料。如果还没有阅读，可通过阅读下面的链接—— http://d.android.com/design/handhelds/index.html 先进行学习。这篇文章将帮助你学习 Android 中的不同屏幕—— 主屏幕(Home)、所有应用(All Apps)、最新应用(Recents) —— 以及不同的系统栏，例如状态栏和导航栏。

提示

本节中提供的许多代码示例来自 SimpleParentChildSibling 应用。本书的配套网站提供了该应用的源代码下载。

10.1.1　Android 应用导航场景

为理解如何设计应用中的导航界面，首先必须理解 Android 提供的各种类型的导航。Android 允许用户在应用内和应用间使用多种导航方式。本节将详述 Android 允许的导航场景。

1. 入口导航(Entry Navigation)

入口导航是指用户如何进入应用。存在多种方式，例如，从主屏幕小组件进入，从所有应用屏幕进入，从状态栏列出的通知进入，甚至从另一个应用进入。

2. 平级导航(Lateral Navigation)

平级导航主要适用于有多个相同层级屏幕的应用。如果应用在同一个层级有多个屏幕，你可能希望为用户提供在该层级的屏幕之间进行导航的功能，通过启动 Intent，实现滑动导航、标签页或它们的组合。图 10.1 图示了平级导航。

图 10.1　Android 应用平级导航图示

为实现 Activity 的平级导航，只需要使用平级 Activity 的 Intent 调用 startActivity()，并确保所有的 Activity 都位于相同的层级。如果 Activity 位于相同的层级，但不是顶级，可在清单文件中定义 parentActivityName 特性，为位于相同层级的每个活动设置相同的父 Activity。

3. 后代导航(Descendant Navigation)

后代导航用于应用包含多个层级的情况。这意味着用户可以导航到一个更深的层次。通常，通过调用 startActivity()创建一个新的 Activity。图 10.2 展示了从顶级 Activity 导航到低一级 Activity。

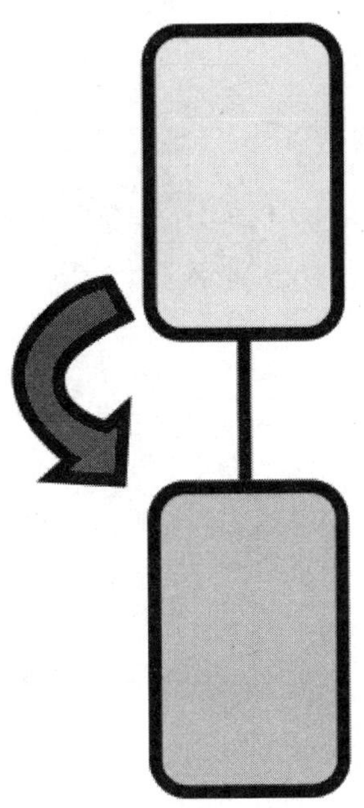

图 10.2　图示 Android 应用内执行后代导航

为实现后代导航，确保在应用清单文件中后代 Activity 声明了 parentActivityName，并设置该 Activity 为其祖先 Activity。然后，在祖先 Activity 中，创建包含后代 Activity 的 Intent，接着只需要调用 startActivity()方法。

4. 后退导航(Back Navigation)

当用户单击 Android 导航栏上的 Back 按钮，或者单击设备的 Back 按钮时，使用后退导航。默认行为将导航用户到压入回退栈的前一个 Activity 或 Fragment。为重写这一行为，可在 Activity 中调用 onBackPressed()方法。图 10.3 图示了后退导航，从图 10.1 执行了平级导航后进行后退。

图 10.3　执行图 10.1 平级导航后的后退导航

要在应用中实现后退导航，你不必做任何特殊处理，除非使用了 Fragment。当使用 Fragment 后，如果需要后退导航，就需要确保调用 addToBackStack()方法将 Fragment 加入回退栈。

5. 祖先导航(Ancestral Navigation)

祖先导航或向上导航，用于当应用有多个层级，必须提供向更高级别导航时。图 10.4 显示了应用内启用了向上导航，图 10.5 显示了执行图 10.2 的后代导航后的向上导航。

图 10.4 显示向上导航可用

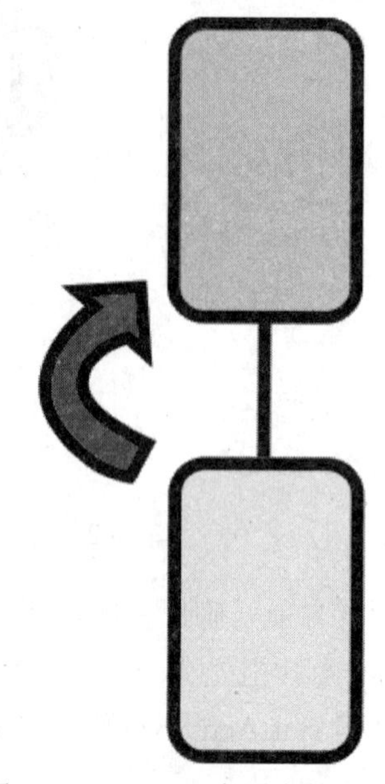

图 10.5 Android 应用内的祖先导航

要在应用内实现向上导航，必须完成两件事。首先确保在应用清单文件中的后代 Activity 定义了正确的 parentActivityName 特性。其次，在 Activity 的 onCreate()方法中调用操作栏的 setDisplayHomeAsUpEnabled()方法，如下所示：

```
myActionBar.setDisplayHomeAsUpEnabled(true);
```

6. 外部导航(External Navigation)

外部导航发生在当用户在应用间切换时。有时这是为了从其他应用获取一个结果(使用 startActivityForResult()方法)，或者可能是为了完全离开当前的应用。

10.1.2 启动任务和导航回退栈

一个任务由一个或多个 Activity 组成，用于完成一个特定的目标。回退栈是 Android 用于管理 Activity 的地方，它的特性是后进先出。创建任务的 Activity 时，它们将依次被添加到回退栈。如果 Activity 使用了默认的行为，当用户单击 Back 按钮时，Android 移除添加到回退栈的最后一个 Activity。此外，如果用户按下 Home 按钮，任务将切换自己和 Activity 到后台。该任务可能稍后被用户恢复运行，因为切换任务到后台并不会销毁 Activity 和任务。

提示

你可以自定义回退栈中的 Activity 的默认行为。欲了解如何实现，你应该阅读下面的 Android 文档: http://d.android.com/guide/components/tasks-and-back-stack.html#ManagingTasks。

10.1.3　Fragment 导航

我们已经广泛讨论了使用 Activity 时各种导航场景是如何工作的。当使用 Fragment 时，导航应该如何处理需要视情况而定。如果你使用 Fragment 实现了一个后代 ViewPager，并且用户可能翻阅数十或数百个 Fragment，那么将每个 Fragment 添加到回退栈，仅仅是为用户提供导航回祖先 Activity 的功能的话，这就不是一个好主意了。如果这样做，并且用户有使用 Back 按钮而不是 Up 按钮的习惯的话，为回到祖先 Activity 而必须要导航数十个 Fragment，用户一定会崩溃。很明显应该使用祖先导航来处理这种情况，但不是所有用户都知道使用 Up 按钮。

当 Fragment 数量很小时，支持回退导航就应该没问题。当设计你的应用时，如果你确实需要支持将每个 Fragment 添加到回退栈的话，请考虑用户体验。毕竟，你的应用可能因为各种理由而需要支持后退导航，但确保设身处地考虑用户体验。

10.1.4　屏幕之间的关系

图 10.6 显示了本章示例应用 SimpleParentChildSibling 的屏幕之间的一个非常简单的层级关系图。

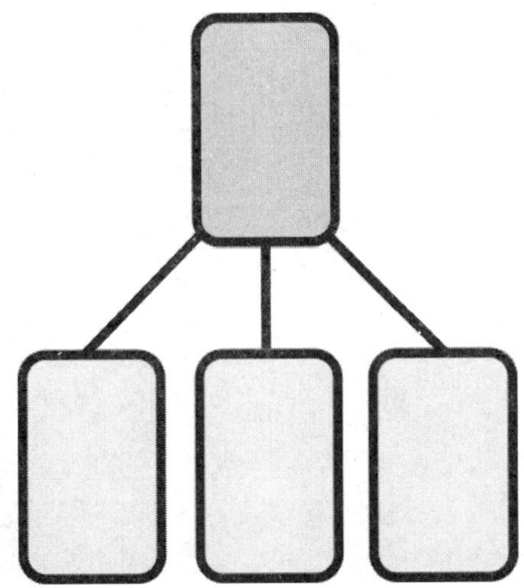

图 10.6　一个极简单的屏幕图，显示了 SimpleParentChildSibling 示例代码的活动的层次关系

为使应用理解 Activity 之间的层次关系，只需要在 Android 清单文件的<activity>标签

中添加 android:parentActivityName。为确保支持较老版本的 Android，你还应该定义名为 android.support.PARENT_ACTIVITY 的<meta-data>标签。清单文件中完整的一项<activity>标签如下：

```
<activity
    android:name=".FirstChildActivity"
    android:label="@string/title_activity_first_child"
    android:parentActivityName=".SimpleParentChildSiblingActivity" >
    <meta-data
        android:name="android.support.PARENT_ACTIVITY"
        android:value="com.introtoandroid.simpleparentchildsibling.
                      SimpleParentChildSiblingActivity" />
</activity>
```

10.1.5　Android 导航设计模式

在 Android 应用中我们发现了很多常用的设计模式。其中很多模式由于效果好，已经在 Android 文档中被强调。我们将在本节描述一些常用的导航设计模式。

1. 目标模式(Target)

当应用需要完全替代当前的屏幕，并且本章其他的模式不适用时，可以选择使用目标模式，例如按钮。图 10.7 显示了 SimpleParentChildSibling 应用有三个目标导航按钮的启动 Activity(左)，以及有两个同级目标导航按钮的 FirstChildActivity(右)。

图 10.7　SimpleParentChildSibling 示例应用的截图，展示了三个后代 Activity 导航按钮(左)，两个同级 Activity 导航按钮(右)，以及 ActionBar 上的向上按钮(右)

为了能够实现，只需要给 Button 注册一个 OnClickListener()监听器，并在单击处理方法中使用应用上下文和需要导航到的 Activity 作为参数创建一个 Intent 对象，然后使用 startActivity()方法启动这个 Intent，如下所示：

```
Button firstChild = (Button) findViewById(R.id.firstChild);
firstChild.setOnClickListener(new View.OnClickListener() {
    @Override
    public void onClick(View v) {
        Intent intent = new Intent(getApplicationContext(), FirstChildActivity.
          class);
        startActivity(intent);
    }
});
```

提示

本节中提供的许多代码示例来自于 SimpleViewPager、SimpleTabs、SimpleNavDrawer 和 SimpleMasterDetailFlow 应用。这些应用的源码可从本书的配套网站下载。

2. 滑动视图模式(Swipe Views)

当需要在很多页面间浏览时，例如浏览包含很多图片的图库，需要使用滑动视图模式。虽然它的实现类似于使用 ViewPager 的标签页示例，滑动视图模式的主要区别是拥有数量不限的页面，而 TabLayout 通常只有特定数量的标签页。图 10.8 左边的截图是第一幅图片，右边的截图是第二幅图片，而中间的截图显示了在两幅图之间滑动。

在布局文件 activity_simple_view_pager.xml 中为布局添加一个 ViewPager 控件，它的代码如下所示：

```
<android.support.v4.view.ViewPager
    xmlns:android="http://schemas.android.com/apk/res/android"
    xmlns:tools="http://schemas.android.com/tools"
    android:id="@+id/pager"
    android:layout_width="match_parent"
    android:layout_height="match_parent" />
```

图 10.8 使用 ViewPager 实现的 SimpleViewPager 应用，在两个视图之间滑动

然后，在 AppCompatActivity 中，你需要实现一个 FragmentPagerAdapter，它保持跟踪页面滑动时的 Fragment 视图。还需要创建一个额外的布局资源，并在 Fragment 的 onCreateView()方法中将这个布局加载到 Fragment。下面是我们加载到 Fragment 中的 fragment_simple_view_pager.xml。

```
<LinearLayout xmlns:android="http://schemas.android.com/apk/res/android"
    xmlns:tools="http://schemas.android.com/tools"
    android:layout_width="match_parent"
    android:layout_height="match_parent"
    android:gravity="center"
    android:orientation="vertical"
    tools:context=".SimpleViewPagerActivity$PlaceholderFragment">

    <ImageView
        android:id="@+id/image_view"
        android:layout_width="match_parent"
        android:layout_height="wrap_content" />

    <TextView
        android:id="@+id/section_label"
        android:layout_width="wrap_content"
        android:layout_height="wrap_content"
        android:gravity="center_horizontal"
        android:paddingBottom="@dimen/activity_vertical_margin"
```

```
        android:paddingLeft="@dimen/activity_horizontal_margin"
        android:paddingRight="@dimen/activity_horizontal_margin"
        android:paddingTop="@dimen/activity_vertical_margin"
        android:textSize="16sp"
        android:textStyle="bold" />

</LinearLayout>
```

要查看 AppCompatActivity、Fragment 和 FragmentPagerAdapter 的实现方式，请参考本章提供的可下载的 SimpleViewPager 代码示例。

3. 标签型(选项卡)导航(Tabs)

当在同一个层级中有三个或少数几个相关的内容时，使用固定或可滚动的标签页模式。推荐使用 ViewPager 实现带滑动功能的固定标签页(见图 10.9)。

图 10.9　使用 TabLayout 和 ViewPager 实现的示例应用 SimpleTabs

实现标签页类似于 ViewPager 示例，但是必须向视图添加一个 TabLayout。下面是添加 TabLayout 的代码：

```
<android.support.design.widget.TabLayout
    android:id="@+id/tab_layout"
    android:layout_width="match_parent"
    android:layout_height="wrap_content" />
```

接着，在 AppCompatActivity 中，必须为 TabLayout 添加 ViewPagerOnTabSelectedListener()。代码如下所示：

```
tabLayout.setOnTabSelectedListener(
   new TabLayout.ViewPagerOnTabSelectedListener(mViewPager));
```

要查看完整的实现，请参考本章提供的可下载的 SimpleTabs 代码示例。

4. 导航抽屉(Navigation Drawer)

当应用中有三个以上的顶层层级，并且除了快速访问顶层 section 还需要提供快速访问底层 section 的功能时，使用导航抽屉。图 10.10 显示一个使用了导航抽屉的应用。使用导航抽屉的更多信息可在 Android 文档网站上找到：http://d.android.com/training/implementing-navigation/nav-drawer.html。

图 10.10　导航抽屉打开时的 SimpleNavDrawer 应用截图

要添加导航抽屉，必须在 build.gradle app 模块文件中首先添加 appcompat-v7 和设计支持库作为依赖项。下面是添加它们之后，依赖项的内容：

```
dependencies {
   compile fileTree(dir: 'libs', include: ['*.jar'])
   compile 'com.android.support:appcompat-v7:23.0.0'
   compile 'com.android.support:design:23.0.0'
}
```

然后添加 DrawerLayout 和 NavigationView 小部件，如下所示：

```
<android.support.v4.widget.DrawerLayout
    xmlns:android="http://schemas.android.com/apk/res/android"
    xmlns:drawer="http://schemas.android.com/apk/res-auto"
    xmlns:tools="http://schemas.android.com/tools"
    android:id="@+id/drawer_layout"
    android:layout_width="match_parent"
    android:layout_height="match_parent"
    android:fitsSystemWindows="true"
    tools:context=".SimpleNavDrawerAndViewActivity">

    <LinearLayout
        android:layout_width="match_parent"
        android:layout_height="match_parent"
        android:orientation="vertical">

        <TextView
                android:id="@+id/text_view"
                android:layout_width="wrap_content"
                android:layout_height="wrap_content"
                android:padding="16dp"
                android:text="@string/instructions"
                android:textSize="24sp"/>
    </LinearLayout>

    <android.support.design.widget.NavigationView
        android:id="@+id/nav_view"
        android:layout_width="wrap_content"
        android:layout_height="match_parent"
        android:layout_gravity="start"
        drawer:headerLayout="@layout/drawer_headers"
        drawer:menu="@menu/menu_nav_drawer" />
</android.support.v4.widget.DrawerLayout>
```

最后，需要在 AppCompatActivity 中实现 NavigationView.OnNavigationItemSelectedListener()接口，以便你的应用能够处理导航选择。查看 SimpleNavDrawer 应用，以便了解其完整实现。

5. Master Detail Flow 模式

当使用视图(如列表或网格)，一个 Fragment 作为列表或网格，其他 Fragment 作为关联的详细视图时，适合使用 Master Detail Flow 模式。当在单窗格布局中的 Fragment 列表或网格中选择一项时，启动一个新的 Activity 用于显示 Fragment 详细视图。图 10.11 显示了运行在单窗格布局中的 SimpleMasterDetailFlow 应用，左边显示了主列表 Activity，而右边显示了详细 Activity。在多窗格布局中，触摸列表或网格中的一项，应该显示与列表和网格关联的 Fragment。图 10.12 显示了与图 10.11 相同的应用，仅仅是在一个多窗格布局中显示，主列表 Fragment 显示在左边，而详细 Fragment 显示在右边。该应用使用 Android Studio 新项目创建向导创建，选择了 Blank Activity with Fragment 选项，只需要做很小的修改。这是在应用中实现基于 Fragment 的设计的最快捷方法。

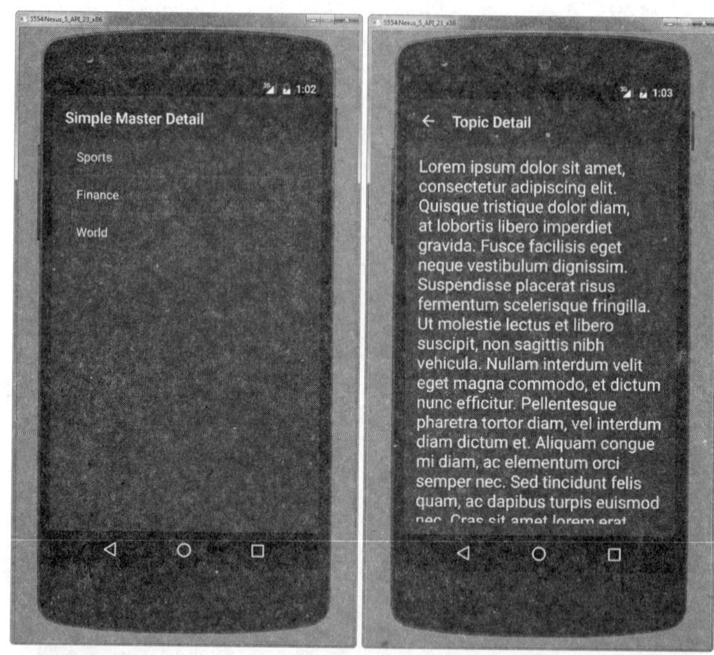

图 10.11　运行在单窗格布局中的 SimpleMasterDetailFlow 应用的再个屏幕快照

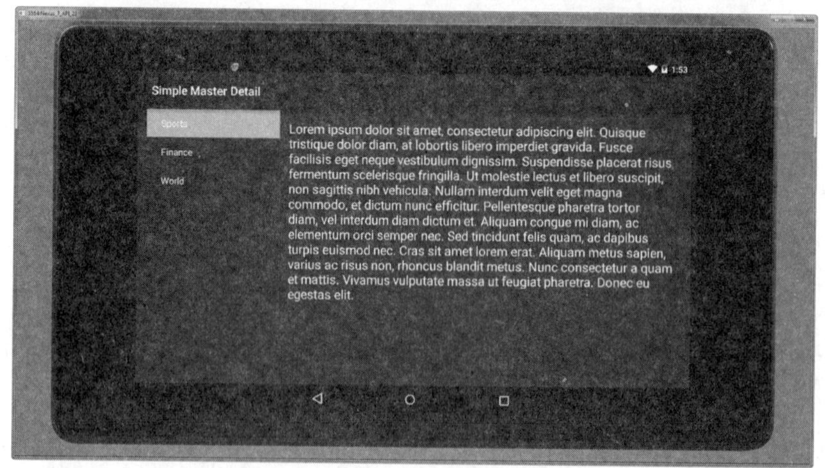

图 10.12　运行在多窗格布局中的 SimpleMasterDetailFlow 应用的屏幕快照

10.2 引导操作

确定如何导航你的应用只是完成设计产品工作任务的一半。另一半的挑战是如何引导用户使用应用提供的功能。

功能操作有别于导航，前者通常用于永久修改用户的数据。按照这种说法，Android 平台演化出了一些常用的设计模式用于向用户呈现操作。

10.2.1 菜单

自 Android API Level 1 开始就引入了向用户显示菜单来提示它们执行特定操作的概念。到 Android API Level 11，菜单被称为 ActionBar 的新设计模式所替代，ActionBar 用于向用户呈现操作。API Level 21 增加了 ActionBar 的广义版本，称为 ToolBar。对于 API Level 11 之前的应用，你可能想要考虑 Toolbar 的支持版本。下一节将讨论 ActionBar 和 ToolBar。对于菜单，有三种不同类型的菜单可供我们使用：

选项菜单：选项菜单是你呈现特定的 Activity 可用操作的地方。选项菜单中最多可显示的操作数量是 6 个。如果需要包含多于 6 个菜单项，将创建一个“更多”菜单，将从这里访问其他的菜单项。将最常用的操作排列在选项菜单的前面是个好主意。

上下文菜单：可使用上下文菜单显示操作，当用户长按控件时弹出上下文菜单。如果 Activity 支持上下文菜单，当一个条目被选择时，将弹出一个对话框显示应用支持的各种操作。

弹出式菜单：弹出式菜单像一个悬浮风格的菜单项，用于显示 Activity 中与内容相关的操作。

10.2.2 操作栏

如上一节所述，ActionBar 已经成为向用户显示操作的最佳方式。ActionBar 可以放置针对特定 Activity 可用的操作。可以向 Activity 或 Fragment 中的 ActionBar 添加操作或移除操作。

提示

本节中提供的许多代码示例来自于 SimpleActionMenu 应用，该应用的源代码可从本书的配套网站下载。

ActionBar 可用于显示各种元素，将在下一节详细讲述。图 10.13 展示了本章讨论的一些应用中的 4 种不同状态的 ActionBar。最上面的 ActionBar 是默认状态，仅仅显示了应用名称。第二个显示了操作按钮和一个“更多”操作图标的 ActionBar。第三个显示了“更多”操作菜单被打开的 ActionBar。最底端显示启用了向上按钮的 ActionBar。

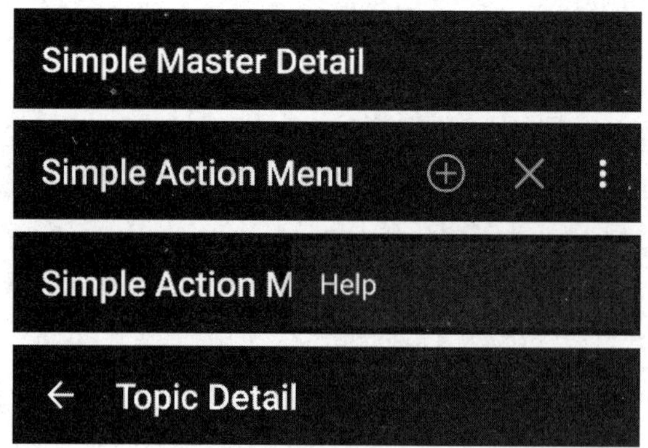

图 10.13 操作栏的各种状态

1. 应用图标

可将应用图标放在 ActionBar 中。如果应用支持向上导航，应用图标的位置应该靠近用户单击导航到上一层级的地方。

2. 视图控件

视图控件应该放在 ActionBar 中，以便启用搜索或使用标签页或下拉菜单导航等操作。

3. 操作按钮

操作按钮通常是图标和/或文本，用于向用户显示在 Activity 中可用的操作。图 10.13 中从上往下数第二个 ActionBar 显示了两个操作，添加和关闭按钮，每个按钮都显示了一个图标。

要向 ActionBar 添加操作按钮，必须向 Activity 添加一个菜单布局。下面是用于 SimpleActionMenu 应用中的菜单布局：

```
<menu xmlns:android="http://schemas.android.com/apk/res/android" >
    <item
        android:id="@+id/menu_add"
        android:icon="@android:drawable/ic_menu_add"
        android:orderInCategory="2"
        android:showAsAction="ifRoom|withText"
        android:title="@string/action_add"/>
    <item
        android:id="@+id/menu_close"
        android:icon="@android:drawable/ic_menu_close_clear_cancel"
        android:orderInCategory="4"
        android:showAsAction="ifRoom|withText"
        android:title="@string/action_close"/>
    <item
        android:id="@+id/menu_help"
```

```
        android:icon="@android:drawable/ic_menu_help"
        android:orderInCategory="5"
        android:showAsAction="never"
        android:title="@string/action_help"/>
</menu>
```

然后，在 Activity 中，你需要使用 onCreateOptionMenu()方法加载菜单，如下所示：

```
@Override
public boolean onCreateOptionsMenu(Menu menu) {
    getMenuInflater().inflate(R.menu.simple_action_bar, menu);
    return true;
}
```

上面的代码将向 ActionBar 添加操作项。请注意菜单布局中的项目图标特性。Android 为许多通用的操作类型(例如添加、关闭、清除、取消或帮助)提供了默认图标。使用这些默认图标除了能给应用提供统一一致的用户体验，还将为你节省大量时间。使用自己的图标也是可行的，但是可能会让用户感到困惑，因为用户可能没见过你为这些常用操作提供的这些图标。

4. 更多操作(Action Overflow)

不能放入主 ActionBar 的那些操作项将被放入"更多"操作中。确保将操作项按照重要程度和使用频度进行排序。图 10.13 中从上往下数的第三个 ActionBar 显示了一个更多操作菜单项 Help。只有触摸了屏幕右上角的更多操作图标之后才可以访问这个操作项。

如果应用既支持小屏幕也支持大的平板电脑，你可能想要基于不同设备显示不同的 ActionBar。因为大屏平板电脑的 ActionBar 有更多的空间，能放置更多的操作。而对于小屏幕设备，如果不想将所有操作显示在更多操作中，你应该在视图底部添加一个 Toolbar，然后在 Toolbar 中添加额外的操作项。在 Android 5.0 版本之前，支持 split ActionBar，但是如果应用使用了 Android 5.0 或之后版本的默认主题 Theme.Material，split ActionBar 就不再支持了，那么在视图底部插入一个 Toolbar 成为实现这个功能的最佳做法。

在某些场景下，可能希望因此隐藏 ActionBar。如果应用需要进入全屏模式，或者你是设计一个游戏，不需要总是显示 ActionBar，那么隐藏 ActionBar 就非常有用了。为隐藏 ActionBar，只需要在 Activity 中添加下面的代码：

```
getActionBar().hide();
```

如果后面又需要再次显示 ActionBar，可以通过下面的代码显示 ActionBar：

```
getActionBar().show();
```

图 10.14 中左边和中间的截图显示了 ActionBar，而右边的截图隐藏了 ActionBar。

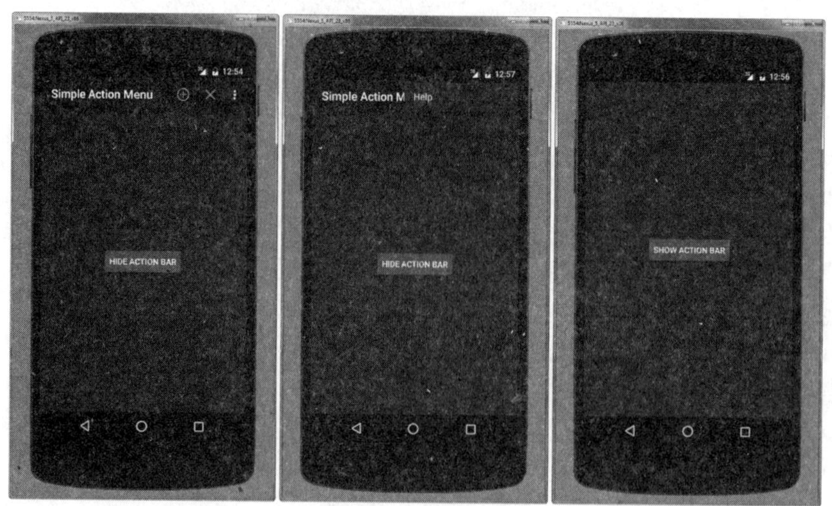

图 10.14　示例应用 SimpleActionMenu 的三幅截图，显示了有两个操作按钮的 ActionBar (左图和中图)，有位于 Action 顶部的更多操作和操作按钮(中图)，以及单击 HIDE ACTION BAR 按钮之后隐藏了 ActionBar(右图)

为使操作项响应触摸事件，需要重写 Activity 中的 onOptionsItemSelected()方法。下面是示例应用 SimpleActionMenu 中该方法的定义，如下所示：

```
@Override
public boolean onOptionsItemSelected(MenuItem item) {
    switch (item.getItemId()) {
        case R.id.menu_add:
            Toast.makeText(this, "Add Clicked", Toast.LENGTH_SHORT).show();
            return true;
        case R.id.menu_close:
            finish();
            return true;
        case R.id.menu_help:
            Toast.makeText(this, "Help Clicked", Toast.LENGTH_SHORT).show();
            return true;
        default:
            return super.onOptionsItemSelected(item);
    }
}
```

onOptionsItemSelected()方法允许我们检测菜单中的哪个菜单项被单击，然后使用简单的 switch()语句通过定义在菜单布局文件中的 ID 判断哪个菜单项被选中。对于 Add 和 Help 操作项，仅创建一个 Toast 显示在屏幕上，而 Close 操作项调用 finish()方法关闭 Activity。

5. ActionBar 兼容性

要给运行在 Android 版本 2.1(API Level 7)设备上的旧版应用添加 ActionBar，可在项目中使用 Android 支持库。不是使用常规的 Activity 或 FragmentActivity 类，而必须使用 AppCompatActivity 类，它继承自 v4 Support Library 中的 FragmentActivity 类。老版本支持库中的 ActionBarActivity 类用于向老版本 Android 系统添加 ActionBar，但是该类在新的 AppCompatActivity 中已经废弃。此外，必须设置应用或 Activity 的主题为 Theme.AppCompat。

6. 工具栏作为操作栏

要向应用添加 Toolbar，需要在 build.gradle app 模块文件中添加 appcompat-v7 支持库作为依赖项，然后在布局文件中添加 Toolbar，如下所示：

```
<android.support.v7.widget.Toolbar
   android:id="@+id/toolbar"
   android:layout_width="match_parent"
   android:layout_height="?attr/actionBarSize"
   android:background="?attr/colorPrimary" />
```

使用上面的代码可将 Toolbar 放在布局文件中的任何视图层级内。如果想要将 Toolbar 用作 ActionBar，还需要一个额外步骤，需要在 AppCompatActivity 的 onCreate()方法中添加下面的代码，将 Toolbar 设置为 ActionBar：

```
Toolbar toolbar = (Toolbar) findViewById(R.id.toolbar);
setSupportActionBar(toolbar);
```

最后，为了在代码中访问支持库版本的 ActionBar，必须调用 getSupportActionBar()方法。

7. 上下文相关操作模式

当用户在 Activity 中进行选择后，如果想要向用户显示一些可用的操作，上下文相关操作模式会很有用。

10.2.3 浮动操作按钮

FloatingActionButton(浮动操作按钮)最近被添加到 Android 设计支持库中。FloatingActionButton 用于执行特定 Activity 的一个主要操作。例如，联系人应用可能使用 FloatingActionButton 作为首要操作，通过启动“添加联系人”Activity 启动添加一个新的联系人任务。

提示

本节中提供的许多代码示例来自 SimpleFloatingActionButton 应用。该应用的源代码可从本书的配套网站下载。

当在 build.gradle 文件中添加了设计支持库作为依赖项，就可在布局文件中添加 FloatingActionButton，如下所示：

```
<android.support.design.widget.FloatingActionButton
    android:id="@+id/fab"
    android:layout_width="wrap_content"
    android:layout_height="wrap_content"
    android:layout_alignParentBottom="true"
    android:layout_alignParentEnd="true"
    android:layout_alignParentRight="true"
    android:layout_marginBottom="25dp"
    android:layout_marginEnd="25dp"
    android:layout_marginRight="25dp"
    android:clickable="true"
    android:contentDescription="@string/fab"
    android:elevation="6dp"
    android:src="@android:drawable/ic_input_add"
    android:tint="@android:color/white" />
```

图 10.15 显示了 FloatingActionButton 的外观模样，图 10.16 显示了 FloatingActionButton 放置之处。

图 10.15　FloatingActionButton

图 10.16　查看 SimpleFloatingActionButton 应用

10.2.4　来自应用上下文的操作

你可能需要在应用的内容区域创建某些可用的操作。如果是这样，Android 中有各种 UI 元素，可供你用于启用操作。这些 UI 元素包括：

- Buttons
- Check boxes
- Radio buttons
- Toggle buttons and switches
- Spinners
- Text fields
- Seek bars
- Pickers

有关这些各式各样的用户界面控件的详情，请参阅第 7 章。

10.2.5　对话框

对话框是另一种为用户提供操作项的方式。开发人员可以使用的一种重要技术是实现对话框，它用于通知用户或者允许用户执行编辑操作而不重绘主屏幕。此外，使用对话框的最佳时机是：应用需要用户确认某些信息，或者用户执行的操作将永久改变用户的数据。

如果允许用户直接从对话框中编辑他们的应用数据，那么应该在对话框中展示操作项，以便在操作执行前用户可以确认或拒绝对数据所做的修改。下面，我们讨论如何将对话框应用到你的应用中。

提示

许多在本节中提供的示例代码来自 SimpleFragDialog 应用。SimpleFragDialog 应用的源代码可从本书网站下载。

1. 选择对话框实现

Android 平台在快速成长和演化。Android SDK 的新版本频繁发布。这意味着，开发人员总是需要努力跟上最新 Android 系统提供的功能。Android 平台已经经历了一段从传统智能手机平台向“智能设备”的转变，并将支持更广泛的各种设备，例如平板电脑、电视、可穿戴式设备、汽车和烤面包机等。因此，Fragment 的引入是该平台上的一个重要概念。我们在前面的章节中详细讨论了 Fragment，它对 Android 应用的用户界面设计有着广泛的影响。在此过渡期间，应用设计全面修改的一个领域是对话框的实现方式。

使用基于 Fragment 的方法，它在 API 级别 11(Android 3.0)中被引入，使用 FragmentManager 类(android.app.FragmentManager)来管理对话框。一个 Dialog 成为一种特殊类型的

Fragment，它仍然必须在一个 Activity 类的管理范围内使用，但它的生命周期类似于其他的 Fragment。这种类型的 Dialog 的实现使用了 Android 平台的最新版本，并向后兼容旧的设备(只要将最新的 Android 支持包添加到应用并允许在旧 Android SDK 中访问新类)。基于 Fragment 的对话框对于最新的 Android 平台是推荐的选择。

2. 探索不同类型的 Dialog

无论实现使用的是哪种方式，都可在 Android SDK 中找到一些 Dialog 类型。每种类型都有一个多数用户熟悉的特别功能。Diglog 类型作为 Android SDK 的一部分，包括以下内容：

- Dialog：所有 Dialog 类型的基类。一个基本的 Dialog(android.app.Dialog)显示在图 10.17 的左上角。若要了解对话框类的更多信息，请参阅 Android SDK，网址是 http://d.android.com/reference/android/app/Dialog.html。
- AlertDialog：有一个、两个或三个 Button 控件的 Dialog。一个 AlertDialog (android.app.AlertDialog)显示在图 10.17 的上方中间。要详细了解 AlertDialog 类，请参阅 Android SDK，网址是 http://d.android.com/reference/android/app/AlertDialog.html。

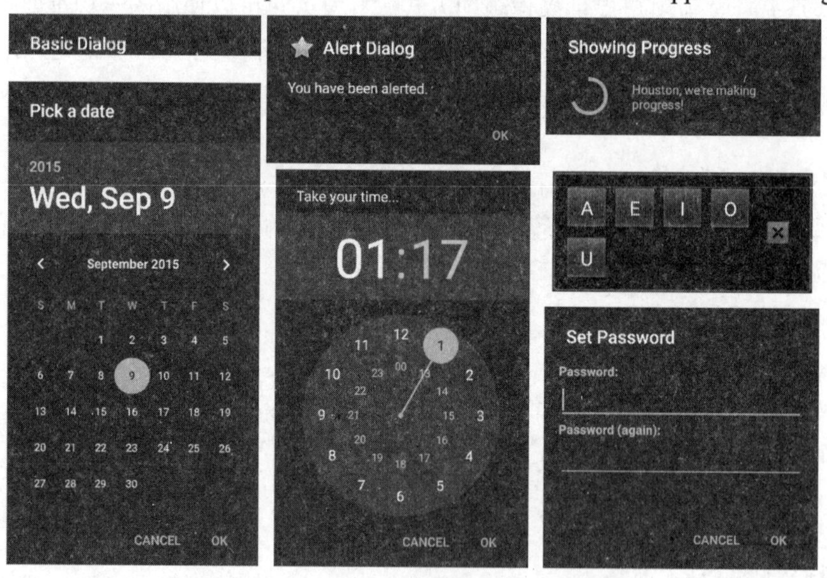

图 10.17　Android 中不同类型的 Dialog 示例

- ProgressDialog：包含一个确定或不确定的 ProgressBar 控件的对话框。一个不确定进度的 ProgressDialog(android.app.ProgressDialog)显示在图 10.17 的顶部右侧。要详细了解 ProgressDialog 类，请参阅 Android SDK，网址是 http://d.android.com/reference/android/app/ProgressDialog.html。
- DatePickerDialog：包含一个 DatePicker 控件的对话框。一个 DatePickerDialog (android.app.DatePickerDialog)显示在图 10.17 的左下角。若要了解 DatePickerDialog

类的更多信息，请参阅 Android SDK，网址为 http://d.android.com/reference/android/app/DatePickerDialog.html。

- TimePickerDialog：包含一个 TimePicker 控件的对话框。一个 TimePickerDialog (android.app.TimePickerDialog) 显示在图 10.17 的右下角。要了解有关 TimePickerDialog 类的详细信息，请参阅 Android SDK，网址为 http://d.android.com/reference/android/app/TimePickerDialog.html。
- CharacterPickerDialog：可用来选择一个基本字符相关的重音字符的对话框。一个 CharacterPickerDialog(android.text.method.CharacterPickerDialog)显示在图 10.17 的右上角。要了解 CharacterPickerDialog 类的更多信息，请参见 Android SDK，网址为 http://d.android.com/reference/android/text/method/CharacterPickerDialog.html。

如果现有的 Dialog 类型都不满足需求，可创建自定义 Dialog 窗口，以满足特定的布局需求。图 10.17 在底部右边显示了一个自定义 Dialog，用于请求用户设置密码。

3. 使用 Dialog 和 Dialog Fragment

一个 Activity 可使用对话框来组织信息，并响应用户驱动的事件。例如，一个 Activity 可以显示一个对话框，告诉用户问题或者要求用户确认操作，如删除一条数据记录。使用对话框完成简单的任务有助于保持应用 Activity 的数量可管理。

大部分 Activity 类都应该是与“Fragment 相关”的。大多数情况下，对话框应该伴随着特定 Fragment 以及用户驱动事件。有一个特殊的 Fragment 子类，名为 DialogFragment (android.app.DialogFragment)，可用于该目的。

DialogFragment 是在应用中定义和管理对话框的最佳方式。

提示

本节中提供的许多示例来自 SimpleFragDialog 应用，SimpleFragDialog 应用的源代码可从本书网站下载。

4. 跟踪 Dialog 和 DialogFragment 的生命周期

每个 Dialog 都必须在调用它的 DialogFragment 中定义。一个 Dialog 可启动一次或者多次使用。了解 DialogFragment 如何管理 Dialog 生命周期对于正确实现一个 Dialog 是非常重要的。

Android SDK 管理 DialogFragment 的方式和管理一般 Fragment 的方式一致。我们可确定的是 DialogFragment 遵循和 Fragment 几乎相同的生命周期。让我们查看 DialogFragment 用于管理 Dialog 的关键方法：

- show ()方法用于显示 Dialog。
- dismiss()方法用来停止显示 Dialog。

在 Activity 中添加包含 Dialog 的 DialogFragment 涉及以下几个步骤：

(1) 定义 DialogFragment 的一个派生类。可以在 Activity 中定义该类，但如果希望在其他 Activity 中重用此 DialogFragment，请将该类定义在一个独立的文件中。该类必须定义一个新的 DialogFragment 类方法，用于实例化该类并返回一个自己的新实例。

(2) 在 DialogFragment 中定义一个 Dialog。重写 onCreateDialog()方法，并在这里定义 Dialog。简单地从该方法返回 Dialog。可以为 Dialog 定义各种 Dialog 特性(使用 setTitle()、setMessage()或 setIcon())。

(3) 在 Activity 类中，实例化一个新的 DialogFragment 实例，一旦有了 DialogFragment 实例，使用 show()方法显示该 Dialog。

5. 定义 DialogFragment

DialogFragment 类可以在 Activity 或 Fragment 中定义。在 DialogFragment 中，要创建的 Dialog 类型将决定你必须要向 Dialog 定义提供的数据类型。

6. 设置 Dialog 特性

没有设置上下文元素的 Dialog 并不十分有用，一种设置方式是通过定义 Dialog 类的一个或多个特性。Dialog 基类和所有 Dialog 子类都定义了 setTitle()方法。设置标题通常可以帮助用户确定 Dialog 的用途。要实现的 Dialog 类型决定了要设置不同 Dialog 特性的不同方法。此外，设置特性对于辅助功能也非常重要，例如将文本翻译成语音。

7. 显示 Dialog

可在 Activity 中，在有效的 DialogFragment 对象标识符上调用 DialogFragment 类的 show()方法来显示任何 Dialog。

8. 隐藏 Dialog

大多数类型的对话框都有自动消失的条件。但是，如果想强制 Dialog 消失，只需要在 Dialog 标识符上调用 dismiss()方法即可。

下面是一个名为 SimpleFragDialogActivity 的简单示例类，说明如何实现一个包含 Dialog 控件的简单 DialogFragment。当一个名为 Button_AlertDialog(定义在布局资源中)的 Button 被单击时，Dialog 将会被启动。

```
public class SimpleFragDialogActivity extends Activity {
    @Override
    public void onCreate(Bundle savedInstanceState) {
        super.onCreate(savedInstanceState);
        setContentView(R.layout.main);
        // Handle Alert Dialog Button
        Button launchAlertDialog = (Button) findViewById(
```

```
        R.id.Button_AlertDialog);
      launchAlertDialog.setOnClickListener(new View.OnClickListener() {
         @Override
         public void onClick(View v) {
            DialogFragment newFragment =
               AlertDialogFragment.newInstance();
            showDialogFragment(newFragment);
         }
      });
   }

   public static class AlertDialogFragment extends DialogFragment {
      public static AlertDialogFragment newInstance() {
         AlertDialogFragment newInstance = new AlertDialogFragment();
         return newInstance;
      }
      @Override
      public Dialog onCreateDialog(Bundle savedInstanceState) {

         AlertDialog.Builder alertDialog =
               new AlertDialog.Builder(getActivity());
         alertDialog.setTitle("Alert Dialog");
         alertDialog.setMessage("You have been alerted.");
         alertDialog.setIcon(android.R.drawable.btn_star);
         alertDialog.setPositiveButton(android.R.string.ok,
               new DialogInterface.OnClickListener() {
            @Override
            public void onClick(DialogInterface dialog, int which) {
               Toast.makeText(getActivity(),
                     "Clicked OK!", Toast.LENGTH_SHORT).show();
               return;
            }
         });
       return alertDialog.create();
       }
   }

   void showDialogFragment(DialogFragment newFragment) {
      newFragment.show(getFragmentManager(), null);
   }
}
```

该 AlertDialog 的完整实现和其他类型的对话框一样，可在本书网站的示例代码中找到。

9. 使用自定义 Dialog

当 Dialog 的类型并不完全满足你的需求时，可以考虑创建一个自定义的 Dialog。一个简单的创建自定义 Dialog 的方法是从 AlertDialog 开始，并在 AlertDialog.Builder 类中重写默认布局。通过该方法创建一个自定义 Dialog，必须执行下面的步骤：

(1) 在 AlertDialog 中设计一个自定义布局资源。

(2) 在 Activity 或 Fragment 中自定义 Dialog 标识符。

(3) 使用 LayoutInflater 为 Dialog 加载自定义布局资源。

(4) 使用 show()方法来启动 Dialog。

图 10.17 (右下角)显示了一个自定义 Dialog 的实现。它由两个 EditText 控件接收输入，当单击 OK 时，会显示两个输入值是否相等。

10. 使用支持包中的 DialogFragment

前面的示例中都只能运行在 Android 3.0(API 级别 11)或更新的版本上。如果希望 DialogFragment 能在较早版本的 Android 上运行，必须对代码做一些小修改。这将使 DialogFragment 能工作在 Android 1.6(API 级别 4)及更新的版本上。

提示

本节中提供的许多示例代码来自 SupportFragDialog 应用，SupportFragDialog 应用的源代码可从本书的网站下载。

让我们看看如何实现一个简单的 AlertDialog。首先，导入支持库中的 DialogFragment (android.support.v4.app.DialogFragment)类的支持版本。然后，就像之前一样，需要实现自己的 DialogFragment 类。该类需要能返回配置好的对象实例，实现 onCreateDialog()方法来返回配置好的 AlertDialog，和使用旧方法一致。下面的代码是简单 DialogFragment 的完整实现，它管理了一个 AlertDialog：

```
public class MyAlertDialogFragment extends DialogFragment {

    public static MyAlertDialogFragment
        newInstance(String fragmentNumber) {
        MyAlertDialogFragment newInstance = new MyAlertDialogFragment();
        Bundle args = new Bundle();
        args.putString("fragnum", fragmentNumber);
        newInstance.setArguments(args);
        return newInstance;
    }
```

```
    @Override
    public Dialog onCreateDialog(Bundle savedInstanceState) {
        final String fragNum = getArguments().getString("fragnum");

        AlertDialog.Builder alertDialog = new AlertDialog.Builder(
            getActivity());
        alertDialog.setTitle("Alert Dialog");
        alertDialog.setMessage("This alert brought to you by "
            + fragNum );
        alertDialog.setIcon(android.R.drawable.btn_star);
        alertDialog.setPositiveButton(android.R.string.ok,
                new DialogInterface.OnClickListener() {
            @Override
            public void onClick(DialogInterface dialog, int which) {
                ((SimpleFragDialogActivity) getActivity())
                    .doPositiveClick(fragNum);
                return;
            }
        });
        return alertDialog.create();
    }
}
```

现在，已经定义了 DialogFragment，可以在 Activity 中使用它了，就像 Fragment 一样。但此时，必须使用 FragmentManager 类的支持版本，也就是通过调用 getSupportFragmentManager()方法来获得 FragmentManager。

在 Activity 中，需要导入两个支持类以保证它能正常工作：android.support.v4.app.DialogFragment 和 android.support.v7.app.AppCompatActivity。请确保 Activity 继承自 AppCompatActivity 类，而不是先前示例中的 Activity，否则你的代码将无法工作。AppCompatActivity 是一个特殊的类，用于启用支持包中的 Fragment。

下面的 AppCompatActivity 类名为 SupportFragDialogActivity，有一个包含两个 Button 控件的布局资源文件，每个按钮将会触发一个新 MyAlertDialogFragment 实例的生成和显示。DialogFragment 的 Show()方法用于显示 Dialog、添加 Fragment 到 FragmentManager 的支持版本，并将传递一些配置信息，用来配置 DialogFragment 的实例及其内部 AlertDialog 类，如下所示：

```
public class SupportFragDialogActivity extends FragmentActivity {
    @Override
    public void onCreate(Bundle savedInstanceState) {
        super.onCreate(savedInstanceState);
        setContentView(R.layout.main);
```

```
        // Handle Alert Dialog Button
        Button launchAlertDialog = (Button) findViewById(
            R.id.Button_AlertDialog);
        launchAlertDialog.setOnClickListener(new View.OnClickListener() {
            public void onClick(View v) {
                String strFragmentNumber = "Fragment Instance One";
                DialogFragment newFragment = MyAlertDialogFragment
                    .newInstance(strFragmentNumber);
                showDialogFragment(newFragment, strFragmentNumber);
            }
        });

        // Handle Alert Dialog 2 Button
        Button launchAlertDialog2 = (Button) findViewById(
            R.id.Button_AlertDialog2);
        launchAlertDialog2.setOnClickListener(new View.OnClickListener() {
            public void onClick(View v) {
                String strFragmentNumber = "Fragment Instance Two";
                DialogFragment newFragment = MyAlertDialogFragment
                    .newInstance(strFragmentNumber);
                showDialogFragment(newFragment, strFragmentNumber);
            }
        });
    }

    void showDialogFragment(DialogFragment newFragment,
            String strFragmentNumber) {
        newFragment.show(getSupportFragmentManager(), strFragmentNumber);
    }

    public void doPositiveClick(String strFragmentNumber) {
        Toast.makeText(getApplicationContext(),
            "Clicked OK! (" + strFragmentNumber + ")",
            Toast.LENGTH_SHORT).show();
    }
}
```

DialogFragment实例可以是传统的弹出式窗口(如提供的示例中所示)，它们也可被嵌入其他Fragment中。为什么你可能需要嵌入一个Dialog？考虑下面的示例：已经创建了一个图片库应用，并实现了一个自定义Dialog，当单击缩略图时，它将显示较大的图像。在小屏幕设备上，可能希望它是一个弹出式窗口，但在平板电脑或电视上，在缩略图的右方或者下方的屏幕空间内显示较大的图形。这是一个很好的机会，可利用代码复用的优势，简单地嵌入 Dialog。

10.3　本章小结

在本章，你学习了开发应用导航和引导用户操作的许多不同方法，学习了多种不同的导航设计模式，以及如何实现它们。此外，还学习了如何引导用户执行操作。现在，你应该能运用自如地为应用创建基本架构，以便用户能在应用中导航，并当用户达到某些特定区域时能执行操作。

10.4　小测验

1. 在 Activity 之间执行平级导航需要什么？
2. 为使应用支持平级、后代和祖先导航，需要在应用清单文件中定义什么？
3. 为改变应用中 Back 按键的默认行为，需要重写什么方法？
4. 为支持向上导航，需要调用 Activity 中的什么方法？
5. 为隐藏 ActionBar，需要在 Activity 中使用什么方法？
6. 判断题：当使用 DialogFragment 时，需要在 Activity 的 onCreateDialog()方法中定义 Dialog。
7. 为关闭 Dialog，需要调用什么方法？
8. 当创建一个自定义 Dialog 时，应该使用什么 Dialog 类型？

10.5　练习题

1. 查阅 Android 文档，找出本章中没有提及的其他常用架构模式。
2. 查阅 Android 文档，找出 DialogFragment 类实现了哪个接口类。
3. 创建一个应用，当在小屏幕设备上运行时显示单窗格，当在大屏幕设备上运行时显示两个窗格。实现一个简单的 DialogFragment，在小屏幕设备上作为 Dialog 显示，但在大屏幕设备上，将这个 Fragment 嵌入双窗格布局的右侧窗格中。

10.6　参考资料和更多信息

Android Design: Pure Android: “Confirming & Acknowledging”:
http://d.android.com/design/patterns/confirming-acknowledging.html

Android Design: Pure Android: “Notifications”:

http://d.android.com/design/patterns/notifications.html

Android Training: “Designing Effective Navigation”:

http://d.android.com/training/design-navigation/index.html

Android Training: “Implementing Effective Navigation”:

http://d.android.com/training/implementing-navigation/index.html

Android Training: “Notifying the User”:

http://d.android.com/training/notify-user/index.html

Android Training: “Managing the System UI”:

http://d.android.com/training/system-ui/index.html

Android API Guides: “Dialogs”:

http://d.android.com/guide/topics/ui/dialogs.html

Android DialogFragment Reference: “Selecting Between Dialog or Embedding”:

http://d.android.com/reference/android/app/DialogFragment.html#DialogOrEmbed

第 11 章

使用样式

Android 应用开发经常被忽视的一个方面是样式和主题。稍加一点努力，使用样式和主题，就可使最无聊透顶的应用摇身一变。理解样式和主题工作机制非常重要，因为容易误解为过于复杂，其实它相当简单。

在本章你将学会如何使用颜色、样式和主题。我们将创建一个示例应用，展示了将默认 Android 样式、颜色和主题应用于基本布局。你将会观察到如何执行少量操作就可以使应用焕然一新。完成本章的学习后，你应该能够轻松地将这些理念应用到自己的应用。

提示

本节中提供的许多代码示例来自 StylesAndThemes 应用。本书的配套网站提供了该应用的源代码下载。

11.1 样式支持

本章中将使用 Android 的两个支持库。要了解向应用添加支持库相关内容，请阅读附录 E。我们将添加 appcompat-v7 支持库和设计支持库作为 Gradle 模块依赖项。为此，添加下面两行代码到 build.gradle app 模块文件的依赖项部分：

```
compile 'com.android.support:appcompat-v7:23.0.0'
compile 'com.android.support:design:23.0.0'
```

此外，应用的 Activity 应该从 AppCompatActivity 支持类继承，而不是从 Activity 继承。

11.2 主题和样式

虽然很多人混淆主题和样式，但是它们实际上是两个完全不同的东西。主题应用于整个应用或 Activity，或 Toolbar，通常适合表现应用的品牌(brand)。样式通常应用于某个特定视图，或一组类似视图，而不是应用于整个应用或 Activity。例如，如果设置一个主题的颜色特性 android:textColor，选择的颜色将会应用到整个应用的所有文本。然而，直接应用 textColor 特性到一个 TextView 控件，那么这个 textColor 将只会应用到这一特定的 TextView 控件。进一步讲，如果定义一个指定了 textColor 特性的样式，然后应用该样式到一个 TextView，那么只有这个 TextView 将使用颜色特性。

本章中将使用主题和样式。主题位于/res/values/themes.xml 和/res/values-v21/themes.xml 文件，而样式位于/res/values/styles.xml 和/res/values-v21/styles.xml 文件。

11.2.1 定义默认应用主题

我们将把所有向后兼容的主题放在/res/values/themes.xml 文件中，而对于所有 API Level 21 或更新的版本的样式，我们将它们放在/res/values-21/themes.xml 文件中。默认的应用主题继承自 Theme.AppCompat，并将使用 Toolbar 作为 ActionBar，所以必须选择 NoActionBar 主题。下面是我们的默认主题 Brand 的代码，将它放在/res/values/themes.xml 文件中：

```
<style name="Brand" parent="Theme.AppCompat.NoActionBar"/>
```

还需要为 Toolbar 选择主题，而该主题直接继承自 Theme.AppCompat，也将它放置在/res/values/themes.xml 文件中。该主题命名为 Toolbar，如下定义：

```
<style name="Toolbar" parent="Theme.AppCompat"/>
```

图 11.1 显示了本章的示例应用 StylesAndThemes，除了基本的视图位置摆放外，还涵盖了前面讲述的默认主题。使用了主题和样式后，该应用看起来相当专业。

在图 11.1 中，注意顶部的 ActionBar 使用了一个 Toolbar。主内容区域有多个 TextView 和 EditText 视图，底部栏也使用了一个 Toolbar。底部栏包含了三个图标，这些图标由 Android 提供，你可以访问它们。你还将注意到 ActionBar 有一个菜单，以及在应用的右下角有一个 FloatingActionButton。TextView 和 EditText 视图的左边有圆圈。这些是图片占位符，使用可绘制形状(shape drawable)定义。最后，TextView 和 EditText 控件的右边是 info 图标，这些图标由 Android 提供，你也可以访问它们。

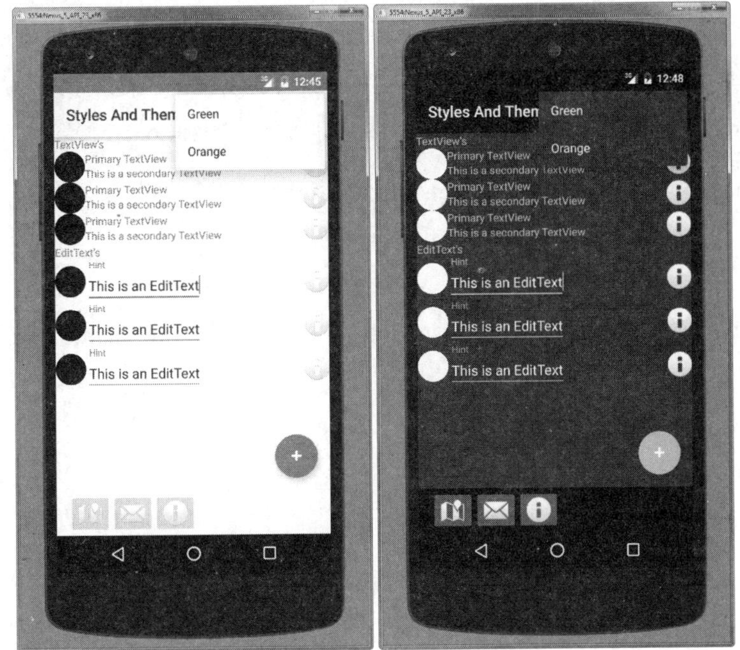

图 11.1 StylesAndThemes 应用只使用了默认主题和基本的布局，左边的截图展示了浅色主题，右边的截图展示了深色主题

定义 Circle-Shape 可绘制图形

在 StylesAndThemes 应用中，使用了一个圆作为可视化图标或图像的占位符。如果不使用圆，你应该在该图像放置的地方插入图标或图像。下面是定义在/res/drawable/circle.xml 文件中的可绘制形状，如下所示：

```
<?xml version="1.0" encoding="utf-8"?>
<shape xmlns:android="http://schemas.android.com/apk/res/android"
    android:shape="oval">
    <solid
        android:color="@color/circle" />
    <size
        android:width="40dp"
        android:height="40dp"/>
</shape>
```

11.2.2 主题和样式继承

就像 Java 类可从其他的类继承功能一样，主题和样式也支持这一功能。这意味着可将特性应用到主题或样式，并从一个已定义的主题或样式继承得到一个新的；也可以重写已存在的特性或定义新的特性。

StylesAndThemes 应用的所有主题继承自我们之前用过的 Brand 或 Toolbar 主题。有两个主题，分别是 Green 和 Orange，但本章主要集中讨论 Green 主题。为从现有的 Brand 主题继承创建 Green 主题，在 themes.xml 文件中添加下面的代码：

```
<style name="Brand.Green" parent="Brand">
   <!-- Define your green brand theme here -->
</style>
```

为给 Toolbar 创建继承自默认 Toolbar 主题的 Green 主题，在 themes.xml 文件中添加下面的代码：

```
<style name="Toolbar.Green" parent="Toolbar">
  <!-- Define your green toolbar theme here -->
</style>
```

应用的所有主题的特性将包含到上面的 Brand.Green 和 Toolbar.Green 主题。

11.3 颜色

应用中的颜色定义在/res/values/colors.xml 文件中。我们在第 6 章中讨论过颜色资源。为定义一个颜色，只需要在 colors.xml 文件中的 color 标签添加一个 RGB 值，如下所示：

```
<color name="black">#000000</color>
```

上面的代码将 RGB 值代表黑色的#000000 添加到一个名为 black 的颜色资源。还可以引用已经定义的颜色资源，如下所示：

```
<color name="circle">@color/black</color>
```

上面的代码使用@color/black 引用了已经定义的 black 颜色，将这个颜色指定给 circle 颜色资源。这对创建一个颜色列表，然后引用特定的颜色(而不是在整个应用中直接使用 RGB 颜色值)很有用，以便如果需要修改颜色时，所需要做的仅是在一处修改颜色。

此外，Android Studio 很有用，因为它显示了 XML 元素包含的颜色。图 11.2 显示了 colors.xml 文件定义的颜色，在最左边的列显示了特定元素的实际颜色。

图 11.3 显示了特定样式特性使用的颜色，同样，Android Studio 在最左边的列显示了特性使用的颜色。

```
<!-- Green Activity Branding Colors -->
<color name="theme_green_primary_dark">@color/light_green_900</color>
<color name="theme_green_primary">@color/light_green_700</color>
<color name="theme_green_accent">@color/amber_900</color>
<color name="theme_green_background">@color/theme_green_primary</color>
<color name="theme_green_control_highlight">@color/theme_green_primary</color>
<color name="theme_green_status_bar">@color/theme_green_primary_dark</color>
<color name="theme_green_action_bar">@color/theme_green_primary</color>
<color name="theme_green_window_background">@color/light_green_100</color>
<color name="theme_green_bottom_bar">@color/theme_green_primary</color>
<color name="theme_green_nav_bar">@color/theme_green_primary_dark</color>
<color name="theme_green_linear_content_background">@color/light_green_200</color>
<color name="theme_green_heading_text_color">@color/amber_900</color>
<color name="theme_green_toolbar_overflow_text_color">@color/light_green_100</color>
<!-- Text color for Green -->
<color name="theme_green_text_color">@color/brown_700</color>
```

图 11.2 Android Studio 在最左边的列显示了颜色资源的颜色

```
<style name="Brand.Green" parent="Brand">
    <!-- android:windowBackground colors the root background area of the app -->
    <item name="android:windowBackground">@color/theme_green_window_background</item>
    <!-- colorPrimaryDark colors the status bar -->
    <item name="colorPrimaryDark">@color/theme_green_primary_dark</item>
    <!-- colorPrimary colors the action bar and toolbar -->
    <item name="colorPrimary">@color/theme_green_primary</item>
    <!-- colorAccent colors the floating action button and accents of controls -->
    <item name="colorAccent">@color/theme_green_accent</item>
    <!-- colorControlHighlight controls the material ripple color -->
    <item name="colorControlHighlight">@color/theme_green_control_highlight</item>
    <!-- android:textColor controls the color of text in the app -->
    <item name="android:textColor">@color/theme_green_text_color</item>
    <!-- android:textColorHint controls the color of hint in the EditText -->
    <item name="android:textColorHint">@color/theme_green_primary_dark</item>
</style>
```

图 11.3 Android Studio 在最左边的列显示了样式特性使用的颜色

有些主题属性应该谨慎对待，当你个性化(branding)应用的颜色时。当你超出样式颜色特性给系统特性添加样式，选择颜色调色板时，下面这些特性非常有用：

- colorPrimary：ActionBar 的颜色。
- colorAccent：视图控件的强调色。
- colorPrimaryDark：状态栏颜色。
- colorControlHighlight：当视图触摸时的高亮色。
- statusBarColor：状态栏颜色，该特性仅在 API Level 21+的设备上才可用。
- navigationBarColor：导航栏颜色，在拥有硬件导航栏的设备上可能不能定义，且仅在 API Level 21+的设备上才可用。
- android:windowBackground：应用的根背景区域的颜色。

11.4 布局

与其讨论图 11.1 所示布局的所有创建细节，我选择让你参考 StylesAndThemes 的布局文件。activity_styles_and_themes.xml 和 toolbar.xml 文件展示了默认布局，进行了基本的位置摆放，没有使用样式。使用该文件作为指南，观察该布局是如何创建的，以及将它与诸如 Green 的主题进行比较。对应的布局是 activity_green_brand.xml 和 green_toolbar.xml 文件。我们不讨论这些布局的所有细节，而是讨论布局最显著的特点。

11.4.1 合并与包含

你应该注意到 toolbar.xml 文件。该文件的根 XML 标签<merge>定义了一个 Toolbar 控件子节点。<merge>标签允许为应用重用组件。与其在布局文件中定义多次相同的组件，你应该只在它自己的文件中定义它，并使用<merge>作为根标签，然后在其他布局文件中使用<include>标签包含该布局。也可将 LinearLayout 或 RelativeLayout 用作 Toolbar 的根标签，然后将该布局包含到其他布局，但<merge>标签不会增加额外的资源消耗，而 LinearLayout 或 RelativeLayout 则会。

1. 使用合并

下面显示了 toolbar.xml 文件，根标签<merge>下有一个 Toolbar 小部件子节点，如下所示：

```
<?xml version="1.0" encoding="utf-8"?>
<merge>
   <android.support.v7.widget.Toolbar
      xmlns:android="http://schemas.android.com/apk/res/android"
      xmlns:tools="http://schemas.android.com/tools"
      android:id="@+id/toolbar"
      android:layout_width="match_parent"
      android:layout_height="wrap_content"
      android:layout_alignParentTop="true"
      android:background="@color/default_toolbar"
      android:elevation="@dimen/highEle"
      android:minHeight="?attr/actionBarSize"
      tools:showIn="@layout/activity_styles_and_themes" />
</merge>
```

2. 使用包含

下面的代码中，toolbar.xml 包含在 activity_styles_and_themes.xml 文件中，使用了 include 语句，并引用了 toolbar 布局，如下所示：

```
<RelativeLayout xmlns:android="http://schemas.android.com/apk/res/android"
   xmlns:tools="http://schemas.android.com/tools"
   android:id="@+id/relative_layout"
   android:layout_width="match_parent"
   android:layout_height="match_parent"
   tools:context=".DefaultBrandActivity">
```

```
    <include layout="@layout/toolbar" />

</RelativeLayout>
```

11.4.2 TextInputLayout

设计支持库中添加了一个新的小部件 TextInputLayout。该小部件封装了 EditText，并允许 EditText 的 android:hint 特性始终浮动在 EditText 之上，而不是一旦用户开始在 EditText 中输入文本，hint 提示文本就消失。下面是 TextInputLayout 的代码，可在 StylesAndThemes 应用中找到它，如下所示：

```
<android.support.design.widget.TextInputLayout
    android:id="@+id/input_layout02"
    android:layout_width="match_parent"
    android:layout_height="wrap_content"
    android:layout_centerVertical="true"
    android:layout_toEndOf="@id/circle05">

    <EditText
        android:id="@+id/editText02"
        android:layout_width="wrap_content"
        android:layout_height="wrap_content"
        android:hint="@string/hint"
        android:text="@string/editText" />
</android.support.design.widget.TextInputLayout>
```

11.4.3 FloatingActionButton

FloatingActionButton 在第 10 章中作为模式引入了。这里，可查看 FloatingActionButton 的定义，并且注意 android:elevation 特性，它的值@dimen/highEle 是一个 6dp 的尺寸值，定义在/res/values/dimens.xml 文件中，FloatingActionButton 的定义代码如下：

```
<android.support.design.widget.FloatingActionButton
    android:id="@+id/fab"
    android:layout_width="wrap_content"
    android:layout_height="wrap_content"
    android:layout_above="@+id/bottom_bar"
    android:layout_alignParentEnd="true"
    android:layout_marginBottom="@dimen/mediumdp"
    android:layout_marginEnd="@dimen/mediumdp"
    android:contentDescription="@string/fab"
    android:elevation="@dimen/highEle"
    android:src="@android:drawable/ic_input_add"
    android:tint="@color/default_fab_tint" />
```

elevation 特性决定为特定的视图添加多大的阴影，使用 elevation 特性强调视图的重要性。Elevation 设置为 0dp，意味着没有阴影，将把该视图作为背景看到，而 FloatingActionButton 的 elevation 推荐值是 6dp，用于向用户提示按钮的重要性。FloatingActionButton 结合 elevation 特性用于强调 Activity 的首要操作，例如，添加或创建操作。

11.4.4　工具栏作为底部栏

低版本 Android 可以拆分 ActionBar。如果应用需要在 ActionBar 包含操作项——在小屏幕上——可能没有足够的空间显示所有你想显示的操作，这时拆分 ActionBar 就很有用了。不是将操作项放入“更多”菜单，你可能选择拆分 ActionBar，以便在应用的底部栏显示操作项。这一相同的功能可通过在应用的布局文件的底部包含一个 Toolbar 来实现。

下面，我们可以看到 activity_styles_and_themes.xml 文件中的 Toolbar 作为底部栏使用，该 Toolbar 将显示在布局文件的底部。Toolbar 内部是一个包含三个 android:src 特性指定了 Android 默认图标的 ImageButton 的 LinearLayout。下面是作为底部栏使用的 Toolbar 的代码：

```
<android.support.v7.widget.Toolbar
    android:id="@+id/bottom_bar"
    android:layout_width="match_parent"
    android:layout_height="wrap_content"
    android:layout_alignParentBottom="true"
    android:background="@color/default_toolbar"
    android:elevation="@dimen/midEle"
    android:minHeight="?attr/actionBarSize"
    android:theme="@style/Toolbar">

    <LinearLayout
        android:layout_width="match_parent"
        android:layout_height="match_parent"
        android:background="@color/transparent"
        android:orientation="horizontal">

        <ImageButton
            android:id="@+id/map_button"
            android:layout_width="wrap_content"
            android:layout_height="match_parent"
            android:contentDescription="@string/map"
            android:src="@android:drawable/ic_dialog_map" />

        <ImageButton
            android:id="@+id/email_button"
            android:layout_width="wrap_content"
```

```
            android:layout_height="match_parent"
            android:contentDescription="@string/email"
            android:src="@android:drawable/ic_dialog_email" />

        <ImageButton
            android:id="@+id/info_button"
            android:layout_width="wrap_content"
            android:layout_height="match_parent"
            android:contentDescription="@string/info"
            android:src="@android:drawable/ic_dialog_info" />
    </LinearLayout>
</android.support.v7.widget.Toolbar>
```

你会注意到ImageButton以水平方式排列在Toolbar中，如图11.1所示。

11.5 应用个性化

为增强应用的个性化，你可能想要考虑样式化一些特性。下面是Brand.Green应用主题。注意android:windowBackground特性用于控制应用的背景区域的颜色。colorPrimaryDark特性用于控制状态栏颜色。colorPrimary特性用于控制Action/Toolbar的颜色。colorAccent特性用于控制控件的强调色。colorControlHighlight特性用于控制高亮颜色。Android:textColor特性用于控制应用中文本的颜色。Android:textColorHint用于控制EditText的hint特性的TextInputLayout标签的颜色。Brand.Green主题的内容如下：

```
<style name="Brand.Green" parent="Brand">
    <!-- android:windowBackground colors the root background area of the app -->
    <item name="android:windowBackground">@color/theme_green_window_
      background</item>
    <!-- colorPrimaryDark colors the status bar -->
    <item name="colorPrimaryDark">@color/theme_green_primary_dark</item>
    <!-- colorPrimary colors the action bar and toolbar -->
    <item name="colorPrimary">@color/theme_green_primary</item>
    <!-- colorAccent colors the floating action button and accents of controls -->
    <item name="colorAccent">@color/theme_green_accent</item>
    <!-- colorControlHighlight controls the material ripple color -->
    <item name="colorControlHighlight">@color/theme_green_control_highlight
      </item>
    <!-- android:textColor controls the color of text in the app -->
    <item name="android:textColor">@color/theme_green_text_color</item>
    <!-- android:textColorHint controls the color of hint in the EditText -->
    <item name="android:textColorHint">@color/theme_green_primary_
```

```
        dark</item>
    </style>
```

下面是 Toolbar.Green 主题。注意，colorBackground 特性用于控制“更多”菜单的颜色。TextColorPrimary 特性控制 Toolbar 标题颜色，textColorSecondary 特性用于控制“更多”图标的颜色，textColor 特性用于控制 Toolbar 文本的颜色，在本例中，是指“更多”菜单中的文本颜色。Toolbar.Green 主题的内容如下：

```
<style name="Toolbar.Green" parent="Toolbar">
    <!-- toolbar overflow background color controlled with colorBackground -->
    <item name="android:colorBackground">@color/theme_green_accent</item>
    <!-- toolbar title color controlled with textColorPrimary-->
    <item name="android:textColorPrimary">@color/theme_green_text_color
      </item>
    <!-- toolbar overflow icon color controlled with textColorSecondary -->
    <item name="android:textColorSecondary">@color/theme_green_text_color
      </item>
    <!-- toolbar overflow text color controlled with textColor -->
    <item name="android:textColor">@color/theme_green_toolbar_overflow_
      text_color</item>
</style>
```

为使用 Brand.Green 主题，只需要将它加入 Android 清单文件中<application>标记的 android:theme 特性，这样可为整个应用使用该样式，或者将它加入<activity>标记，为给定的 Activity 应用该样式。下面的代码将给 GreenBrandActivity 使用 Brand.Green 主题：

```
<activity
    android:name="com.introtoandroid.stylesandthemes.GreenBrandActivity"
    android:label="@string/title_activity_green_brand"
    android:theme="@style/Brand.Green"/>
```

为将 Toolbar.Green 主题应用到 Toolbar，只需要将 Toolbar 的 android:theme 特性设置为该主题。下面的代码显示了如何将 Toolbar.Green 主题应用到 green_toolbar.xml 文件中的 Toolbar 小组件，代码如下：

```
android:background="@color/theme_green_primary "
android:theme="@style/Toolbar.Green"
```

注意，我们给 Toolbar 添加了一个背景色，以便有助于个性化。

1. 分隔器和间隙

创建富有视觉吸引力的应用的另一个技术是在内容布局中使用分隔器和间隙(Dividers and Gaps)。分隔器是小的、1dp 宽的线，用于创建内容的视觉分隔效果。间隔是大的，通常是 8dp，用于在布局中使用留白来创建分隔。StylesAndThemes 应用同时使用了分隔器和间隔。下面是分隔器：

```
<View
    android:background="@color/layout_divider_color"
    android:layout_width="match_parent"
    android:layout_height="1dp"
    android:alpha="0.1"/>
```

下面是间隙：

```
<View
    android:background="@android:color/transparent"
    android:layout_width="match_parent"
    android:layout_height="8dp"/>
```

间隙背景色使用了 transparent，以便 android:windowBack 背景色完全透过来。

StylesAndThemes 应用使用了多个分隔器。与其将这些特性直接指定给表示分隔器的每个 View，还不如在 styles.xml 定义一个分隔器样式，定义的代码如下：

```
<style name="LayoutDivider">
    <item name="android:background">@color/layout_divider_color</item>
    <item name="android:layout_width">match_parent</item>
    <item name="android:layout_height">@dimen/divider</item>
    <item name="android:alpha">0.1</item>
</style>
```

然后，在布局文件中，只需要添加一行代码就可以得到相同的效果。这是极好的方法，这是重用代码的最好方法，而不是到处重复着相同的代码。当需要修改样式的外观时，只需要修改样式定义的一处地方，而不是必须更新布局中每一个视图。下面将之前定义的样式应用到一个作为分隔器的视图：

```
<<View style="@style/LayoutDivider" />
```

2. 菜单

为应用提供更多个性化的另一个方式是给应用显示的菜单添加样式。菜单覆盖在其他 UI 元素上，所以除了互补色，应用到菜单的任何颜色与应用的主题形成恰当的对比就显得尤为重要了。

11.6　运用后的效果

现在，已经了解到如何为应用以及它的 Activity 和视图实现主题和样式，看到这些样式应用的结果将是一件很美妙的事。如果不是在彩色显示情况下查看应用，没关系——当在黑白显示情况下查看，可以看到这些主题和样式有着恰当的对比。如果在手机或者模拟器上运行这个主题和样式应用，应该能够看到彩色的运用。如果在黑白显示条件下查看本书的结果图片，你将会看到使用留白如何给布局带来整形般的美化效果，可以与之前的图11.1进行对比。图11.4显示GreenBrandActivity使用了这些主题和样式的效果。

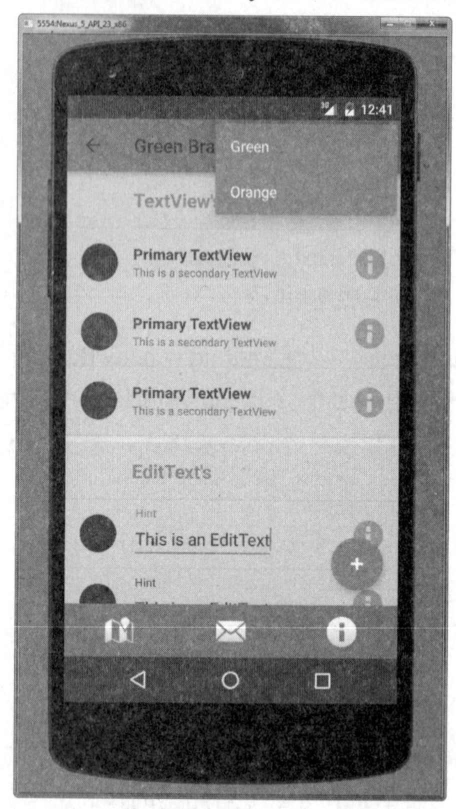

图11.4　使用了主题和样式的GreenBrandActivity布局

11.7　排版

让应用脱颖而出的另一种方法是使用不同的字体。字体可为应用提供倾向(attitude)。一些字体更适合重要应用，例如，商务或金融应用，而其他一些字体可能更适合娱乐和有亲和力的主题，例如，儿童应用或游戏。我们将casual字体应用到各种不同样式的android.fontFamily：

```
<style name="HeadingOrange">
    <item name="android:fontFamily">casual</item>
</style>

<style name="PrimaryTextViewOrange">
```

```
    <item name="android:fontFamily">casual</item>
</style>

<style name="SecondaryTextViewOrange">
    <item name="android:fontFamily">casual</item>
</style>

<style name="EditTextOrange">
    <item name="android:fontFamily">casual</item>
</style>
```

图 11.5 展示了 casual 字体为应用提供了更多轻松休闲的感觉。

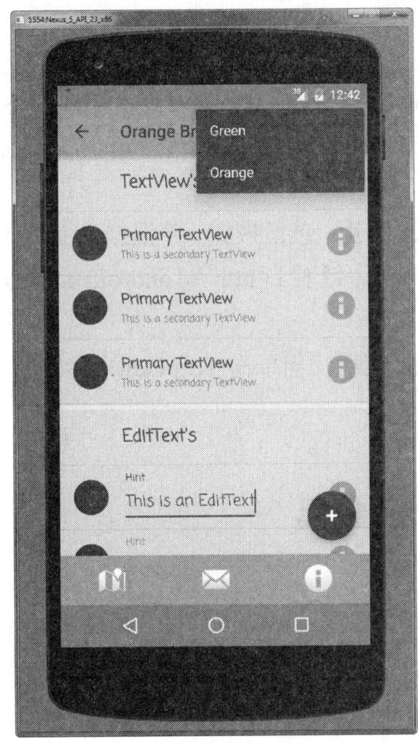

图 11.5　casual 字体应用于 OrangeBrandActivity 布局

11.8　本章小结

本章介绍了主题和样式的强大功能，以及它们如何使得最无聊透顶的应用摇身变成视觉尤物。讨论了如何将主题和样式运用到应用的 Activity 和视图。还介绍了样式继承、合并以及包含，以及如何使用颜色，如何将这些颜色应用到特别的特性来创建应用个性化。现在，你应该能在应用中运用自己的主题和样式了。

11.9 小测验

1. 判断题：Theme.Compat 应该用于为应用提供向后兼容的主题。
2. colorPrimary 用于给哪个系统特性指定颜色？
3. 哪个特性用于给状态栏指定颜色？
4. 判断题：<insert>标记用于在一个布局中包含另一个布局。
5. 什么 View 小部件用于创建底部栏？

11.10 练习题

1. 在 Android API Guides 中“Styles and Themes”阅读“Style Properties”一节，学习更多有关给视图添加样式属性的内容，链接：http://developer.android.com/guide/topics/ui/themes.html#Properties。

2. 修改 StylesAndThemes 应用，包括按钮，并根据 Android API 指南中的“Styling Your Button”给这些按钮添加样式，链接：http://d.android.com/guide/topics/ui/controls/button.html#Style。

3. 修改 StylesAndThemes 应用，当单击 TextView 时弹出一个 Diaglog。使用提供的颜色给这个 Dialog 添加样式。

11.11 参考资料和更多信息

Android Training: “Maintaining Compatibility”: “Define Alternative Styles”:

http://d.android.com/training/material/compatibility.html#Theme

Android Training: “Styling the Action Bar”:

http://developer.android.com/training/appbar/index.html

Android Training: Supporting Different Platform Versions: “Use Platform Styles and Themes”:

http://d.android.com/training/basics/supporting-devices/platforms.html#style-themes

Android Training: “Using the Material Theme”: “Customize the Color Palette”:

http://d.android.com/training/material/theme.html#ColorPalette

Android Training: “Re-using Layouts with <include/>”:

http://d.android.com/training/improving-layouts/reusing-layouts.html

Google Design Spec: “Style”: “Color”:

http://www.google.com/design/spec/style/color.html

Google Design Spec: "Style": "Imagery":

http://www.google.com/design/spec/style/imagery.html

Google Design Spec: "Style": "Typography":

http://www.google.com/design/spec/style/typography.html

Android API Guides: "Buttons": "Styling Your Button":

http://d.android.com/guide/topics/ui/controls/button.html#Style

Android API Guides: "Menus":

http://d.android.com/guide/topics/ui/menus.html

Android API Guides: "Styles and Themes":

http://d.android.com/guide/topics/ui/themes.html

Android API Guides: "Styles Resource":

http://d.android.com/guide/topics/resources/style-resource.html

Android SDK Reference regarding the application R.style class:

http://d.android.com/reference/android/R.style.html

Android SDK Reference regarding the application android.text.style package:

http://developer.android.com/reference/android/text/style/package-summary.html

Android SDK Reference regarding the application Resources.Theme class:

http://d.android.com/reference/android/content/res/Resources.Theme.html

第12章 材质设计

Android 5.0 API Level 21 引入了 Material Design(材质设计)。材质设计是 Google 公司为设计和开发应用创建的标准，而不仅是针对 Android。材质设计是一个规格——一组跨不同平台应该遵守的规则。材质设计定位为一种视觉语言，旨在指导设计者和开发人员使用最佳的视觉、交互和动画设计。使用 Material Design 理念开发是平台相关的，意味着为 Android 应用编写的原生材质设计代码不能在使用 HTML 和 JavaScript 编写的 Web 应用中使用。本章将介绍 Android 开发方面的材质设计，以及如何在应用中使用提供的材质主题和 API。学完本章后，你应该能够自如地为 Android 应用开发实现最常用的材质设计任务。

12.1 理解材质

材质设计是规格标准，可跨平台使用。虽然它是规格，但是并不意味着你必须遵守它的所有规则——一些规则可能过时或被更好的规则替换。它是一个指导方针，而不是决定如何设计应用的一个固定方式。也就是说，材质规格提供了 Google 发现的很多最佳实践的建议。材质设计开发是与平台相关的，针对 Android 平台，有特定的 API 帮助你在应用中添加和实现材质设计。本章将介绍以下材质开发理念：

- Material Theme (@android:style/Theme.Material 和@style/Theme.AppCompat)
- Lists 和 Cards (RecyclerView 和 CardView)
- View Shadows (android:elevation)
- Animations (circular reveal 和 Activity 过渡)

提示

本节中提供的代码示例来自 SampleMaterial 应用。本书的配套网站提供了该应用的源代码下载。

12.2　默认材质主题

为在Android应用中开始使用材质设计，首先需要确保材质主题应用到styles.xml文件，该文件位于/res/values/styles/目录中。第 11 章中讨论了样式和主题。当针对 Android API Level 21 和更高的版本，在项目创建时默认使用的样式应该是：

```
<style name="AppTheme" parent="@android:style/Theme.Material"/>
```

12.3　SampleMaterial 应用

SampleMaterial 应用演示了如何填充一组名称到新的 RecyclerView。RecyclerView 是 ListView 控件的推荐替代品。RecyclerView 控件允许添加海量的项目，而仍能顺畅地滚动。该应用也使用了新的 CardView，它允许给能持有一个或多个视图的卡片添加圆角和阴影。

RecyclerView 用于列表，而 CardView 用于将多个 View 小组件组织在一起——每个卡片表示一个名称，名称可以被添加、更新和从它们自己卡片的列表删除。当滚动列表，每个卡片将使用新的 circular reveal 动画显示到屏幕上。此外，还能通过单击 FloatingActionButton 添加一个新卡片，它使用了新的材质过渡效果将 FloatingActionButton 平滑地过渡到新的 Activity 里。图 12.1 显示了 SmapleMaterial 应用启动后的效果。

图 12.1　SampleMaterial 应用

12.4 实现 SampleMaterial 应用

本节将提供深入解析如何实现 SampleMaterial 中的各种材质概念。首先，执行简单的配置、然后提供所需的数据、实现恰当的视图，以及编码实现功能。

12.4.1 依赖

对于 SampleMaterial 应用，将使用支持库提供的材质(material)主题。此外，将使用各种其他支持库，以便允许材质组件工作在 Android API Level 21 之前的版本。要添加这些依赖项，在 build.gradle app 模块文件中的依赖项部分添加下面的内容：

```
compile 'com.android.support:design:23.0.0'
compile 'com.android.support:appcompat-v7:23.0.0'
compile 'com.android.support:cardview-v7:23.0.0'
compile 'com.android.support:recyclerview-v7:23.0.0'
```

现在完成了在应用中使用材质的设置。欲了解有关 Gradle 和向应用中添加依赖的更多信息，请阅读附录 E。

12.4.2 材质支持样式

首先确保材质主题支持库用于样式化应用。在/res/values/styles.xml 中，用下面的内容替换原来的内容：

```
<style name="BaseTheme" parent="Theme.AppCompat.Light.DarkActionBar"/>
<style name="AppTheme" parent="BaseTheme"/>
```

在/res/values-v21/styles.xml 文件中，用下面的内容替换原来的内容：

```
<style name="AppTheme" parent="BaseTheme"/>
```

同时，确保 AndroidManifest.xml 文件中的<application>标记应用了该主题，如下所示：

```
android:theme="@style/AppTheme"
```

12.4.3 显示 List 中的数据集

首先需要列出与 RecyclerView 的每个 CardView 关联的姓名、首字母以及颜色。为完成这些任务，需要在资源文件中定义这些颜色和名称。

1. 颜色资源

在 colors.xml 文件中，你需要使用 RGB 值定义颜色资源，为每个颜色提供名称，然后创建一个 name 为 initial_color 的<integer-array>数组，以便可在应用代码中加载颜色，将在下一节中学习如何加载。下面是 colors.xml 文件示例：

```
<resources>
    <item name="blue" type="color">#2196f3</item>
    <item name="purple" type="color">#9c27b0</item>
    <item name="green" type="color">#1b5e20</item>
    <item name="orange" type="color">#ff5722</item>
    <item name="red" type="color">#f44336</item>
    <item name="indigo" type="color">#3f51b5</item>
    <item name="deep_purple" type="color">#673ab7</item>
    <item name="light_green" type="color">#689f38</item>
    <item name="teal" type="color">#009688</item>
    <item name="pink" type="color">#e91e63</item>

    <integer-array name="initial_colors">
        <item>@color/blue</item>
        <item>@color/purple</item>
        <item>@color/green</item>
        <item>@color/orange</item>
        <item>@color/red</item>
        <item>@color/indigo</item>
        <item>@color/deep_purple</item>
        <item>@color/light_green</item>
        <item>@color/teal</item>
        <item>@color/pink</item>
        <!-- more colors here -->
    </integer-array>
</resources>
```

2. 字符串资源

在 strings.xml 文件中，你需要以 name_array 为名称定义一个<string-array>数组，以便在应用代码中为每个卡片加载名称。下面是 strings.xml 文件示例：

```
<resources>
    <string-array name="names_array">
        <item>Michael</item>
        <item>Jennifer</item>
        <item>Christopher</item>
        <item>Amy</item>
        <item>Jason</item>
        <item>Melissa</item>
        <item>David</item>
        <item>Michelle</item>
        <item>James</item>
        <item>Kimberly</item>
```

```
        <!-- more names here -->
    </string-array>
</resources>
```

3. 布局资源

首先需要为应用创建主布局。该布局是一个 RelativeLayout，有两个子视图，分别是 RecyclerView 和 FloatingActionButton。下面是 activity_sample_material.xml 布局文件的内容：

```
<RelativeLayout xmlns:android="http://schemas.android.com/apk/res/android"
    xmlns:tools="http://schemas.android.com/tools"
    android:layout_width="match_parent"
    android:layout_height="match_parent"
    android:paddingBottom="@dimen/activity_vertical_margin"
    android:paddingLeft="@dimen/activity_horizontal_margin"
    android:paddingRight="@dimen/activity_horizontal_margin"
    android:paddingTop="@dimen/activity_vertical_margin"
    tools:context=".SampleMaterialActivity">

    <android.support.v7.widget.RecyclerView
        android:id="@+id/recycler_view"
        android:layout_width="match_parent"
        android:layout_height="match_parent"
        android:scrollbars="vertical" />

    <android.support.design.widget.FloatingActionButton
        android:id="@+id/fab"
        android:layout_width="wrap_content"
        android:layout_height="wrap_content"
        android:layout_alignParentBottom="true"
        android:layout_alignParentEnd="true"
        android:layout_marginBottom="25dp"
        android:layout_marginEnd="25dp"
        android:clickable="true"
        android:contentDescription="@string/fab"
        android:elevation="6dp"
        android:src="@android:drawable/ic_input_add"
        android:transitionName="fab_transition"
        android:tint="@android:color/white" />

</RelativeLayout>
```

RecyclerView 定义了 android:scrollbars 特性并设置其值为 vertical，这允许列表垂直滚动。FloatingActionButton 将按钮放在应用的右下角，设置 android:elevation 为 6dp，以便该

按钮看起来像是浮在布局上面，并将 android:transitionName 设置为 fab_transition，该特性稍后用于实现 Activity 过渡。

4. 从 AppCompatActivity 继承

示例应用还使用了 AppCompatActivity 类，该类来自 appcompat-v7 支持库，用于支持材质 Activity API。SampleMaterialActivity 类不是继承自 Activity 类，而是继承自 AppCompatActivity 类。Activity 的 onCreate()方法的前面部分代码如下：

```
@Override
protected void onCreate(Bundle savedInstanceState) {
    super.onCreate(savedInstanceState);
    setContentView(R.layout.activity_sample_material);

    names = getResources().getStringArray(R.array.names_array);
    colors = getResources().getIntArray(R.array.initial_colors);

    initCards();

    if (adapter == null) {
        adapter = new SampleMaterialAdapter(this, cardsList);
    }
    recyclerView = (RecyclerView) findViewById(R.id.recycler_view);
    recyclerView.setAdapter(adapter);
    recyclerView.setLayoutManager(new LinearLayoutManager(this));

    // other functionality implemented here
}
```

内容视图被设置为之前定义的布局，然后加载 names_array 和 initial_colors 数组。initCards()方法使用名称和颜色初始化卡片，本章后面将介绍该方法。创建一个适配器，接受卡片列表，接着设置 RecyclerView 的适配器。

5. Card Data 对象

为轻松使用卡片，应该创建一个 Card 数据对象，用于封装每个卡片的信息。Card 数据对象定义在 card.java 文件中，实现代码如下：

```
public class Card {
    private long id;
    private String name;
    private int color_resource;

    public long getId() { return id; }
```

```
    public void setId(long id) { this.id = id; }

    public String getName() { return name; }

    public void setName(String name) { this.name = name; }

    public int getColorResource() { return color_resource;}

    public void setColorResource(int color_resource) {
        this.color_resource = color_resource;
    }
}
```

每个 Card 有三个变量：id、name 和 color_resource，以及 getter 和 setter 方法。

6. 初始化卡片

前面提到的 initCrads()实现代码如下：

```
private void initCards() {
    for (int i = 0; i < 50; i++) {
        Card card = new Card();
        card.setId((long) i);
        card.setName(names[i]);
        card.setColorResource(colors[i]);
        Log.d(DEBUG_TAG, "Card id " + card.getId() + ", name " +
                card.getName() + ", color " + card.getColorResource());
        cardsList.add(card);
    }
}
```

该方法执行了 50 次迭代，创建了 50 个卡片，每个卡片包含 id、name 和 color_resource，并将每个 Card 对象添加到 cardsList 变量，cardsList 定义为 ArrayList<Card>类型。

7. 实现 RecyclerView 适配器

现在有了数据集合，我们需要将这些数据绑定到 RecyclerView，以便这些数据能显示在布局上。为完成这个功能，使用 RecyclerView.Adapter 类，该类定义在 SampleMaterial-Adapter.java 文件中，代码实现如下：

```
public class SampleMaterialAdapter extends
        RecyclerView.Adapter<SampleMaterialAdapter.ViewHolder> {
    private static final String DEBUG_TAG = "SampleMaterialAdapter";
```

```
        public Context context;
        public ArrayList<Card> cardsList;

        public SampleMaterialAdapter(Context context, ArrayList<Card>
          cardsList) {
            this.context = context;
            this.cardsList = cardsList;
        }

        @Override
        public int getItemCount() {
            if (cardsList.isEmpty()) {
                return 0;
            } else {
                return cardsList.size();
            }
        }
        @Override
        public long getItemId(int position) {
            return cardsList.get(position).getId();
        }

        @Override
        public ViewHolder onCreateViewHolder(ViewGroup viewGroup, int i) {
            LayoutInflater li = LayoutInflater.from(viewGroup.getContext());
            View v = li.inflate(R.layout.card_view_holder, viewGroup, false);
            return new ViewHolder(v);
        }

        @Override
        public void onBindViewHolder(ViewHolder viewHolder, int position) {
            String name = cardsList.get(position).getName();
            int color = cardsList.get(position).getColorResource();
            TextView initial = viewHolder.initial;
            TextView nameTextView = viewHolder.name;
            nameTextView.setText(name);
            initial.setBackgroundColor(color);
            initial.setText(Character.toString(name.charAt(0)));
        }

        // ViewHolder implemented here
    }
```

SampleMaterialAdapter 类有一个特性，用于在 cardsList 变量中保存卡片列表。注意该类中重写了一些方法：getItemCount()方法返回 cardsList 的元素个数，getItemId()方法返回特定 Card 的 id，onCreateViewHolder()方法加载 card_view_holder 布局，onBindViewHolder()方法将数据集绑定到 card_view_holder 布局中的控件。这个布局定义在 card_view_holder.xml 文件中，内容如下：

```
<?xml version="1.0" encoding="utf-8"?>
<android.support.v7.widget.CardView
xmlns:android="http://schemas.android.com/
apk/res/android"
    xmlns:card_view="http://schemas.android.com/apk/res-auto"
    android:id="@+id/card_layout"
    android:layout_width="match_parent"
    android:layout_height="match_parent"
    android:layout_margin="3dp"
    android:clickable="true"
    android:foreground="?android:attr/selectableItemBackground"
    android:orientation="vertical"
    card_view:cardCornerRadius="10dp">

    <LinearLayout
        android:layout_width="match_parent"
        android:layout_height="match_parent"
        android:id="@+id/linear"
        android:background="@android:color/white"
        android:orientation="vertical"
        android:transitionName="layout_transition"
        android:padding="@dimen/padding">

        <TextView
            android:id="@+id/initial"
            android:layout_width="match_parent"
            android:layout_height="match_parent"
            android:gravity="center"
            android:transitionName="initial_transition"
            android:textColor="@android:color/white"
            android:textSize="@dimen/initial_size" />

        <LinearLayout
            android:layout_width="match_parent"
            android:layout_height="match_parent"
            android:background="@android:color/white"
            android:orientation="horizontal">
```

```
            <Button
                android:id="@+id/delete_button"
                android:layout_width="wrap_content"
                android:layout_height="match_parent"
                android:transitionName="delete_button_transition"
                android:text="@string/delete_button" />

            <TextView
                android:id="@+id/name"
                android:layout_width="match_parent"
                android:layout_height="wrap_content"
                android:transitionName="name_transition"
                android:textColor="@android:color/black"
                android:textSize="@dimen/text_size" />
        </LinearLayout>
    </LinearLayout>
</android.support.v7.widget.CardView>
```

card_view_layout.xml 文件包含了一个 CardView 小组件。CardView 小组件又包含了一个用于显示 name 的 initial 的 TextView 控件，一个用于删除 Card 的删除 Button，以及一个用于显示 name 的 TextVew。CardView 还定义了两个特性：第一个是 android:clickable，并设置为 true，第二个是 android:foreground，值设置为?android:attr/selectableItemBackground。这些特性允许 CardView 监听单击事件。

8. 实现 ViewHolder

还需要封装 RecyclerView 的每个 CardView 中包含的信息，完成这个功能的方法是使用 RecyclerView 的 ViewHolder 类。该类定义在之前的适配器的内部。下面是 ViewHolder 的实现，提供了对 itemView 的访问，在本例中 itemView 指 CardView 及其子代，ViewHolder 的实现代码如下：

```
public class ViewHolder extends RecyclerView.ViewHolder {
    private TextView initial;
    private TextView name;
    private Button deleteButton;

    public ViewHolder(View v) {
        super(v);
        initial = (TextView) v.findViewById(R.id.initial);
        name = (TextView) v.findViewById(R.id.name);
        deleteButton = (Button) v.findViewById(R.id.delete_button);
```

```
        deleteButton.setOnClickListener(new View.OnClickListener() {
            // onClick implemented here
        });

        itemView.setOnClickListener(new View.OnClickListener() {
            // onClick implemented here
        });
    }
}
```

ViewHolder 类为 initial 定义了一个 TextView，为 name 定义了一个 TextView，为 deleteButton 定义了一个 Button。

9. 使用 Circular Reveal 滚动动画

当每个 Card 显示在屏幕上时，Card 使用 Circular reveal 动画进行动画展示，该动画在 API Level 21 中添加到 ViewAnimationUtils 类中。下面是使用动画实现的 animateCircularReveal()方法，它接受一个 View 作为输入，在本例中该参数是一个 CardView，实现代码如下：

```
public void animateCircularReveal(View view) {
    int centerX = 0;
    int centerY = 0;
    int startRadius = 0;
    int endRadius = Math.max(view.getWidth(), view.getHeight());
    Animator animation = ViewAnimationUtils.createCircularReveal(view,
            centerX, centerY, startRadius, endRadius);
    view.setVisibility(View.VISIBLE);
    animation.start();
}
```

动画从 CardView 的左上角开始，并随 RecyclerView 滚动执行 circular reveal 显示整个 Card。为使其工作，需要重写 onViewAttachedToWindow()方法，以便访问 ViewHolder 并将 ViewHolder itemView 传递给 animateCircularReveal()方法，代码如下所示：

```
@Override
public void onViewAttachedToWindow(ViewHolder viewHolder) {
    super.onViewAttachedToWindow(viewHolder);
    animateCircularReveal(viewHolder.itemView);
}
```

图 12.2 展示了在滚动时显示一个特定卡片的动画。因为书中不能展示动画，我们使用多张截图来展示这一动画过程。

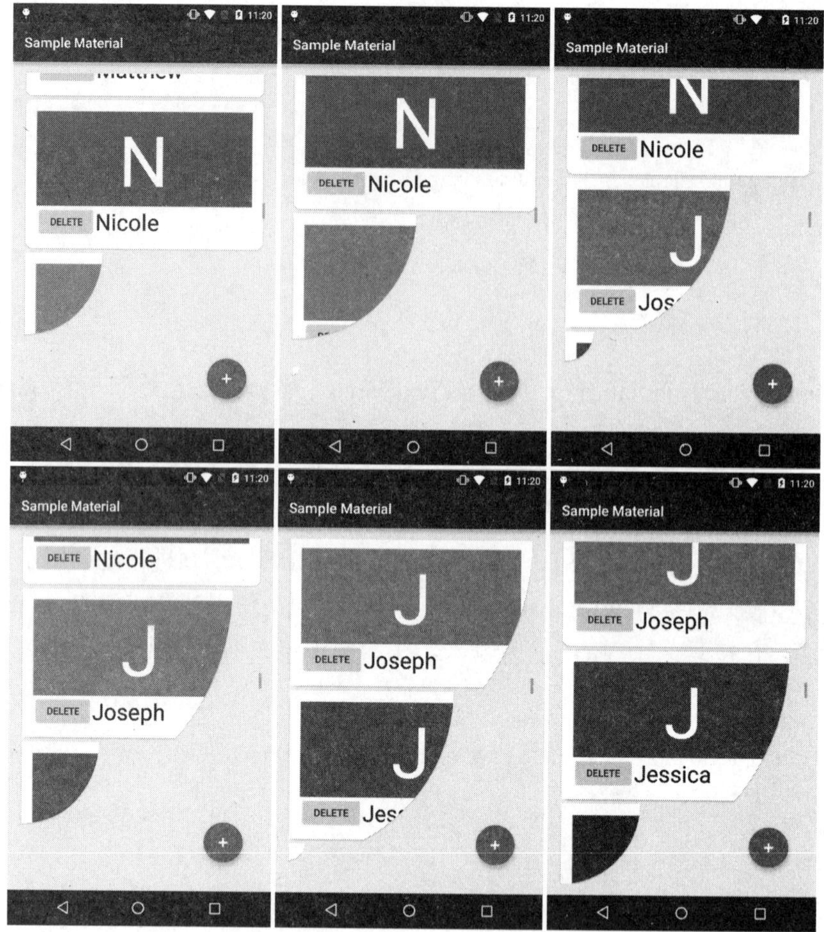

图 12.2　circular reveal 动画效果

10. 添加 Card Primary Action

了解了如何填充列表和滚动时显示动画，现在应该学习如何向列表中添加新的 Card。FloatingActionButton 必须配置，以便启动新的 Activity，用于添加新的 Card。图 12.3 显示了 FloatingActionButton。

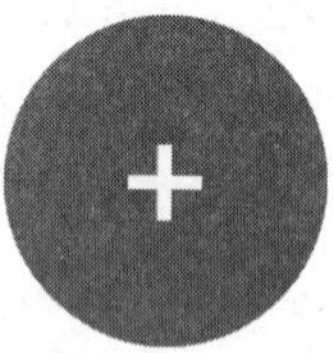

图 12.3　用于添加新的 Card 的主操作 FloatingActionButton

要配置 FloatingActionButton，只需要在 SampleMaterialActivity 类的 onCreate()方法中添加 FloatingActionButton 的 OnClickListener，代码如下：

```
FloatingActionButton fab = (FloatingActionButton) findViewById(R.id.fab);
fab.setOnClickListener(new View.OnClickListener() {
```

```
    @Override
    public void onClick(View v) {
        Pair<View, String> pair = Pair.create(v.findViewById(R.id.fab),
TRANSITION_FAB);

        ActivityOptionsCompat options;
        Activity act = SampleMaterialActivity.this;
        options = ActivityOptionsCompat.makeSceneTransitionAnimation(act, pair);

        Intent transitionIntent = new Intent(act, TransitionAddActivity.class);
        act.startActivityForResult(transitionIntent, adapter.getItemCount(),
options.toBundle());
    }
});
```

如果你还记得值为 fab_transition 的 android:transitionName 特性(为 FloatingActionButton 而定义)，可知上面的 OnClickListener 实现了过渡动画。它是通过 ActivityOptionsCompat.makeSceneTransitionAnimation()方法实现的。为启动 TransitionAddActivity 类，定义了一个 Intent，然后使用 startActivityForResult()方法启动一个 TransitionAddActivity，并传递适配器的数量(通过 adapter.getItemCount()方法得到)，以便将新的 Card 添加到列表末尾处。

为完成过渡，必须为 TransitionAddActivity 定义一个布局。Activity_transition_add.xml 布局从 FloatingActionButton 接收过渡，该布局内容如下：

```
<LinearLayout xmlns:android="http://schemas.android.com/apk/res/android"
    xmlns:tools="http://schemas.android.com/tools"
    android:id="@+id/linear"
    android:layout_width="match_parent"
    android:layout_height="match_parent"
    android:background="@android:color/white"
    android:orientation="vertical"
    android:padding="@dimen/padding"
    android:paddingBottom="@dimen/activity_vertical_margin"
    android:paddingLeft="@dimen/activity_horizontal_margin"
    android:paddingRight="@dimen/activity_horizontal_margin"
    android:paddingTop="@dimen/activity_vertical_margin"
    android:transitionName="fab_transition"
    tools:context="com.introtoandroid.samplematerial.
      TransitionAddActivity">

    <TextView
        android:id="@+id/initial"
        android:layout_width="match_parent"
        android:layout_height="0dp"
```

```
        android:layout_weight="1"
        android:gravity="center"
        android:textColor="@android:color/white"
        android:textSize="@dimen/initial_size" />

    <LinearLayout
        android:layout_width="match_parent"
        android:layout_height="0dp"
        android:layout_weight="1"
        android:background="@android:color/white"
        android:orientation="vertical">

        <EditText
            android:id="@+id/name"
            android:layout_width="match_parent"
            android:layout_height="wrap_content"
            android:inputType="textCapSentences"
            android:textColor="@android:color/black"
            android:textSize="@dimen/text_size" />

        <LinearLayout
            android:layout_width="match_parent"
            android:layout_height="wrap_content"
            android:background="@android:color/white"
            android:orientation="horizontal">
            <Button
                android:id="@+id/add_button"
                android:layout_width="wrap_content"
                android:layout_height="wrap_content"
                android:text="@string/add_button" />
        </LinearLayout>
    </LinearLayout>
</LinearLayout>
```

上面所示的根 LinearLayout 定义了 android:transitionName 特性，并设置其值为 fab_transition，用于跟踪过渡时哪些视图动态显示。这将动态显示 FloatingActionButton 从而过渡到 TransitionAddActivity。图 12.4 显示了过渡过程中的多个截图。注意左上角截图中的 FloatingActionButton，而右上角截图中的 FloatingActionButton 开始进行过渡。从左下角的截图一直到右下角的截图，展示了整个过渡效果。

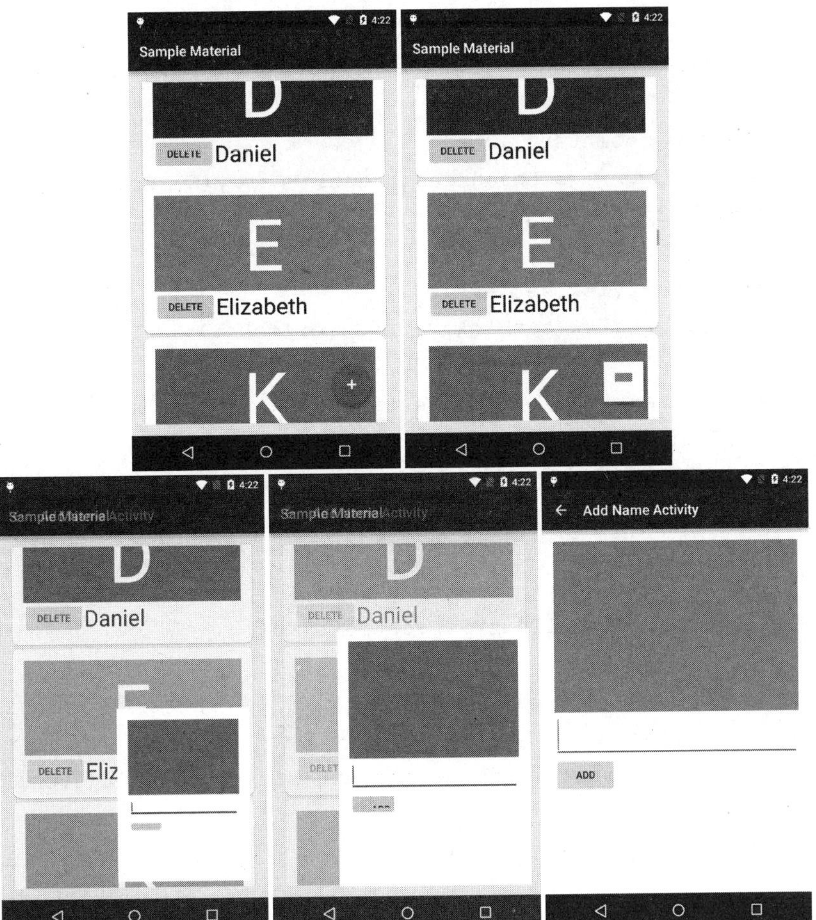

图 12.4　FloatingActionButton 过渡

11. 插入新的 Card

现在必须实现 TransitionAddActivity 类。下面是该 Activity 的 onCreate()方法的代码：

```
public class TransitionAddActivity extends AppCompatActivity {
    private EditText nameEditText;
    private TextView initialTextView;
    private int color;
    private Intent intent;
    private Random randomGenerator = new Random();

    @Override
    protected void onCreate(Bundle savedInstanceState) {
        super.onCreate(savedInstanceState);
        setContentView(R.layout.activity_transition_add);

        nameEditText = (EditText) findViewById(R.id.name);
```

```
        initialTextView = (TextView) findViewById(R.id.initial);
        Button add_button = (Button) findViewById(R.id.add_button);

        intent = getIntent();
        int[] colors = getResources().getIntArray(R.array.initial_colors);
        color = colors[randomGenerator.nextInt(50)];

        initialTextView.setText("");
        initialTextView.setBackgroundColor(color);

        nameEditText.addTextChangedListener(new TextWatcher() {
            @Override
            public void onTextChanged(CharSequence s, int start, int before, int
count) {
                if (count == 0) {
                    // add initialTextView
                    initialTextView.setText("");
                } else if (count == 1) {
                    // initialTextView set to first letter of nameEditText and
add name stringExtra
                    initialTextView.setText(String.valueOf(s.charAt(0)));
                }
            }

            @Override
            public void beforeTextChanged(CharSequence s, int start, int count,
int after) {
            }

            @Override
            public void afterTextChanged(Editable s) {
            }
        });

        add_button.setOnClickListener(new View.OnClickListener() {
            @Override
            public void onClick(View v) {
                // must not be zero otherwise do not finish activity and report
Toast message
                String text = initialTextView.getText().toString().trim();
                if (TextUtils.isEmpty(text)) {
                    Toast.makeText(getApplicationContext(),
                            "Enter a valid name", Toast.LENGTH_SHORT).show();
```

```
            } else {
                intent.putExtra(SampleMaterialActivity.EXTRA_NAME,
                        String.valueOf(nameEditText.getText()));
                intent.putExtra(SampleMaterialActivity.EXTRA_INITIAL,
                        String.valueOf(nameEditText.getText().charAt(0)));
                intent.putExtra(SampleMaterialActivity.EXTRA_COLOR, color);
                setResult(RESULT_OK, intent);
                supportFinishAfterTransition();
            }
        }
    });
}
}
```

上面的方法加载了 activity_transition_add.xml 布局，并设置了 add_button 的 OnClickListener 监听器。还实现了一个监视用户在 EditText 字段输入姓名的方法，用于确定 initial 要显示的内容。当 add_button 被单击，先进行检查确保 EditText 字段不为空，如果 name、initial 和 color 有一个有效值，那么通过调用 Activity 的 setResult()方法传回新的 Card，最后调用 supportFinishAfterTransition()方法完成过渡。该方法需要在结束后调用，以执行场景过渡，并导航用户回到之前的 Activity。如果调用常规的 finish()方法结束 Activity，将没有场景过渡，所以 supportFinishAfterTransition()方法是必需的。

12. 完成 Transition 和 Reveal

SameMaterialActivity 类必须实现 onActivityResult()方法，以便接收 TransitionAdd-Activity 的结果值。下面是将新的 Card 添加到列表的代码：

```
@Override
protected void onActivityResult(int requestCode, int resultCode, Intent
data) {
    super.onActivityResult(requestCode, resultCode, data);

    Log.d(DEBUG_TAG, "requestCode is " + requestCode);
    // if adapter.getItemCount() is request code,
    // that means we are adding a new position
    // anything less than adapter.getItemCount()
    // means we are editing a particular position
    if (requestCode == adapter.getItemCount()) {
        if (resultCode == RESULT_OK) {
            // Make sure the Add request was successful
            // if add name, insert name in list
            String name = data.getStringExtra(EXTRA_NAME);
            int color = data.getIntExtra(EXTRA_COLOR, 0);
```

```
                adapter.addCard(name, color);
            }
        } else {
            // Anything other than adapter.getItemCount()
            // means editing a particular list item
            // the requestCode is the list item position
            if (resultCode == RESULT_OK) {
                // implement edit here
            }
        }
    }
```

如果 requestCode 等于 adater.getItemCount()方法返回的值，就意味着用户正在添加一个新的 Card。这里是添加新的 Card 的地方，将 name 和 color 传递给适配器的 addCard()方法以便添加 Card。下面是 SampleMaterialAdapter 类的 addCard()方法的代码：

```
public void addCard(String name, int color) {
    Card card = new Card();
    card.setName(name);
    card.setColorResource(color);
    card.setId(getItemCount());
    cardsList.add(card);
    ((SampleMaterialActivity) context).doSmoothScroll(getItemCount());
    notifyItemInserted(cardsList.size());
}
```

该方法创建了一个新的 Card 数据对象，设置 name、color 和 id，然后将这个 Card 对象添加到 cardsList 列表中，再调用 SampleMaterialActivity 的 doSmoothScroll()方法。传入 getItemCount()方法的返回值，用于确定滚动到哪里，最后调用 RecyclerView.Adapter 类的 notifyItemInserted()方法更新 RecyclerView，并通知 View 有一个新项插入。doSmoothScroll()方法就会将 RecyclerView 列表平滑滚动到新插入的项。下面是 SampleMaterialActivity 类的 doSmoothScroll()方法的代码实现：

```
public void doSmoothScroll(int position) {
    recyclerView.smoothScrollToPosition(position);
}
```

上面的代码调用了 RecyclerView 对象的 smoothScrollToPosition()方法，传入列表要滚动到的位置。

为在视图上执行 circular reveal 动画，需要重写 SampleMaterialAdapter 类的 onViewAttachedToWindow()方法，它提供了对 ViewHolder 的访问，并将 itemView 传递给 animateCircularReveal()方法，如下所示。

```
@Override
public void onViewAttachedToWindow(ViewHolder viewHolder) {
    super.onViewAttachedToWindow(viewHolder);
    animateCircularReveal(viewHolder.itemView);
}
```

图 12.5 显示了一系列表示动画执行过程的截图。

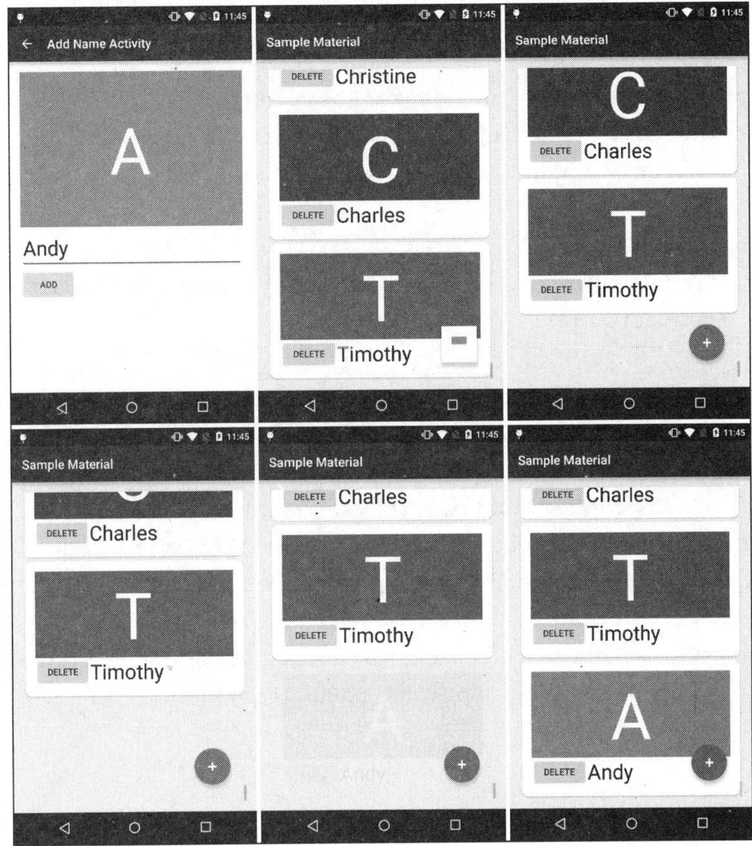

图 12.5　添加、处理结果，以及插入新的卡片

13. 查看和编辑 Card

添加了新的 Card，该了解如何查看和编辑 Card 功能了。为查看 Card，必须设置 ViewHolder 的 itemView 的 OnClickListener。下面是设置 itemView 的 OnClickListener 的代码：

```
itemView.setOnClickListener(new View.OnClickListener() {
    @Override
    public void onClick(View v) {
        Pair<View, String> p1 = Pair.create((View) initial,
                SampleMaterialActivity.TRANSITION_INITIAL);
        Pair<View, String> p2 = Pair.create((View) name,
```

```
                SampleMaterialActivity.TRANSITION_NAME);
        Pair<View, String> p3 = Pair.create((View) deleteButton,
                SampleMaterialActivity.TRANSITION_DELETE_BUTTON);

        ActivityOptionsCompat options;
        Activity act = (AppCompatActivity) context;
        options = ActivityOptionsCompat.makeSceneTransitionAnimation
(act, p1, p2, p3);

        int requestCode = getAdapterPosition();
        String name = cardsList.get(requestCode).getName();
        int color = cardsList.get(requestCode).getColorResource();

        Log.d(DEBUG_TAG,
            "SampleMaterialAdapter itemView listener for Edit adapter position " +
            requestCode);

        Intent transitionIntent = new Intent(context, TransitionEditActivity.class);
        transitionIntent.putExtra(SampleMaterialActivity.EXTRA_NAME, name);
        transitionIntent.putExtra(SampleMaterialActivity.EXTRA_INITIAL,
                Character.toString(name.charAt(0)));
        transitionIntent.putExtra(SampleMaterialActivity.EXTRA_COLOR, color);
        transitionIntent.putExtra(SampleMaterialActivity.EXTRA_UPDATE, false);
        transitionIntent.putExtra(SampleMaterialActivity.EXTRA_DELETE, false);
        ((AppCompatActivity) context).startActivityForResult(transitionIntent,
                requestCode, options.toBundle());
    }
});
```

该方法创建了另一个场景转换动画，并且这一次为三个视图使用过渡动画。列表中特定 Card 的 initial 过渡到 TransitionEditActivity 的 initial，列表中特定 Card 的 name 过渡到 TransitionEditActivity 的 name，以及列表中特定 Card 的 deleteButton 过渡到 TransitionEditActivity 的 deleteButton。startActivityForResult()方法传入了一个 Intent 参数，它包含 name、initial 和 color 的值，并传入了一个 requestCode，它是 Card 在列表中的位置，以便在 onActivityResult()方法中能够确定更新哪个 Card。

14. 编辑布局

为执行 Activity 之间的过渡，activity_transition_edit.xml 布局为在视图之间执行过渡定义了 android:transitionName 特性，布局的内容如下：

```
<LinearLayout xmlns:android="http://schemas.android.com/apk/res/android"
    xmlns:tools="http://schemas.android.com/tools"
```

```
android:id="@+id/linear"
android:layout_width="match_parent"
android:layout_height="match_parent"
android:background="@android:color/white"
android:orientation="vertical"
android:padding="@dimen/padding"
android:paddingBottom="@dimen/activity_vertical_margin"
android:paddingLeft="@dimen/activity_horizontal_margin"
android:paddingRight="@dimen/activity_horizontal_margin"
android:paddingTop="@dimen/activity_vertical_margin"
android:transitionName="layout_transition"
tools:context="com.introtoandroid.samplematerial.TransitionEditActivity">

<TextView
    android:id="@+id/initial"
    android:layout_width="match_parent"
    android:layout_height="0dp"
    android:layout_weight="1"
    android:gravity="center"
    android:textColor="@android:color/white"
    android:textSize="@dimen/initial_size"
    android:transitionName="initial_transition" />

<LinearLayout
    android:layout_width="match_parent"
    android:layout_height="0dp"
    android:layout_weight="1"
    android:background="@android:color/white"
    android:orientation="vertical">

    <EditText
        android:id="@+id/name"
        android:layout_width="match_parent"
        android:layout_height="wrap_content"
        android:inputType="textCapSentences"
        android:textColor="@android:color/black"
        android:textSize="@dimen/text_size"
        android:transitionName="name_transition" />

    <LinearLayout
        android:layout_width="match_parent"
        android:layout_height="wrap_content"
        android:background="@android:color/white"
```

```
            android:orientation="horizontal"
            android:transitionName="delete_button_transition">

            <Button
                android:id="@+id/update_button"
                android:layout_width="wrap_content"
                android:layout_height="wrap_content"
                android:text="@string/update_button" />

            <Button
                android:id="@+id/delete_button"
                android:layout_width="wrap_content"
                android:layout_height="wrap_content"
                android:text="@string/delete_button" />
        </LinearLayout>
    </LinearLayout>
</LinearLayout>
```

图 12.6 显示了过渡执行过程的截图。

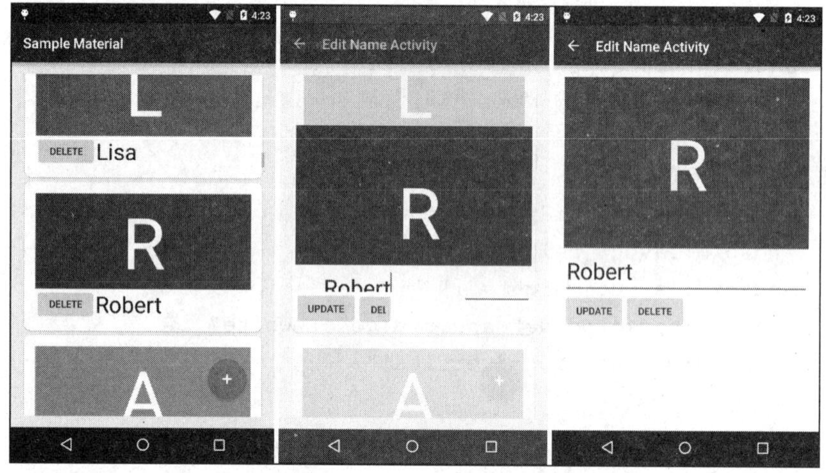

图 12.6 查看/编辑卡片过渡

15. 编辑 Card Activity

现在，来看看 TransitionEditActivity 类的 onCreate()方法。这个类与 TransitionAddActivity 类十分相似，但是该类显示一个特定 Card 的数据，并允许在 EditText 字段编辑 name。这个 Activity 还允许更新和删除 Card。下面是 TransitionEditActivity 类的代码：

```
public class TransitionEditActivity extends AppCompatActivity {
    private EditText nameEditText;
    private TextView initialTextView;
    private Intent intent;
```

```
@Override
protected void onCreate(Bundle savedInstanceState) {
    super.onCreate(savedInstanceState);
    setContentView(R.layout.activity_transition_edit);

    nameEditText = (EditText) findViewById(R.id.name);
    initialTextView = (TextView) findViewById(R.id.initial);
    Button updateButton = (Button) findViewById(R.id.update_button);
    Button deleteButton = (Button) findViewById(R.id.delete_button);

    intent = getIntent();
    String nameExtra = intent.getStringExtra(SampleMaterialActivity.
     EXTRA_NAME);
    String initialExtra =
          intent.getStringExtra(SampleMaterialActivity.EXTRA_INITIAL);
    int colorExtra = intent.getIntExtra(SampleMaterialActivity.EXTRA_COLOR, 0);

    nameEditText.setText(nameExtra);
    nameEditText.setSelection(nameEditText.getText().length());
    initialTextView.setText(initialExtra);
    initialTextView.setBackgroundColor(colorExtra);

    nameEditText.addTextChangedListener(new TextWatcher() {
        @Override
        public void onTextChanged(CharSequence s,
                int start, int before, int count) {
            if (s.length() == 0) {
                // update initialTextView
                initialTextView.setText("");
            } else if (s.length() >= 1) {
                // initialTextView set to first letter of
                // nameEditText and update name stringExtra
                initialTextView.setText(String.valueOf(s.charAt(0)));
                intent.putExtra(SampleMaterialActivity.EXTRA_UPDATE, true);
            }
        }

        @Override
        public void beforeTextChanged(CharSequence s,
              int start, int count, int after) {
        }
```

```
            @Override
            public void afterTextChanged(Editable s) {
            }
        });

        updateButton.setOnClickListener(new View.OnClickListener() {
            @Override
            public void onClick(View v) {
                // must not be zero otherwise do not
                // finish activity and report Toast message
                String text = initialTextView.getText().toString().trim();
                if (TextUtils.isEmpty(text)) {
                    Toast.makeText(getApplicationContext(),
                            "Enter a valid name", Toast.LENGTH_SHORT).show();
                } else {
                    intent.putExtra(SampleMaterialActivity.EXTRA_UPDATE, true);
                    intent.putExtra(SampleMaterialActivity.EXTRA_NAME,
                            String.valueOf(nameEditText.getText()));
                    intent.putExtra(SampleMaterialActivity.EXTRA_INITIAL,
                            String.valueOf(nameEditText.getText().charAt(0)));
                    setResult(RESULT_OK, intent);
                    supportFinishAfterTransition();
                }
            }
        });

        // delete implemented here
    }
}
```

注意 updateButton 和 OnClickListener，该方法在单击 updateButton 时返回结果，以便 SampleMaterialActivity 的 OnActivityResult()方法能用新数据更新 Card。下面是 OnActivityResult()更新实现代码：

```
@Override
protected void onActivityResult(int requestCode, int resultCode, Intent
data) {
    super.onActivityResult(requestCode, resultCode, data);

    if (requestCode == adapter.getItemCount()) {
        // add implemented here
    } else {
        if (resultCode == RESULT_OK) {
```

```
            // Make sure the request was successful
            RecyclerView.ViewHolder viewHolder =
                recyclerView.findViewHolderForAdapterPosition(requestCode);
            if (data.getExtras().getBoolean(EXTRA_DELETE, false)) {
                // delete implemented here
            } else if (data.getExtras().getBoolean(EXTRA_UPDATE)) {
                // if name changed, update user
                String name = data.getStringExtra(EXTRA_NAME);
                viewHolder.itemView.setVisibility(View.INVISIBLE);
                adapter.updateCard(name, requestCode);
            }
        }
    }
}
```

该方法检测是否发生更新，设置 CardView 的可见性为 View.INVISIBLE，以便更新时给 View 添加动画，然后调用 adapter 的 updateCard()方法，传入 name 和特定 Card 在列表中的 position。下面是 SampleMaterialAdapter 类的 updateCard()方法，它设置了 Card 的新 name，并调用了 adapter 的 notifyItemChanged()方法，以便更新列表中的项，代码如下：

```
public void updateCard(String name, int list_position) {
    cardsList.get(list_position).setName(name);
    Log.d(DEBUG_TAG, "list_position is " + list_position);
    notifyItemChanged(list_position);
}
```

16. 删除 Card

现在，已经学习了如何添加和更新 Card，下一步删除 Card。为删除 Card，需要给 ViewHolder 中的 deleteButton 设置一个 OnClickListener 对象。下面是实现代码：

```
deleteButton.setOnClickListener(new View.OnClickListener() {
    @Override
    public void onClick(View v) {
        animateCircularDelete(itemView, getAdapterPosition());
    }
});
```

当按钮被单击，animateCircularDelete()方法会被调用，传入 itemView(这里是某个特定的 CardView)，还传入将要删除的 Card 在列表中的位置。下面是 animateCircularDelete()方法的代码：

```
public void animateCircularDelete(final View view, final int list_position) {
    int centerX = view.getWidth();
```

```
        int centerY = view.getHeight();
        int startRadius = view.getWidth();
        int endRadius = 0;
        Animator animation = ViewAnimationUtils.createCircularReveal(view,
              centerX, centerY, startRadius, endRadius);

        animation.addListener(new AnimatorListenerAdapter() {
           @Override
           public void onAnimationEnd(Animator animation) {
              super.onAnimationEnd(animation);

              Log.d(DEBUG_TAG,
                "SampleMaterialAdapter onAnimationEnd for Edit adapter position " +
                 list_position);
              Log.d(DEBUG_TAG, "SampleMaterialAdapter onAnimationEnd for Edit
    cardId " +
                      getItemId(list_position));

              view.setVisibility(View.INVISIBLE);
              cardsList.remove(list_ position);
              notifyItemRemoved(list_ position);
           }
        });
        animation.start();
    }
```

该方法从 Card 的不同位置执行 circular reveal 动画，所以在动画显示过程中，要删除的 Card 的右下角是最后从屏幕上消失的点。在动画的结尾，Card 从 cardsList 删除，并且通过调用 notifyItemRemoved()方法，通知 adapter 有项目被删除。需要确保重写 SampleMaterialAdatper 类中的 onViewDetachFromWindow()方法，一旦动画执行完成，在 itemView 上调用 clearAnimation()方法清理动画。下面是代码实现：

```
@Override
public void onViewDetachedFromWindow(ViewHolder viewHolder) {
   super.onViewDetachedFromWindow(viewHolder);
   viewHolder.itemView.clearAnimation();
}
```

图 12.7 使用多个截屏显示了删除动画开始执行，到 Card 被删除，最后列表在被删除卡片的位置显示了其他卡片。

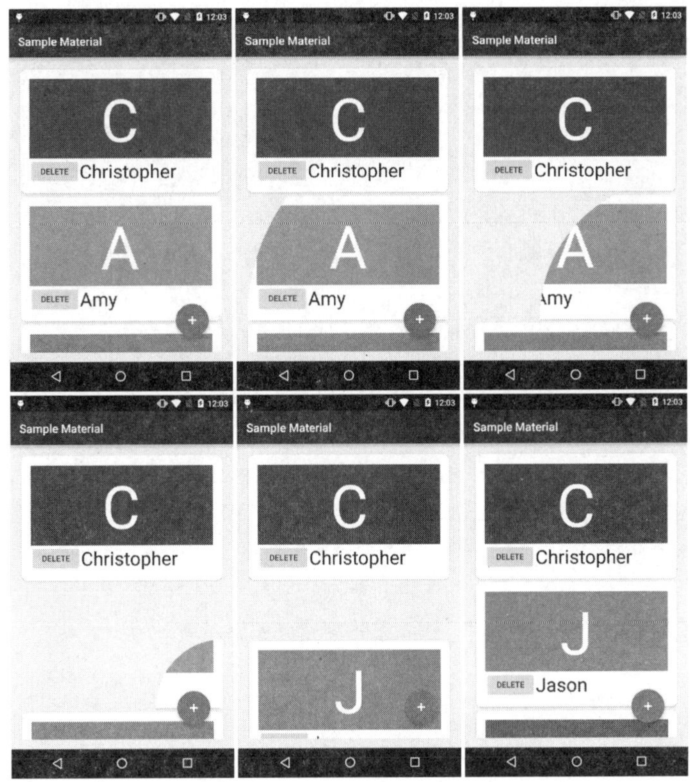

图 12.7　删除卡片的 Circular 动画

你可能还想要知道如何从 TransitionEditActivity 类中删除一个 Card。下面是设置了 OnClickListener()的 deleteButton，以便 deleteButton 被单击时通知调用 Activity，代码如下：

```
@Override
protected void onCreate(Bundle savedInstanceState) {
    // other code implemented here

    deleteButton.setOnClickListener(new View.OnClickListener() {
        @Override
        public void onClick(View v) {
            intent.putExtra(SampleMaterialActivity.EXTRA_DELETE, true);
            setResult(RESULT_OK, intent);
            supportFinishAfterTransition();
        }
    });
}
```

调用 Activity 被告知哪个 Card 要被删除，它访问要被删除的 Card，通过删除的位置获取 ViewHolder，然后将 CardView 和位置传给 adapter 的 deleteCard()方法。下面是 onActivityResult()方法的完整实现：

```
    @Override
    protected void onActivityResult(int requestCode, int resultCode, Intent
data) {
        super.onActivityResult(requestCode, resultCode, data);

        if (requestCode == adapter.getItemCount()) {
            // add implemented here
        } else {
            if (resultCode == RESULT_OK) {
                // Make sure the request was successful
                RecyclerView.ViewHolder viewHolder =
                        recyclerView.findViewHolderForAdapterPosition(requestCode);
                if (data.getExtras().getBoolean(EXTRA_DELETE, false)) {
                    // The user is deleting a contact
                    adapter.deleteCard(viewHolder.itemView, requestCode);
                } else if (data.getExtras().getBoolean(EXTRA_UPDATE)) {
                    // updated implemented here
                }
            }
        }
    }
```

下面是 SampleMaterialAdapter 类的 deleteCard()方法，代码如下：

```
public void deleteCard(View view, int list_position) {
    animateCircularDelete(view, list_position);
}
```

12.5 本章小结

本章介绍了材质设计，并展示了如何向应用添加材质主题和材质支持库。此外，还学习了如何实现一个 Circular reveal 动画，以及 Activity 间的场景过渡。另外，还学习了如何实现 CardView、RecyclerView、RecyclerView.Adapter 以及 RecyclerView.ViewHolder。现在你已经具备开发材质 Android 应用的能力了。

12.6 小测验

1. 如何向应用添加 CardView 支持库？
2. 用于在布局中的 View 上定义一个过渡的特性是什么？
3. 当实现材质应用时，应该从哪个 Activity 类继承？

4. 为确定 RecyclerView.Adapter 的尺寸，应该重写哪个方法？

5. 判断题：为了确定列表中项目的位置，应该重写 RecyclerView.Adapter 的 getId() 方法。

6. 如何将数据绑定到 RecyclerView？

12.7 练习题

1. 欲了解更多有关 Goolge 定义材质设计的信息，请阅读材质设计规格，链接：http://www.google.com/design/spec/material-design/introduction.html。

2. 为熟悉 RecyclerView 的所有可用的类，请阅读 RecyclerView 文档，链接：http://d.android.com/reference/android/support/v7/widget/RecyclerView.html。

3. 修改 SampleMaterial 应用，使其支持片段，然后在片段中实现添加和编辑功能。

12.8 参考资料和更多信息

Android Developers Blog: "AppCompat v21—Material Design for Pre-Lollipop Devices!":
http://android-developers.blogspot.com/2014/10/appcompat-v21-material-design-for-pre.html

Android Developers Blog: "Implementing Material Design in Your Android app":
http://android-developers.blogspot.com/2014/10/implementing-material-design-in-your.html

Android Design: "Material Design for Android":
http://d.android.com/design/material/index.html

Android Training: "Material Design for Developers":
http://d.android.com/training/material/index.html

Android Tools: "Support Library Features": "v7 appcompat library":
http://d.android.com/tools/support-library/features.html#v7-appcompat

Android Tools: "Support Library Features": "v7 recyclerview library":
http://d.android.com/tools/support-library/features.html#v7-recyclerview

Android Tools: "Support Library Features": "v7 cardview library":
http://d.android.com/tools/support-library/features.html#v7-cardview

Android SDK Reference regarding the application CardView class:
http://d.android.com/reference/android/support/v7/widget/CardView.html

Android SDK Reference regarding the application RecyclerView class:
http://d.android.com/reference/android/support/v7/widget/RecyclerView.html

Android SDK Reference regarding the application RecyclerView.Adapter class:
http://d.android.com/reference/android/support/v7/widget/RecyclerView.Adapter.html

Android SDK Reference regarding the application RecyclerView.ViewHolder class:

http://d.android.com/reference/android/support/v7/widget/RecyclerView.ViewHolder.html

Android Samples: "CardView":

http://d.android.com/samples/CardView/index.html

Android Samples: "RecyclerView":

http://d.android.com/samples/RecyclerView/index.html

第13章

设计兼容的应用

根据 ScientiaMobile 公司 2015 年一季度的移动设备概括报告，全球范围内有超过 5600 种 Android 设备，包括智能手机、平板电脑和功能机。在本章中，你将学习如何设计和开发兼容不同屏幕大小、不同硬件及不同系统版本的 Android 应用。我们将提供大量的技巧，旨在设计和开发兼容各种不同设备的应用。

13.1 最大化应用的兼容性

由于现在大量厂商生产 Android 设备，导致设备的外形和形式呈爆炸性增长——每种设备都有市场差异性以及独特性。用户有了很多选择，但是这些选择是有代价的。设备多样性的暴增导致了严重的碎片化(或兼容性问题)。开发一个能支持大量设备的 Android 应用变成一个极富挑战性的任务，即便这些设备的尺寸都是一样的。开发人员必须考虑各种设备中的系统版本(见图 13.1)、硬件配置(包括可选的硬件特性，例如 OpenGL 的版本(见图 13.2))以及各式各样的屏幕大小和密度(见图 13.3)。设备的差异性清单很长，并会随着每种新设备的加入而不断变长。

虽然碎片化使 Android 应用开发人员的工作变得相对复杂，但仍能开发一个单一应用而兼容多种设备。为尽可能兼容更多设备，通常可采用下面这些策略：

- 在开发时尽可能选择兼容最多设备的方法。大多数情况下，可在运行时检测设备的差异，提供不同的代码分支以支持不同的配置。确保通知到测试团队，方便他们理解，以保证测试覆盖各种情况。
- 在任何一个开发决定限制应用兼容性时(例如，使用较高 API 级别引入的接口，或引入新的硬件需求，例如，需要使用相机)，都必须评估这一风险，并在文档中记录下来。确定是否需要为不支持该要求的设备提供备选方案。
- 在设计应用的用户界面时，请考虑屏幕大小和密度的差异。可为设备设计非常灵活的布局，从而在不同分辨率和大小的屏幕，纵向模式和横向模式，以及方形或圆形穿戴设备屏幕上，看上去都很合理。然而，如果不及早考虑这些因素，就有可能在后期为适应这些差异不得不做出修改(有时是非常痛苦的)。

- 在开发过程中，及早在多种设备上进行测试；以避免后期遭受不愉快的意外。保证用来测试的设备有不同的硬件、系统版本、屏幕大小以及硬件功能。
- 尽可能提供替代资源，以便在不同设备上平滑过渡(在本章的后面将深入讨论替代资源)。
- 如果你在应用中引入了硬件或者软件上的要求，必须使用适当的标签在 Android Manifest 文件中注册。这些标签将帮助 Android 平台或者第三方平台(如 Google Play)保证应用只能在符合这些要求的设备上安装。

现在，让我们看一些你能使用的针对不同配置及语言的策略。

Version	Codename	API	Distribution
2.2	Froyo	8	0.2%
2.3.3 - 2.3.7	Gingerbread	10	4.1%
4.0.3 - 4.0.4	Ice Cream Sandwich	15	3.7%
4.1.x	Jellybean	16	12.1%
4.2.x		17	15.2%
4.3		18	4.5%
4.4	KitKat	19	39.2%
5.0	Lollipop	21	15.9%
5.1		22	5.1%

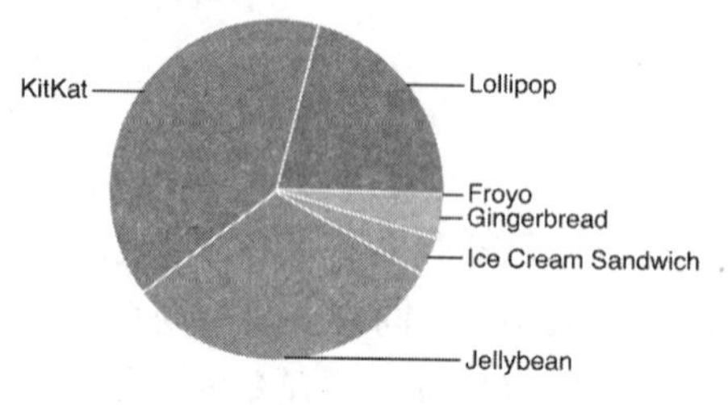

Data collected during a 7-day period ending on September 7, 2015.
Any versions with less than 0.1% distribution are not shown.

图 13.1　Android 设备的平台版本统计数据

(来源：http://d.android.com/about/dashboards/index.html#Platform)

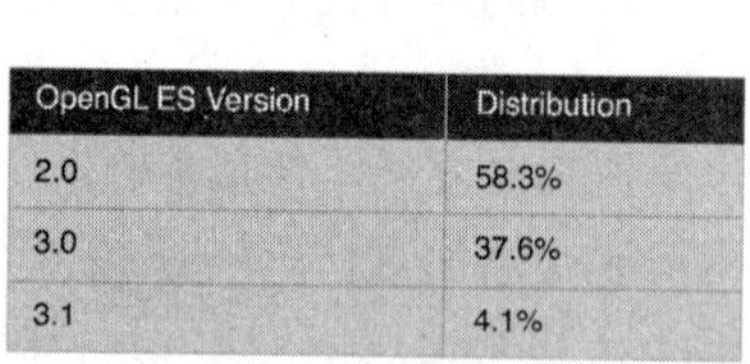

OpenGL ES Version	Distribution
2.0	58.3%
3.0	37.6%
3.1	4.1%

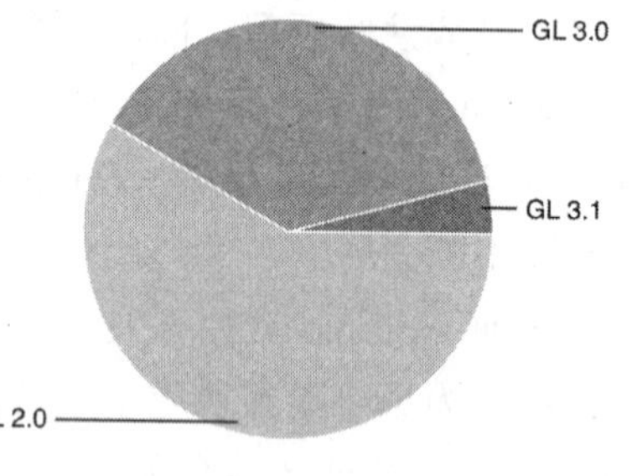

Data collected during a 7-day period ending on September 7, 2015.

图 13.2　Android 设备 OpenGL 版本的统计数据

(来源：http://d.android.com/about/dashboards/index.html#OpenGL)

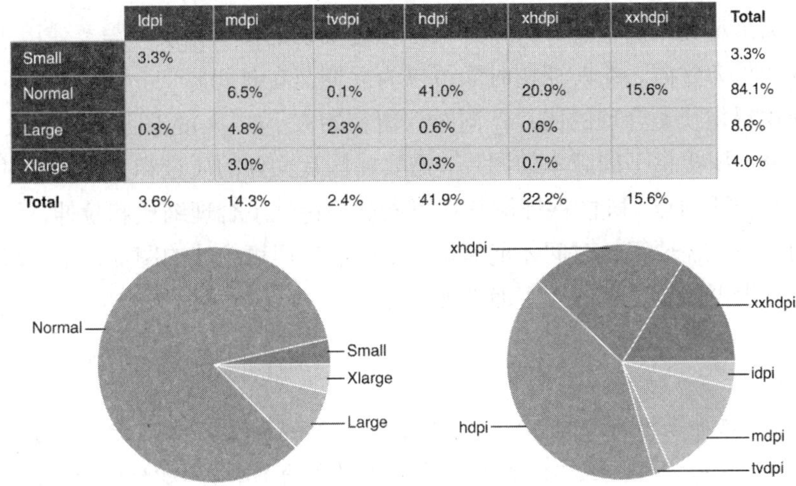

	ldpi	mdpi	tvdpi	hdpi	xhdpi	xxhdpi	Total
Small	3.3%						3.3%
Normal		6.5%	0.1%	41.0%	20.9%	15.6%	84.1%
Large	0.3%	4.8%	2.3%	0.6%	0.6%		8.6%
Xlarge		3.0%		0.3%	0.7%		4.0%
Total	3.6%	14.3%	2.4%	41.9%	22.2%	15.6%	

Data collected during a 7-day period ending on September 7, 2015.
Any screen configurations with less than 0.1% distribution are not shown.

图 13.3　Android 设备屏幕尺寸和密度的统计数据

(来源：http://d.android.com/about/dashboards/index.html#Screens)

13.2　设计兼容的用户界面

在向你介绍许多通过自定义应用的资源和代码来支持特定设备配置的方法前，你需要记住的重要一点是：大多数情况下，你可在一开始便避免使用这些方法。窍门就是将你的初始默认解决方案设计得足够灵活以覆盖各种变化。在设计用户界面时，保持界面简单，不要过度拥挤。同时，你可以利用许多功能强大的工具。

- 作为一个经验法则，针对正常屏幕大小及中等分辨率进行设计。随着时间推移，设备的趋势是向着更大尺寸、更高分辨率的方向发展。
- 使用 Fragment 保持屏幕设计独立于应用的 Activity 类，并提供灵活的工作流程。
- 使用 Android 支持库中的 API，在旧版本的 Android 平台上能使用新版本的功能。
- 对于 View 和 Layout 控件的 width 及 height 特性，使用 match_parent(即弃用的 fill_parent)或 wrap_content，这样可为不同的屏幕尺寸和方向变化控制大小，而不使用固定的像素大小。
- 为尺寸使用灵活的单位，如 dp 和 sp。而不使用固定单位，如 pt、px、mm 和 in。
- 避免使用 AbsoluteLayout 以及其他像素固定的设置和属性。
- 使用灵活的布局控件，如 RelativeLayoutpt、LinearLayoutpt、TableLayout 和 FragmentLayout 来设计屏幕。或者为屏幕设计一种自定义的布局，保证在纵向模式及横向模式，以及不同尺寸和分辨率下都能很好地显示。
- 将屏幕内容放在可扩展的容器控件中，如 ViewPager、ScrollView、ListView 以及 RecyclerView。通常，你只需要在一个方向进行缩放和伸展(纵向和横向)。

- 不要为屏幕元素的位置、大小、尺寸指定确切的值。相反，需要使用相对的位置、权重和重力方向。在前期花时间可以为后期节省时间。
- 为应用提供质量合理的图片，同时保留初始大小(更大)的图片，以保证将来你可为不同分辨率提供不同版本的图片。需要在图片文件的质量和大小之间做出取舍。找到一个合适的点，既能保证图片在不同屏幕特性下合理缩放和拉伸，又不会增大应用的大小或需要很长时间才能显示。尽可能使用可拉伸的图片，如九宫格可拉伸图片，它根据显示区域的大小而改变尺寸。

提示

如何获取屏幕相关的信息？可使用 DisplayMetrics 工具类，配合 WindowManager 一起可以在运行时获取设备与显示相关的所有特性，代码如下：

```
DisplayMetricscurrentMetrics = new DisplayMetrics();
WindowManagerwm = getWindowManager();
wm.getDefaultDisplay().getMetrics(currentMetrics);
```

你或许也想获取设备配置和用户配置，如输入模式、屏幕尺寸、方向、区域设置以及运行时的缩放比例。可通过 Configuration 类获取，代码如下：

```
Configuration config = getResources().getConfiguration();
```

13.2.1　使用 Fragments

第 9 章中详细讨论了 Fragment 的使用，但是在讨论如何设计应用兼容性时需再次提到。所有应用都能受益于基于 Fragment 设计的工作流带来的灵活性。通过将屏幕功能从特定的 Activity 类中解耦出来，你可以根据屏幕的大小、方向以及其他硬件配置选项，将这些功能以不同方式组合起来。使用 Fragment 后，当新设备上市时，你可以很方便地支持这些设备——简短地说，就是面向未来设计用户界面。

提示

几乎没理由不使用 Fragment，即便你要支持远至 Android 1.6 的老版本(接近 100% 的市场份额)。你只需要在遗留代码中引入 Android 支持库，便可以使用 Fragment 相关特性。绝大部分非面向 Fragment 的 API 都已经被废弃，这显然是平台设计者引导开发人员前行的方向。

13.2.2　使用各种 Android 支持库 API

正因为 Fragment 与 Android SDK 中其他几种新特性对未来设备的兼容性非常重要，在旧版本中，最早到 Android1.6 版本，可通过引入 Android 支持库来使用这些新的 API。另一方面，某些现代的特性(例如 RecyclerView)只在 Android 支持库中可用。所以，即便不是为了旧设备，而是为了引入新特性，也需要引入相应版本的 Android 支持库。要在应用中使用 Android 支持库 API，可执行如下步骤：

(1) 使用 Android SDK 管理器为 Android Studio 下载 Android 支持库。

(2) 在 Android Studio 的 Android 视图中打开你的项目，打开相应模块的 build.gradle 文件。

(3) 在 build.gradle 文件的依赖声明中添加目标版本的 Android 支持库。

(4) 开始使用 Android 支持库中已有的 API。例如，为创建继承 FragmentActivity 的类，你需要先导入 android.support.v4.app.FragmentActivity。

要获取 Android 支持库中所有可用 API 的清单，可访问 http://d.android.com/tools/support-library/features.html。

13.2.3　支持特定的屏幕类型

虽然你通常想把应用开发为与屏幕无关的形式(支持所有类型的屏幕，小尺寸和大尺寸，高分辨率和低分辨率)，必要时，也可在 AndroidManifest 文件中明确指定应用所支持的屏幕类型。下面是在应用中支持不同屏幕类型的一些基本要素：

- 使用 Android 清单文件标签<supports-screens>明确指定应用支持的屏幕大小。关于该标签的更多信息，请访问链接：http://d.android.com/guide/topics/manifest/supports-screens-element.html。
- 设置灵活的布局，在不同尺寸的屏幕下都能正常显示。
- 提供最灵活的默认资源，在需要时，为不同的屏幕尺寸、密度、宽高比以及方向提供替代资源。
- 测试、测试、再测试！在你的质量保障测试周期中，确保检查应用在不同的屏幕尺寸、密度、宽高比以及方向的表现。

提示

有关如何支持不同类型屏幕的更具体的讨论，从最小的手表到最大的平板电脑和电视，请访问 Android 开发人员网站：http://d.android.com/guide/practices/screens_support.html。

有必要了解旧的应用在更大更新的设备上，如何使用屏幕兼容模式来自动拉伸。根据应用初始的目标 Android SDK 版本，在新版本的平台上表现可能稍有不同。该模式默认是启用的，也可在应用中关闭。你可以在 Android 开发人员网站上更多地了解屏幕兼容模式：http://d.android.com/guide/practices/screen-compat-mode.html。

13.2.4　使用九宫格可拉伸图形

手机屏幕尺寸越来越多样。使用可拉伸的图形可为你节省很多时间，它可以让一幅图片通过适当的拉伸，来支持不同屏幕大小、方向或不同长度的文本。Android 支持九宫格可拉伸图形就是为了达到这个目的。九宫格图形是一张拥有补丁的普通 PNG 图形，或者说将图形划分了区块，相对将图形作为一个整体进行拉伸，这里只有被标记的区域才会被拉伸。我们将在附录 D 中详细讨论如何制作可拉伸图形。

13.3 提供替代应用资源

很少有应用的用户界面能在每台设备上都表现完美。大多数都需要做一些调整并处理一些特殊情况。Android 平台允许你为某些特殊设备标准组织资源。我们认为存储在资源层次命名方案中最上层的是默认资源，而指定了版本的为替代资源。

下面是一些你可能想在应用中包含替代资源的原因：

- 支持不同的语言和区域
- 支持不同设备的屏幕大小、密度、分辨率、屏幕方向以及宽高比
- 支持不同设备的接入模式
- 支持不同设备的输入方式
- 为不同版本 Android 平台提供不同的资源

13.3.1 了解资源是如何被解析的

下面将介绍 Android 系统中资源是如何被解析的。每当请求 Android 应用内的资源时，Android 系统将尝试找到尽可能匹配的资源。大多数情况下，应用只提供一组资源。开发人员可以在应用包中包含一些资源的替代版本。Android 操作系统总是尝试加载尽可能精确的可用资源——开发人员不需要关心哪个版本的资源被加载了，因为这些都由操作系统去处理。

在创建替代资源时，请记住如下四个重要规则：

(1) Android 平台总是加载最具体，最适当的可用资源。如果替代资源不存在，就使用默认资源。所以，了解你的目标设备是非常重要的。你可以根据默认资源进行设计，同时适当地添加默认资源以保证应用的可管理性。

(2) 替代资源必须与默认资源的命名完全一致，并放在相应的带有特定替代资源修饰的目录下。假如 res/values/strings.xml 文件有一个名为 strHelpText 的字符串，那么在字符串文件 res/values-fr/strings.xml(法语)和 res/values-zh/strings.xml(中文)的命名也必须是 strHelpText。其他类型的资源(如图形和布局文件)同样如此。

(3) 良好的应用设计要求替代资源都有对应的默认资源，这样能保证在不同的设备配置上都能加载到某个资源。只有在准备了所有特定版本的替代资源的情况下，你才不需要准备默认资源。系统在找到最合适的资源后就会立即把与当前配置不匹配的资源排除掉。例如，在竖屏模式下，系统不会去查找横屏模式对应的资源，即便这是唯一可用的资源。需要记住，新的替代资源修饰符会随着时间推移不断增加。所以，即便应用现在覆盖了所

有的替代资源修饰符，但是在未来可能就不是这样的。

(4) 不要过度添加替代资源，过多的替代资源会增加应用包的大小，也会带来性能损耗。相反，尝试将你的默认资源设计成灵活和可伸缩的。例如，一个好的布局设计可以无缝支持竖屏和横屏模式——如果你使用了正确的布局、用户界面控件以及可拉伸的图形资源。

13.3.2　使用限定符组织替代资源

替代资源可在很多不同条件下被创建，包括(但不限于)屏幕特性、设备输入方式以及语言和地区差异。这些替代资源按层次结构组织在 res/资源项目目录中。在特定情况下，你可以使用目录修饰符(以目录后缀名的形式)来指定某个资源作为替代资源被加载。

举个简单例子可能有助于你理解这个概念。替代资源最常见的示例就是在 Android Studio 中创建 Android 项目时为应用的默认图标资源创建替代资源。应用可以只提供一个图标图形资源，存放在 res/mipmap 目录下。但不同的 Android 设备有不同的屏幕密度。因此，会改用替代资源。res/mipmap-hdpi/ic_launcher.png 适用于高密度屏幕，res/mipmap-ldpi/ic_lancher.png 适用于低密度屏幕，等等。值得注意的是每个目录下资源的名称是一样的。这点很重要，所有替代资源的名称必须与默认资源的名称相同。Android 系统就是根据名称匹配到合适的加载资源。

下面是一些关于替代资源的其他重要事项：

- 通常始终为默认资源目录名后使用替代资源目录修饰符，例如，res/drawable-qualifier、res/values-qualifier、res/layout-qualifier。
- 每个资源目录中只能包含同类型限定符中的一个。有时可能会带来一些不好的结果，你可能被迫需要在多个目录下存放同一份资源。例如，你不能创建一个名为 res/drawable-ldpi-mdpi 的替代资源目录来共享同一个图标图形资源。相反，你必须创建两个目录 res/drawable-ldpi 和 res/drawable-mdpi。坦白地讲，当你想通过不同限定符来共享资源，而不是为同一份资源提供两份副本，你最好将它们设置为默认资源，并为那些不符合 ldpi 和 mdip 的资源(如 hdpi)提供替代资源。如前所述，最终还是由你自己决定如何组织资源，我们只是提供方便管理资源的建议。
- 替代资源目录限定符和资源文件名必须为小写，只有一种情况除外：区域限定符。
- 替代资源目录限定符可以彼此拼接或链接起来，限定符之间用“-”隔开。这使得开发人员能创建非常具体的目录以及具体化的替代资源。这些限定符必须按照一个约定的顺序连接，Android 操作系统总是尝试加载最具体的资源(即最长路径匹配的资源)。例如，你可以创建一个替代资源用于：法语(限定符 fr)、加拿大地区(限定符 rCA，CA 为区域限定符，所以大写)字符串资源(存储在 values 目录下)；名为 /res/values-fr-rCA/strings.xml。
- 只需要为那些需要具体化的资源创建替代资源——并不是每个资源。如果只需要为默认资源 strings.xml 中一半的内容提供某种语言的替代资源，就只需要翻译那一半的内容。换句话说，默认的 strings.xml 资源文件中包含字符串资源的超集，而替代字符串资源文件中只是一个子集——只是那些需要翻译的字符串。最常见的不需要本地化的字符串示例就是公司和品牌的名称。

- 不允许自定义目录名或限定符，只能使用在 Android SDK 中已定义的限定符。这些限定符在表 13.1 中列出。
- 尽量提供默认资源——保存在名称中不含限定符的目录中。在没有特定替代资源匹配时，Android 操作系统将使用默认资源。如果没有默认资源，系统将在限定符最接近的目录中查找，找到的可能是一个并不合适的资源。

现在，你已经了解了替代资源是如何工作的，下面介绍一些可用于为不同目的存储替代资源的一些目录限定符。限定符按照严格顺序添加到已存在的资源目录名中，在表 13.1 中以降序形式列出。

包含限定符的替代资源目录的正确示例：

- res/values-en-rUS-port-finger/
- res/drawables-en-rUS-land-mdpi/
- res/values-en-qwerty/

包含限定符的替代资源目录的错误示例：

- res/values-en-rUS-rGB/
- res/values-en-rUS-port-FINGER-wheel/
- res/values-en-rUS-port-finger-custom/
- res/drawables-rUS-en/

表 13.1 重要的替代资源限定符

目录限定符	示 例 值	描 述
移动国家代码和移动网络代码	mcc310 (美国) mcc310-mnc004(美国, Verizon)	移动国家代码(MCC)， 可在其后面包含一个短划线以及设备中 SIM 卡的移动网络代码(MNC)
语言及区域代码	en (英语) ja (日语) de (德语) en-rUS (美式英语) en-rGB (英式英语)	语言代码(ISO 639-1 双字母语言代码)，可以在其后面包含一个短划线以及区域代码(一个小写字母 r 后面加上 ISO 3166-1-alpha-2 中定义的区域代码)
布局方向	ldltr ldrtl	应用的布局方向，从左至右或从右至左。资源(如布局、数值和可绘制图像)都可以使用该规则。你需要在清单文件中将应用特性 supportsRtl 设置为 true。 在 API 级别 17 中引入

(续表)

目录限定符	示　例　值	描　　述
屏幕像素尺寸。一些用来指定具体屏幕尺寸的限定符，包括最小宽度、可用宽度以及可用高度	sw<N>dp (最小宽度) w<N>dp (可用宽度) h<N>dp (可用高度) 例如： sw320dp sw480dp sw600dp sw720dp h320dp h540dp h800dp w480dp w720dp w1080dp	DP 特定屏幕值。 swXXXdp: 表示该资源限定符支持的最小宽度。 wYYYdp: 表示最小宽度。 hZZZdp: 表示最小高度。 数值可以是开发人员设定的任意值，以 dp 为单位。 在 API 级别 13 中引入
屏幕尺寸	small normal large xlarge (在 API 级别 9 中引入)	通用的屏幕尺寸。 small 屏幕通常是低密度的 QVGA 或高密度的 VGA 屏幕。 normal 屏幕通常是中等密度的 HVGA 屏幕或类似的屏幕。 large 屏幕至少是中等密度的 VGA 屏幕或其他比 HVGA 拥有更多像素的屏幕。 xlarge 屏幕至少是中等密度的 HVGA 屏幕，通常是平板的尺寸或更大。 在 API 级别 4 中引入
屏幕宽高比	long notlong	设备是否为宽屏。 WQVGA、WVGA 和 FWVGA 屏幕是 long 屏幕。 QVGA、HVGA 和 VGA 屏幕是 notlong 屏幕。 在 API 级别 4 中引入
屏幕方向	port land	当设备在竖屏模式，port 资源将会被加载。 当设备在横屏模式，land 资源将会被加载

(续表)

目录限定符	示 例 值	描 述
UI 模式	car desk appliance television watch (在 API 级别 20 中引入)	当设备在车载基座或桌面基座中时，car/desk 对应的资源会被加载。 当设备为电视显示模式时，television 对应的资源会被加载。 当设备没有显示屏时，appliance 对应的资源会被加载。 当设备为手表显示模式时，watch 对应的资源会被加载
夜间模式	night notnight	当设备在 night 模式或 notnight 模式时，加载特定的资源。 在 API 级别 8 中引入
屏幕像素密度	ldpi mdpi hdpi xhdpi (在 API 级别 8 中引入) xxhdpi (在 API 级别 16 中引入) xxxhdpi (在 API 级别 18 中引入) tvdpi (在 API 级别 13 中引入) nodpi	低密度屏幕资源(约 120dpi)应该使用 ldpi 选项。 中密度屏幕资源(约 160dpi)应该使用 mdpi 选项。 高密度屏幕资源(约 240dpi)应该使用 hdpi 选项。 超高密度屏幕资源(约 320dpi)应该使用 xhdpi 选项。 超超高密度屏幕资源(约 480dpi)应该使用 xxhdpi 选项。 电视屏幕资源(约 213dpi，介于 mdpi 与 hdpi 之间)应该使用 tvdpi 选项。 使用 nodpi 选项指定你不愿意缩放来匹配设备屏幕密度的资源。 在 API 级别 4 中引入
触屏类型	notouch finger	没有触摸屏的设备应该使用 notouch 选项 使用手指类型触摸屏的资源应该使用 finger 选项
键盘类型及可用性	keysexposed keyshidden keyssoft	当键盘可用时(硬件盘或软键盘)使用 keysex-posed 选项。 当没有硬件盘或软键盘使用时，使用 keyshidden 选项。 当只有软键盘可以使用时，使用 keyssoft 选项

(续表)

目录限定符	示　例　值	描　　述
文本输入方式	nokeys qwerty 12key	当设备没有硬件盘输入，使用 nokeys 选项。 当设备有 qwerty 硬件盘输入时，使用 qwerty 选项。 当键盘有 12 数字键盘时，使用 12key 选项
导航键可用性	navexposed navhidden	当导航硬件按钮可用时，使用 navexposed 选项。 当导航硬件按钮不可用时(例如，手机外套关闭状态)，使用 navhidden 选项
导航方式	nonav dpad trackball wheel	如果设备除触摸屏之外没有导航按钮，使用 nonav 选项 当主要导航方式是方向键时，使用 dpad 选项 当主要导航方式是轨迹球时，使用 trackball 选项 当主要导航方式是方向滚轮时，使用 wheel 选项
Android 平台	v3 (Android 1.5) v4 (Android 1.6) v7 (Android 2.1.X) v8 (Android 2.2.X) v9 (Android 2.3-2.3.2) v10 (Android 2.3.3–2.3.4) v12 (Android 3.1.X) v13 (Android 3.2.X) v14 (Android 4.0.X) v15 (Android 4.0.3) v16 (Android 4.1.2) v17 (Android 4.2.2) v18 (Android 4.3) v19 (Android 4.4) v20 (Android 4.4W.2) v21 (Android 5.0) v22 (Android 5.1) v22 (MNC preview) v23 (Android 6.0)	基于 Android 平台的版本加载资源，也就是 API 级别。该限定符将加载特定 API 级别或更高级别的资源。注意：该限定符有一些已知的问题。请参阅 Android 文档了解更多信息

第一个错误的示例不能工作是因为你只能在目录中包含给定类型限定符中的一个，同时包含 rUS 和 rGB 违反了这一规则。第二个错误的示例违反了限定符必须小写的规则(区域限定符除外)。第三个错误的示例包含了开发人员自定义的限定符，目前并不支持。最后一个错误示例违反了限定符的放置顺序：语言、区域等。

13.3.3　为不同屏幕方向提供资源

让我们来看一个使用替代资源为不同屏幕方向自定义显示内容的应用。SimpleAltResources 应用(本章对应的样例代码可在本书网站上找到)只有少部分自定义的代码需要讲解(如果你不相信我们的话可以查看 Activity 类)。里面有两行代码是为了使用 Android 设计支持库中的 ToolBar 代替 ActionBar，所以 SimpleAltResourcesActivity 不是继承自 Activity，而是继承 AppCompatActivity。下面是我们添加到 onCreate()方法中的两行代码：

```
toolbar = (Toolbar) findViewById(R.id.toolbar);
setSupportActionBar(toolbar);
```

有趣的功能依赖于资源文件夹限定符。这些资源如下：

- 应用的默认资源，包括应用的图标，存放在 res/mipmap 目录下；图片图形资源存放在 res/drawable 目录；布局文件存放在 res/layout 目录；颜色、尺寸、字符串以及样式资源存放在 res/values 目录。一旦某些特定的资源不可用，这些资源就会被加载。它们是最后可依赖的资源。
- 在 res/drawable-prot/目录下存放一张竖屏替代图片资源。在 res/values-port/目录下也有针对竖屏模式的字符串和颜色资源。如果设备切换到竖屏模式，这些资源——针对竖屏的图片、字符串及颜色将会被加载，并用于默认的布局中。
- 在 res/drawbale-land/目录存放有针对横屏模式的图片资源。res/values-land/目录也有针对横屏模式的字符串和颜色(相反的背景色和前景色)资源。如果设备切换到横屏模式，这些资源——针对横屏的图片、字符串以及颜色将会被加载，并用在默认布局文件中。

图片 13.4(左边部分)显示了 Android Studio 中的 Android 项目视图，res/目录完全展开，展示了不同符号资源文件名称以及针对不同配置的子目录。值得注意的是这些目录只是显示了它们名字的符号，并不是它们在实际文件系统中的位置。Android 项目视图通过在资源文件名右边的括号中显示相应的资源限定符，帮助开发人员非常方便地确定该资源文件是在哪些配置情况下使用的。例如，我们看到三个 pic.jpg 文件，第一个没有限定符，所以它是 pic.jpg 的默认资源文件。第二个 pic.jpg 在文件名右边显示了(land)限定符，第三个 pic.jpg 在文件名右边显示(port)限定符。图 13.4(右边部分)显示了 Android Studio 中传统的 Project 视图，展示了 res/目录下资源文件在文件系统中的文件名以及这些目录的位置。与 Android 视图中在文件名后显示(land)符号不同，传统 Project 视图中的目录名中包含限定符。

例如，values-land 和 values-port——每个目录下都包含 colors.xml 和 strings.xml 文件(这些文件在传统的 Project 视图中并没有显示出来)。

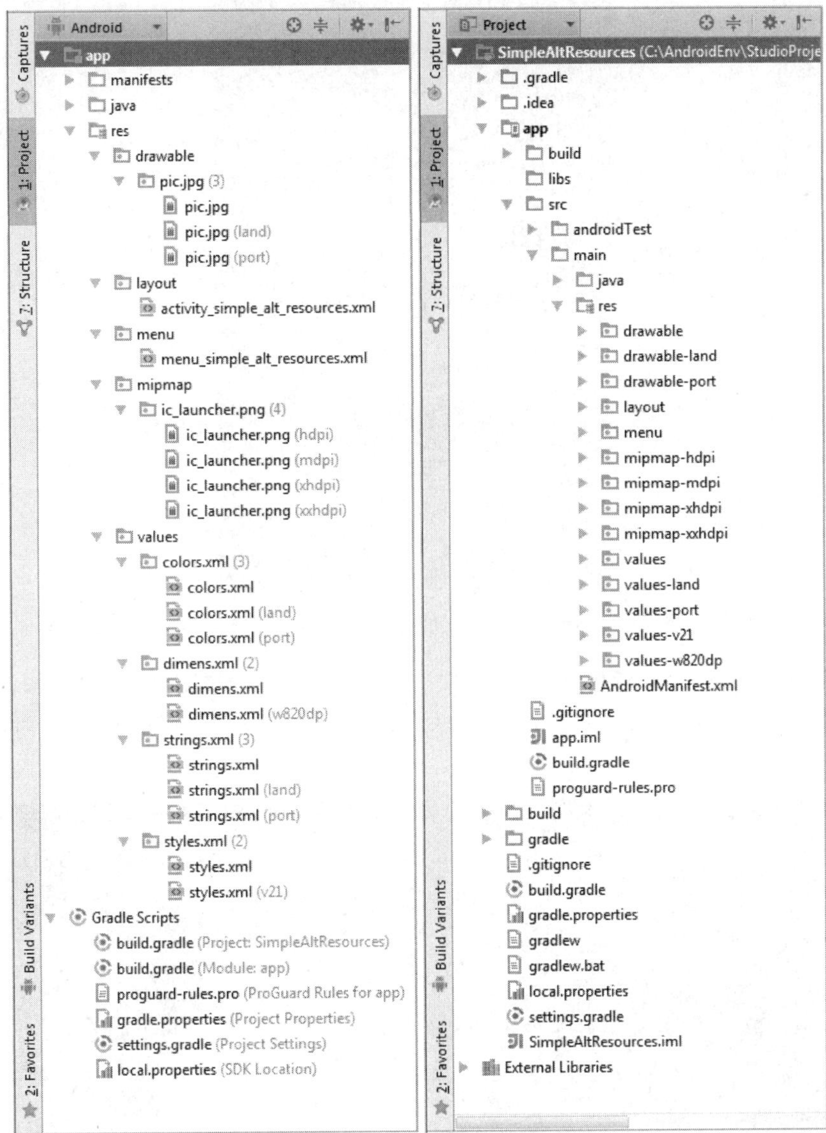

图 13.4　Android Studio 的扩展 Android 工程视图按项目名和工程层次位置在 res/子目录中显示替代资源文件(左)，并显示传统的 Project 视图，使用实际文件系统名和位置显示 res/子目录(右)

图 13.5 展示了 SimpleAltResources 在竖屏模式下，运行时加载的不同资源。图中显示了渲染后的资源，蓝色的状态栏，白色的文本标签，黑色的工具栏和导航条，以及图片框中显示的图片。

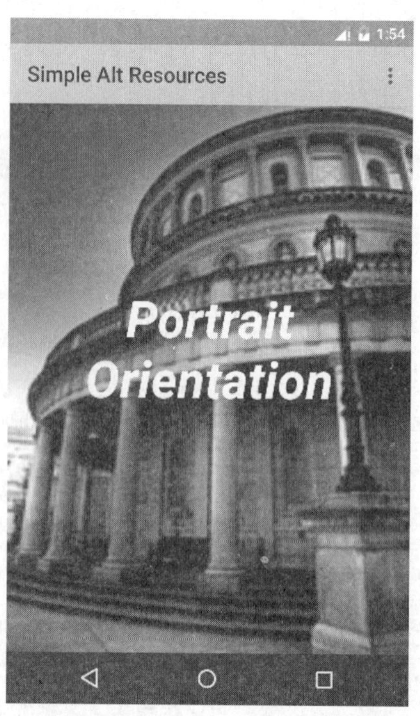

图 13.5 在 SimpleAltResource 应用中使用竖屏替代资源

图 13.6 展示了 SimpleAltResources 在横屏模式下，运行时加载的不同资源。图中显示了渲染后的资源，为状态栏、工具栏、文本标签和导航条使用红色和黑色，在图片框中显示图片。

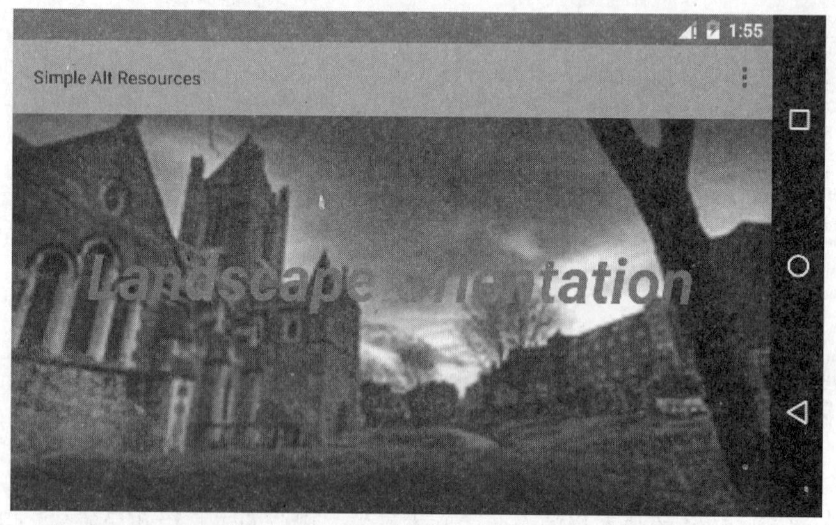

图 13.6 在 SimpleAltResource 应用中使用横屏替代资源

13.3.4 以编程方式使用替代资源

目前，还没有方法能以编程方式请求针对特定配置的资源。例如，开发人员不能以编程方式请求法语或英语版本的字符串资源。相反，Android 操作系统在运行时确定这些资源，开发人员只能通过名称引用这些资源。

13.3.5　高效组织应用的资源

在替代资源上很容易走火入魔。你可以为设备屏幕、语言或者输入方式的每种组合都提供自定义图形。但是，你在项目中每添加一个应用资源，就会增加应用包的大小。

资源的频繁切换也会带来性能问题——通常发生在运行时配置改变时。每当有运行时事件发生，如屏幕方向或者键盘状态发生改变，Android 操作系统都会重启底层的 Activity 并重新加载资源。如果应用加载了很多资源和内容，这些事件将引起应用性能损耗及响应缓慢。

需要谨慎选择你的资源组织方式。通常情况下，你需要把那些最常用的资源作为默认资源，在必要时再添加替代资源。例如，你正在开发一个常规显示视频或者游戏屏幕的应用，你应该把横屏模式的资源设为默认，而提供竖屏模式的替代资源，因为它们不太可能被使用。

1. 配置改变时保留数据

Activity 可在转换过渡时保留数据，使用 onRetainNonConfigurationInstance()方法保存数据，在过渡后，使用 getLastNonConfigurationInstance()恢复这些数据。在 Activity 有很多设置或者预加载时，这个功能很有帮助。当使用 Fragment 时，你需要做的就是使用 setRetainInstance()方法在变化时保持 Fragment 实例。

2. 处理配置变化

若你不希望在特定配置发生变化后重新加载替代资源，可考虑在 Activity 类中处理这些变化，避免整个 Activity 重新启动。照相机应用可以使用这项技术来处理方向变化，避免照相机内部硬件再次初始化，重新显示取景窗口，或重新显示相机控件(Button 控件只需要旋转到新的方向——非常流畅)。

要在 Activity 类处理它的配置变化，应用须遵循如下步骤：

- 在 AndroidManifest 清单文件指定 Activity 类对应的<activity>标签中加上 android:configChanges 特性，在特性值中指定 Activity 类需要处理的变化类型。
- 实现 Activity 类中的 onConfigurationChanged()方法，并在方法中处理具体的变化(基于变化类型)。

13.4　平板、电视设备

Android 平台支持的设备类型呈爆炸性增长，不论是我们在谈论平板电脑或电视，还是其他每个人都在使用的设备。这些设备对开发人员来说是令他们激动的，越多的设备意味着越多的人在使用这个平台。但是，这些新类型的 Android 设备也给 Android 开发人员带来了一些独特挑战。

13.4.1　针对平板设备

不同的生产厂商和运营商提供的平板设备的尺寸和屏幕默认方向都是不同的。幸运的是，从开发人员的角度看，平板设备只是另一种 Android 设备而已。

Android 平板运行和传统智能手机相同版本的平台——并没有什么不同。大部分平板设备现在都运行 Jelly Bean 版本及更高的 Android 系统。为平板设备设计，开发和发布 Android 应用的一些技巧如下：

- **设计灵活的用户界面**：不论应用的目标设备是什么，使用灵活的布局设计总是好的。使用 RelativeLayout 来组织你的用户界面。使用相对尺寸单位如 dp，而不是固定尺寸单位，如 px。使用可拉伸的图形，如九宫格图。
- **利用 Fragment 的优点**：Fragment 将屏幕功能从特定的 Activity 中解耦出来，从而给用户界面导航带来了很大的灵活性。
- **利用替代资源**：为不同屏幕大小和屏幕密度提供替代资源。
- **屏幕方向**：平板设备通常默认为横屏模式，但也不是所有的都如此，特别是在一些小屏幕的设备上，默认是竖屏模式。
- **输入模式的区别**：平板设备通常是通过触屏输入。也有一些是通过物理按钮来输入的，这种非常少见。因为典型的物理按键都已经移入触屏内。
- **UI 导航界面的区别**：用户握持和单击平板设备的方式和智能手机不同。不论是竖屏或者横屏模式，平板设备的屏幕都要比智能手机的大。像游戏这类应用，用户需要像握着游戏控制器一样来操作平板设备，屏幕上更大的空间就会显得多余。用户在智能手机上左右两个拇指可以很轻易地单击到屏幕的另一半，但是在平板设备上是很难完成的。
- **功能支持**：某些硬件或软件功能通常不适用于平板设备。例如，电话功能通常是不可用的。通过电话号码获取设备唯一标识就不能使用了。关键是，硬件上的区别可能导致其他一些不易察觉的影响。

13.4.2　针对电视设备

Android 电视是另一种开发人员可以考虑的设备。在 Android 电视上，用户可以浏览 Google Play 来寻找和下载兼容的应用，就像其他 Android 设备一样。

要开发 Android 电视应用，开发人员需要使用 Android SDK 以及针对 Android TV 的附加组件，这些都可以通过 Android SDK 管理器下载。

虽然针对 Android 电视设备和智能手机及平板电脑有些微妙的不同，Android 电视应用与智能手机及平板设备上的应用有相似的结构，下面看看针对 Android 电视设备开发的一些技巧：

- **屏幕密度和分辨率**：Android 电视应用针对通常是 1920x1080 的像素分辨率并允许系统自动调整资源的大小，如果用户的电视设备的分辨率更小。
- **屏幕方向**：Android 电视只需要横屏模式的布局。
- **全屏边距**：Android 电视在全屏显示可能出现屏幕拆分现象。如果你使用了 v17 版本中的 LeanBack 支持相关的类，你不需要关心这个。如果没有使用这些类，在设计时就需要考虑 10%的边距来保证显示的内容在全屏模式下不会被拆分出去。
- **非像素完美**：需要注意，Android 电视应用的开发并不依赖屏幕上像素点的确切数目。电视设备并不保证显示每一个像素点。所以，在设计屏幕上的内容时就需要尽量灵活，保证当你在真正的电视设备上测试应用时，能方便地进行细微调整。
- **输入模式的限制**：与平板设备或智能手机不同，Android 电视设备通常都不在你触手可及的地方，也没有触摸屏。这意味着没有手势控制，没有多点触控，等等。Android 电视设备的接口使用方向键——向上，向下，向左，向右键，以及选择按钮。一些设备可能还有游戏控制器。
- **UI 界面导航的区别**：Android 电视设备输入模式的限制就意味你需要做出一些你应用屏幕导航的改变。用户不能轻易跳过屏幕上的焦点。例如，如果你的 UI 显示了一行元素，最常用的功能在最左边和最右边，如果通过拇指单击来访问分隔的元素，对一般 Android 电视的用户来说可能不太方便。
- **AndroidManifest 文件的设置**：AndroidManifest.xml 文件中有一些配置需要针对 Android 电视设备进行特殊的配置。复习针对 Android 电视的训练了解更详细的内容：http://d.android.com/training/tv/start/start.html。
- **Google Play 过滤器**：Google Play 根据 AndroidManifest.xml 文件中的配置项来过滤应用，保证应用被安装到合适的设备上。这些特性(例如，通过<uses-feature>标签定义的特性)可能导致应用不能在 Android 电视上安装。如果你在创建一个游戏应用，就需要在<application>标签中设置 android:isGame 特性，应用便可以在谷歌市场的游戏页中展示出来。关于该特性的一个示例，就是在应用需要使用触摸屏、照相机以及电话功能时。了解 Android 电视支持和不支持的特性的完整列表，请参阅“处理电视硬件”：http://d.android.com/training/tv/start/hardware.html。
- **功能支持**：某些硬件和软件功能(传感器、摄像头、电话功能等)并不适用于 Android 电视设备。

提示

关于 Android 电视开发的更多内容，查看 Android 电视开发指南 https://developers.google.com/tv/android/。

13.5 让应用兼容手表和汽车

Android Wear 和 Android Auto 是两个特定的版本——Android Wear 运行在手表中，Android Auto 运行在仪表控制台中——将穿戴设备或汽车中的应用与智能手机、平板设备和电视设备对比，或者对比穿戴设备与汽车中的应用，都有许多兼容性方面的区别。

穿戴设备和汽车中的应用被设计为手持设备(如智能手机或平板设备)的一个扩展。集成穿戴设备的一种方式是将应用扩展安装在穿戴设备上。应用扩展和手持设备应用打包在一起，与手持设备应用同时进行安装。另一种集成方式并不在可穿戴设备上安装应用扩展，而通过 NotificationCompat 类接收穿戴设备上的 Notification 消息。

当你的手持设备应用只是用来转播显示在穿戴设备上的通知时，有一些很小的兼容性问题。如果穿戴设备显示的通知消息中包含图标图形，可能需要考虑分辨率问题，但是你必须保证手持设备应用使用的 API 与穿戴设备的 API 版本兼容。

另一方面，如果集成穿戴设备要求将一个穿戴应用安装到穿戴设备上，你将面对保证应用兼容穿戴设备的挑战，所以，像布局或设备配置这些问题现在就需要考虑更多一种情况——除了你必须处理的手持设备上的兼容性问题，如智能手机和平板设备。幸运的是，在本书撰写时，市场上的可穿戴设备种类还较少，但是随着越来越多的厂商进入穿戴设备市场，种类肯定越来越多。

对于 Android Auto，仪表板控制器设备只是作为手持设备应用的一个扩展，通过消息、声音、语音交互或在设备上单击按钮完成连接；这意味着不需要在控制器设备上安装应用。到目前为止，还没有什么兼容性问题需要处理。手持设备应用的 API 还是需要与控制器设备的 API 保持一致。

提示

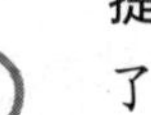

了解为穿戴设备构建应用的更多信息，查看 http://d.android.com/wear/index.htm，要了解为汽车构建 Android 应用的更多信息，请查看 http://d.android.com/auto/index.html。

13.6 使用 SafetyNet 保证兼容性

即便你使用了所有的兼容性技术，也不能保证应用在所有设备上能按照期望运行。你可能会问为什么会这样呢？因为 Android 是开源的，任何人都可以组装一个硬件设备来使用 Android 作为操作系统，进入市场前，不需要经过通过任何质量和兼容性检测。另外，你可能会遇见替换了设备中的原生 Android 系统的消费者。这意味着在这些情况下，你不能保证应用在这些设备上能按照你期望的运行，即便你考虑了前面所有兼容性方面的建议。

基于这一点，Google Play 提供一个名为 SafetyNet 的服务来帮助开发人员确定一款设备能否正常运行应用。AOSP 确实是建议所有的生产商生产兼容性设备，但并不代表所有的生产商会遵从。为帮助厂商生产兼容的硬件设备，AOSP 创建了兼容性测试套件，帮助厂商按照标准检测他们的设备。如果厂商通过了测试，谷歌就会为该设备做备案。意味着设备能按照应用中的要求来运行应用。

开发人员使用 SafetyNet，需要先同意谷歌 API 服务条款。然后请求 SafetyNet API 确认运行设备的信息是否和通过了兼容性测试的设备匹配。如果不匹配，应用可能运行没有问题，也可能不能正常运行，具体取决于用户是否运行了触发错误的代码。遗憾的是，这种情况下你没有什么办法能解决。相反，如果资料匹配，应用可能会按照预期一样运行，但是这也不能完全保证。除非运行应用的设备通过了兼容性测试。

提示

欲了解 SafetyNet API 服务的更多信息，请访问 http://d.android.com/training/safetynet/index.html。要详细了解兼容性以及 AOSP，请查看 https://source.android.com/compatibility/index.html。

13.7　本章小结

兼容性是一个很大的话题，我们已经给你介绍了很多相关内容。在设计和开发时，慎重考虑你的每一个选择是否会给应用带来兼容性问题。质量保障部门需要在尽可能多种类的设备上测试应用——不能仅通过模拟器的配置来覆盖测试范围。遵循保证兼容性的最佳实践，尽可能保持兼容性相关资源和代码的精简和可管理。

如果你从本章中只学到两个概念；一个应该是替代资源和 Fragment 可发挥很大作用，它们给获得兼容性带来了灵活性；另一个就是 AndroidManifest 文件中的某些标签可帮助保证应用只在符合要求的设备上安装。另外，你了解了智能手机、平板设备及电视的兼容性问题，了解了手持设备与穿戴设备、电视之间兼容性的差异。最后，为帮助确认应用能否在给定设备上正常运行，介绍了 Google Play 服务；使用该服务，可通过 API 请求来确定设备是否匹配兼容性设置(这些设置已经通过了 AOSP 兼容性测试系列的测试)。

13.8　小测验

1. 判断题：作为一个经验法则，为设计用户界面的兼容性，只需要针对正常大小和中等分辨率的屏幕设计。

2. 目前市场上的 Android 设备中，有多高比例的设备支持使用 Fragment？

3. AndroidManifest.xml 文件中哪个标签用来说明应用支持的屏幕大小？

4. 判断题：目录 res/drawables-rGB-MDPI/ 是正确使用修饰名的备选资源目录。

5. 有哪些可用于在替代资源目录中指定布局方向的限定符？

6. 判断题：可通过代码请求特定配置的资源。

7. 为处理配置变化，你应该在 Activity 类中实现哪个方法调用？

8. 判断题：汽车 Android 应用安装在汽车的仪表控制设备上。

13.9　练习题

1. 阅读 Android API 指南中的“最佳实践”专题(http://d.android.com/guide/practices/index.html)，了解更多关于如何创建一个支持广泛设备的应用。

2. 使用 Android API 指南中的“最佳实践”专题，确定小、正常、大和超大尺寸屏幕的典型大小，以 dp 为单位。

3. 使用 Android API 指南中的“最佳实践”专题，确定低、中等、高和超高密度的屏幕应该遵循什么缩放比例。

4. 使用在线文档，确定 getJwsResult()返回的 SafetyNet 特性的名称，确定安装应用的设备是否与通过 AOSP 兼容性测试的设备设置匹配。

13.10　参考资料和更多信息

ScientiaMobile：Mobile Overview Report(MOVR)2015 Q1：

http://data.wurfl.io/MOVR/pdf/2015_q1/MOVR_2015_q1.pdf

Android SDK Reference 中有关应用 Dialog 类的文档：

http://d.android.com/reference/android/app/Dialog.html

Android SDK Reference 中有关 Android Support Library 的文档：

http://d.android.com/tools/extras/support-library.html

Android API Guides: “Screen Compatibility Mode”：

http://d.android.com/guide/practices/screen-compat-mode.html

Android API Guides: “Providing Alternative Resources”：

http://d.android.com/guide/topics/resources/providing-resources.html#AlternativeResources

Android API Guides: “How Android Finds the Best-matching Resource”：

http://d.android.com/guide/topics/resources/providing-resources.html#BestMatch

Android API Guides: “Handling Runtime Changes”：

http://d.android.com/guide/topics/resources/runtime-changes.html

Android API Guides: “Device Compatibility”：

http://d.android.com/guide/practices/compatibility.html

Android API Guides: “Supporting Multiple Screens”：

http://d.android.com/guide/practices/screens_support.html

ISO 639-2 语言：

http://www.loc.gov/standards/iso639-2/php/code_list.php

ISO 3166 国家代码：

http://www.iso.org/iso/home/standards/country_codes.htm

Android Training: “Building Apps for TV”：

http://d.android.com/training/tv/index.html

Android Training: “Building Apps for Wearables”：

http://d.android.com/training/building-wearables.html

Android Training: “Building Apps for Auto”：

http://d.android.com/training/auto/index.html

第 IV 部分

应用开发基础

第14章

使用 Android 首选项

所有应用都由功能和数据组成。在本章中，我们将展示通过使用共享首选项这种最简单的方式，来持久地保存、管理和共享 Android 应用中的数据。Android SDK 中包含了许多用来存储和获取首选项的 API。首选项是按照键/值对的形式保存，可被应用使用的数据。共享首选项是持久存储应用中简单类型数据(例如，应用的状态以及用户的设置)的最佳方式。

14.1 使用应用首选项

许多应用需要一个名为共享首选项的轻量级存储机制，来保存应用状态、简单的用户信息、配置信息以及其他类似信息。Android SDK 提供了一个简单的首选项系统来保存应用中 Activity 级别的原始数据，以及由所有应用 Activity 共享的数据。

提示

本章很多样例代码都来自 SimplePreferences 应用。SimplePreferences 应用的源代码可从本书网站下载。

14.1.1 确定首选项是否合适

应用首选项是一组持久存储的数据集，这意味着这些数据是跨应用生命周期的。换句话说，设备或应用的启动或关闭不会导致数据的丢失。

许多简单的数据可以按首选项的方式存储。例如，应用可能需要保持用户名，应用可以使用一个首选项来保存这个信息：

- 首选项的数据类型为字符串。
- 首选项的键为字符串"UserName"。

- 数据值为用户名 HarperLee1926。

14.1.2 保存不同类型的首选项值

首选项按照键值对的形式保存。以下是首选项支持的值的类型：

- Boolean
- Float
- Integer
- Long
- String
- 包含多个字符串的 Set

首选项相关的功能可在 android.content 包的 SharedPreferecnes 接口中找到。在应用中添加首选项的支持，你需要完成如下几个步骤：

(1) 获得一个 SharedPreferecnes 对象实例。

(2) 创建一个 SharedPreferecnes.Editor 实例，用于修改首选项内容。

(3) 使用 Editor 修改首选项。

(4) 提交修改。

14.1.3 创建 Activity 私有的首选项

单独的 Activity 实例都有自己私有的首选项，即便它们是以 SharedPreferences 类体现的。特定 Activity 的首选项不与应用中其他 Activity 共享。Activity 只有一组私有首选项，它们的键名是 Activity 的类名追加上具体的名称。下面的代码展示了如何在 Activity 类中获取私有首选项：

```
import android.content.SharedPreferences;
...
SharedPreferences settingsActivity = getPreferences(MODE_PRIVATE);
```

通过上面的代码，你获得了特定 Activity 类的私有首选项。因为私有首选项的键名是基于 Activity 的类名的，所以更换 Activity 的类名将会影响到具体读取的是哪个 Activity 的首选项。

14.1.4 创建多个 Activity 使用的共享首选项

创建共享首先项很简单。与私有首选项有两个不同点，首先我们需要自己命名首选项，其次我们使用另一种调用方式获得首选项实例，如以下代码：

```
import android.content.SharedPreferences;
...
SharedPreferences settings =
   getSharedPreferences("MyCustomSharedPreferences", MODE_PRIVATE);
```

通过以上代码，你获取了应用的共享首选项。你可以在应用中的任何 Activity 中通过名称访问该共享首选项。共享首选项的数量没有限制。例如，你可以创建名为 UserNetworkPreferences 的共享首选项，也可创建名为“AppDisplayPreferences”的首选项。如何组织首选项，完全取决于你。但你需要为每个首选项声明一个公共变量，以便在其他 Activity 中使用。如下：

```
public static final String PREFERENCE_FILENAME = "AppPrefs";
```

14.1.5　查找和读取首选项

读取首选项非常简单。获取你需要读取的首选项实例。根据名称检查对应的首选项，获取强类型的首选项，以及注册监听首选项的变化。表 14.1 列出了 SharedPreferences 接口中一些有用方法：

表 14.1　android.content.SharedPreferences 中的重要方法

方　　法	目　　的
SharedPreferences.contains()	查看特定名称的首选项是否存在
SharedPreferences.edit()	获取 Editor 用于修改首选项
SharedPreferences.getAll()	获取首选项键/值对
SharedPreferences.getBoolean()	获取特定名称的 Boolean 类型的首选项
SharedPreferences.getFloat()	获取特定名称的 Float 类型的首选项
SharedPreferences.getInt()	获取特定名称的 Int 类型的首选项
SharedPreferences.getLong()	获取特定名称的 Long 类型的首选项
SharedPreferences.getString()	获取特定名称的 String 类型的首选项
SharedPreferences.getStringSet()	获取特定名称的 String 集合类型的首选项

14.1.6　添加、更新和删除首选项

为修改首选项，你需要首先打开首选项 Editor，然后修改首选项并提交。表 14.2 列出了 SharedPreferences.Editor 接口中一些有用的方法。下面的代码块获取 Activity 类的私有首选项，打开首选项 Editor，添加一个名为 SomeLong 的 Long 类型的首选项，然后保存修改。

```
import android.content.SharedPreferences;
...
SharedPreferences settingsActivity = getPreferences(MODE_PRIVATE);
SharedPreferences.Editor prefEditor = settingsActivity.edit();
prefEditor.putLong("SomeLong", java.lang.Long.MIN_VALUE);
prefEditor.apply();
```

表 14.2 android.content.SharedPreferences.Editor 中的重要方法

方 法	目 的
SharedPreferences.Editor.clear()	删除所有首选项。无论何时在编辑会话中调用，该操作都会在任何 put 操作之前发生。然后，所有其他的修改被提交
SharedPreferences.Editor.remove()	删除特定名称的首选项。无论何时在编辑会话中调用，该操作都会在任何 put 操作前发生。然后，所有其他的修改被提交
SharedPreferences.Editor.putBoolean()	设置特定名称的 Boolean 类型首选项
SharedPreferences.Editor.putFloat()	设置特定名称的 Float 类型首选项
SharedPreferences.Editor.putInt()	设置特定名称的 Int 类型首选项
SharedPreferences.Editor.putLong()	设置特定名称的 Long 类型首选项
SharedPreferences.Editor.putString()	设置特定名称的 String 类型首选项
SharedPreferences.Editor.putStringSet()	设置特定名称的 String 集合类型首选项
SharedPreferences.Editor.commit()	提交编辑会话的所有修改
SharedPreferences.Editor.apply()	与 commit()方法类似，该方法提交编辑会话的所有首选项修改。但是，该方法会马上将更改提交到内存中的 SharedPreferences，并在应用的生命周期中异步将更改提交到磁盘(该方法在 API 级别 9 中引入)

提示

如果应用的目标 API 级别是 9 以上(Android 2.3 或更高)设备，你可以用 apply()方法代替 commit()方法。但是，如果你需要支持 Android 旧版本，你将会继续使用 commit()方法，或者在运行时检查，然后调用最合适的方法。即便你只写入了一个首选项，使用 apply()方法也可以流畅完成此操作。任何文件系统的调用都会明显阻塞一段时间(通常是不可接受的)。

14.1.7 监听首选项的变化

应用可以实现一个监听器，然后调用 registerOnSharedPreferenceChangeListener()和 unregisterOnSharedPreferenceChangeListener 方法将监听器注册到特定 SharedPreferences 对象上，便可监听共享首选项中的变化，并做出反应。接口类只有一个回调方法，传入的参数是发生变化的共享首选项对象以及变化的首选项键名。

14.2 在文件系统中定位首选项数据

在应用内部，首选项通常保存为 xml 文件。你可以通过 Android 设备监视器中的文件管理器访问首选项文件。你将在 Android 系统中的如下目录中找到这些文件：

```
/data/data/<package name>/shared_prefs/<preferences filename>.xml
```

Activity 的私有首选项的名称为相应 Activity 的类名，共享首选项的文件名就是你设定的共享首选项的名称。下面是一个首选项 xml 文件中的内容示例，保存了一些简单的值：

```
<?xml version="1.0" encoding="utf-8" standalone="yes" ?>
<map>
   <string name="String_Pref">Test String</string>
   <int name="Int_Pref" value="-2147483648" />
   <float name="Float_Pref" value="-Infinity" />
   <long name="Long_Pref" value="9223372036854775807" />
   <boolean name="Boolean_Pref" value="false" />
</map>
```

理解应用首选项文件的格式对后续的测试很有帮助。你可以通过 Android Device Monitor 将首选项文件复制到设备上或者从设备中复制出来。因为共享首选项只是一个文件，有跟普通文件一样的权限。当你创建文件时，你可以指定文件的模式(权限)；这决定了文件是否可从包外读取。

注意

要了解更多关于使用 Android Device Monitor 和 File Explorer 的信息，请参阅附录 C。

14.3　创建可管理的用户首选项

现在，你学习了如何通过程序保存和获取共享首选项。这些可以帮助很好地保存应用状态。但是，如何为用户提供简单、统一并符合 Android 平台标准的方式来编辑一组设置呢？好消息是，你可以使用 PreferenceActivity 类(android.preference.PreferenceActivity)轻松完成。

提示

本节很多示例代码都来自 SimpleUserPrefs 应用。SimpleUserPrefs 应用的源代码可从本书的网站下载。

通过 PreferenceActivity 方式管理首选项需要如下几个步骤：

(1) 在首选项资源文件中定义首选项集合。

(2) 实现 PreferenceFragment 类，并将其与首选项资源文件绑定。需要注意，PreferenceFragment 只能在 Android 3.0 及更新的系统中工作。为向后兼容旧版本，在 PreferenceActivity 中不使用 PreferenceFragment 即可。

(3) 实现 PreferenceActivity 类，并添加你刚创建的 PreferenceFragment。

(4) 像通常情况下一样，在应用中注册 Activity。例如，在 AndroidManifest.xml 文件中注册。正常启动 Activity，等等。

现在分析这些步骤的具体细节。

14.3.1 创建首选项资源文件

首先创建一个 XML 资源文件，并在文件定义允许编辑的首选项。首选项资源文件包含一个根标签<PreferenceScreen>，下面跟随其他各种类型的首选项类型。这些首选项类型基于 Preference(android.preference.Preference)及其子类，如 CheckBoxPreference、EditText-Preference、ListPreference 和 MultiSelectListPreference 等。一些首选项类型从 Android SDK 发布时就已经有了，有些则是后续版本中加入的。例如，MultiSelectListPreference 类就是在 Android API Level 11 引入的，并且不能后向兼容旧设备。

每个首选项都会有一些元数据，例如，标题及一些显示给用户的描述文本。你也可以为那些启动对话框的首选项指定默认值，设置提示的默认值。针对特定首选项类型相关的元数据，可以查看 Android SDK 文档中的子类特性。下面列出的是大部分首选项需要设置的通用 Preference 特性：

- android:key 特性指定共享首选项的键名。
- android:title 特性指定首选项易读的名称，在编辑屏幕中显示。
- android:summary 特性用于给出首选项的详情，在编辑屏幕上显示。
- android:defaultValue 特性用于指定首选项的默认值。

与其他资源文件一样，首选项资源文件可使用原始字符串或者引用字符串资源。下面的首选项资源文件展示了两种方法(字符串资源定义在 strings.xml 资源文件中)：

```
<?xml version="1.0" encoding="utf-8"?>
<PreferenceScreen
   xmlns:android="http://schemas.android.com/apk/res/android">
   <EditTextPreference
      android:key="username"
      android:title="Username"
      android:summary="This is your ACME Service username"
      android:defaultValue=""
      android:dialogTitle="Enter your ACME Service username:" />
   <EditTextPreference
      android:key="email"
      android:title="Configure Email"
      android:summary="Enter your email address"
```

```
        android:defaultValue="your@email.com" />
    <PreferenceCategory
        android:title="Game Settings">
        <CheckBoxPreference
            android:key="bSoundOn"
            android:title="Enable Sound"
            android:summary="Turn sound on and off in the game"
            android:defaultValue="true" />
        <CheckBoxPreference
            android:key="bAllowCheats"
            android:title="Enable Cheating"
            android:summary="Turn the ability to cheat on and off in the game"
            android:defaultValue="false" />
    </PreferenceCategory>
    <PreferenceCategory
        android:title="Game Character Settings">
        <ListPreference
            android:key="gender"
            android:title="Game Character Gender"
            android:summary="This is the gender of your game character"
            android:entries="@array/char_gender_types"
            android:entryValues="@array/char_genders"
            android:dialogTitle="Choose a gender for your character:" />
        <ListPreference
            android:key="race"
            android:title="Game Character Race"
            android:summary="This is the race of your game character"
            android:entries="@array/char_race_types"
            android:entryValues="@array/char_races"
            android:dialogTitle="Choose a race for your character:" />
    </PreferenceCategory>
</PreferenceScreen>
```

该 XML 首选项文件被划分为两类，并定义了一些字段用于存放信息，包括用户名(字符串)、声音设置(布尔值)、作弊设置(布尔值)、角色性别(固定的字符串)以及角色种族(固定的字符串)。

例如，上例使用 CheckBoxPreference 类型来管理 Boolean 类型的共享首选项值，如是否开启声音或开启作弊。Boolean 类型值可以直接通过屏幕选择或取消。上例中使用 EditTextPreference 类型来管理用户名，使用 ListPreference 类型来提供可选项列表供用户选择。这些设置信息最后都使用<PreferenceCategory>标签进行组织。

接下来，你需要让 PreferenceActivity 类和首选项资源文件连接上。

14.3.2　使用 PreferenceActivity 类

PreferenceActivity 类(android.preference.PreferenceActivity)是用来显示 PreferenceFragment 的工具类。PreferenceFragment 加载 XML 首选项资源文件并转换成标准的设置界面，如同你在 Android 设备中常见的设置界面。图 14.1 展示了上节中的首选项资源文件被加载到 PreferenceActivity 类后显示出来的界面。

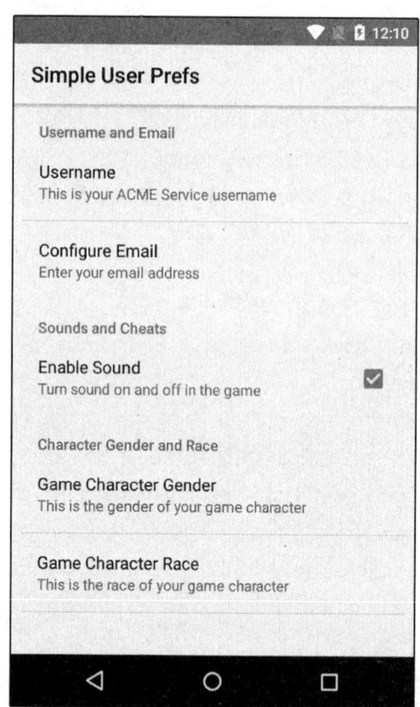

图 14.1　使用 PreferenceActivity 管理游戏设置

为使用新的首选项资源文件，你需要在应用中创建一个继承自 PreferenceActivity 的新类，在新类中重写 onCreate() 方法。获得 Activity 的 FragmentManager，启动 FragmentTransaction，将 PreferenceFragment 插入到 Activity 中，最后调用 commit()。调用 addPreferenceFromResource()方法将首选项资源文件绑定到 PreferenceFragment 类。若你使用的是非默认名称，就需要获取 PreferenceManager(android.preference.PreferenceManager) 的实例，并设置这些首选项的名称供在应用的其他地方使用。下面是 SimpleUserPrefsActivity 类的完整实现代码，其中包含了上述这些步骤：

```
public class SimpleUserPrefsActivity extends PreferenceActivity {
    @Override
    public void onCreate(Bundle savedInstanceState) {
        super.onCreate(savedInstanceState);
        FragmentManager manager = getFragmentManager();
        FragmentTransaction transaction = manager.beginTransaction();
        transaction.replace(android.R.id.content,
```

```
            new SimpleUserPrefsFragment());
        transaction.commit();
    }

    public static class SimpleUserPrefsFragment extends PreferenceFragment {
        @Override
        public void onCreate(Bundle savedInstanceState) {
            super.onCreate(savedInstanceState);
            PreferenceManager manager = getPreferenceManager();
            manager.setSharedPreferencesName("user_prefs");
            addPreferencesFromResource(R.xml.userprefs);
        }
    }
}
```

现在，你可以像往常一样启动 Activity。当然，别忘记在 Android 清单文件中注册你的 Activity。当运行应用，并启动 UserPerfsActivity，你将看到如图 14.1 显示的界面。尝试编辑其他所有首选项，将启动相应提示对话框(EditText 或 Spinner 控件)，如图 14.2 及 14.3 所示。

使用 EditTextPreference 类型来管理 String 共享首选值，例如用户名，如图 14.2 所示。使用 ListPreference 类型让用户在可选项列表中选择值，如图 14.3 所示。

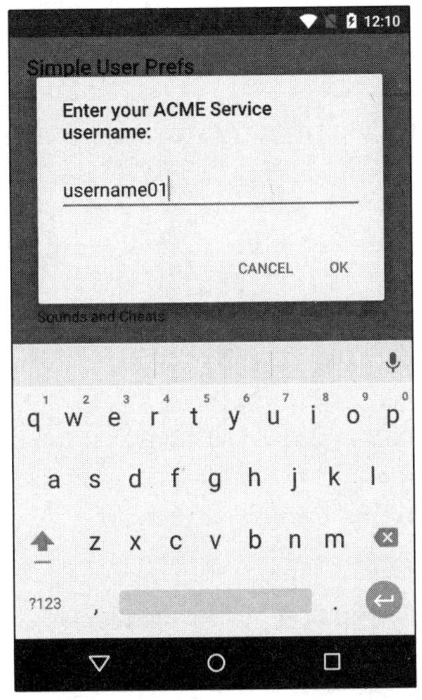

图 14.2　编辑 EditText(String)首选项

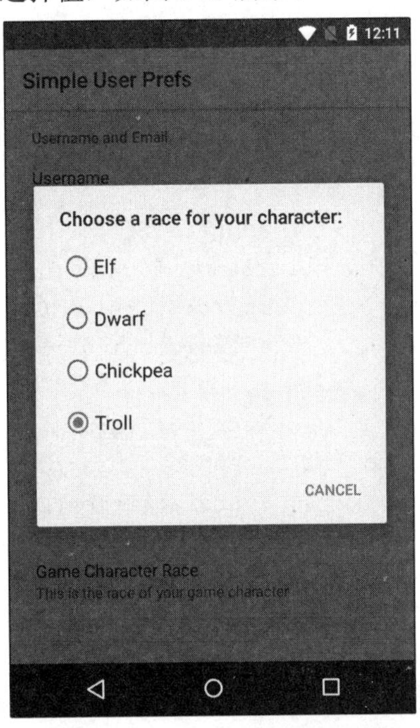

图 14.3　编辑 ListPreference(String Array)首选项

14.3.3　通过标头管理首选项

首选项的标头概念是在 Android3.0(API Level 11)中引入的。标头功能就是在应用中显示一列可选项，通过这些选项可导航到具体的设置界面。使用标头功能的一个很好的示例就是系统应用中的 Setting 应用。在大屏设备上，左边显示了设置项列表，选择这些设置项，可在右边屏幕中切换不同的具体设置内容。通过下面的几个步骤，可将首选项标头功能添加到应用中。

(1) 为每一个设置集创建独立的 PreferenceFragment 类。

(2) 使用<preference-headers>标签在新 XML 文件中定义标头列表。

(3) 创建新的 PreferenceActivity 类，调用 onBuildHeaders()方法加载这些标头资源文件。

提示

本章中很多示例代码都来自 UserPrefsHeaders 应用。UserPrefsHeaders 应用的源代码可从本书网站下载。

下面是一个标头资源文件样本，将设置分组成几个标头项。

```
<preference-headers xmlns:android="http://schemas.android.com/apk/
res/android">
    <header
        android:fragment=
"com.introtoandroid.userprefs.UserPrefsHeadersActivity$UserNameFrag"
        android:title="Personal Settings"
        android:summary="Configure your personal settings" />
    <header
        android:fragment=
"com.introtoandroid.userprefs.UserPrefsHeadersActivity$GameSettingsFrag"
        android:title="Game Settings"
        android:summary="Configure your game settings" />
    <header
        android:fragment=
"com.introtoandroid.userprefs.UserPrefsHeadersActivity$CharSettingsFrag"
        android:title="Character Settings"
        android:summary="Configure your character settings" />
</preference-headers>
```

在上面的文件中，我们在<preference-headers>节点中定义了几个<header>项。每个<header>中都只定义了三个特性：android:fragment、android:title 和 android:summary。下面是新的 UserPrefsHeadersActivity 类：

```
public class UserPrefsHeadersActivity extends PreferenceActivity {
    /** Called when the activity is first created. */
```

```
@Override
public void onCreate(Bundle savedInstanceState) {
    super.onCreate(savedInstanceState);
}

@Override
public void onBuildHeaders(List<Header> target) {
    loadHeadersFromResource(R.xml.preference_headers, target);
}

@Override
protected boolean isValidFragment(String fragmentName) {
    return UserNameFragment.class.getName().equals(fragmentName) ||
            GameSettingsFragment.class.getName().equals(fragmentName) ||
            CharacterSettingsFragment.class.getName().equals(fragmentName);
}

public static class UserNameFrag extends PreferenceFragment {
    @Override
    public void onCreate(Bundle savedInstanceState) {
        super.onCreate(savedInstanceState);
        PreferenceManager manager = getPreferenceManager();
        manager.setSharedPreferencesName("user_prefs");
        addPreferencesFromResource(R.xml.personal_settings);
    }
}

public static class GameSettingsFrag extends PreferenceFragment {
    @Override
    public void onCreate(Bundle savedInstanceState) {
        super.onCreate(savedInstanceState);
        PreferenceManager manager = getPreferenceManager();
        manager.setSharedPreferencesName("user_prefs");
        addPreferencesFromResource(R.xml.game_settings);
    }
}

public static class CharSettingsFrag extends PreferenceFragment {
    @Override
    public void onCreate(Bundle savedInstanceState) {
        super.onCreate(savedInstanceState);
        PreferenceManager manager = getPreferenceManager();
        manager.setSharedPreferencesName("user_prefs");
```

```
            addPreferencesFromResource(R.xml.character_settings);
        }
    }
}
```

为清晰起见，这里只显示了一个<PreferenceScreen>文件。

```
<PreferenceScreen xmlns:android="http://schemas.android.com/apk/res/android">
    <PreferenceCategory
        android:title="Username and Email">

        <EditTextPreference
            android:key="username"
            android:title="Username"
            android:summary="This is your ACME Service username"
            android:defaultValue="username01"
            android:dialogTitle="Enter your ACME Service username:" />

        <EditTextPreference
            android:key="email"
            android:title="Configure Email"
            android:summary="Enter your email address"
            android:defaultValue="your@email.com" />
    </PreferenceCategory>
</PreferenceScreen>
```

现在我们已实现了应用，可以看看单窗格(见图 14.4)和双窗格(见图 14.5)下的显示差异。

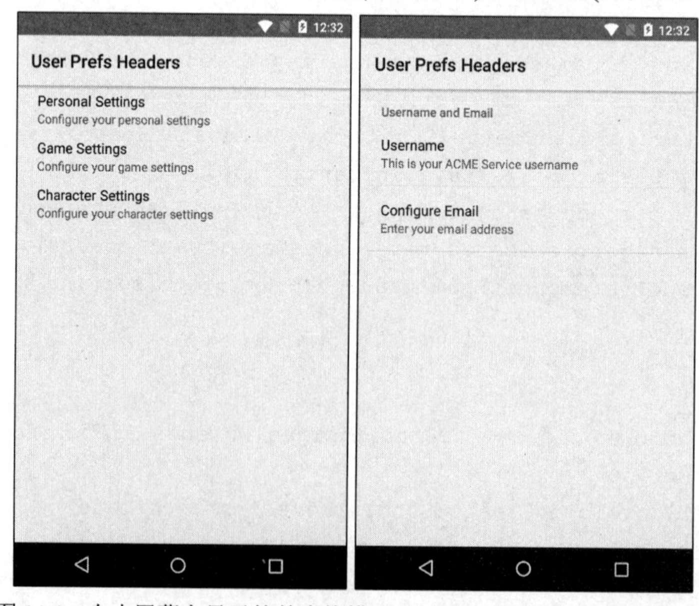

图 14.4　在小屏幕上显示的单窗格模式：标头布局(左)和设置布局(右)

提示

标题头列表在小屏幕单窗格下导航会比较麻烦。相反，对于小屏幕设备，直接显示设置页面(而非显示标头列表来组合各个 PreferenceScreen 项)会更便捷。

14.4　自动备份 Android 应用

Android 棉花糖版本引入了应用数据自动备份功能。你可为运行在 Android 棉花糖上的应用轻松实现数据备份与恢复。新功能可以为用户自动保存重要信息。用户丢失了设备，或升级了设备，以及卸载后重新安装应用，都不必担心会丢失数据。为保存这些重要信息，开发人员只需要完成少量工作。

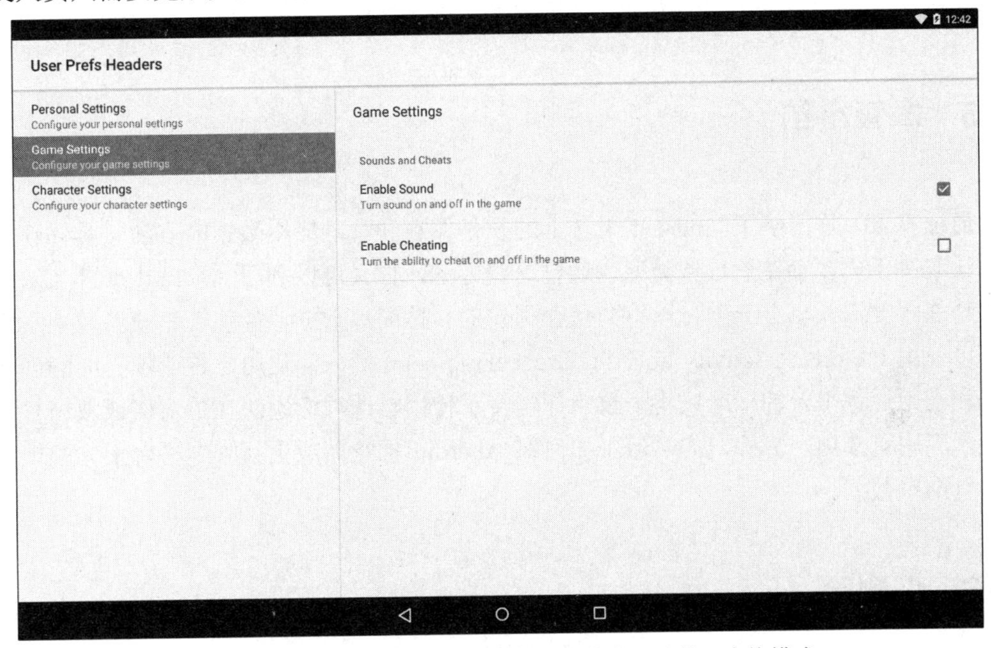

图 14.5　Preference 标头和设置在大屏幕上显示的双窗格模式

应该考虑备份和恢复应用中的首选项数据。为让应用能备份首选项数据，只需要在 Android 清单文件中的<application>标签中添加 android:allowBackup 和 android:fullBackupContent 特性，并将它们设置为 true。你也可以通过定义一个 XML 资源文件，声明哪些应用中的数据需要自动备份和恢复，哪些数据不需要。将 android:allowBackup 特性设置为 false，可以防止应用中的数据自动备份。

为在 SimplePreference 应用中添加自动备份功能，<application>标签如下所示：

```
<application
```

```
android:allowBackup="true"
android:icon="@mipmap/ic_launcher"
android:label="@string/app_name"
android:theme="@style/AppTheme"
android:fullBackupContent="true">
```

现在，只要用户在应用中修改了首选项信息，应用就可以自动将这些数据加密然后备份到用户的 Google Driver 账户中。用户也可以主动选择不自动备份。

开发人员只能通过自动备份为自己的每个应用保存一定数量的数据(当前是 25MB)。用户的数据会每 24 小时备份一次。所以，如果用户丢失了设备或卸载了应用重新安装，都可以很容易地恢复数据；在重装时系统会检查用户的 Google Driver 上是否有相应应用的数据可供恢复。

要详细了解应用如何通过配置自动备份服务来确定需要备份哪些数据，并了解使用 SimplePreferences 应用测试此功能的命令，可参阅 http://d.android.com/preview/backup/index.html。

14.5 本章小结

通过本章，你了解了 Android 平台上的几种保存和管理应用数据的方法。具体使用哪种方法取决于你要存储的数据类型。通过这些方法，你又可以利用 Android 平台上的这项强大功能。使用共享首选项可以持久保存用户的一些简单数据，如字符串或者数字。你同样可以使用 PreferenceActivity 或者 PreferenceFragmetnt 类来简化用户首选项界面的创建，并且和应用运行平台的标准风格一致。你学会了使用首选项标题头在单窗格或双窗格布局中显示应用首选项。另外，你学习了如何在 Android 棉花糖或更新版本平台上完整地备份和恢复用户数据。

14.6 小测验

1. 首选项设置的值支持哪些类型？
2. 判断题：使用 getPreferences()方法获取特定 Activity 的私有首选项。
3. 应用的首选项 XML 文件保存在 Android 文件系统中的哪个目录下？
4. 通常需要设置的 Preferences 特性有哪些？
5. 在 PreferenceFragment 中可以通过调用哪个方法来访问 Preference 资源文件？
6. 在 Android 棉花糖或更新版本中，可使用哪个<application>特性来配置自动备份？

14.7　练习题

1. 阅读 Android 开发文档，编写一个简单的代码段，不通过设置界面，配置一个首选项来启动 Activity。

2. 阅读 Android 开发文档，确定调用 SharedPreferences 的哪个方法来监听首选项的改变。

3. 打开 SimpleUserPrefs 和 UserPrefsHeaders 应用，修改代码让<preference-headers>列表只在大屏的双窗格模式下显示。

14.8　参考资料和更多信息

Android SDK Reference 中有关 SharedPreferences 接口的文档：
http://d.android.com/reference/android/content/SharedPreferences.html
Android SDK Reference 中有关 SharedPreferences.Editor 接口的文档：
http://d.android.com/reference/android/content/SharedPreferences.Editor.html
Android SDK Reference 中有关 PreferenceActivity 类的文档：
http://d.android.com/reference/android/preference/PreferenceActivity.html
Android SDK Reference 中有关 PreferenceScreen 类的文档：
http://d.android.com/reference/android/preference/PreferenceScreen.html
Android SDK Reference 中有关 PreferenceCategory 类的文档：
http://d.android.com/reference/android/preference/PreferenceCategory.html
Android SDK Reference 中有关 Preference 类的文档：
http://d.android.com/reference/android/preference/Preference.html
Android SDK Reference 中有关 CheckBoxPreference 类的文档：
http://d.android.com/reference/android/preference/CheckBoxPreference.html
Android SDK Reference 中有关 EditTextPreference 类的文档：
http://d.android.com/reference/android/preference/EditTextPreference.html
Android SDK Reference 中有关 ListPreference 类的文档：
http://d.android.com/reference/android/preference/ListPreference.html
Android Preview 中有关 Auto Backup for Apps 的文档：
http://developer.android.com/preview/backup/index.html

第15章 访问文件和目录

Android 应用可以通过多种方式在设备上保存文件数据。Android SDK 中包含许多 API 用于存取私有的应用和缓存文件，以及访问可移动设备中的外部文件，例如 SD 卡。开发人员将发现这些可用的文件管理 API 非常熟悉和易用，从而安全地、持久地存储信息。本章将阐述如何使用 Android 文件系统来读取、写入和删除应用数据。

15.1 使用设备上的应用数据

如第 14 章中所述，共享首选项提供了一种简单机制来持久保存应用中一些简单数据。但是，很多应用需要一个更强大的方案，支持持久存储和访问各种数据。应用可能需要存储的数据类型如下：

- **多媒体数据，例如图片、声音、视频以及其他复杂的信息**：共享首选项并不支持这些类型的数据结构。但是，你可在首选项中存储多媒体文件的路径或者 URI，通过文件系统访问或者在需要时再下载。
- **从网络下载的内容**：作为移动设备，Android 设备不保证有持续的网络连接。理想情况下，应用从网络下载内容一次，然后一直保存它。实际情况是有的数据需要永久保存，而有的数据只需要缓存一段时间。
- **应用生成的复杂内容**：相对桌面电脑和服务器，Android 设备有着更严格的内存和存储限制。所以，如果应用需要花很长时间处理数据才能得出一个结果，你应该把这个结果保存下来重复使用，避免多次重复获得结果。

Android 应用可通过多种方式创建及使用目录和文件。下面列出其中的一些方式：

- 在应用的目录下保存应用私有的数据
- 在应用的缓存目录下保存缓存数据
- 在外部存储卡或共享目录区域保存应用共享数据

注意

可通过 Android Device Monitor 将文件复制到设备或从设备复制出来。要了解更多关于 Android Device Monitor 和文件浏览器的使用信息，请参阅附录 C。

15.2 实现良好的文件管理

在访问 android 文件系统时，你应当遵循一些操作标准。下面列出了一些非常重要的最佳做法：

- 从磁盘上读写数据是一种密集的数据块操作并消耗宝贵的设备资源。因而，大部分情况下，文件读写操作都不应该在应用的主 UI 线程中。这些操作都应该在其他线程中异步完成，使用 AsyncTask 对象，或者其他异步方法。因为底层的硬件和文件系统如此，即便访问很小的文件有会拖慢 UI 线程。
- Android 设备的存储容量非常有限。所以，为释放设备空间，只保存必需的数据并及时清理不再需要的数据。恰当地使用外部存储可为用户带来更大的灵活性。
- 养成良好习惯：在使用磁盘和外部存储之前，确保检查它们的可用性以避免错误或崩溃。另外，不要忘记给文件设置合理的权限。在不再使用文件资源时，要及时释放(一句话，打开后，就需要负责关闭)。
- 实现高效的文件读写及内容解析的算法。使用 Android SDK 中可用的性能剖析工具帮助确定和提升代码的性能。良好的开端就是使用 StrictMode API (android.os.StrictMode)。
- 如果应用的数据需要按良好的结构存储，可考虑使用 SQLite 数据库来存储。
- 在真实设备上测试应用。不同的设备有不同的处理速度。不要认为应用在模拟器上运行很流畅，在真实设备上也会如此。如果应用使用了外部存储，需要测试没有外部存储的情况。

下面开始探讨 Android 平台是如何实现文件管理的。

15.3 了解 Android 系统中的文件权限

在第 1 章中介绍过，每个 Android 应用在底层的 Linux 操作系统上都有一个自己的用户。有自己独立的应用目录和文件。在应用目录中创建的文件，其他应用默认是无法访问的。

在 Android 文件系统上创建的文件有不同的权限。这些权限决定文件可被如何访问。在创建文件时经常使用权限模式，这些权限模式在 Context 类(android.content.Context)中定义：

- MODE_PRIVATE(默认模式)用来创建只有应用自己能访问的文件。从 Linux 角度看，这意味着指定了文件的用户标识符。MODE_PRIVATE 的常量值是 0，你可能在一些遗留代码中看到直接指定为 0 的情况。

- MODE_APPEND 用来指定将数据追加到已存在文件之后。MODE_APPEND 的常量值为 32 768。

警告

直到 API Level 17，MODE_WORLD_READABLE 和 MODE_WORLD_WRITEABLE 这两个向其他应用公开数据的选项都还是可用的。但是现在它们都被弃用了，因为使用这两个选项向外部应用公开数据会给应用带来安全漏洞。不推荐使用这两个文件权限设置向其他应用公开应用数据。推荐的新方法是调用那些专为其他应用共享数据设计的 API 组件，如使用 Service,ContentProvider 或者 BroadCastReceiver API。

Android 应用要访问自己的私有文件系统区域，不需要在 Android 清单文件中做任何权限设置。在 Android4.4 版本之前，若应用需要访问外部存储中的数据，需要注册 READ_EXTERNAL_STORAGE 或者 WRITE_EXTERNAL_STORAGE 权限。从 Android 4.4 版本后，应用读写自己私有的文件不再需要申请前面的两个权限了，只有在访问外部公共的存储空间时才需要申请前两个权限。

15.4 使用文件和目录

在 Android SDK 中，你会发现很多标准 Java 文件工具类(如 java.io)可处理不同类型的文件，如文本文件、二进制文件以及 XML 文件。在第 6 章中，我们介绍了 Android 应用可以将原始数据和 XML 文件作为资源。获取资源文件的句柄与通过设备文件系统访问文件有些不同。但是，一旦你获取了文件句柄，都允许以相同方式读取文件或对文件执行其他操作。毕竟文件还是那个文件。

显然，Android 应用中的文件资源作为安装包的一部分，所以只对应用可见。但是在文件系统中呢？应用文件在 Android 文件系统中按照标准的目录层次存储。

通常，应用通过使用 Context 类(android.content.Context)中的方法访问 Android 设备文件系统。应用或者 Activity 类通过使用应用的 Context 来访问应用私有文件目录或缓存目录。在这些目录中，你可以添加、删除和读写与应用相关的文件。默认情况下这些文件是不能被其他应用或用户访问的。

提示

本章提供的大部分样例代码都取自 SimpleFiles 和 FileStreamOfconsciousness 应用。SimpleFiles 应用演示了基本的文件和目录操作，它没有用户界面(只有 logcat 输出)。FileStreamOfconsciousness 应用演示了如何将字符串按照对话格式写入文件。该应用是多线程的。这些应用的源码都可从本书网站下载。

15.4.1 探索 Android 应用的目录

Android 应用数据在 Android 文件系统中存储在下面的顶层目录中：

```
/data/data/<package-name>/
```

默认目录将会被创建，用来保存数据库、首选项及其他必需的文件。这些目录的实际位置在具体的设备上有所不同。你也可根据自己的需要创建目录。所有的文件操作都从与应用 Context 对象交互开始。表 15.1 列出了一些重要的应用文件管理相关方法。你可以使用 java.io 包的所有工具来操作 FileStream 对象。

表 15.1 android.content.Context 中一些重要的文件管理方法

方　法	目　的
Context.deleteFile()	根据文件名删除应用的一个私有文件。注意：同样可以使用 File 类方法
Context.fileList()	获取 files 子目录中的所有文件
Context.getCacheDir()	获取 cache 子目录
Context.getDir()	根据名称创建或获取应用子目录
Context.getExternalCacheDir()	获取外部文件系统中的 cache 子目录(API 级别 8)
Context.getExternalCacheDirs()	获取内部存储设备的模拟外部分区的外部文件系统和可插拔存储设备上外部存储的 cache 子目录(API 级别 19)
Context.getExternalFilesDir()	获取外部文件系统中的 files 子目录(API 级别 8)
Context.getExternalFilesDirs()	获取内部存储设备的模拟外部分区的外部文件系统和可插拔存储设备上外部存储的 files 子目录(API 级别 19)
Context.getFilesDir()	获取应用的 files 子目录
Context.getFileStreamPath()	返回应用的 files 子目录的绝对路径
Context.getNoBackupFilesDir()	获取应用的 files 子目录，该目录中的文件不会被备份管理器用于备份(API 级别 21)
Context.openFileInput()	打开应用私有文件用于读取
Context.openFileOutput()	打开应用私有文件用于写入

1. 在应用默认目录中创建文件和写入数据

需要创建临时文件的 Android 应用应该使用 Context 类方法 openFileOutput()。使用这个方法创建的文件默认位于应用数据目录：

```
/data/data/<package name>/files/
```

例如，下面的代码片段创建并打开了一个名为 FileName.txt 的文件。我们将一行文本写入文件中，并关闭文件。

```
import java.io.FileOutputStream;
...
FileOutputStream fos;
String strFileContents = "Some text to write to the file.";
fos = openFileOutput("Filename.txt", MODE_PRIVATE);
fos.write(strFileContents.getBytes());
fos.close();
```

将模式设置为 MODE_APPEND，将数据追加到文件中。

```
import java.io.FileOutputStream;
...
FileOutputStream fos;
String strFileContents = "More text to write to the file.";
fos = openFileOutput("Filename.txt", MODE_APPEND);
fos.write(strFileContents.getBytes());
fos.close();
```

创建的文件在 Android 文件系统上的路径如下：

```
/data/data/<package name>/files/Filename.txt
```

图 15.1 显示了一个 Activity 的截屏，该 Activity 收集用户输入的文本，并在用户单击 Send 按钮后将这些信息写入文本文件。

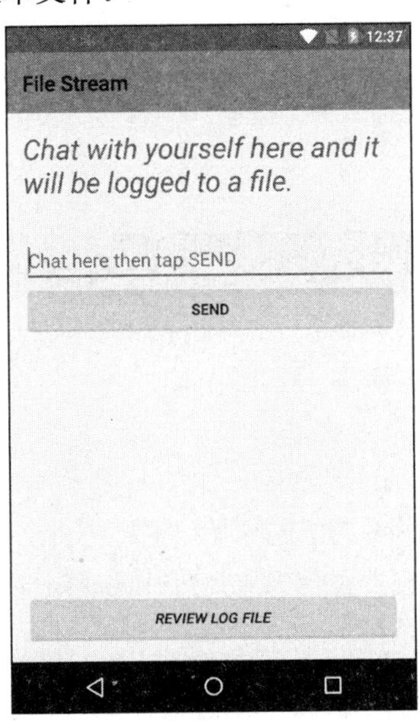

图 15.1　一个能写入文本文件的 Activity 屏幕截图

2. 读取默认应用目录中的文件

同样，我们也有快捷方式读取存储在默认/files子目录中的文件。如下代码片段打开了Filename.txt文件，并读取。

```
import java.io.FileInputStream;
...
String strFileName = "Filename.txt";
FileInputStream fis = openFileInput(strFileName);
```

图15.2显示了一个Activity的屏幕截图，该Activity在启动时从一个文本文件中读取信息。

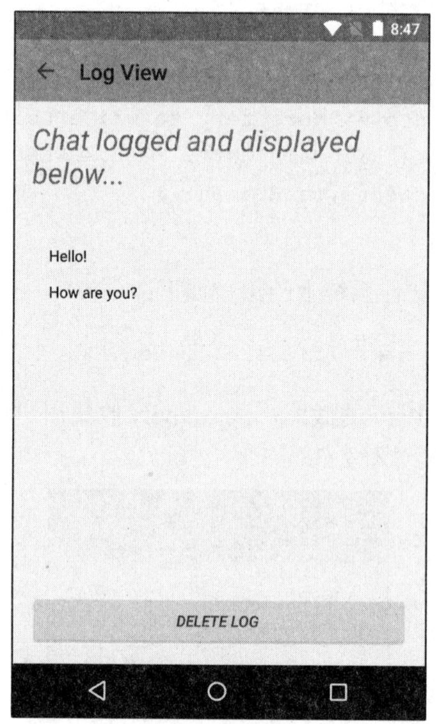

图15.2 从文本文件中读取内容并显示的Activity的屏幕截图

3. 逐字节读取原始文件

你可以使用标准Java方法来完成文件的读写操作。java.io.InputStreamReader和java.io.BufferedReader用于从不同类型的原始文件中读取字节和字符。下面的代码演示了如何逐行从文本文件中读取内容，并保存在一个StringBuffer对象中：

```
FileInputStream fis = openFileInput(filename);
StringBuffer sBuffer = new StringBuffer();
BufferedReader dataIO = new BufferedReader (new InputStreamReader(fis));
String strLine = null;
```

```
while ((strLine = dataIO.readLine()) != null) {
    sBuffer.append(strLine + "\n");
}

dataIO.close();
fis.close();
```

4. 读取 XML 文件

Android SDK 中有几个处理 XML 文件的工具，包括 SAX、XmlPullParser 以及 DOM 的等级 2 核心。表 15.2 列出了 Android 平台上帮助进行 XML 解析的包。

表 15.2 重要的 XML 工具

包 或 类	目 的
android.sax.*	用来编写标准 SAX 处理器的框架
android.util.Xml	XML 工具，包括 XMLPullParser 创建器
org.xml.sax.*	核心 SAX 功能(项目：http://www.saxproject.org)
javax.xml.*	SAX 和有限的 DOM，支持级别 2 核心
org.w3c.dom	DOM 接口，级别 2 核心
org.xmlpull.*	XmlPullParser 和 XMLSerializer 接口以及 SAX2 驱动类(项目：http://xmlpull.org)

如何实现 XML 解析取决于你选用哪种解析器。第 6 章曾讨论了在应用包中添加原始 XML 资源文件。下面是一个加载 XML 资源文件，并使用 XmlPullParser 进行解析的简单示例。

XML 资源文件的内容在/res/xml/my_pets.xml 文件中定义，如下所示：

```
<?xml version="1.0" encoding="UTF-8"?>
<!-- Our pet list -->
<pets>
  <pet type="Bunny" name="Bit"/>
  <pet type="Bunny" name="Nibble"/>
  <pet type="Bunny" name="Stack"/>
  <pet type="Bunny" name="Queue"/>
  <pet type="Bunny" name="Heap"/>
  <pet type="Bunny" name="Null"/>
  <pet type="Fish" name="Nigiri"/>
  <pet type="Fish" name="Sashimi II"/>
  <pet type="Lovebird" name="Kiwi"/>
</pets>
```

下面的代码演示如何使用一个专为 XML 资源文件设计的拉取解析器解析前面的 XML

文件：

```
XmlResourceParser myPets = getResources().getXml(R.xml.my_pets);
int eventType = -1;
while (eventType != XmlResourceParser.END_DOCUMENT) {
    if(eventType == XmlResourceParser.START_DOCUMENT) {
        Log.d(DEBUG_TAG, "Document Start");
    } else if(eventType == XmlResourceParser.START_TAG) {
        String strName = myPets.getName();
        if(strName.equals("pet")) {
            Log.d(DEBUG_TAG, "Found a PET");
            Log.d(DEBUG_TAG,
                "Name: "+myPets.getAttributeValue(null, "name"));
            Log.d(DEBUG_TAG,
                "Species: "+myPets.
                getAttributeValue(null, "type"));
        }
    }
    eventType = myPets.next();
}
Log.d(DEBUG_TAG, "Document End");
```

提示

可在第 6 章的 ResourceRoundup 项目中查看该解析器的完整实现。

5. 支持可适配的存储设备

Android 棉花糖版本引入了一个新功能。通过格式化并加密外部存储设备——通常是 SD 卡，然后就可以像使用内部存储一样使用外部存储。用户就可以在内部存储和 SD 卡之间转移应用以及应用的私有数据。使用了该功能后，就不能硬编码文件的路径名，因为文件的具体路径名会根据使用的存储设备而动态改变。你应该使用 Context 方法来确定文件路径名——如 getFielsDir()和 getDir()方法。要了解更多关于该新功能的内容以及查看用来确定文件路径名的方法列表，请查看 http://d.android.com/preview/behavior-changes.html#behavior-adoptable-storage。

15.4.2 使用 Android 文件系统中的其他目录和文件

当应用只有少量文件存储在私有 files 子目录时，调用 Context.openFileOutput()及 Context.openFileInput()方法可以很容易地实现文件读写。但是如果你有更复杂的文件管理需求，你需要设置自己的目录结构。为建立自己的目录结构，你需要使用标准的 java.io.File

类方法。

下面的代码获取应用私有子目录 files 对应的 File 对象，然后获取该目录下的所有文件名。

```
import java.io.File;
...
File pathForAppFiles = getFilesDir();
String[] fileList = pathForAppFiles.list();
```

下面是一种更通用的在文件系统上创建文件的方法。该方法可用于你有权访问的 Android 文件系统，而不仅是 files 子目录。

```
import java.io.File;
import java.io.FileOutputStream;
...
File fileDir = getFilesDir();
String strNewFileName = "myFile.dat";
String strFileContents = "Some data for our file";

File newFile = new File(fileDir, strNewFileName);
newFile.createNewFile();

FileOutputStream fo =
   new FileOutputStream(newFile.getAbsolutePath());
fo.write(strFileContents.getBytes());
fo.close();
```

你可以使用 File 对象来管理目录下的文件以及创建子目录。例如，你可在 album 目录下存储 track 文件；或者在非默认目录下创建文件。假如你想缓存一些数据，避免频繁的网络请求，提高应用的性能，这种情况下，你就需要创建一个缓存文件。还有一个特殊应用目录专为保存缓存文件。缓存文件在 Android 文件系统的如下路径中保存，可通过调用 getCacheDir()方法获取该路径：

```
/data/data/<package name>/cache/
```

外部缓存目录可通过 getExternalCacheDir()方法获取，该目录下的缓存文件不会自动被删除。

警告

应用负责管理自己的缓存目录，并保持在一个合理的大小(通常推荐为 1MB)。系统并不限制缓存目录中文件的数量。当内部存储空间不足或用户卸载了应用，Android 文件系统会根据需要从内部缓存目录(getCacheDir())中删除缓存文件。

下面的代码获取应用的 cache 子目录对应的 File 对象，并在该目录下创建一个新文件，写入数据，关闭文件，然后将文件删除。

```
File pathCacheDir = getCacheDir();
String strCacheFileName = "myCacheFile.cache";
String strFileContents = "Some data for our file";

File newCacheFile = new File(pathCacheDir, strCacheFileName);
newCacheFile.createNewFile();

FileOutputStream foCache =
   new FileOutputStream(newCacheFile.getAbsolutePath());
foCache.write(strFileContents.getBytes());
foCache.close();
newCacheFile.delete();
```

1. 在外部存储中创建和写入文件

应用应将大量数据保存在外部存储中(使用 SD 卡)，而不是容量有限的内部存储。你也可在应用内访问外部存储(如 SD 卡)中的文件。这比使用应用目录稍麻烦些，因为 SD 卡可被移除，所以在使用之前需要先检查存储是否已经挂载。

提示

可使用 FileObserver 类(android.os.FileObserver)监视 Android 文件系统中文件和目录的活动。可使用 StatFs 类(android.os.StatFs)监视存储容量。

可使用 Environment 类(android.os.Environment)访问设备上的外部存储。使用前需要调用 getExternalStorageState()方法确认外部存储的挂载状态。可在外部存储上保存应用的私有文件，或者存储公共共享文件(如多媒体文件)。如果想保存私有应用文件，请使用 Context 类的 getExternalFilesDir()方法，这个目录下的文件在应用被卸载后就会被清除。外部缓存可通过调用 getExternalCacheDir()获取。但是，如果想在外部存储中保存共享文件，如图片、影片、音乐、铃声或者播客，可使用 Environment 类的 getExternalStoragePublicDirectory()方法获取用于存储特定文件类型的顶级目录。

提示

使用了外部存储的应用最好在真机上测试，而不仅是在模拟器上测试。确保完整测试过外部存储的各种状态，包括挂载的、未挂载的以及只读的。每种存储设备可能有不同的物理路径，不应该硬编码路径。

2. 保持后向兼容

某些 Android 设备将内部存储格式化为两部分，一个作为内部存储，另一个模拟外部存储。此外，这些设备中还包括 SD 卡插槽。听起来像是一个很有用的特性；但是在 Andriod 4.3 及之前的版本，Context.getExternalFilesDir()方法不能访问外部 SD 卡，返回的是模拟的外部存储的路径信息。Android 4.4 版本中添加一些新方法，使用 Context.getExternalFilesDir()可以访问内部存储中用来模拟外部存储的部分，也可以访问 SD 卡槽中的外部存储。该方法返回一个数组，包含前面描述的两种外部存储结果。另外，Android v4 支持库中的一个后向兼容工具类包含同样的方法。只要用 ContextCompat 代替 Context，就可在 Android 4.4 版本之前的设备上访问两种外部存储区域。第 13 章中讨论了很多关于添加 Android 支持库的内容。

15.5　本章小结

在 Android 平台上有很多种保存和管理应用数据的方式。具体的方式取决于你需要保存的数据类型。应用可以访问 Android 底层文件系统，可以在上面保存自己的私有数据，也可以在整个文件系统中进行有限的访问。遵循良好的实践非常重要，例如，采用异步方式操作 Android 文件系统；因为移动设备的存储空间和运算能力有限。本章阐述了多种方式操作内部和外部存储中的文件，提供了很多开发技巧。

15.6　小测验

1. Android 文件权限模式 MODE_PRIVATE 和 MODE_APPEND 的常量值是多少？
2. 判断题：推荐使用 MODE_WORLD_READABLE 和 MODE_WORLD_WRITEABLE 两种权限模式向外部应用公开应用数据。
3. Android 文件系统中用来保存应用数据的顶级目录是什么？
4. 在应用的数据目录下创建文件该使用哪个 Context 类方法？
5. 使用哪个 Context 类哪个方法可以获取外部缓存目录？
6. 判断题：android.os.Environment.getExternalStorageMountStatus()方法用于判断设备外部存储的挂载状态。

15.7　练习题

1. 阅读 Android 开发文档，描述如何隐藏保存在外部公共文件目录中的媒体文件，以防止 Android 介质扫描器在其他应用中添加这些媒体文件。

2. 开发一个应用，在访问外部存储系统之前，能显示 SD 卡是否有效。
3. 开发一个应用，将图片文件保存到外部存储设备上的 Pictures 目录中。

15.8 参考资料和更多信息

Android SDK Reference 中有关 java.io 包的文档：
http://d.android.com/reference/java/io/package-summary.html
Android SDK Reference 中有关 Context 接口的文档：
http://d.android.com/reference/android/content/Context.html
Android SDK Reference 中有关 File 类的文档：
http://d.android.com/reference/java/io/File.html
Android SDK Reference 中有关 Environment 类的文档：
http://d.android.com/reference/android/os/Environment.html
Android Training: “Saving Files”：
http://d.android.com/training/basics/data-storage/files.html
Android API Guides: “Using the Internal Storage”：
http://d.android.com/guide/topics/data/data-storage.html#filesInternal
Android API Guides: “Using the External Storage”：
http://d.android.com/guide/topics/data/data-storage.html#filesExternal
Android API Guides: “App Install Location”：
http://d.android.com/guide/topics/data/install-location.html
Android API Guides: “<manifest>”：
http://d.android.com/guide/topics/manifest/manifest-element.html
Android SDK Reference 中有关 ContextCompat 类的文档：
http://d.android.com/reference/android/support/v4/content/ContextCompat.html

第16章

使用 SQLite 保存数据

有很多种保存应用数据的方式。通过第 14 章和第 15 章的学习可了解到，很明显，不止一种保存和访问数据的方式。但如果需要保存结构化的数据，例如，适合在数据库中存储的数据，应该使用什么方式呢？SQLite 就是用来解决这个问题的。

本章将修改 12 章中的应用 SampleMaterial，将 Card 数据持久保存在设备的 SQLite 数据库中，在各种生命周期事件中保留下来。通过本章的学习，你将非常自信地在自己的应用中添加 SQLite 数据库。

16.1 使用 SQLite 升级 SampleMaterial 应用

第 12 章的应用 SampleMaterial 中阐述了如何使用应用数据，却没有将数据在各个 Android 生命周期事件中持久保存下来。在 SampleMaterial 应用中添加、更新及删除卡片，然后将该应用从“最新应用”中卸载；应用将不能保存哪些卡片被添加、更新及删除过。所以我们修改应用，将这些信息保存在 SQLite 中便于永久跟踪。图 16.1 展示了 SampleSQLite 应用，它看起来与 SampleMaterial 应用一样，但添加了 SQLite 数据库支持。

16.2 使用数据库

首先需要在数据库中创建用来保存卡片信息的数据库表。幸运的是，Android 提供了一个通过 Java 代码创建 SQLite 数据库表的工具类。这个工具类名为 SQLiteOpenHelper。需要创建一个继承自 SQLiteOpenHelper 的 Java 类，在该类中定义数据库名和版本，以及表名和列名；也可在该类中创建和升级你的数据库。在 SampleSQLite 应用中，我们创建了 CardsDBHelper 类，它继承自 SQLiteOpenHelper，下面是 CardsDBHelper.java 文件的具体实现。

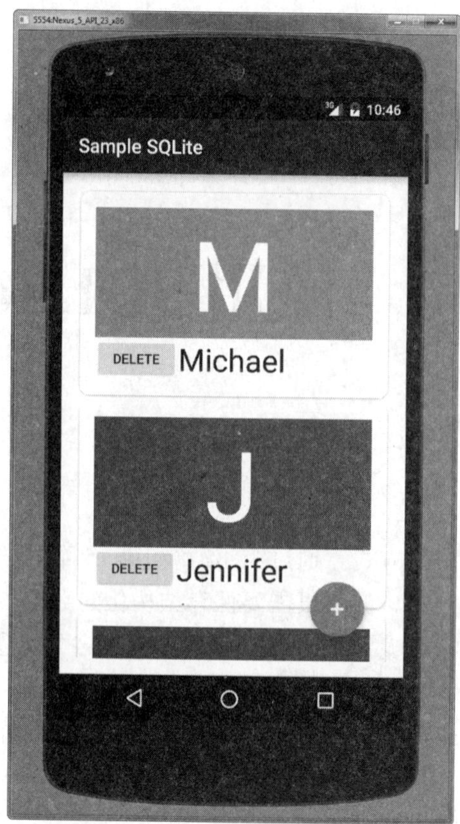

图 16.1　SampleSQLite 应用展示

```
public class CardsDBHelper extends SQLiteOpenHelper {
   private static final String DB_NAME = "cards.db";
   private static final int DB_VERSION = 1;

   public static final String TABLE_CARDS = "CARDS";
   public static final String COLUMN_ID = "_ID";
   public static final String COLUMN_NAME = "NAME";
   public static final String COLUMN_COLOR_RESOURCE = "COLOR_RESOURCE";

   private static final String TABLE_CREATE =
         "CREATE TABLE " + TABLE_CARDS + " (" +
               COLUMN_ID + " INTEGER PRIMARY KEY AUTOINCREMENT, " +
               COLUMN_NAME + " TEXT, " +
               COLUMN_COLOR_RESOURCE + " INTEGER" +
               ")";

   public CardsDBHelper(Context context) {
      super(context, DB_NAME, null, DB_VERSION);
   }
```

```
    @Override
    public void onCreate(SQLiteDatabase db) {
        db.execSQL(TABLE_CREATE);    }

    @Override
    public void onUpgrade(SQLiteDatabase db, int oldVersion, int newVersion) {
        db.execSQL("DROP TABLE IF EXISTS " + TABLE_CARDS);
        onCreate(db);
    }
}
```

在类中首先定义了一些静态不可变的常量，提供数据库名和版本号，以及一个表名和所有列名。然后，变量 TABLE_CRAETE 保存用来在数据库中创建表的 SQL 语句。CardsDBHelper 构造函数接受一个 context 参数，并在函数中设置了数据库名和版本。在 onCreate()方法和 onUpgrade()方法中创建新的表，或者删除当前存在的表，然后创建一个新表。

需要注意，表中提供了 INTEGER 类型的名为_ID 的列，文本类型的名为 Name 的列，以及 INTEGER 类型的名为 COLOR_RESOURCE 的列。

注意

SQLiteOpenHelper 类假设数据库的版本编号在每次升级后都会增加。假设现在数据库版本号为 1，你需要升级你的数据库，就需要将版本号设置为 2 并递增其他版本编号。

16.2.1　提供数据访问

你已学习了如何创建数据库，现在需要一种访问数据库的方式。你需要在 SQLiteDatabase 类中创建一个类，使用 SQLiteOpenHelper 访问数据库。在该类中将定义添加、更新、删除以及查询数据库的方法。提供这些功能的类定义在 CardsData.java 文件中，部分实现如下：

```
public class CardsData {
    public static final String DEBUG_TAG = "CardsData";

    private SQLiteDatabase db;
    private SQLiteOpenHelper cardDbHelper;

    private static final String[] ALL_COLUMNS = {
            CardsDBHelper.COLUMN_ID,
```

```
            CardsDBHelper.COLUMN_NAME,
            CardsDBHelper.COLUMN_COLOR_RESOURCE
    };

    public CardsData(Context context) {
        this.cardDbHelper = new CardsDBHelper(context);
    }

    public void open() {
        db = cardDbHelper.getWritableDatabase();    }

    public void close() {
        if (cardDbHelper != null) {
            cardDbHelper.close();         }
    }
}
```

注意 CardsData()构造函数，在函数中创建了一个新的 CardsDBHelper()对象，将使用该对象访问数据库。在 open()中调用 getWritableDatabase()方法创建了数据库。close()方法用来关闭数据库。在使用完毕后，一定记得关闭数据库，释放该对象获取的相关资源；避免发生错误。也可以在某些特定的生命周期事件中打开和关闭数据库，如此便可限定在适当时才执行数据库操作。

16.2.2 更新 SampleMaterialActivity 类

SampleMaterialActivity 类中的 onCreate()方法中创建了一个新的数据访问接口，然后打开数据库。下面是更新后的 onCreate()：

```
public CardsData cardsData = new CardsData(this);

@Override
protected void onCreate(Bundle savedInstanceState) {
    super.onCreate(savedInstanceState);
    setContentView(R.layout.activity_sample_material);

    names = getResources().getStringArray(R.array.names_array);
    colors = getResources().getIntArray(R.array.initial_colors);

    recyclerView = (RecyclerView) findViewById(R.id.recycler_view);
    recyclerView.setLayoutManager(new LinearLayoutManager(this));

    new GetOrCreateCardsListTask().execute();
```

```
    FloatingActionButton fab = (FloatingActionButton) findViewById(R.id.fab);
    fab.setOnClickListener(new View.OnClickListener() {
        @Override
        public void onClick(View v) {
            Pair<View, String> pair = Pair.create(v.findViewById(R.id.fab),
                    TRANSITION_FAB);

            ActivityOptionsCompat options;
            Activity act = SampleMaterialActivity.this;
options = ActivityOptionsCompat.makeSceneTransitionAnimation(act, pair);

Intent transitionIntent = new Intent(act, TransitionAddActivity.class);
            act.startActivityForResult(transitionIntent,
adapter.getItemCount(),
options.toBundle());
        }
    });
}
```

注意 new GetOrCreateCardsListTask().execute()方法调用。我们将在后面讨论该方法的实现。该方法从数据库中查询所有卡片或在数据库为空时填充卡片。

16.2.3　更新 SampleMaterialAdapter 构造函数

SampleMaterialAdapter 类同样需要修改，构造函数如下：

```
public CardsData cardsData;
public SampleMaterialAdapter(Context context, ArrayList<Card> cardsList,
        CardsData cardsData) {
    this.context = context;
    this.cardsList = cardsList;
    this.cardsData = cardsData;
}
```

需要注意为构造函数传入了 CardsData 对象，保证在 SampleMaterialAdapter 创建时数据库是可用的。

警告

因为数据库操作会阻塞 Android 应用的 UI 线程，你应该始终在后台线程中运行数据库操作。

16.2.4 在主 UI 线程以外执行数据库操作

为确保应用的主 UI 线程在运行长时间数据库操作时不被阻塞，你需要在后台线程执行数据库操作。下面实现了一个 AsyncTask，用于在数据库中创建新的卡片；仅在数据库操作完成后再更新 UI 线程。下面是 GetOrCreateCardsListTask 类，它继承自 AsyncTask 类，在数据库中获取所有卡片或创建它们。

```
public class GetOrCreateCardsListTask extends AsyncTask<Void, Void,
ArrayList<Card>> {
    @Override
    protected ArrayList<Card> doInBackground(Void... params) {
        cardsData.open();
        cardsList = cardsData.getAll();
        if (cardsList.size() == 0) {
            for (int i = 0; i < 50; i++) {
                Card card = new Card();
                card.setName(names[i]);
                card.setColorResource(colors[i]);
                cardsList.add(card);
                cardsData.create(card);
                Log.d(DEBUG_TAG, "Card created with id " + card.getId() + ",
name " + card.getName() + ", color " + card.getColorResource());
            }
        }
        return cardsList;
    }

    @Override
    protected void onPostExecute(ArrayList<Card> cards) {
        super.onPostExecute(cards);
        adapter = new SampleMaterialAdapter(SampleMaterialActivity.this,
                cardsList, cardsData);
        recyclerView.setAdapter(adapter);
    }
}
```

当在 Activity 的 onCreate()方法中创建和执行该类，该类重写 doInBackground()方法并创建一个后台任务，通过调用 getAll()方法从数据库中获取所有卡片。如果没有数据返回，说明数据库为空，需要填充数据。在 for 循环中创建了 50 个 Card，并将每个 Card 添加到 cardsList；然后通过调用 create()方法在数据库中创建这些数据。一旦后台操作完成，onPostExecute()方法将获得从 doInBackground()方法中返回的 cardsList，onPostExecute()方法也是重写了 AsyncTask 类中的方法。然后使用 cardsList 和 cardsData 创建新的

SampleMaterialAdapter，将该 adapter 添加到 recyclerView 中，一旦整个后台操作完成，就立即更新 UI。

上面的 AsyncTask 定义了三种类型：第一是 Void 类型，第二个还是 Void 类型，第三个是 ArrayList<Card>。这些类型对应于 AsyncTask 中的 Params、Progress 以及 Result 的泛型参数。Params 被用作 doInBackground()方法的参数，它的泛型为 Void。第三个泛型 Result 被用作 onPostExecute()的参数。在本例中，第二个泛型参数 Void 没有被使用，通常用作 AsyncTask 中的 onProgressUpdate()方法的参数。

注意

你不能在 AsyncTask 中的 doInBackground()方法中调用 UI 操作。这些 UI 操作需要放在 doInBackground()方法之前或之后，如果只有在后台操作完成后才需要更新 UI，你必须在 onPostExecute()方法中执行这些操作，保证 UI 在合适时更新。

16.2.5　在数据库中创建卡片

神奇的事情发生在调用 cardsData.create()后，正是在该方法中 Card 被插入到数据库中。下面显示了 CardsData 类中定义的 create()方法：

```
public Card create(Card card) {
    ContentValues values = new ContentValues();
    values.put(CardsDBHelper.COLUMN_NAME, card.getName());
    values.put(CardsDBHelper.COLUMN_COLOR_RESOURCE,
    card.getColorResource());
    long id = db.insert(CardsDBHelper.TABLE_CARDS, null, values);
    card.setId(id);
    Log.d(DEBUG_TAG, "Insert id is " + String.valueOf(card.getId()));
    return card;
}
```

create()方法接受一个 Card 数据对象。创建一个 ContentValues 对象，来临时保存将被插入数据库中的结构化数据。调用了两次 value.put()方法将数据库列映射到 Card 特性。然后调用 cards 表上的 insert()方法插入临时数据。insert()方法调用后返回一个 id，然后设置到 Card 的 id 特性中，最终返回了 Card 对象。图 16.2 显示的 logcat 视图输出了被插入数据库中的卡片。

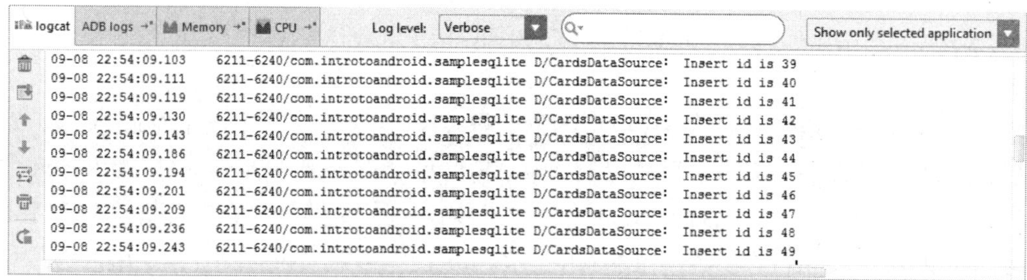

图 16.2 logcat 输出中显示记录已插入到数据库

16.2.6 获取所有卡片

之前提到过 getAll()方法，该方法用来查询数据库中 cards 表的所有记录。下面是 getAll()方法的实现：

```
public ArrayList<Card> getAll() {
    ArrayList<Card> cards = new ArrayList<>();
    Cursor cursor = null;
    try {
        cursor = db.query(CardsDBHelper.TABLE_CARDS,
                COLUMNS, null, null, null, null, null);
        if (cursor.getCount() > 0) {
            while (cursor.moveToNext()) {
                Card card = new Card();
                card.setId(cursor.getLong(cursor
                        .getColumnIndex(CardsDBHelper.COLUMN_ID)));
                card.setName(cursor.getString(cursor
                        .getColumnIndex(CardsDBHelper.COLUMN_NAME)));
                card.setColorResource(cursor
                        .getInt(cursor.getColumnIndex(CardsDBHelper
                            .COLUMN_COLOR_RESOURCE)));
                    cards.add(card);
            }
        }
    } catch (Exception e){
        Log.d(DEBUG_TAG, "Exception raised with a value of " + e);
    } finally{
        if (cursor != null) {
            cursor.close();
        }
    }
    return cards;
}
```

在 try 代码块中通过调用 query()方法查询了 cards 表，以 Cursor 对象的形式返回所有列。你可以通过 Cursor 访问数据库的查询结果。首先，我们必须确保 Cursor 的 count 大于 0，否则本次查询没有结果返回。然后，我们调用 Cursor 的 moveToNext()方法遍历所有的游标对象。对于每一条数据库记录，我们从 Cursor 中的数据创建一个 Card 对象，然后将 Cursor 数据设置为 Card 数据。我们也处理了可能产生的异常，最终关闭了 Cursor 对象并返回所有卡片。

16.2.7 添加新卡片

你现在学习了如何往数据库中插入卡片，通过此也初始化了数据库。所以添加一个新卡片与初始化数据库十分类似。SampleMaterialAdapter 类中的 addCard()方法需要稍加修改。该方法通过执行 AsyncTask 在后台添加新的卡片。下面是 addCard()方法更新后的实现，创建一个 CreateCardTask 并执行该任务：

```
public void addCard(String name, int color) {
    Card card = new Card();
    card.setName(name);
    card.setColorResource(color);
    new CreateCardTask().execute(card);
}

private class CreateCardTask extends AsyncTask<Card, Void, Card> {
    @Override
    protected Card doInBackground(Card... cards) {
        cardsData.create(cards[0]);
        cardsList.add(cards[0]);
        return cards[0];
    }

    @Override
    protected void onPostExecute(Card card) {
        super.onPostExecute(card);
        ((SampleMaterialActivity) context).doSmoothScroll(getItemCount() - 1);
        notifyItemInserted(getItemCount());
        Log.d(DEBUG_TAG, "Card created with id " + card.getId() + ", name " +
                card.getName() + ", color " + card.getColorResource());
    }
}
```

doInBackground()方法调用 cardsData 对象的 create()方法，在 onPostExecute()方法中调用了对应 Activity 的 doSmoothScroll()方法。然后 adapter 被通知一个新卡片已经插入。

16.2.8 更新卡片

为更新一个卡片，我们首先需要一个方法跟踪卡片在列表中的位置。这与数据库中的 id 不同，因为数据库记录的 id 与卡片在列表中的位置不同。数据库会自增 Card 的 id，所以每个新增加的 Card 的 id 都比前一个增 1。另外，在添加新条目或删除条目时，RecyclerView 列表会移动条目的位置。

首先在 Card.java 文件为找到的 Card 数据对象添加一个新的 listPosition 特性，以及相应的 getter 和 setter 方法：

```
private int listPosition = 0;

public int getListPosition() {
    return listPosition;
}

public void setListPosition(int listPosition) {
    this.listPosition = listPosition;
}
```

然后更新 SampleMaterialAdapter 类的 updateCard()方法；并实现继承自 AsyncTask 的 UpdateCardTask 类：

```
public void updateCard(String name, int list_position) {
    Card card = new Card();
    card.setName(name);
    card.setId(getItemId(list_position));
    card.setListPosition(list_position);
    new UpdateCardTask().execute(card);
}

private class UpdateCardTask extends AsyncTask<Card, Void, Card> {
    @Override
    protected Card doInBackground(Card... cards) {
        cardsData.update(cards[0].getId(), cards[0].getName());
        cardsList.get(cards[0].getListPosition()).setName(cards[0].
          getName());
        return cards[0];
    }

    @Override
    protected void onPostExecute(Card card) {
        super.onPostExecute(card);
        Log.d(DEBUG_TAG, "list_position is " + card.getListPosition());
```

```
        notifyItemChanged(card.getListPosition());
    }
}
```

UpdateCardTask 类中的 doInBackground()方法调用 cardsData 对象的 update()方法，更新对应 Card 对象的名称，最后返回 Card。onPostExecute()方法调用 notifyItemChanged()方法通知适配器，列表中的条目发生了改变。

最后，CardsData 类需要实现 update()方法以便在数据库中更新指定的 Card；下面是 update()方法的具体实现：

```
public void update(long id, String name) {
    String whereClause = CardsDBHelper.COLUMN_ID + "=" + id;
    Log.d(DEBUG_TAG, "Update id is " + String.valueOf(id));
    ContentValues values = new ContentValues();
    values.put(CardsDBHelper.COLUMN_NAME, name);
    db.update(CardsDBHelper.TABLE_CARDS, values, whereClause, null);
}
```

update()接收 id 和 name 参数。根据 id 参数生成一个 whereClause，匹配 Card 的 id 与数据库中的 id 列。然后创建一个新的 ContentValues 对象，用来将指定 Card 对象更新后的名称到 name 列。最后，在数据库对象上执行 udpate()方法。

16.2.9 删除卡片

现在介绍如何删除卡片数据。还记得 animateCircularDelete()方法吗？在这个方法中，一个卡片从屏幕上动态移除了，同时从 cardsList 对象中删除了卡片。在 onAnimationEnd()方法中，新建了一个 Card 数据对象，传给 DeleteCardTask 对象的 execute()方法；DeleteCardTask 继承自 AsyncTask。下面是具体实现：

```
public void animateCircularDelete(final View view, final int list_position) {
    int centerX = view.getWidth();
    int centerY = view.getHeight();
    int startRadius = view.getWidth();
    int endRadius = 0;
    Animator animation = ViewAnimationUtils.createCircularReveal(view,
            centerX, centerY, startRadius, endRadius);

    animation.addListener(new AnimatorListenerAdapter() {
        @Override
        public void onAnimationEnd(Animator animation) {
            super.onAnimationEnd(animation);
            view.setVisibility(View.INVISIBLE);
            Card card = new Card();
```

```
            card.setId(getItemId(list_position));
            card.setListPosition(list_position);
            new DeleteCardTask().execute(card);
        }
    });
    animation.start();
}

private class DeleteCardTask extends AsyncTask<Card, Void, Card> {
    @Override
    protected Card doInBackground(Card... cards) {
        cardsData.delete(cards[0].getId());
        cardsList.remove(cards[0].getListPosition());
        return cards[0];
    }

    @Override
    protected void onPostExecute(Card card) {
        super.onPostExecute(card);
        notifyItemRemoved(card.getListPosition());
    }
}
```

DeleteCardTask 的 doInBackground()方法调用 cardsData 对象的 delete()方法，并传入 Card 的 id。然后将 Card 从 cardsList 对象移除，在 onPostExecute()方法中调用 notifyItemRemoved()方法，并传入被删除的 Card 在列表中的位置，通知 adapter 已被移除一个记录。

最后一个需要实现的方法是 CardsData 类的 delete()方法。下面是该方法：

```
public void delete(long cardId) {
    String whereClause = CardsDBHelper.COLUMN_ID + "=" + cardId;
    Log.d(DEBUG_TAG, "Delete position is " + String.valueOf(cardId));
    db.delete(CardsDBHelper.TABLE_CARDS, whereClause, null);
}
```

CardsData 类的 delele()方法接受一个 Card 的 id，使用该 id 构造 whereClause，然后调用数据库中 cards 表的 delete()方法，传入适当的 whereClause 以及要删除的 Card 的 id。

16.3 本章小结

现在，你已经为应用完整实现了一个数据库来提供持久存储。在本章中，你学习了如何创建数据库。并学习了如何从数据库中查询、插入、更新及删除记录。另外，也学习了如何将 SampleMaterial 应用升级以使用数据库存储 Card 数据。最后还学习了如何使用 AsyncTask 在后台执行阻塞操作，保证不阻塞主 UI 线程。你现在已经可以在应用中实现简单的 SQLite 数据库了。

16.4　小测验

1. SQLiteDatabase 中用来创建表的方法是什么？
2. 哪些方法可以读写数据库？
3. 判断题：AsyncTask 的 async()方法可以在后台(而非主 UI 线程中)执行长时间操作。
4. 判断题：AsyncTask 的 onAfterAsync()方法在 AsyncTask 完成后可以执行 UI 方法。

16.5　练习题

1. 阅读 Android 文档中的“Saving Data in SQL Databases”学习文档：http://d.android.com/training/basics/data-storage/databases.html.
2. 阅读 SDK 参考中的“SQLiteDatabase”学习如何使用 SQLite 数据库：http://d.android.com/reference/android/database/sqlite/SQLiteDatabase.html.
3. 修改 SampleSQLite 应用，通过一个数据库操作删除数据库中的所有记录。

16.6　参考资料和更多信息

Android Tools: “sqlite3”:
http://d.android.com/tools/help/sqlite3.html
SQLite:
http://www.sqlite.org/
Command Line Shell For SQLite：
http://www.sqlite.org/cli.html
Android APIGuides: “Content Providers”：
http://d.android.com/guide/topics/providers/content-providers.html
Android SDK Reference 中有关应用 android.database.sqlite 包的文档：
http://d.android.com/reference/android/database/sqlite/package-summary.html
Android SDK Reference 中有关应用 AsyncTask 类的文档：
http://d.android.com/reference/android/os/AsyncTask.html

Android SDK Reference 中有关应用 ContentValues 类的文档：

http://d.android.com/reference/android/content/ContentValues.html

Android SDK Reference 中有关应用 SQLiteDatabase 类的文档：

http://d.android.com/reference/android/database/sqlite/SQLiteDatabase.html

Android SDK Reference 中有关应用 SQLiteOpenHelper 类的文档：

http://d.android.com/reference/android/database/sqlite/SQLiteOpenHelper.html

Android SDK Reference 中有关应用 Cursor 类的文档：

http://d.android.com/ reference/android/database/Cursor.html

第17章

使用内容提供者

应用可以通过内容提供者接口访问 Android 系统中其他应用的数据，也可以成为一个内容提供者向其他应用公开应用内部数据。内容提供者(Content Provider)是应用访问设备上用户信息的方式，包括联系人数据、图片、音频及视频等。在本章中，我们将了解一些 Android 平台上的内容提供者，并学习使用它们。

警告

始终在测试设备上运行内容提供者的代码，而不是你的个人设备。因为很容易不小心擦除所有的联系人数据库或设备上其他类型的数据。请考虑这个警告，因为本章将讨论如何查询(通常是安全的)和修改(并不安全的)各类设备数据等操作。

17.1 探索 Android 的内容提供者

Android 设备附带了一些内置应用，其中许多作为内容提供者公开它们的数据。应用可通过不同的源来访问内容提供者的数据。你可在 Android 的 android.provider 包中找到内容提供者，表 17.1 列出了该包中一些有用的内容提供者。

现在，具体来看最流行的官方内容提供者。

提示

本章提供的示例程序使用 CursorLoader 类通过 loadInBackground()方法在后台线程上执行游标查询。这种方法可在执行游标查询时防止应用堵塞 UI 线程。这种方法取代了 Activity 类的 managedQuery()方法来执行游标查询(会堵塞 UI 线程)，后者已被正式弃用。如果你的目标设备早于 Honeycomb 版本，你需要从 Android 支持包中导入 Cursorloader 类，使用 Android.Support.v4.content.CursorLoader 而不是从 android.Content.Cursorloader 导入该类。

表 17.1 内置的有用的内容提供者

提 供 者	目 的
AlarmClock	在 Alarm Clock 应用中设置闹钟(API 等级 19)
CalendarContract	日历和事件信息(API 等级 14)
CallLog	发出和接收电话
ContactsContract	电话联系人数据库或电话簿(API 等级 5)
DocumentsProvider	读写磁盘上或云端的文件(API 等级 19)
MediaStore	手机上和外部存储中的音频/可视化数据
SearchRecentSuggestions	针对应用适当的搜索建议
Settings	系统范围的系统设置和首选项
Telephony	短信和彩信的手机操作数据(API 等级 19)
UserDictionary	用户自定义单词字典，在文本输入时给出预测
VoicemailContract	用户管理不同来源的语音信箱内容的统一入口

17.1.1 使用 Mediastore 内容提供者

可使用 Mediastore 内容使用者访问手机和外部存储设备上的媒体文件。你可访问的主要媒体包括：音频、图像和视频。你可通过它们各自的内容提供者类(android.provider. Mediastore 下)访问这些不同类型的媒体。

大多数 Mediastore 类允许与数据进行充分互动。你可以获取、添加和删除设备中的媒体文件，也有一些有用的辅助类用于定义可以获取的最常见数据列。表 17.2 列出了一些常用类，你可在 android.provider.Mediastore 中找到。

表 17.2 MediaStore 的通用类

类	目 的
Audio.Albums	以专辑组织管理音频文件
Audio.Artists	以艺术家组织管理音频文件
Audio.Genres	管理属于特定类型的音频文件
Audio.Media	管理设备上的音频文件
Audio.Playlists	管理特定播放列表中的音频文件
Audio.Radio	管理关于广播的音频文件(API 等级 21)

(续表)

类	目　　的
Files	列出所有媒体文件(API 等级 11)
Images.Media	管理设备上的图片文件
Images.Thumbnails	获取图片文件的缩略图
Video.Media	管理设备上的视频文件
Video.Thumbnails	获取视频文件的缩略图(API 等级 5)

提示

本节中提供的许多示例程序来自 SimpleContentProvider 应用，该应用的源代码可从本书网站下载。

下面的代码演示了如何从内容提供者请求数据，Mediastore 查询并获取 SD 卡上的所有音频文件的标题和各自的持续时间，该代码要求你在模拟器中将一些音频文件加载到虚拟 SD 卡。

```
String[] requestedColumns = {
    MediaStore.Audio.Media.TITLE,
    MediaStore.Audio.Media.DURATION
};

CursorLoader loader = new CursorLoader(this,
    MediaStore.Audio.Media.EXTERNAL_CONTENT_URI,
    requestedColumns, null, null, null);
Cursor cur = loader.loadInBackground();

Log.d(DEBUG_TAG, "Audio files: " + cur.getCount());
Log.d(DEBUG_TAG, "Columns: " + cur.getColumnCount());

int name = cur.getColumnIndex(MediaStore.Audio.Media.TITLE);
int length = cur.getColumnIndex(MediaStore.Audio.Media.DURATION);

cur.moveToFirst();
while (!cur.isAfterLast()) {
    Log.d(DEBUG_TAG, "Title" + cur.getString(name));
    Log.d(DEBUG_TAG, "Length: " +
        cur.getInt(length) / 1000 + " seconds");
    cur.moveToNext();
}
```

Mediastore.Audio.Media 类已经预先定义了由内容提供者公开的每个数组字段(或者列)的字串符。你可以定义一个包含所需列名的字符串符数组作为查询的一部分，从而限制请求的音频文件数据字段。在这个示例中，我们将结果限制为每个音频文件的曲目标题和持续时间。

接着使用 CursorLoader，并通过方法调用 loadInBackground()来访问游标。CursorLoader 的第一个参数是应用上下文，第二个参数是你要查询的内容提供者的预定义 URI。第三个参数是返回的列的列表(音频文件标题和持续时间)。第四个参数和第五个参数控制了选择过滤参数，第六个参数提供了返回结果的排序方法。我们将最后三个参数设置为 null，因为我们想看到该位置的所有音频文件。使用 loadinbackground()方法，我们得到了一个 Cursor 作为结果。然后，我们检查 Cursor 来获取结果。

访问需要权限的内容提供者

应用需要特定的权限才能访问 MediaStore 内容提供者提供的信息。你可在 AndroidManifest.xml 文件中添加下面的代码来声明<uses-permission>标签：

```
<uses-permission
   android:name="android.permission.READ_EXTERNAL_STORAGE"/>
```

为进一步支持 Android 棉花糖 API 等级 23 及更新版本中引入的新的应用权限模型，你可以检查应用代码中权限是否被用户接受，如果没有，就需要请求适当的权限。这里是一个简单实现：

```
if (ActivityCompat.checkSelfPermission(this,
          Manifest.permission.READ_EXTERNAL_STORAGE)
          != PackageManager.PERMISSION_GRANTED) {
   ActivityCompat.requestPermissions(Activity.this,
          PERMISSIONS_EXTERNAL_STORAGE, REQUEST_EXTERNAL_STORAGE);
} else {
   // permission already accepted, continue as usual
}
```

上面的代码确认权限是否已经被授予，如果没有授予，就需要请求权限，显示一个请求对话框，要求用户接受权限。你可在第 5 章中学习到更多关于权限和新的权限的信息模型，或者在本书的网站上查看本章对应的 SimpleContentProvider 应用的完整实现。

虽然有点困惑，但并没有 MediaStore 提供者权限。相反，应用使用 READ_EXTERNAL_STORAGE 权限来访问 MediaStore。

提示

可以在 android.manifest.permission 类中找到所有可用的权限。

17.1.2 使用 CallLog 内容提供者

Android 有一个内容提供者通过 android.provider.CallLog 类访问手机的通话记录。乍一看，CallLog 对于开发人员来说，并不是一个有用的内容提供者，但它有一些优秀的功能；你可以使用 Calllog 来过滤最近的已拨电话、已接来电和未接来电。每个通话的日期和持续时间都被记录下来，并绑定了联系人应用以识别来电。

CallLog 对于客户关系管理(CRM)应用来说是一个有用的内容提供者。用户可在 Contacts 应用中使用自定义标签来标记特定的电话号码。

为演示 CallLog 内容提供者是如何工作的，让我们来看一个虚拟的情形，我们想要产生一份包含自定义标签 Hourlyclient123 的电话报告。Android 允许这些电话号码使用自定义标签，如下面示例所示：

```
String[] requestedColumns = {
    CallLog.Calls.CACHED_NUMBER_LABEL,
    CallLog.Calls.DURATION
};

CursorLoader loader = new CursorLoader(this,
    CallLog.Calls.CONTENT_URI,
    requestedColumns,
    CallLog.Calls.CACHED_NUMBER_LABEL + " = ?",
    new String[] { "HourlyClient123" },
    null);
Cursor calls = loader.loadInBackground();

Log.d(DEBUG_TAG, "Call count: " + calls.getCount());

int durIdx = calls.getColumnIndex(CallLog.Calls.DURATION);
int totalDuration = 0;

calls.moveToFirst();
while (!calls.isAfterLast()) {
    Log.d(DEBUG_TAG, "Duration: " + calls.getInt(durIdx));
    totalDuration += calls.getInt(durIdx);
    calls.moveToNext();
}

Log.d(DEBUG_TAG, "HourlyClient123 Total Call Duration: " + totalDuration);
```

这段代码类似于 Mediastore 音频文件的代码，同样，我们首先列出请求列：电话标签和通话时间。然而这一次，我们并不想得到所有的通话记录，只需要那些具有 hourlyclient123 标签的通话记录。为使用特定标签过滤查询结果，需要指定 Cursorloader

的第四个与第五个参数。总之，这两个参数相当于数据库中的 WHERE 语句。第四个参数制定了 WHERE 语句的格式，它使用列名+选择参数(显示为？)。第五个参数为 String 数组，提供了每个选择参数(？)的替换值，就像你使用简单的 SQLite 数据库进行查询一样。

用同样的方法来遍历 Cursor 的记录，并添加所有的通话时间。

为访问 CallLog 提供者添加需要的权限

应用需要一个特殊权限来访问 CallLog 内容提供者提供的信息。你可以将下面的内容添加到 AndroidManifest.xml 文件来增加适当的权限：

```
<uses-permission
   android:name="android.permission.READ_CALL_LOG" />
```

要支持 Android 棉花糖 6.0 API 级别 23 或更新版本的新应用权限模型，务必接受 READ_CALL_LOG 权限，如果尚未接受，就发出请求。下面的代码片段演示了如何执行检查：

```
if (ActivityCompat.checkSelfPermission(this,
Manifest.permission.READ_CALL_LOG)
      != PackageManager.PERMISSION_GRANTED) {
   ActivityCompat.requestPermissions(MenuActivity.this,
      PERMISSIONS_CALL_LOG, REQUEST_CALL_LOG);
} else {
   // permission already accepted, continue as usual
}
```

尽管这些数值缓存在 CallLog 内容提供者中，但是 ContactsContract 提供者中的数据是相似的。

17.1.3 使用 CalendarContract 内容提供者

Android 4.0(API 等级 14)正式引入的 CalendarContract 内容提供者允许你管理和操作设备上用户的日历数据。你可以使用这个内容提供者在用户的日历中创建一次性和重复的事件，设置提醒，并访问和操作其他日历数据，前提是设备的用户已配置了日历账户(例如 Microsoft Exchange)。除了这个功能齐全的内容提供者，也可以使用 Intent 来快速触发一个新的事件添加到用户的日历中，如下所示：

```
Intent calIntent = new Intent(Intent.ACTION_INSERT);
calIntent.setData(CalendarContract.Events.CONTENT_URI);
calIntent.putExtra(CalendarContract.Events.TITLE,
   "My Winter Holiday Party");
calIntent.putExtra(CalendarContract.Events.EVENT_LOCATION,
   "My Ski Cabin at Tahoe");
calIntent.putExtra(CalendarContract.Events.DESCRIPTION,
```

```
    "Hot chocolate, eggnog and sledding.");
startActivity(calIntent);
```

上面的代码中使用适当的 Intent Extras，设置了日历事件标题、位置以及描述。这些字段将在展示给用户的表单中显示，用户需要在日历应用中确认该事件。要更多了解 CalendarContract 提供者，请访问 http://d.android.com/guide/topics/providers/calendarprovider.html 和 http://d.android.com/reference/android/provider/CalendarContract.html。

17.1.4　使用 UserDictionary 内容提供者

另一个有用的内容提供者是 UserDictionary，你可以使用该内容提供者预测文本区域的文本输入和其他用户输入机制，独立的单词存储在字典中，根据频率加权并按语言区域组织。你可以使用 UserDictionary.Words 类的 addWord()方法将单词添加到自定义用户字典。

17.1.5　使用 VoicemaillContract 内容提供者

VoicemaillContract 内容提供者在 API 级别 14 中被引入，你可使用该内容提供者将新的语音邮件内容添加到共享提供者，这样所有的语音邮件内容可在同一个地方访问。要访问该提供者，应用需要 ADD_VOICEMAILL 权限。要了解更多信息，请参阅 Android SDK 文档中关于 VoicemaillContract 类的信息：http://d.android.com/reference/provider/VoicemaillContract.html。

17.1.6　使用 Settings 内容提供者

另一个有用的内容提供者是 Settings 提供者。你可使用该内容提供者访问设备的设置和用户首选项。设置的组织方式和它们在 Settings 应用中的方式一样——使用类别。你可在 android.provider.Setting 类中找到关于 Settings 内容提供者的信息，如果应用需要修改系统设置，就需要在应用的 Android 清单文件中注册 WRITE_SETTINGS 或 WRITE_SECURE_SETTINGS 权限。

17.1.7　介绍 ContactsContract 内容提供者

联系人数据库是 Android 设备上最常见的应用之一。用户总是想要方便地得到联系人信息(朋友、家人、同事和客户)。此外，大部分设备显示的联系人身份基于 Contacts 应用，包括昵称、照片或者图标。

Android 提供了内置的联系人应用，可使用内容提供者接口将联系人数据提供给其他 Android 应用。作为一个应用开发人员，这意味着你可在应用中使用用户的联系人信息，从而拥有更强大的用户体验。

访问用户联系人的内容提供者最初称为 Contacts。Android2.0(API 级别 5)引入了增强的联系人管理内容提供者类用于管理用户的联系人数据。该内容提供者名为 ContactsContract，包含一个名 ContactsContract.Contacts 的子类。这是首选的联系人内容提供者。

应用需要特殊的权限来访问 ContactsContract 内容提供者提供的私有用户信息。你必须在<uses-permisson>标签中使用 READ_CONTACTS 权限来读取信息。如果应用修改联系人数据库，你还需要 WRTE_CONTACTS 权限。

提示

本节中提供的许多示例代码来自 SimpleContacts 应用，SimpleContacts 应用的源代码可从本书网站下载。

使用 ContactsContract 内容提供者

作为最新的联系人内容提供者，ContactsContract.Contacts 在 API 级别 5(Android2.0)中被引入。它提供了强大的联系人内容提供者，适用于随着 Android 平台发展的更强大的 Contacts 应用。

提示

ContactsContract 内容提供者在较新的 Android 版本中被进一步加强，加入了实质性的社交网络功能。一些新的功能包括管理设备的用户身份，与特定联系人首选的交流方法，以及一个 INVITE_CONTACT Intent 类型用于联系人连接，设备上用户的个人配置文件可以通过 ContactsContract.Profile 类访问(需要 READ_PROFILE 的应用权限)。设备用户与特定联系人首选的交流方法可以通过新的 ContactsContract.DataUsageFeedback 类访问。要了解更多信息，请参阅 Android SDK 文档中关于 android.provider.ContactsContract 类的部分。

下面的代码使用了 ContactsContract 提供者：

```
String[] requestedColumns = {
    ContactsContract.Contacts.DISPLAY_NAME,
    ContactsContract.CommonDataKinds.Phone.NUMBER,
};
CursorLoader loader = new CursorLoader(this,
    ContactsContract.Data.CONTENT_URI,
    requestedColumns, null, null, "display_name desc limit 1");
Cursor contacts = loader.loadInBackground();

int recordCount = contacts.getCount();
Log.d(DEBUG_TAG, "Contacts count: " + recordCount);

if (recordCount > 0) {
```

```
    int nameIdx = contacts
       .getColumnIndex(ContactsContract.Contacts.DISPLAY_NAME);
    int phoneIdx = contacts
       .getColumnIndex(ContactsContract.CommonDataKinds.Phone.NUMBER);

    contacts.moveToFirst();
    Log.d(DEBUG_TAG, "Name: " + contacts.getString(nameIdx));
    Log.d(DEBUG_TAG, "Phone: " + contacts.getString(phoneIdx));
}
```

这里，我们可以看到代码使用的查询 URI 来源于名为 ContactsContract.data.CONTENT_URI 的 ContactsContract 提供者。接着请求不同的列名。ContactsContract 提供者的列名组织更严密，允许更动态的联系人配置。这点可以使你的查询变得稍微复杂一些。幸运的是，ContactsContract.CommonDataKinds 类有一些常用的预定义的列。表 17.3 列出了一些常用的类别帮助你使用 ContactsContract 内容提供者。

表 17.3　常用的 ContactsContract 数据列类

类	目　的
ContactsContract.CommonDataKinds	定义一些常用的联系方式列，如 Email、昵称、电话和照片
ContactsContract.Contacts	定义与联系人关联的整理过的数据。可能会执行一些聚合操作
ContactsContract.Data	定义与单个联系人关联的原始数据
ContactsContract.PhoneLookup	定义电话号码列，可用来快速查找电话号码达到识别主叫用户的目的
ContactsContract.StatusUpdates	定义社交网络列，可用来检查联系人的即时消息状态
ContactsContract.PinnedPositions	定义一个联系人是否已经被用户置顶，应用将按照置顶的顺序来显示用户(API 等级 21)

提示

在 Android 5.0(API 级别 21)中为 ContactsContract 内容提供者添加了新的功能，可供分析与特定搜索匹配的联系人。你现在可以使用 ContactsContract.SearchSnippets 来确定联系人匹配的搜索过滤器。这是一个非常有用的功能，因为在此之前，应用没有标准的方式来确定哪些联系人匹配特定的搜索过滤器。

要了解更多关于 ContactsContract 提供者的信息，请参阅 Android SDK 文档：http://d.android.com/reference/android/provider/ContactsContract.html。

17.2 修改内容提供者数据

内容提供者不仅是静态数据源。它们也可以添加、更新和删除数据(如果内容提供者应用实现了该功能)。应用必须具有相应的权限(不是 READ_CONTACTS，而是 WEITE_CONTACTS)来执行这些操作。让我们使用 ContactsContract 内容提供者，并给出一些如何修改联系人数据库的示例。

17.2.1 添加记录

使用 ContactsContract 内容提供者，举个示例，我们可以编程方式将新记录添加到联系人数据库中。下面的代码添加了一个新的联系人 Ian Droid，电话号码是 6505551212，如下所示：

```
ArrayList<ContentProviderOperation> ops = new ArrayList

<ContentProviderOperation>();

int contactIdx = ops.size();
ContentProviderOperation.Builder op =
   ContentProviderOperation.newInsert(ContactsContract.RawContacts.
     CONTENT_URI);
op.withValue(ContactsContract.RawContacts.ACCOUNT_NAME, null);
op.withValue(ContactsContract.RawContacts.ACCOUNT_TYPE, null);
ops.add(op.build());

op = ContentProviderOperation.newInsert(ContactsContract.Data.
   CONTENT_URI);
op.withValue(ContactsContract.Data.MIMETYPE,
   ContactsContract.CommonDataKinds.StructuredName.CONTENT_ITEM_TYPE);
op.withValue(ContactsContract.CommonDataKinds.StructuredName.DISPLAY_NAME,
   "Ian Droid");
op.withValueBackReference(ContactsContract.Data.RAW_CONTACT_ID,
   contactIdx);
ops.add(op.build());

op = ContentProviderOperation.newInsert(ContactsContract.Data.CONTENT_URI);
op.withValue(ContactsContract.CommonDataKinds.Phone.NUMBER,
   "6505551212");
op.withValue(ContactsContract.CommonDataKinds.Phone.TYPE,
   ContactsContract.CommonDataKinds.Phone.TYPE_WORK);
op.withValue(ContactsContract.CommonDataKinds.Phone.MIMETYPE,
   ContactsContract.CommonDataKinds.Phone.CONTENT_ITEM_TYPE);
```

```
op.withValueBackReference(ContactsContract.Data.RAW_CONTACT_ID,
    contactIdx);
ops.add(op.build());

getContentResolver().applyBatch(ContactsContract.AUTHORITY, ops);
```

这里使用 ContentProviderOperation 类来创建一个操作 ArrayList 将记录插入到设备上的联系人数据库。我们使用 newInsert() 方法添加的第一条记录是联系人的 ACCOUNT_NAME 和 ACCOUNT_TYPE。用该方法添加的第二条记录是一个名为 ContactsContract.CommonDataKinds.StructuredName.DISPLAY_NAME 的字段。在指定信息之前，我们需要创建一个联系信息名称，如电话号码。想象这是创建一个表的一行，与电话号码表是一对多的关系。我们使用 newInsert()方法添加的第三条记录是添加到联系人数据库中的一个联系人的电话号码。

我们将数据添加到路径 ContactsContract.Data.CONTENT_URI 的数据库中。我们通过调用 getContentResolver().applyBatch()方法使用与 Activity 关联的 ContentResolver 来一次性应用所有三个 ContentProvider 操作。

提示

此时，你可能在想这些数据的结构是如何确定的。最好的办法是认真阅读你想集成到应用中的内容提供者的文档。

17.2.2　更新记录

插入数据不是你能做的唯一修改。你也可以更新一行或更多行。下面的代码块展示了如何更新一个内容提供者中的数据。在本例中，我们更新了一个特定联系人的电话号码字段。

```
String selection = ContactsContract.Data.DISPLAY_NAME + " = ? AND " +
    ContactsContract.Data.MIMETYPE + " = ? AND " +
    ContactsContract.CommonDataKinds.Phone.TYPE + " = ? ";

String[] selectionArgs = new String[] {
    "Ian Droid",
    ContactsContract.CommonDataKinds.Phone.CONTENT_ITEM_TYPE,
    String.valueOf(ContactsContract.CommonDataKinds.Phone.TYPE_WORK)
};

ArrayList<ContentProviderOperation> ops =
    new ArrayList<ContentProviderOperation>();
```

```
ContentProviderOperation.Builder op =
    ContentProviderOperation.newUpdate(ContactsContract.Data.CONTENT_URI);
op.withSelection(selection, selectionArgs);
op.withValue(ContactsContract.CommonDataKinds.Phone.NUMBER, "6501234567");
ops.add(op.build());

getContentResolver().applyBatch(ContactsContract.AUTHORITY, ops);
```

再一次，我们使用 ContentProviderOperation 来创建一个操作 ArrayList 来更新设备中的联系人数据库的一条记录。在本例中，更新的是之前给定了一个 TYPE_WORK 特性的电话号码。这里基于与当前联系人一起存储的 TYPE_WORK 特性更新了当前保存在 NUMBER 字段中的任意电话号码。我们使用 newUpdate()方法来添加 ContentProviderOperation，再次调用 ContentResolver 类的 applyBatch()来完成修改。然后我们可以确认只有一行被更新了。

17.2.3　删除记录

现在你使用样例用户数据整理了联系人应用，你可能想删除其中一些数据。删除数据是非常直截了当的。再次提醒，你应该在测试设备上使用这些示例，才能保证你不会误删设备上的所有联系人信息。

删除所有记录

下面的代码删除了指定 URI 下的所有行。注意，执行像下面的这些操作时要格外小心。

```
ArrayList<ContentProviderOperation> ops =
    new ArrayList<ContentProviderOperation>();

ContentProviderOperation.Builder op =
    ContentProviderOperation.newDelete(ContactsContract.RawContacts.
CONTENT_URI);
ops.add(op.build());

getContentResolver().applyBatch(ContactsContract.AUTHORITY, ops);
```

newDelete()方法删除指定 URI 下的所有行，在本例中是 RawContacts.CONTENT_URI 位置的所有行(换句话说，所有联系人条目)。

删除特定记录

你经常会想添加一些选择过滤器，从而过滤一些行来删除，移除那些匹配特定模式的行。

例如，下面的 newDelete()操作匹配所有名为 Ian Droid 的联系人记录，即本章前面创建的联系人。

```
    String selection = ContactsContract.Data.DISPLAY_NAME + " = ? ";
    String[] selectionArgs = new String[] { "Ian Droid" };

    ArrayList<ContentProviderOperation> ops =
       new ArrayList<ContentProviderOperation>();

    ContentProviderOperation.Builder op =
       ContentProviderOperation.newDelete(ContactsContract.RawContacts.
CONTENT_URI);
    op.withSelection(selection, selectionArgs);
    ops.add(op.build());

    getContentResolver().applyBatch(ContactsContract.AUTHORITY, ops);
```

17.3　使用第三方内容提供者

任何应用都可通过实现一个内容提供者，与设备上的其他应用安全地共享信息。某些应用使用内容提供者只是在内部共享信息——例如，它们自己品牌范围内的应用。其他应用则公开内容提供者的接口说明，方便其他应用与其整合。

如果分析 Android 源代码，或者运行你想要使用的内容提供者，请考虑：Android 平台上有许多可以使用的内容提供者，特别是那些常见的谷歌应用所使用的内容提供者(日历、消息等)。值得注意的是，如果你正在使用未文档化的内容提供者，只是你恰巧知道它们是如何运行的，或通过逆向工程了解的，这通常不是一个好主意。使用未文档化或非官方的内容提供者可能让应用不稳定。这篇 Android 开发人员博客上的文章解释了为什么在商业应用中使用这种破解方式是不被推荐的：http://android-developers.blogspot.com/2010/05/be-careful-with-content-providers.html。

17.4　本章小结

你的应用可以使用其他应用中的可用数据(如果它们将这些数据作为内容提供者公开)。内容提供者如 MediaStore、CallLog 及 ContactsContract 可以被其他 Android 应用使用，从而为用户带来更强健的体验。应用可以成为内容提供者在自身内部共享数据。成为内容提供者涉及实现一系列方法，来管理公开数据的方式以及公开哪些数据以便在其他应用中使用。

17.5 小测验

1. 用来访问手机上及外部存储设备上的媒体数据的内容提供者的名称是什么？
2. 判断题：MediaStore.Images.Thumbnails 类用来获取图片文件的缩略图。
3. 访问 CallLog 内容提供者提供的信息需要哪些权限？
4. 调用哪个方法可将单词添加到 UserDictionary 提供者的自定义用户字典中？
5. 判断题：Contacts 内容提供者是在 API 级别 5 中加入的。

17.6 练习

1. 使用 Android 文档，确定与 ContactsContract 内容提供者关联的所有表。

2. 创建一个应用，它能将用户在 EditText 中输入的单词添加到 UserDictionary 内容提供者中。

3. 创建一个应用，它能使用 ContactsContract 内容提供者添加联系人的电子邮件地址。如前所述，在测试设备上运行内容提供者代码，而不是你的个人设备上。

17.7 参考资料和更多信息

Android API Guides: "Content Providers"：
http://d.android.com/guide/topics/providers/content-providers.html

Android API Guides: "Content Provider Testing"：
http://d.android.com/tools/testing/contentprovider_testing.html

Android SDK Reference 中有关 android.provider 包的文档：
http://d.android.com/reference/android/provider/package-summary.html

Android SDK Reference 中有关 AlarmClock 内容提供者的文档：
http://d.android.com/reference/android/provider/AlarmClock.html

Android SDK Reference 中有关 CallLog 内容提供者的文档：
http://d.android.com/reference/android/provider/CallLog.html

Android SDKReference 中有关 Contacts 内容提供者的文档：
http://d.android.com/reference/android/provider/Contacts.html

Android SDK Reference 中有关 ContactsContract 内容提供者的文档：
http://d.android.com/reference/android/provider/ContactsContract.html

Android SDK Reference 中有关 MediaStore 内容提供者的文档：
http://d.android.com/reference/android/provider/MediaStore.html

Android SDK Reference 中有关 Settings 内容提供者的文档：

http://d.android.com/reference/android/provider/Settings.html

Android SDK Reference 中有关 SearchRecentSuggestions 内容提供者的文档：

http://d.android.com/reference/android/provider/SearchRecentSuggestions.html

Android SDKReference 中有关 UserDictionary 内容提供者的文档：

http://d.android.com/reference/android/provider/UserDictionary.html

第 V 部分

应用交付基础

第 18 章　学习开发工作流

第 19 章　规划用户体验

第 20 章　交付质量可靠的应用

第 21 章　测试应用

第 22 章　分发应用

第 18 章

学习开发工作流

Android 的开发过程与传统的桌面软件开发过程相似，但也有一些独特的区别。

了解这些区别对 Android 开发团队运行一个成功的项目至关重要。无论是 Android 开发新手，还是经验丰富的开发人员；无论是项目管理者或计划者，还是处在同一战壕的开发人员和测试者；深入了解 Android 开发流程都将受益匪浅。在本章中，你将学习 Android 开发流程中各个环节的独特性。

18.1 Android 开发流程概览

Android 开发团队通常成员数量较少，项目周期也比较短，整个项目的生命周期通常是被压缩的，无论是一个人还是一百个人的团队，理解开发过程中的每个环节都将为我们节省大量的时间和精力。Android 开发团队经常遇到的一些困难包括：

- 选择一个合适的软件方法论
- 理解目标设备如何影响应用的功能
- 执行彻底的、精确的以及持续的可行性分析
- 降低预产设备可能带来的风险
- 通过配置管理跟踪设备的功能
- 在内存有限的系统上设计一个及时响应的、稳定的应用
- 针对不同设备设计用户界面，从而带来不同的用户体验
- 在目标设备上充分测试应用
- 满足应用销售第三方的需求
- 部署和维护 Android 应用
- 总结用户的反馈、崩溃报告、用户评分，并及时发布应用更新

18.2　选择正确的软件方法论

开发人员可以很容易将大部分现代的软件方法论应用到 Android 开发中。无论你的团队选择传统的快速应用开发(RAD)方式，或者是现代的敏捷软件开发方法的变种(如 Scrum)，Android 开发都有其特殊要求。

18.2.1　理解瀑布开发模式的危险性

因为项目开发周期短，开发人员可能会选择使用瀑布开发模式，但是，开发人员也需要清楚该选择带来的不灵活性。不考虑设计和开发 Android 应用的整个周期中可能会发生的改变，通常是一个很糟糕的做法(参考图 18.1)。目标设备的改变(尤其是预产前的样机，某些时候上市后的设备也会有一些软件上的修改)、可行性、性能问题，以及为了保证质量，需要及早地、频繁地在目标设备上测试(而非模拟器)都使得严格的瀑布模式很难在 Android 项目中成功执行。

图 18.1　瀑布流开发模式的风险(图片来自 Amy Tam Badger)

18.2.2　理解迭代的价值

因为 Android 项目倾向快速完成，迭代开发已成为 Android 开发中最成功的策略。快速的原型设计可以给开发人员和测试部门提供足够的机会去评估可行性、Android 应用在目标设备上的性能以及适应项目开发过程中不可避免的变化。

18.3 收集应用的需求

相对于传统的桌面应用，Android 应用的功能要简单些；但是，针对 Android 应用的需求分析可能会更加复杂。这是因为 Android 应用要求用户界面必须优雅，应用必须有很好的容错性，以及在资源受限的环境中也需要及时响应。这就需要我们针对很多设备调整需求；这些设备通常有着截然不同的用户界面以及输入法方法。目标平台的多样性使得开发设定难以预见。这点和 Web 开发人员较为相似，因为他们也需要适配多种不同的浏览器(以及不同的版本)。

18.3.1 明确项目需求

当需要针对多种目标设备时(这种情况在 Android 平台很常见)，我们发现一些方法对明确项目需求非常有帮助。每种方法各有利弊。这些方法如下：

- 最小公分母方法
- 定制化方法

1. 使用最小公分母法

通过最小公分母方法，可以让应用在多种设备上轻松运行。这种情况下，主要目标设备是设备功能最少的设备——基本上就是最差的设备。标准中只包含所有设备都能满足的要求，才能保证兼容最广泛的设备——这些要求包括输入方法、屏幕分辨率以及平台版本。利用该方法，开发人员通常为应用设定一个基准的 API 等级，然后通过 Android 清单文件和 Google Play 的过滤功能做进一步调整。

注意

最小公分母方法类似我们利用最低的系统配置来开发桌面应用——Windows XP 和 512MB 的内存——并假设应用向前兼容最新的 Windows 版本(以及中间的所有版本)。虽然不是最完美的，但在某些情况下还是可以让人接受的。

一些轻量级定制，例如，资源和最终变异的二进制文件(及版本信息)，通常可以很好地运用最小公分母方法。这个方法最大的好处就是我们只需要维护源代码的主版本树。只需要在一个地方修改 bug，就可覆盖所有设备。 你可以很容易添加新设备，而不需要修改太多代码，只要这个设备满足最低硬件要求即可。该方法的缺点就是应用最终可能无法最大限度地使用设备的一些特有功能，也可能无法使用平台的新特性。而且，如果出现了与特定设备相关的问题，或者错误估计了最小公分母，后期却发现个别设备不能满足最小需求，开发团队可能被迫使用其他变通方案或者后期在源代码上开发出分支，这时该方法的所有好处都丧失殆尽，留下的都是缺陷了。

提示

Android SDK 可让开发人员在一个应用包就可以支持多个平台版本。开发人员需要在早期设计阶段确定需要支持的所有平台版本。即便如此，固件的在线升级对于用户依然可能发生；最终，在后期设备的平台版本还可能升级。所以，你需要将应用设计成向前兼容。

当需要使用很多 SDK 的新特性时，如 Fragment 或 Loader，让应用支持更多设备的一个最容易方法就是使用 Android 支持包及支持库。使用支持库让你可以按照最佳实践来编写应用，例如，支持大纲/细节导航方式，同时可以在没有新特性的旧设备上运行。在应用的代码中使用支持库，可以很轻松地扩大应用的市场范围，而不需要实现标准 SDK 库。

2. 使用定制方法

Google Play 提供对多 APK 支持的管理，从而实现针对特定设备提供定制的应用包。多 APK 支持允许你为应用提供多个 APK，每个 APK 支持一个设备配置集合或特定的设备。可支持的不同设备配置如下：

- 不同的 API 等级
- 不同的 GL 纹理
- 不同的屏幕大小
- 不同的 CPU 架构
- 不同 API 等级、不同 GL 纹理、不同屏幕大小及不同 CPU 架构的任意组合

如果开发人员需要细粒度地控制应用提供的功能，定制化方法允许你完全控制应用在特定目标设备集(或一个特定设备)上的功能。Google Play 允许开发人员将多个 APK 文件绑定在同一个产品名称上。这样允许开发人员创建最佳应用包，排除不是每个设备都需要的许多资源。例如，“小尺寸”安装包不需要包含针对平板和电视机设备的资源。

提示

要详细了解如何为应用实现和管理多 APK 支持，参考如下网址：http://d.android.com/training/multiple-apks/index.html 和 http://d.android.com/google/play/ publishing/multiple-apks.html。

这个方法适用于针对少量目标设备的特定应用，但从编译或产品管理角度看不能轻松地扩展。

通常，开发人员会为所有版本的应用提取出一个共享的核心应用框架(类或包)。客户端/服务器应用的所有版本可以共享同一个服务器并以相同方式通信。但是被调整的客户端实现可以利用特定设备特性，在它们可用时。该技术的最大好处就是用户得到一个使用了设备(或 API 等级)提供的所有特性的应用包。缺陷包括源代码分裂(同样的代码多个分支)、测试需求增加以及在将来很难添加新设备的事实。

对于定制化方法，你还需要考虑应用支持的屏幕尺寸。应用可能只需要在小尺寸屏幕上运行，例如，智能手机，或者平板电脑、Android 电视、穿戴设备，又或者汽车上运行。不管哪种情况，你都应该提供屏幕特定的布局，在应用的清单文件中添加应用所支持的屏幕类型，便于 Google Play 过滤，并打包不同图片资源文件。

3. 综合利用两种方法的优点

事实上，Android 开发团队通常会选择混合的方式，综合利用两种方法的优点。开发人员通常基于功能来确定设备的类别。例如，游戏应用可能根据图像性能、屏幕分辨率或输入方法分组设备；而一个基于位置服务(LBS)的应用可能会根据内部传感器来分类；某些开发人员可能根据设备是否配备了前置摄像头提供不同的版本。这些分类实际上是比较随意的，开发人员使用这些方法是为了保证代码和测试可管理。如此，应用的特定细节和支持需求往往起到推动作用。大部分情况下，这些特性都可以在运行时检测到，但是将这些检测放在一起会让代码路径变动异常复杂，提供两个或多个应用会更方便。

提示

只有一个统一版本的应用通常比多个版本的应用容易维护。然后，一个能利用某类设备上的独特特性的游戏应用可能销售更好些。一个垂直商业应用，如果能保持操作方式上的一致性，不同设备上的用户使用起来更容易，减少了技术支持方面的花费。

18.3.2 为 Android 应用编写用例

你应该首先为应用编写通用的用例，然后针对本身有限制条件的特定设备进行改编。例如，应用的一个抽象用例可能是“输入表单数据”，但是不同的设备可能有不同的输入方式，如物理键盘和软键盘等等。

按照这种方式，你可以绘制出与用户界面、设备、规格以及平台无关的用户流。考虑现今流行的移动应用都会提供 Android 和 iOS 两个版本，开发平台无关的用例可以保证应用的一致性，又可以在实现中体现出不同平台的区别。

提示

为多种设备开发应用与为不同操作系统和输入设备开发应用非常相似(例如，在 Mac 和 Windows 处理跨快捷键)——你必须考虑显见和隐含的区别。这些区别可能是明显的，如没有输入的物理键盘；而某些可能就不那么明显，如特定设备的 bug 或者软键盘的使用习惯。查看第 13 章可了解更多关于应用兼容性的信息。

18.3.3 结合第三方的需求和建议

除了内部需求分析得出的结论，开发团队还需要结合第三方的需求。第三方的需求的来源有很多，如下：

- 同意 Android SDK 许可的需求
- Google Play 的需求 (如果适用)
- 其他 Google 许可的需求 (如果适用)
- 其他第三方 API 的需求 (如果适用)
- 其他应用商店的需求(如果适用)
- 移动运营商的需求 (如果适用)
- 应用认证的需求(如果适用)
- Android 设计指导和建议 (如果适用)
- 其他第三方的设计指导和建议(如果适用)

在项目计划中及早考虑这些需求，不仅可有效地保证项目进度，而且可将这些需求彻底构建到应用中。相反，若在后期才考虑，将给项目带来风险。

18.3.4 维护一个设备数据库

随着你的 Android 开发团队构建的应用支持的设备日益增加，及时跟踪目标设备及它们的信息变得尤为重要，因为这关系到应用能带来的收入和后期的维护。创建一个设备数据库是追踪市场和目标设备属性细节非常好的方法。这里所说的“数据库”，包括微软的 Excel 表格和 SQL 数据库。重点是这些数据可在整个团队或公司内部共享，并及时更新。也可将设备分成不同的类别，例如，支持 OpenGL ES 3.0 的，或没有摄像头的。

提示

由于当前可用资源的限制，你可能没法跟踪最终的所有目标设备。这种情况下，你应该跟踪最终同类目标设备，记录这些设备的通用属性，而不是设备特定的属性。

一旦项目需求和目标设备确定后，就应该及早建立和维护目标设备数据库。图 18.2 解释了如何跟踪设备信息，以及应用开发组成员如何使用它。

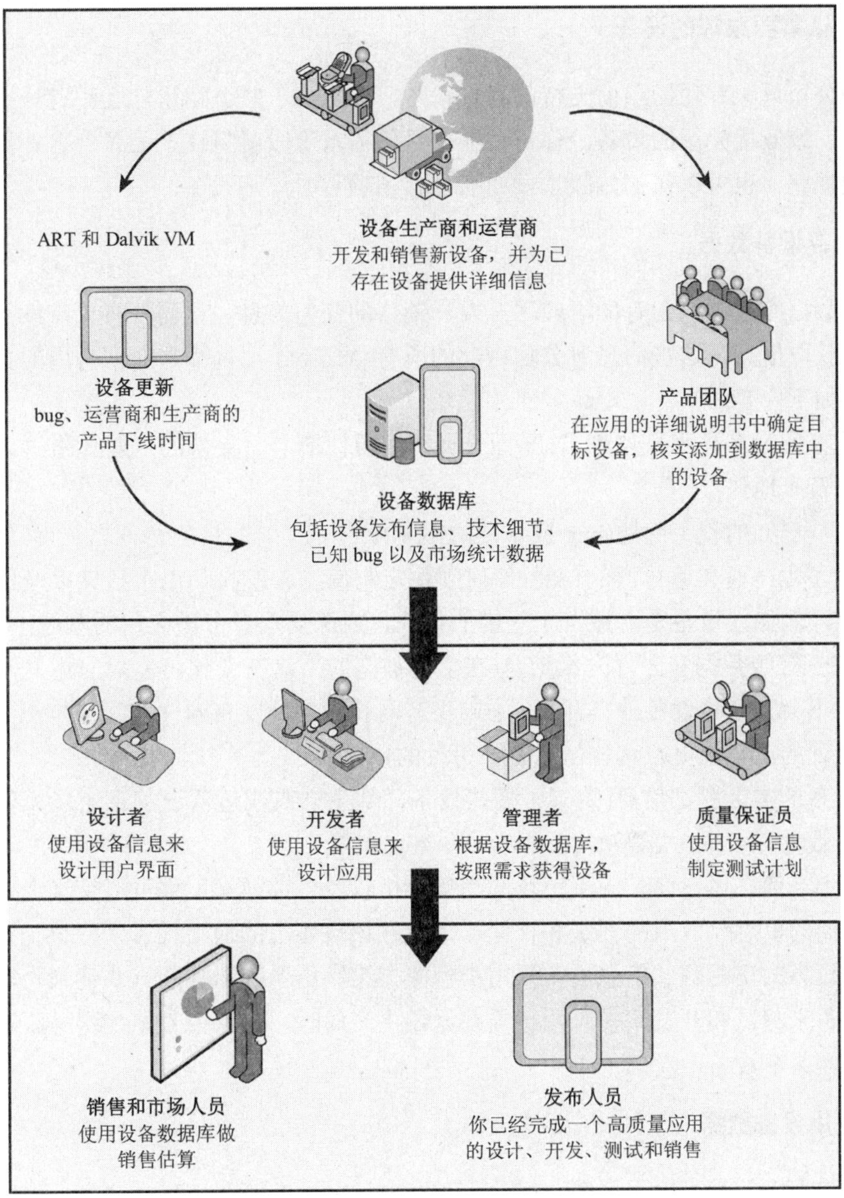

设备生产商和运营商
开发和销售新设备，并为已存在设备提供详细信息

ART 和 Dalvik VM

设备更新
bug、运营商和生产商的产品下线时间

产品团队
在应用的详细说明书中确定目标设备，核实添加到数据库中的设备

设备数据库
包括设备发布信息、技术细节、已知 bug 以及市场统计数据

设计者
使用设备信息来设计用户界面

开发者
使用设备信息来设计应用

管理者
根据设备数据库，按照需求获得设备

质量保证员
使用设备信息制定测试计划

销售和市场人员
使用设备数据库做销售估算

发布人员
你已经完成一个高质量应用的设计、开发、测试和销售

图 18.2　开发团队如何使用设备数据库

提示

很多读者问我们，使用个人设备来测试应用是否安全？是否聪明？简单回答是，大多数情况下，使用自己的设备测试应用是安全的。不太可能会出现恢复出厂设置解决不了的问题。但是，保护好你的个人数据完全是另外一个问题。例如，如果应用使用联系人数据库，bug 或其他代码上的错误可能将你的联系人信息破坏。使用个人设备测试有时是很方便的，尤其是那些硬件预算很少的小型开发组。务必了解这种做法可能带来的后果。

1. 确认需要跟踪的设备

有些公司只跟踪他们当前支持的目标设备，而另外一些公司可能会跟踪一些将来会支持的设备，或低优先级的设备。你可以在项目的需求阶段就将这些设备包含在数据库中，后期再做调整。也可以在初始版本发布后，移植项目时添加设备。

2. 保存设备数据

设备数据库应该包含有助于应用开发和销售的任何信息。这需要有人持续从运营商和生产商那获取信息。这些信息对公司内部的所有 Android 项目都是非常有用的。这些数据应该包含如下内容：

- 重要的设备技术规格细节(屏幕分辨率、硬件细节、支持的多媒体格式、输入方式以及本地化)。
- 任何已知的设备问题(bug 或重要的限制)。
- 设备生产商和运营商的信息(任何固件定制信息、发布和退市日期以及用户预期统计，例如，设备是否被寄予热销的预期，或深受垂直市场应用的欢迎，等等)。
- API 等级数据和固件升级信息(在信息披露时，这些变化可能对应用并无影响，或并不会完全将设备独立开来。不同生产商和运营商发布固件升级是按照不同的计划执行的，频繁更新这些信息是不可行的)。
- 设备的实际测试信息(购买了哪些设备，从生产商或运营商签订了多少合约机，可用数量有多少，等等)。

通过生产商、运营商、应用市场的销售价格以及内部因素，你可以交叉考虑设备生产商和运营商的信息。应用的评级和评论，以及在该设备上的崩溃报告都应该记录下来。

这些设备的实际测试信息通常采用类似图书馆签出系统那样的方式记录。项目组成员可保留设备来测试和开发。在合约机需要返还生产商时，可以很容易地跟踪。这也有利于项目组之间共享设备。

3. 使用设备数据

设备数据库信息可用于多个 Android 开发项目。设备资源可以被共享，也可以对比销售数据得出应用在哪些设备中销量最好。不同的项目成员(或角色)以不同方式使用设备数据库：

- 产品设计者可依此开发针对目标设备的最佳用户界面
- 媒体艺术家们可依此生成应用资源，如图片、视频及音频，采用受支持的多媒体文件格式及适用于目标设备的分辨率。
- 项目管理者依此判断哪些设备是开发和测试必需的，并判断开发的优先级。
- 开发人员依此来开发和设计与目标设备参数兼容的应用。
- QA 人员依此来设计和开发与目标设备相符的测试计划，以保证完整的测试应用。

- 市场和销售人员依此来评估产品的销售数量。举个示例，应该特别留意因为设备数量下滑导致应用销量的下滑。

设备数据库中的信息可以帮助判断最有前景的目标设备，从而提前做好开发和移植的准备。Android 设备有内置的崩溃报告提交机制。当用户提交了崩溃报告，信息会先发送到 Google，Google 又将通过 Google Play 开发人员控制台呈现给开发人员。追踪这类信息有助于长期改进应用的质量。

4. 使用第三方的设备数据库

我们还可以获取第三方的设备信息数据库，包括屏幕尺寸、设备的内部细节以及运营商的支持细节；但是，订阅这类信息的花费对小公司来说是难以承受的。大部分开发人员创建的设备数据库中只选择他们感兴趣的设备以及他们需要的设备特定数据，这些数据在免费开发的数据库中通常是不存在的。WURFL(http://wurfl.sourceforge.net)，相对于应用开发，更适合于移动网页开发。

18.4　评估项目风险

除了软件项目遇到的正常风险外，移动项目还必须意识到可能影响项目进度和目标能否达成的外部因素。这些风险因素包括确定目标设备，以及持续地评估应用的可行性。

18.4.1　确定目标设备

正如大多数理智的开发人员不会在未确认应用将运行在哪个操作系统(以及他们的版本)前先编写一个桌面应用一样，Android 开发人员必须先确定应用将运行的目标设备。每个设备都有不同的功能，不同的用户界面，以及某些方面不同的限制。

目标设备通过使用下面两种方法中的一种来确定：

- 你想重点针对的流行的“杀手级”目标设备。
- 或者你想尽可能扩大目标设备的覆盖范围。

在第一种情况下，你已经有了初始目标设备(或一类设备)。在第二种情况下，你想寻找市场上可用的(以及即将可用的)设备，并调整应用规格，以涵盖尽可能多的合理可行的设备。

提示

在 Android 平台上，你通常不会针对单个特定设备开发；而是针对设备特性或者类型(例如，那些运行特定版本的平台或者拥有特定硬件配置)。你可以通过 Android 的 manifest 标签来限制哪些设备才能安装应用，同时这也是市场过滤的依据。

可能存在一种情况，应用只针对某一特定的商机，例如，Android 电视或者 Android 穿戴设备。这种情况下，应用可能对智能手机和平板电脑是无用的。另一方面，如果应用需要更好的通用性，如一个游戏，你需要花点精力来确认应用运行的目标设备类型，如智能手机、平板手机设备、平板电脑及电视。

1. 理解生产商和运营商的运作方式

同样需要重点注意的是我们已经观察过一些主流的产品线，例如，Nexus、Galaxy、Moto、One、Desire 或 Xperia 系列 Android 设备产品线，分别被不同的生产商定制了。厂商通常会定制自己的设备，包括不同的用户界面或皮肤，以及一系列的应用(这些应用会占用设备不少的存储空间)。厂商也可能会关闭特定设备上的某些特性，可能导致应用无法正常运行。所以，在分析应用的需求和功能时需要考虑这些因素。应用正常运行的需求必须符合所有目标设备的共性，并正确处理好某些可选的特性。

2. 了解设备的上市和退市时间

新设备总是在被研发出来。运营商和生产商也一直在淘汰一些设备。不同的运营商可能同时推出相同的(或相似)设备，但可能在不同的时间点将该设备退市。某运营商也可能因为各种原因比其他厂商更早发布某款设备。

> **提示**
>
> 开发人员需要制定一种策略，向用户清楚地说明，在运营商或生产商停止对某款设备支持后，开发人员还会对应用提供多长时间的支持。该策略也可能因运营商而异，因为这些运营商会有自己的强制性条款。

开发人员需要明白不同的设备在全球范围内是如何发售的。有些设备限定在特定的地理区域可售(或流行)。某些时候，设备是面向全球范围发布的，但是通常都是针对地区发布的。

根据以往的经验，一款设备(或新一代设备)通常会先在市场驱动的东亚地区(包括韩国和日本)发售，然后逐渐在欧洲、北美和澳大利亚流行起来，这些区域的用户通常会以每年或每两年的频率更新设备，并为应用付费。最后，这款设备才会在美洲中部和南美、中国以及印度发售。类似中国和印度这类市场通常会被单独区分对待——我们需要发布更多用户可承受的设备，采用不同的盈利模式。应用的销量会少一些，但是盈利点来自持续增长的庞大用户群。

18.4.2　获取目标设备

越早获得目标设备，对你越有利。某些时候这也是很容易实现的，只要去商店购买一个新设备即可。

大多数情况下，开发人员面对的是尚未上市或尚未对外开放的设备。如果应用能在用户拿到设备第一时间准备就绪，那优势是显而易见的。对于预售设备，你可以加入生产商或运营商的开发项目，这些项目能让你同步跟进产品线的变化(即将上市的，停产的设备)。很多这类项目还包括了设备的合约计划，以便开发人员可在用户之前拿到设备。

提示

如果你初次采购 Android 设备，可考虑 Google 的体验设备，Nexus 手持设备中的一种，Nexus 4、5、6、7、9 或 10。参考 http://www.google.com/nexus/ 了解当前市场上有哪些 Nexus 设备，一些版本相对较旧的设备(如 Nexus 4、7 及 10)可能只有第三方才有。

开发人员面向特定预售设备编写应用会存在一定的风险，因为这类设备的上市时间是未定的，而且固件也是不稳定和潜在存在 bug 的。设备可能被延迟或取消发布；设备的某些特性(尤其是新的或有趣的特性)并非一成不变，开发人员需要验证这些特性能按预期运行。令人兴奋的新设备总是在不断地被报道——这些设备可能也是应用想支持的。你的项目计划应足够灵活，以便及时应对这些市场变化。

提示

有时你并不一定需要获取设备来测试。现在有很多在线服务允许在真实设备上远程安装和测试。这些服务大部分是收费的，你可以权衡自己购买设备和使用远程服务的开销。

18.4.3　确定应用需求的可行性

Android 开发人员对设备的限制是无力的，如内存、处理能力、屏幕类型及平台版本。移动开发人员不能像传统桌面软件开发人员奢侈地说，“我的应用需要更多内存(或空间)”。设备的限制是无法改变的，应用要么满足限制条件，正常运行，要么就不能运行。从技术角度看，大多数 Android 设备在硬件上还是有一定调整空间的，如可以使用外部存储卡(SD 卡)，我们这里讨论的还是有限的资源。

你只能在物理设备上做可行性评估，而不是软件模拟器上。应用可能在模拟器上正常运行，但在物理设备上并非如此。Android 开发人员必须在整个开发流程中不断地重新评估可行性、应用的及时响应性以及性能。

18.4.4 理解 QA 的风险

QA(质量保证)团队面对的测试环境通常并不理想。

1. 尽早测试，经常测试

尽早拿到目标设备；对于那些预售设备，有可能需要花费几个月的时间才能从厂商那里拿到样机。与运营商签订合约机计划和从零售商购买设备有时确实很令人懊恼，但却是必要的。千万不要等到最后阶段才去收集测试设备。很多开发人员很困惑，他们的应用为什么在某些旧设备上运行缓慢？究其原因就是在真机上与在配备专用网络的电脑或新款设备上的运行情况是完全不同的。

2. 在设备上测试

一再强调：在模拟器上测试是很方便的，但是在设备上测试才是最重要的。在现实中，应用能否在模拟器上正常运行并不重要——没有人会在现实中使用模拟器。

虽然可将设备恢复出厂设置并擦除用户数据，却没有一种便捷的方式将设备完全恢复到干净的初始状态。所以 QA 团队需要制定并坚持一种策略，说明设备上什么状态才是初始状态。测试人员可能需要学会在设备上插入不同版本的固件，清楚不同平台版本之间的差异，以及应用数据如何存储在设备底层(例如，SQLite 数据库、应用的私有文件或者使用缓存)。

3. 降低现实世界有限测试机会的风险

某些情况下，每个 QA 测试员都在严格控制的环境下工作，尤其是 Android 应用测试员。他们测试的设备通常没有真实的网络，预售设备可能与发布的设备不匹配。另外，因为测试都是在实验室内完成的，位置相关信息(包括基站、卫星、信号强度、数据服务的可用性、LBS 信息以及本地化信息)是固定的。如果这些因素的测试面太小，则存在一定的风险，QA 团队需要给予重视。举例来说，测试在设备没有信号(类似飞行模式)时的运行情况很重要，确定在出现这些情况时应用不会崩溃。在应用开发过程中，有很多测试工具可以帮助开发人员和白盒测试员。最有用的工具包括 UI/Application Exerciser Monkey、monkeyrunner 和 JUnit。

4. 测试 Client/Server 和云友好的应用

确保 QA 团队明白他们的工作职责。Android 应用经常用到网络模块，以及服务端的功能。确保覆盖服务器和服务测试包含在测试和计划中——而非仅测试在设备上实现的客户端功能。这可能需要开发桌面或 Web 应用来完成整个解决方案。

18.5 编写重要的项目文档

因为 Android 项目周期短，成员少，功能更简单，你可能会觉得编写项目文档不是那么重要。而事实恰恰相反。完善的文档不仅可以带来传统软件开发中的好处，还可以提供很多 Android 开发中的优势。建议将下面这些内容文档化：

- 需求分析和优先级
- 风险评估和管理
- 应用架构和设计
- 可行性研究，包括性能基准测试
- 技术文档(包括服务端，以及客户端设备特定的内容)
- 详细的用户界面文档(通用的，与服务相关的)
- 测试计划，测试脚本，测试用例(通用的，设备相关的)
- 范围变更文档

上面大部分文档和普通的软件开发文档没有太大区别。开发团队可能发现在流程中节省掉某些文档也是可行的。在从 Android 项目开发流程中去除某些文档前，请先考虑下一个成功项目的文档化需求。某些文档可能比大型软件项目中的简单，但是其他细节方面的文档化就需要加强——尤其是用户界面和可行性研究。

18.5.1 为保证产品质量制定测试计划

质量保证很大程度上依赖功能说明文档以及用户界面文档。屏幕资源在 Android 设备上非常宝贵，用户体验对于项目的成功尤为重要。测试计划中需要完整覆盖应用的用户界面，同时能覆盖抽象的用户体验问题，虽然这些问题满足测试要求，但并不是最好的用户体验。

1. 明白用户界面文档的重要性

一个用户界面设计糟糕的应用不可能成为“杀手级”应用。深度的用户界面设计是 Android 项目设计阶段需要确定的最重要细节。你必须将应用的工作流(状态)按逐屏级别记录下来，并详细记录关键的使用模式，以及在某些关键点或特性缺失时如何回退回去。你应该预先明确定义使用场景。

2. 使用第三方测试工具

一些公司选择将 QA 工作外包给第三方；大部分 QA 团队需要详细文档，包括用例流程图表，以便确认应用的正确行为。如果你没有为测试提供足够详细和精确的文档，就无法得到深入、详细和精确的测试结果。有了详细文档，就可将测试结果从“正常运行”精确到“正确运行”。这对某些人可能是直截了当的，而对另一些人却未必。

18.5.2　为第三方提供需要的文档

如果你需要提交给软件认证机构或应用商店评估，那便需要同时提交应用的相关文档。一些商店需要应用提供帮助文档或者技术支持人的联系信息。认证程序可能需要你提供关于应用功能、用户界面流程以及应用状态图的详细文档。

18.5.3　为维护和移植提供文档

Android 应用经常移植到其他设备和其他操作系统平台。这些移植工作通常由第三方完成，完整的功能和技术文档在这时候显得尤为重要。

18.6　使用配置管理系统

有很多优秀的源码管理系统供开发人员使用，大部分既支持传统软开发也支持移动项目开发。但是，实施应用版本化管理也不是那么简单。

18.6.1　选择源码管理系统

Android 开发对源码管理系统并没有什么特别的要求。下面是开发人员评估 Android 项目配置管理时需要考虑的一些因素：

- 跟踪源码(Java)和代码库(Android 库等)的功能
- 通过设备配置跟踪应用资源(图片资源等)的功能
- 与开发人员选择的开发环境集成(Android Studio 或 Eclipse)

有一点需要考虑的是开发环境与源码管理系统的集成。常见的源码管理系统，如 Subversion、CVS、Git 和 Mercurial，与 Eclipse 和 Android Studio 都可以协同工作。Git 源码管理系统与 Android Studio 是捆绑集成的。你需要确认自己喜爱的源码控制系统能否与选择开发环境很好地集成。

18.6.2　实现一个可用的应用版本系统

开发人员也应该及早确定由设备特点和软件构建号组成的版本号格式。而仅仅以构建号作为版本号是不够的(如版本 1.0.1)。

Android 开发人员通常将传统的版本号格式与目标产品的配置或支持的产品类别结合后作为 Android 项目的版本号(版本 API level.Important Characteristic/Device Class Name.101)。这对 QA、技术支持人员以及最终用户是很有帮助的，他们对自己的设备的模型名称或特性并不清楚，或只知道设备的销售名，而开发人员对销售名并不关心。举个例子，一个针对有摄像头的、API 等级 11 的设备开发的应用，它的版本号可能被命名为 11.15.101(或 1115101)，版本号中的 15 表示“支持摄像头”；而同一个应用针对没有摄像头支持的设备的版本号可能是 11.16.101(或 1116101)，这里 16 表示“不支持摄像头”的源码分支。如果你有两个工程师管理不同的源代码分支树，那么你只需要通过版本名称便知道将 bug 分配给谁。这里的数字 15 和 16 并不是对存在或不存在摄像头的官方代码，在这里只是举例使用。你需要建立自己的代号系统，对应不同的设备特性或设备类别；并告知你的 Android 开发团队。

同时我们也需要计划好升级版本的命名。如果升级版本需要重新构建应用，那么新的版本号可能是 Version 11.15.101.Upg1 或类似的编号。是的，这可能会失控，所以命名不要过度复杂。

同样，你还需要注意哪些分发方式支持将多个应用包或二进制文件作为同一个应用，哪些需要每个二进制包单独管理。有充足的理由不要将代码和资源放在一个二进制文件中。举个示例，使用备选资源的方式来支持多种分辨率时，应用包会增大，变得不易管理。下面是一篇介绍针对不同应用版本分配代码的文章：http://d.android.com/google/play/publishing/multiple-apks.html#CreatingApks。

18.7 设计 Android 应用

为 Android 设计一款应用时，开发人员必须考虑设备的限制条件以及确定哪种应用框架最适合当前项目。

18.7.1 理解设备的资源限制

用户对应用的期望是运行速度快，响应及时，并且稳定；而开发人员必须考虑资源的限制。在为所有目标设备设计和开发 Android 应用时，开发人员都必须记住目标设备的内存和处理能力的限制。

18.7.2 探讨通用的 Android 应用架构

Android 应用通常可归纳为两种基本模式：单机应用和联网应用。

单机应用将所有需要的资源打包在一起，完全依赖设备。所有的运算处理都在本地完成，在内存中，受限于设备的限制。单机应用可能也会用到网络功能，但并不依赖网络完成核心功能。单机应用中一个很常见的示例就是纸牌游戏，用户可在飞行模式下继续玩纸牌游戏，而不会有任何问题。

联网应用在设备上只提供一个轻量级客户端，而内容和核心功能依赖网络(或者云)来提供。联网应用通常将密集的计算放在服务端运行。联网应用在被安装后的很长时间里还能提供新的内容或功能。开发人员喜欢联网应用的另一个原因是，这种架构可以让他们只需要建立一个灵活的服务器或云服务就可以给大量不同操作系统上的用户提供服务。联网应用很好的示例如下：

- 使用云服务、应用服务器或 Web 服务的应用。
- 个性化的内容，如社交网络应用。

- 应用中有一些不是很紧急，但对大量占用内存的操作；可将这些工作交给处理能力强大的服务器，再将处理后的结果返回给客户端。
- 在安装后，应用不需更新安装包即可提供新功能。

应用的功能多大程度上依赖于网络取决于你。你可以只使用网络来更新内容(朋友发来的新消息)，也可用它来更新应用的外观和行为(举个示例，在线添加新的菜单选项或功能)。如果应用是完全基于网络的，如一个 Web 应用，不必访问任何设备相关的功能，你甚至不需要构建一个本地 APK 安装包。这种情况下，你更希望用户通过浏览器访问应用。

18.7.3 设计应用的可扩展性和易维护性

应用可以被设计成固定的用户界面和固定的功能，但并不是所有应用采用这种设计方式。联网应用在设计上更复杂，但长远来看却更灵活。举个示例：假设你想编写一个壁纸应用。应用可能是一个单机的，或者部分依赖网络的，又或者是完全网络驱动的；无论哪种情况，应用都需要如下两个功能：

- 显示一系列图片，并允许用户从中选择一张。
- 将用户选择的图片设置成设备的壁纸。

一个超级简单的单机版本的壁纸应用只能提供有限的壁纸资源。如果这些图片是适配所有目标设备的通用大小，你需要为特定的设备调整图片的大小。你可以完成该应用，但是它会浪费空间和处理能力；你也不能更新可用的壁纸，由此看来，它不是一个好的设计。

部分网络驱动的壁纸应用允许用户通过估计固定的壁纸菜单显示从通用图片服务器上获取的图片。应用下载特定的图片，并针对设备做格式转换。作为开发人员，你可以随时在服务器上添加新的壁纸图片，但是每次你想添加新的设备配置或屏幕大小时都需要构建一个新的应用。如果你想在后期改变菜单添加新动态壁纸，你需要编写一个新版本的应用。这样的设计是可行的，但并没有完全利用可用资源，所以并不是很灵活。但是，你只需要一个应用服务器，就可以为 Android、iOS、Linux 及 Windows 的客户端提供服务。所以，相对于单机版的壁纸应用，部分网络驱动的应用还是有不少优势的。

完全网络驱动版本的壁纸应用在设备上只需要做很少的工作。客户端允许服务器来决定用户界面的外观，显示哪些菜单，以及在哪里显示这些菜单。用户像部分网络驱动版本中一样浏览图片，但在用户选择一张壁纸后，移动应用只是向服务器发送一个请求：“我想要这张壁纸；我的设备类型是这样的；我的屏幕分辨率是这样的”。服务器转码并重新调整图片尺寸(以及类似消耗处理能力的操作)，然后将裁减好的完美壁纸下发给客户端，客户端将图片设置成壁纸。支持更多的设备变得非常容易：只需要部署一个包含必要修改的轻量级客户端，然后在服务器上添加对应设备的配置信息。添加一个新的菜单选项只需要一个服务端的修改，便可让所有设备生效(或者服务器控制哪些设备生效)。只有在需要为客户端添加新功能时才需要更新客户端。例如，添加动态壁纸的支持。应用的响应时间取决于网络的性能，但应用是完全动态可扩展的。遗憾的是，应用在飞行模式下是无法正常使用的。

单机应用是最容易实现的。这种方式非常适合一次性的应用和不需要使用网络的应用。相反，网络驱动的应用则需要耗费更多精力，有时候开发起来相对复杂些。从长远看，可为项目节省很多时间，并为用户提供最及时的新内容和功能。

18.7.4　设计应用间的通信方式

Android 应用开发人员需要考虑自己的应用如何与设备上的其他应用连接，包括开发人员自己的其他应用。下面列出了一些需要解决的问题：

- 你的应用是否需要依赖其他内容提供者？
- 这些内容提供者是否一定会在设备上安装？
- 应用是不是一个内容提供者？提供什么数据？
- 应用是否有后台特性，如作为 service 运行？
- 应用是否依赖第三方服务或其他可选组件？
- 应用是否使用文档公开的 Intent 机制来调用第三方功能？应用是否提供同样的文档？
- 在可选组件不可用的情况下，应用将提供什么样的用户体验？
- 应用是否对某些设备资源(如电池)有特殊要求？能否控制好这些资源？
- 应用是否会通过远程接口(如 AIDL)来对外提供功能？

18.8　开发 Android 应用

Android 应用的实现与其他平台所遵循的准则没有太大差异。Android 开发人员在研发过程中采用的步骤也容易理解：

- 编写并编译代码。
- 在软件模拟器上运行应用。
- 在软件模拟器或测试设备上测试和调试应用。
- 将应用打包并部署到目标设备上。
- 在目标设备上测试和调试应用。
- 配合项目组其他成员完成修改，并重复上面的步骤，直到项目真正完成。

注意

我们将在第 20 章中讨论构建可靠的 Android 应用的开发策略。

18.9 测试 Android 应用

测试员面临很多挑战，包括设备碎片化(很多设备，每种都有不同的特性——也有人称为“兼容性”)，定义设备的状态(到底哪种状态是初始状态？)，处理真实世界的事件(设备通话，网络掉线)。收集测试用的设备也非常耗时和困难。

对 QA 团队的一个好消息是 Android SDK 包括一些在模拟器和真实设备上非常有用的测试工具。也有很多机会使用白盒测试。

你必须修改缺陷跟踪系统来测各种设备配置和不同运营商。对于覆盖测试，通常不会是丢给 QA 团队成员然后告诉他“尝试破坏它”。在黑盒测试和白盒测试中间也有许多灰度部分。测试员应该熟悉 Android 模拟器和 Android SDK 提供的测试工具。Android QA 还需要做很多边缘情况测试。再次强调，设备的预售模型与真正销售到用户手上的设备可能并不完全相同。

注意

第 21 章再次详细讨论 Android 应用测试。

控制测试发布

某些情况下，你可能希望完全控制向哪些用户推送测试版本的应用。相对于立即将应用推向全部用户，先向小范围用户推送测试版本应用是更理想的测试计划。下面是控制发布测试版本的一些方法：

- **受控制的私密测试**：这种情况下，开发人员邀请用户到一个受控制的环境，例如，办公室。他们观察用户使用应用的情况，并根据测试用户的反馈做出修改。开发人员然后再次发布更新的版本，邀请更多的测试用户使用应用，周而复始，直到设计者收到正面反馈。直到这时才将应用发布给更多用户。专门的测试通常不允许将问题留在测试用户的设备上。某些时候，你可能更倾向提供给测试用户设备以保证应用不会脱离你的控制。
- **分组的私密测试**：这种情况下，开发人员将他们的 APK 文件分发给一小部分测试用户，然后通过合适的方式收集测试用户反馈。再根据测试反馈做出必要的修改，发布新的测试版本给相同的测试用户，或新的测试用户；持续收集反馈并进行修改，直到他们从测试用户那里开始收到正面反馈。应用并不是遵循严格的保密策略(例如，不能离开办公楼)，而是以半开放方式发布的。Google Play 的一项新特性——“私密渠道发布”，对这类测试很有帮助。如果你有 Google APP 域，你可以私密方式发布给某些域的用户。

- **Google Play 的阶段发布**：Google Play 提供了很多特性来帮助开发人员控制应用的发布目标。使用这些特性可让整个测试过程更有成效，更容易实现。“阶段发布”是 Google Play 的新特性，开发人员可以将应用提交给 alpha 和 beta 测试团队，以便在应用发布给所有 Google Play 用户之前收集到反馈。

18.10 部署 Android 应用

开发人员需要确定采取哪种方式发布应用。对于 Android 平台，有很多发布方式可选。你可以亲自推销应用，也可以利用应用市场，如 Google Play。Android 市场(如 Amazon 的 Android 应用商店)同样也有可利用的分发渠道。

注意

在第 22 章中，我们将详细讨论如何发布 Android 应用。

确定目标市场

开发人员必须考虑第三方分发渠道的要求。某些分发者可能对音乐的类型有限制规则，有的可能对应用质量有要求，如需要测试证书(即使在本书发布时也没有 Android 测试认证证书)，有的可能要求提供技术支持、技术文档和通用的用户交互流程图，以及应用及时响应的性能标准。分发者也可能会对内容严格限制，例如，禁止用户反对的内容。

提示

Android 应用最流行的分发渠道一直在不断改变。Google Play 仍然是 Android 分发的第一站，但是 Amazon 应用商店和 Facebook 的应用中心也逐渐成为 Android 应用分发的有效途径。其他应用商店也在成长；某些分发渠道青睐特定的用户组以及相应类型的应用，而其他一些渠道则可分发多种不同平台的产品。

18.11 支持和维护 Android 应用

开发人员不能只是开发一个应用，发布应用，然后就不闻不问了——即便是最简单的应用也需要维护和不定期的升级。总的来说，如果你开发过传统软件，就会发现 Android 应用的技术支持需求少得多，但并非完全没有。

运营商通常是给终端用户提供技术支持的前线人员。作为开发人员，你并不需要提供24×7小时的技术支持。事实上，大部分维护工作可以在服务端完成，尤其是内容维护——例如，发布新的多媒体(音频，视频或其他内容)。这些需求开始时并不明显。但毕竟在用户下载应用时，你留下了Email地址和网站地址，对吗？但即便如此，大部分用户在出现问题时，首先还是打电话找清单上的公司(换句话说，生产商或运营商)寻求技术支持。

即便如此，设备的固件更新非常快速，Android 开发团队需要了解最新的市场变化。下面是一些针对Android应用的维护和支持建议。

18.11.1 跟踪并解决用户提交的崩溃报告

Google Play——当下最流行Android应用分发途径——内置了用户提交崩溃和bug报告的功能。监视你的开发账户，并及时解决用户反馈的问题，才能维护好自己的信用，让用户满意。

18.11.2 测试固件升级

Android设备经常会收到固件升级请求。这意味你之前测试并支持的Android平台已过时，应用将在新版本的固件上运行。虽然这种升级通常是“向后兼容”旧版本的，但并非都如此。事实上，很多开发人员都成了升级的“受害者”——他们的应用不能正常运行。所以，当一个重大的或较小版本的固件升级后，必须重新测试应用。

18.11.3 维护详细的应用文档

应用维护与应用开发很多时候并不由同一个工程师负责。所以，维护和保存详细完整的开发和测试文档(包括技术文档和测试脚本)，显得尤为重要。

18.11.4 管理服务端的在线变化

开发人员必须谨慎对待线上的服务器和Web，或者云服务。你需要在适当时做好备份和升级。无论什么时候，你都需要保证数据的安全，维护好用户的隐私。你应该谨慎处理服务端发布，因为Android应用的在线用户可能依赖服务端功能。不要低估服务端的开发或测试。服务端的更新和服务升级在正式上线之前，都要做好完整测试。

18.11.5 识别低风险的移植机会

如果你已经创建本章前面提及的设备数据库，现在就可以分析设备的相似性，确定哪些设备是便于移植的。例如，你可能会发现应用最开始是针对一类设备开发的，但随后在市面上出现了与这类设备配置相似的设备。移植现有应用到新设备，与在新设备上创建和测试一个新版本应用差不多。如果你定义的设备类型很合理，在新设备上市后，你并不需要做任何修改就可以将应用移植到新设备了。

18.11.6 应用功能的选择

在确定应用该支持哪些功能时，你首先需要综合考虑支持新特性带来的花费和利益。支持新特性比移除特性来得容易。一旦用户习惯了那些功能，移除功能可能导致用户不再想使用应用。他们甚至会给你应用差评，给出很低的评分。所以，请务必确保运营中的功能对用户都是有用的，而不是在发布后才发现不需要添加某项功能。

18.12 本章小结

Android 软件开发一直在不断发展，与传统桌面软件开发存在几点重要差异。在本章中，你学习了从传统开发过渡到 Android 开发的几点实用建议——从确定目标设备到测试和对外发布应用。但在实际软件开发的执行过程中还有很多提升的空间。理想情况下，某些建议可以帮助你避免一些新公司易犯的错误，或者给经验丰富的开发团队提供参考意见。

18.13 小测验

1. 判断题：在 Android 开发中，瀑布流开发模式比快速原型、不断迭代的模式更适合。
2. 作者提出了哪些对确定项目需求非常有帮助的方法？
3. 建立设备数据库的最佳时机是什么时候？
4. 判断题：既然 Android 模拟器可以运行应用，那么在真机上测试就没必要了。
5. Android 开发人员在开发过程中采用哪些步骤？

18.14 练习题

1. 提出一个应用的想法，然后确定并解释发现项目需求的最佳方法？
2. 为你上面想做的应用列出需求清单。
3. 为此应用确定目标设备，创建一个简单的设备数据库，记录下与应用相关的重要数据。

18.15 参考资料和更多信息

Wikipedia 上关于软件开发流程的解释：

http://en.wikipedia.org/wiki/Software_development_process

Wikipedia 上关于 Waterfall 模式的解释：

http://en.wikipedia.org/wiki/Waterfall_model

Wikipedia 上关于快速应用开发模式的解释：

http://en.wikipedia.org/wiki/Rapid_application_development

Wikipedia 上关于迭代和增量开发模式的解释：

http://en.wikipedia.org/wiki/Iterative_and_incremental_development

Wikipedia 上关于 Scrum(软件开发)的解释：

https://en.wikipedia.org/wiki/Scrum_(software_development)

极限编程：

http://www.extremeprogramming.org

Android Training: “Designing for Multiple Screens”：

http://d.android.com/training/multiscreen/index.html

AndroidTraining: “Creating Backward-Compatible Uis”：

http://d.android.com/training/backward-compatible-ui/index.html

Android API Guides: “Supporting Multiple Screens”：

http://d.android.com/guide/practices/screens_support.html

Android API Guides: “Supporting Tablets and Handsets”：

http://d.android.com/guide/practices/tablets-and-handsets.html

Android Google Services: “Filters on Google Play”：

http://d.android.com/google/play/filters.html

第19章

规划用户体验

了解如何使用最新版本的Android API是一个很好的开端，但是完成一个Android应用并不是单单编写一堆代码，添加越来越多的功能就可以了。实现一个华丽的用户界面的确会吸引人，但是如果用户很难理解应用的使用方法并且也没有为用户提供真正有用的功能，那么它很可能永远也不会成为一款“杀手级应用”。为从用户可选的众多应用中脱颖而出，你必须从不同的角度思考应用需要解决什么样的用户问题，并以优雅的方式将其解决，而不是仅拼凑出一款有各种功能的应用，这是本书作者所能分享的最好建议。

本章旨在向读者展示各种不同的概念和技术，以求让开发人员在为用户设计应用时以用户为导向，从而做出更好的决定。本章所述的那些信息并不够详尽，也不是你在规划应用时默认必须采用的方法。确切地说，你需要结合特定项目的实际情况运用这些信息。作者见过的大多数成功项目并不是依赖开发人员严格遵循他们获得的某个特定开发方法。通常，大部分成功项目是开发人员在自己特定的资源下，一起创建系统并重新定义最适合的开发方法。

19.1 思考目标

在开始一个新的 Android 项目时，尽早(在写代码前)设定一些期望值。确定项目预期值最有效的方法是采用目标的形式。通常，至少会有两类人对 Android 项目抱有目标。那些使用应用的人当然是其中之一，他们希望通过应用来达到某个目标。另一方面，你自己——开发人员或者开发组，是有原因才构建应用的。除了用户和开发组，与项目利益相关的人也有自己的目标。

19.1.1 用户目标

一般情况下，用户安装应用的原因是为了满足某项需求。用户的目标是多种多样的。举个示例，对于那些健忘的用户，他们可能想找一款能为自己记录和跟踪重要信息的应用，如记事本应用或日历应用。另一方面，某些用户希望通过游戏来娱乐消遣，但是只能在一些零碎片时间玩游戏。

将开发工作集中在一套清晰的用户目标上可以帮助你确定谁是应用的目标用户。作为应用的开发人员，如果你试图满足过多不同类型用户的目标，最后可能连一个用户也无法满足。如果你还没有确定目标就开始开发，最后你可能会针对一个健忘、忙碌、正寻找一种娱乐方式以便在碎片时间里记住一些重要信息的用户开发出一款记事本游戏。

了解用户的目标，不仅可以帮助你将开发工作集中在为特定类型用户创建一款用户体验出众的应用，而且可以帮你发现应用是否已经满足了相同或相似的需求。构建一款与其他已存在的应用相似的应用有些浪费精力，但将精力集中在目标用户的痛点，并看清楚当前存在的竞争，应该可以帮助你确定开发工作重点做出更好的决定。

尽早思考应用需要满足的真实目标是什么，并思考如何与其他竞争对手区别开来。然后设计应用来满足这些目标。在用户感谢你满足了他们的需求时，你会感动惊喜。

19.1.2 团队目标

无论你是在卧室单独工作的独立开发人员，还是作为大公司里众多开发人员中的一员，在构建应用时你们心中都是有一个目标的。这些团队的目标可能是在第一个月达到5000下载量，或者在第一季度创建50 000美元的收入。其他团队的目标也可能是在一个月内发布应用的第一个版本，或者是完全不一样的方向，如打造一个可预期的品牌知名度。目标越是可衡量的，你在项目进展过程中才越能做出正确的决定。远离不可衡量的目标，如“激发人们写下深刻思想”。

不管团队目标是什么，尽快尽早地去思考总是好的。满足用户目标只是一部分工作，而没有明确团队目标很可能导致开发进度的延迟或者超过预算，甚至项目永远无法完成。

19.1.3 其他利益相关者的目标

不是所有的Android项目都会涉及其他利益相关者，但确实有些项目会涉及。其他利益相关者包含了那些在应用中提供广告的广告商。他们的目标很可能是收益最大化，在不影响应用用户体验的同时提高品牌知名度。在规划阶段的早期就要考虑到除用户和开发团队之外的其他利益相关者。

如果没有事先考虑到其他利益相关者的需求，就可能伤害一些商业合作伙伴的利益，也就有可能影响你们的合作关系。不考虑他们的需求可能会破坏你们之间的关系。

19.2 集中研发精力的一些技巧

了解到你应该将项目集中在一套清晰的目标上只是万里长征的第一步。现在我们将从实践的角度来探讨思考用户目标的技巧，以及如何满足这些目标。

19.2.1　人物角色

有一个方法来记住你的目标用户，那就是创建一个虚构的人物角色。在研发过程中使用人物角色的目的就是从他们的角度去思考用户的问题。定义角色以及角色所遇到的问题是确定目标用户，以及让你的产品能区别于其他应用的诸多方法之一。

人物角色比较容易创建。以下是你在构建虚拟角色时应该考虑的一些信息：

- 名字
- 性别
- 年龄范围
- 职业
- 对 Android 的熟练等级
- 喜爱的应用
- 最常用的 Android 功能
- 对应用的目标的态度
- 教育程度
- 收入
- 婚姻状况
- 爱好
- 人物角色需要解决的问题

这个列表并不全面，但是对于确定目标用户是一个好的开端。你应该只创建一两个不同的人物角色。如本章开头所述，如果你想取悦每种类型的用户，结果反而可能是没有任何一个用户的需求得到满足。

你可以把这些人物角色写在纸上，并且放在你工作时可见的位置。有时候你甚至可以在虚拟人物角色上贴上一张照片；这样，你的角色就有了一个可见的外观，而不只是一个名称。当你在为 Android 应用做决定时，你可以参考目标用户的角色形象，确定是否满足了用户的需求。

19.2.2　用户故事图谱

用户故事图谱是项目规划方法的一种，帮助团队发现真实的目标用户，以及用户将与系统发生哪些交互，从而对团队正在做的事情达成共识。这种方式通常是创建一个简单的用户故事，描述应用最有益功能的细节，收集有用功能的最小集合——每种都以最简单的方式——仍然允许用户完成他们最需要的工作。然后你可以调整过程中的故事顺序来完成一个特定的目标。一旦满足某特定目标的最小数量的故事顺序确定后，可以为每个故事以最简单的方式准备一个产品待办事项。随着时间推移，在项目开发过程中，每个故事的复杂度会逐渐增加，用户的反馈也在不断收集，这些将帮助你的团队决定开发方向的最佳方式。

用户故事图谱的目标是从用户反馈中尽快了解用户的真实需求——不只是依赖假设；

以提供给用户有益功能作为驱动力是确定下一步做什么的方法。从始至终，保证项目的所有利益相关者达成共识。用户故事图谱是一个相当复杂的话题，对于那些希望将他们的项目规划技能提升到更高层次的人是值得的。更多关于用户图示图谱的信息，请参阅http://www.agileproductdesign.com/blog/the_new_backlog.html。

19.2.3 发现和组织实体

在项目周期的早期，你应该开始思考描述应用中的信息的实例、类以及对象。在纸上画一个简单的分析图有助于你组织代码。下面是一些你可以使用的技巧。

- **域建模**：一个域模型提供了项目中使用的所有实体的名称。域模型随着项目周期而不断演进。它包含了实体名称，以及它们与其他实体的关系。
- **类建模**：类模型和域模型非常类似，只是更加具体。类模型通常源于域模型，但包含了更多细节——类名、特性、操作以及和其他类的关系。
- **实体关系建模**：实体关系模型是专门用来描述应用的数据模型的。数据模型则描述了数据库中的表。图中通常包含实体名、特性、与其他实体的关系以及基数。

从这些图中所获取到的信息，结合你的项目所需的那些 Android 类，会让我们感觉到随着项目推进而去思索如何实现这些相互关联的类的重要性，假如没有正确地组织和规划，那么项目规模越大，你的代码就越像意大利面：也就是，没有结构性，交织在一起，过度复杂而且很难理解。

19.2.4 规划用户交互

对用户希望在应用中完成的目标有清晰的了解是推进项目向前的基础。了解这些后，你应该花些时间来规划用户与应用之间的交互，以及他们如何使用应用来完成想要的任务。你可以思考用户流程和创建屏幕地图开始规划用户交互。

1. 用户流程

用户流程是在指用户为了完成某项任务而采用的操作路径。目标可能与一个或多个用户场景相关，因为很多时候用户需要执行多步操作才能完成一个目标。当设计用户流程时，请记住在保持用户最佳体验的同时将步骤尽量精简。太多步骤有可能会导致不必要的困惑，也让人觉得很烦。

你也应该限制应用提供的用户流程数量。如前所述，你不要尝试去创建一种对每种用户都有效的解决方案。相反，要尽力去满足那些能让用户的生活更简单的需求。一个应用中包含多种用户流程是常见的，但是你至少要设计一到两个用户经常使用的用户流程。

2. 屏幕地图

为应用确定用户流程或关键流程的一种办法是设计一个屏幕地图。屏幕地图将应用中各个界面的关系以图像化的方式形象地表现出来。屏幕地图的组织方式因应用本身而异，有的地图可能涉及一两个屏幕界面，而有的甚至会多，达几十个。

你可以先创建一个应用所需屏幕界面的列表，然后将他们连接起来，显示他们之间的关系。

注意

不是所有的用户交互都需要在用户中创建一个界面。举个例子，对于显示在状态栏的应用通知，你不需要构建状态栏。你需要集成 Android API 将通知显示给用户。在创建用户流程和屏幕地图时请注意这些。

当设计屏幕地图时，需要注意以下几点：

- 一个屏幕界面并不一定意味着你需要一个 Activity。相反，可使用可重复利用的 Fragment 来显示内容。
- 在多窗口布局中，将内容 Fragment 进行归组，但在单窗口布局中独立使用它们。
- 可能的情况下，使用一个或多个系统推荐的 Android 应用的导航设计模式。第 10 章将详细介绍导航技术和设计模式。

提示

关于如何创建屏幕地图和规划应用导航的更多信息，可以参阅以下 Android 文档：http://d.android.com/training/design-navigation/index.html。

19.3　传递应用标识

为与其他应用区分开来，你应该思考用户联想到你的产品的标识。下面是一些最常见的传递标识的方法：

- 开发风格一致的指导方针，并在整个应用中都遵循该方针。为马上开始这个过程，你可以参考材质设计规范：http://www.google.com/design/spec/material-design/introduction.html。
- 为应用选择一种特定的调色板和主题。使用颜色在你的用户界面上不同的可见元素间建立统一或对比的效果。为不同的 UI 控件(状态栏、应用栏、菜单、动作图标、视图、布局以及其他控件)建立统一的风格可以让应用的品牌更加出众。材质设计文档提供了一个令人惊叹的调色板，简化了颜色的选择过程。你可以大胆地选择颜色，同时又能与其他颜色搭配。你可以通过下面的链接查看该调色板：http://www.google.com/design/spec/style/color.html#color-color-palette。

- 创建容易被用户记住的应用启动图标。尝试将图标与程序的用途建立起直观的联系。此外，你创建的其他图标都应该立即让用户理解它们的意义。
- 在向用户描绘你的品牌时，请使用你的商标而非应用的图标。在 API 等级 21 之前，推荐在应用栏上显示应用图标和名称。从 API 等级 21 开始，不再推荐使用图片和名称；所以你应该考虑在应用的其他地方使用你的商标。大多数成功的应用将它们的品牌商标放在启动 Activity 的启动界面上，在进入用户可交互的界面之前保持可见几秒钟。要获取启动界面的灵感，可参考 http://www.google.com/design/spec/patterns/launch-screens.html。
- 通过不同的字体样式来强调内容。不要总是使用同一个字体、样式、颜色、大小或其他特性。要了解更多关于材质设计度量单位和用户界面空间排版，请参考 http://www.google.com/design/spec/layout/metrics-keylines.html。
- 有效地使用空白。要了解更多材质设计布局建议，可参考 http://www.google.com/design/spec/layout/principles.html。
- 不要让用户界面组件挤在一起，应使用边距，在组件之间留下空白。要详细了解材质设计标准和用户界面组件空距，可参阅 http://www.google.com/design/spec/layout/metrics-keylines.html。
- 如果你打算让应用运行在不同大小的屏幕上，确保它的布局足够灵活适应不同的设备屏幕。

提示

*要了解全面的样式建议，查看 Android 文档：*http://d.android.com/design/style/index.html; *以及查看材质设计规范：*http://www.google.com/design/spec/material-design/introdu- ction.html。

19.4 设计屏幕的布局

在投入大量时间和金钱来开发应用之前，你应该花点时间来确定应用将以什么样的布局呈现在用户面前。下面是几种确定屏幕布局的不同方式。

19.4.1 草稿图

你应该以草稿的形式(不论是写在纸上或者白板上)尽早确定应用的布局，以及屏幕界面和所包含的可见元素的布局。这也是快速判断应用需要哪些界面的方法，帮助开发人员在编写代码前发现一些易用性方面的问题。在这一阶段不要关心细节和精确性。

19.4.2 线框图

线框图相对草稿图要稍微复杂些，结构性更好；但是它们的目的是相似的。一旦你确定了适当的草稿图，你就可以创建一个更有结构性的线框图，更进一步确定应用的布局将应该如何显示。线框图通常不涉及诸如颜色、图片或者排版这类细节。就如草稿图一样，你可以在纸张或者白板上创建线框图，不过要比前者更注重细节和精确性。你甚至可以考虑用其他软件工具来设计线框图。

19.4.3 综合设计图

综合设计图是应用布局的高度仿真。通常由一个图形设计工具来生成。在这一阶段，你要特别注意对产品标识的思考，因为品牌化的很多决定就是在这个阶段做出的。你甚至希望给出多个综合设计图，以便可以从中选择最能传递应用标识的方案。综合设计图的创建必须在最终确定设计和标识之前，在花大量时间编码实现设计之前。

提示

Google 提供了一系列高保真的模版、图标、颜色和字体来帮助完成综合设计图。模板设计包含了很多常见 Android 用户界面组件的仿制品，当你准备好了要生成综合设计图时，你也可能会选择自主开发，即便这些已有的材料可以让你的工作更加简单，节省大量的时间。有多种不同格式可供下载，所以你能自由选择所需的图像编辑器：http://d.android.com/design/downloads/index.html。

19.5 正确处理视觉反馈

提供与你设计风格相符的视觉反馈，让用户在交互时知道将会发生或者已经发生了什么事情，特别是这种交互涉及应用的初始化操作时。

下面是提供视觉反馈的一些方法：

- 使用不同的颜色状态、动画以及画面切换。
- 在对某个操作做最终决定前，要显示出警告消息或者对话框来让用户确认，另一种确认的可选方式是 Undo(撤消)模式，就像 Gmail 应用中提供的一样。当用户删除邮件时，与其询问用户去做最终确定，我们也可以在信息被无意间删除时，弹出一个带有 Undo 选项的信息提示框。
- 使用 Toast 信息来告诉用户一些不是非常重要，不需要再次确认的决定。
- 使用 Android 设计支持库在版本 2.1 或更新的 Android 设备上维护后向兼容的材质设计。下面的这篇博文提供针对 Android SDK 中这个新的附加库的概览：http://android-developers.blogspot.com/2015/05/android-design-support-library.html。

- 当用户在和表格框进行交互或者输入时，显示一些验证信息来让用户知道他们的操作是否正确。

提示

材质设计规范提供了在你的设计中集成动画从而促进即时响应交互的优秀资源。你可以从下面的链接中了解更多关于该功能的内容：http://www.google.com/design/spec/motion/material-motion.html。

19.6 观察目标用户

将应用越快提供给真实的目标用户，你也将越快发现设计中的问题。另外，观察用户与应用的交互行为以及他们的反馈是非常有意义的，可以帮助你改善设计。

一开始，你可能希望把设计呈现给朋友或者家庭成员。这是测试可用性的一个很廉价的好方法。唯一的问题就是你的朋友或者家庭成员与目标用户不一定相符。因此，你可能需要其他途径来寻找目标用户。一旦找到他们，就可以请他们帮忙测试，并从中学习他们如何与应用进行交互。

19.6.1 应用仿真模型

收到用户反馈的最快捷方法就是在还没有编写代码前就把设计描述给目标用户。你可能想知道这是如何做到的，答案其实很简单。如在本章前面部分所建议的，你可能在纸上画了很多草稿，如果是这样的话，把这些模型提供给他们(而不是真实可用的应用)，这是事先测试设计可行性的一种最高效方式，只需要耗费很少的精力。

1. UI 故事板

UI 故事板通常是来自设计的屏幕模型集合。你可能想为应用需要的所有屏幕创建一个故事板，或者你决定只测试最重要的用户流程。通常，你会在一张纸上呈现 UI 故事板，并请一个目标用户如同使用真实应用一样开始使用故事板。

将 UI 故事板呈现给目标用户也有一些缺点。因为这个设计并不能在真实设备上运行。但是你得到的直接好处远远超出了它的缺点。如前所述，将故事板呈现给用户，即使是一系列纸上的模型，也可以帮助你及早发现重大的设计问题。

2. 原型

你可能会考虑创建一个原型，原型和 UI 故事板有相似之处，不同之处就在于它是运行在真实设备中的。应用原型的功能是非常有限的，与最终真正的应用有一定差距。取决于你希望投入的精力，原型或许不能提供完整的界面导航功能，而只用于验证用户流程；

或者你决定花更多的时间在原型中实现应用将提供的一些非常重要的功能。

原型在很多情况下也没有太多风格，但是它应该能反映出最终将呈现的布局，原型重点并不在于靠绚丽的界面来给用户留下深刻印象，而是帮助查出一些可用性方面的问题，在开发的早期阶段为目标用户呈现一个只有最精简功能的原型也是发现可用性问题的好方法。

19.6.2　测试发布版本

为验证你的设计，应该在正式启动前先行提供一个发布版本给你的目标用户。即便你已经通过 UI 故事板或原型测试和验证了应用的可用性，你仍然需要确保真实应用没有重大的可用性问题。

发布版本通常要比原型更复杂，可能有更多的样式和应用的标识。在故事板和原型阶段不易发现的问题点，在目标用户使用测试版过程中很可能变得很明显。一个原因可能是此时应用已经应用了样式。重要的样式决定不会在上述两个阶段被应用进去，所有由此导致的可用性问题在发布版本之前就不那么容易被发现了。

当然，在发布版本之前去测试和验证你的设计对于应用整体的成功是非常有意义的，因为它发生在开发阶段之前的阶段中。

19.7　本章小结

本章讨论了很多规划应用用户体验的不同方法。你已经学习了如何从用户的角度思考应用并获取到如何构造应用的宝贵意见。你还了解到，聚焦在一到两个关键用户流程上能帮助应用从竞争产品中脱颖而出。你也同样明白了，让应用尽早地呈现在用户面前是最好的检验设计的方法。利用本章所提供的这些知识点，你可以开始尝试创建一款具有优秀用户体验的应用了。

19.8　小测验

1. 在规划应用时，你需要考虑哪三种类型的目标？
2. 在定义虚拟角色时需要考虑哪些信息？
3. 除了应用的代码，本章中提到哪三种技术可用来发现和组织信息？
4. 规划应用的用户交互有哪两种有用的方法？
5. 有哪些方法你可以用来确定你的屏幕布局？
6. 本章提到哪两种方法可用来模拟应用，便于你可以尽早收集到用户的反馈？

19.9 练习题

1. 先思考一个你想做的简单应用。创建你的第一个人物角色，选择一个他(或她)想解决的问题，然后为你的主意定义一个简单的用户故事地图，聚焦在你的解决方案能提供的主要益处上，而不是功能。

2. 列出实现你的想法所需要的屏幕列表，然后创建一个屏幕地图。

3. 在纸上创建应用的一个简单模型，然后请人去使用它。确定应用是否有什么错误，或者你是否能在展现之后提升设计。

19.10 参考资料和更多信息

维基百科：人物角色(用户体验)：
http://en.wikipedia.org/wiki/Persona_(user_experience)
维基百科：用户故事：
https://en.wikipedia.org/wiki/User_story
Android Training: “Best Practices for User Experience & UI”:
http://d.android.com/training/best-ux.html
Android Design: “Patterns”:
http://d.android.com/design/patterns/index.html
Android API Guide: “Supporting Tablets and Handsets”:
http://d.android.com/guide/practices/tablets-and-handsets.html
Android Distribute: “App Quality”:
http://d.android.com/distribute/essentials/index.html
Android Distribute: “Build Better Apps: Know Your Flows”:
http://d.android.com/distribute/analyze/build-better-apps.html#flows
Android Design: “Downloads”:
http://d.android.com/design/downloads/index.html
YouTube: Android Developers Channel: “Android Design in Action”:
https://www.youtube.com/playlist?list=PLWz5rJ2EKKc8j2B95zGMb8muZvrIy-wcF

第20章

交付质量可靠的应用

本章将讨论我们在多年的移动软件设计与开发中积累的技术和一些小技巧。同时也提醒大家——包括设计师，开发人员以及移动应用的经理们——应该尽力去避免各种可能发生的缺陷。如果你是一位移动开发新手，那么一次性阅读完本章可能有点吃力，所以建议在整个设计阶段能挑选相应的小节来做重点阅读。我们的部分建议可能并不一定适合你的特定项目，而且处理流程也可能会不断完善。理想情况下，这些关于移动开发项目如何成功(或者失败)的信息还是会给你带来启发，助你提高成功率。

20.1 设计可靠应用的最佳实践

移动应用的设计“原则”是简单明了，能在所有平台上通用。这些规则提醒我们，应用在设备中只是扮演了次要的角色。很多 Android 设备最终都是智能手机。这些规则也清楚地说明，我们确实从某种程度上依赖于运营商和生产商的基础结构。这些规则存在于 Android SDK 的版权协议和第三方应用商城的条款中。

这些“规则”包括：

- 不要滥用用户的信任。
- 不要干扰设备的电话通信和短信服务。
- 不要试图篡改设备的硬件、固件、软件或者 OEM 组件。
- 不要滥用或者引起运营商网络相关的问题。

现在，这些规则听起来就不需要费脑筋了，但是即便是最善意的开发人员也可能意外地破坏规则——如果他们不够小心并且在发布版本前没有进行彻底的测试。利用网络支持服务、设备的底层硬件 API 功能和存储了用户私有数据(如名字、地点和联系人信息)的应用尤其如此。

20.1.1 满足 Android 用户的需求

Android 用户对于安装在他们设备上的应用也有一些需求。他们希望应用能够：

- “令我着迷”，“使我的生活更简单便捷”，以及“让我看起来更有魅力”(摘自 Android 设计文档 http//d.android.com/design/get-started/creative-vision.html)。
- 有简单明了的、直观易上手的用户交互界面。
- 能让用户轻松完成所需的任务(提供可视化的反馈，并遵循 Android 的通用设计模型)，并且对设备运行性能的影响最小(电池、网络和数据使用量等等)。
- 处于 7*24 小时随时可用状态(远程服务器和服务总是可用的，而不是时好时坏)。
- 包含了“帮助”并且/或者“关于”信息来让用户可以提交反馈，并且有技术支持人的联系方式。
- 尊重和保护好用户的隐私信息。

20.1.2 为 Android 设备设计用户界面

为 Android 设备设计高效的用户界面，特别是那些需要在一系列不同设备上运行的应用，是一门黑色艺术。我们都见识过了一些很差劲的 Android 应用交互界面。糟糕的用户体验会让用户远离你的品牌；而良好的用户体验才能赢得用户的青睐。好的用户体验让应用能在竞争中脱颖而出，即便大家提供的功能都是类似的。而优秀的、精心设计的用户界面甚至可以在你的功能不如别人的情况下也能赢得用户。换句话说，把某项功能做精做细比起在应用中导入一堆不好用的功能重要得多。

下面是关于如何设计 Android 应用用户界面的一些技巧：

- 合理利用屏幕显示。在一个屏幕显示太多内容会让用户觉得反感。
- 保持用户界面、菜单类型和按钮样式的一致性。同时，也要考虑用户界面和 Android 与材质设计模式保持一致。
- 用 Fragment 来设计应用，即便你不打算支持比智能手机大的设备(Android 支持包让我们可以支持几乎所有的目标版本)。
- 单击区域要足够大(如 48dp)，并且间距也要尽可能合理(如 8dp)。
- 使用简洁、一致、直截了当的用户界面来简化参见的用例。
- 使用可读性好的大字体，以及大图标。
- 利用标准的控件与系统中的其他应用进行交互，如 QuickContactBadge、内容提供者和搜索适配器。
- 当设计文本很多的用户界面时，一定要注意本地化的问题，同一文本在某种语言下会比其他语言的长。
- 以尽可能少的按键和单击来完成一项用户任务。
- 不要预先假设所有设备上都会带有某个特定的输入法或者输入机制(如按钮或键盘)。
- 设计时要尽量保证，默认情况下用户只要用手指头就能正常使用应用，特殊情况下才需要用到其他按钮和输入法，

- 为目标设备提供合理尺寸的资源。不要包含超尺寸规格的资源，因为这些东西会占用应用包的空间，加载也会变慢，从而让应用变得不够高效。
- 按照“友好”用户界面的要求，你要假设用户在安装应用时不会阅读应用权限。如果应用在做一些操作可能会产生大额费用或分享了隐私数据，就应该在应用运行过程中适当地再次提醒用户，总之，不要让用户在出现问题时觉得非常诧异——即使你在“权限许可”金额“隐私条款”中已经提醒过他们了。

注意

本书第 13 章中讨论过如何设计能兼容大部分设备的 Android 应用，包括如何针对不同的屏幕尺寸和分辨率做开发。第 19 章中也讨论了用户体验方面的内容。

20.1.3 设计稳定并即时响应的 Android 应用

Android 设备硬件在过去几年里已经有了长足发展，但是开发人员仍然要在有限资源条件下工作。不是所有用户都有资金来升级 Android 设备的内存和其他硬件配置。不过 Android 用户可以利用可移除设备(如 SD 卡)为应用和多媒体数据提供额外的空间，但是有的生产商只使用内置存储，禁止使用可移除存储。花费一定的时间来设计出稳定和即时响应的应用对于项目的成败十分重要。下面是设计健壮的、即时响应的 Android 应用的技巧：

- 不要在 UI 主线程中执行费时或耗费资源的操作，而是利用异步任务、线程或后台服务来承载这些工作。
- 使用高效的数据结构和算法；这些选择在应用的响应速度方面得到体现，并让用户更加满意。
- 谨慎使用递归；这类代码需要进行审核并且严格测试其运行性能。
- 记录应用的状态。Android 的 Activity 回退栈可以完成这项工作，但是你还得花点精力才能把它做好。
- 通过合理的生命周期回调函数来保存你的状态，并且假设应用有可能在任何时候被挂起或停止。如果应用被挂起或关闭，你不能期待用户去核实什么信息(如单击按钮等)。如果应用能够正确地恢复过来，你的用户也会觉得满意。
- 程序启动和恢复要尽可能快。你不能期望用户等待应用启动。所以你需要平衡预加载和实时性的数据，因为应用很可能在不经意间被挂起(或者停止)。
- 在执行长时间的操作时要有进度条通知用户。不过也要考虑把耗时的操作传递给服务器来完成，因为这些工作有可能消耗超过用户预期的电量。
- 在做耗时的操作前要预估任务完成的可行性。例如应用下载大文件前，一定先确认网络连接、文件大小、机器的可用空间等。

- 尽可能减少本地存储空间的使用量，因为大部分设备的资源都是有限的。在条件适当时使用外部存储。要注意 SD 卡(最常用的外部存储设备)有可能被用户取出来，应用一定要正确处理这些事件。
- 开发人员要明白调用内容提供者或者 AIDL 操作是要付出一定代价的(运行性能)，所以请谨慎使用。
- 确保应用的资源消耗量和目标用户的预期值相匹配。游戏玩家可能会预料到图形计算要求多的游戏会减少电池的使用时间，但是普通的应用不应该消耗不必要的电量，对于那些不经常充电的用户而言更是如此。

提示

由 Google 的 Android 开发团队写的博客(http://android-developers.blogspot.com)是非常好的资源。这个博客提供了有关 Android 平台的一些深入分析，而且经常会讨论到 Android 文档不会涉及的话题。这里，你可以找到技巧、最佳实践、快捷键以及 Android 开发相关的话题。聪明的 Android 开发人员会经常访问这个博客并将其中的实践和技巧引入他们的项目中。记住 Google 的 Android 开发人员经常讨论的是最新 API 等级的特性；所以某些建议可能并不适用于那些旧平台。

20.1.4　设计安全的 Android 应用

很多 Android 应用和设备的核心应用集成在一起，如电话、摄像头和联系人。确保你已经做好了必要的预防措施来保护好用户的隐私数据，如应用中所使用的姓名、地址、联系人信息。这包括应用服务器端的个人用户数据，以及网络传输过程中的类似信息。

提示

如果应用需要访问、使用或者传输私人数据，特别是用户、密码或者联系人信息，那么一个可信的办法就是在程序中包含一份“终端用户许可协议(EULA)”和一份“隐私条款”，这些隐私条款可能因国家而异。

1. 处理私有数据

首先，对于应用存储的所有私有或敏感数据，我们都应该尽全力来保护好。不要以明文形式存储这类信息，也不要在没有安全保护的情况下通过网络传输。不要尝试绕开 Android 框架强制要求的任何安全机制。将私有数据保存在应用私有文件中，这些数据只对应用本身可见，而非在整个操作系统中共享。不要在不加任何强制许可的情况下，通过内容提供者公开这些数据。在必要时使用 Android 框架提供的加密类，或者考虑使用

SQLCipher(一个加密版本的 SQLite)。SQLCipher 没有内置在 Android 中，但可以下载然后配置在应用中。

2. 传输私有数据

在处理远程网络终端数据存储(如应用服务器或者云存储)和网络传输的私有数据时也需要同样小心。确保应用依赖的所有服务器和服务都已经做了安全保护，从而避免数据和隐私泄漏。将与应用相关的任务服务器都当作应用的一部分，然后彻底地测试它们。所有私有数据的传输都需要以标准的安全机制来加密(如 SSL)。当使用 Android Backup Service 或 Auto Backup for Apps 等服务启用应用备份时，这些规则同样适用。

20.1.5　将应用利润最大化

按照 Android 应用的收入来源，基本上可以将它们归结于下面这些类别中的一种或几种：

- 免费应用(包含广告收入)
- 一次性付费(一次性购买)
- 内置付费产品(为特定内容付费，例如，墙纸、Sword of Smiting 或新的等级包)
- 定制付费(按日期计划付费，常见于服务类型的应用)
- 会员制付费(会员可以查看的付费电视)

应用可使用多种类型的收费方式，具体取决于它们所使用的应用商城的付费 API。Android 框架中没有内置特定的付费 API。通过 Android 系统，第三方可以提供自己的付费方式或者 API，所以技术上没有任何限制。有一个可选的 Google Play 的内置付费 API 可供使用。Google Play 提供了多种支付方式，包括信用卡、直接通过运营商扣费、礼品卡及 Google Play 的余额。

在设计 Android 应用时，你需要考虑有哪些地方可以收费，以及为什么用户会付费。想一想在应用的流程中哪些特定地方是可以收取一定费用的。例如，如果应用可以往设备中传递数据，那么确保这项操作在未来可变成一种交易手段；如果你决定要收费，那么可以拖入付费代码。一旦用户付了款，数据传输就开始执行，否则整个交易就会被回退。

注意

在本书第 22 章中，你将学习到目前常用的几种应用市场化的可行方法。

20.1.6　遵循 Android 应用的质量指导方针

随着 Android 版本的不断迭代，用户对应用的质量的期望越来越高。幸运的是，Google 花了很多精力来研究优秀的应用应该是怎么样的，它的雇员们自己也设计了不少高质量的应用，最令人兴奋的是他们还设计了一系列标准，以便开发人员可以评估应用的质量水平。

在 Android 文档中，有六种推荐的质量指导方针，开发人员应该认真思考如下内容。

- **核心应用质量**：“核心应用质量”是应用必须遵循的最基本标准，而且也是每一种目标设备上都要验证执行的标准。这个指导方针包括如何评估应用的视觉设计和用户交互、功能性的行为标准、稳定性和性能标准以及 Google Play 推广准则。同时提供了一系列步骤来测试应用，以此判断它是否满足要求。你可以从这里了解到这个指导方针的更多信息：http://d.android.com/distribute/essentials/quality/core.html。
- **平板电脑应用质量**：如果是为了平板电脑开发应用，那么你依然需要确保满足“核心应用质量”准则。另外，Google 提供了一系列额外的质量标准为开发人员编写平板电脑应用提供帮助。这些针对平板电脑的指导方针以检查清单的形式列出。你可以通过以下地址来了解详情：http://d.android.com/distribute/googleplay/quality/tablet.html。
- **穿戴应用质量**：如果是为了穿戴设备开发应用，你需要考虑一些不同的注意事项。当然，你首先需要熟悉“核心应用质量”准则。穿戴应用在发布到 Google Play 之前有一个最小质量要求需要满足。你可以通过下面的链接详细了解如何满足穿戴应用的质量要求：http://d.android.com/distribute/essentials/quality/wear.html。
- **电视应用质量**：如果是为电视设备开发应用，除了需要遵循“核心质量应用”之外，你还需要满足所有电视应用的质量标准。电视应用在发布到 Google Play 之前有一个最小质量要求需要满足。你可以通过下面的链接详细了解如何满足电视应用的质量要求：http://d.android.com/distribute/essentials/quality/tv.html。
- **汽车应用质量**：如果是为汽车设备开发应用，除了需要遵循“核心质量应用”之外，你还需要满足所有汽车应用的质量标准。汽车应用在发布到 Google Play 之前有一个最小质量要求需要满足。你可以通过下面的链接了解更多关于如何满足电视应用的质量要求：http://d.android.com/distribute/essentials/quality/auto.html。
- **教育指导方针**：如果你在开发一个教育应用，你需要满足核心准则和基本的教育要求。除了满足基本的质量要求，你还必须严格符合教育价值参数。教育应用在发布到 Google Play 之前有一个最小质量要求需要满足。你可以通过下面的链接详细了解教育质量指导方针：https://developers.google.com/edu/guidelines。

即使应用满足了以上这些准则，也不要就此松懈。用户的需求以及应用间的竞争使得质量标准越来越高。为了使应用能够跟上这一节奏，Android 文档提供了一系列策略，你在质量分析阶段就可以利用这些资料开始思考如何解决质量问题。你可以通过下面的链接了解更多持续优化应用质量的内容：http://developer.android.com/distribute/essentials/optimizing-your-app.html。

应用一般只需要遵循 Google Play 的质量准则，不需要再满足其他额外的要求，除非你开发的是针对穿戴设备、电视、汽车或教育应用。但是，如果你希望应用能够取得成功，那么它们都是你必须着重学习和花费精力的地方。对于那些需要满足最小标准集的应用，确保遵循建议的指导方针。此外，Google 提供了很多有用的工具和资源，帮助应用达到标准。你可以访问下面链接，进一步了解这些功能：http://d.android.com/distribute/essentials/index.html#tools。

20.1.7 采用第三方质量标准

非 Google Play 的 Android 市场会实现并提出他们自己的质量要求，需要创建一些带有机构认证的代码。Amazon 的 Android 应用市场在发布应用之前需要经过一些质量测试。

警告

Android 市场希望按照比其他移动平台更高的标准来要求自己。“系统强加的几个规则”并不意味着“没有规则”。高标准的调控可以让用户远离其他恶意代码。应用可能确实会因不当行为而被移除出市场，正如它们当初偷偷混进应用市场一样。

20.1.8 开发易于维护和升级的 Android 应用

总的来说，当开发 Android 应用时应尽可能少地假设目标设备的配置。如果能做到这点，那么后期做移植或提供升级时你就会体验到好处了。你应该谨慎思考你所做的任何假设。

1. 利用应用诊断手段

除了足够的文档和清晰易懂的代码外，你也可以利用一些技巧来帮助维护和监督 Android 应用。在应用中建立轻量级的审计、日志记录和报告机制对于生成你自己的统计分析数据是非常有用的。只依靠第三方的信息，如应用市场报告，可能使你丧失一些关键数据。例如，你自己就可以轻松追踪如下信息：

- 有多少用户安装了应用
- 有多少用户是第一次运行应用的
- 有多少用户经常使用应用
- 最流行的使用习惯以及趋势
- 最不流行的使用习惯和功能
- 最流行的设备(根据应用的版本或其他相关标准来确定)

通常你可将这些数据转化为销售量的预期值，然后与第三方应用商城的真实数据进行比较。你可以做一些整理，如将最流行的使用习惯应用到你的用户体验中。有时候你甚至可以查出潜在的 bug，如那些根本无用的功能，因为没有用户使用过它们。最后，你可以判断哪些目标设备最适合应用。

从海量的数据中你还可以收集到一些关于应用的有趣信息，如下所示：

- Google Play 和那些分发渠道中得到的销售数字、评分、bug 和崩溃报告。

- 应用集成数据收集类的 API，如 Google Analytics 或其他第三方应用监测服务。
- 对于那些依赖于网络服务器的应用，从服务器端的统计数据就可以发现很多信息。
- 反馈信息可通过邮件直接发送给你或者开发人员，也可以通过用户评论，或者你提供的其他机制返回。

提示

永远不要在用户不知情的情况下收集个人数据。收集匿名的诊断信息是很正常的，但是要避免记录任何可能涉及隐私的数据。确保你的样本数据足够大，以避免个别用户信息所带来的影响，并从结果中得出实时的质量监测数据(特别是当你考虑到销售数据时)。

2. 设计便于更新和升级的应用

Android 应用总的来说是比较容易升级的。但是更新或者升级的过程还是为开发人员带来一些挑战。当我们说“更新”，意味着会改变 Android manifest 文件中的版本信息，并且重新在用户的设备中部署新的应用。当我们说“升级”，意味着生成一个全新的应用安装包(包含新特性)，并把它作为一个独立的应用来让用户选择安装(不会覆盖旧的应用)。

从升级角度看，你需要考虑哪些条件下是必须升级的。举个例子，你是否能分清宕机问题和用户请求之间的界限？你也应该思考应用将以什么样的频率来做更新，只有频率达到一定程度才会真正对用户有意义，但是如果太频繁的话肯定不是好事。

提示

你应该将应用的内容更新作为应用的一项功能特性(通常是网络驱动的)，而不是必须经过在线应用升级来实现。如果应用可以实时更新内容，那么用户就会更加愉悦，因而应用本身也受益良多。

当执行升级时，要思考采用什么方式才能让用户在从一个版本到另一个版本的转移过程中感到更自然。你是否会用到 Android 备份服务以便用户在不同设备间无缝切换；或者你会提供自己的备份方案？思考如何通知用户，指出应用有一个大的可用更新版本。

提示

Google 提供了一个大家熟知的 Android 备份服务，让开发人员可以很方便地保存用户的数据。这项服务用于存储应用的数据以及设置，但并不建议作为数据库备份来使用。如果读者想了解更多信息，请参阅 http//d.android.com/google/backup/index.html。

20.1.9　利用 Android 的工具辅助应用的设计

Android SDK 和开发人员社区提供了一系列有用的工具和资源来辅助应用设计。你可能希望在项目研发过程中借助如下所示的工具。

- Android Studio Layout Editor 是一个快速的设计概念验证器。你可以在这里更多了解布局编辑器：http//d.android.com/sdk/installing/studio-layout.html。
- 在你拥有特定的设备前使用 Android 模拟器。你可以使用不同的 AVD 配置来模拟各种设备配置和平台版本。
- Android 设备监视器工具对于内存分析很有帮助。
- Hierarchy Viewer(视图层级查看器)中的 Pixel Perfect 模式可以帮助设计精确的用户交互界面。和 lint 配合使用，还可以用来优化你的布局设计。
- 使用 Draw Nine-Patch(绘制九宫格图)工具可以创建适用于移动端设备的可拉伸图形。
- uiautomatorviewer 工具帮助你确定用户界面的实际结构。
- 真机设备是你最重要的工具。使用真实设备来做可行性研究，并在可能的情况下用来验证你的设计理念。不要仅通过模拟器来验证和设计产品。在真机设备的系统设置中的开发人员选项中，有很多对开发和调试有用的工具。
- 特定设备的技术规格说明书通常可以从厂商或者运营商那里获得，这些信息对于我们确定的目标设备的配置细节是很有意义的。

20.2　避免在 Android 应用中犯低级错误

最后但同样重要的是，以下是 Android 设计者应该尽量避免的低级错误。

- 没有针对设备做可行性分析，就花费数月时间进行设计和开发(基本的“瀑布流测试”)。
- 只针对单一设备、平台、语言或硬件配置做设计。
- 设计时自认为设备会有非常大的存储空间、运行能力以及用不完的电池电量。
- 在错误版本的 Android SDK 基础上做开发(必须确认目标设备的 SDK 版本)。
- 尝试将应用强制限制在更小屏幕尺寸的设备中，从而造成显示“缩放”。
- 部署了一个包含过多图形或者媒体资源的应用。

20.3　开发可靠 Android 应用的最佳实践

总的来说，开发 Android 应用与传统桌面应用并没有太大差异。但是，开发人员可能会发现 Android 应用的限制更多，特别是资源方面的限制。让我们再次从 Android 应用开发的一些最佳实践或“规则”开始分析：

- 在目标设备上尽早地、频繁地测试和可行性相关的假设。
- 让应用尽可能小和尽可能高效。
- 选择针对 Android 设备的高效数据结构和算法。
- 进行谨慎的内存管理。
- 假设设备主要由电池供电。

20.3.1 设计适用于 Android 开发的研发流程

一个成功项目的核心是一个好的软件开发流程，它可以确保标准的执行，提供良好的交流方式并降低风险。我们在本书第 18 章中讨论过 Android 开发的整体流程。下面是一些成功 Android 开发流程的通用技巧：

- 使用迭代式的开发流程
- 使用有规律、可重现的、版本控制合理的构建流程
- 将目标变化通知到所有人——应用的变化会影响到大部分测试结果

20.3.2 尽早并经常测试应用的可行性

需要再次强调的是，你必须在真机设备上测试和验证开发人员的假设。如果花费了几个月时间来开发应用，结果却发现因为无法在真机上正常使用而重新设计的话，那么情况是非常糟糕的。即便应用可以在模拟器上正常运行，但并不代表它在设备中也有良好表现。检验应用的可行性时，以下一些功能点需要重点考虑：

- 和外围设备以设备硬件有交互的功能部分
- 网络速度与延迟
- 内存利用率和使用情况
- 算法的效率
- 用户界面对于不同尺寸和分辨率的屏幕的适应性
- 对于设备输入方式的假设
- 应用的文件大小和存储空间使用量

我们也知道，我们像坏掉的录音机一样不断重复这些建议——但是，我们确实看到这些错误被一而再，再而三地重犯。当目标设备还不可用时，项目本身是特别容易引发这些错误的。真实的情况是工程师被迫倾向瀑布流软件开发模式，然后在模拟器上开发了几周(甚至是几个月后)收到异常大的、糟糕的“惊喜”。

我们不需要再次向你解释为什么瀑布流模型十分危险。务必谨慎地对待这个家伙，想象这些是 Android 软件开发中如同飞机起飞前的安全提示语音吧。

20.3.3 使用编码标准、审阅及单元测试来改进代码质量

花费了不少时间和精力来开发高效 Android 应用的工程师将受到用户的褒奖。下面所列的这些是你可以做的一些努力：

- 聚焦于 Java 包中的核心功能(如果你有 C 或 C++库，可以考虑使用 Android NDK)。
- 开发与 Android SDK 版本相兼容的应用(了解你的目标设备)。
- 使用正确的优化等级，这包括带有 RenderScript 的代码以及 NDK(如果通用的话)。
- 在应用中使用内置的控件和小组件，只在需要时才去做定制。

你可以使用系统服务去判断设备的重要特性(屏幕类型、语言、日期、时间、输入法、可用的硬件等等)。如果你在应用中对系统设置做了任何改变，要确保在应用退出或者暂停时还原这些设置(如果需要的话)。

1. 定义编码标准

为开发团队设计一套容易沟通理解的编码标准，有助于开发人员更轻松地满足 Android 应用的一些重要需求。这些标准包括：

- 实现稳定可靠的错误解决方式，以及优雅的异常处理方式。
- 将耗时、耗资源或者阻塞型的操作移出主 UI 线程。
- 避免在代码的关键部分生成不必要的对象。
- 及时释放那些不常用的对象和资源。
- 采取谨慎的内存管理机制。内存泄漏可能会让应用失去用处。
- 合理利用有利于本地化的资源。不要在代码或者布局文件中硬编码字符串和其他资源。
- 不要在代码本身做混淆处理，除非你有特定原因(如使用 Google 的协议验证库)。另外，合理注释是必需的。但是，在开发流程的后期要考虑通过内置的 ProGuard 为应用做混淆处理，以保护软件的版权。
- 考虑使用标准的文档生成工具，如 javadoc。
- 建立并推行命名规范，不管是在代码中还是在数据库模式设计中。

2. 执行代码审阅

执行代码审阅可以帮助改进项目代码的质量，有利于执行编码标准，并可以在 QA 花费时间和资源开始测试之前就发现问题。

同时这可以拉近开发人员和 QA 测试员之间的距离。如果测试员理解应用和 Android 操作系统是如何工作的，他们可以更彻底和成功地对应用展开测试。这可能会也可能不会作为正式的代码审阅阶段的一部分来完成。举个例子，测试员可通过两种方式检查出类型安全相关的缺陷：要么注意输入的类型本身是否正确，要么和开发人员一起去审阅“提交”和“保存”按钮的处理函数。后一种做法可节省修改文件、审阅、修正，以及再重新测试验证缺陷所需要的一大堆时间。代码审阅虽然不能减轻测试的重担，但确实可以减少一些显见缺陷的数量。

3. 开发代码诊断机制

Android SDK 提供了一系列与代码诊断相关的包。建立一个集成了日志追踪、单元测试和可以收集重要诊断信息(如某方法被调用的频率，算法的运行性能)的应用框架，能够帮助你开发出一款可靠、高效的移动应用。需要注意，诊断机制在应用发布之前要被移除，因为他们会引起性能的下降，并降低应用的响应速度。

4. 使用应用日志系统

第3章讨论过如何利用一个内置的日志跟踪类android.util.Log实现诊断日志记录，为对其进行监视，可使用一些Android工具，如LogCat工具(在Android Studio和Android设备监控器中都有)。

5. 开发单元测试

单元测试可以帮助开发人员向“覆盖测试100%的应用代码”的目标迈出更坚实的一步。Android SDK中包含了JUnit扩展组件，用来测试Android应用。自动化测试可以通过以下步骤完成：先以Java语言编写测试用例，然后验证应用是否可以预想的方式来运行。你可以利用自动化手段来做单元测试和功能测试，包括用户界面测试。

junit.framework和junit.runner包提供基本JUnit支持。在这里，你可以找到熟悉的运行基础单元测试的框架，以及用于单独的测试用例的帮助类。你可以把这些测试用例整合到测试套件中。同时提供了标准的断言和测试结果逻辑判断的实现机制。

Android的相关单元测试类是android.test包的一部分。这个包中涵盖了不少为Android应用设计的测试工具，在基于JUnit框架的基础上还加入了很多有趣的功能，如下：

- 通过 android.test.InstrumentationTestRunner 来简化与测试工具(android.app.Instrumentation)的绑定，并允许你通过adb shell命令行来执行。
- 性能测试(android.test.PerformenceTestCaase)。
- 单个Activity(或Context)的测试(android.test.ActivityUnitTestCase)。
- 完整的应用测试(android.test.ApplicationTestCase)。
- 服务测试(android.test.ServiceTestCase)。
- 生成事件的辅助工具，如触摸事件(android.test.TouchUtils)。
- 更多专业的断言（android.test.MoreAsserts）
- Android测试支持库中有AndroidJunitRunner(android.support.test.runner.AndroidJUnitRunner)，UI测试使用Espresso(android.support.test.espresso)，还有UI Automator(android.support.test.uiautomator)。
- Mock和stub工具类(android.test.mock)。
- 视图验证(android.test.ViewAsserts)。

20.3.4 处理单个设备中出现的缺陷

有时，你会遇到需要在特定设备上做某些特殊处理的情况。Google和Android团队的观点是如果有此情况发生，那就是一个bug，因而希望你可以告诉他们，不论是通过何种方式，都请你这样去做。这种做法在短期内对你不会产生帮助；如果他们是在下一个平台版本中才能解决问题，而运营商没有去做升级，那么也同样对你解决 bug 没有任何帮助。

处理单个设备上出现的问题可能会很棘手。你不希望创建不必要的代码分支，所以下面是一些选择：

- 如果可能的话，保持客户端足够通用，然后通过服务器来处理与相关设备相关的内容。
- 如果在客户端可以通过程序条件判断出这种情况的话，尝试制定一个通用的方案，方便开发人员在一个代码树下开发，不需要创建新的分支。
- 如果该设备并不是高优先级的目标设备，而且投入产出比显示不值得这么做的话，可以考虑先把它从你的需求中去掉。并不是所有的 Android 市场都支持排除单个设备，但 Google Play 却可以做到。
- 如果需要的话，创建新的代码分支来解决问题。设置好 Android 清单文件以确保分支版本的应用只会被安装到相应的设备中。
- 如果上述方式都失败，将问题记录下来然后等待这个潜在 bug 被解决，让你的用户获知这些消息。

20.3.5 利用 Android 工具来开发

Android SDK 包含了不少有用的工具和资源，为应用开发提供帮助。开发社区甚至加入了更多有用的辅助手段。你可能希望在项目研发过程中利用如下工具：

- Android Studio。
- 用于测试的 Android 模拟器和物理真机。
- Android 设备监控器可以用于调试，以及与模拟器或设备进行交互。
- ADB 工具可以用于日志追踪、调试以及访问 shell 工具。
- sqlite3 命令行工具可以用来访问应用的数据库(可以通过 adb shell 来使用)
- 导入 Android 支持包可以避免开发人员重复造轮子。
- uiautomatorviewer 工具可以帮助你测试和优化用户界面。
- 视图层级查看器可以用于用户界面的视图调试。

还有很多的其他工具也可以在 Android SDK 中找到，你可以参考 Android 的官方文档来获取更多详情。

20.3.6 避免在 Android 应用开发中犯低级错误

下面是一些令人沮丧的低级错误，Android 开发人员应该尽量去避免：

- 忘记在 Androidmanifest.xml 文件中注册 Activity、Service 以及必要的权限。
- 忘记调用 show()方法来显示 Toast 消息。
- 在应用代码中硬编码一些数据，如网络信息、测试用户信息以及其他类似数据。
- 在发布前忘记禁用日志诊断机制。
- 在发布前忘记移除代码中的用于测试的 Email 地址或者网址。

- 发布应用时没有关闭调试模式。

20.4 本章小结

响应及时、稳定并且安全，这些是 Android 研发的基本准则。在本章内容中，我们帮助大家——包括软件设计者、开发人员和项目经理们——去学习 Android 应用设计与开发的技巧和最佳实践，这些信息来源于真实世界的知识以及很多开发老手的经验积累。按你需求去随意挑选哪些信息最适合你的项目。软件开发流程(特别是移动软件流程)总是向改进建议开放大门的。

20.5 小测验

1. 有哪些应用的诊断信息是需要追踪的？
2. 为“更新”而设计，和为“升级”而设计有什么区别？
3. 在 Android 设计中，有哪些工具是我们建议采用的？
4. 判断题：假设设备大部分情况下是在充电状态下运行是最佳实践之一。
5. 在 Android 开发阶段，有哪些工具是我们建议采用的？
6. 判断题：在发布应用前打开诊断日志功能是很好的实践。
7. 判断题：总是发布启用 debug 模式的在线应用。

20.6 练习

1. 阅读 Android 的培训文档，标题为“Best Practices for Security & Privacy”：(http://d.android.com/training/best-security.html)。

2. 阅读 Android 的培训文档，标题为“Best Practices for Interaction and Engagement”：(http://d.android.com/training/best-ux.html)。

3. 阅读 Android 的培训文档，标题为“Best Practices for Background Jobs”：(http://d.android.com/training/best-background.html)。

20.7 参考资料和更多信息

Android Training: “Performance Tips”:
http://d.android.com/training/articles/perf-tips.html

Android Training: "Keeping Your App Responsive":

http://d.android.com/training/articles/perf-anr.html

Android Training: "Designing for Seamlessness":

http://d.android.com/guide/practices/seamlessness.html

Android API Guides: "User Interface":

http://d.android.com/guide/topics/ui/index.html

Android Design: "Android Design Principles":

http://d.android.com/design/get-started/principles.html

Android Distribute: Essentials: "Essentials for a Successful App":

http://d.android.com/distribute/essentials/index.html

Analytics SDK for Android: "Add Analytics to Your Android App":

https://developers.google.com/analytics/devguides/collection/android/v4/

第21章 测试应用

尽早测试，频繁测试，在设备上测试。这是对于 Android 应用来说最重要的质量保证圣经。测试应用是一个繁杂的过程，不过你可以在 Android 平台中轻松地引入传统的 QA 测试技术，如自动化测试和单元测试。本章将讨论测试应用的一些技巧。我们同时也提醒大家(包含项目经理、软件开发人员以及 Android 应用的测试人员)应该设法去避免各式各样的陷阱。我们还提供了一个实际样例，并介绍了很多对 Android 应用自动化测试很有用的工具。

21.1 测试移动应用的最佳实践

和所有的 QA 测试流程一样，移动开发项目将从设计良好的缺陷追踪系统、定期构建、良好的规划以及系统的测试中受益。有很多白盒测试和黑盒测试的机会，也有很多自动化测试的机会。

21.1.1 设计移动应用的缺陷追踪系统

你可以为移动应用定制大部分缺陷追踪系统。缺陷追踪系统必须能追踪特定设备的缺陷，也能追踪任何集中式服务器上的缺陷(如有必要)。

1. 记录重要的缺陷信息

一个好的移动缺陷追踪系统应该包括典型设备缺陷的如下信息：

- 应用的构建版本信息、语言等。
- 设备的配置以及状态信息，包括设备类型，Android 平台版本和重要的规格信息。
- 屏幕方向、网络状态、传感器信息。
- 重现问题的详细步骤，使用了哪种输入方式(触摸与单击)

- 设备的屏幕截图，可使用 Android 设备监视器、视图层级查看器工具或设备厂商提供的快捷键来捕获。查看设备的使用手册了解屏幕截图的快捷键，因为不同设备的快捷键可能不同。

提示

开发一套针对设备上某些操作的标准术语是很有帮助的。例如：各种触摸方式，单击与轻按，长时间单击与按住，清除与回退，等等。这可以帮助与缺陷相关的各方精准地重现缺陷。

2. 为移动应用重新定义“缺陷”术语

建立更广泛的“缺陷”术语是很必要的。缺陷可能在所有设备上都出现，也可能只在某些设备上出现。缺陷也可能在应用环境某些部分才出现，如远程的应用服务器上。一些典型的移动应用缺陷如下：

- 崩溃、异常退出、强制关闭、应用无响应事件(ANR)以及其他各种用来描述导致应用不再运行或响应的异常表现的术语。
- 运行不正确的功能(未正确实现)。
- 占用设备过多的磁盘空间。
- 不充分的输入验证(典型的如“粉碎按钮”)。
- 状态管理问题(启动、退出、挂起、恢复、关机)。
- 响应问题(慢启动、退出、挂起、恢复)。
- 不充分的状态测试(内部状态改变失败，例如，恢复期间的异常中断)。
- 输入方式、字体大小以及混乱的界面相关的使用性问题。以及其他导致界面显示不正确的问题。
- 在主 UI 线程中出现暂停或“冰冻”(实现异步任务和多线程失败)。
- 缺少操作反馈指示(提示进度出现问题)。
- 与设备上其他应用集成出现的问题。
- 应用在设备上“运行不良”(耗费电池、关闭省电模式、过度使用网络资源、引入过多的付费点、烦人的通知)。
- 使用过多内存，未恰当时释放内存或释放资源。在任务完成后没有停止工作线程。
- 未遵守第三方协议，如 Android 许可协议、Google 地图 API 条款、应用市场条款或其他应用到应用中的条款。
- 应用客户端或服务器端没有安全地处理受保护的和隐私数据。包括保证远程服务器或服务有足够的正常运行时间和安全保障。

21.1.2 管理测试环境

测试移动应用为QA团队带来了独特的挑战，特别是在配置管理方面。这类测试的难度通常被低估。不要犯这样的错误——认为移动应用更容易测试，因为它们的功能比桌面应用少(自然就更容易验证)；市面上的 Android 设备如此之多，使得在不同安装环境中的测试变得非常棘手。

警告

要确保对项目目标的任何调整都要被QA团队审核验证。添加新的设备有时对开发进度只有很小的影响，但是对测试进度却可能带来重大影响。

1. 管理设备配置

设备的“碎片化”是移动测试人员面临的最大挑战。Android 设备由全球很多不同的工厂生产，具有各种屏幕尺寸、平台版本以及硬件配置。它们会有多种多样的输入方式，如硬件按键、键盘以及触摸屏；它们有很多可选的功能，如摄像头、加强的图像支持、指纹读取器、设置3D显示等。很多Android设备是智能手机，但是诸如Android平板电脑、电视、可穿戴设备之类的其他设备也在每次Android SDK版本发布后不断流行起来。追踪这些设备以及它们的功能是一项大工程，而这些工作都需要由测试团队来完成。

QA 人员必须详细了解目标设备的每个功能，包括熟知有哪些功能是可用的、特定设备有哪些特有的特性。在可能的情况下，测试者的测试目标应该包括设备在某个区域的使用情况——使用的可能并非设备的默认设置或者语言，这意味着设备需要改变输入模式。屏幕方向以及本地化配置。另外，我们要尽可能使用电池供电来做测试，而不是在桌子旁，插着充电器进行测试。

提示

要意识到第三方固件的修改可能会影响到应用的表现。例如，假设你已经在一款未知品牌的目标设备上着手测试，并进展顺利，但是，如果运营商在同样的设备中移除掉一些默认的应用，并安装其他应用，那么这就是对测试员有价值的信息。很多设备会丢弃原生的用户界面而加入很多定制化的东西，像HTC的Sense和三星的TouchWiz用户界面。所以应用在原生系统上运行正常不代表终端用户使用的配置就一定是相同的。尽你所能去收集与用户实际使用的配置类似的设备，各种风格的配置有可能会让用户界面显示不正常。

百分之百的测试覆盖是不可能做到的，所以 QA 团队必须考虑测试优先级。如第 18 章所述，创建设备的数据库可以大大减少移动配置管理上的困惑，也可以确定测试优先级，并可以追踪可用来测试的物理硬件。使用 AVD 配置，模拟器也是一个扩大测试覆盖面的有效工具。

提示

如果你在现实生活中遇到配置设备方面的困境，你可能希望向运营商的设备“实验室”寻求帮助。开发人员可以访问运营商的官方网站来查询它们是否提供了特定设备的租赁服务，而不是参加它们的合约项目。这样开发人员就可以安装并测试应用——虽然不能进行回归测试，但总比不做测试好——而且一些实验室还安排专家来帮助解决一些设备相关的问题。另外，还可以利用各种基于云的设备测试服务，从而一次性在数百台设备上部署应用，并执行自动测试。使用云服务需要付费，而且将来可能更昂贵。

2. 确定设备的“初始状态”

目前并没有很好的办法来给设备做镜像，以便你可以反复返回到那个初始状态。QA团队需要定义设备的“初始”状态是什么，以便执行用例测试。这可能涉及特定的卸载过程，一些手工清理操作，或者某些情况下的恢复工厂配置。

提示

使用Android的SDK工具，如Android设备监视器和ADB，开发人员和测试人员可以访问Android的文件系统。包括应用的SQLite数据库。这些工具可用来监测和操作模拟器上的数据。举个例子，测试人员可能会在命令行界面使用sqlite3来擦写应用的数据库，或者为特定测试场景填写测试数据。为在设备中完成类似操作，你可能需要对设备做“root”操作。不过这已经超过本书的讨论范围了，而且我们不建议在测试设备做这样的操作。

虽然我们已讨论了“初始”状态这一话题，但还有一个问题是需要我们思考的。可能你已经听说过可以在大多数Android设备中执行root操作，从而访问到公共的Android SDK所不提供的某些特定功能。当然会有一些应用(开发人员所写的程序)需要这种访问权限(有些甚至是在Google Play上发布的)。但总而言之，我们感觉执行过root操作的设备对于大多数测试团队来说都不是太好。你希望开发和测试的设备与用户手上的设备相近；而大多数用户并不会在设备中执行root操作。

3. 模拟真实世界中的活动

我们几乎不可能(并且对大多数公司来说性价比不高)为移动应用设立一个完全独立的测试环境。对于基于网络的应用，更常见的做法是先在一个专门用测试服务器上开展测试，然后使用相同的配置迁移到线上服务器测试。但在设备配置方面，移动端软件测试人员必须使用真机，搭配真实的服务才能正确测试。如果设备是一台手机，它需要能打电话，能接收和发送文字短信，能使用 LBS 服务定位，也可以完成手机正常能做的所有事情。

测试移动应用不只是确保应用正常运行即可。在现实世界中，应用不是处于空白的设备上，而是安装的多个应用之一，测试移动端应用要保证软件可以和设备其他功能和其他应用很好地集成。举个例子，假设你正在开发一个游戏，当有电话进来时，测试人员必须确保游戏能自动暂停(保存状态)。然后电话可以被正常接听或者拒绝。

这也意味着测试人员必须在设备中安装其他应用。一个良好的开端是在设备上安装那些最流行的应用。在安装了这些应用后再做测试，结合实际的使用，才能发现一些集成方面或者使用模式方面的问题(即无法与设备中其他部分完美结合)。

有时，在需要重现某些类型的事件时，测试员需要有一些创新性。举例来说，测试人员必须确保移动设备失去网络连接时应用也能正确运行。

提示

与其他移动平台不同，事实上测试员需要采取特殊步骤才能让大多数 Android 设备失去网络连接。为测试信号丢失的情况，你可以到高速公路的隧道或者电梯中测试，也可以把设备放到冰箱中。但不要把它放在冷冻环境中太久，那样会耗尽电池或者造成损坏。金属罐头盒子也有同样的功效。有饼干在里面时，首先吃掉饼干，然后把设备放到里面以屏蔽信号，这个建议对于需要使用基于位置服务的应用测试同样有效。

21.1.3 让测试覆盖率最大化

所有测试团队都为 100%的测试覆盖率而努力，但是大家都知道这是很难实现的目标，或者说代价太高(特别是在全世界有那么多 Android 设备的情况下)。测试员必须尽其所能来覆盖大范围的场景——其深度和广度是让人畏惧的，特别是对于那些移动端新手来说。接下来分析几种特殊类型的测试，以及 QA 团队又是如何找到相应的方法——有些是历经考验的，而有些是创新的——来最大化测试覆盖率。

1. 验证版本并设计冒烟测试

除了常规的构建过程，我们也可以制定一套版本验收测试策略(有时也称为版本验证、冒烟测试或健全测试)。版本验收测试的时间很短并且只针对最关键的功能来确定该版本是否足够好，值得完成更全面的测试。这也是在再测试周期之前快速验证 bug 是否在该版本中已按照预期解决的机会。可以在多个 Android 平台版本上同时进行版本验收测试。

2. 自动化测试

需要频繁地在最高优先级的目标设备上进行版本验收测试。这也是自动化健全测试的理想场景。使用 Android SDK 中名为 monkeyrunner 的测试工具运行自动化测试脚本，可以帮助测试团队确定这个版本是否值得进一步测试，减少传给测试团队不良版本的数量。基于 Python 的一系列 API 接口，你可以编写出在模拟器和设备上安装和运行应用的脚本，发送特定的按键敲击，并且截屏。结合 JUnit 单元测试框架，你可以开发出强大的自动化测试套件。

3. 在模拟器中测试与在设备中测试

当可以获得用户使用的设备时，就把测试精力集中到这上面，但是，真机设备和服务合约通常比较昂贵。你的测试团队不太可能建立一个环境涵盖所有运营商，或发行应用的每个国家。某些时候 Android 模拟器可以有效减少花费，提升测试覆盖率。下面列出的是使用模拟器的一些好处：

- 可以模拟出那些你获取不到(或者供应短缺)的设备。
- 可以做那些在真机设备上无法执行的复杂测试场景。
- 可以和其他桌面软件一样做自动化测试。

4. 在设备可用之前使用模拟器测试

我们经常要针对还未上市的设备或者平台版本来做开发。这些设备被寄予很高的预期。如果应用能在设备上市的第一天就绪的话，通常意味着更少的竞争者和更多的销量。

最新版本的 Android SDK 通常会在普通大众收到的在线升级的前几个月就发布给开发人员。而且，开发人员有时候可通过运营商或者生产商的开发平台得到预产设备。但是，开发人员和测试人员应该清楚预产设备上的风险。这些硬件设备一般来说都只有 beta 版的质量。最后的技术文档和固件有可能在没有通知的情况下就发生变化。而且发布日期也可能会改变，甚至设备有可能永远都不会量产。

如果拿不到预产的设备，测试员可以在模拟器上通过 AVD 配置来最大限度地模拟目标平台，因而降低测试周期的风险并加快程序的发布速度。

5. 了解依靠模拟器的危险性

遗憾的是，模拟器更多是一个通用的 Android 设备，只能模拟设备内部的大多数部件——可在 AVD 配置中看到所有选项。

提示

作为测试计划的一部分，考虑建立一个文档，用来记录测试不同设备配置的 AVD 配置。

模拟器并不能完整代表一台特定的 Android 设备。如它不包括真机设备中的信号处理芯片，或者真实的定位信息。模拟器可以模拟打电话和接收短信，可以照相或者摄像。但是，如果应用最终不能在真机设备上正常工作的话，那么它能否在模拟器上运行就毫无意义了。

6. 测试策略：黑盒测试和白盒测试

Android 工具提供了丰富的用于黑盒测试和白盒测试的资源。

黑盒测试者可能只需要真机设备和测试文档。针对黑盒测试，更重要的是测试员有设备相关的知识，所以提供设备的指导手册和技术文档对测试的准确性也有不小的帮助。此外，了解设备间的细微差别和设备标准可以帮助可用性测试。举例来说，如果设备有一个可用的底座，那么了解清楚它是横向还是纵向的也是有意义的。

白盒测试在移动端并不容易做到。白盒测试员有很多可供利用的工具，包括 Android Studio(免费适应)以及 Android SDK 中的其他很多调试工具。白盒测试员特别经常使用 Android 模拟器、Android 设备监视器和 ADB。他们也可以使用强大的测试 API，如 AndroidJUnitRunner、Espresso、uiautomator；以及使用视图层级查看器调试用户界面。对于这些任务，测试人员需要一台开发环境和开发人员相同的电脑，并且需要具备 Java、Python 和其他各种开发人员使用的工具的相关知识。

7. 测试移动应用的服务器和服务

测试人员经常把精力集中在应用的客户端，而忽略了服务端的测试。很多移动端的应用依靠于网络或者云端功能。如果应用依赖于服务器或者远程服务来进行操作，那么在服务器端进行测试也是很重要的。即便服务并不是你自己开发的，你也需要彻底地进行测试，从而确定它是否按照期望的工作方式运行。

警告

用户希望应用可以在任何时间(24*7 小时)都是可用的。减少服务器或者服务的故障时间，并确保服务不可用时应用能及时合理地通知用户(并不是崩溃)，如果服务超出你的控制范围，那么你需要了解提供了什么样的服务级别协议。

下面是关于测试远程服务器和服务的一些原则：

- 对服务器版本进行控制。你应该像构建流程中其他环节一样管理服务器的部署，服务器应该以一种可再现的方式进行版本管理和部署。
- 使用测试服务器。QA 通常是在控制的环境中的模拟服务器上测试，特别是真实服务器已经在线上为用户服务的情况下。
- 验证可扩展性。测试服务器或者服务的承载能力，包括压力测试(很多用户、模拟的客户端)。
- 测试服务器的安全性(黑客攻击、SQL 注入等)。
- 确保与服务器的双向数据传输是安全的且不易被监听(SSL、HTTPS、有效的证书)。

- 确保应用能优雅地处理远程服务器的维护或者服务中断的情况，不论是有计划的还是不可预期的。
- 在新服务器上测试旧版本的客户端来保障它也能正常运行。除了客户端的版本，也需要考虑对客户端和服务端之间的通信协议进行版本化管理。
- 测试服务器的升级以及回滚，并制定一个在服务崩溃时通知用户的计划。

这些类型的测试为自动化测试的实施提供了很多机会。

8. 测试应用的外观视觉和可用性

测试移动应用并不只是找出有问题的功能，同时也要评估应用的可用性——如报告应用中缺少视觉吸引力的地方，或者很难使用的导航。在用户界面上，我们喜欢使用边走路边嚼口香糖的类比。移动用户不能全身心投入应用中，相反，他们会在走路或者做其他事情时使用应用。用户使用应用应像嚼口香糖一样容易。

提示

考虑进行可用性研究，来收集那些不熟悉应用的人的反馈。如果只是依赖于经常使用应用的团队成员来开展测试，那么有可能会对一些缺陷视而不见。

9. 处理特定的测试场景

除了功能性测试，QA 团队也要考虑到其他一些特定的测试场景。

10. 测试应用的集成

另一个必要测试的是，应用是如何与 Android 系统的其他部分相结合的。例如：

- 确保应用能正确处理操作系统发出的中断信号(收到短信、来电、关机)。
- 验证应用公开的内容提供者数据，包括作为活动文件夹使用。
- 验证其他应用通过 Intent 触发的事件的处理。
- 验证你在应用中通过 Intent 触发的事件的处理。
- 验证你在 Android Manifest.xml 中定义的其他输入点，如应用的快捷方式。
- 验证应用可选的其他形式，如应用组件。
- 验证服务相关的功能(如果使用的话)。

11. 测试应用的升级

如果可能的话，就为客户端和服务端都执行升级测试。如果是有规划升级支持，我们可以开发一个模拟的已升级的应用，这样 QA 人员可以验证数据是否正确迁移——即便已升级应用未对这些数据做任何操作。

提示

用户会不定时地以在线方式接收到Android平台的升级提醒。应用安装的平台版本很可能会随着时间推移而改变，一些开发人员也发现固件升级可能会破坏他们的应用。所以，在一个新版本的SDK发布后，一定要重新测试应用，这样就可以尽可能在用户发现应用出错前进行必要的升级。

如果应用需要数据库的支持，你需要测试数据库的版本变化。数据库的升级是迁移现有数据，还是删掉数据？迁移工作是从之前的所有版本的应用中到现有版本，还是只迁移最近一次的版本？

你也需要将这些测试和版本变化准则应用到网络应用的API上。如果应用使用REST API，给这些REST API建立恰当的版本管理能保证网络通信代码能正常运行。

12. 测试设备升级

Android平台上越来越多的应用使用云和备份服务。这就意味着用户在升级了设备后可以无缝地把旧设备中的数据迁移出来。所以，即便用户不小心把手机丢到了澡盆里，或者损坏了平板的屏幕，他们的数据通常是可以被挽救的。如果应用使用了这些服务，你需要测试迁移工作以确认是否可以正常进行。

13. 测试产品的国际化

我们应该在开发的早期就测试应用对国际化的支持——同时在客户端和服务端或服务上进行，你很可能遇到界面显示上的问题，或者字符串、日期、时间、格式相关的问题。

提示

如果应用需要对多种语言做本地化，那么要在外国语言的配置下进行测试，如应用在英文情况下可能没有问题，但是德语下就不可用了，因为后者的字符通常比较长。

14. 测试程序的合法性

你要彻底审核应用必须遵守所有策略、许可和条款。举例来说，Android 应用默认情况下必须遵循Google Play的开发人员发布许可以及Google Play的其他服务条款(如果适用的话)，更多的分发途径意味着更多的安装包，应用需要遵循更多条款。

15. 安装测试

总的来说，Android 应用的安装是简单直接的；但是你需要在具有更少资源和内存的设备上进行测试，也应该从不同的应用市场来测试。如果清单文件中配置允许在外置存储设备中安装应用，那么还需要针对该场景进行测试。

16. 备份测试

不要忘记你也要测试那些对用户不常见的功能，如备份和还原服务，以及同步功能。

17. 性能测试

应用的运行性能在移动世界里是非常重要的。Android SDK 对收集应用中的性能基准、监视内存和资源的使用提供了支持。测试人员应该熟悉这些工具并经常使用它们来发现运行瓶颈和危险的内存泄漏、不当的资源使用等异常情况。

我们经常看到 Android 开发新手犯下的一个常见性能问题是：把所有的工作都放在主 UI 线程去执行。一些占用时间和资源的任务，如网络下载、XML 解析、图形渲染等都应该从主 UI 线程中移出，这样用户界面才能保持即时响应。同时也可以避免所谓的强制性关闭(FC)问题，避免收到用户的差评。

Debug 类(android.os.Debug)在 Android 第 1 版发布时就已存在。它提供了一系列方法来让我们产生追踪日志，然后通过 traceview 测试工具进行分析。Android 包含一个名为 StrictMode(android.os.StrictMode)的类，可以用来监测应用，追踪延迟问题，并避免 ANR。在 Android 的开发人员博客中也有关于 StrictMode 的不少描述，可参见：http://android-developers.blogspot.com/2010/12/new-gingerbread-api-strictmode.html。

下面是 Android 新手经常犯的另一个性能问题：很多人并没有意识到，Android 的界面显示(由 Activity 来支持)在屏幕方向改变时默认情况下都会重启。默认不缓存任何数据，除非开发人员采取了相应的处理。即使是基础的应用，仍需注意它们的生命周期管理是如何运作的。有一些与此相关的高效工具可供使用。但是，我们仍然会频繁地使用效率低下的方式——通常因为根本就没有处理生命周期事件。

18. 测试应用中的付费机制

付费机制对于应用非常重要的，所以我们一定要测试。Google Play 的开发人员控制台允许我们测试应用的付费机制，具体而言，需要一部安装了最新版本 Google Play 的设备，确保付费机制能正常工作，可以帮助我们减少收入损失。

19. 测试意外情况

不管是在什么工作流程的约束下，我们都要知道用户有可能会做一些随意的、不可预期的事情——可能是有意的，也可能是无意的。有些用户是“粉碎按钮”，而其他人有可能在放入口袋之前忘记锁键盘，导致了一连串诡异的输入；经常旋转屏幕，把物理键盘不断滑出/收起，或者其他一些会触发设备发生意想不到的变化的操作。而在这些“边缘”事件发生时还有可能会有来电或者短信(对于手机而言)——应用要能正确处理所有这些异常情况。Monkey 命令行工具可以帮助你测试这类事件。

20. 为将应用打造成“杀手级应用”而测试

每个移动开发人员都希望开发一款“杀手级应用”——即那些让人疯狂的，一下子冲到排行榜首位，每月收入百万美元以上的应用。大多数人都会觉得只要他们找到了正确的方向，就可以立即开发出杀手级应用。开发人员总是会去研究榜单前十名和 Google Play 的编辑们推荐的那些应用，尝试分析怎样开发出下一款优秀的应用。但是让我们来告诉你一点小秘密：如果“杀手级应用”有共性的话，那就是它的质量标准要高于平均水平——永远不能出现延迟、难用、烦人的情况。测试以及严格执行质量标准可能就是普通应用和“杀手级应用”之间的区别。

如果你花点时间来分析移动应用商城，你会注意到大的移动开发公司发布的应用普遍质量较高，有一致性的设计风格和用户体验。这些公司利用用户界面的一致性和超越普通水平的质量标准来建立品牌忠诚度，从而提高了市场份额(虽然他们会预估可能只有其中的一款应用“叫好又叫座”)。其他较小的公司经常有不少好想法，却一直在移动软件开发的质量问题上挣扎。这样，不可避免的结果就是移动应用商城充满了很多这样的应用：想法很好，但用户界面设计差强人意，且存在不少问题。

21.1.4 利用 Android 的 SDK 工具来测试应用

Android SDK 和开发人员社区提供一系列有用的工具和资源来帮助我们做测试和质量保证工作。你的项目开发过程中可能想利用下面这些工具：

- 物理设备来做测试和问题重现。
- Android 模拟器来做自动化测试，或者在设备不可用时测试版本。
- Android 设备监视工具可以用来调试，与模拟器/设备进行交互，也可以用来截屏。
- ADB 工具可以做日志追踪，调试和访问 shell 工具。
- Exerciser Monkey 命令行工具可以做压力测试(可以通过 adb shell 命令来访问)。
- 通过 monkeyrunner 的 API 可以做自动化的单元测试套件，并编写功能性和框架性的单元测试。
- AndroidJUnitRunner API 可用来运行 JUnit3 和 JUnit4 的 Instrumentation 测试。
- Espresso 功能 UI 测试框架。
- uiautomator 测试框架，包括一个命令行工具和一系列 API。可以在一种或多种设备中做用户界面的自动化测试(编写 UI 功能性测试用例)。
- UiAutomation 类可以横跨多个应用完成自动化工作和模拟用户交互，并允许你观察用户界面来确定测试是否通过。
- uiautomatorviewer 工具，通过扫描实际 Android 设备(用于创建详细测试)的屏幕上显示的视图，帮助你理解布局的视图层级。
- 通过 logcat 命令行工具来查看应用生成的日志信息(最好使用应用的调试版本)。
- traceview 应用，用来查看和解析从应用中生成的日志文件。
- 通过 sqlite3 命令行工具来访问应用中的数据库(利用 adb shell 命令就可以)。

- 视图层级查看器工具用来执行用户界面调试，执行性能调整，和获得设备的屏幕截图。
- lint 工具，可以用来优化应用的布局资源。
- systrace 工具，分析应用进程在显示和执行所用的时间。
- bmgr 命令行工具，用来执行备份管理测试(如果需要的话)。

值得注意的是，即便我们使用了 Android 工具(例如，Android Studio 中的模拟器，设备监视器调试工具)，而 QA 人员可以使用独立工具，并不需要下载源代码和安装开发环境。

提示

附录 D 以及全书穿插讨论的工具，不仅对开发人员有价值；这些工具可以给测试人员提供更多在设备配置上的控制。

21.1.5 避免 Android 应用测试中的一些低级错误

下面是 Android 测试人员应该尽量避免的一些低级错误和缺陷：

- 没有像客户端那样彻底地测试服务器或者服务组件。
- 没有使用正确的 Android SDK 版本来做测试(设备 VS 开发版本)。
- 没有在真机设备中进行测试，认为模拟器就足够了。
- 测试所采用的系统与用户使用的不同(付费机制、安装等方面)，建议亲自体验一下购买你自己的应用的过程。
- 没有在有足够代表性的设备配置上测试。
- 没有完整测试应用的所有入口。
- 没有在不同的信号覆盖率及网络速度下执行测试。
- 没有在电池供电的情况下测试，测试时不要让设备一直处于充电状态。

21.2 Android 应用测试精要

Android SDK 中提供了很多方法来帮助你测试应用。一些方法需要在 Android Studio 中运行，其他一些则在命令行工具运行。但是有些工具两种方式都可以运行。其中很多测试方法需要针对应用编写测试程序。

编写一个针对应用的测试程序听起来有点吓人，毕竟你已经写了一大堆代码来构建应用。如果你是这方面的新手，你可能想知道为什么需要花费这么多时间来学习编写测试应用的代码。

答案很简单。编写测试程序可以帮助我们自动完成测试流程中的一大部分，而不是通过手工方式来验证代码是否正常运行。举个例子，大家应该会更清楚些。假设我们要开发一个允许用户创建、读取、更新和删除数据的应用。很多情况下这些操作都是基于一个数据模型来做的。编写针对数据模型的测试程序允许你去确认数据模型按照预期运行，在查询时能提供正确的结果，在保存时能存储正确的结果，以及当删除时能正确删掉相关信息。

另一方面，当用户在应用中执行某项动作时，通常情况下，你会希望提供某种视觉反馈。编写针对视图的测试程序，可以让你验证当用户执行了特定动作后，视图是否可以一步步地显示正确信息。

提示

测试应该被设计为确定应用源代码的执行结果应该是怎样的，只要应用的需求保持不变，测试就应该总是得到同样的结果——即便你修改了程序的源代码。一旦你的某项测试失败了，而且测试程序本身是正确的，那么你很可能是在应用中犯了某些逻辑错误。

你可能认为应用很简单，不值得测试；或者认为你的源代码中压根不会产生什么错误，因为你很确定已经覆盖了所有可能的场景。如果你相信这是真的，而且应用也只是做了它应该做的事，请记住你的用户可不是开发人员，他们不会降低对程序的期望值。用户可能会想到一个应用没有提供的场景，当他们希望去使用这个想象的场景时，那么很可能最后会觉得很生气——这也是差评心情的开始。即使这个功能一开始没在应用中存在过，但是你的用户并不管这些。然后责怪应用怎么会有这个问题(即便这可能并不是你的错)。

既然你是应用的开发人员，你就应该去解决编码中的所有问题。在应用发展过程中，如果发布了新的功能，那么你如何确定上周的预期结果在本周没有发生改变呢？

21.2.1 利用 JUnit 进行单元测试

确认应用能正常运行，并将持续正常运行很长一段时间的一种好方法，就是编写单元测试。单元测试被设计用于测试应用的一个逻辑块。举个例子，当用户做了某件事后，你可能总是期望结果是这样或者那样的。单元测试确保每次代码变更时，其最终结果值都符合期望。另一种可选的验证方式就是你安装好应用，然后按照所有可能情况来试验每种可能的场景，来检验每次代码升级后的结果值是否正确。这很快就会变得很繁杂并很占用时间，因为应用会越变越大，变得很难追踪。

Android 基于 JUnit 测试框架提供了单元测试的功能。很多 Android 的测试类都直接从 JUnit 继承而来。这意味着可以编写单元测试来检验 Java 源码，或者可以编写 Android 特定的测试用例。JUnit 和 Android SDK 测试工具类都可以在 Android Studio 中使用。单元测试是一个大话题，下面讨论的内容并不算很全面，但可以作为你学习 Android 应用单元测试的入门教材。

编写单元测试有两种方式。其一是先编写应用，然后编写测试程序。另一种是相反的做法，先编写测试程序，然后编写应用。我们将以一个应用范例来让大家更好地理解单元测试。有很多理由让我们在设计应用逻辑前先完成测试程序；这种方法称为测试驱动开发(TDD)。

在本书中并不讨论 TDD，但是一旦你着手开展测试项目，应该会更肯定这种方式。使用 TDD 可以帮助你预先确定应用的结果。因而，你可以带着这些结果来编写应用——在编写应用逻辑之前就知道预期结果有助于我们更好地判断和开展测试工作。然后你可以接着编写应用(带着预期的结果值)，直到所有的测试都通过。

需要说明的是，这并不意味着在编写代码前我们就要先写完所有的测试程序。相反，你可以先写一个单元测试，接着完成对应的代码。一旦这样做之后，在下面示例中就可以看到 TDD 的应用方式。TDD 是一个很宽泛的话题，有很多介绍它的资源。

21.2.2 PasswordMatcher 应用简介

为学会如何执行单元测试，首先需要一个可以使用单元测试的应用。我们提供一个简单的应用——它将显示两个用于输入密码的 EditText 字段，它们的 inputType 为 textPassword，这意味着任何输入到该字段的字符都不会显示。同时还有一个按钮(onClick 监听器判断这两个文本框中的输入值是否一致)。图 21.1 显示了 PasswordMatcher 应用的用户界面。

图 21.1 PasswordMatcher 应用显示两个 EditText 和一个按钮控件

提示

本章提供的很多代码都选自PasswordMatcher应用和PasswordMatcherTest测试程序。读者可以从本书的官方网站下载这些源代码。

下面介绍 PasswordMatcher 应用中的布局文件的内容，文件名为 activity_password_matcher.xml。

```
<LinearLayout xmlns:android="http://schemas.android.com/apk/res/android"
    xmlns:tools="http://schemas.android.com/tools"
    android:layout_width="match_parent"
    android:layout_height="match_parent"
    android:orientation="vertical"
    android:paddingBottom="@dimen/activity_vertical_margin"
    android:paddingLeft="@dimen/activity_horizontal_margin"
    android:paddingRight="@dimen/activity_horizontal_margin"
    android:paddingTop="@dimen/activity_vertical_margin"
    tools:context=".PasswordMatcherActivity" >
    <TextView
        android:id="@+id/title"
        android:layout_width="match_parent"
        android:layout_height="wrap_content"
        android:contentDescription="@string/display_title"
        android:text="@string/match_passwords_title" />
    <EditText
        android:id="@+id/password"
        android:layout_width="match_parent"
        android:layout_height="wrap_content"
        android:hint="@string/password"
        android:inputType="textPassword"
        android:text="" />
    <EditText
        android:id="@+id/matchingPassword"
        android:layout_width="match_parent"
        android:layout_height="wrap_content"
        android:hint="@string/matching_password"
        android:inputType="textPassword"
        android:text="" />
    <Button
        android:id="@+id/matchButton"
        android:layout_width="wrap_content"
        android:layout_height="wrap_content"
```

```
        android:contentDescription="@string/submit_match_password_button"
        android:text="@string/match_password_button" />
    <TextView
        android:id="@+id/passwordResult"
        android:layout_width="match_parent"
        android:layout_height="wrap_content"
        android:contentDescription="@string/match_password_notice"
        android:visibility="gone" />
</LinearLayout>
```

这是一个 LinearLayout，包含一个用来显示应用标题的 TextView，两个初始化为空字符串的 EditText 视图，一个按钮，以及一个用于显示按钮单击后生成的结果的最终 TextView——其可见性为 GONE，意味着程序刚启动时 TextView 是不可见的，而且不占用任何空间。

PasswordMatcherActivity 的源代码如下：

```
public class PasswordMatcherActivity extends Activity {
    EditText password;
    EditText matchingPassword;
    TextView passwordResult;

    @Override
    protected void onCreate(Bundle savedInstanceState) {
        super.onCreate(savedInstanceState);
        setContentView(R.layout.activity_password_matcher);

        password = (EditText) findViewById(R.id.password);
        matchingPassword = (EditText) findViewById(R.id.matchingPassword);
        passwordResult = (TextView) findViewById(R.id.passwordResult);

        Button button = (Button) findViewById(R.id.matchButton);
        button.setOnClickListener(new View.OnClickListener() {
            @Override
            public void onClick(View v) {
                String p = password.getText().toString();
                String mp = matchingPassword.getText().toString();

                if (p.equals(mp) && !p.isEmpty() && !mp.isEmpty()) {
                    passwordResult.setVisibility(View.VISIBLE);
                    passwordResult.setText(R.string.passwords_match_notice);
                    passwordResult.setTextColor(getResources().getColor(
                            R.color.green));
                } else {
```

```
                    passwordResult.setVisibility(View.VISIBLE);
                    passwordResult.setText(R.string.passwords_do_not_match_
                          notice);
                    passwordResult.setTextColor(getResources().getColor(
                          R.color.red));
                }
            }
        });
    }
}
```

如你所看到的，onClick()接口方法会检查两个密码是否相等，并且不为空。如果有任何一个密码是空的或者它们不相等，我们就会把用于显示结果的 TextView 的可见性改为 View.VISIBLE，显示一条错误信息，然后把文本颜色设为红色。如果密码是相等的且不为空，我们就会把显示结果的 TextView 的可见性改为 View.VISIBLE，显示一条成功消息，然后把文本颜色设为绿色。

21.2.3 确认测试的预期结果

让我们想一想应用应该产生什么样的结果。要求用户在两个文本字段中输入数据，然后在用户单击按钮后做出反应。下面是我们希望测试能够验证的应用所产生的几种结果。

- 当用户把任何一个或者两个密码字段都留为空白时，判断应用是否显示了一条红色的错误消息。
- 当用户输入了两个不匹配的密码时，判断应用是否显示了一条红色的错误消息。
- 当用户输入了两个匹配的密码，判断应用是否显示了一条绿色的成功消息。

现在我们知道应用应该产生了什么样的结果，这有助于编写测试程序。为了确定应用是否产生了这些结果，我们将编写测试程序来确认这些假设。

21.2.4 为测试代码创建一个运行配置

为编写测试程序，我们首先必须在 app/src/androidTest/java/com.introtoandroid.passwordmatcher 目录下新建一个名为 PasswordMatcherTest 的类。幸运的是，该目录在创建项目时就已经自动创建了。我们的测试类就放在此目录中。

你会发现在该目录下已存在一个名为 ApplicationTest 的类。你可以在 ApplicationTest 类中编写针对应用类的测试代码。在本例中我们并不讨论应用测试案例，我们只是为 Activity 来编写测试用例，编写 ActivityInstrumentationTestCase2 来测试 PasswordMatcherActivity 类。

创建 PasswordMatcherTest java 类的步骤如下：

(1) 在 Android Studio 中，从 Run/Debug Configurations 下拉列表中选择 Edit Configurations…选项(见图 21.2)。

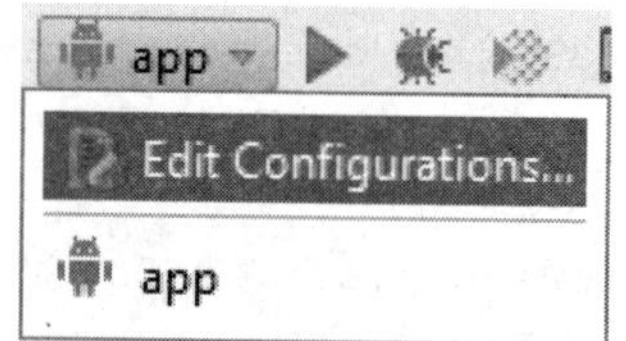

图 21.2 选择 Edit Configurations...选项来创建一个测试配置

(2) 在 Run/Debug Configurations 窗口上，单击 Add New Configuration 图标(+)，选择 Android Tests (见图 21.3)。

图 21.3 添加新的 Android Tests 配置

(3) 出现一个新的 Android Tests 配置界面，填写测试的名称，如 app tests，从下拉列表中选择应用对应的 Module，在 Target Device 设置项中选择 Show chooser dialog 选项(见图 21.4)。

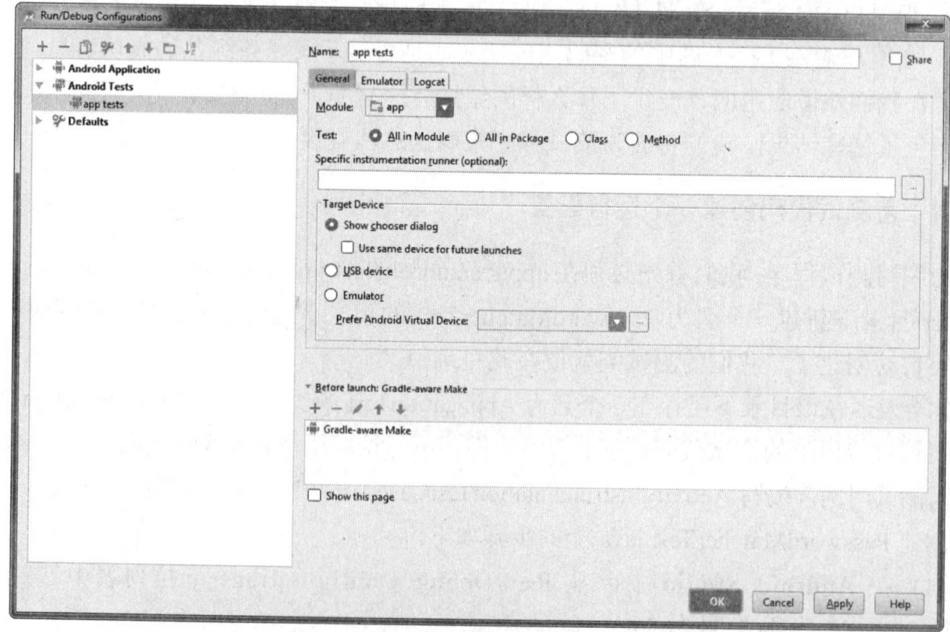

图 21.4 配置 app tests

(4) 单击 OK 按钮，你将在 Run/Debug Configurations 列表中选择了 app tests 选项(见图 21.5)。

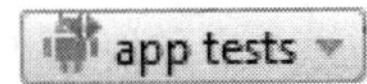

图 21.5 创建 PasswordMatcherTest 类

(5) 现在我们需要创建 PasswordMatcherTest 类。如果当前的工作视图是 Android Studio 中默认的 Android 视图，右击 app/java/com.introtoandroid.passwordmatcher (androidTest)目录，然后选择 New，Java Class。如果当前处在 Android Studio 中的传统 Project 视图中，右击 app/src/androidTest/java/com.introtoandroid.passwordmatcher 目录，然后选择 New,Java Class。将会出现 Create New Class 对话框。输入类名 PasswordMatcherTest (见图 21.6)。单击 OK 按钮创建。

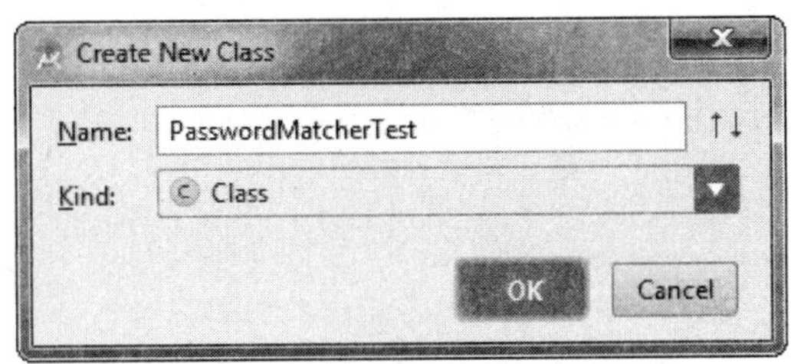

图 21.6

现在，我们的测试类已经创建成功了，图 21.7 显示 PasswordMatcherTest 类的目录结构，展示了 Android 视图(左边)以及传统的 Project 视图(右边)。

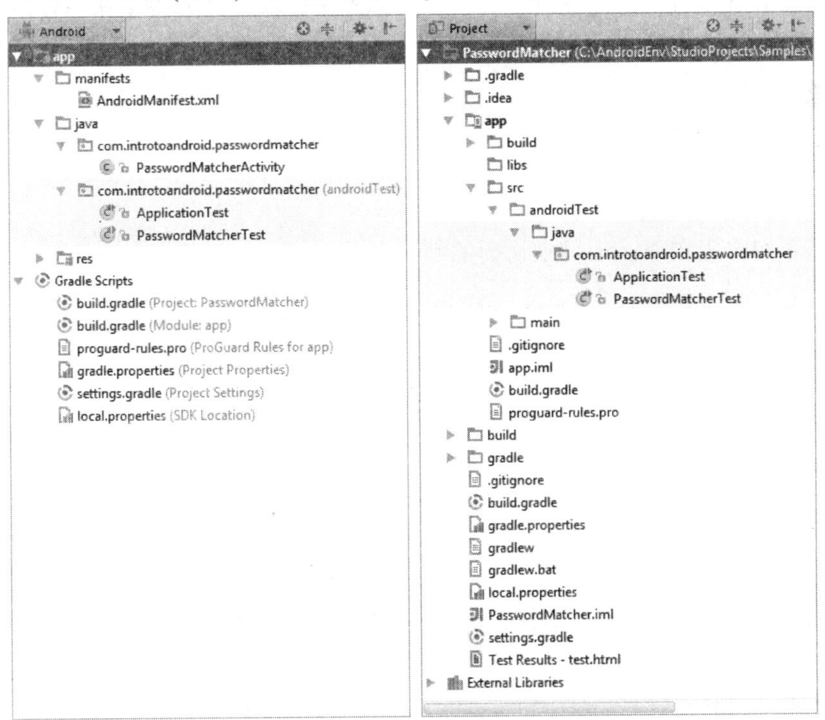

图 21.7 在 Android 视图(左)和 Project 视图(右)中展示测试项目的目录结构

按照下面的步骤，准备编写测试代码：

(1) 在 PasswordMatcherTest 文件中，导入 ActivityInstrumentationTestCase2 类。该类可以让我们为 PasswordMatcherActivity 类编写功能测试。导入代码如下：

```
import android.test.ActivityInstrumentationTestCase2;
```

(2) PasswordMatcherTest 类继承自 ActivityInstrumentationTestCase2，并以 PasswordMatcherActivity 作为 ActivityInstrumentationTestCase2 类的类型参数。类的签名如下：

```
public class PasswordMatcherTest extends
    ActivityInstrumentationTestCase2<PasswordMatcherActivity> { … }
```

(3) 在编写测试代码之前，我们还需要添加一个构造函数，构造函数如下：

```
public PasswordMatcherTest() {
    super(PasswordMatcherActivity.class);
}
```

现在可开始为该项目编写测试了。

21.2.5　编写测试代码

编写测试代码有几个标准操作步骤。首先，我们应该新建一个 setup 方法，用于准备接下来测试中所有需要访问的信息。这也是我们访问 PasswordMatcherActivity 的地方——它允许我们获取到所有希望被测试的视图。我们必须新建一些变量来访问这些视图，并导入所有可能需要的类。导入声明如下：

```
import android.widget.Button;
import android.widget.EditText;
import android.widget.TextView;
```

下面是我们希望在测试项目中访问的那些变量：

```
TextView title;
EditText password;
EditText matchingPassword;
Button button;
TextView passwordResult;
PasswordMatcherActivity passwordMatcherActivity;
```

下面是 setup()方法的实现：

```
protected void setUp() throws Exception {
    super.setUp();
    passwordMatcherActivity = getActivity();
    title = (TextView) passwordMatcherActivity.findViewById(R.id.title);
```

```
    password = (EditText) passwordMatcherActivity.findViewById(R.id.
    password);
    matchingPassword = (EditText)
          passwordMatcherActivity.findViewById(R.id.matchingPassword);
    button = (Button) passwordMatcherActivity.findViewById
    (R.id.matchButton);
    passwordResult = (TextView)
    passwordMatcherActivity.findViewById(R.id.passwordResult);
}
```

上述接口通过 getActivity()方法获取 PasswordMatcherActivity——后面就能通过 findViewById 方法来访问到视图。

现在我们可以编写验证这个应用的测试代码了。大家应该先校验应用的初始状态，确认开始时没有错误发生——即使每次的初始状态都是一样的，也还是要确认一下。因为这样才能在后续测试过程中，帮助我们判断和排除掉一些可疑情况。

提示

当使用 JUnit3 来做 Android 测试时，所有测试用例方法都必须以 test 开头，如 testPreCondition()或者 testMatchingPasswords()。这样 JUnit 才能知道某个方法是一个测试方法，而不是普通方法。只有以 test 开头的方法才会被当成测试用例来运行。

在运行过程中，应用中的几个元素会改变状态，即两个 EditText 和一个显示结果值的 TextView。让我们开始编写第一个测试用例吧！它用来确认应用的启动状态是否符合预期。

```
public void testPreConditions() {
    String t = title.getText().toString();
    assertEquals(passwordMatcherActivity.getResources()
          .getString(R.string.match_passwords_title), t);
    String p = password.getText().toString();
    String pHint = password.getHint().toString();
    int pInput = password.getInputType();
    assertEquals(EMPTY_STRING, p);
    assertEquals(passwordMatcherActivity.getResources()
          .getString(R.string.password), pHint);
    assertEquals(129, pInput);
    String mp = matchingPassword.getText().toString();
    String mpHint = matchingPassword.getHint().toString();
    int mpInput = matchingPassword.getInputType();
    assertEquals(EMPTY_STRING, mp);
    assertEquals(passwordMatcherActivity.getResources()
```

```
            .getString(R.string.matching_password), mpHint);
    assertEquals(129, mpInput);
    String b = button.getText().toString();
    assertEquals(passwordMatcherActivity.getResources()
            .getString(R.string.match_password_button), b);
    int visibility = passwordResult.getVisibility();
    assertEquals(View.GONE, visibility);
}
```

Android 单元测试 API 和断言

在运行第一个测试程序前，让我们先花点时间介绍一下断言。如果你是单元测试的新手，可能还没有使用过断言语句。一个断言用于比较“期望值”(应用应该产生的值)和运行应用时测试收到的“实际值”是否相等。

有很多标准的 JUnit 断言方法可供使用，同时 Android 也提供了不少特有的断言方法。

在方法 testPreConditions()中，首先获取 id 值为 title 的 TextView 的文本值。然后调用 assertEquals()，并传入期望的 text 特性值，以及 getText()实际提供的值。当运行测试用例时，如果两个值相等，就认为测试的断言已通过。我们继续获取两个 EditText 字段的 text、hint 和 inputType 值，并使用 assertEquals()方法来确认预期值与实际值是否一致。同时我们也获取 Button 的 text 值来确认它符合预期值。最后我们确认 passwordResult 提示没有显示，它可见性为 View.GONE。

如果所有这些断言都通过，意味着整个测试完成了——应用的初始状态是正常的。

21.2.6 在 Android Studio 中运行你的第一个测试

为在 Android Studio 中运行你的第一个测试，在 Android Studio 中选择 app tests 配置(见图 21.5)，然后单击 Run ▶ 图标。

注意

确认你的电脑中有一个模拟器在运行，或者有一台连接到电脑上的处于测试模式的设备。如果有多台设备或模拟器连接到了电脑上，你可能会看见一个选择提示框，从中可选择运行测试的设备。

现在你的测试已经开始了，并且你要一直等到整个测试完成才能得到结果。

21.2.7 分析测试结果

一旦测试完成，Android Studio 将打开 Run 标签。如果测试用例编写正确，你将会看到测试结果，显示测试通过(见图 21.8)。

注意图 21.8 中运行的方法 testPreConditions()。图标 ● 显示测试运行成功，同时注意运行 testPreConditions()所耗费的时间。

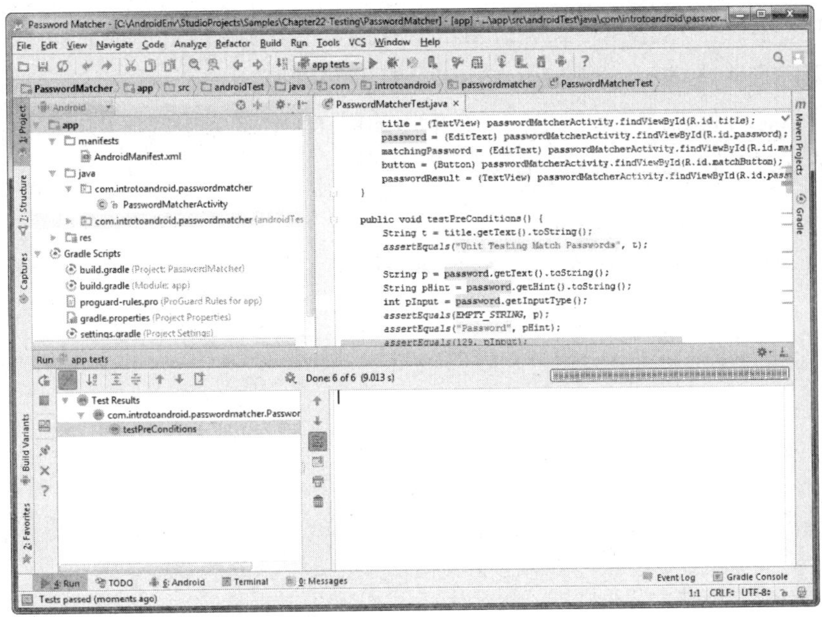

图 21.8 Android Studio 显示 testPreConditions()方法测试通过

失败的测试意味着实际值与预期值不匹配。图标 ❶ 提示测试已经失败。如果测试运行失败，将看到如图 21.9 所示的窗口。

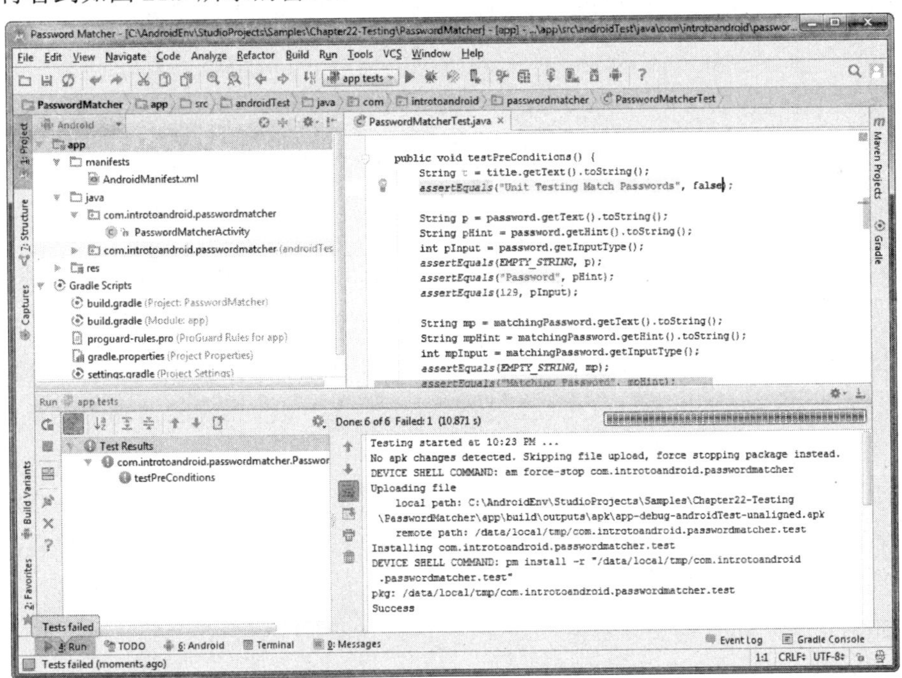

图 21.9 Android Studio 显示 testPreConditionsO()方法测试失败

21.2.8 添加其他测试

测试项目中还包含其他一些测试，但是接下来我们只分析其中一个典型的测试，因为它们都是大同小异的。请参考 PasswordMatcherTest 类，阅读提供所有测试方法的代码清单。我们即将讨论的是 testMatchingPasswords()方法。顾名思义，这个测试用例会判断我们输入的两个密码值是否相等——如果是，那么应用的界面输出结果就应该和预期值保持一致。

下面是 testMatchingPasswords()方法：

```
public void testMatchingPasswords() {
    TouchUtils.clickView(this, password);

    sendKeys(GOOD_PASSWORD);
    TouchUtils.clickView(this, matchingPassword);
    sendKeys(GOOD_PASSWORD);
    TouchUtils.clickView(this, button);
    String p = password.getText().toString();
    assertEquals("abc123", p);
    String mp = matchingPassword.getText().toString();
    assertEquals("abc123", mp);
    assertEquals(p, mp);
    int visibility = passwordResult.getVisibility();
    assertEquals(View.VISIBLE, visibility);
    String notice = passwordResult.getText().toString();
    assertEquals(passwordMatcherActivity.getResources()
           .getString(R.string.passwords_match_notice), notice);
    int noticeColor = passwordResult.getCurrentTextColor();
    assertEquals(passwordMatcherActivity.getResources()
           .getColor(R.color.green), noticeColor);
}
```

上面这段代码做了几件事情。因为我们已在 setUp()方法中对视图进行了初始化，所以现在可以开始测试应用。首先需要调用 TouchUtils.clickView()方法。TouchUtils 类提供了模拟应用中触摸事件的方法。对显示密码的 EditText 调用 clickView()，获得这个字段的焦点，稍后便可以通过 sendKeys()输入 GOOD_PASSWORD 值。我们接着获取 matchingPassword EditText 字段的焦点，也通过 sendKeys()方法来输入相同的 GOOD_PASSWORD 值。然后使用 getText()方法来得到两个 EditText 中的值，确认它们是否与 GOOD_PASSWORD 相等，接着再确认它们二者是否一致。之后，测试程序将会检查 passwordResult TextView 的可见性是否变成了 View.VISIBLE，然后进一步确认 text 的值是否为预期值。最后，我们获取 passwordResult TextView 的文本颜色，检查它是否已经变成绿色。

当运行测试程序时，你将看到 PasswordMatcher 应用已启动，然后两个 EditText 的响应区域都会被自动填充密码值，接着便是 Match Passwords 这个按钮接收到一个单击事件——此时你应该会看到显示结果值 TextView 显示出来。现在，PasswordMatcherActivity 显示一个绿色的成功通知，内容为 Passwords Match!(见图 21.10)。

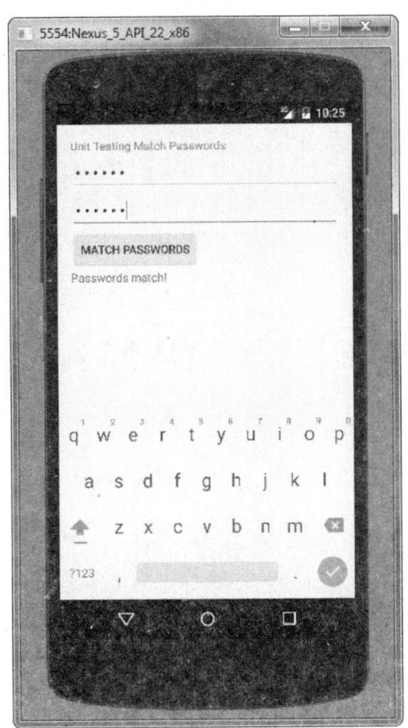

图 21.10　PasswordMatcher 应用显示绿色的 TextView，表示密码匹配成功

运行完测试用例后，应该可以看到测试成功通过，而这就意味着应用的运行确实符合设计要求(见图 21.11)。

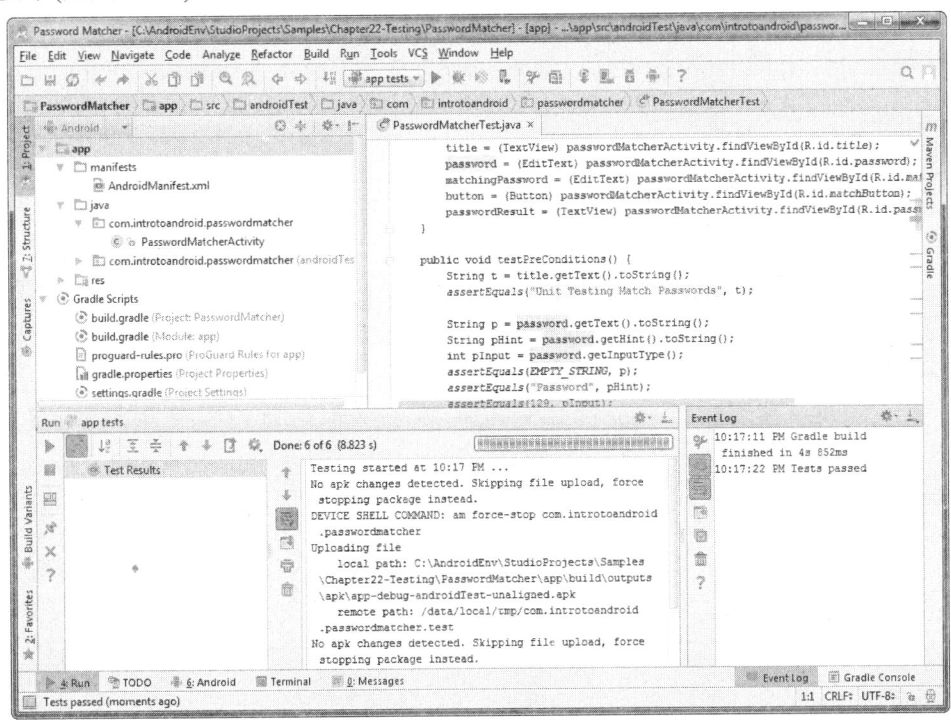

图 21.11　Android Studio 展示成功运行的测试

下面是 android.test 包中的一些类，你可能希望进一步了解。关于描述信息的完整列表，

请参阅 Android 官方文档 http://d.android.com/reference/android/test/package-summary.html。

- ActivityInstrumentationTestCase2<T>: 用来为单个 Activity 执行功能测试。
- MoreAsserts：Android 中特有的断言方法。
- TouchUtils：用来执行触摸事件。
- ViewAsserts：用来对视图进行断言的方法。

21.3 更多 Android 自动化测试程序和 API

自动化测试是非常强大的工具，你应该在开发 Android 应用时尽量使用。JUnit 只是有 Android SDK 提供的众多自动化测试工具中的一个。Android SDK 提供了其他用于测试应用的工具，它提供了测试支持库。下面是一些可用来测试应用的工具：

- UI/Application Exerciser Monkey：这个名为 monkey 的程序可以从 adb shell 命令行中运行。使用这个工具可以为应用做压力测试，它可以向正在运行的测试设备发送随机的事件。这有助于在产生随机事件时，确认应用的表现是否正常。
- monkeyrunner：这是一个用于编写 Python 程序的测试 API，可以让我们控制自动化测试流程。monkeyrunner 程序在 Android 模拟器或设备之外运行，并可以用于运行单元测试，安装/卸载 apk 文件，在多台设备中执行测试，截取应用的屏幕图片，以及其他很多有用的功能。
- AndroidJUnitRunner：这是一个兼容 JUnit 3 或 JUnit 4 的测试运行器，可以代替 InstrumentationTestRunner 类使用。InstrumentationTestRunner 类只兼容 JUnit 3，包含在测试支持库中。
- Espresso：它是一个 UI 测试框架，对测试单个应用中的用户流程非常有用。与 AndroidJUnitRunner 一起使用。它也包含在测试支持库中。
- uiautomator：只是从 API 级别 16 后才加入的一个命令行测试框架。你可以使用 uiautomator 来从 adb shell 的命令行中运行测试项。你可以使用它在一台或多台设备中执行用户界面自动化测试和功能自动化测试。
- UiAutomation：这个测试类用于在自动化流程中模拟用户事件，以及利用 AccessibilityService 的各个 API 来监视用户界面。可以使用它来模拟出针对多个应用的用户事件，包含在测试支持库中。

21.4 本章小结

本章中，我们帮助你——应用的质量负责人——学习和理解 Android 应用程序的相关测试知识，并通过一个实例介绍了如何为真正的应用做单元测试。

不管你是独立开发人员，还是百人团队中的一员，测试应用对项目的成功非常重要。

幸运的是，Android SDK 提供了一系列应用测试工具、强大的单元测试框架和其他成熟的测试 API。只要遵循标准的 QA 规范并利用好这些工具，就可以确保最终发布到用户手里的是最完美的产品。

21.5 小测验

1. 判断题：移动应用的一个典型缺陷是程序在设备中使用了过多的存储空间。
2. 列出 QA 团队应该考虑的三个特定的测试场景。
3. 说出可用于测试 Android 应用的单元测试库的名称。
4. 当使用 JUnit 3 测试应用时，测试方法需要以什么前缀开头？
5. 判断题：测试应用的默认初始运行状态是多此一举。
6. 在单元测试中，用于执行触摸事件的测试类是哪一个？

21.6 练习题

1. 在 Android 官方工具文档中阅读与测试相关的章节，链接如下：http://d.android.com/tools/testing/index.html。

2. 使用 PasswordMatcherTest 项目，学习如何从命令行运行测试项目，然后提供命令来完成。

3. 将另一个测试方法添加到 PasswordMatcherTest 类中，它要使用 ViewAsserts 类中的方法来判断 PasswordMatcherActivity 的每个视图都能显示到屏幕上。编写这个测试方法，确认成功通过测试。

21.7 参考资料和更多信息

Android Tools: "Testing"：
http://d.android.com/tools/testing/index.html
Android Tools: "Android Testing Tools"：
http://d.android.com/tools/testing/testing-tools.html
Android Tools: "monkeyrunner"：
http://d.android.com/tools/help/monkeyrunner_concepts.html
Android Tools: "UI/Application Exerciser Monkey"：
http://d.android.com/tools/help/monkey.html
Android Training: "Automating User Interface Tests"：

http://d.android.com/training/testing/ui-testing/index.html

Android Reference: “AndroidJUnitRunner”:

http://d.android.com/reference/android/support/test/runner/AndroidJUnitRunner.html

Android Reference: “android.support.test.espresso”:

http://d.android.com/reference/android/support/test/espresso/package-summary.html

Android Reference: “UiAutomation”:

http://d.android.com/reference/android/app/UiAutomation.html

Wikipedia 上关于软件测试的讨论：

http://en.wikipedia.org/wiki/Software_testing

第22章

分发应用

开发并测试了应用后，下一步就是将它发布出去，供用户使用。你甚至可能想用它来赚点钱。对于 Android 应用开发人员来说，他们有很多可选的发布途径。很多开发人员选择通过移动应用商城(例如，Google Play)来出售他们的应用。其他人还会开发自己的分发渠道——例如，他们可能会在某个网站上出售应用。你可能会希望通过 Google Play 提供的一些新特性来控制谁可以安装应用。尽管如此，开发人员应该在应用的设计和开发阶段就去思考他们希望使用哪些分发途径，因为某些分发渠道可能会要求修改代码，或者在程序内容上施加限制。

22.1 选择正确的分发模型

选择什么分发方式取决于你的目的和目标用户。下面是一些常见的问题，你应该事先思考：

- 应用是否已经做好了一切准备，或是还要考虑先提供一个 Beta 版本来“熨平所有皱褶”？
- 你是想覆盖尽可能多的用户，还是想让应用针对某个垂直市场的产品？确定你的用户是谁，他们使用什么样的设备，以及他们是通过什么途径来获知应用并下载安装。
- 如何给应用定价？是免费的还是共享软件？你想使用的分发渠道是否有完善的付费模型(一次性支付、订阅模式还是广告驱动模型)？
- 你的分发地区是哪里？
- 你希望别人分享一部分利润吗？分发机制(例如，Google Play)通常会从收入中收取一定比例的费用。
- 你想完全操控整个发布流程，或者你想在第三方应用市场设定的“条条框框”中去完成任务？这可能会涉及一些相应的条款和许可协议。

- 如果你想自己来做分发工作，具体应该如何去施行？你可能需要开发更多的服务来管理用户，部署应用，并处理接受相关事宜。如果是这样的话，你又该如何保护用户数据？你要遵循什么交易条款？
- 你是否考虑过要发布应用的试用版本？如果分发系统本身有退货策略，要充分考虑各种可能的结果。你需要尽量减少那些购买、试用了应用后全额退款的用户的数量。举个例子，一个游戏可能会有这样的“保障”措施——既有免费版本，同时它的完整版也要有足够的游戏级别来避免用户在“可退款时间段”内就玩过整个游戏。

22.1.1 保护你的知识产权

你已经花费了时间、金钱和精力开发了一款有价值的 Android 应用。现在你可能希望在发布后，可以优先防止别人对程序进行逆向工程，或者是盗版软件。随着技术的不断发展，现在我们可以完美地保护应用了。

如果你习惯开发 Java 程序，你可能熟悉代码混淆工具。他们会从 Java 字节代码中剥去那些容易阅读的信息，从而让反编译过程更难，保证出来的结果不那么浅显易懂。一些工具，例如，ProGuard(http://proguard.sourceforge.net/)是支持 Android 应用的，因为他们可以在.jar 文件创建之后，并在最终转成 Android 能识别的最终包之前运行。当我们利用 Android 工具来创建项目时，ProGuard 已经内置在其中了。

Google Play 同样支持一个名为 Google Play 许可的服务许可。许可验证库(LVL)用在应用中，在应用与许可服务之间执行许可验证。作为 SDK 中的一个开发工具，需要在 Android API 等级 3 或更高的版本中才能使用。它只适用于通过 Google Play 分发的应用，包括免费的和付费的。它需要应用的支持，添加额外的代码才能使用。如果你考虑使用它，就要谨慎使用代码混淆。这项服务的首要目标是去验证安装在设备中的付费程序能否让用户正常购买。可在以下网址中查找更多细节：http://d.android.com/google/play/licensing/ index.html。

你可能也会担心一些“流氓”软件冒充你的品牌或者商标、版权。Google 有很多机制来报告这类侵权事件。所以，如果真有此情况的话，你应该报告从而保护你的品牌。除了 Google 所提供的这种机制外，你还可以诉诸法律来解决问题。

22.1.2 遵循 Google Play 的政策

在 Google Play 上发布应用时，你必须同意 Google 强制要求的一些政策。其中的一种就是开发人员分发协议，可以在这里找到说明文档：http://play.google.com/about/developer-distribution-agreement.html。如果你同意了这些条款，意味着你不能去做协议规定范围之外的一些禁止事项。

你还需要遵循另一个服务条款，即开发人员编程策略：http://play.google.com/about/developer-content-policy.html。它包含了禁止垃圾消息，严格的内容管控，广告实现管理，甚至是订阅与取消等一系列规定。和 Google Play 的最新策略保持同步是非常重要的，并要让应用避免因为违反这些规定所带来的负面影响。

22.1.3 向用户收费

和你可能已经用过的其他一些移动平台不同，Android SDK 并没有在应用中直接内置一些收费机制 API。相反，这些接口通常都由分发渠道以附加 API 的形式提供。

在 Google Play 上出售应用，你必须注册一个 Google Wallet Merchant 账户。一旦注册，你应该将此账户与你的开发人员控制台账户相关联。Google 钱包是 Google Play 中专门用于处理应用支付的收费服务提供者。

Google Play 允许你在 130 个不同的国家售卖应用，并让你的用户可以使用常用货币来支付。用户直接通过 Android 设备或在网上就能购买应用，而且 Google Play 提供了一种很便捷的方式来追踪和管理整个过程。Google Play 接受很多种支付方式，包括直接的运营商支付、信用卡、礼品卡或者 Google Play 中的余额来支付。你产生的任何利润都会按月支付到你的 Google Wallet Merchant 账户中。

如果应用需要向在应用中售卖的物品收取广告费的话(订阅或者内置产品)，应用开发人员必须实现内置的收费机制。Google Play 提供了一种内嵌的收费 API 来帮助我们完成这些任务。

使用你自己的内置收费系统？大多数 Android 设备都可以利用 Internet 网络，所以可以使用在线的收费服务和 API——例如，Paypal、Amazon(或者其他的一些方式)就是常用的选择。检查你选择的付费服务，确保它可以供移动端使用，并且这些付费方法都是可用的，可行的，对于目标用户也是合法合理的。类似地，也要保证你采用的所有分发渠道都允许使用这些付费机制(与他们自己的相反)。

1. 利用广告获取收入

另一个从该用户那里获取收入的方法就是采用移动端广告商业模型。Android 针对程序内置广告有自己的特定规则。但是，不同应用市场可能会强加一些规则，规定哪些内容是被允许的。例如，Google 的 AdMob Ads 服务允许开发人员在程序中放置广告(https://developers.google.com/admob/android/start)。其他一些公司提供了类似的服务。

2. 收集与应用相关的数据

在发布之前，你可能会想在应用中加入一些统计数据的功能，来了解用户是如何使用它的。可以编写自己的数据统计机制，或者使用第三方的工具，例如，Google 针对 Android 的 Analytics App Tracking SDK v4(http://developers.google.com/analytics/devguides/collection/android/v4/)。确保收集数据前就通知用户，并将这些清楚地记在 EULA 和隐私策略中。统计数据不仅可以帮助你看到使用应用的用户数量，而且知道他们是如何使用它的。

接下来看一下打包和发布应用的几个步骤。

22.2　为即将发布的应用打包

开发人员在准备即将发布的应用时，必须遵循几个步骤。应用必须满足应用市场的一些重要要求。下面是发布应用所需要的步骤：

(1) 准备应用的一个候选发布版本。可以通过配置 Gradle 构建系统来完成此任务，支持构建应用的不同变种，例如，免费或付费，或者调试版本或发布版本。附录 E 详细介绍了 Gradle 构建系统。

(2) 验证应用市场的所有要求都已经满足，例如，正确配置 Android 的清单文件。举个例子，保证应用名称和版本信息是正确的，而 debuggable 特性被设置为 false。

(3) 打包，然后为应用做数字签名。

(4) 彻底地测试打包好的应用。

(5) 更新并包含为发布准备好的所有所需资源。

(6) 确保应用所依赖的服务器或服务是稳定的，并已经做好了上市准备。

(7) 发布应用。

上述这些步骤是保证成功部署的必要非充分条件。开发人员还应该采取如下几个步骤：

(1) 在所有目标设备上彻底测试应用。

(2) 关掉调试功能，包括日志语句和其他日志相关的操作。

(3) 验证应用中添加的权限——确保只加入了一些该加的，并且移除掉那些不该加的。

(4) 测试最终的签名版本，所有调试和日志功能都已经关闭。

现在，让我们按执行顺序来一一详细解析上述这些步骤。

22.2.1　为打包工作准备好代码

任何应用只要经历了完整的测试周期，那么在量产之前都会需要做些改动——这些改动让应用可调试，预发布状态切换到可发布状态。

1. 设置应用名称和图标

一个 Android 应用有默认的图标和标签。图标会在 Launcher 应用中以及其他一些地方(包括应用市场)中显示，所以应用必须有一个图标。你应该为不同的屏幕分辨率准备多套可靠的图标资源。标签或者应用名称也会出现在类似的位置。你应该选择一个简短的、用户好理解的名称显示到启动界面中。

2. 应用版本号

下一步，正确的版本命名也是必需的，特别是当将来有可能会升级时。版本名取决于开发人员自己，而版本号则由 Android 系统内部用来判断应用是否为一个升级版本。你应该在每次升级后都增加版本号数值——是否为精确的数字并不重要，而它必须要大于上一个版本。附录 E 讨论了版本相关内容。

3. 验证目标平台

确保应用正确设置了 Android 的清单文件中的<uses-sdk>标签。这个标签用于指明应用可以运行的目标平台的最小版本号。这可能是应用名称和版本信息之外的另一个重要设定。

4. 在 Android 的清单文件中配置过滤信息

如果你计划在 Google Play 商店中发布应用，你应该仔细学习这个分发平台是如何使用 Android 的清单文件中的标签来做过滤的。很多这类标签，例如<supports-screens>、<uses-configuration>、<uses-feature>、<uses-library>、<uses-permission>在第 5 章中都有讨论。小心设置好这些项目，因为你不想为应用设置太多不必要的限制。确保在做了这些配置后彻底测试了应用。更多关于 Google Play 过滤功能的信息，请参阅 http://d.android.com/google/play/filters.html。

5. 为 Google Play 准备好应用包

Google Play 对应用要有严格的要求。当你将应用上传到 Android 开发人员控制台后，应用包将会被验证而且任何问题都会提交给你。如果没有恰当地配置 build.gradle 文件或 Android 清单文件，经常会出现问题。

Google Play 会使用 build.gradle 文件中定义的 defaultConfig 标签中的 versionName 元素向给用户显示版本信息。使用里面的 versionCode 元素来处理应用升级。Android 清单文件中的<application>标签中的 android:icon 和 android:label 特性也必然会出现，因为 Google Play 会用此向用户显示应用的名称和图标。

6. 关闭调试和日志功能

下一步，你应该关闭调试和日志功能。关闭调试涉及将 android:debuggable 特性从 AndroidManifest.xml 文件中的<application>标签中移除，或者将它设置为 false。可以在代码中通过很多方式来关闭日志功能，例如，直接将相关代码注释掉，或者使用 Gradle 构建系统来处理。附录 E 中介绍了更多关于 Gradle 构建系统的内容。

提示

条件编译用于调试的类代码的一种常用方法是使用一个 public static final boolean 类型的变量。然后通过 if 语句来判断它是 true 或者 false——false 的情况下编译器就不会把代码集成进来，当然也就不会执行了。我们推荐使用这类灵活的方法，而不是简单地注释掉 Log 语句或者其他调试代码。

7. 验证应用权限

最后，我们应该审核应用所使用的权限。既要把应用所需的权限包含进去，也要移除那些不再使用的权限——用户会希望你这样做。

22.2.2 打包应用并签名

现在应用已经准备好要发布了，接下来生成文件包——apk 文件。Android 设备的包管理器会拒绝安装一个没有经过数字签名的程序包。在整个开发进程中，Android 工具会使用一个调试密钥来自动进行签名。调试密钥不能用于最终的发布版本。相反，你应该使用一个真实的密钥为应用签名。可使用私钥为应用的发布包做数字签名，以及升级。这就确保了此应用(作为一个整体)来源于你—— 开发人员，而不是其他一些无关人员(甚至是骗子)。

警告

私钥可以鉴别出开发人员的身份，因而对于在开发人员与用户之间建立信任关系有很重要的意义。我们需要确保私钥信息的安全。

Google Play 要求应用的数字签名有效期应该超过 2033 年 10 月 22 日。这个日期看上去很遥远——对于移动设备来说确实如此。但是，因为一个应用必须要使用相同的密钥来升级，并且紧密关联的应用也必须共享相同的密钥，所以密钥本身很可能会在多种应用中使用。因此，Google 强制要求保留足够长的有效期，以便用户可以正常升级和使用。

注意

虽然找一家第三方的认证权限机构来申请密钥是可行的，但是自签名也是一种很常用的实现方案。在 Google Play 中，使用第三方认证机构并没有什么好处。

自签名在 Android 应用中很流行，而且认证机构也并非是必需的，关键在于创建一个合适的密钥并保证它的安全。Android 应用的数字签名可能会影响到一些特定功能。系统在安装应用时会验证签名是否已过期，但一旦安装完毕，应用就会一直工作——即便后来签名过期。

可在 Android Studio 中通过如下方式导出 Android 包并签名(或者可以使用命令行工具)：

(1) 在 Android Studio 中，从菜单栏中选择 Build，然后选择 Generate Singed APK。将会显示如图 22.1 所示的 Generate Signed APK 对话框。

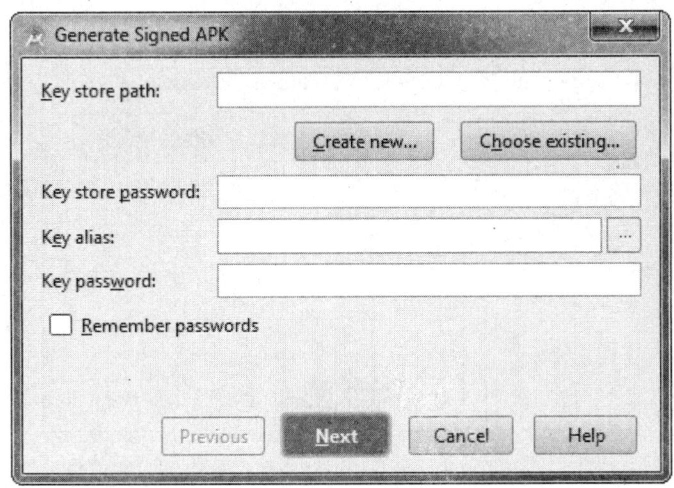

图 22.1 Android Studio 中的 Generate Signed APK 对话框

(2) 在 Key store path 项上单击 Create new…选项，将会出现如图 22.2 所示的 New Key Store 对话框(如果你已经有一个密钥存储库，不要在 Generate Signed APK 对话框上单击 Create new…，单击 Choose existing…从你的文件系统中选择密钥存储文件，输入正确的密钥存储库密码，选择对应的密钥别名，然后输入密钥密码，跳过下面的第(5)步)。

New Key Store
Key store path: C:\AndroidEnv\keystore\MyAppKeyStore.jks
Password: •••••••• Confirm: ••••••••
Key
Alias: MyAppKeyAlias
Password: •••••••• Confirm: ••••••••
Validity (years): 25
Certificate
First and Last Name: Anthony E. Stark
Organizational Unit: Android Development Division
Organization: Stark Enterprises
City or Locality: Los Angeles
State or Province: CA
Country Code (XX): US
OK Cancel

图 22.2 Android Studio 中的 New Key Store 对话框

(3) 在 New Key Store 对话框中，输入密钥的详细内容。如图 22.2 所示。

(4) 单击 OK 按钮。Generate Signed APK 对话框将变为类似图 22.3 所示。

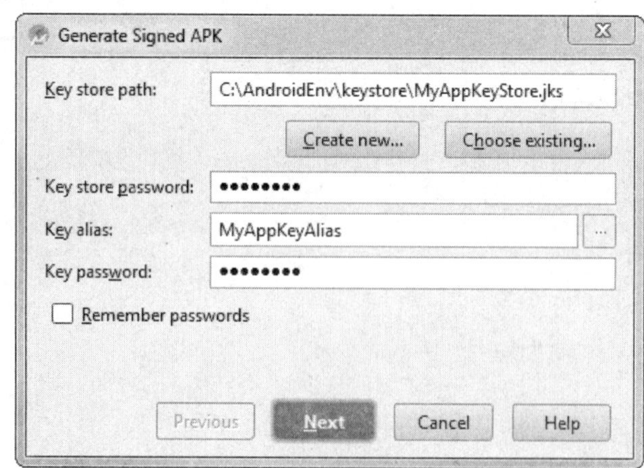

图 22.3 在 Generate Signed APK 对话框中填写完信息

(5) 单击 Next 按钮。

(6) 选择对应的 APK Destination Folder，单击 Finish 按钮(如图 22.4 所示)。

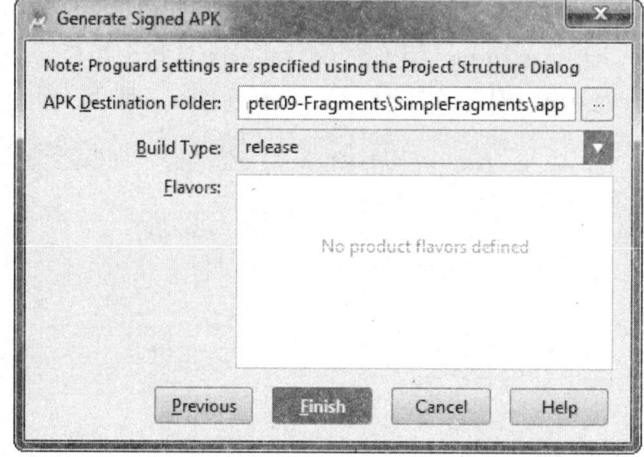

图 22.4 在 Generate Signed APK 中选择了一个 APK 目标文件夹

警告

确保你为密钥存储库选择了足够复杂的密码。同时也要牢记密钥存储库的存储位置，因为升级应用时还要用到它。如果密钥存储库被上传到版本控制系统中，密码可以有效地保护它。但是，你应该考虑在获取它时增加一个权限层。

到目前为止，你已经成功创建一个经过签名和认证的应用包文件了。接下来就可以发布了。关于签名的更多详情，以及学习如何在 Android Studio 的构建过程中自动签名应用，参考 Android 开发人员网站 http://d.android.com/tools/publishing/app-signing.html。

注意

如果不是在 Android Studio 环境中，可以使用 JDK 中的 keytool 和 jarsigner 命令行工具，以及 Android SDK 提供的 zipalign 工具来生成一个合适的密钥，然后为应用包文件(.apk)签名。虽然 zipalign 并不直接与签名相关，但它可以优化应用以保证后者更适用于 Android 系统。

22.2.3 测试用于发布的应用包

现在，你已经配置好应用。不过还需要执行一次完整的测试周期，并特别注意安装过程中任何微小的改变。这个过程中的一个重要步骤就是确认你已经关闭了所有调试功能，这样日志最终才不会对应用的功能和性能产生负面影响。

22.2.4 包含所有需要的资源

在发布应用前，请确认所有必需的资源都可以在应用中访问到。测试这些资源能正常运行并可以访问是非常重要的。同时也要保证应用中包含了最新版本的资源文件。

22.2.5 准备好你的服务器或者服务

确认你的服务器或者应用需要访问的其他第三方服务是稳定的。你想要的最后一件事情就是一个功能强大的应用和一个功能较弱的后端。如果应用可以通过 Web 来访问，而且不是单机版本，就应该确保服务器和相关服务能被正确和稳定地访问。

22.2.6 发布应用

现在你已经准备好应用，是时候来把它呈现给用户了——不管是为了个人兴趣还是为了盈利。在你发布之前，你可能会考虑部署一个应用的网站，提供技术支持邮箱地址、帮助论坛、反馈论坛、Twitter/Facebook/Google+/社交网络账号以及其他一切发布应用必需的信息。

22.3 在 Google Play 中发布应用

到今天(本书撰写时)为止，Google Play 都是分发 Android 应用最流行的平台，这里是用户购买和下载应用的地方。截至目前，它可以支持大多数(当然，不是全部)的 Android 设备。所以我们会向你展示如何检查应用包是否准备就绪，登录 Android 开发人员控制台账户，然后将应用提交到 Google Play 中供用户下载使用。

注意

Google Play会经常升级更新。我们会尽力提供最新的上传和管理应用的步骤。但是，本章中描述的这些步骤和用户界面会随时间而改变。请浏览Google Play开发人员控制台网站(https://play.google.com/apps/publish)来了解最新信息。

22.3.1　登录Google Play

如果通过Google Play发布应用，必须注册一个发布账户，并正确设置Google钱包的商家账户。

注意

到撰写本书时为止，只有几个已批准国家的开发人员(或商家)可以在Google Play上销售应用(原因在于国际法的限制)。其他很多国家的开发人员可以注册发布账户，但目前只能发布免费应用。要了解支持发布的国家的完整列表，可访问https://support.google.com/googleplay/andriod-developer/table/3539140。

为登录Gogole Play的发布者账户，需要遵循以下步骤:

(1) Google Play 的开发人员控制台登录网站是https://play.google.com/apps/publish。

(2) 使用相应的Google账户来登录。如果还没有Google账户，单击Create account 链接来创建一个。

(3) 必须选中复选框，同意Google Play开发人员分发许可协议，如图22.5所示。然后单击Continue to payment。按照目前的规定，开发人员需要缴纳25美元的一次性注册费用才能发布应用。

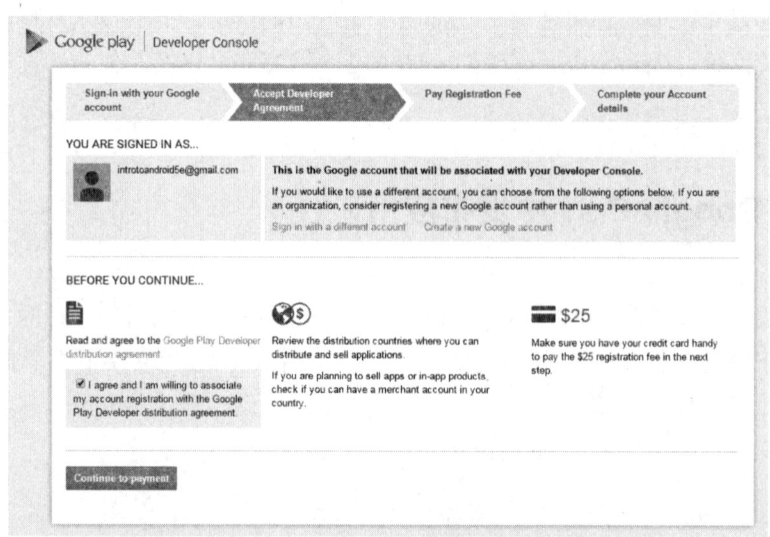

图22.5　接受Google Play的开发人员分发协议

(4) Google Wallet 用来注册支付流程。如果你还没有的话，你也必须先设置一个 Google Wallet 账号，如图 22.6 所示。

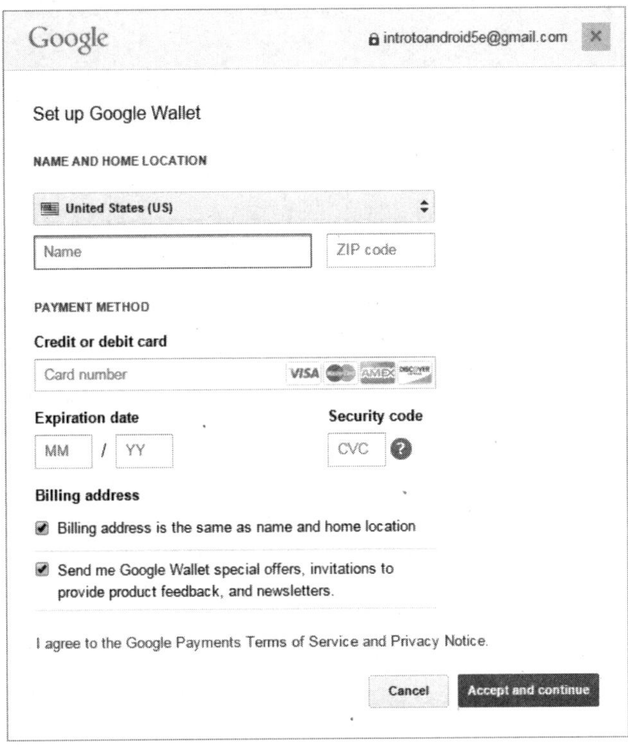

图 22.6　设置 Google 钱包账户

(5) 一旦 Google Wallet 账户设定后，就必须接受 25 美元的注册费用，如图 22.7 所示。

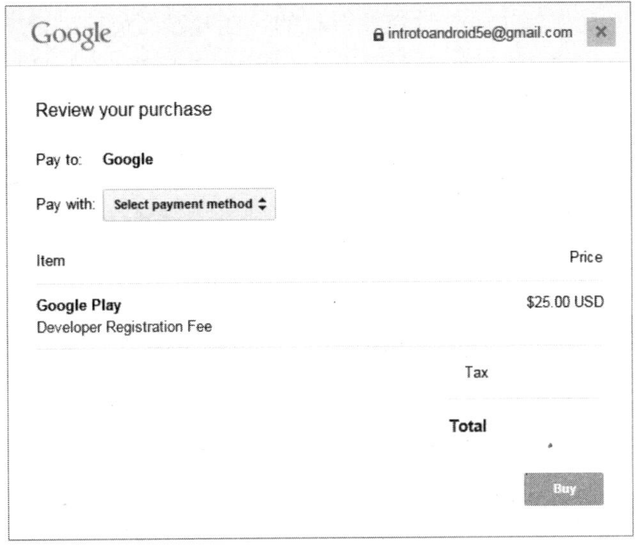

图 22.7　接受 25 美元的注册费用

(6) 接着进入到 Complete your Account details 界面(见图 22.8)。输入所需的信息，然后

单击 Complete registration。

图 22.8　Complete your Account details 网页

提示

作为注册的一个步骤，请记得打印出你签署的协议，以防后期发生变化。

当成功完成了这些步骤后，就进入了 Google Play 开发或者控制台的主界面了，如图 22.9 所示。不过要注意，登录并付款成为 Android 开发人员后，并不会同时创建一个 Google 钱包商家账户——它是专门用于处理付款过程的。在开发人员控制台中，可以通过有效区域的链接来设定这一账户。如果你正在创建一个付费应用，随时都可以完成这一账户申请。

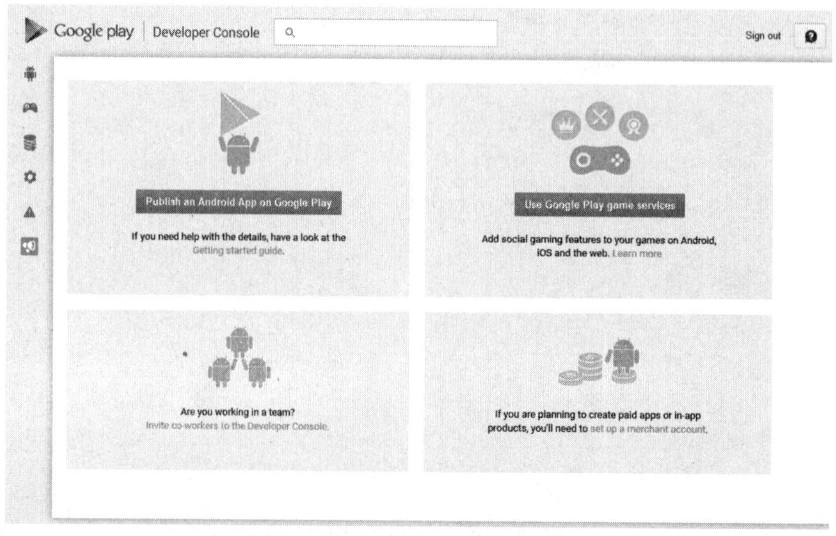

图 22.9　开发人员控制台首页

22.3.2　将应用上传到 Google Play

现在你已经注册了一个可以用于在 Google Play 中发布应用的账户，并且应用也已经成功签名，接下来就可以上传应用了。

从 Google Play 开发人员控制台的主页，登录后单击 Publish an Android App on Google Play 按钮。此时可以看到一个 Add New Application 对话框，如图 22.10 所示。

ADD NEW APPLICATION

Default language *

English (United States) - en-US

Title *

0 of 30 characters

What would you like to start with?

Upload APK　Prepare Store Listing　Cancel

图 22.10　Add New Application 对话框

在这个页面中，可以为应用在开发人员控制台中创建一个新的列表。为了发布一个新的应用， 需要填写标题然后单击 Upload APK 按钮。稍后就能看到一个新的应用上传页面(见图 22.11)。针对上传有三个可选项，即：量产、Beta 测试和 Alpha 测试。后两个测试选项是为了执行一个阶段性的产品展示而设置的，我们在本章后续内容中再详细讨论。

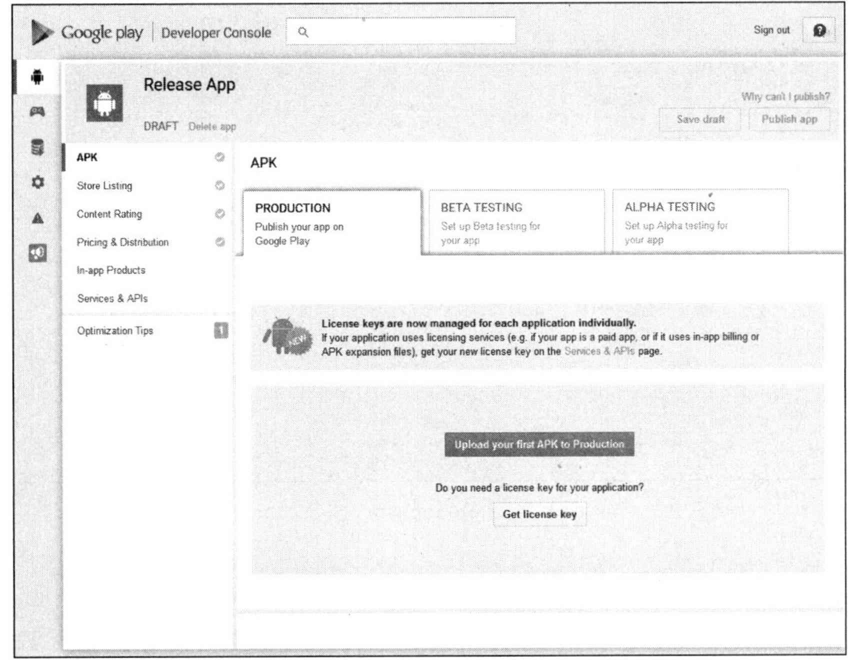

图 22.11　Google Play 应用上传表单

单击 Upload your first APK to Production 按钮后，会看见一个允许你从文件系统中挑选并上传.apk 文件的对话框。可以通过拖曳的方式将文件放到这个上传区域，或者直接浏览并选择对应的文件。

22.3.3　上传应用营销相关的资源

在应用相关的 Store Listing 标签页以 Product Details 部分开头(见图 22.12)。在此可以执行如下任务：

- 管理翻译内容，要么购买翻译或者提供你自己的翻译。
- 输入应用标题、简短的描述信息以及完整的描述信息。
- 上传应用在不同尺寸设备(特别是手机、7 英寸和 10 英寸的平板电脑)上的界面截图。
- 提供一个高分辨率版本的应用图标、一张功能描述图、一张商品宣传图、一张电视横幅和一个宣传视频。
- 为应用输入分类数据。
- 为应用输入联系详情。
- 给出应用的隐私政策的相关链接。

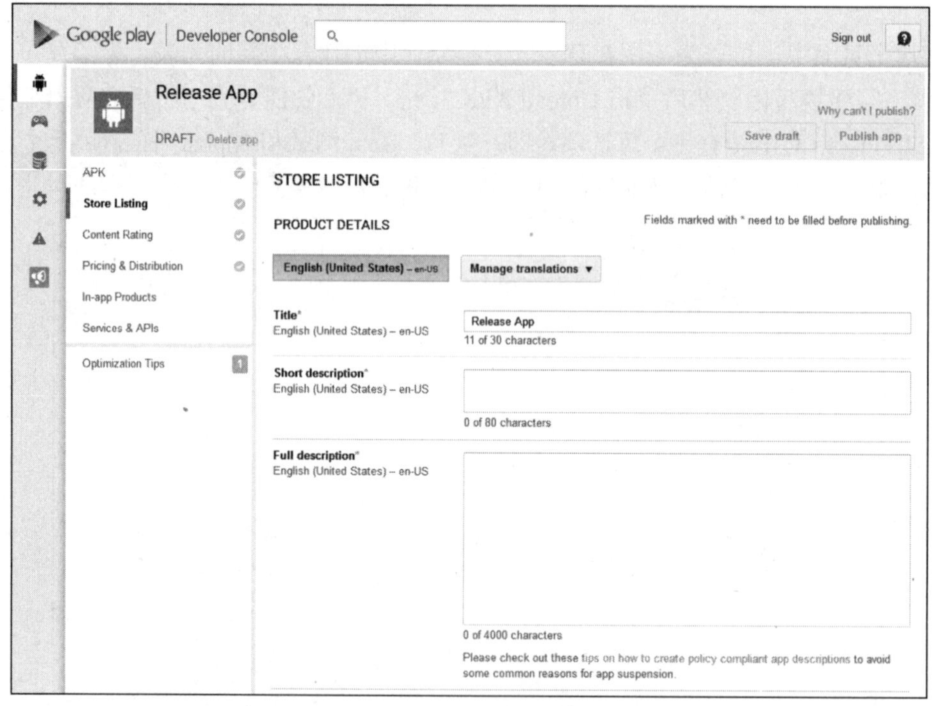

图 22.12　Google Play 的 Store Listing 和 Product Details 表单

22.3.4　配置定价和发布详情

在应用相关的 Pricing and Distribution 标签页中，可以输入定价信息(见图 22.13)。在此可以完成如下操作：

- 指出应用是免费还是收费。
- 指明应用想在哪些国家发布。
- 选择是否支持 Android 穿戴设备，是否为家庭设计，以及是否支持 Google Play 的教育分发。
- 提供应用必须遵守的 Android 程序的内容准则，以及你所在国家规定的与出口相关的法律。

注意

现在，在 Android 市场中寄存应用需要收取 30%的交易费用。费用的定价范围是 0.99 美元到 200 美元，在其他支持的货币中也有类似的范围。可以通过下面两个网址来了解详情：https://support.google.com/googleplay/android-developer/answer/112622 和 https://support.google.com/googleplay/android-developer/table/3541286。

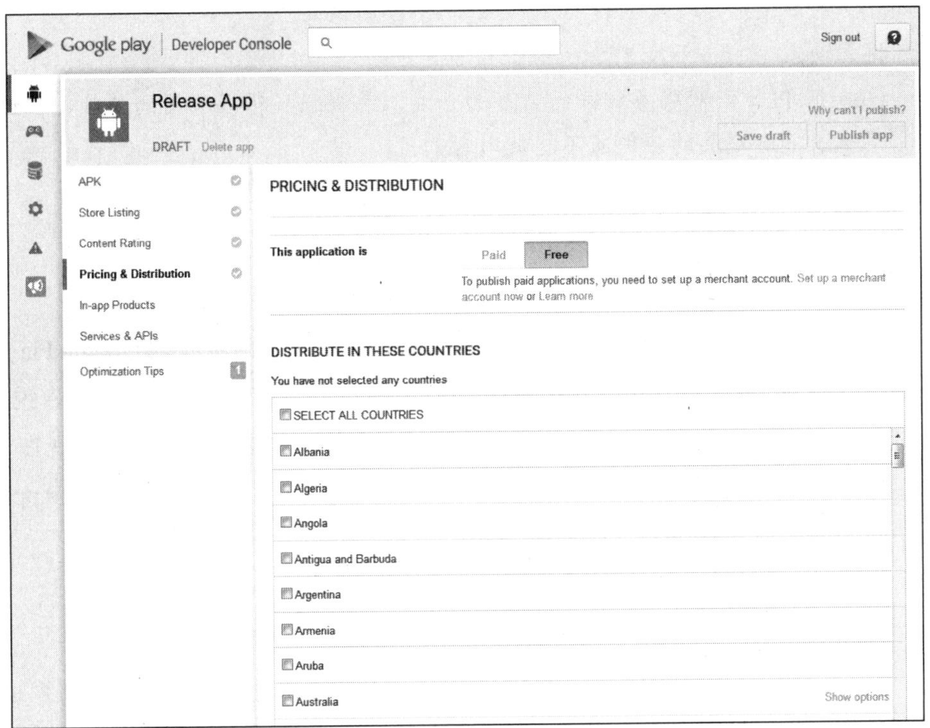

图 22.13 开发人员控制台 Pricing & Distribution 标签页

22.3.5 配置额外的应用选项

还有其他一些与应用相关联的标签页，可以让你完成配置任务：

- 为应用提供国际年龄评级联盟(IARC)的内容评级。
- 指明应用内置的产品。这要求在 APK 中添加权限，并设置一个商家账户。

- 管理服务和 API，例如，Google 云消息服务(GCM)、授权和内置付款机制、Google Play 游戏服务以及 Google 搜索的应用索引。
- 实现一些有助于提高应用在 Google Play 中排名的优化技巧。

22.3.6 管理其他开发人员控制台选项

在管理应用方面，你还可以创建一个 Google Play 游戏服务并审阅付费应用的详细账务报告。当然前提是你得有一个商家账户。财务信息包含在一个以 CSV 格式提供的可下载文件中。

Google Play 游戏服务

Google Play 新增了游戏服务 API。这些接口允许你添加积分榜、实时的多玩家服务、事件和请求服务，以及启用 Saved Games 服务来存储游戏数据。在把游戏服务集成到应用之前，你需要先在开发人员的控制台中接受 Google API 服务条款。

注意

Google Play 游戏服务相关的 API 为开发人员提供了很多有用的工具，但这并不意味着非游戏类的应用就不能使用它们。

22.3.7 将应用发布到 Google Play

一旦填写好了所有要求的信息，就已经准备好了将应用最终发布到 Google Play 中了。在发布后的几乎同一时间，应用就会出现在 Google Play 商城中。有些发布者报告说他们的应用在发布后几个小时才出现，所以你可能需要等待一段时间才能看到应用出现在 Google Play。之后可以查看统计数据，包括评分、安装数，以及开发人员控制台的 All Application 区域中所指示的崩溃信息(见图 22.14)。

提示

如何接受特定设备的崩溃报告？在 Android 的清单文件中检查应用的市场过滤选项。你是否包含或排除了相关的设备？可以通过调整应用的支持设备列表来排除掉一些无关设备。

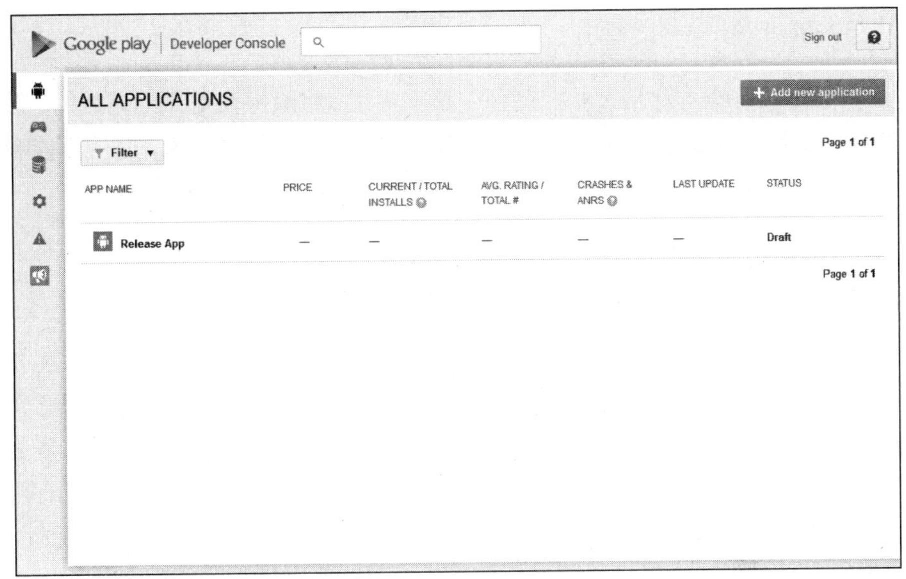

图 22.14　在 Google Play 开发人员控制台查看应用的统计数据

22.3.8　在 Google Play 中管理应用

在 Google Play 中发布了应用后，你还需要管理它。需要考虑的事项包括理解 Google Play 的退货策略是怎么工作的，管理应用的升级，以及在必要时将应用下架。

1. 理解 Google Play 关于产品退货的策略规定

目前 Google Play 有一个 2 小时的应用退款策略。也就是说，用户可以试用应用 2 小时，在此时间段内可以申请全额退款。但是，这只是用于首次下载和首次退款。如果一个用户已经退回应用并希望再次尝试的话，他/她最终必须付款——而且不会第二次退款。虽然这可以阻止滥用情况的发生，但你还是要意识到如果应用本身没有吸引回头客的魅力，那么你可能会发现退货率会比较高，这样你就只能另谋出路了。

2. 在 Google Play 中升级应用

可在 Google Play 开发人员控制台中升级已有的应用。使用 versionCode 和 versionName 元素，增加应用中 app 模块的 build.gradle 文件中的版本号，然后上传同一款应用的一个新版本。当你发布它时，用户将收到一个升级提醒，提示他们去下载升级版本。可以在附录 E 中进一步了解 build.gradle 文件以及 versionCode 和 versionName 元素。

警告

升级的应用必须和原先的应用的密钥保持一致才行。出于安全因素的考虑，Android 的安装包管理器会拒绝密钥不匹配的情况。这意味着你需要安全地保存密钥，并将它放在容易查找的地方以备不时之需。

3. 从 Google Play 中移除应用

也可以从 Google Play 开发人员控制台中移除应用。移除操作是立刻见效的，但是用户已经在手持设备上的 Google Play 商店应用中浏览过，或者下载过应用，应用可能会被缓存一段时间。移除应用只是新用户不可见，但并不能从已安装的设备中移除。

22.4 Google Play 上的阶段性展示产品

当你还不想给全世界用户提供应用时，可以通过阶段性展示产品服务来把它作为一个预发布版本。它允许你定义 alpha 和 beta 测试组，以便可以在最终发布之前收集到反馈信息。此时任何评论在 Google Play 商城里都是不可见的，这样你就有机会来修复有可能影响应用品牌负面评论导致的一系列问题。

当你把用户添加到一个特定的测试组，然后对另一个测试组升级应用，那么该用户是看不到升级版本的，除非他同时在这两个测试组内。例如，在 alpha 测试组的应用不能看见 beta 测试组的更新，除非他同时也在 beta 测试组中。

22.5 通过 Google Play 私有渠道发布应用

如果有 Google 应用域，就可以通过私有方式向该域中的用户部署和发布应用。这种分发方式存在于 Google Play 商城中——对于那些只想发布给特定组织中的用户的应用是很有用的。与其自己开发和设立内部分发机制，不如充分利用 Google Play 所提供的那些强大功能，以此保证应用只提供给有特定权限的组员。了解更多使用私有渠道的信息，参考 https://support.google.com/googleplay/android-developer/answer/2623322。

22.6 翻译应用

因为 Google Play 可以面向 130 多个不同的国家，并还在持续增加中，所以你应该在开发阶段就尽早考虑将应用翻译成不同的语言。有一些简单的方法可以让你为应用的本地化做准备，包括如下这些：

- 从一开始就要时刻谨记应用的本地化实现。
- 需要支持哪些语言。
- 不要在应用代码中硬编码字符串。相反，使用字符串资源来表示所有文本。这样一旦需要添加新语言时，所做的工作就只是翻译这些字符串而已。
- 如果有支付能力，找通晓母语的专业翻译人员，而不要使用诸如 Google Translate 的免费服务，后者不提供专业翻译服务，翻译可能不准确。

- Google Play 开发人员控制台现在提供一个项目来帮助我们翻译。一旦接受了，你就有可能请到专业的翻译人员来帮你把字符串资源翻译出来。这为流水线化翻译流程提供了一条捷径。
- 确保翻译完成后还要针对每种语言环境进行全面测试。一些翻译可能需要更多的文本宽度，因而有可能造成显示界面混乱。充分测试这些场景是很重要的，因为用户不会想使用一款连显示都不太正常的应用。

提示

要了解如何准备应用的本地化，推荐阅读“Localization Checklist”这篇文章：http://d.android.com/distribute/tools/localization-checklist.html。

22.7 通过其他方式发布应用

Google Play 当然不是唯一可以发布 Android 应用的地方。还有其他可选的分发机制可供开发人员斟酌。它们对应用的需求、收费比例以及授权许可也都大相径庭。第三方应用商城可能强制施加任何它们觉得有必要的条款，因此你需要仔细了解清楚。它们也可能会有强制内容限制的原则，要求有额外的技术支持，并强制执行数字签名等。你和开发人员团队需要根据实际需求来“因地制宜”地选择最合适的商城。

提示

Android 是一个开放的平台，意味着没有什么可以阻止手机厂商或运营商(甚至是你自己)来自行建立一个 Android 应用商店。

下面是一些可以考虑的其他 Android 应用分发商城：

- Amazon Appstore 是一个支持免费和付费应用的分发网站(https://developer.amazon.com/appsandservices)。
- Samsung Galaxy Apps 由最成功的 Android 设备厂商之一的三星公司所管理(http://seller.samsungapps.com)。
- GetJar 宣称最近已经拥有 2 亿用户，所以你发布应用时也可以重点考虑(http://developer.getjar.mobi/)。
- Soc.ioMall(原先的 AndAppStore)是一个 Android 相关的分发网站，针对免费的应用、电子书以及音乐(http://soc.io/Home)。
- SlideME 分发移动应用，支持大量设备，总部设在华盛顿州的西雅图(http://soc.io/Home)

- Anzhi 是中国的一个拥有 2500 万活跃用户的应用商城，有时可在设备上看到有预装的商城；所以，准备好将应用翻译成中文(http://dev.anzhi.com/)。
- Opera Mobile Store 可在众多设备中发布移动应用，并支持多种收费模型(https://publishers.apps.opera.com/)。

22.8　自行发布应用

可以直接通过某个网站、服务器甚至邮件来发布 Android 应用。自行发布方式非常适合垂直市场应用、发展移动市场的内容公司以及大品牌网站。它同时也是从用户那里获取 beta 版本反馈的好办法。

虽然自行发布方式可能是最简单的一种，它也有可能是最难推销、保护和盈利的方式。这种方式要求我们有可以存储应用包的地方。

自行发布的方式有其缺点。和 Google Play 相比，它缺乏授权服务来帮助保护应用的隐私，也没有内置的收费服务，因而，这些事情都将由你自己来完成。更进一步说，终端用户必须配置它们的设备来允许未知来源的安装包。这个选项可在 Android 设备的设置应用中的安全部分找到，如图 22.15 所示——不过并非在所有用户的设备中都是可见的。

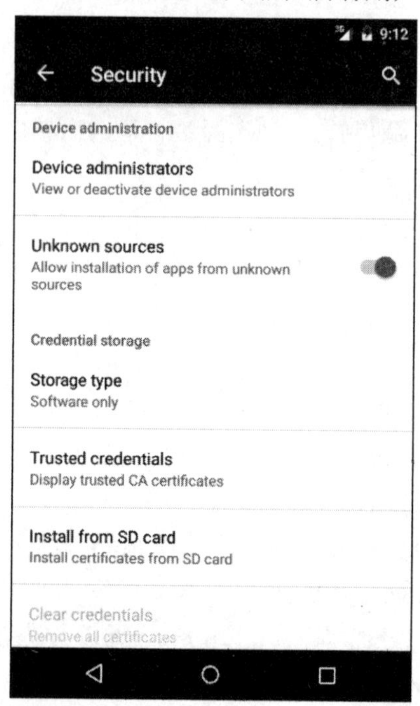

图 22.15　设置应用显示：已经启用未知来源设置，以便从 Google Play 以外的来源安装应用

用户需要做的最后一个步骤就在网页浏览器中输入应用包的 URL，然后下载文件(或者单击指向它的链接)。当文件下载后，会出现标准的 Android 安装过程，询问用户去确认权限许可，然后还有可能提示是否覆盖已有的应用。还需要自行实现一种方式，当应用已

经更新完毕时通知用户。

22.9 本章小结

现在你应该已经学习了如何设计、开发、测试和部署专业级的 Android 应用了。在本章还学习了如何利用一系列盈利模式来准备好应用安装包。同时，我们也应该充分了解了多种不同的分发策略。不管你是想通过 Google Play、其他市场，自己的网站、电子邮箱，甚至是这几种方式的结合来发布应用，现在是时候动手实践了，并且为你获取利益(或名声)。

所以，现在请放手去尝试吧——创建自己喜爱的 IDE 环境，然后创建一款让人惊喜的应用吧。我们鼓励你跳出常规的范围去思考问题。相比其他移动平台，Android 平台留给开发人员更多自由度和灵活度，所以请好好利用这个优势。尽量使用已有的东西，在不得已的情况下再自行实现。你可能会最终开发出一款“杀手级”应用。

最后，如果你愿意，可以让我们知道你正在创建的一切让人兴奋的应用。可以在本书中找到我们的联系方式。祝你好运！

22.10 小测验

1. 在 Android SDK 中提供的混淆工具叫什么？
2. 判断题：Android SDK 中已经内嵌了付款机制 API。
3. 从用户手机中统计应用数据的 Google 第三方组件叫什么？
4. build.gradle 文件中的 versionCode 元素和 versionName 元素之间有什么区别？
5. 判断题：你应该在上传应用到 Google Play 之前关闭日志功能。
6. 判断题：对于上传到 Google Play 中的应用，你不能做自签名。
7. Google Play 要求什么类型的商家账户来创建付费应用？

22.11 练习题

1. 在以下网址中阅读其中的“Publishing Overview”部分，以及其他相关小节：http://d.android.com/tools/publishing/publishing_overview.html。

2. 在 Android Developers 网站中，通读 Distribute 标签页的所有内容，网址如下：http://d.android.com/distribute/index.html。

3. 在 Google Play 中发布你的第一个应用。

22.12　参考资料和更多信息

Google Play 网址：

https://play.google.com/store

Android Tools: “Publishing Overview”：

http://d.android.com/tools/publishing/publishing_overview.html

Android Developers Distribute: Google Play: “Developer Console”：

http://d.android.com/distribute/googleplay/developer-console.html

AndroidTools: “ProGuard”

http://d.android.com/tools/help/proguard.html

Android Google Services: “Filters on Google Play”：

http://d.android.com/google/play/filters.html

Android Google Services: Google Play Distribution: “App Licensing”：

http://d.android.com/google/play/licensing/index.html

Android Google Services: “Play Games Services for Android”：

https://developers.google.com/games/services/android/quickstart

Android Developers Blog: “Native RTL support in Android 4.2”：

http://android-developers.blogspot.com/2013/03/native-rtl-support-in- android-42.html

Google Play Developer Console Help: “Google Play Apps Policy Center”：

https://support.google.com/googleplay/android-developer/answer/4430948

第VI部分

附　　录

附录 A

提示与技巧：Android Studio

Android Studio 是 JetBrains 公司的 IntelliJIDEA 集成开发工具社区版的一个特殊版本，包含了 Android 开发所需的全部内容。Android Studio 是官方推荐的开发工具。另外，也可以使用 IntelliJIDEA 的社区版或旗舰版来开发 Android 应用——Android Studio 的所有功能在这些版本上也都是可用的。Eclipse 集成 ADT 插件要比 IntelliJ 的集成开发环境出现得早些，但前一种方式现在并不被推荐，也不再对 Eclipse ADT 插件进行技术支持。

本附录将提供很多使用 Android Studio 高效快捷地开发 Android 应用的提示和技巧。即便你选择使用 IntelliJ IDEA 而非 Android Studio，附录中提供的技巧对它们都是有效的。因为 IntelliJ IDEA 与 Android Studio 提供一样的开发环境和 Android 开发功能，后面的内容中只阐述 Android Studio。

A.1 组织 Android Studio 的工作空间

本节提供了很多帮助你组织 Android Studio 工作空间的提示和技巧。

A.1.1 集成源代码控制服务

Android Studio 集成了许多源代码控制技术。这样，Android Studio 可以从本地或远程版本系统中检出项目或文件，将项目或文件提交到本地或远程的版本系统中，更新项目或文件，显示文件的状态，以及执行其他类似的任务。

提示

Android Studio 集成的源代码控制服务有 GitHub、CVS、Git、Subversion、Mercurial 以及 Google Cloud。

通常而言，并非所有文件都需要提交到源控制系统中。例如，bin/、gen/、build/、.idea/以及.gradle/目录中的文件就不需要提交到源控制系统。可以添加*.apk、*.ap_、*.class、*.dex、local.properties、*.iml 和*.log 等文件后缀。这些适用于所有集成的源控制系统。

A.1.2 调整 Android Studio 中的窗口

Android Studio 提供了一些默认的窗口布局。但是，并不是所有人都按照同样的方式工作。一些人可能会精简布局来适应他们的 Android 开发工作流。

提示

尝试调整布局，找到适用你的工作流的一种布局。每一种窗口都有它自己的布局。

例如，TODO 窗口通常放在 Android Studio 的底部。这种布局通常都能很好地工作，因为这标签页就只有几行高，如果你的项目的 TODO 项目是一个很长的列表，在几行中无法查看完整的列表。你可能需要调整 TODO 窗口到 Android Studio 右边或左边，便于窗口中能展示更多 TODO 项。幸运的是，在 Android Studio 中移动窗口是件很容易的事情。简单拖曳窗口的标签，向左、右、上或下移动到 IDE 中行动位置，例如，Android Studio 中右边其他窗口标签所在位置。这样便提供了充足的垂直空间查看更多项目中的 TODO 项。也可以在窗口的标签上右击，选择 Move to，然后选择可用的选项，可能是右、左、上或下，具体依赖于窗口标签当前所在的位置。

提示

如果将布局弄乱了，或者想回到初始状态，可以选择 Window, Restore Default Layout 恢复默认布局。

A.1.3 调整编辑窗口的大小

有时你可能发现文件的编辑窗口太小，尤其是打开了所有其他工具窗口围绕在其周围之时。尝试以下操作：双击你想编辑的源文件的标签，编辑窗口将充满 Android Studio 的整个窗口。在标签上再次双击将恢复到原大小；或使用快捷键 Ctrl+Shift+F12(Windows 平台)，Command+Shift+F12(Mac 平台)。

A.1.4 调整工具窗口的大小

也可调整所有工具窗口的大小。例如，如果需要更多屏幕空间来查看 logcat 的输出，在底部的工具窗口中找到标有 Android 的标签，可以双击 Android 工具窗口顶部栏，将工具窗口扩充到整个 Android Studio 窗口大小。或者聚焦到 Android 工具窗口，使用 Ctrl+Shift+Up(Windows 平台)或 Command+Shift+Up(Mac 平台)逐渐增加窗口大小，或者使用 Ctrl+Shift+Down(Windows 平台)或 Command+Shift+Down(Mac 平台)逐渐缩小窗口大小。

A.1.5　并排查看编辑窗口

你是否曾经希望同时查看两个源文件？事实上，可以的。在文件编辑窗口的标签上右击，选择 Move Right 或 Move Down。你将看到两个文件并排展示(见图 A.1)或上下布置(见图 A.2)。这样便创建了一个并行的编辑区域，也可以拖曳和调整其他文件标签。

A.1.6　同时查看一个文件的两部分

你是否希望能同时查看一个文件的两个部分？可以做到的！在 Android Studio 中，确认文件已经打开并被聚焦，右击编辑窗口的标签，然后选择 Split Vertically 或者 Split Horizontally。同一个文件的第二个编辑窗口将出现在当前编辑窗口的旁边或下面。根据上一条提示，你选择可以并排(或上下布置)同时查看同一文件(见图 A.3 或图 A.4)。

如果你想将分开的两个窗口恢复到未分开的视图，只需右击源文件的编辑窗口的标签，选择 Unsplit。

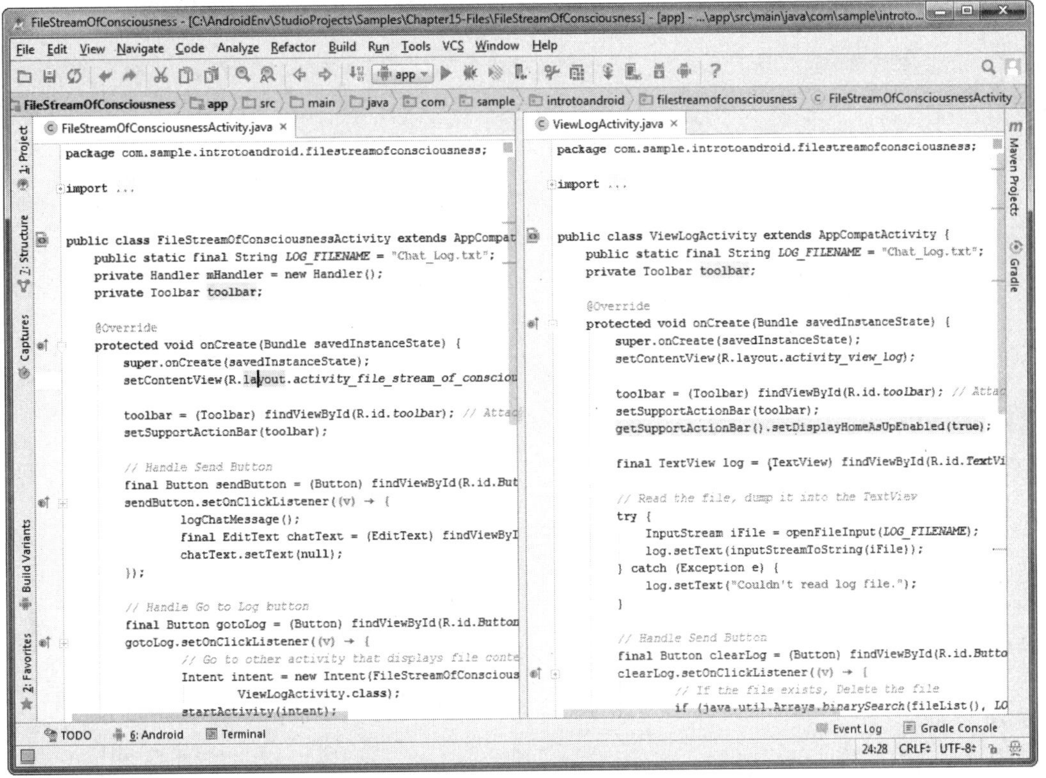

图 A.1　两个窗口并排显示不同的文件

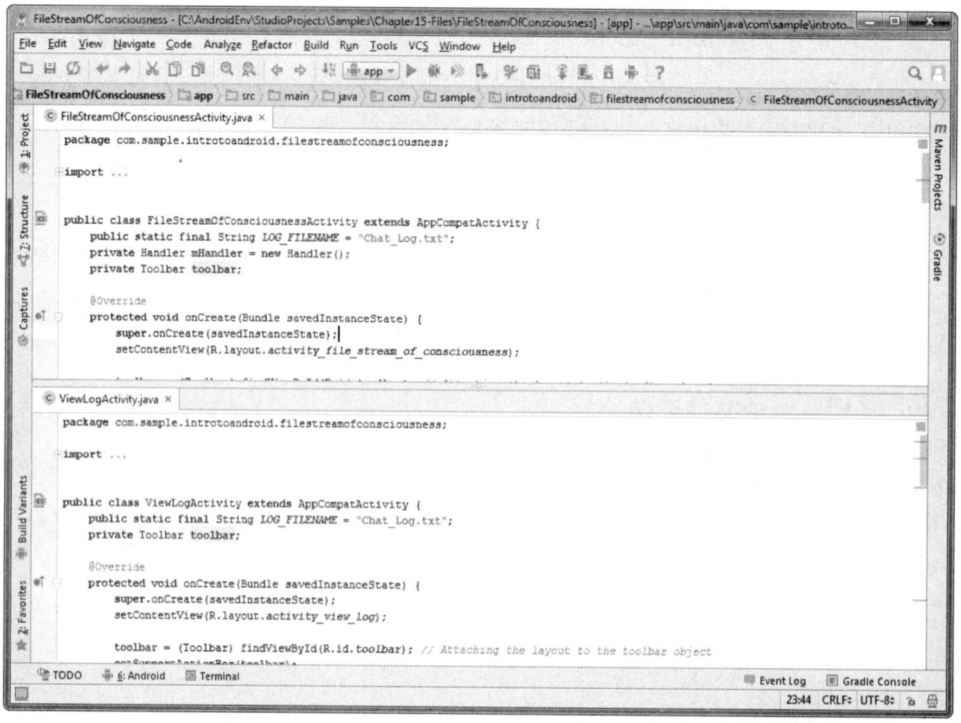

```
FileStreamOfConsciousness - [C:\AndroidEnv\StudioProjects\Samples\Chapter15-Files\FileStreamOfConsciousness] - [app] - ...\app\src\main\java\com\sample\introto...
File Edit View Navigate Code Analyze Refactor Build Run Tools VCS Window Help
FileStreamOfConsciousness > app > src > main > java > com > sample > introtoandroid > filestreamofconsciousness > FileStreamOfConsciousnessActivity

FileStreamOfConsciousnessActivity.java
package com.sample.introtoandroid.filestreamofconsciousness;

import ...

public class FileStreamOfConsciousnessActivity extends AppCompatActivity {
    public static final String LOG_FILENAME = "Chat_Log.txt";
    private Handler mHandler = new Handler();
    private Toolbar toolbar;

    @Override
    protected void onCreate(Bundle savedInstanceState) {
        super.onCreate(savedInstanceState);
        setContentView(R.layout.activity_file_stream_of_consciousness);

ViewLogActivity.java
package com.sample.introtoandroid.filestreamofconsciousness;

import ...

public class ViewLogActivity extends AppCompatActivity {
    public static final String LOG_FILENAME = "Chat_Log.txt";
    private Toolbar toolbar;

    @Override
    protected void onCreate(Bundle savedInstanceState) {
        super.onCreate(savedInstanceState);
        setContentView(R.layout.activity_view_log);

        toolbar = (Toolbar) findViewById(R.id.toolbar); // Attaching the layout to the toolbar object

TODO  6: Android  Terminal  Event Log  Gradle Console
23:44  CRLF:  UTF-8:
```

图 A.2 两个窗口上下同时显示不同的文件

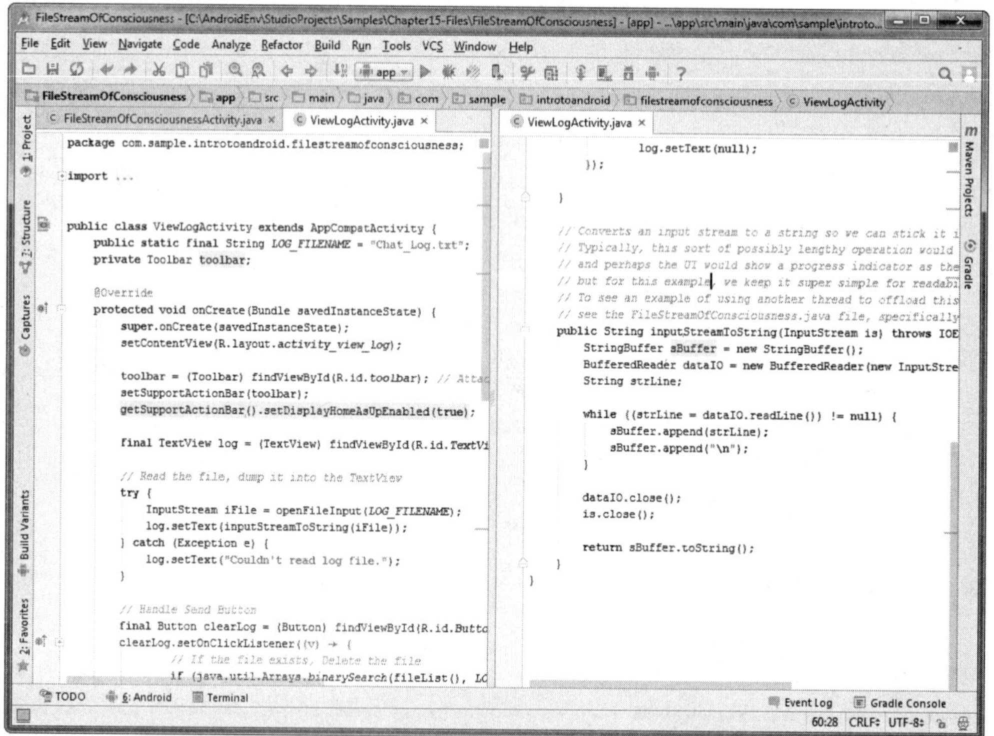

图 A.3 在并排的两个窗口中同时查看同一个文件中的两个部分

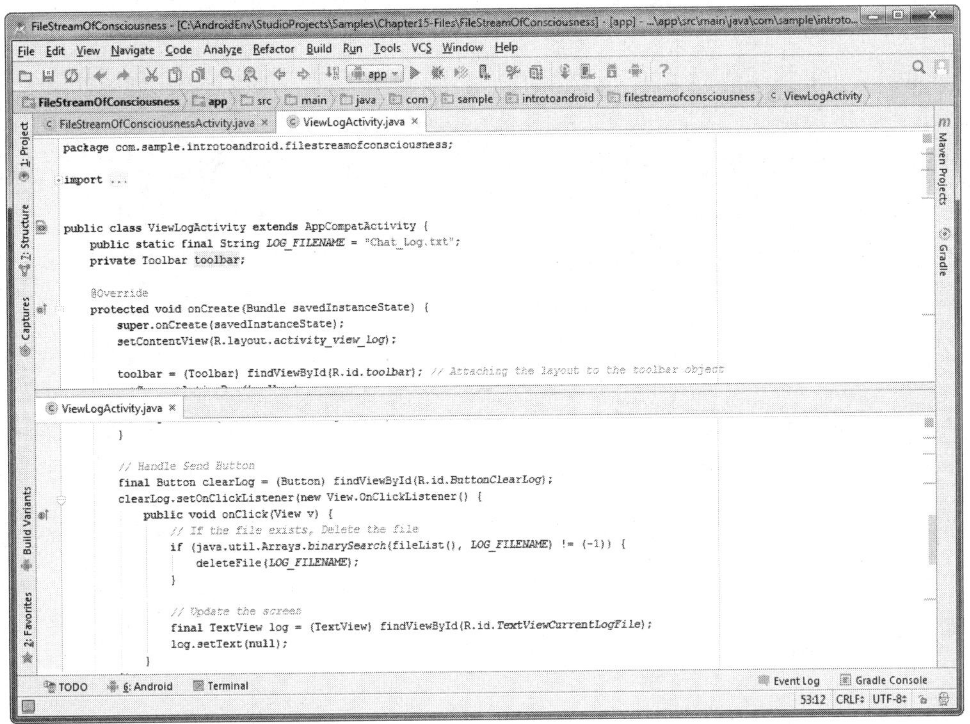

图 A.4　在上下两个窗口中同时查看同一个文件中的两个部分

A.1.7　关闭不再需要的标签

你是否曾经打开了很多不再编辑的文件？我们有过！有很多办法解决这个问题。首先，可以右击一个文件标签，然后选择 Close Other 来关闭所有其他打开的文件。可以通过鼠标中键单击文件标签来关闭(只有鼠标支持中键单击，这个在 Mac 上也是有效的，例如，鼠标有滚轮)，你甚至可以关闭指定的垂直或水平分屏上的所有标签，只需要右击文件标签，选择 Close All in Group。

A.1.8　保持控制编辑窗口

最后，可以使用 Android Studio 设置来限制可打开文件编辑窗口的最大数量：

(1) 在 File 菜单中找到 Settings 选项，打开 Settings 对话框。

(2) 展开 Editor，选择 General，然后选择 Editor Tabs。

(3) 在 Tab Closing Policy 下，找到 Tab Limit，填写你想限制的数值。

如此便能在新的编辑窗口打开时，关闭旧的不常使用的编辑窗口。默认窗口限制数量是 10 个；对 Tab limit，这个数字似乎刚刚好，既能打开一些窗口，显示引用的代码，又不会显得很混乱。

A.1.9　创建自定义的 Log 过滤器

每条 Android 日志语句都包含一个标签。可在过滤器中使用在 logcat 中定义的标签。

在创建新的过滤器前，你必须先将 logcat 菜单栏中的过滤器下拉选项，从默认的 Show only selected application 选项改为 Edit Filter Configuration。将出现 Create New Logcat Filter 窗口，可以修改当前的过滤器，或者单击绿色的加号添加新的过滤器。命令过滤器——可以使用标签名称——并定义其他过滤器参数的值，如 Log_Tag 或 Package Name。现在，logcat 只会显示包含指定标签的日志消息。另外，也可以按照错误级别来创建过滤器。

Android 中的约定是以类名来创建标签名。你会在本书的代码中经常看到。我们会在类中创建一个相同变量名的常量来简化每个日志调用。如下所示：

```
public static final String DEBUG_TAG = "MyClassName";
```

这种约定并不是强制的。可以针对横跨多个 Activity 的任务组织标签，也可以针对你的需求采用其他逻辑组织标签。另一种简单方式如下：

```
private final String DEBUG_TAG = getClass().getSimpleName();
```

尽管在运行时不那么高效，但这段代码可以帮助你避免复制粘贴错误。如果你曾经查看日志文件，而且因为错误命名的调试标签而被误导，这个技巧对你很有用。

A.1.10 搜索你的项目

在 Android Studio 中，可以通过几种方式搜索项目中的文件。IDE 的搜索选项——显示在 Android Studio 工具栏最右边的搜索图标——允许你搜索任何地方的文件；如果需要的话，可以搜索非项目中的文件。我们通常使用工具栏上的 Find 搜索选项，也可以通过快捷键 Ctrl+F(Windows 平台)或者 Command+F(Mac 平台)在文件中搜索。

A.1.11 组织 Android Studio 任务

默认情况下，所有使用// TODO 注释的内容都会在 Android Studio 的 TODO 标签窗口中显示出来。这可以帮助标记处需要进一步实现的代码区域。可以单击特定的 TODO 项，它将直接打开包含注释的文件，方便你在后期实现该项。

也可创建自定义的注释过滤器。我们通常使用开发人员姓名的首字母来注释，在代码审查时便于找到应用的指定功能区域。

```
// LED: Does this look right to you?
// JAJ: Related to Bug 1234. Can you fix this?
// SAC: This will have to be incremented for the next build
```

当以退而求其次的方式实现某个功能时，也可以使用特定的注释，如//HACK，标记这段代码需要更进一步的审查。为将自定义的过滤添加到 TODO 列表中，编辑 Android Studio 的 Settings(Windows 平台在 File，Settings | Mac 平台在 Android Studio | Preferences)，导航到 Editor | TODO。在 Patterns 中单击绿色的加号添加新的模式，在 Patterns 中输入 HACK 值，然后单击 OK。添加任何你想用来标记的样式。所以，举个例子，使用你的姓名首字

母注释的内容有更高的优先级，需要尽快处理；而使用 HACK 注释的优先级相对就要低一些，因为它是可以正常运行的，只是未使用最优的方式。

A.2　编写 Java 代码

本节将提供一些提示和技巧帮助你实现 Android 应用的代码。

A.2.1　使用自动完成

自动完成是提升编码速度的重要功能。如果这个功能没有出现或消失了，可通过按快捷键 Ctrl+Space 触发。自动完成功能不仅能节省输入代码的时间，而且可以帮助查找记忆中的方法或者新的方法。可以滚动查看一个类的所有方法，也可以查看方法关联的 Javadoc。可以通过类名或者实例变量名来查找静态方法。在类名或实例变量的名称后输入点号(有时可能需要 Ctrl+Space 触发)，然后滚动查看所有名称。然后输入名称的前半部分来过滤结果。

A.2.2　创建新的类和方法

可右击相应的包，选择 New，再从可创建的多种类型中选择一个，快速创建一个新的 Java 类以及对应的源文件。跟随向导按照你的需求定义该类。

按照新建类的路径，在类的编辑窗口中，可以快速创建方法体。选择 Code，然后选择 Override Methods、Implement Methods、Delegate Methods 或 Generate；按照向导选择你实现的方法。

A.2.3　管理类的导入

当首次在你的代码中引入某个类时，可将光标移到新使用的类名上，按 Alt+Enter，选择 Import Class，Android Studio 将快速添加对应的导入语句。

此外，Optimize Imports 命令(Ctrl+Atl+O)将使 Android Studio 自动优化导入语句，移除不再用的导入。

如果在自动导入时出现不确定的类名，Android Studio 将提示你具体的包名来确定导入哪个类。

最后，可以配置 Android Studio 的联网的自动导入。也可以创建排除规则，将指定的包名或类名从自动导入列表中排除掉。

可按如下步骤配置自动导入：

(1) 选择 File | Setting(Windows 平台)，或者 Android Studio | Preferences(Mac 平台)。

(2) 展开 Editor，选择 General，然后选择 Auto Import。

(3) 选中 Optimize imports on the fly 和/或 Add unambiguous imports on the fly，然后单击 OK 按钮。

A.2.4 重新格式化代码

Android Studio 内置了格式化 Java 代码的机制。使用工具格式化代码对保持样式一致，以新的样式格式化旧代码，或匹配不同客户端或目标的样式(例如，一本书或一篇文章)，都非常有帮助。

格式化一段代码，只需要选中代码，然后按 Ctrl+Alt+L(Windows 平台)或 Commond+Alt+L(Mac 平台)，代码将按照当前的设置格式化。如果没有选中任何代码，整个文件将被格式化。有时，需要选中更多的代码(例如，整个方法)，以保持正确的缩进和括号匹配。

Android Studio 格式化设置在 Settings 中(Editor | Code Style 之下)；可以选择 Java 或 XML 来进一步细化配置。可以针对每个项目设置不同的配置，应用和修改很多细节的规则来配合你的样式。

A.2.4 重命名几乎任何事情

Android Studio 的重命名工具非常强大。可以用它来重命名变量、方法、类名、包名、项目名等。通常，你只需要右击需要重命名的项，选择 Refactor | Rename。如果重命名了文件中顶级类的名称，文件名也会相应改变。如果 Android Studio 发现同一个引用的项被重命名了，所有该名称的实例都将被重命名。如果选择了重命名选项，这意味着注释、字符串、变量、测试用例、文本以及继承者都将用新的名称更新。非常便捷！

A.2.5 重构代码

你是否曾发现自己正在编写一大堆重复代码，如下所示：

```
TextView nameCol = new TextView(this);
nameCol.setTextColor(getResources().getColor(R.color.title_color));
nameCol.setTextSize(getResources().
getDimension(R.dimen.help_text_size));
nameCol.setText(scoreUserName);
table.addView(nameCol);
```

这段代码设置了文本的颜色、文本大小以及文本的值。如果你正在编写两份或更多像上面这样的代码，可通过重构来优化你的代码。Android Studio 提供了一些强大的重构工具，抽取变量和抽取方法两种形式，使重构变得非常高效便捷。

1. 抽取变量

按照如下步骤抽取变量：

(1) 选择表达式 getResources().getColor(R.color.title_color)。

(2) 单击右键，然后选择 Refactor | Extract | Variabe；或者按快捷键 Ctrl+Alt+V(Windows 平台)或 Command+Alt+V(Mac 平台)。

(3) 在弹出的编辑框内输入变量的名称。如果出现 Multiple occurrences found 消息，选择 Replace this occurrence only 或者选择 Replace all X occurrences，再输入变量的名称，然后等待神奇的事情发生。

(4) 针对文本大小重复上面的(1)～(3)步。

重构后的代码如下：

```
int textColor = getResources().getColor(R.color.title_color);
float textSize = getResources().getDimension(R.dimen.help_text_size);
TextView nameCol = new TextView(this);
nameCol.setTextColor(textColor);
nameCol.setTextSize(textSize);
nameCol.setText(scoreUserName);
table.addView(nameCol);
```

所有重复上面最后五行的代码块也将发生同样的改变。多么便捷！

2. 抽取方法

现在准备尝试第二个工具。按照如下步骤抽取方法：

(1) 选择第一个代码块的五行代码。

(2) 单击右键，然后选择 Refactor | Extract | Variable；或者按快捷键 Ctrl+Alt+M(Windows 平台)或 Command+Alt+M(Mac 平台)。

(3) 命名该方法，选择可见性，选择需要的参数，选择参数的类型，输入参数变量的名称，最后单击 OK，等待神奇的事情发生。

默认情况下，新方法放在之前代码的下面，如果其他代码块完全一致(意味着其他代码块中的语句顺序也完全一致)，类型也完全相同，等等，都将替换为对新方法的调用。可在 Extract Method 对话框上看到替换的次数。如果出现的次数与预期的不一致，按照完全一样的模式检查代码。现在你将看到如下代码：

```
addTextToRowWithValues(newRow, scoreUserName, textColor, textSize);
```

使用这样的代码比之前的代码要容易得多，基本上不需要输入！如果在重构前，你有十处这样的代码，通过使用 Android Studio 工具，可以节省很多时间。

A.2.6　重新组织代码

有时，格式化代码并不足以保持代码整洁和易读。在开发复杂 Activity 的过程中，最终在文件中出现很多内嵌类和方法。一个很快速的 Android Studio 窍门帮助解决这个问题。将存在问题的文件在编辑窗口中打开，高亮显示需要移动的代码。在编辑窗口中单击并移动高亮显示的代码块，放到目标位置处。你是否有一个方法只在一个类中调用，却对其他类都可以见？拖动该方法到对应的类中。你甚至可以在编辑器中跨文件拖动高亮显示的代码。只需要选择代码，拖动，然后放下。另外，可以在拖动过程中按住 Ctrl 键，实现复制代码的效果。

A.2.7 使用意图动作

将鼠标停在出现问题的代码上，按 Alt+Enter 或者单击有问题那一行最左边的小灯泡图标，可以触发意图行为功能。意图行为功能不只是为了解决可能的问题。它会针对高亮显示的代码提供一系列不同的任务，同时显示哪些改变是有效的。一个很有用的意图行为——抽取字符串资源(Extract string resource)——可将代码中的字符串资源快速移到 Android 字符串资源文件中，并更新代码为使用字符串资源。通过下面两行代码演示如何抽取字符串资源：

```
Log.v(DEBUG_TAG, "Something happened");
String otherString = "This is a string literal.";
```

更新后的 Java 代码如下:

```
Log.v(DEBUG_TAG, getString(R.string.something_happened));
String otherString = getString(R.string.string_literal);
```

并且在字符串资源文件中添加下面两项：

```
<string name="something_happened">Something happened</string>
<string name="string_literal">This is a string literal.</string>
```

在处理过程中，将出现一个对话框，可在对话框中自定义字符串的名称，并指定在哪个字符串资源文件中添加这些字符串资源。

意图行为功能在布局文件中可以提示很多 Android 特有的选项，如抽取尺寸和字符串。

A.2.8 提供 Javadoc 类型的文档

合格的代码注释是很有帮助的(当然是以正确方式注释的)。在代码完成对话框和其他地方，采用 Javadoc 样式的注释会更有帮助。为快速给方法或类添加 Javadoc 样式的注释，只需要输入/**，然后按 Enter 或 Return 键，将出现一段 Javadoc 样式的注释，列出了相关的参数并返回特性。

A.3 解决神秘的构建错误

有时，你可能发现 Android Studio 出现一些之前没出现过的构建错误。这种情况下，可尝试使用 Android Studio 的一些快速解决技巧。

第一种方法是尝试同步你的项目，刷新项目的依赖，如果你在 Gradle 脚本中做了一些修改的话。右击你的项目，选择 Synchronize "MyApp"或者按快捷键 Ctrl+Alt+Y。通过上面的操作，要么解决了问题，要么就会显示错误信息，帮助你解决构建错误。

另一种方法就是尝试运行 Clean Project 命令。Android Studio 在项目上运行 make 指令，然后重新构建项目。

A.4　本附录小结

在本附录中，你学习了一些非常有用的技巧和技术，帮助你使用 Android Studio 提供的强大功能。也了解了一些组织 Android Studio IDE 的技巧。同时还学习了很多高效编写 Java 代码的技巧。Android Studio 提供了很多功能使得开发 Android 应用成为非常愉悦的事情。

A.5　小测验

1. 判断题：在 Android Studio 中是可以使用源代码控制系统的。
2. 在 Android Studio 中最大化编辑窗口的快捷键是什么？
3. 描述如何同时查看两个源文件窗口。
4. 判断题：在 Android Studio 中在两个不同窗口中同时查看一个文件的两个不同部分是不可能的。
5. 重新格式化 Java 代码的快捷键是什么？
6. 抽取变量的快捷键是什么？
7. 使用意图行为的快捷键是什么？

A.6　练习题

1. 尝试使用附录中描述的各种快捷键。
2. 阅读 Android Studio 或 Intellij IDEA 的文档，或使用互联网，查找本附录中没有提及的一个或更多非常有用的快捷键。
3. 调整 Android Studio 中的各种 UI 元素，直到你觉得舒适。

A.7　参考资料和更多信息

Android Tools: "Android Studio Overview":
http://d.android.com/tools/studio/index.html
Android Tools: "Android Studio Tips and Tricks":

http://d.android.com/sdk/installing/studio-tips.html

IntelliJ IDEA Help: "Quick Start":

https://www.jetbrains.com/idea/help/intellij-idea-quick-start-guide.html

IntelliJ IDEA Help: "Keyboard Shortcuts You Cannot Miss":

https://www.jetbrains.com/idea/help/keyboard-shortcuts-you-cannot-miss.html

Oracle Java SE Documentation: "How to Write Doc Comments for the Javadoc Tool": *http://www.oracle.com/technetwork/java/javase/documentation/index-137868.html*

附录 B

快速入门指南：Android 模拟器

Android SDK 提供的最有用工具当属模拟器。开发人员可使用它来开发针对很多硬件配置的应用。本快速入门指南并非描述模拟器命令的完整文档。相反，我们的目的是为让你快速熟悉一些常用操作。如果需要了解完整的模拟器特性和命令，请参考 Android SDK 官方文档。

Android 模拟器是与 Android Studio 集成在一起的，也可以通过命令行指令来访问。可在 Android SDK 的/tools 目录下找到模拟器，可以按独立的进程的方式启动模拟器。运行模拟器的最好方法是使用 Android 虚拟设备管理器。本附录主要描述在 Android Studio 中使用模拟器和 Android 虚拟设备管理器。

B.1 模拟现实世界：模拟器的用途

Android 模拟器(见图 B.1)可模拟真机设备运行应用。作为开发人员，可以把它配置成与目标设备相近的状态。

下面是高效使用模拟器的一些要点：

- 可使用键盘命令轻松地与模拟器进行交互。
- 鼠标可以在模拟器窗口中单击、滚动和拖动，键盘的方向键都是有效的。不要忘了还有侧键，如音量键——这些也都是有效的。
- 如果你的电脑连接了 Internet 网络，那么模拟器也是联网的，浏览器可以正常工作。使用 F8 键可以控制网络开关。
- 不同的 Android 平台版本上的模拟器在用户体验方面会有细微差异(Android 操作系统的基础功能)。例如，旧平台上会有一个 Home 界面，并采用抽屉方式存储所有已安装的应用；而新的平台版本(譬如 Android 4.2+)则采用更时尚的控件。模拟器使用的是基础的用户界面，但开发商和运营商经常会对界面进行定制，或者修改样式。换句话说，模拟器的操作系统特性和用户使用的未必完全匹配。

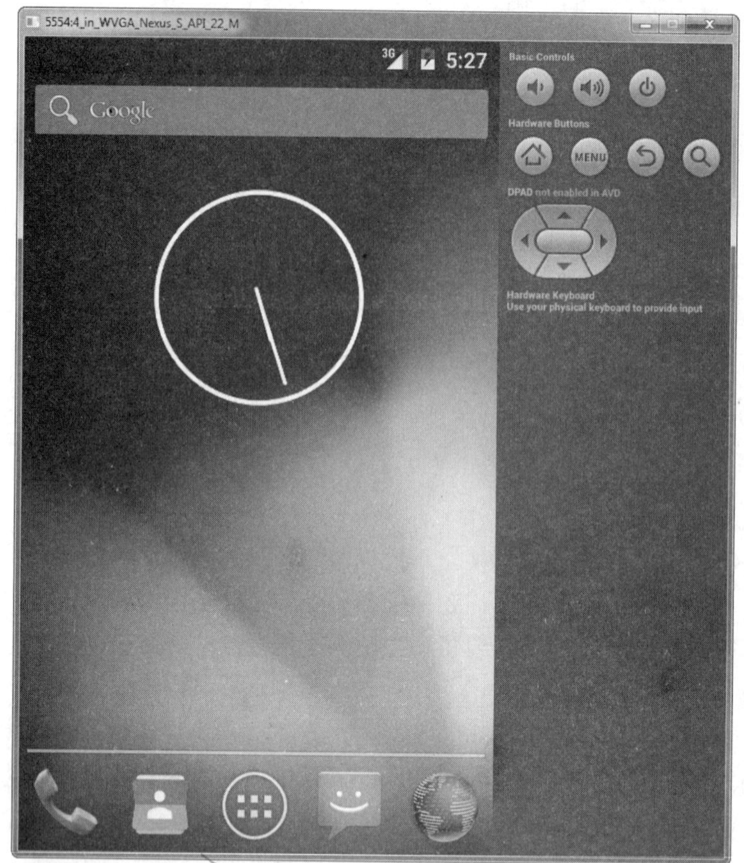

图 B.1　一个 Android 模拟器显示物理按键而非系统导航栏

- 系统设置应用在管理系统各种配置上是很有用的。可在模拟器中使用系统设置应用来配置可用的用户设置，包括网络、屏幕选项以及本地化语言选项。
- Dev Tools 应用对于设置开发人员选项是有用的，它包含了很多使用的工具，从终端模拟器到一系列已安装的程序包。此外，还提供了账户和同步测试工具，可以从中直接启动 JUnit。
- 使用 7 和 9 数字键控制模拟器在横屏和竖屏之间切换(或者 Ctrl+F11 和 Ctrl+F12 按键)。
- 使用 F6 按键和鼠标来模拟轨迹球。当然这就会让鼠标无法使用，再按 F6 才能切换回来。
- Menu 按钮是针对当前屏幕的上下文环境菜单。记住不是新的设备上都会有类似 Home,Menu、Back 和 Search 这些物理按键。没有配置物理按键的模拟器通常都会有一个系统导航栏，包括导航控件 Home、Back 及 Recents，按住 Home 键将显示一个搜索控件。
- 处理应用的生命周期：Home 键(在模拟器上)可以轻松地停止一个应用；应用将收到 onPause()和 onStop()这两个 Activity 的生命周期事件。需要恢复的话，再次启动应用；需要暂停应用时，按一下 Power 按钮(在模拟器)即可。此时只有 onPause()

方法会被调用。需要再次按 Power 按钮来激活解锁屏幕，然后才能看到 onResume() 方法被调用。

- 通知信息，如收到 SMS 短信将在状态栏上显示，类似的指示还有电池余量、信号强度和网络速度等。

警告

使用模拟器时，需要记住最重要的一件事，虽然它是一个强大的工具，但不能完全取代目标真机设备，模拟器通常比真机提供的用户体验更具有一致性，后者在现实中会遇到各种问题，如隧道导致的信号盲区，很多其他应用在运行耗费电量和设备资源等。所以我们在测试流程中，一定要预留时间和资源，在目标真机设备上彻底测试应用。

B.2 使用 Android 虚拟设备

Android 模拟器并不是真机，却是常用来测试的 Android 系统模拟器。开发人员可以通过创建不同的 AVD 配置来模拟不同类型的 Android 设备。

提示

可以认为 AVD 为模拟器提供独特性。没有 AVD，模拟器就是一个空壳，就好比只有 CPU 没有外围设备一样。

通过 AVD 配置， Android 模拟器可以模拟出：

- 不同的设备类型，如手机、平板电脑、Android 穿戴设备或者 Android 电视。
- 不同目标平台版本
- 不同的输入方式
- 不同的屏幕方向，如竖屏、横屏或两者兼有
- 不同网络类型，速度以及信号强度
- 不同设备皮肤
- 不同的模拟性能选项
- 不同底层硬件配置
- 不同的 RAM、VM 堆以及内部存储配置
- 不同外部存储配置

每个模拟器配置都是独一无二的，正如 AVD 配置文件中所描述的，会持久保存数据，包括已经安装的应用、修改后的设置项、模拟的 SD 存储卡的内容等。图 B.2 显示了几种

采用不同 AVD 配置的模拟器实例。

图 B.2 AVD 配置描述不同的模拟器设置

B.2.1 使用 Android 虚拟设备管理器

为在 Android 模拟器中运行应用，你必须配置一个 Android 的虚拟设备(AVD)。为创建和管理 AVD，可使用 Android Studio 中的虚拟设备管理器，或者使用 SDK 安装目录下的/tools 子文件夹里提供的 android 命令行工具。每个 AVD 配置都包含描述了特定类型 Android 设备的重要信息，包括以下内容：

- 友好的、自描述的配置名称
- 目标平台版本
- 屏幕尺寸、屏幕密度和分辨率
- 硬件配置详情和特性，包括有多少可用内存，存在哪些输入方式，以及硬件配置(如对摄像头的支持状况)。
- 模拟出来的外部存储设备(虚拟 SD 卡)

B.2.2 创建一个 AVD

在 Android Studio 环境下，按照如下步骤来创建一个 AVD 配置：

(1) 从 Android Studio 中，单击工具栏上绿色的 Android 设备图标( )来启动 Android 虚拟设备管理器。也可以从菜单栏中选择 Tools | Android | AVD Manager 来启动它。

(2) 如果还没有已配置的 AVD，将出现一个界面来创建虚拟设备(见图 B.3)。如果已存在配置好的 AVD，Android 虚拟设备管理器中将列出这些 AVD(见图 B.4)。

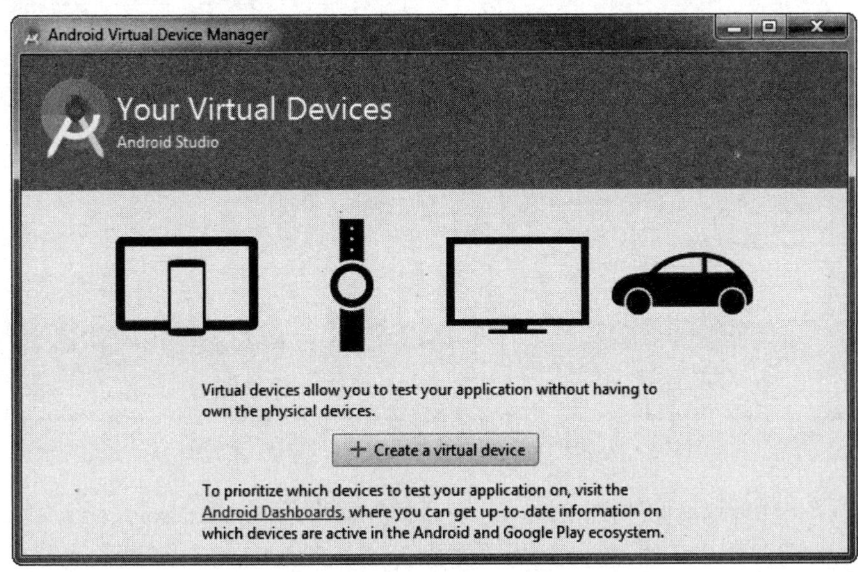

图 B.3　系统中没有已配置的 AVD

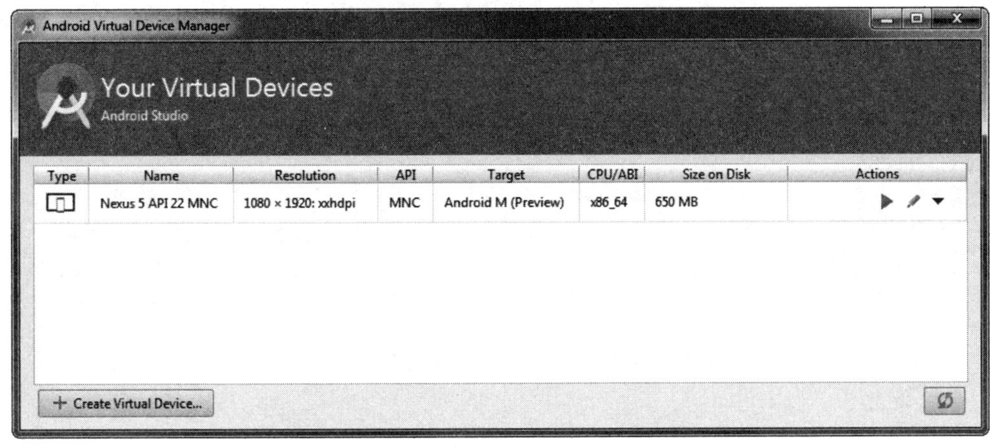

图 B.4　系统中存在一个已配置的 AVD

(3) 单击 Create a virtual device 按钮(见图 B.3)或者 Create Virtual Device 按钮(见图 B.4)，创建一个新的 AVD。

(4) 为 AVD 选择一种设备(见图 B.5)。本例中，可以从 Phone 分类下的设备选项中选择 Nexus 5, 4.95", 1080×1920, xxhdpi 设备。

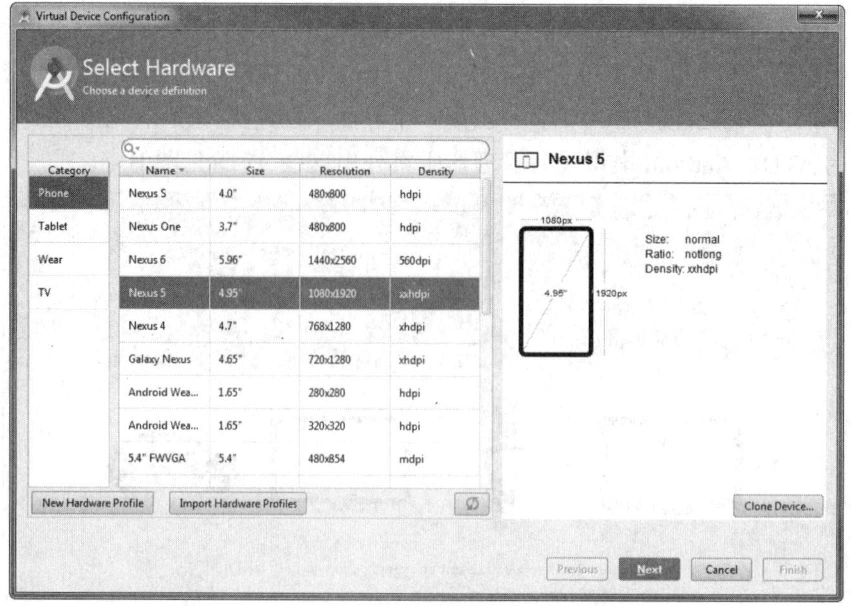

图 B.5　为 AVD 选择一个硬件设备定义(Nexus 5 手机)

(5) 选择一种系统镜像(如图 B.6)。这表示模拟器将运行的 Android 平台的版本。这个平台是以 API 等级来表示的。例如，为了支持 Android 5.1.1 API 等级 22，从发行名称中选择 Lollipop，以及目标设备的 ABI 类型，如 x86 或者 x86_64。同时，这也是选择是否包含可选的 Google API 的地方。如果应用依赖地图应用和其他 Google 提供的 Android 服务，那么你应该选择 Google API 的目标版本了解完整的 API 等级列表以及他们所代表的 Android 平台，查看 http://d.android.com/guide/topics/manifest/uses-sdk-element.html#ApiLevels 选择系统镜像后，单击 Next。

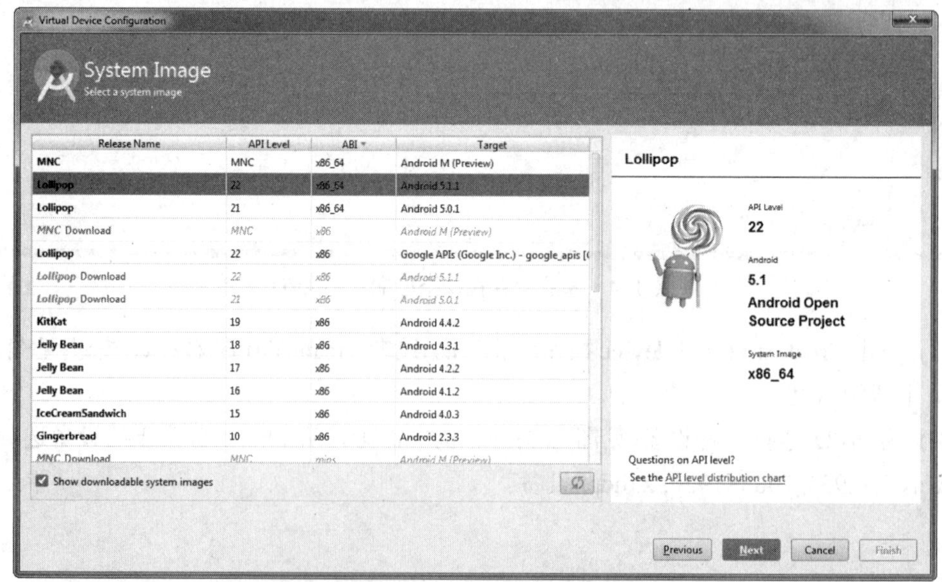

图 B.6　为 AVD 选择一个系统镜像，显示了已下载和可下载的系统镜像

(6) 为 AVD 设定一个名称(见图 B.7)。如果你尝试模拟一个特定设备，你可能会采取这种命名方式。例如，一个名为 Nexus 5 API 22 引用的 AVD，模拟 Nexus 5 运行 Android 5.1.1 平台。单击 Show Advanced Settings 按钮。

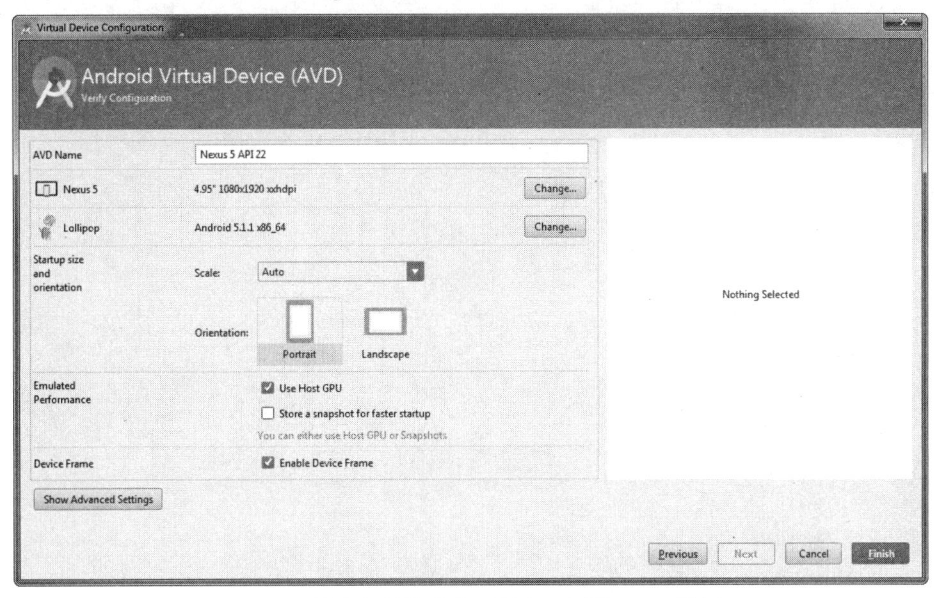

图 B.7　创建之前的设定了基本配置的 AVD 样例

(7) 可在高级设置中配置或者修改你想开启/关闭的硬件特性。如果应用要使用前置或后置摄像头，你可能会把它们附加到 AVD 中。也可以配置网络设置和延时来模拟真实设备的网络传输率。也可以配置内存和存储选项，例如 RAM、VM 堆、内部存储空间以及 SD 容量。每个 SD 卡镜像文件都会占用硬盘空间，并需要花费一定时间来生成；不要把容量设得太大，否则它们将耗尽你的磁盘空间。最小值是 10MB。选择一个合理的空间，例如 1024MB 或更少。确保你的开发机器有足够的空间，根据测试需求选择合适的大小。如果应用需要处理大文件，需要分配比默认值更大的容量。如果在使用模拟器时不想借助所在主机的键盘，或者想移除皮肤和硬件控制器，可以取消默认选项。

(8) 继续配置或修改其他你想开启或关闭的硬件特性。保持这些选项处于开启状态更简单些。也有一些你应该考虑开启的选项，如保存快照以便快速启动或使用主机 GPU。快照设置可以持久化 AVD 运行期间的状态，减少启动 AVD 的等待时间。GPU 设置利用主机的图像处理器渲染 AVD 中的 OpenGL ES。需要注意，你只能二选一，不能同时选择这两项。默认使用主机 GPU。

(9) 一旦配置完你的 AVD，单击 Finish 按钮，等待操作完成。因为 Android 虚拟设备管理器需要格式化为 SD 卡镜像分配的内存，所以创建 AVD 配置有时需要一些时间。

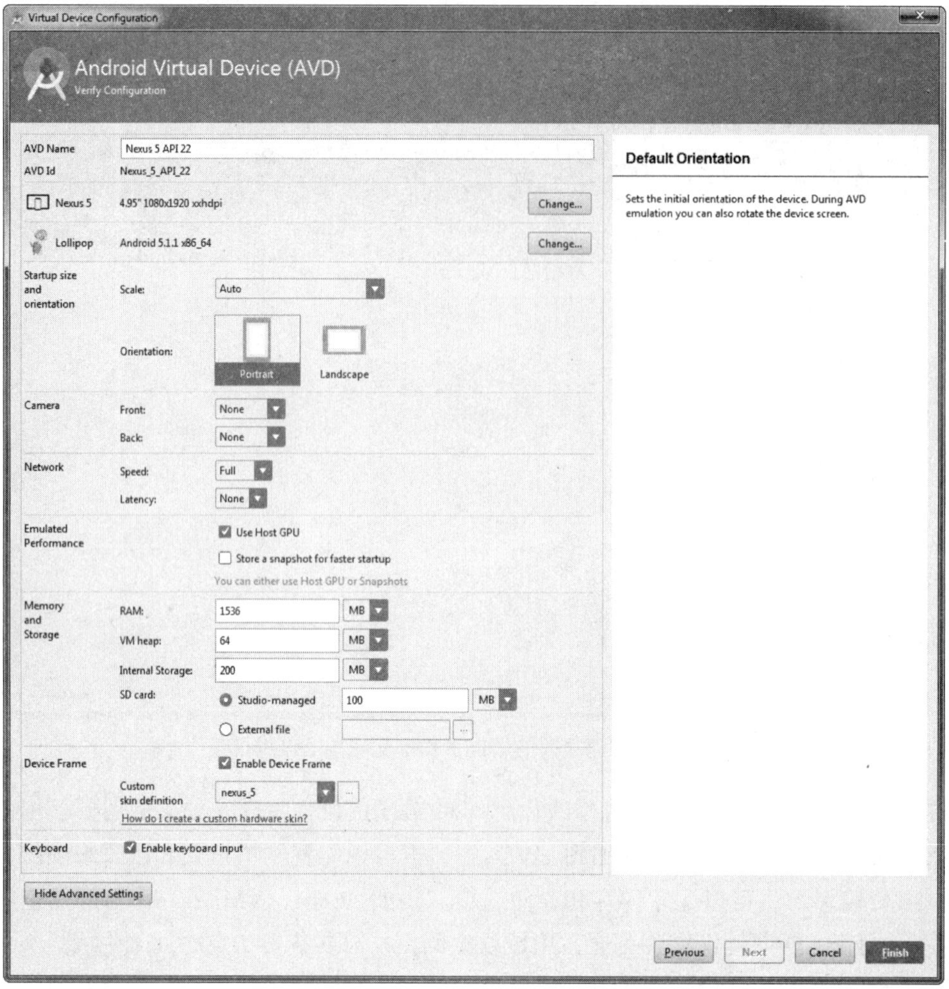

图 B.8　在创建之前的一个高级设置的 AVD 样例

B.2.3　定制 AVD 的硬件配置

如之前所讨论的，可以在 AVD 配置中设定不同的硬件配置。需要知道默认的配置是什么，然后才清楚哪些是需要修改的。部分可用的硬件选项见表 B.1。

提示

如果可以预先配置出最接近目标硬件平台的 AVD，那么无疑将节省很多时间和花费。与同事(开发人员、测试员)分享这些配置。我们通常会创建设备相关的 AVD，然后为其命名。

表 B.1 重要的硬件偏好选项

硬件属性选项	描　述	默 认 值
设备内存大小 hw.ramSize	设备上的物理内存，单位 MB	96
触屏支持 hw.touchScreen	设备上的触摸屏	Yes
轨迹球支持 hw.trackBall	设备上的轨迹球	Yes
键盘支持 hw.keyboard	设备上的 QWERTY 键盘	Yes
GPU 模拟 hw.gpu.enabled	模拟 OpenGL ES GPU	Yes
方向键支持 hw.dPad	设备上的方向键	Yes
GSM 调制解调器支持 hw.gsmModem	设备上的 GSM 调制解调器	Yes
摄像机支持 hw.camera	设备中的摄像头	No
摄像机像素(水平方向) hw.camera.maxHorizontalPixels	摄像机水平方向最大像素	640
摄像机像素(垂直方向) hw.camera.maxVerticalPixels	摄像机垂直方向最大像素	480
GPS 支持 hw.gps	设备上的 GPS	Yes
电池支持 hw.battery	设备可以在电池上运行	Yes
加速度计支持 hw.accelerometer	设备上的加速度计	Yes
音频录制支持 hw.audioInput	设备可以录制音频	Yes
音频播放支持 hw.audioOutput	设备可以播放音频	Yes
SD 卡支持 hw.sdCard	设备支持可插拔的 SD 卡	Yes
缓存分区支持 disk.cachePartition	设备支持缓存分区	Yes

(续表)

硬件属性选项	描 述	默 认 值
缓存分区大小 disk.cachePartition.size	设备缓存分区大小(MB)	66MB
抽象的 LCD 密度 hw.lcd.density	屏幕的密度	160

B.3 以特定的 AVD 配置启动模拟器

当配置好需要的 AVD 后，你已经准备好启动模拟器了。虽然有很多方法可供选择，下面四种你很可能会经常用到方法：

- 从 Android Studio 环境中，可配置应用的 Run/Debug 配置来使用特定的 AVD。
- 从 Android Studio 环境中，可配置应用的 Run/Debug 配置来允许开发人员在模拟器启动时手动选择相应的配置。
- 从 Android Studio 环境中，可直接从 Android 虚拟设备管理器直接启动模拟器。
- 模拟器可在 Android SDK 安装目录下的/tools 文件夹中找到，并可通过命令行的方式作为独立进程来启动(只在没有使用 Android Studio 情况下才需要)。

B.3.1 维护模拟器性能

如果在设置虚拟设备时未正确地配置选项，或者没有注意到一些常见技巧的情况，那么模拟器有可能会运行缓慢。下面所列的是可以帮助你创建最佳、最快的模拟器运行体验的几点提示：

- 在 AVD 中开启存储快件加速启动特性。然后在开始使用 AVD 之前，先启动它，让它完成开启，然后关闭它来得到一个基准的快照。这对于最新的平台版本，如 Jelly Bean 来说是特别重要的。因为接下来的启动就会更快，更加稳定。也可以关闭保存快照的功能来快速退出，开启使用主机 GPU；这样它仍能继续使用老的快照启动，模拟器的响应会更快，因为 GPU 会帮助提升模拟器实例的性能。
- 在需要使用模拟器时才启动它，如当你第一次启动 Android Studio 时。这样当你准备去调试时，模拟器已经在运行了。
- 在调试阶段，让模拟器在后台持续运行，有利于快速安装、重装和调试应用。这种做法通常可为你节省等待模拟器启动的很多时间。相反，可通过 Android Studio 中启动 Debug 配置，连接上调试器。
- 记住，当调试器连接时应用性能将会更慢。这点对于模拟器或者真机都是如此。

- 如果已经使用模拟器测试了很多应用，或者只是想得到一个干净的环境，那么可以考虑重新创建 AVD 配置，得到的是不带之前任何配置修改的全新环境。这也可以帮助你快速启动模拟器(如果你安装了很多应用)。

提示

如果开发设备上使用的 Intel 处理器支持硬件虚拟化技术(VT)，可以利用 Intel 提供的一种特殊的 Android 模拟器系统镜像来进一步为开发环境的运行加速。在安装 Android Studio 时，保证安装 Intel HAXM，然后下载任何 Intel x86 或 x86_64 原子系统镜像，你可能需要下载 Android SDK 管理器。模拟器将使用你的开发机器的 CPU 来加速运行。要学习如何配置虚拟机加速，参见以下链接：

`http://d.android.com/tools/devices/emulator.html#acceleration.`

B.3.3　启动模拟器来运行应用

最常用的启动方法是通过特定的 AVD 配置来启动模拟器，或者通过 Android 虚拟设备管理器，或者在 Android Studio 中为你的项目选择一个 Run/Debug Configurations 选项，然后安装或重装最新的应用。

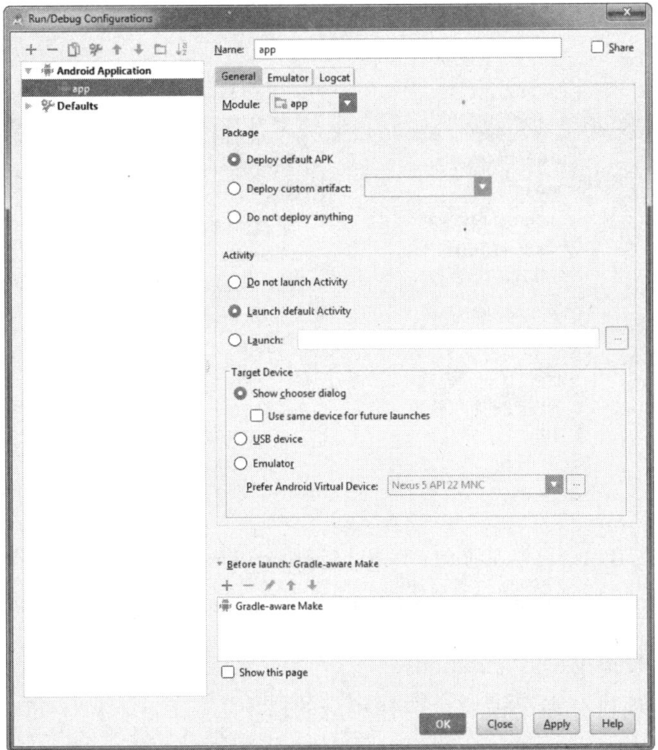

图 B.9　一个 Android Studio 中的 Run/Debug Configuration

提示

记住，你为不同的应用模块创建多个 Run/Debug Configurations，每种都使用不同的选项，并为它们使用各种不同的启动参数，甚至不同的 AVD。

为编辑一个已存在的 Run/Debug Configuration，或者为特定项目创建一个新的 Run/Debug Configuration，请遵循如下步骤：

(1) 选择 Run | Edit Configurations 或者单击默认项目配置，通常取名 app，除非你在项目创建时提供了不同的名称，然后选择 Edit Configurations(见图 B.10)。

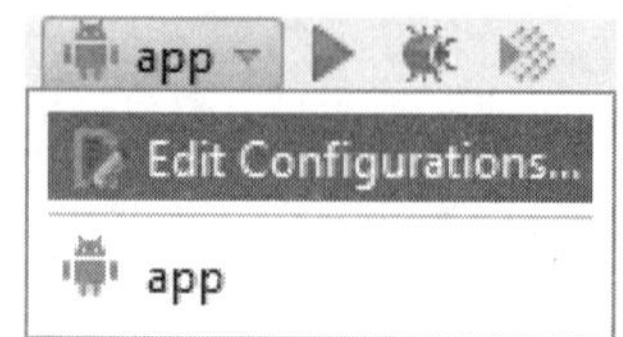

图 B.10 在 Android Studio 中默认 app 模块下拉框中的 Edit Configurations 中访问 Run/Debug Configuration 设置

(2) 在 Run/Debug Configurations 对话框中，选择需要编辑的配置(见图 B.11，左边)，或者参见一个新的配置，单击 Add New Configurations 符号(+)或者按 Alt+Insert 以及选择 Android Application(见图 B.11，右边)。

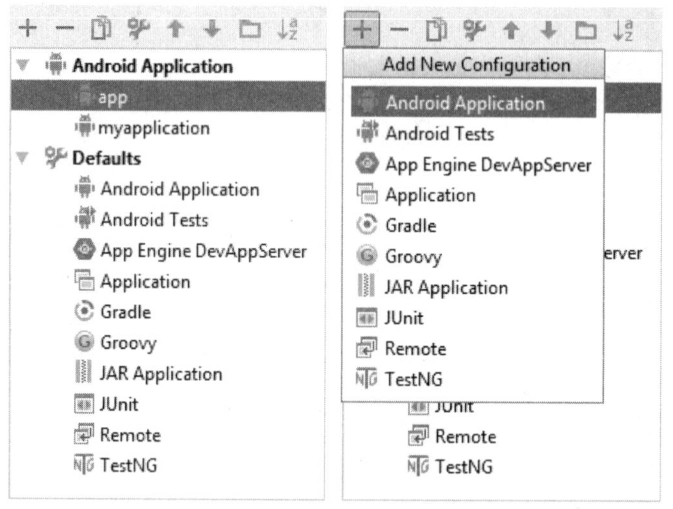

图 B.11 已存在的 Run/Debug Configurations(左边)以及添加新的 Android 应用的 Run/Debug Configurations(右边)

(3) 命名 Run/Debug Configurations。

(4) 如果你的项目有多个模块，选择相应的模块。

(5) 在 Target Device 设置中，选择一个合适的选项。要么选择 Show chooser dialog 选项，这将允许你从运行的设备、硬件或模拟列表中选择一个，或者允许你启动一个模拟器；

要么选择 USB device 选项，这将在已连接的 USB 设备上启动应用；要么选择 Emulator 选项，然后从 Prefer Android Virtual Device 下拉框中选择一个特定的 AVD 来启动模拟器(只能在下拉框中看到匹配应用目标 SDK 的项)。

(6) 在 Emulator 标签页中配置模拟器的启动选项(见图 B.12)。可在 Additional command line options 字段中输入标签页中没有指定的特定配置项，作为普通的命令行选项。Android 模拟器中有很多除了上面配置之外的一系列配置。保证选中 Additional command line options，然后在右边的文本框中输入需要的参数。也可在命令行中启动模拟器时设置这些参数。一些模拟器启动设置包括许多磁盘镜像、调试、多媒体、网络、系统、UI 以及帮助设置。要了解所有的模拟器启动选项，可阅读 Android 模拟器文档：

```
http://d.android.com/tools/help/emulator.html#startup-options
```

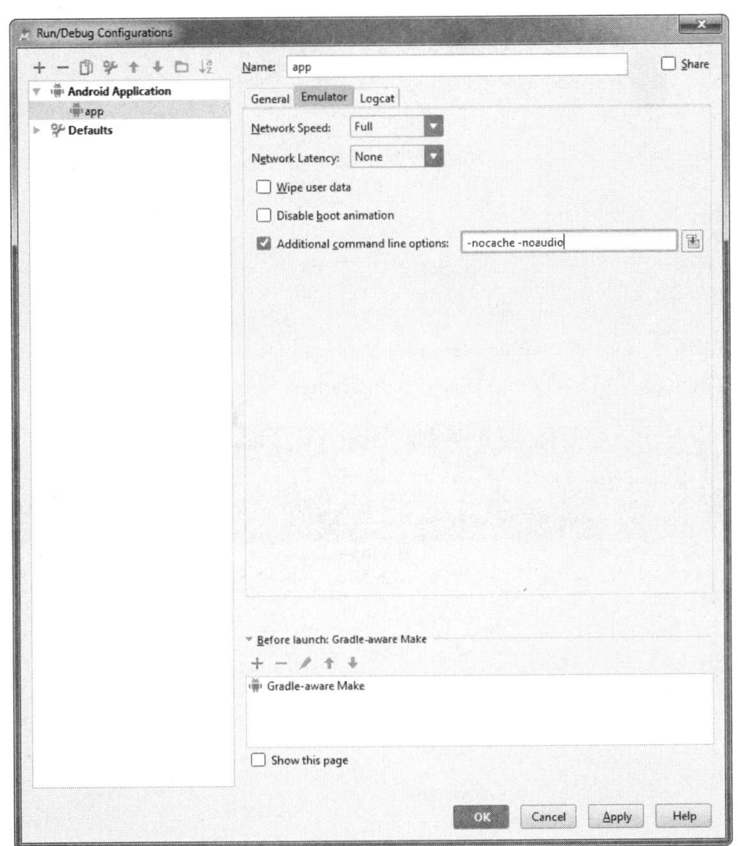

图 B.12　在 Android Studio 的 Run/Debug Configurations 设置的 Emulator 标签页中配置模拟器命令行选项

(7) 可在 Run/Debug Configurations 设置中的 Logcat 标签页(见图 B.13)中选择或取消选择特定的选项，以便在运行或调试应用时控制 Logcat 的行为。在撰写本书时，只有三个可选选项，如图 B.13。当你更熟悉这些默认设置后，可以配置不同的选项来尝试哪个最合适。

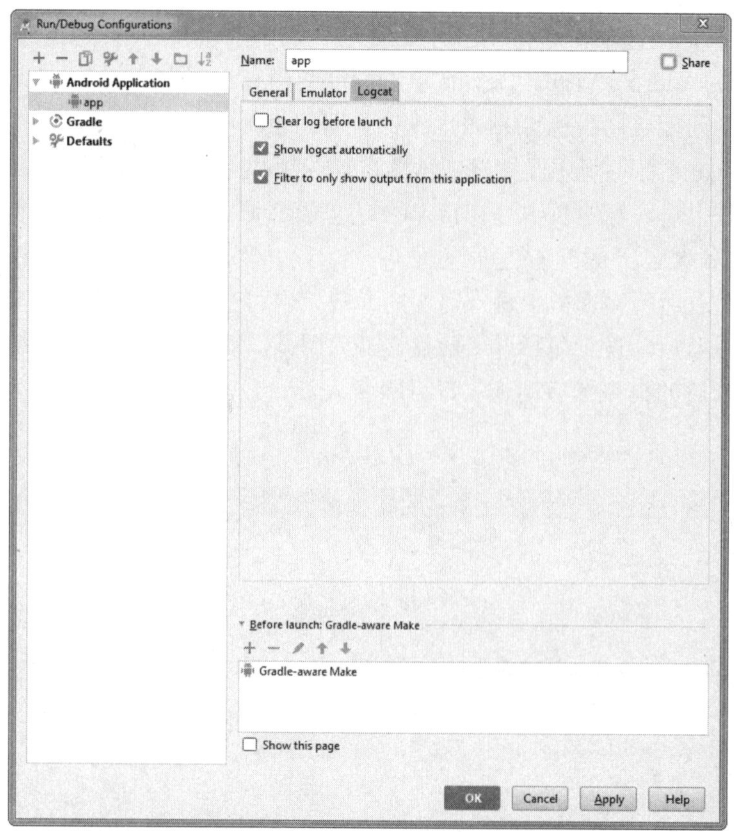

图 B.13　Android Studio 的 Run/Debug Configurations 设置的 Logcat 标签页中的配置选项

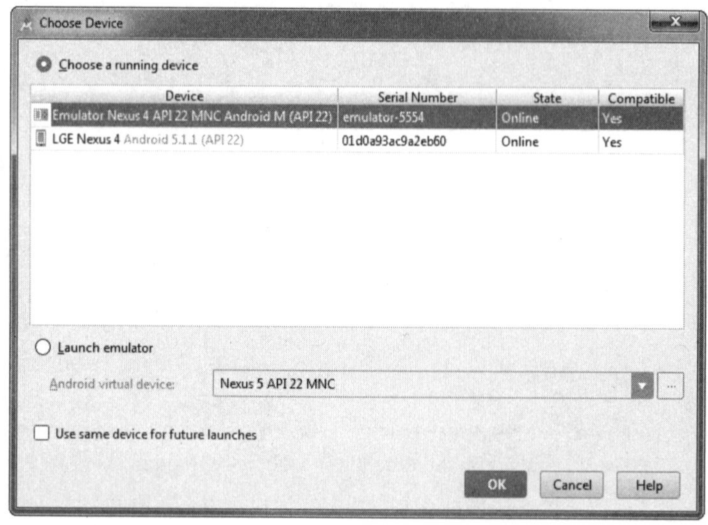

图 B.14　设备选择器以及正在运行的一个模拟器和一个 USB 设备

可创建多个如上面列出的 Run/Debug Configuration。如果你在 Target Device 设置中指定特定的 AVD，当在 Android Studio 中调试应用时，模拟器使用的就是对应的 AVD。但是，如果你选择了 Show chooser dialog 选项，在你首次尝试调试应用时，将提示你从设备选择器中的一系列 USB 设备或正在运行的模拟器中选择一个，如图 B.14 所示。在启动应用后，Android Studio 将在调试会话期间绑定应用和设备。

B.3.4　从 Android 虚拟设备管理器中启动模拟器

有时你只想临时启动一个模拟器，例如使用第二个模拟器来与第一个的模拟器进行交互(模拟电话、短信等)。这种情况下，可以简单地从 Android 虚拟设备管理器中启动一个实例。步骤如下所示:

(1) 在 Android Studio 的工具栏中单击图标( )启动 Android 虚拟设备管理器。也可以从菜单栏中选择 Tools | AVD Manager 来启动。

(2) 从选择列表中选择一个已存在的 AVD 配置，或根据你的需要创建一个新的 AVD。

(3) 单击 Launch 按钮(▶)。模拟器将使用你指定的 AVD 启动。

警告

不能同时运行同一个 AVD 配置的多个实例。原因是因为 AVD 配置保存着模拟器的状态和持久化数据。如果需要同时运行多个相同配置的模拟器，可使用相同的配置创建不同的 AVD。

B.4　配置模拟器的 GPS 位置

为开发和测试使用 Google Maps 的基于地理位置服务的应用，需要创建一个带有 Google API 的 AVD。当你成功创建了合理的 AVD 并启动模拟器后，需要配置它的地理位置。模拟器没有位置传感器，所以我们要做的第一件事就是将 GPS 坐标发送给它。

要为模拟器配置假设的坐标信息，首先需要启动使用了 Google API 的 AVD 的模拟器(如果它当前不在运行状态的话)，步骤如下：

在模拟器中：

(1) 单击 Home 键来返回主页屏幕(如果当前不在主屏幕)。

(2) 找到并启动 Maps 应用。

(3) 如果你是第一次启动 Maps 应用的话，你们需要点选几个启动对话框。

(4) 选择 My Location 浮动动作按钮(见图 B.15)，然后在设备中启用位置功能(如果它没有开启的话)。

在 Android Studio 中：

(1) 单击 Android Studio 工具栏上的 Device Monitor 图标，等待设备监视器启动。

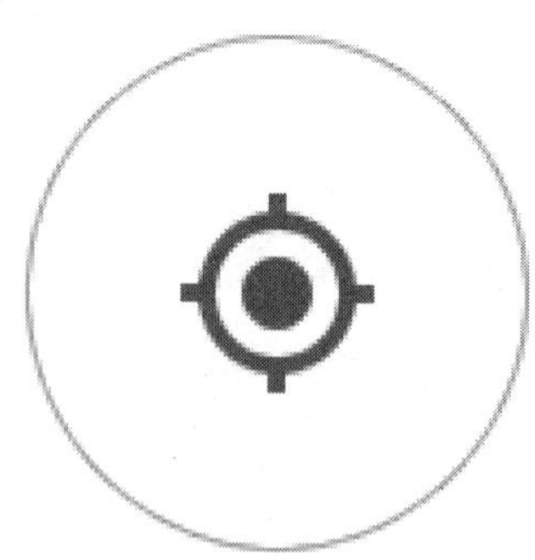

图 B.15 Maps 应用的 My Location 浮动动作按钮

(2) 在设备监视器中，在 Devices 面板中确认已选择了你的设备。

(3) 你将在右上方看到 Emulator Control 面板，激活该面板。向下滚动到 Location Controls。

(4) 手动输入物理位置的经纬度。注意它们是以反向顺序排列的。以约塞米蒂公园的坐标位置为例，经度为-119.532836，纬度为 37.992920。

(5) 单击 Send。

回到模拟器中，注意到地图现在已经显示你所发送的位置了。此时屏幕上显示的应该是约塞米蒂国家公园，如图 B.6 所示。这个位置数字在下次启动模拟器时仍然存在。

如有必要，也可以使用 GPX 1.1 坐标文件经由设备监视器向模拟器发送一系列 GPS 位置。设备监视器不支持 GPX 1.0 文件。

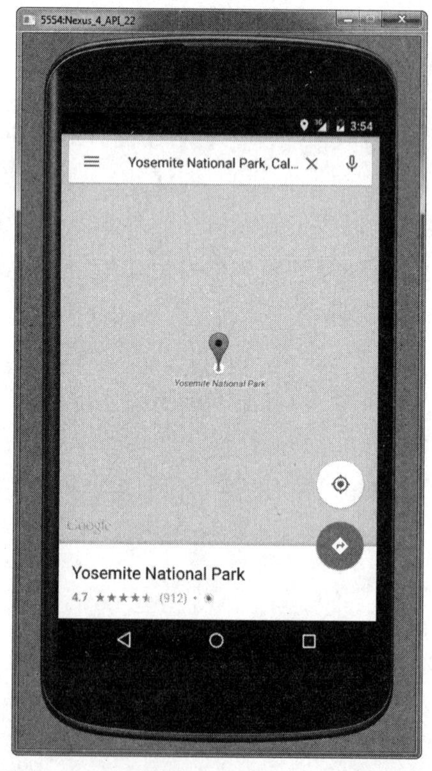

图 B.16 设置模拟器的位置为约塞米蒂公园

提示

想知道我是如何获知约塞米蒂公园的坐标位置的吗？想找到特定地址的坐标点，可以访问 http://maps.google.com。首先定位到那个位置，然后右键单击该位置，选择"what's here ?"，紧接着经纬度就会被放置到搜索框中。

B.5　在两个模拟器实例间相互通话

可利用模拟器的 Dialer 应用来实现通话功能。模拟器的“电话号码”是端口号，可以在模拟器窗口的标题栏中找到端口号。为在两个模拟器间模拟一个通话过程，你必须执行如下步骤：

(1) 启动两个不同的 AVD，两个模拟器同时运行(使用 Android AVD 和 SDK 管理器是最简单的方法)。

(2) 记住希望接听电话的那个模拟器的端口号。

(3) 在拨号的那个模拟器上，启动 Dialer 应用。

(4) 输入你记下的那个端口号，单击 Enter(或者 send)。

(5) 可在接听的那一方看到(并听到)一个来电，图 B.17 显示的是一个端口为 5554(左边)的模拟器在使用 Dialer 应用来呼叫一个端口为 5556(右边)的模拟器。

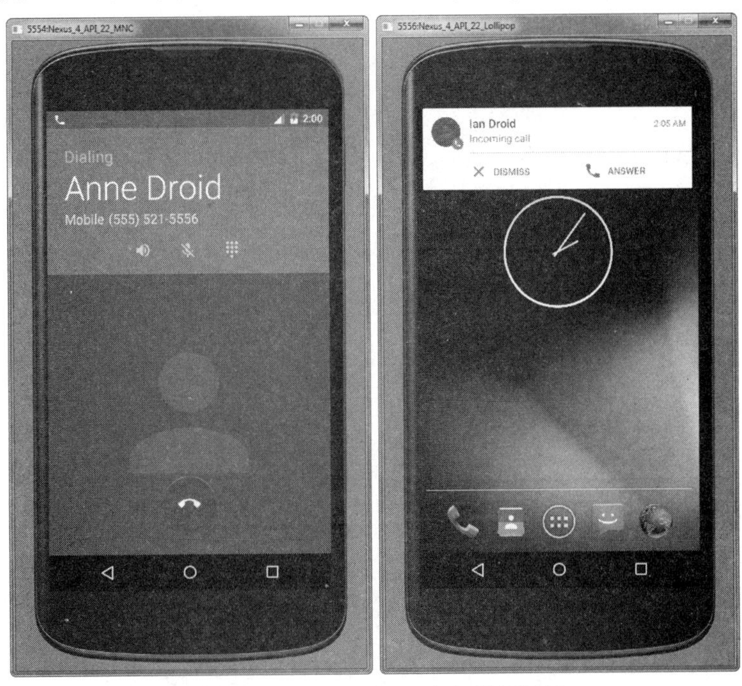

图 B.17　在两个模拟器之间模拟通话

(6) 单击 Answer 来接听电话。

(7) 模拟通话一会儿。图 B.18 显示了一个正在进行中的通话。

(8) 可以按 End 键来随时结束一个模拟器通话。

图 B.18 两个模拟器正在进行通话

B.6 在两个模拟器实例间发送短信

也可以在两个模拟器间发送 SMS 信息，而且步骤和前面描述的通话过程相似，只是把模拟器端口号改为短信接收地址即可。为在两台模拟器间模拟短信发送过程，你必须遵循如下步骤：

(1) 启动两个模拟器实例。

(2) 记住想接收短信的那台模拟器的端口号。

(3) 在发送短信的那台模拟器中，启动 Messaging 应用。

(4) 在 To 文本框中输入接收方的端口号，然后编辑一条短消息，如图 B.19(左边)所示，按下 Send 按钮。

(5) 你将在接收方看到(并听到)一条来信。图 B.19(中间)显示了 5556 端口的模拟器从 5554 端口的模拟器(左边)中接收到一条 SMS 信息。

(6) 在状态栏执行下拉操作，或者启动 Messaging 应用来阅读短信。

(7) 模拟操作一段时间。图 B.19(右边)显示了正在进行中的短信对话。

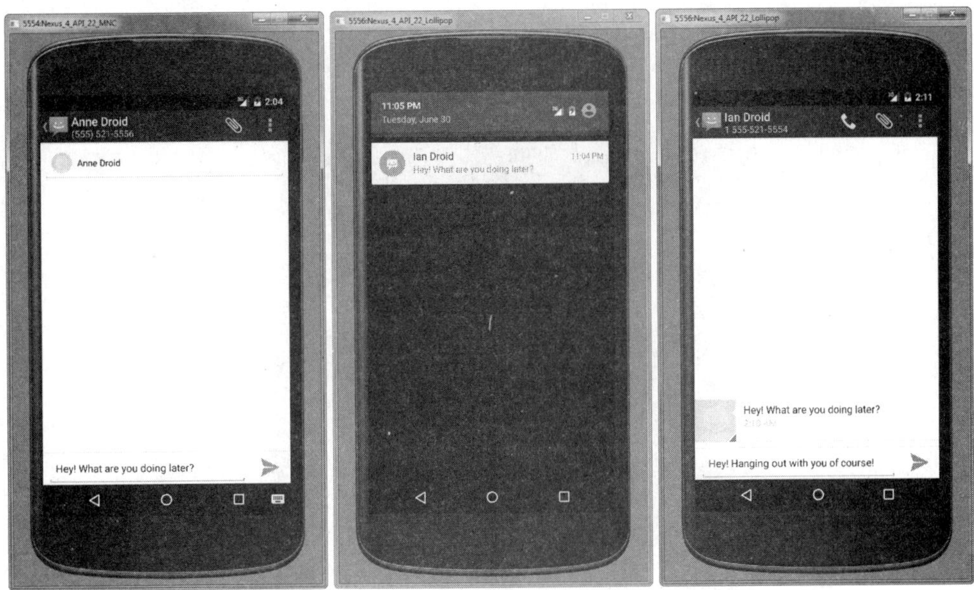

图 B.19　端口号为 5554 模拟器(左边)发送短信到另一个端口号为 5556 的模拟器(中间和右边)

B.7　通过控制台与模拟器进行交互

除了使用设备监视器来与模拟器进行交互外，也可以通过 Telnet 连接来直接发送命令给模拟器控制台。例如，为连接到端口号为 5554 的模拟器控制台，可执行如下操作：

```
telnet localhost 5554
```

可以使用模拟器控制台向模拟器发送命令。输入 quit 或 exit 即可终止会话。另外，kill 命令用于关闭模拟器实例。

警告

可能需要在系统中启用 Telnet(如果还没有这么做的话)，以便执行其他剩余步骤。

B.7.1　使用控制台来模拟来电

可以在模拟器中生成一个特定号码的来电，使用的控制台命令如下：

```
gsm call <number>
```

例如，为模拟号码为 521-5556 的来电，所使用的命令如下：

```
gsm call 5215556
```

这个命令的结果如图 B.20 所示。因为我们已经将这个号码存储为联系人 Anne Droid，所以此时名字 Anne Droid 显示了出来。

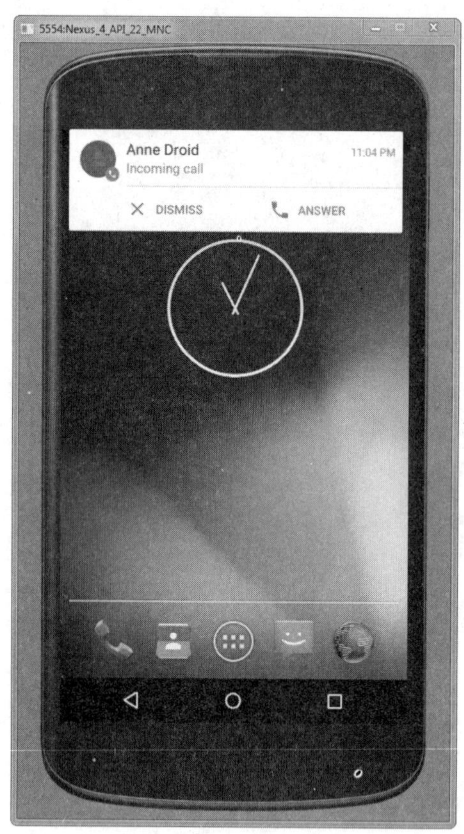

图 B.20 来自 521-5556 的电话(设置为 Anne Droid 联系人名称)，通过模拟器终端提示

B.7.2 使用控制台来模拟 SMS 信息

也可以向模拟器发送来自特定号码的 SMS 信息，与在设备监视器中使用的情况一样。用于生成 SMS 来信的命令如下：

```
sms send <number> <message>
```

例如，为了尝试一个来自号码 521-5556 的 SMS 信息，可以发送如下命令：

```
sms send 5551212 What's up!
```

在模拟器中，状态栏上会出现一条新短信的通知。可以下拉状态栏来查阅这条新短信，或者打开 Messaging 应用来查看。上述命令在模拟器中生成的最终结果如图 B.11 所示。

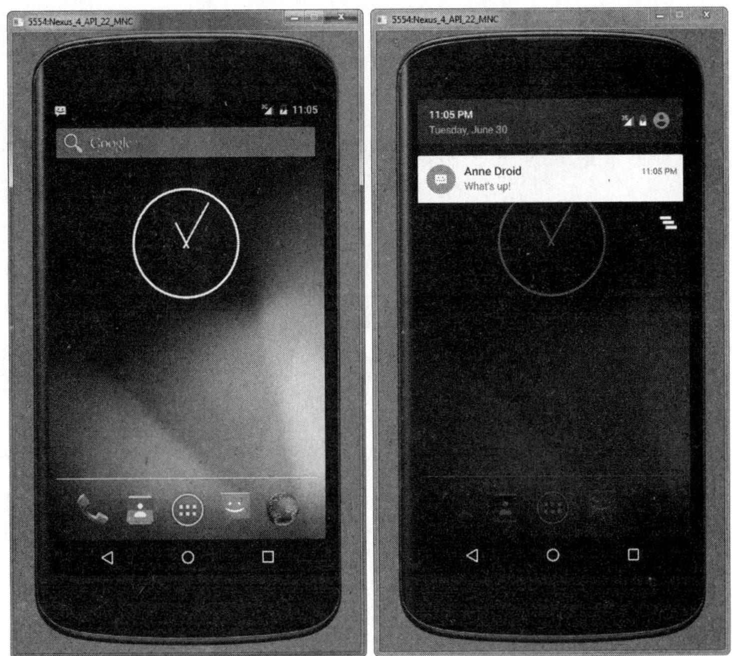

图 B.21　状态栏上显示了通过模拟器终端发送的来自 521-5556 的短信(存储联系人名为 Anne Droid)。左边的图片显示状态栏上显示的新短信笑脸图标，右边图片显示收到短信的通知

B.7.3　使用控制台来发送 GPS 坐标

可使用控制台向模拟器发送 GPS 命令。下面是简单的 GPS fix 命令。

```
geo fix <longitude><latitude> [<attribute>]
```

例如，为将模拟器的 GPS 位置设置为一座山的山顶，在模拟器中先通过 All Apps | Maps | My Location 来启动 Maps 应用。然后在模拟器控制台中，发送如下命令来准确设置坐标：

```
geo fix 86.929837 27.990003 8850
```

B.7.4　使用控制台来监视网络状态

可监视模拟器的网络状态，也可改变网络速度和延迟时间。下面的命令用于显示网络状态。

```
network status
```

这个请求的一个典型结果如下所示：

```
Current network status:
download speed:       0 bits/s (0.0 KB/s)
upload speed:         0 bits/s (0.0 KB/s)
minimum latency: 0 ms
maximum latency: 0 ms
```

```
OK
```

B.7.5 使用控制台来控制电源设置

可使用电源相关的命令来模拟“假的”电源状态。如下面的命令用于将电池剩余量设为 99%：

```
power capacity 99
```

下面的命令用于将 AC 充电状态设为关闭(或者开启)：

```
power ac off
```

可将电池状态设置为 unknown、charging、discharging、notcharging 或者 full，命令如下：

```
power status full
```

可将电池存在状态设置为 true(或者 false)，命令如下：

```
power present true
```

可将电池健康状态设置 unknown、good、overheat、dead、overvoltage 或者 failure，命令如下：

```
power health good
```

可查询电源的当前设置，命令如下：

```
power display
```

上述请求的典型结果如下所示：

```
AC: offline
status: Full
health: Good
present: true
capacity: 99
OK
```

B.7.6 使用控制台的其他命令

还有其他命令用于模拟硬件事件、端口转发，以及用于检查、启动和停止虚拟机。例如，质量保证人员可能需要了解关于事件的子命令，可以用于在自动化中生成按键事件。这个功能和使用 UI/Application Exercise Monkeys 是相同的，后者生成随机的案件事件，尝试让应用崩溃。

B.8 个性化模拟器

下面是使用模拟器的一些小提示，只是为了娱乐：

- 在 Home 界面，长按住屏幕然后就可以选择并更改壁纸。
- 如果在 Launcher 中的 All Apps 中长按住一个图标(通常是应用图标)，你就可以把这一快捷方式放到主页面中。最新的平台版本还有其他功能，如卸载应用或者得到更多信息，这些操作都很方便。
- 如果在主页面中长按住图标，那么可以把它随意挪动，甚至把它拖到垃圾箱中。
- 在设备的 Home 中滑动可以切换页面。依赖于所使用的 Android 平台版本，可以发现一系列安装了小组件的页面，如 Google Search 和很多空白区域，可以把其他组件放置进来。
- 添加小组件的一种方法就是在主页面中启动 All Apps，然后导航到 Widgets 中。有很多不同的插件可供使用，可在做出选择后将它们添加到主页面中，如图 B.22 所示。

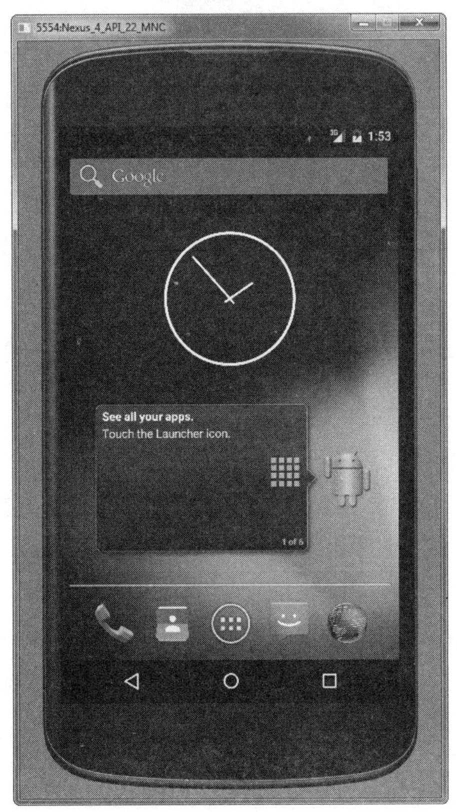

图 B.22　添加 Home screen tips 小组件来自定义模拟器主屏幕

换言之，模拟器可以像很多真机设备一样做各种定制。而且做这些修改对于我们彻底地测试应用有好处。

B.9 了解模拟器的限制

虽然模拟器很强大，但它还是有几点重要的限制：

- 它不是真机，所以并不能反映出真实的行为，而只是模拟的设备行为。通常用户在生活中对真机上的体验比模拟器的感觉要差些(因为有很多异常情况在模拟器上是不会发生的)。
- 它虽然可以模拟通话和短信，但你不能发送或接受真实的电话或短信，不支持MMS。
- 它设定设备状态(网络状态、电池充电状态)的能力还比较有限。
- 它模拟外围设备(耳机、传感器数据)的能力还比较有限。
- 对于API的支持(如不支持SIP或第三方的硬件API)比较有限。当开发特定类型的应用(如增强现实的应用、3D游戏或者依赖于传感器数据的应用)时，最好用真机来研发和测试。
- 运行性能有限(当执行视频和动画处理之类的任务时，如今的真机设备的性能通常比模拟器要强)。
- 对生产商或运营商相关的设备属性、主题或用户体验的支持比较有限。但一些开发商提供了扩展组件来更好地模拟特定设备的行为。
- 在Android 4.0及以上版本中，模拟器可连接Web摄像头来模拟出真实设备中的摄像头。在之前版本的工具中，摄像头看上去是有效的，不过只能拍摄虚拟图片。
- 不支持USB、蓝牙或者NFC。

B.10 本附录小结

在本附录中，读者学习了和Android SDK搭配的一个最重要的工具，也就是模拟器。可在Android Studio中使用，也可以通过命令行的方式来使用。模拟器是模拟真实设备的非常有效的工具。当应用需要在多种不同配置的设备中测试时，与其购买真实设备，不如使用Android虚拟设备管理器来创建出与配置最相近的模拟器实例，以此降低测试成本。模拟器不是万能的，无法完全取代真机测试，但你可以从中学习模拟器需要提供的功能，并体验到模拟器如何逼真地做好仿真工作。

B.11 小测验

1. 模拟器的网络开关对应的快捷键是什么？
2. 在横屏和竖屏模式间切换的快捷键是什么？

3. 用鼠标模拟出轨迹球的快捷键是什么？
4. 按了 Home 键后，Activity 所经历的生命周期事件有哪些？
5. 在 AVD 配置中，支持 GPU 模拟器的硬件配置属性是什么？
6. 从控制台连接模拟器的命令是什么？
7. 简单的 GPS fix 命令是什么？

B.12　练习题

1. 查阅 Android 文档，然后列出 Android 模拟器的命令行参数。
2. 查阅 Android 文档，说出启用 GPU 模拟的命令行参数是什么？
3. 查阅 Android 文档，在命令行设计一条创建 AVD 配置的命令。

B.13　参考资料和更多信息

Android Tools: “Managing Virtual Devices”:
http://d.android.com/tools/devices/index.html
Android Tools: “Managing AVDs with AVD Manager”:
http://d.android.com/tools/devices/managing-avds.html
Android Tools: “Managing AVDs from the Command Line”:
http://d.android.com/tools/devices/managing-avds-cmdline.html
Android Tools: “Android Emulator”:
http://d.android.com/tools/help/emulator.html
Android Tools: “Using the Emulator”:
http://d.android.com/tools/devices/emulator.html
Android Tools: “android”:
http://d.android.com/tools/help/android.html

附录 C

快速入门指南：Android 设备监视器

设备监视器(Device Monitor)是 Android SDK 提供的一个调试工具。开发人员可使用设备监视器为模拟器或真机提供调试功能以及文件和进程管理功能。它由多种工具组成：任务管理器、配置管理器、文件管理器、模拟器控制台以及日志控制台。本附录并不是设备管理器的功能性描述文档。相反，它的目的是让你尽快熟悉最常用的那些任务。可以查阅 Android SDK 提供的官方文档来了解设备管理器的完整功能列表。

C.1 将设备管理器作为独立程序和 Android Studio 配合使用

如果使用 Android Studio，那么设备监视器是集成在你的开发环境中的。

可通过单击工具栏上的 Android 图标( )来启动设备监视器。通过使用与 Android Studio 集成的设备监视器(如图 C.1 所示，使用文件浏览器查看模拟器实例中的文件)，可以查看正在开发环境中运行的模拟器实例以及任何通过 USB 连接的设备。

如果未使用 Android Studio，设备监视器放在 Android SDK 目录下的 tools/子目录中。可通过运行 monitor 命令以一个独立的应用启动设备监视器。这种情况下，它运行在自己的进程内。

提示

在同一时间点只允许有一个设备监视器实例运行。其他设备管理器启动都将忽略。如果已在 Android Studio 中运行了设备管理器，又尝试从命令行启动，你将会看到问题标记而非进程名称，同时输出的调试日志中会显示：一个设备监视器实例已经被忽略。

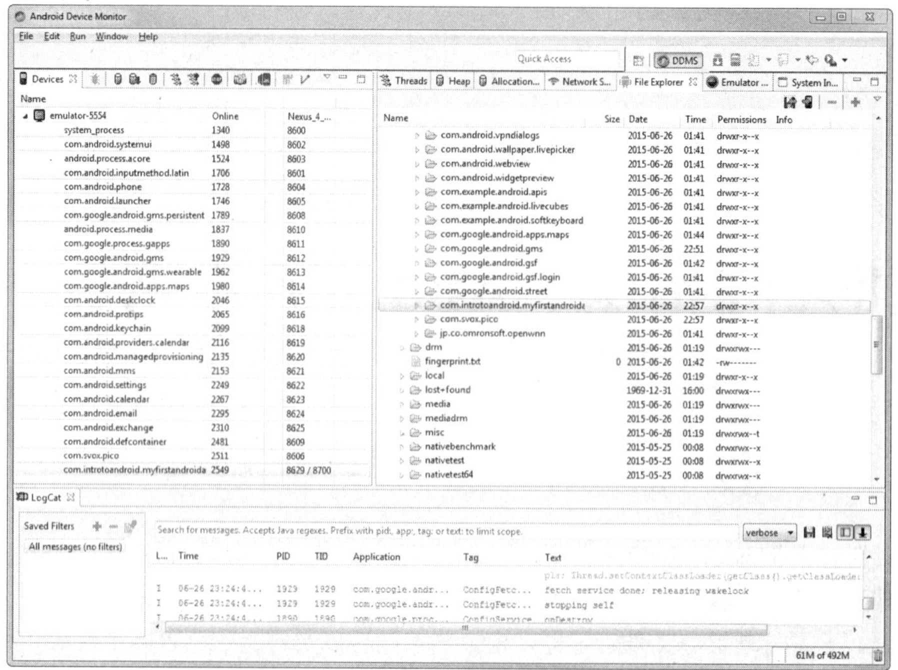

图 C.1 从 Android Studio 中启动设备管理器，并连接了一个模拟器

警告

并不是所有的设备管理器功能都同时对模拟器和真机有效。一些特定的功能，如模拟器控制功能，只在模拟器中有效。大多数设备要比模拟器更安全。所以，文件管理器在真机中只会显示出公共区域的内容，而不像模拟器中所看到的。

C.2 使用设备管理器的核心功能

无论你在 Android Studio 中使用设备监视器，还是把它作为一个独立工具，都需要了解这些核心功能：

- Devices 面板的左上角显示出正在运行的模拟器以及已经连接上的设备。
- 在 Devices 面板选中模拟器/设备的某个进程后，右侧的 Threads、Heap、Allocation Tracker、Network Statistic、File Explorer 和 System Information 标签会显示出相应的数据。
- Emulator Control 这一栏中提供类似发送 GPS 信息和模拟来电/SMS 短信等功能。
- 可使用 Logcat 窗口监视一个特定设备或模拟器的日志控制台的输出信息，也就是我们在程序中调用 Log.i()、Log.e()和其他日志方法显示输出的内容。

现在让我们逐一了解设备监视器的这些功能。

提示

设备管理器还有一个视图，允许直接调用视图层级查看器工具，来调试和优化应用的用户界面。可以选择 Window | Open Perspective...来打开该视图。查看附录 D 可了解该工具的更多细节。

C.3 与进程、线程和堆进行交互工作

设备监视器一个最有用的功能就是与进程进行交互。每个 Android 应用都运行在自己的虚拟机中，有自己的用户 ID。使用设备监视器中的 Devices 面板，可以查看到设备中正在运行的所有虚拟机，并以包名相互区分。例如，可以执行如下操作：

- 连接应用，并进行调试
- 监视线程
- 监视堆的使用情况
- 停止进程
- 强制进行垃圾回收(GC)

C.3.1 为 Android 应用关联一个调试器

虽然大多数情况下我们可通过 Android Studio 中的 Debug Configurations 来启动和调试应用，其实也可以直接使用设备监视器来选择需要被调试和连接的应用。为将调试器连接到进程，你首先需要在 Android Studio 工作空间中打开源代码包。然后执行如下步骤来进行调试：

(1) 在模拟器或者设备中，确认你要调试的应用已经在运行。

(2) 在设备监视器中，在 Devices 面板中找到应用的包名，然后选中它。

(3) 单击绿色的小虫子图标()来调试应用。

(4) 根据需要切换到 Android Studio 的 Debug 视图中，然后和往常一样调试。

C.3.2 终止进程

可利用设备管理器来终止 Android 应用，步骤如下：

(1) 在模拟器或者设备中，确定你希望终止的应用正在运行。

(2) 在设备管理器的 Devices 栏中找到对应应用的包名，然后选中它。

(3) 单击红色停止图标按钮()来终止进程。

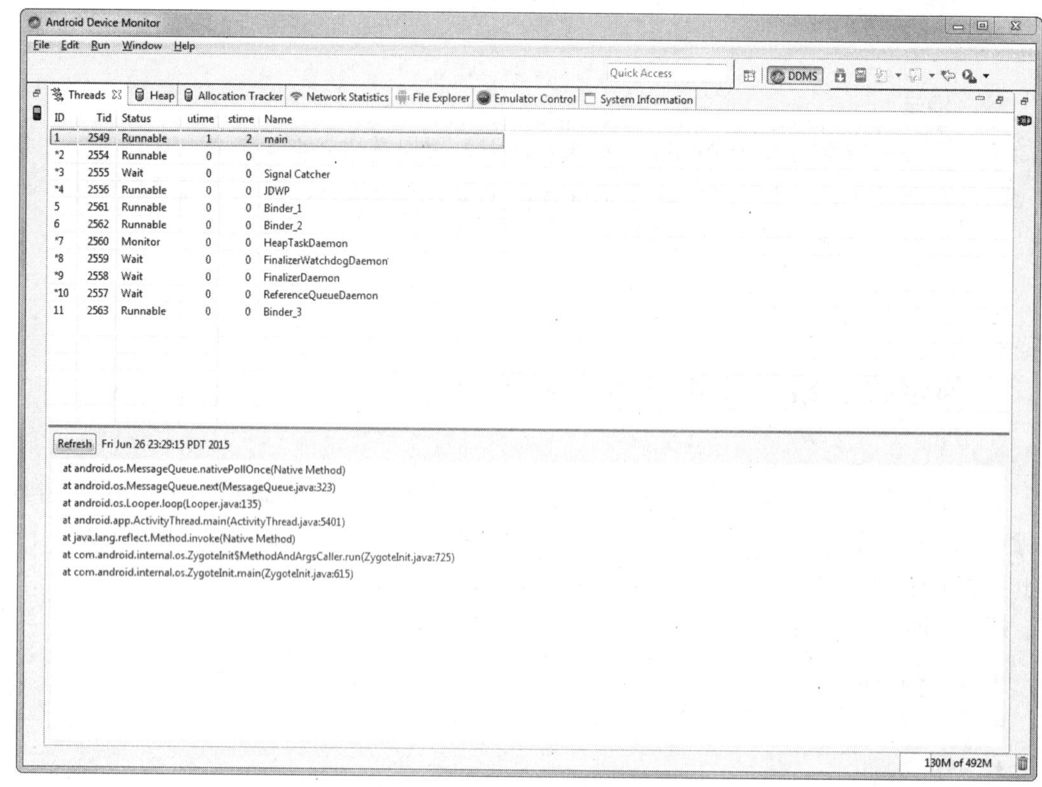

图 C.2 使用设备监视器 Threads 面板

C.3.3 监视 Android 应用的线程活动

可以使用设备监视器来监视一个独立 Android 应用的线程活动，步骤如下：

(1) 在模拟器或者设备中，确定你希望监视线程的应用正在运行。

(2) 在设备监视器的 Devices 栏中找到对应应用的包名，然后选中它。

(3) 单击带三个黑色尖头的按钮()来显示应用的线程。它们将在右边的 Threads 面板中显示出来。

(4) 在 Threads 面板中，可选择一个特定线程，然后单击 Refresh 按钮来进一步了解线程的状态，使用的类将显示在下面。

注意

也可以利用带三个黑尖头和一个红点按钮()来开始线程分析。

例如，在图 C.2 的 Threads 窗格中可看到模拟器中正在运行的 com.introtoandroid.myfirstandroidapp 包的内容。

C.3.4 监视堆的活动

可使用设备监视器来监视一个独立 Android 应用的堆信息，每次垃圾回收(GC)后，都会通过如下步骤来更新堆信息。

(1) 在模拟器或者设备中，确定你希望监视的应用正在运行。

(2) 在设备监视器中，在 Devices 栏中找到对应应用的包名，然后选中它。

(3) 单击绿色的圆柱体图标(🛢)来显示应用的堆信息，统计结果会显示在 Heap 窗格中。这些数据随着每次垃圾回收都将更新。也可以单击在 Heap 窗格中的 Cause GC 按钮来执行强制垃圾回收操作。

(4) 在 Heap 窗格上，可以选择一个特定类型的元素。结果图像会显示在 Heap 窗格的下方，如图 C.3 所示。

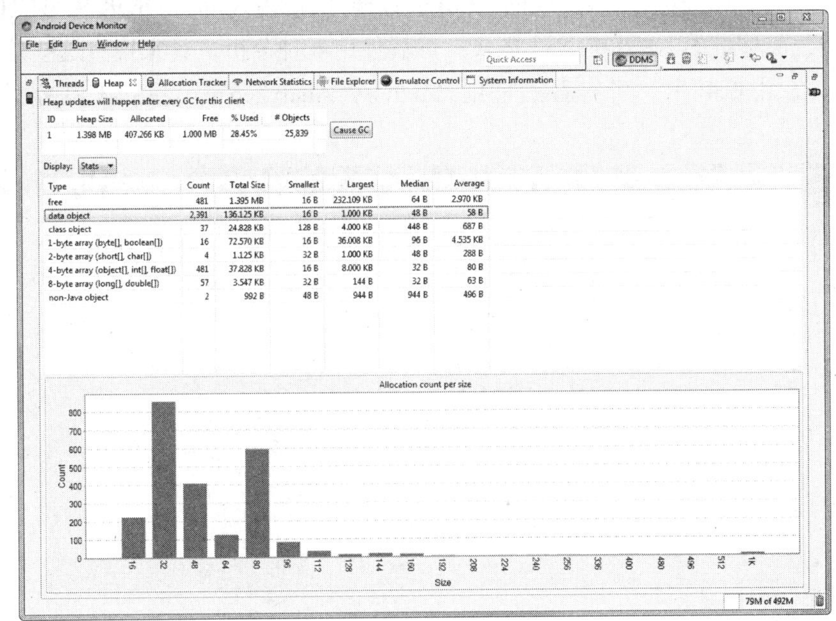

图 C.3　结果图像

提示

当使用 Allocation Tracker 和 Heap 监视器时，值得注意的是，并不是应用使用的所有内存都会显示在视图中。该工具值显示在 Dalvik 虚拟机中分配的内存。有的应用会在本地堆上分配内存。例如，调用很多 SDK 中的图片操作将分配本地内存，不会在该视图中显示。

C.3.5　执行垃圾回收

可使用设备监视器来执行强制垃圾回收，步骤如下：

(1) 在模拟器或者设备中，确定你希望执行强制垃圾回收的应用正在运行。

(2) 在设备管理器中，在 Devices 栏中找到对应应用的包名，然后选中它。

(3) 单击垃圾桶按钮(🗑)为应用触发垃圾回收操作，其结果可在 Heap 窗格中看到。

C.3.6　创建并使用一个 HPROF 文件

HPROF 文件可用来检测堆内存的分配情况，以此优化运行性能。可以使用设备监视器为应用创建一个 HPROF 文件，步骤如下：

(1) 在模拟器或者设备中，确保你想要为其生成 HPROF 数据的应用正在运行。

(2) 在设备监视器中，在 Devices 栏中找到对应应用的包名，然后选中它。

(3) 单击 HPROF 按钮( )生成应用的 HPROF 文件，其结果会保存在你应用的根目录下的 captures/目录中。

一旦获取到了 Android 系统生成的 HPROF 数据，就使用 Android SDK 提供的 hprof-conv 工具将它转化成标准的 HPROF 文件格式。然后使用一种分析工具来检查这些信息。

例如，在图 C.4 中，可以看到使用 Memory Analyzer(mat)独立工具分析转换后的 HPROF。

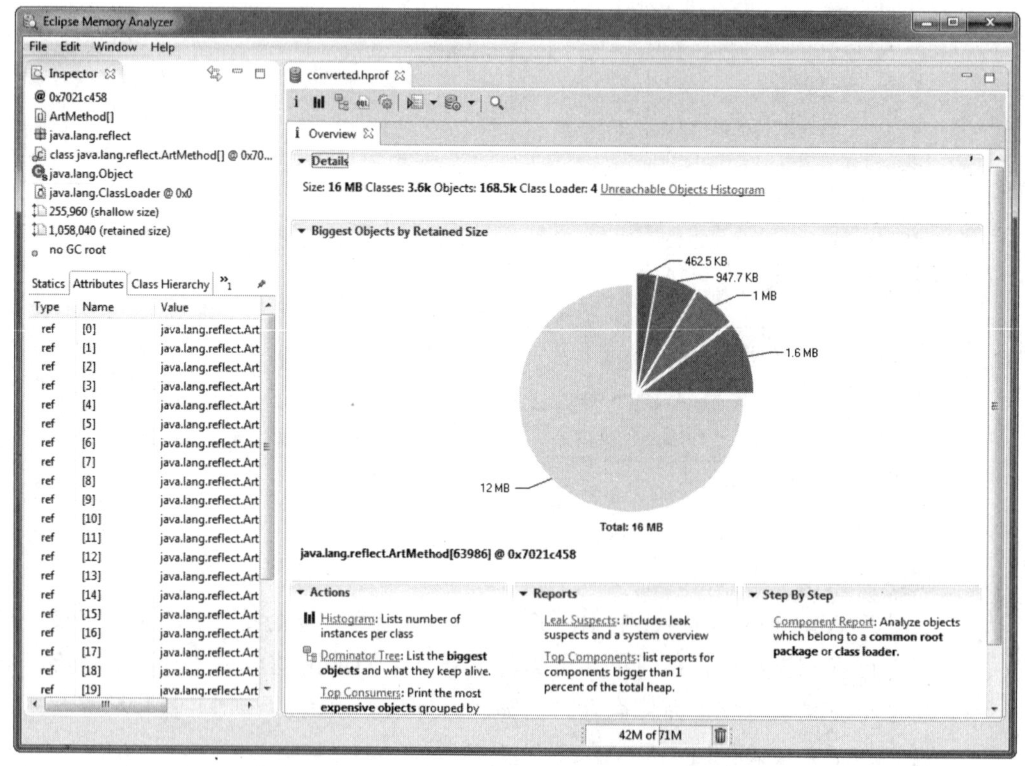

图 C.4　使用独立的内存分析工具检查转换后的 HPROF 分析信息

注意

可通过多种方式生成 HPROF 文件。例如，可通过编程的方式实现(利用 Debug 类)。另外，monkey 工具也有生成 HPROF 文件的选项。也可以使用 Android Studio 生成 HPROF。

C.4　使用内存分配追踪器

可使用设备监视器来监视特定 Android 应用的内存分配情况。开发人员可以根据需求更新内存分配统计数据。追踪内存分配情况的步骤如下：

(1) 在模拟器或者设备中，确认你希望监视的应用已经在运行。

(2) 在设备监视器中，在 Devices 栏中找到对应应用的包名，然后选中它。

(3) 切换到 Allocation Tracker 窗格。

(4) 单击 Start Tracking 按钮来开始跟踪内存分配情况，然后单击 Allocations 按钮得到给定时间点的内存分配信息。

(5) 可单击 Stop Tracking 按钮来停止内存分配情况的追踪。

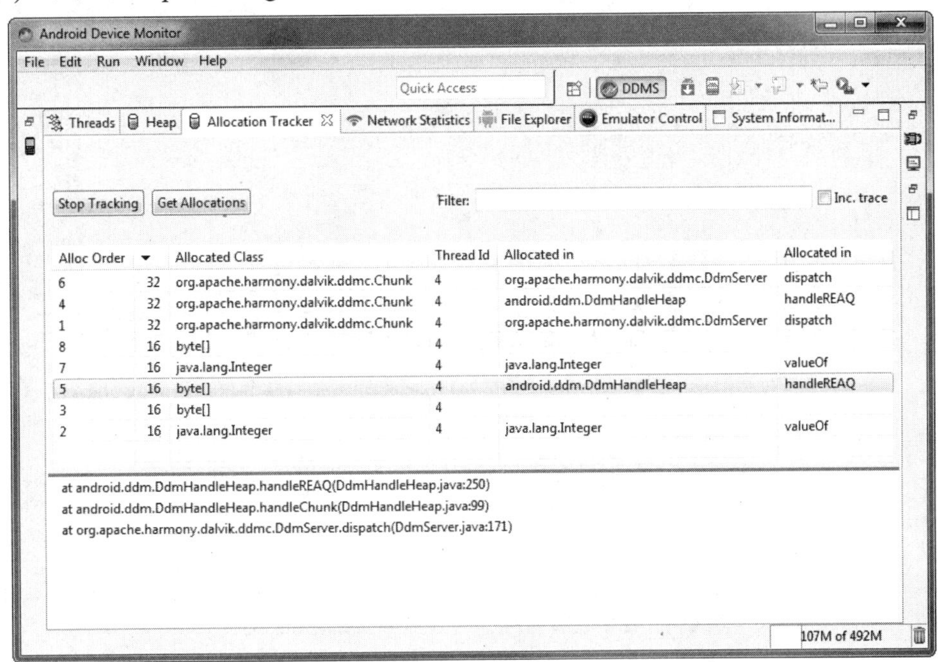

图 C.5　使用设备监视器的 Allocation Tracker 窗格

例如，图 C.5 显示的是运行在模拟器中的应用的 Allocation Tracker 栏中的内容。

Android 文档中有一简单的教程，讲述了如何使用设备监视器抓取一个堆内存转储信息，包括如何使用 Memory Analyzer 工具查看堆内存转储信息：http://d.android.com/tools/debugging/debugging-memory.html#HeapDump。

另外，Android 开发人员网站有一篇关于内存分析的文章：

http://android-developers.blogspot.com/2011/03/memory-analysis-for-android.html。

C.5 观察网络统计数据

可使用设备监视器来分析应用的网络使用情况。在应用需要执行网络数据传输时，这个工具提供的信息非常有用。Android 提供的 TrafficStats 类用于为应用添加网络统计数据分析功能。为区分应用的几种不同数据传输方式，你只要在执行传输前在代码中提供一个 TrafficStats 标签。了解网络统计数据可以帮助我们更好地优化网络数据传输代码。在图 C.6 中，我们会看到一个硬件设备的 Network Statistics 窗格的内容。

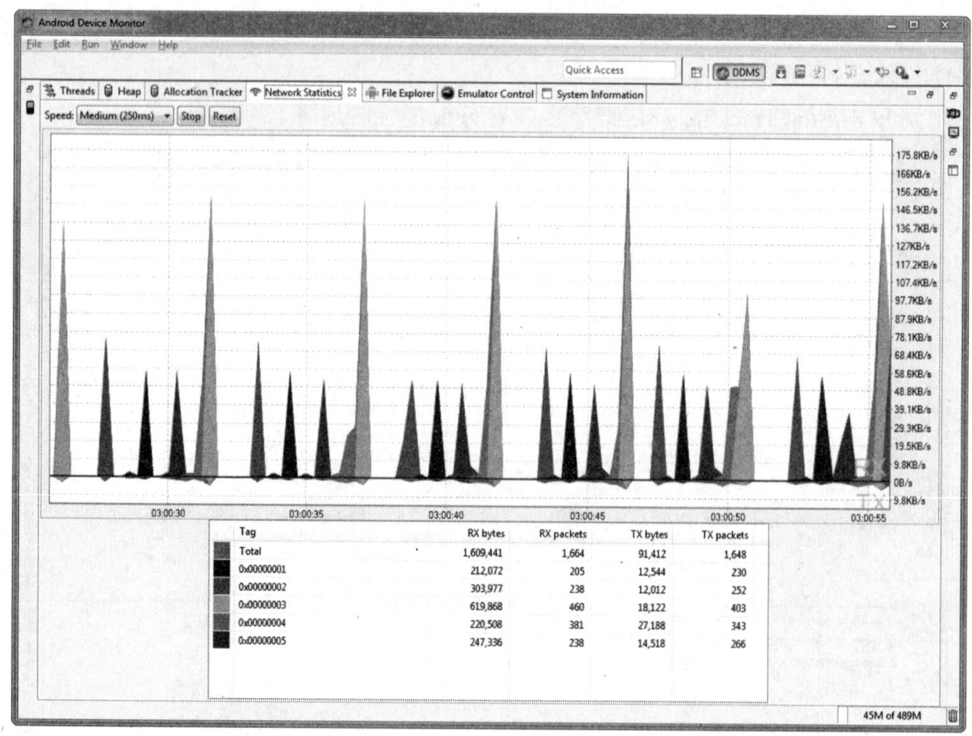

图 C.6. 使用设备监视器的 Network Statistics 面板

C.6 使用 File Explorer

可使用设备监视器来浏览模拟器或真机设备的 Android 文件系统(对于没有 root 权限的设备，这种访问会有一定的限制)。可以访问应用的文件、目录和数据库，还可以把文件从系统中拉出来，或者把文件传送到系统(当然，前提是你有合理的权限)。

例如，图 C.7 显示的是模拟器的 File Explorer 窗格的内容。

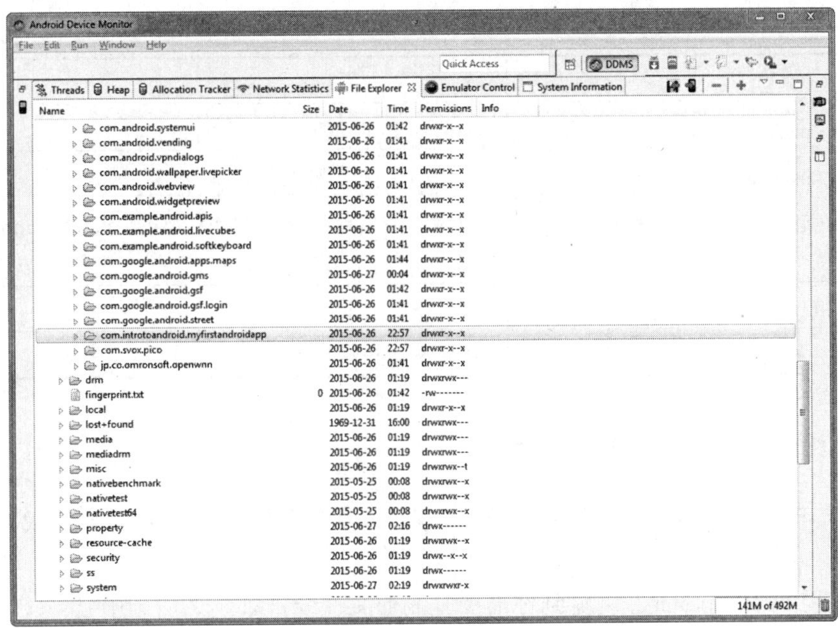

图 C.7　使用设备监视器的 File Explorer 窗格

C.6.1　浏览模拟器或者设备的文件系统

浏览 Android 文件系统的步骤如下：

(1) 在设备监视器中，在 Devices 面板中选择你想查看的模拟器或设备。

(2) 切换到 File Explorer 窗格，你将看到一个文件夹层次目录。

(3) 浏览目录或者文件位置。

表 C.1 显示了一些 Android 文件系统中的重要区域。尽管每个设备的目录可能会不一样，这里列出的是最常见的目录。

要注意，当文件夹内容有变化时，File Explorer 需要等待一段时间才能显示出来。

注意

一些设备目录(如/data)，可能无法通过设备监视器中的 File Explorer 来访问。

表 C.1　Android 文件系统中的重要目录

目　　录	目　　的
/data/app/	Android APK 文件存放的位置
/data/data/<packagename>/	应用的顶层目录；例如 /data/data/com.introtoandroid.myfirstandroidapp/
/data/data/<packagename>/shared_prefs/	应用的共享首选项目录。命名的首选项以 XML 文件格式存储

(续表)

目 录	目 的
/data/data/<packagename>/files/	应用的文件目录
/data/data/<packagename>/cache/	应用的缓存目录
/data/data/<packagename>/databases/	应用的数据库目录；例如：/data/data/com.introtoandroid.pettracker/databases/test.db
/mnt/sdcard/	外部存储(SD 卡)
/mnt/sdcard/download/	浏览器图片存放的位置

C.6.2 从模拟器或设备中复制文件

可以使用 File Explorer 来从模拟器或者设备文件系统中复制文件/目录到电脑中，步骤如下：

(1) 使用 File Explorer，浏览到你需要复制的文件或目录，然后选中它。

(2) 从 File Explorer 的右上角位置，单击一个带箭头的磁盘图标按钮(🖫)来从设备中拉取文件。另一个可选的方法是单击按钮旁下拉菜单中的 Pull File。

(3) 输入文件在电脑中的保存路径，然后单击 Save。

C.6.3 将文件复制到模拟器或者设备中

可使用 File Explorer 把电脑中的文件复制到模拟器或设备的文件系统中，步骤如下：

(1) 使用 File Explorer，浏览复制的目的文件或目录，然后选中它。

(2) 在 File Explorer 的右上角，单击带箭头和手机标志的按钮(📱)把文件推送到设备中。另一个可选方式是单击按钮旁边下拉菜单中的 Push File 来完成。

(3) 在电脑中选择相应的文件或目录，然后单击 Open。

提示

File Explorer 也支持拖放操作。这也是推送目录到 Android 文件系统中的唯一方式；但是，我们不推荐将目录复制到文件系统中，因为没有删除目录的功能。你只能通过编程方式来删除目录(假设有相应权限的话)。另一种方式就是使用 adb shell 的 rmdir，但是你还是需要拥有相应的权限。也就是说，可以选择将电脑中的文件或目录拖放到 File Explorer 中的目标位置。

C.6.4 从模拟器或设备中删除文件

可使用 File Explorer 来删除模拟器或者设备文件系统中的文件(一次只能操作一个，而且不能是目录)，步骤如下：

(1) 使用 File Explorer，找到希望删除的文件，然后选中它。

(2) 在 File Explorer 的右上角，单击红色的负号按钮(⊟)来删除此文件。

警告

小心！删除操作没有确认过程。文件将立即被删除而且无法重新恢复。

C.7　使用 Emulator Control

可以在设备监视器中，通过 Emulator Control 窗格与模拟器实例进行交互。你必须先选中对应的目标模拟器，才能在 Emulator Control 窗格中操作。可以使用 Emulator Control 窗格执行如下操作：

- 改变电话状态
- 模拟来电
- 模拟传入的短信
- 发送一个 GPS 坐标位置修正

C.7.1　改变电话状态

为通过 Emulator Control 窗格(如图 C.8 所示)来模拟改变电话状态，遵循如下步骤：

(1) 在设备监视器中，选择你想改变电话状态的那个模拟器。

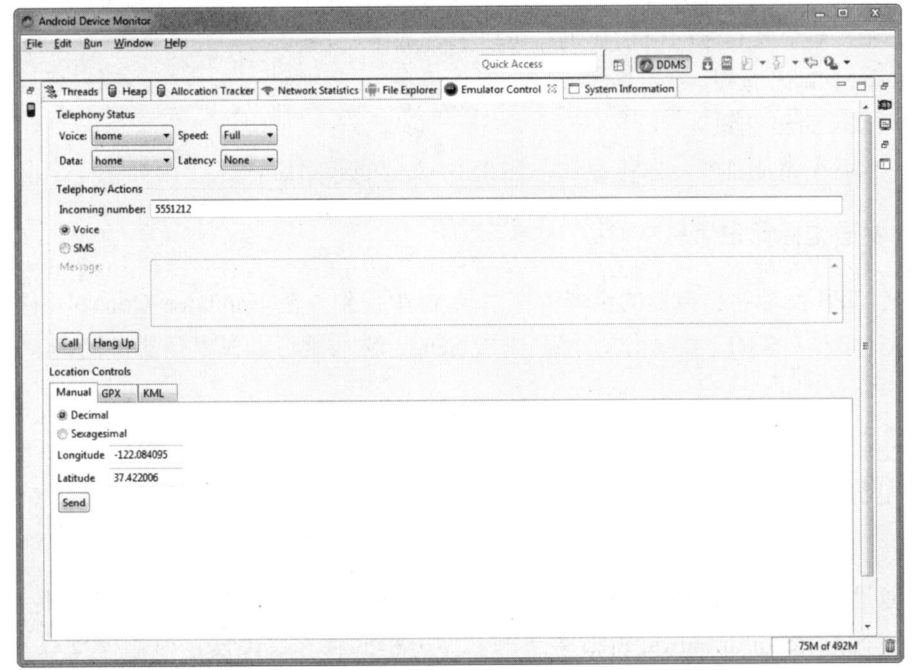

图 C.8　使用设备监视器的 Emulator Control 窗格

(2) 切换到 Emulator Control 窗格。你要改变的电话状态的信息。

(3) 从 Voice、Speed、Data 和 Latency 中选择需要的选项。

(4) 例如，当把 Data 选项从 Home 变成 Roaming 后，应该会在状态栏中看到一条提示设备当前正在漫游的提醒。

C.7.2　模拟语音来电

为使用 Emulator Control 窗格来模拟一个语音来电(如图 C.8 所示)，可以遵循如下步骤：

(1) 在设备监视器的 Devices 窗格中选择你想操作的目标设备。

(2) 切换到 Emulator Control 窗格，改变 Telephony Actions 中的信息。

(3) 输入来电电话号码，可以包含数字、+和#。

(4) 选中 Voice 单选按钮。

(5) 单击 Send 按钮。

(6) 你的模拟器设备在振铃，接听电话。

(7) 模拟器可正常中止通话，或者可在设备监视器中通过 Hang Up 按钮来结束通话。

C.7.3　模拟收到短信

设备监视器提供了向模拟器发送 SMS 信息的一种稳定方式，操作过程和语音通话流程是类似的。为使用 Emulator Control 面板(见图 C.8 上半部分)来模拟 SMS 来信，可遵循如下步骤：

(1) 在设备监视器中，在 Devices 面板中选择接收短信的模拟器。

(2) 切换到 Emulator Control 窗格，你要改变的是 Telephony Actions 中的信息。

(3) 输入短信发起方的电话号码，可以包含数字、+和#。

(4) 单击 SMS 按钮。

(5) 单击 Send 按钮。

(6) 然后在模拟器中，你将看到一条 SMS 来信的通知信息。

C.7.4　发送坐标修正信息

发送 GPS 坐标给模拟器的步骤可在附录 B 中找到。在 Emulator Control 窗格中输入 GPS 信息(如图 C.8 的下半部分所示)，单击 Send，然后就可以在模拟器中使用 Maps 应用来获知当前位置了。

C.8　使用 System Information

可通过设备监视器中的 System Information 窗格来了解模拟器实例的系统信息。你首先必须在 System Information 窗格中选择希望分析的目标模拟器，然后遵循以下的使用方法：

(1) 在设备监视器中，选择你想分析的模拟器或设备。

(2) 切换到 System Information 窗格。

(3) 从 System Information 的下拉菜单中选择你感兴趣的信息。

(4) 如果屏幕为空，可能需要单击 Update from Device 按钮。

(5) 你应该会看到一张显示系统信息的图表，如图 C.9 所示。

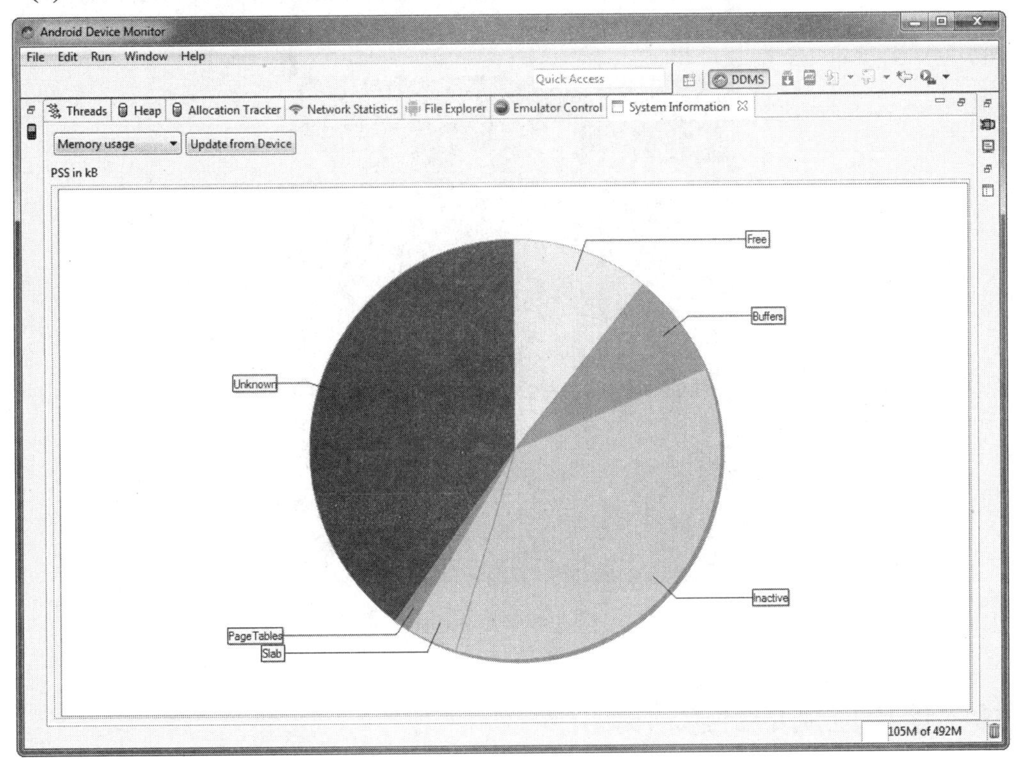

图 C.9　使用设备监视器 System Information 窗格

C.9　为模拟器和设备执行截屏操作

可从设备监视器中对模拟器或者设备执行截屏操作，这对于调试程序来说是很有用的，并且它同时适用于 QA 和开发人员。按以下步骤来做截屏操作：

(1) 在设备监视器中，从 Devices 面板里选择目标模拟器或者设备。

(2) 在设备或者模拟器中，确保当前已经处于需要截取的界面。

(3) 单击正方形图形按钮()来执行截屏操作。此时会弹出一个窗口，如图 C.10 所示。

(4) 在截图窗口中，单击 Save 按钮来保存屏幕截图。类似地，Copy 按钮可将图像复制到剪贴板中，Refresh 按钮则负责更新截图界面(如果模拟器或设备的界面已经改变的话)，而 Rotate 按钮可将图形翻转 90 度。

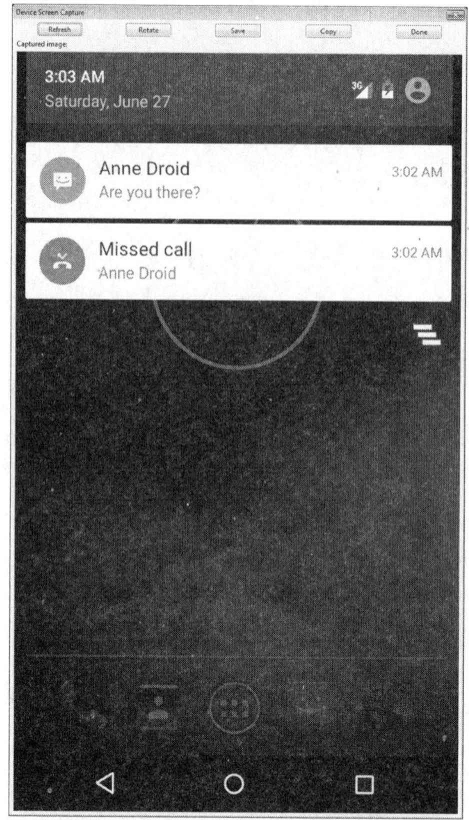

图 C.10 使用设备监视器捕获截屏

C.10 使用应用的日志追踪功能

LogCat 工具已经被集成到设备监视器中，在设备监视器界面的底部栏中。可在下拉框中选择对应日志类型来控制需要显示出来的信息。默认选项是 verbose(所有信息都显示出来)。其他选项分别对应 debug、info、warn、error 和 assert。当被选中后，只有与选项对应的日志信息会显示出来。可以利用搜索字段来过滤出只包含搜索结果的信息，完全支持正则表达式，而且可以带有作用域前缀(如 text)以便只显示日志信息的文本。

也可以创建和保留过滤条件，以便选择符合特定条件的信息。可以使用加号(+)按钮来添加一个过滤条件；tag、message、process ID、name 或者 log level 都可以成为过滤条件(同时也可以使用 Java 类型的正则表达式)。

例如，假设应用中有如下代码：

```
public static final String DEBUG_TAG = "MyFirstAppLogging";
Log.i(DEBUG_TAG,
    "In the onCreate() method of the MyFirstAndroidAppActivity Class.");
```

可以单击加号(⊞)按钮创建一个 Logcat 过滤条件，为它命名然后把日志 tag 这一项填写成符合你调试标签的字符串，即：

```
MyFirstAppLogging
```

最后，Logcat 面板会显示过滤结果，如图 C.11 所示。

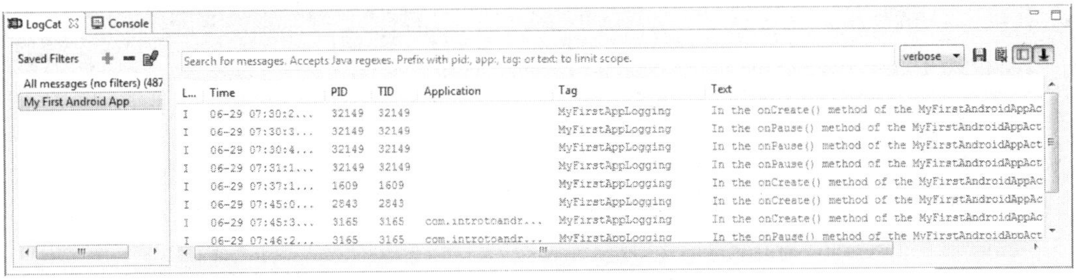

图 C.11　在设备监视器 Logcat 日志面板中使用自定义过滤器

C.11　本附录小结

在本附录中，你已经学习了设备监视器所提供的很多有价值的功能。可以从 Android Studio 中启动设备监视器，或者通过命令行启动。你学习了使用设备监视器提供的工具来监视应用在模拟器或设备上运行的性能。你也学习了如何使用设备监视器直接与模拟器或设备的文件系统进行交互。你应该也熟悉了与模拟器和设备之间的交互操作，如执行电话操作、短信、截屏甚至是日志追踪等操作。

C.12　小测验

1. 命令行形式的设备监视器程序存放在 Android SDK 的哪个目录下？
2. 判断题：设备监视器中用于给模拟器或者设备发送 GPS 坐标的标签页是 Emulator Control。
3. 可使用 Thread 和 Heap 选项卡来执行哪些任务？
4. 可以被添加到应用，具有网络统计数据分析功能的类名是什么？
5. 判断题：Logcat 工具不是设备监视器的一部分。

C.13　练习题

1. 启动示例应用(在模拟器或设备中)，然后利用设备监视器的各个选项卡来分析应用。
2. 实践与模拟器或设备进行交互，如通话、SMS 短信以及 GPS 坐标修正，并利用设备监视器来截取每种交互的屏幕界面。

3. 为示例应用添加日志语句，然后使用 Logcat 来查看日志信息。

C.14 参考资料和更多信息

Android Tools: “Device Monitor”:
http://d.android.com/tools/help/monitor.html
Android Tools: “HPROF Converter”:
http://d.android.com/tools/help/hprof-conv.html
Android Reference: “TrafficStats”:
http://d.android.com/reference/android/net/TrafficStats.html
Android Tools: “Reading and Writing Logs”:
http://d.android.com/tools/debugging/debugging-log.html
Android Reference: “Log”:
http://d.android.com/reference/android/util/Log.html

附录 D

精通 Android SDK 工具

幸运的是，Android 开发人员可借助很多工具来设计和开发高质量的应用。一些 Android SDK 工具默认集成在 Android Studio 中，或者在 Eclipse 中安装 ADT 插件后集成，而其他工具只能在命令行中使用。本附录将阐述一些最重要的 Android SDK 工具。了解 SDK 工具可以帮助你更便捷地开发应用。

注意

本附录中覆盖了本书撰写时已经存在的可用工具。了解本书编写时使用了哪些工具，可以查看本书前言中的“本书使用的开发环境”一节。

Android SDK 工具更新非常频繁。我们已经尝试了最新版本工具的最新操作步骤。但本附录中描述的操作步骤和界面是可能随时改变的。请参阅 Android 开发人员网站 http://d.android.com/tools/help/index.html 以及本书的网站获取最新信息。

D.1 使用 Android 文档

虽然 Android 文档本身不是一个工具，但它对 Android 开发人员而言是一个很重要的资源。Android SDK 目录下的 docs/子目录下有一个 HTML 版本的 Android 文档；在开发中遇到问题应该首先去查看该文档。你也可以访问 Android 开发人员网站 http://d.android.com/tools/help/index.html 获取最新的帮助文档。Android 文档是组织有序的并且可搜索的，分为三个主类，每类下分多个节，如图 D.1 所示：

- Design：该选项卡提供了关于设计 Android 应用的相关信息。
  - Up and running with material design：该区域提供了关于材质设计的简介，以及设计者使用的下载链接和 Google 提供的关于材质设计的文章。

- Pure Android：该区域包含 Android 设计的最佳实践和培训，助你开发具有高质量用户体验的应用。
- Resources：该区域包含材质设计相关资源的链接，例如布局模板、贴纸表、图标、字体、调色板及其他。

● Develop：该选项卡提供了关于开发 Android 应用的相关信息。

- Training：培训区域包含了使用特定类的教程，提供了可在应用中免费使用的示例代码。这些教程按照一般 Android 开发的学习顺序排列，许多主题讨论非常深入。这些培训对 Android 开发人员来说是无价之宝。
- API Guides：该选项卡提供了很多 Android 主题、类或包的深度阐述。虽然与 Training 区域相关，API Guides 针对某些 Android 功能的 API 进行了更深入的阐述。
- Reference：该选项卡包含了 Android SDK 中所有的 API 中的 Javadoc 格式的包和类文档的索引。你将会花很多时间在这个选项卡上，查找 Java 类文档，检查方法参数，以及执行其他类似的操作。
- Tools：Tools 选项卡包含了学习 Android studio 和 SDK 工具的相关资源。很多工具在本书中都讲过，都可以在 IDE 中或者通过命令行使用。Tools 选项卡下一个重要的区域 Tools Help 对于学习使用 SDK 工具和平台工具都很有用。这里也可以下载 Android Studio 和 SDK 工具，这些工具可用于 Windows、Mac 和 Linux。
- Google Services：这个选项卡提供集成 Google 服务到应用中的教程、示例代码以及 API 指南。也帮助你了解 Google Play 开发人员工具。
- Samples：该选项卡提供了很多按主题分类的示例应用，帮助学习使用特定的 API。可以浏览多个示例项目，或者下载这些项目到你的系统中，导入到 IDE，在你的设备或模拟器中运行，了解他们实现了哪些重要的功能。
- Preview：该选项卡提供了很多关于 Android 发布预览版本的信息，了解如何在开发中使用这些新的 API。

● Distribute：该标签提供了关于发布 Android 应用的信息。

- Google Play：该选项卡提供了 Google Play 的简介。在启动应用之前，深入理解 Google Play 是非常重要的。该区域提供了 Google Play 的概览。介绍了 Google Play 提供给开发人员的机会和程序。
- Essential：该区域提供了开发人员在构建应用时需要遵循的不同质量的指南的深度解析。有一个区域主要介绍了工具和资源(如检查清单、指南、生成器及更多)，能帮助开发出更好的应用。
- Get Users：Get Users 选项卡帮助你了解用户的需求。主题包括创建一个高质量的 Play 商店列表，使用广告、搜索、国际化和邀请增长机制，以及其他能增长用户基数的内容。

- Engage & Retain：该选项卡下覆盖的技术超出了如何增加用户的范畴。在这里，你将学习如何保持应用用户活跃的技术。
- Earn：这一区域讨论了应用多种商业化模式。商业化主题涵盖了免费模式、预付费模式、订阅模式、广告收费模式、电子商务模式以及其他能给应用创建收入的商业模式。
- Analyze：Analyze 选项卡讨论了数据追踪和分析。你将学习如何恰当地将数据追踪功能集成到应用中，以及如何利用收集的数据完善应用。
- Stories：该区域突出强调了一些在 Google Play 上成功发行的应用。学习别人如何取得成功，并将这些准则应用到自己的应用中。

图 D.1 展示了网站上的 Android SDK Reference 选项卡的截图。

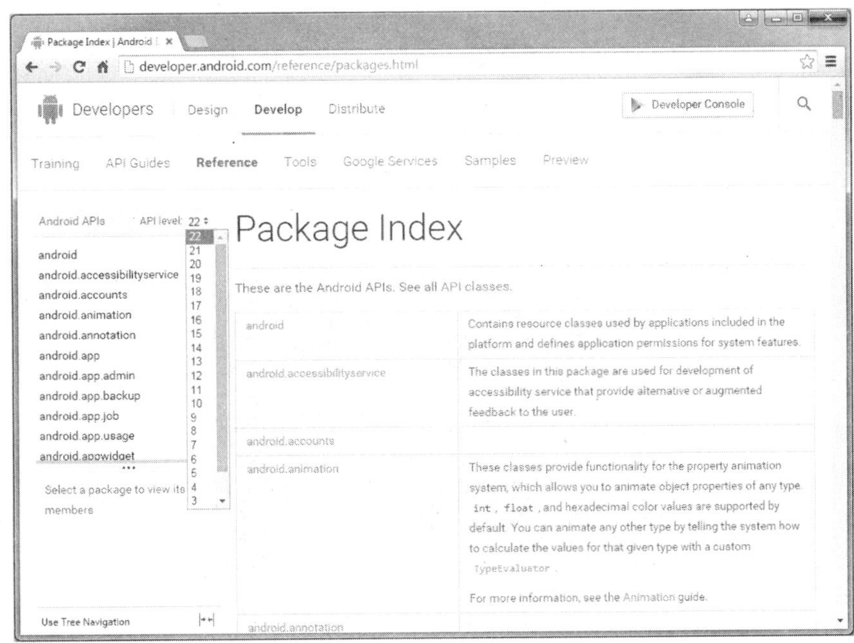

图 D.1　Android 开发人员网站

现在是时候学习使用 Android SDK 文档的方式。首先检验你线上的文档，然后尝试本地文档。

提示

不同的 Android SDK 功能适用于不同版本的平台。新的 API、类、接口以及方法在之前已经介绍过了。所以，每一项在首次介绍时都会标记上 API 等级。在确认某一项在特定平台版本是否可用时，检查它的 API 等级，通常在文档的右边列出。你也可以将文档过滤到指定的 API 等级，这样便只会显示该平台版本可用的 SDK 功能(见图 D.1 的左侧)。

请记住，本书旨在指导你掌握 Android 开发技术。它包含了 Android 的基础知识，并尝试将很多信息提取出来，以一种易于理解的方式方便你更快上手。然后让你深入理解 Android 平台上哪些是可用的。它并不是一个详尽的 SDK 参考文档，而是一个最佳实践指南。你需要长期熟悉 Android SDK 中 Java 类的文档，以便能成功设计和开发 Android 应用。

D.2 使用 Android 模拟器

尽管第 2 章中介绍了作为核心工具的 Android 模拟器，但在此还是有必要再次提及。对于开发人员来说，与 Android SDK 和 Android 虚拟设备管理器相结合(在本书其他章节中已做了适当介绍)，Android 模拟器成为功能最强大的工具。开发人员学习使用模拟器并了解其限制是非常重要的。Android 模拟器集成在 Android Studio 中。更多关于模拟器的内容，请参阅附录 B。建议在阅读了本附录中的材料后，再复习一下附录 B。

图 D.2 展示了一个使用了 Android SDK 名为 Support App Navigation 的应用在 Android 模拟器中运行的情况。

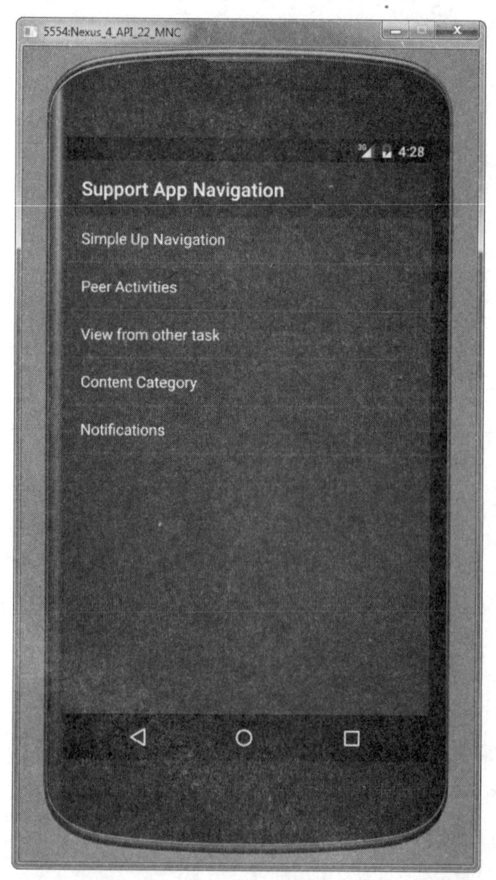

图 D.2 Android 模拟器正在运行 Support App Navigation 示例应用

也可以在 Android 开发人员网站上找到关于模拟器的所有信息：http://d.android.com/tools/help/emulator.html。

D.3　使用 Logcat 查看应用日志数据

你在第 3 章中学习了如何使用 android.util.Log 类来记录应用信息。日志输出在 Android Studio 的 logcat 工具窗口中。你也可以直接操作 logcat。

尽管你有非常强大的调试器，但是在应用中添加日志支持还是非常有用的。可以监视应用在模拟器或设备上的日志输出。日志信息对于追踪困难的 bug 非常有价值，也可以报告应用在开发阶段的运行状态。

日志数据是按照严重级别来归类的。当你在项目中创建一个新类时，我们建议你在类中定义一个唯一的调试标签，方便追踪日志信息的源头。还可以使用这个标签来过滤日志数据，只查找你感兴趣的消息。可以使用 Android Studio 中的 logcat 工具按照你提供的调试标签字符串来过滤日志消息。阅读附录 A 中的"创建自定义日志过滤器"一节学习如何过滤日志消息。

最后，需要在性能和日志之间做权衡。过多的日志对设备和应用的性能有影响。起码，debug 和 verbose 的日志应该只在开发时使用，在发布的产品中应该移除掉。

D.4　使用设备监视器调试应用

当需要在模拟器或设备上调试时，你需要将注意力转移到 Android 设备监视器工具上来。设备监视器是集成在 Android Studio 中的调试工具。在 Android SDK 安装目录下的 tools/ 子目录下也存在独立的可执行程序。

集成在 Android Studio 中的设备监视器提供了很多与模拟器和设备交互以及调试应用的有用工具。可使用设备监视器来查看和管理运行在设备上的进程和线程，查看堆内存数据，连接到进程进行调试，以及执行其他多种任务。

可在附录 C 中找到所有关于 Android 设备监视器的内容以及如何使用这些功能。我们建议你在阅读完本附录提供的资料后复习一下附录 C。

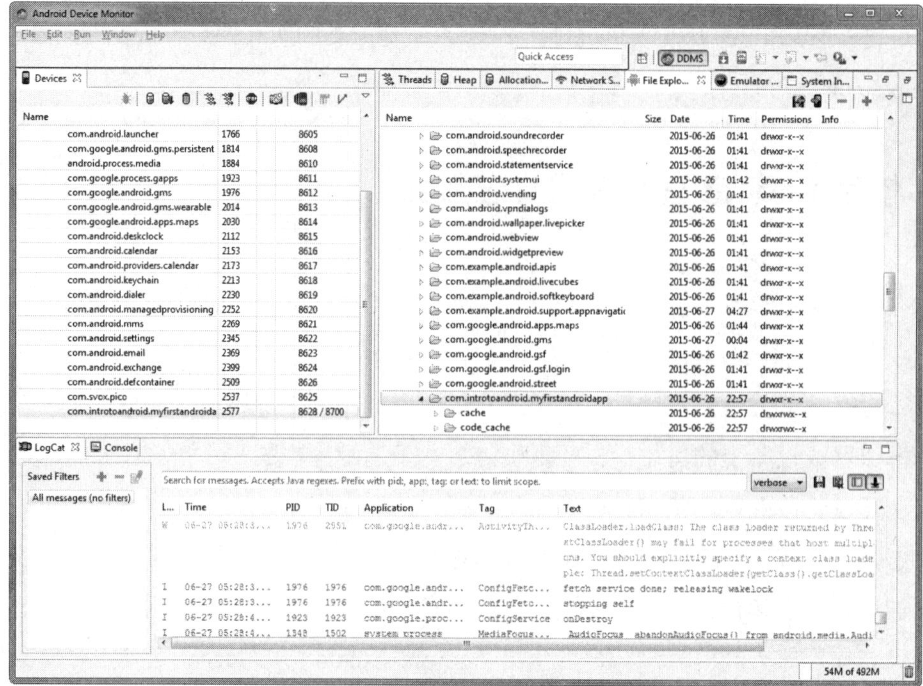

图 D.3　从 Android Studio 中启动的设备监视器

D.5　使用 Android 调试桥(ADB)

Android 调试桥(adb)是一个客户端/服务端模式的命令行工具，开发人员在 Android Studio 中使用它来调试运行在模拟器和设备中的 Android 代码。设备监视器和 Android SDK 工具都使用 ADB 来建立开发环境和设备(模拟器)之间的交互。可以在 Android SDK 目录下的 platform-tools/目录下找到 adb 命令行工具。

开发者也可以使用 adb 与设备文件系统进行交互，通过 shell 命令手动安装或卸载应用。例如，使用 logcat 和 sqlite3 命令可访问日志数据和应用数据库。

请查看 Android SDK 文档了解完整的 ADB 参考文档：http://d.android.com/tools/help/adb.html。

D.6　使用布局编辑器

Android Studio 是一个针对 Java 应用精心设计的、稳定的开发环境。当使用 Android Studio 时，可以利用一系列针对 Android 的简单工具帮助你设计、开发、调试和发布应用。与所有应用类似，Android 应用由功能(Java 代码)和数据(资源，如字符串和图片)构成。功能部分由 Android Studio 的 Java 编辑器、编译器和 Gradle 构建系统处理。Android Studio

中集成了 Android SDK 工具，添加了一系列特定编辑器来创建 Android 特定的资源文件，从而封装应用数据，如字符串和用户界面资源模板(也叫布局)。

Android 布局(用户界面模板)资源是 XML 文件。但是，一些人倾向拖曳控件，移动调整布局，预览面向实际用户的用户界面。Android Studio 的布局编辑器支持可视化的设计布局。

当你打开项目目录下的 res/layout 中的 xml 文件时，就会加载布局编辑器。可以在 Design 视图中使用布局编辑器，拖曳控件，确认应用在不同的 AVD 配置选项(Android API 等级、屏幕分辨率、屏幕方向、主题以及其他)下的显示情况，如图 D.4 所示。你也可以切换到 Text 视图下直接编辑控件或者设置特定的属性。

我们在第 7 章和第 8 章讨论了设计和开发用户界面，以及使用布局和用户界面控件的细节。在这里，你需要注意的是，应用的用户界面组件作为资源存储，Android SDK 提供了帮助设计和管理这些资源的工具。

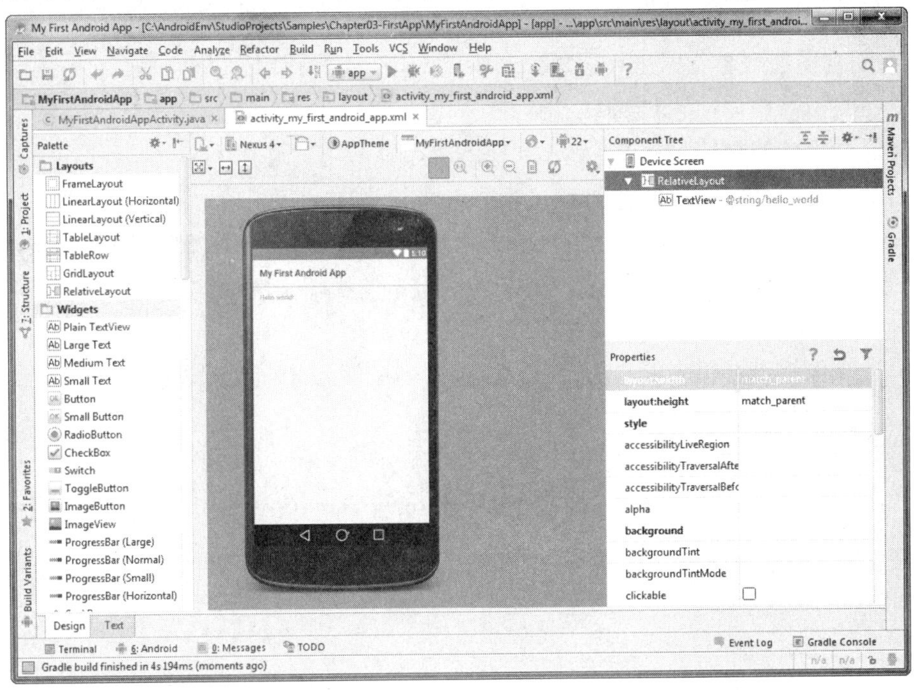

图 D.4　使用 Android Studio 的 Design 视图中的布局编辑器

D.7　使用 Android 视图层级查看器

Android 视图层级查看器是一个用来确认布局组件之间关系(层级关系)的工具，帮助开发人员设计、调试和配置他们的用户界面。开发人员可以使用该工具来检查用户界面控件的属性，开发像素级布局。视图层级查看器可以作为 Android 设备监视器中的一个视图，也可以在 Android SDK 安装目录下的 tools/子目录下作为独立的程序。后者已被弃用。

视图层级查看器是一个可视化工具，可用来以多种方式查看应用的用户界面，检查和完善布局设计。可在运行时深入分析特定的用户界面控件，检查属性。可以保存模拟器或设备上当前应用状态的屏幕截图。

视图层级查看器应用分成两种主要的模式：

- **布局视图模式**：该模式以树形结构展示了应用当前加载的用户界面控件之间的层级关系。可以放大并选择特定的控件，查看控件当前状态的很多信息。也提供了很多性能分析信息帮助你优化组件。
- **像素级模式**：该模式在一个放大的像素网格上展示用户界面。这种模式在设计师需要查看特定布局的排版或者在图片上排列视图时非常有帮助。

可在设备监视器中的 Hierarchy View 和 Pixel Perfect 透视图之间移动，进而在两种模式之间切换。

D.7.1 启动视图层级查看器

为启动视图层级查看器来查看模拟器中的应用，可按如下步骤操作：

(1) 在模拟器中启动 Android 应用。

(2) 启动设备监视器，并在 Devices 视图中选择应用的进程。

(3) 在设备监视器中切换到 Hierarchy View 透视图。除了使用设备监视器，你也可以导航到 Android SDK 安装目录下的 tools/子目录下，启动视图查看器应用(hierarchyviewer)，需要注意的是独立方式已经被弃用，更倾向在设备监视器中集成使用。

(4) 在 Device 列表中选择你的模拟器实例。

(5) 选择你想查看的应用。应用必须在模拟器中运行才会在列表中显示。

D.7.2 使用布局视图模式

布局视图模式显示在设备监视器中的 Hierarchy View 透视图中，在调试应用中用户界面控件的绘制问题时非常有用。如果想知道为什么一些控件没有正确绘制，尝试启动 Hierarchy View 透视图，并检查控件在运行时的属性。

注意

当在视图层级查看器中加载应用时，你将知道应用的用户界面并不是树形层级中的根。事实上，应用内容上面还有一些布局控件的层，作为应用内容的父控件展现。应用的内容实际上是一个名为@id/content 的 FrameLayout 控件的子控件。当你在 Activity 类中使用 setContentView()方法加载布局内容时，实际上是指定了上层级中的 FrameLayout 中加载的内容。

图 D.5 显示在设备监视器中的 Hierarchy View 透视图中正在显示的树形视图，并加载到布局视图模式。

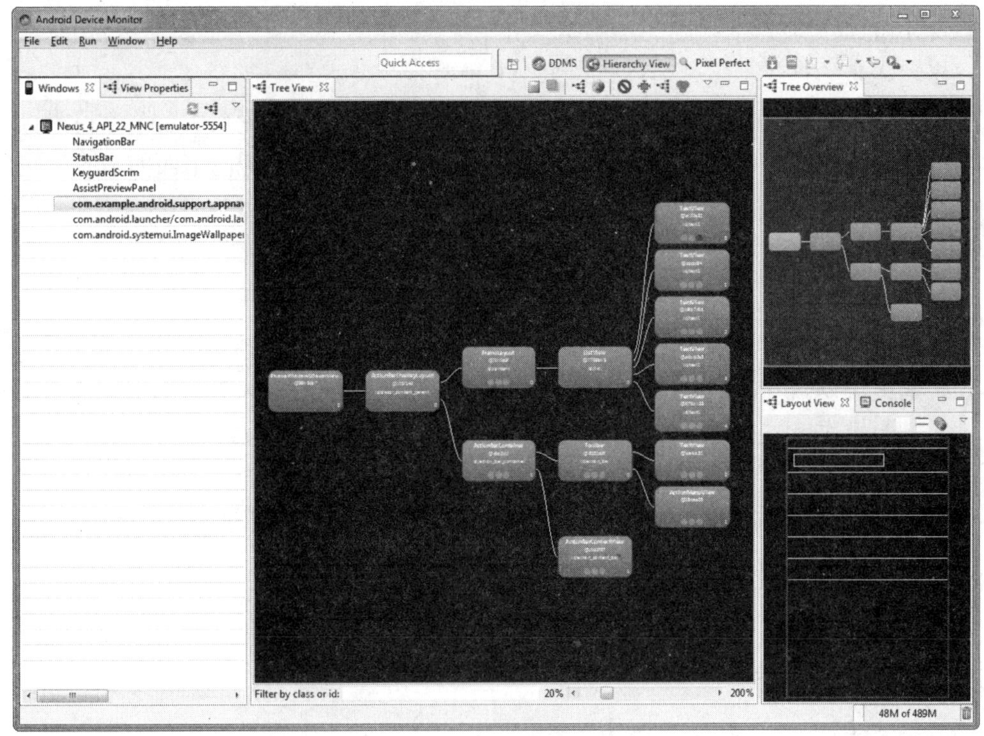

图 D.5　Hierarchy View 透视图(布局视图模式)

当首次在布局视图模式中加载应用时，你将看到很多窗格信息。主窗格以树形展示了父/子控件间的关系。树中的每个节点代表显示在屏幕上的一个用户界面控件，并显示控件的唯一标识、类型和为优化提供的性能分析信息(后面再做介绍)。在屏幕的右边也有一些更小的窗格。放大镜窗格便于你快速在一个大的树形视图中导航。属性窗格展示了选中的节点的各种属性。以线框形式展示了当前加载的用户界面，用红盒子突出显示了当前选择的控件。最左边的窗格中列出了当前正在运行的设备以及他们正在运行的应用。

提示

将 View 对象 ID 属性设置为你能记住的友好名称，而不是默认提供的自动生成序列号 ID 标签。这将帮助你能更好地在 Hierarchy View 透视图中导航应用的 View 对象。例如，一个 Button 控件的 ID 取名为 SubmitButton 比 Button01 更有描述意义。

可使用 Hierarchy View 透视图与应用用户界面进行交互和调试。

D.7.3　优化用户界面

也可以使用视图层级查看器来优化你的用户界面内容。如果之前使用过该工具，你可能注意树形视图中的红色、黄色或者绿色小点。它们是特定控件的性能指示器：

- 左边的点代表这个视图的测量操作所花费的时长。
- 中间的点代表这个视图的布局渲染操作所花费的时长。

● 右边的点代表这个视图的绘制操作所花费的时长。

指示器表示的是每种控件渲染与树形中其他节点的关系。控件本身并没有严格意义上的好坏。红点表示这个视图渲染相对同层级中所有视图都要慢。黄点表示这个视图渲染同层级所有视图下面的50%。绿点表示这个视图渲染在同层级所有视图上面的50%。当你单击树形中的某个视图时，你也可以看到该指示器所代表的实际性能时间。

提示

视图层级查看器提供控件级别的精准性能分析。但它不会指出你的用户界面布局是否以最有效的方式组织。为了确认，可使用Android SDK安装目录中tools/子目录下的lint命令行工具。该工具也集成在Android Studio中，在编译应用时会自动运行。该工具会指出用户界面中不必要的布局控件。可在Android开发人员网站了解更多关于该工具的内容。http://d.android.com/tools/debugging/debugging-ui.html#lint。

D.7.4　使用像素级模式

可使用像素级(Pixel Perfect)模式来洞察你的应用用户界面。你也可以加载PNG样板文件来覆盖用户界面并调整应用的外观。可在设备监视器中选择Pixel Perfect来访问像素级模式。

图D.6演示了可使用像素级模式中的放大镜功能在像素级观察当前正在运行的应用的屏幕。

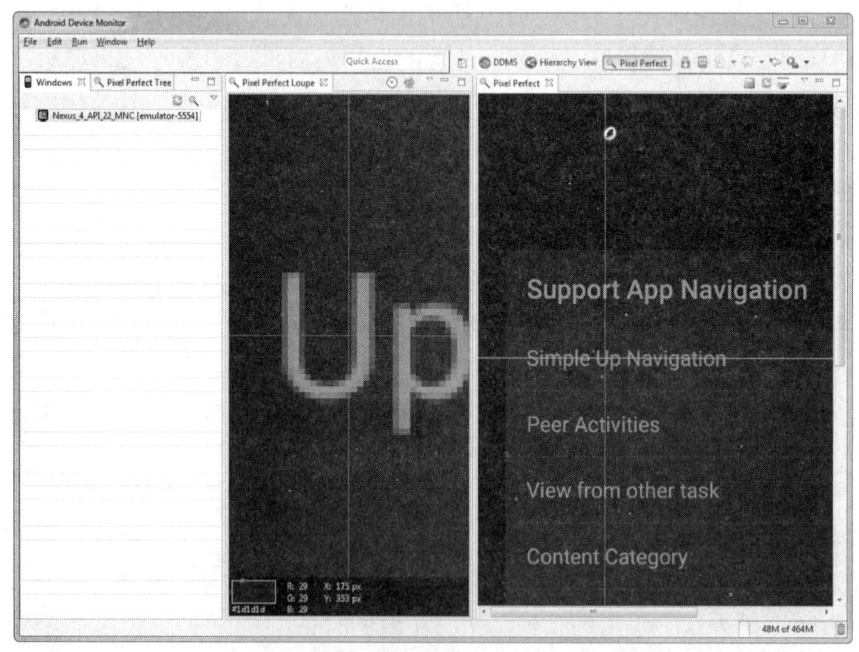

图D.6　视图层级查看器工具(像素级模式)

D.8　使用九宫格可拉伸图片

Android 支持九宫格可拉伸图片，灵活支持不同用户界面特性、方向和设备屏幕。使用 Android SDK 安装目录中的 tools/子目录下的 draw9patch 工具来编写一个 PNG 文件得到九宫格可拉伸图片。

九宫格可拉伸图片是一个带补丁的简单 PNG 图片，定义了图片的哪些区域可以适当拉伸，而不是将整个图片作为一个单元整体拉伸。图 D.7 解释了一个图片(以方形显示)是怎样分成九个部分的。中间部分通常是透明的。

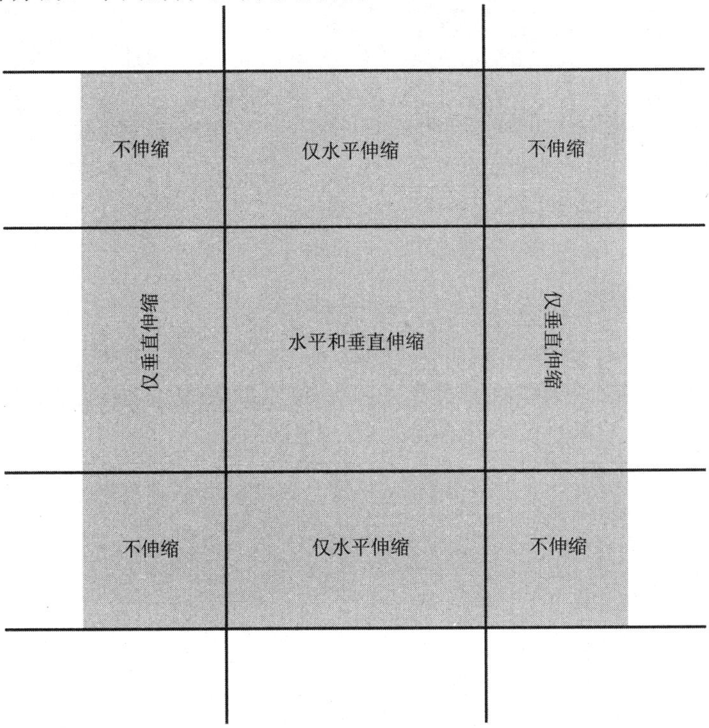

图 D.7　九宫格图形方块是如何拉伸的

draw9patch 工具界面一目了然。在左侧的窗格中，可定义辅助线来指定图形在被拉伸时如何调整尺寸。在右侧的窗格中，可预览图形在被定义了碎片后是如何变化的。图 D.8 展示一个简单的 PNG 文件被加载到工具中，尚未定义辅助线。

为使用 draw9patch 工具从 PNG 文件创建九宫格可拉伸图片文件，执行如下步骤：

(1) 在 Android SDK 工具子目录下启动 draw9patch。

(2) 拖动一个 PNG 文件到窗格中(或者使用 File | Open Nine-Patch)。

(3) 选中左边窗格底部的 Show patches 复选框。

(4) 为 Patch scale 设置一个合适的值(设置为更高的值可以看到更多被标记的结果)。

(5) 单击图片的左边缘，设置一个水平参考线。

(6) 单击图片的上边缘，设置一个垂直参考线。

(7) 在右边窗格中查看结果；移动参考线，直到符合要求。图 D.9 和图 D.10 解释了两种可能的参考线配置。

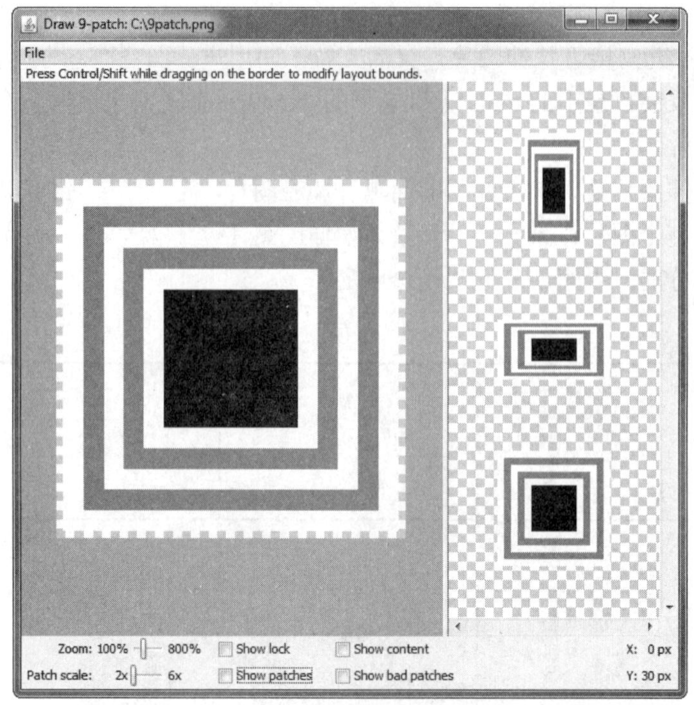

图 D.8　一个在九宫格处理前的简单 PNG 文件

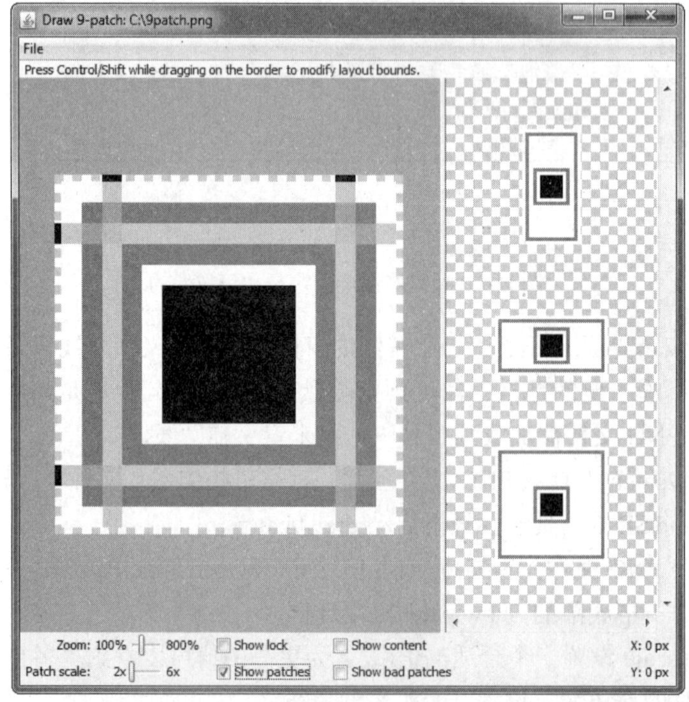

图 D.9　一个九宫格处理后的 PNG 文件，定义了碎片辅助线

(8) 为删除一条参考线，按住 Shift，然后单击参考线像素(黑色)或者左键单击参考线像素。

(9) 保存你的图形文件。九宫格可拉伸图形文件名将以.9.png 扩展名结尾(例如 litte_black_box.9.png)。

(10) 将你的图形文件作为一个资源包含到 Android 项目中，像普通 PNG 文件一样使用这些图片。

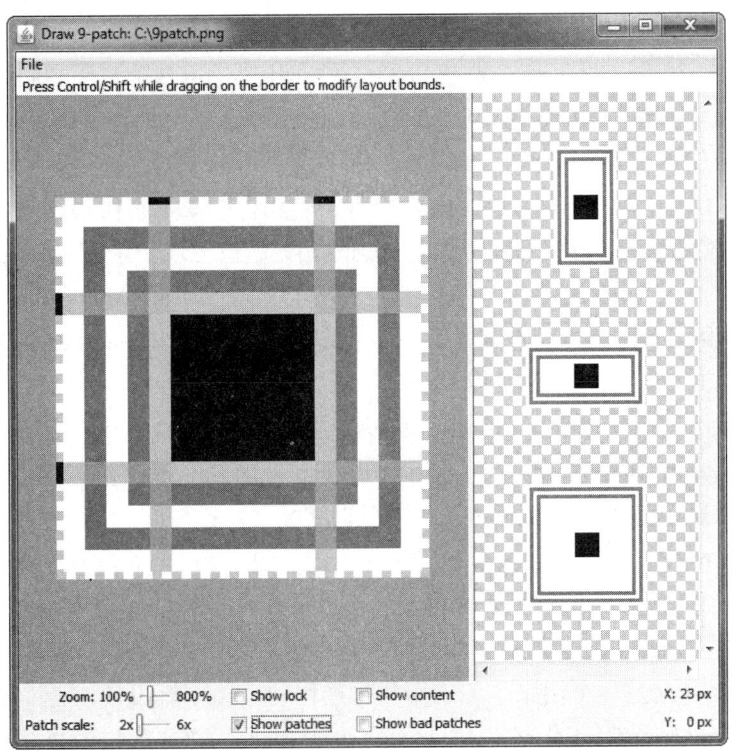

图 D.10　一个九宫格处理后的 PNG 文件，定义了不同的碎片辅助线

D.9　使用其他 Android 工具

尽管我们已经讲解了最重要的工具，Android SDK 中还包含了一系列其他特定作用的工具。许多这些工具提供了底层功能，并已集成到 Android Studio 中。你可能没有使用 Android Studio，但也可以在命令行中使用这些工具。

可在 Android 开发人员网站上找到 Android SDK 中开发工具的完整列表：http://d.android.com/tools/help/index.html。可以在这里找到每种工具，以及指向官方文档的链接。下面是一些我们尚未介绍的有用工具：

- android：该命令行工具提供大部分功能与 Android SDK 和 Android 虚拟设备管理器提供的功能是一样的。如果没有使用 Android Studio，也可以使用它帮助创建和管理项目。

- bmgr：该 shell 工具需要在 adb 命令行中使用，用来与备份管理器交互。
- dmtracedump、hprof-conv、traceview：这些工具用来诊断应用，调试日志，以及对应用进行性能分析。
- jobb：该工具用来将 APK 文件加密为 OBB(Opaque Binary Blob)格式或从 OBB 格式解密为扩展的 APK 文件。
- lint：该工具集成在 Android Studio 中，在编译应用时自动运行。也可以在命令行下运行来检测你的代码，发现可能存在的 bug，并给出改进建议。
- etc1tool：该命令行工具用来在 PNG 文件和压缩的 ETC1 文件之间进行转换。关于 ETC1 的文档请参考 http://www.khronos.org/registry/gles/extensions/OES/OES_compressed_ETC1_RGB8_texture.txt。
- logcat：该 shell 工具需要在 adb 命令行中使用，用来与平台日志工具进行交互。即便你通常在 Android Studio 中查看日志输出，你也可以使用该 shell 工具来抓取、清除和重定向日志输出(如果在做自动化操作，或没有使用 Android Studio，这个功能非常有用)。尽管 logcat 命令行工具用来提供更好的过滤器，Android Studio 的 logcat 工具窗口提供了更强大的过滤图形版本。
- mksdcard：该命令行工具帮助你创建独立于特定 AVD 的 SD 卡的磁盘镜像。
- monkey、monkeyrunner：可使用这些工具来测试应用，并实现自动化测试套件。第 21 章讨论了单元测试和测试应用的时机。
- ProGuard：该工具用来混淆和优化应用的代码。第 22 章详细地阐述了 ProGuard，尤其是如何保护应用的知识产权。
- sqlite3：该 shell 工具需要在 adb 命令行中使用，用来与 SQLite 数据库交互。
- systrace：这是一个用来学习应用执行过程的性能分析工具。
- Trace for OpenGL ES：该工具允许你分析 OpenGL ES 代码的执行过程，理解应用是如何处理和执行图形的。
- uiautomator：这是一个自动的 UI 测试框架，用来为应用创建和运行用户界面测试。
- zipalign：该命令行工具用来对齐签名后的 APK 文件。该工具只在你没有使用 Android Studio 的导出向导来编译、打包、签名和对齐应用时才需要用到。我们在第 22 章中讨论了这些步骤。

D.10 本附录小结

Android SDK 提供了一系列功能强大的工具，帮助完成常见的 Android 开发任务。Android 文档是为开发人员提供的基础参考文档。Android 模拟器可以用来运行和调试 Android 应用，不需要真实设备。Android Studio 中的设备监视器调试工具对监视模拟器和设备非常有用。ADB 是设备监视器中很多功能的背后强大的命令行工具。视图层级查看器和 lint 工具可用来设计和优化用户界面控件。九宫格工具允许你创建可拉伸的图形，用在应用中。也有很多其他有用的工具帮助开发人员完成不同的开发任务，从设计到开发、测试和发布。

D.11 小测验

1. 判断题：设备监视器可作为独立的执行程序运行。
2. 哪个 SDK 子目录包含 adb 命令行工具？
3. Android Studio 中用来编辑 Android 布局文件的是哪两个视图？
4. 哪个工具用来检测和优化用户界面？

D.12 练习题

1. 阅读 Android 参考文档，列出 logcat 命令行的选项。
2. 阅读 Android 参考文档，确定哪个 adb 命令用来列出所有连接的模拟器实例。
3. 阅读 Android 参考文档，描述如何使用设备监视器来跟踪对象的内存分配。

D.13 参考资料和更多信息

Android Developers “Package Index” reference:
http://d.android.com/reference/packages.html
Android Tools: “Android Emulator”:
http://d.android.com/tools/help/emulator.html
Android Tools: “Device Monitor”:
http://d.android.com/tools/help/monitor.html
Android Tools: “android”:
http://d.android.com/tools/help/android.html
Android Tools: “Android Debug Bridge”:
http://d.android.com/tools/help/adb.html
Android Tools: “logcat”:
http://d.android.com/tools/help/logcat.html
Android Tools: “Draw 9-Patch”:
http://d.android.com/tools/help/draw9patch.html

Android Tools: “Optimizing Your UI”:

http://d.android.com/tools/debugging/debugging-ui.html

Android Tools: “Profiling with Hierarchy Viewer”:

http://d.android.com/tools/performance/hierarchy-viewer/profiling.html

Android Tools: “Using the Layout Editor”:

http://d.android.com/sdk/installing/studio-layout.html

附录 E

快速入门：Gradle 构建系统

开发 Android 应用时，会创建很多包含许多行源代码的文件。仍然存在的问题是，如何把这些源文件变成一个 Android 应用？答案就是使用 Gradle 构建系统。Gradle 是一个开源的用来自动构建、运行、测试和打包 Android 应用的工具。Gradlc 集成在 Android Studio 中，也可以在命令行中运行 Gradle。

Gradle 本身就是一个很强大的工具，结合 Android Studio 一起使用后，可以管理复杂的 Android 应用生成版本。在你需要为同一应用创建不同的生成版本时，学习 Gradle 非常重要；例如，一个免费版本一个收费版本。可通过在 Android Studio 中为一个项目创建和管理这两个版本，而不需要创建两个单独的项目。在本附录中，你将学习 Gradle，在你项目中包含不同构建文件，同时学习更多包含构建文件的可用选项。学习完本附录，你将能够自如地使用 Android Studio 和 Gradle 来管理一个更复杂 Android 应用的生成版本。

提示

附录中提供的很多示例代码都摘自 SimpleGradleBuild 应用。可从本书网站下载该应用的源代码。

E.1 Gradle 构建文件

Gradle 构建文件是命名为 build.gradle 的文件。根据项目的设置，将有两个或更多的 build.gradle 文件。一个 build.gradle 是针对全局项目构建配置的，存放在项目的根目录下。其他 build.gradle 对应于项目中的模块，每个模块一个。

build.gradle 文件是一个采用 Groovy 语法的普通文本文件，Groovy 是一种非常强大的领域特定语言(DSL)，可用创建可读的构建脚本和自动化脚本。你使用 Groovy 语法，声明预定的元素，提供特性和对应的值，来定义如何构建你的项目。你声明的元素及其特性和值，决定应用模块将如何构建。要了解更多 Groovy 相关内容，参见 Groovy 语言的网站 http://www.groovy-lang.org。

图 E.1 显示了访问 Gradle 构建文件的几种方式。在左边，Project 视图展示了 SimpleGradleBuild 项目的文件系统层级结构，Gradle 文件分散在项目的各个目录下。在右边的 Android 符号视图中，Gradle Scripts 部分将所有的 Gradle 文件组织在一起。

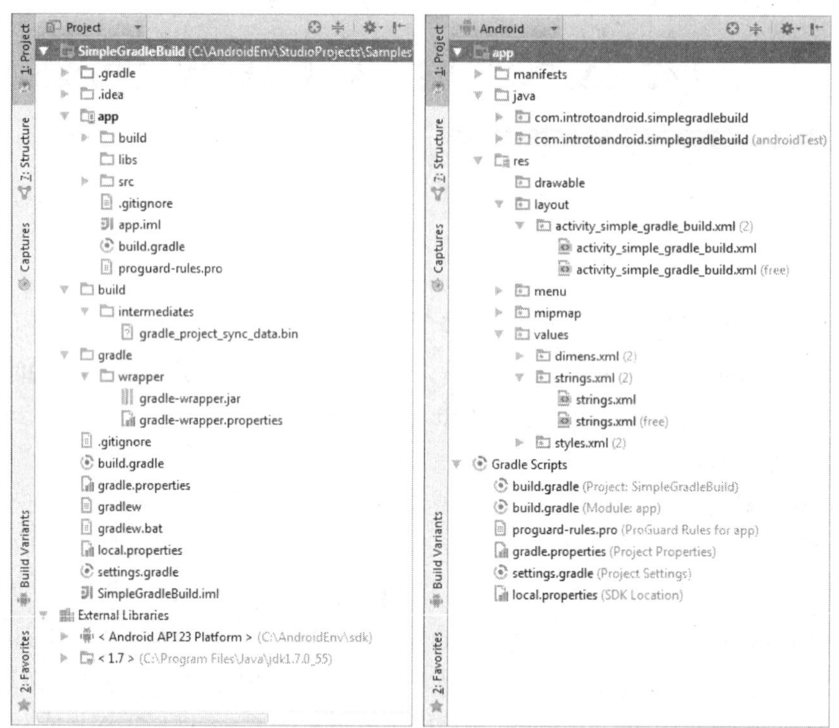

图 E.1　在 Project 视图(左边)，有很多散落在应用整个目录结构中的 Gradle 文件；在 Android 视图(右边)，有一个名为 Gradle Scripts 的部分，归类了应用项目中重要的 Gradle 文件

E.1.1　项目设置

项目的 build.gradle 文件用来定义全局的构建设置，可供所有模块和子项目使用。文件以构建脚本声明开始，指定使用了哪些库。可用的库有 Jcenter、Maven Central 以及 Ivy。

注意

可在 ANDROID_HOME 环境变量中指定 Android SDK 的路径，或者在 local.properties 文件中设置 sdk.dir。例如，要在 Windows 平台通过 sdk.dir 设置指定 SDK 的位置，编写下面的代码：

```
sdk.dir=C\:\\path\\to\\sdk
```

要在 Mac OS X 下设置位置，编写下面的代码：

```
sdk.dir=/Applications/Android Studio.app/sdk
```

下面的代码显示了 SimpleGradleBuild 项目中 build.gradle 文件中最顶层的项目配置：

```
buildscript {
    repositories {
        jcenter()
    }
    dependencies {
        classpath 'com.android.tools.build:gradle:1.3.0'

        // NOTE: Do not place your application dependencies here; they belong
        // in the individual module build.gradle files
    }
}

allprojects {
    repositories {
        jcenter()
    }
}
```

注意

在 Android Studio 项目中包含哪些应用模块是在 settings.gradle 文件中定义的。只需要包含命名的模块就可包含定义的模块。例如，为包含名为 app 的模块，输入：

```
include ':app'
```

E.1.2 模块设置

你将花大部分的时间来编写应用模块的 build.gradle 文件。可在模块设置位置配置特定的 Android SDK 设置，如 compileSdkVersion 和 buildToolsVersion。这些设置都放在 android 元素中。也可以包含 defaultConfig 设置和 buildTypes。下面是对模块构建文件中一些元素的分类：

- **应用 Android Gradle 插件**：build.gradle 文件中的第一行用来包含 android 插件。可以按照下面这行应用插件：

  ```
  apply plugin: 'com.android.application'
  ```

- **Android 设置**：compileSdkVersion 和 buildToolsVersion 用来声明你需要的版本编号。
  - **默认配置**：defaultConfig 元素用来提供 applicationId、minSdkVersion、targetSdkVersion、versionCode 以及 versionName。

- **产品风味**：可在 productFlavors 中定义不同版本的应用。
- **构建类型**：可在 buildTypes 元素中配置 ProGuard 设置、应用签名、版本后缀以及其他各种构建属性。

- **依赖**：可在 dependencies 中配置本地、远程以及模块依赖。

1. 引入支持库

你最常用的依赖将是 Android 支持库。可在 dependencies 中包含一个指定的支持库。在本附录的后面，将演示如何在项目中添加支持库依赖，但现在还是先看看一些你需要关心的重要 Android 支持库(参考表 E.1)。

2. 理解 Gradle Wrapper

可在项目根目录下的 gradle/wrapper/中找到 Gradle wrapper，包括 gradle-wrapper.jar 文件和 gradle-wrapper.properties 文件。在项目的根目录下有用于 Windows、Mac 以及 Linux 平台的 gradlew shell 脚本。你应该使用项目中包含的 Gradle Wrapper，而不应该在系统中安装 Gradle。如果你尝试使用不同的 Gradle Wrapper 文件或者本地安装来构建应用，应用可能无法正确构建。

警告

不要使用来源不可信的 Gradle Wrapper 或者 jar 文件，它们可能会损害你的电脑。

表 E.1 重要的 Android 支持库

版　本	标识符	描　述
v4 Support Library	com.android.support:support-v4:23.0.0	后向兼容支持 Android API 等级 4 版本及更新版本，支持使用 Fragment、NotificationCompat、LocalBroadcast-Manager、ViewPager、PagerTitleStrip、PagerTabStrip、DrawerLayout、SlidingPaneLayout、Loader 和 FileProvider 等
Multidex Support Library	com.android.support:multidex:1.0.0	当应用包含超过 65 536 个方法时，需要该库
v7 appcompat library	com.android.support:appcompat-v7:21.0.0	后向兼容支持 Android API 等级 7 版本及更新版本，支持使用 ActionBar、AppCompatActivity、AppCompatDialog 和 ShareActionProvider

(续表)

版　　本	标　识　符	描　　述
v7 cardview library	com.android.support: cardview-v7:21.0.0	后向兼容支持 Android API 等级 7 版本及更新版本，支持使用 CardView 小组件
v7 gridlayout library	com.android.support: gridlayout-v7:21.0.0	后向兼容支持 Android API 等级 7 版本及更新版本，支持使用 GridLayout 类
v7 mediarouter library	com.android.support: mediarouter-v7:21.0.0	后向兼容支持 Android API 等级 7 版本及更新版本，支持使用 MediaRouter、MediaRouteProvider 以及其他相关的类
v7 palette library	com.android.support: palette-v7:21.0.0	后向兼容支持 Android API 等级 7 版本及更新版本，支持使用 Palette 类(从图片中提取颜色非常有用)
v7 recyclerview library	com.android.support: recyclerview-v7:21.0.0	后向兼容支持 Android API 等级 7 版本及更新版本，支持使用 RecyclerView 和小组件
v7 Preference Support Library	com.android.support: preference-v7:23.0.0	后向兼容支持 Android API 等级 7 版本及更新版本，支持使用 CheckBoxPreference 和 ListPreference 类和其他接口

v8 renderscript library	defaultConfig {
	renderscriptTargetApi
	18
	renderscriptSupport
	ModeEnabled true
	}
		后向兼容支持 Android API 等级 8 版本及更新版本，支持使用 Renderscript 框架

v13 Support Library	com.android.support: support-v13:18.0.0	后向兼容支持 Android API 等级 13 版本及更新版本，支持使用 Fragment 和 FragmentsCompat
v14 Preference Support Library	com.android.support: preference-v14:23.0.0	后向兼容支持 Android API 等级 14 及更新版本
v17 Preference Support Library for TV	com.android.support: preference-v17:23.0.0	后向兼容支持 Android API 等级 17 以及更新的版本，支持使用 BaseLeanbackPreferenceFragment,LeanbackPreferenceFragment 以及其他类

(续表)

版 本	标 识 符	描 述
v17 Leanback Library	com.android.support: leanback-v17:21.0.0	后向兼容支持 Android API 等级 17 以及更新的版本，支持使用 BrowserFragment、DetailsFragment、PlaybackOverlayFragment 和 SearchFragment
Annotations Support Library	com.android.support: support-annotations: 22.0.0	用来添加注解元数据支持
Design Support Library	com.android.support: design:22.2.1	用来添加质感设计支持
Custom Tabs Support Library	com.android.support: customtabs:23.0.0	用来添加自定义标签支持
Percent Support Library	com.android.support: percent:23.0.0	用来添加百分比数值支持
App Recommendation Support Library for TV	com.android.support: app.recommendationapp:23.0.0	用来为你的电视应用添加应用推荐支持
Data Binding Library	发布 candidate 1 beta 版本： com.android.databinding: dataBinder:1.0-rc1 目录需要声明： com.android.tools. build:gradle:1.3.0-beta4 为每个模块应用插件： apply plugin: 'com.android.application' apply plugin: 'com.android.databinding'	用来为应用添加数据绑定支持，当前还只是 beta 版本

你可能在考虑是否需要将 Gradle Wrapper 添加到版本控制系统中，例如，GitHub。你应该将 Gradle Wrapper 添加到版本管理系统中，保证能正确构建应用。

E.2　使用 Android Studio 配置构建系统

可以直接输入文本，编辑构建文件，或使用内置的模块设置对话框，通过用户界面控件和表单域来配置 build.gradle 文件。本节讲述如何使用 Android Studio 以及项目的模块设置来配置 build.gradle 文件。

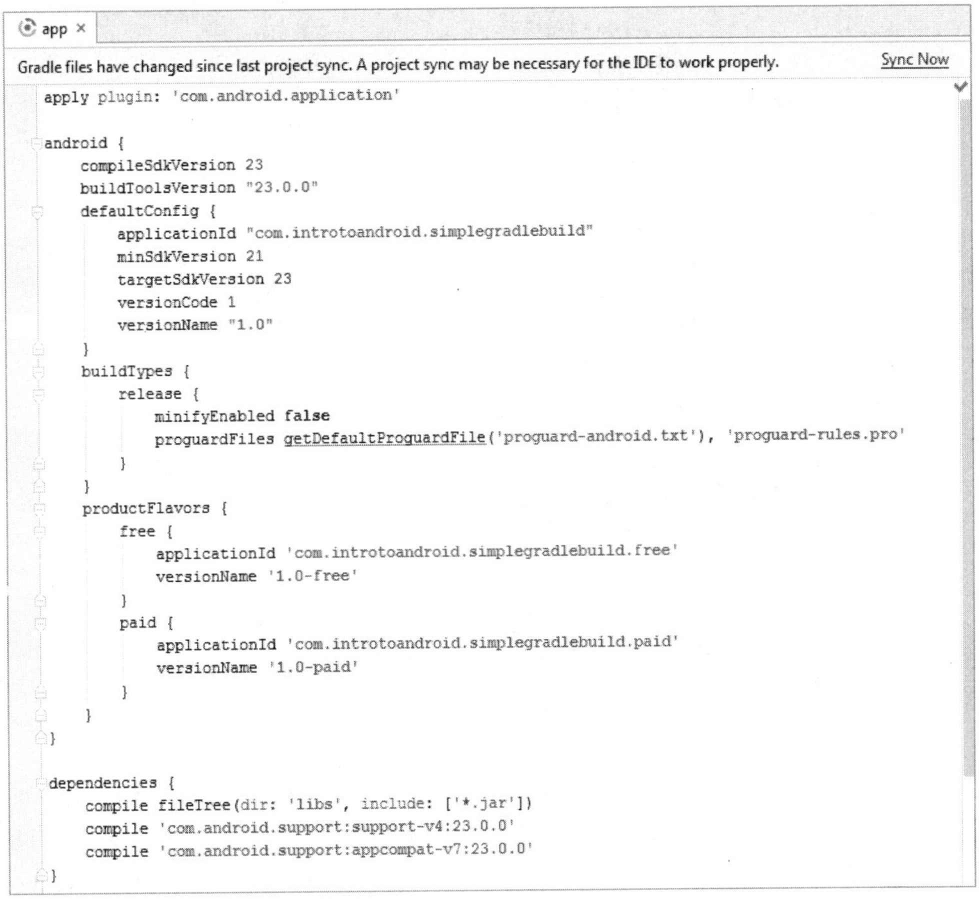

```
app ×
Gradle files have changed since last project sync. A project sync may be necessary for the IDE to work properly.   Sync Now
apply plugin: 'com.android.application'

android {
    compileSdkVersion 23
    buildToolsVersion "23.0.0"
    defaultConfig {
        applicationId "com.introtoandroid.simplegradlebuild"
        minSdkVersion 21
        targetSdkVersion 23
        versionCode 1
        versionName "1.0"
    }
    buildTypes {
        release {
            minifyEnabled false
            proguardFiles getDefaultProguardFile('proguard-android.txt'), 'proguard-rules.pro'
        }
    }
    productFlavors {
        free {
            applicationId 'com.introtoandroid.simplegradlebuild.free'
            versionName '1.0-free'
        }
        paid {
            applicationId 'com.introtoandroid.simplegradlebuild.paid'
            versionName '1.0-paid'
        }
    }
}

dependencies {
    compile fileTree(dir: 'libs', include: ['*.jar'])
    compile 'com.android.support:support-v4:23.0.0'
    compile 'com.android.support:appcompat-v7:23.0.0'
}
```

图 E.2　Android Studio 提示 Sync Now 任务(右上角)

E.2.1　同步项目

每当你更新 Gradle 文件，Android Studio 都会提示你执行 Sync Now 操作来更新你刚做的修改。为避免寻找代码中不存在的 bug，请保持你的构建文件一直处在同步状态，否则在配置文件处在非同步状态时，你的项目可能显示错误信息。图 E.2 显示了 app 模块 build.gradle 文件需要项目同步，并显示了执行 Sync Now 任务的链接。

E.2.2　配置 Android 属性

为使用图形用户界面来配置 build.gradle 文件中的 Android 属性，你首先需要打开

Project Structure 对话框。为打开 Project Structure 对话框，右击项目的根目录，将出现一个菜单；在菜单底部你将看到 Open Module Settings 选项。单击 Open Module Settings。图 E.3 显示了右击后显示的菜单，并且 Open Module Settings 选项高亮显示。

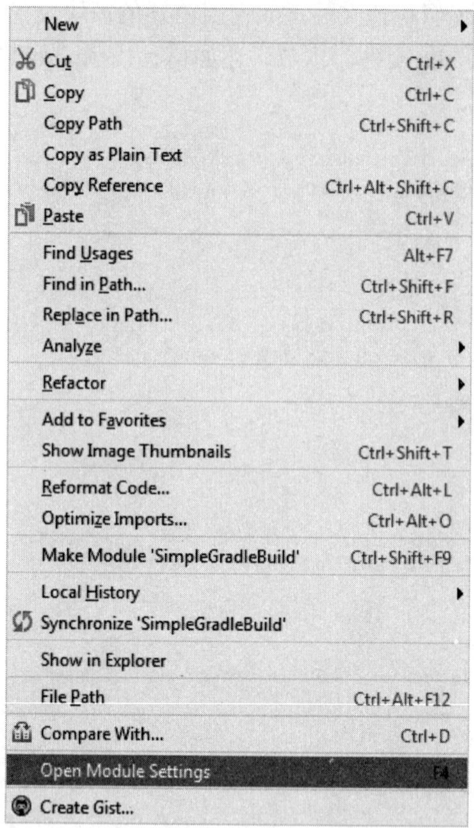

图 E.3　通过 Open Module Settings 选项打开 Project Structure 对话框

一旦打开 Project Structure 对话框，将看到图 E.4 中显示的 Project Structure 对话框。该对话框展示了 Project Structure 的概览，在最左边，Modules 部分列出了项目中的所有模块。确认选择了一个模块来编辑 build.gradle 文件。在 Properties 标签中，可以配置 build.gradle 文件的 android 属性。

下面的代码显示的选项与 Project Structure 对话框的 Properties 标签中配置的选项相同：

```
android {
    compileSdkVersion 23
    buildToolsVersion "23.0.0"
...
}
```

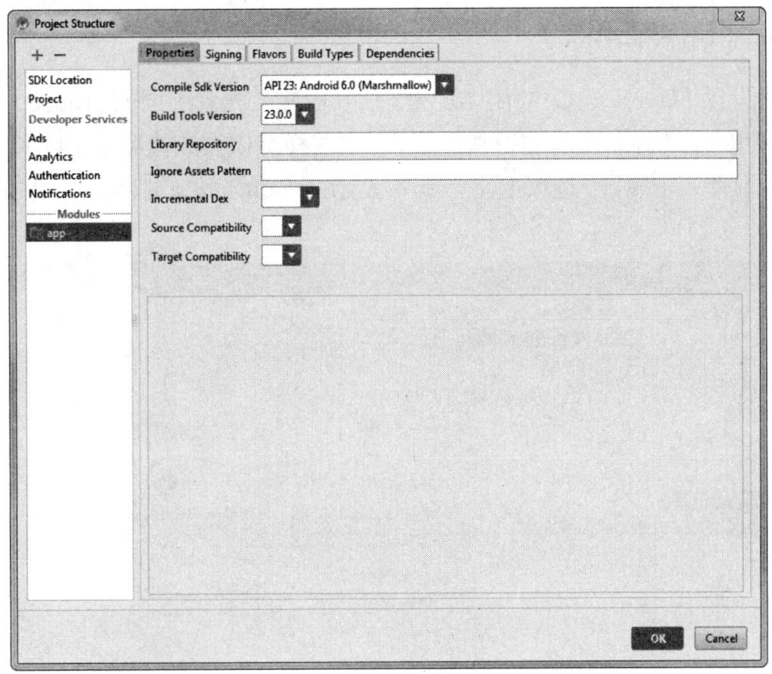

图 E.4　在 Project Structure 对话框中编辑 build.gradle 的 Properties

E.2.3　配置签名选项

在构建 debug 版本的应用时，你不需要提供安全证书来签名应用。如果你在构建 release 版本，需要提供一个发行的密钥；图 E.5 显示了 Project Structure 对话框的 Signing 选项卡。可在该选项卡中添加签名设置。

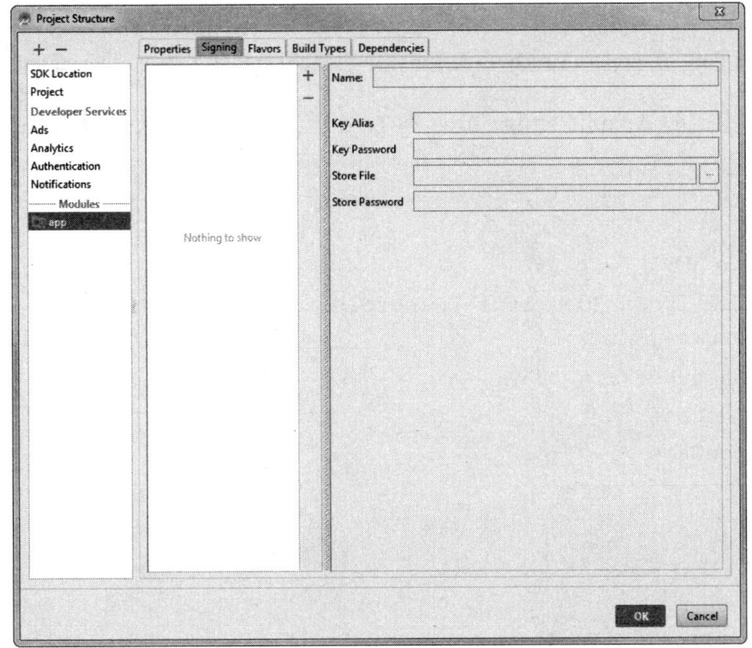

图 E.5　Project Structure 对话框中 build.gradle 文件的 Signing 设置

E.2.4 配置不同的构建风味

在模块设置的 Flavors 选项卡中，可以添加、删除并配置不同的 productFlavors 来创建不同版本的应用——例如，免费和付费的版本。你同样可以在该选项卡中配置 defaultConfig 选项。图 E.6 显示了 Flavors 选项卡页，其中显示 defaultConfig 选项，并有 free 和 paid 风味的选项。

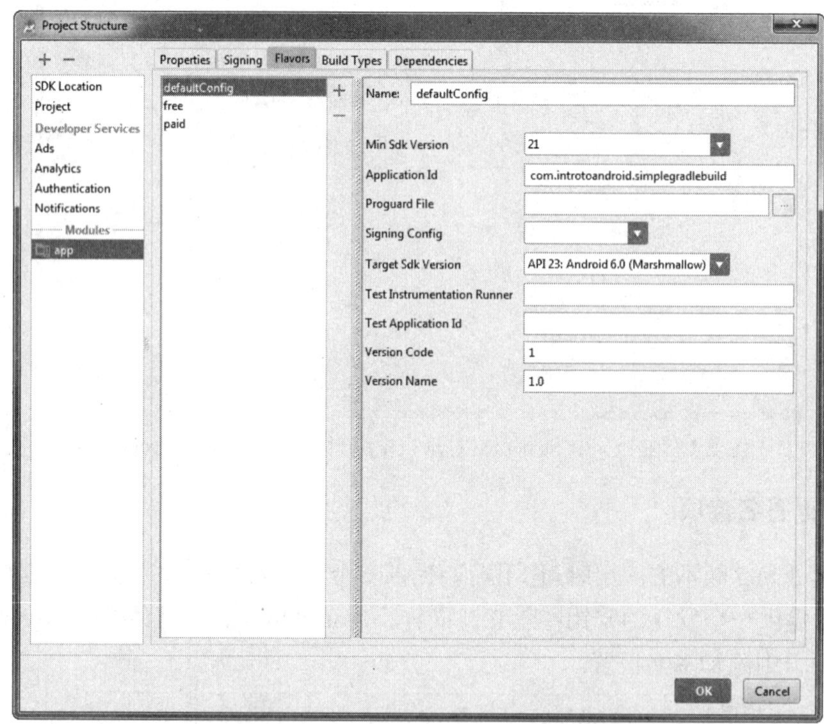

图 E.6 在 Project Structure 对话框中编辑 build.gradle 文件的 productFlavors

下面代码指定的 defaultConfig、free 和 paid 元素的配置与 Project Structure 的 Flavors 选项卡中的配置是一样的：

```
...
defaultConfig {
    applicationId "com.introtoandroid.simplegradlebuild"
    minSdkVersion 21
    targetSdkVersion 23
    versionCode 1
    versionName "1.0"
}
...
productFlavors {
    free {
        applicationId 'com.introtoandroid.simplegradlebuild.free'
        versionName '1.0-free'
```

```
    }
    paid {
        applicationId 'com.introtoandroid.simplegradlebuild.paid'
        versionName '1.0-paid'
    }
}
...
```

E.2.5　配置不同的构建类型

在 Build Types 选项卡中，可以添加、删除和配置不同的构建类型，如 debug 和 release。图 E.7 显示了 debug 构建类型以及可配置的选项。

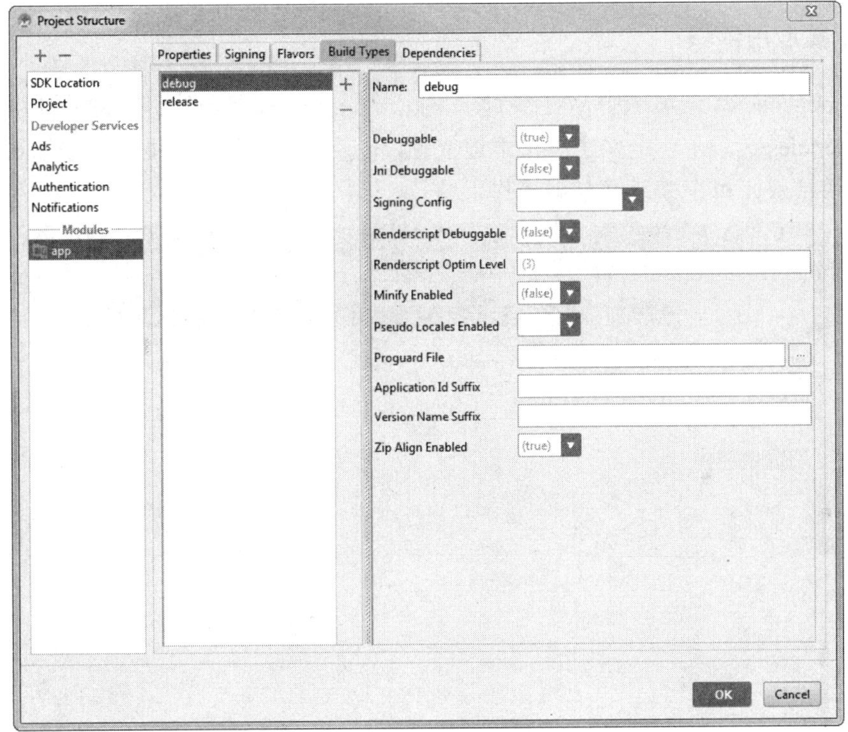

图 E.7　在 Project Structure 对话框中编辑 build.gradle 文件的 Build Types

在 Project Structure 对话框中编辑构建类型时，你将注意到有 debug 和 release 两项。但是，当直接编辑 build.gradle 文件时，在 buildTypes 区域看不到 debug 项。

```
buildTypes {
    release {
        minifyEnabled false
        proguardFiles getDefaultProguardFile('proguard-android.txt'),
                'proguard-rules.pro'
    }
}
```

如果想在 buildTypes 区域看到 debug 项，需要手动输入。下面的代码显示了 debug 项：

```
buildTypes {
    release {
        minifyEnabled false
        proguardFiles getDefaultProguardFile('proguard-android.txt'),
              'proguard-rules.pro'
    }
    debug {
        debuggable true
    }
}
```

E.2.6 配置应用依赖

在 Dependencies 选项卡中，可添加、删除、重排序和改变模块依赖的范围。图 E.8 显示 Dependencies 选项卡，定义了一个本地依赖，以及包括 support-v4 库和 appcompat-v7 库的两个模块依赖，每个模块都是编译作用域。

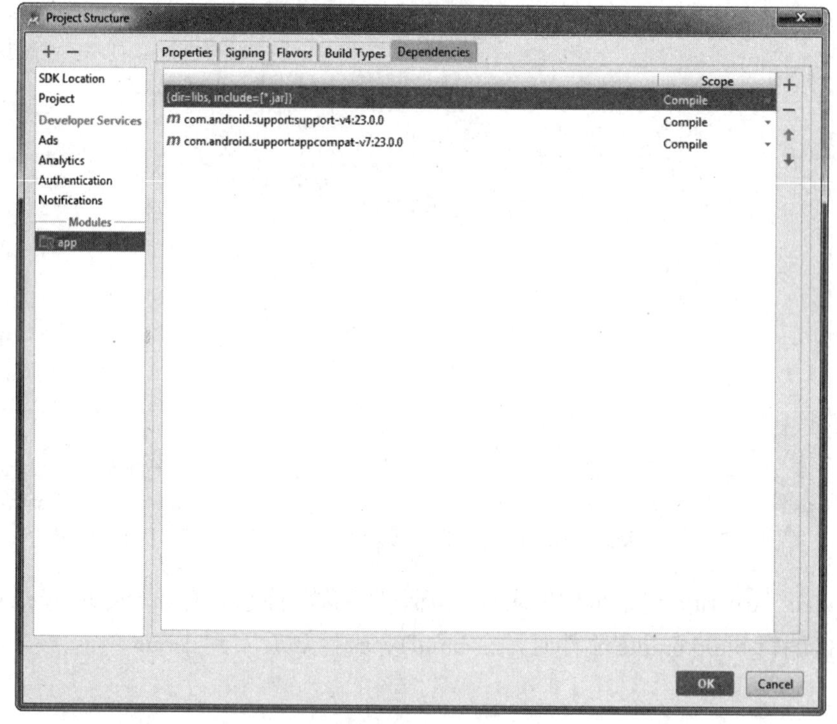

图 E.8 在 Project Structure 对话框中 build.gradle 文件的 Dependencies

E.2.7 添加库依赖

如果你想添加一个模块库依赖，单击添加图标后显示一个对话框，列出了所有可用的模块库。图 E.9 显示了 Choose Library Dependency 对话框。

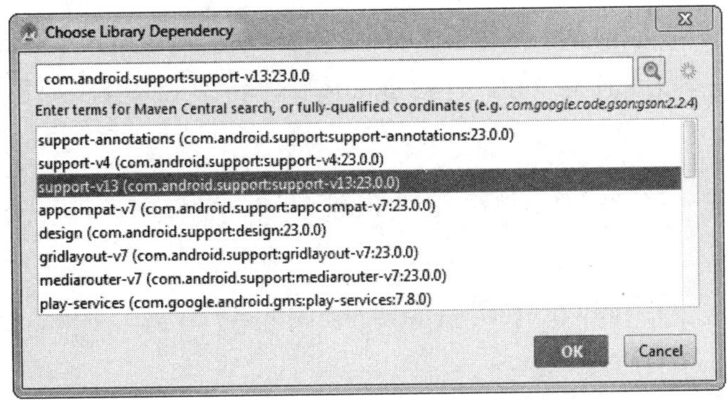

图 E.9　在 Project Structure 对话框的 Dependencies 选项卡添加新的库依赖

你将发现 build.gradle 文件中 app 模块列出的 dependencies。这与 Project Structure 对话框中的 Dependencies 选项卡的配置是一样的。

```
dependencies {
    compile fileTree(dir: 'libs', include: ['*.jar'])
    compile 'com.android.support:support-v4:23.0.0'
    compile 'com.android.support:appcompat-v7:23.0.0'
}
```

E.2.8　构建不同的 APK 变体

为能构建不同的 APK 变体，需要创建对应变体的目录和文件。现在你已经配置好了免费和付费的 productFlavors，按照下面的步骤可以构建不同的变体：

(1) 在 app/src 路径下创建 free/和 paid/目录。

(2) 在 free/和 paid/目录下创建 res/目录，并在 res/目录下创建 layout/和/values/子目录。

(3) 在 free 风味的 layout/目录下创建一个 XML 文件，与 app/src/main/res/layout 目录下的 XML 文件同名。在本例中，文件名为 activity_simple_gradle_build.xml。在 free 风味的布局文件中，添加一个相对布局包含一个子元素 TextView，并设置 text 特性为@string/hello_free_world。下面是具体的 TextView：

```
<TextView
    android:layout_width="wrap_content"
    android:layout_height="wrap_content"
    android:text="@string/hello_free_world" />
```

按照同样的步骤操作 paid 风味，但设置 TextView 的 text 特性为@string/hello_paid_world。下面是具体的 TextView：

```
<TextView
    android:layout_width="wrap_content"
    android:layout_height="wrap_content"
    android:text="@string/hello_paid_world" />
```

(4) 在 free 风味的 values/目录下创建一个 XML 文件，与 app/src/main/res/values 目录下 XML 文件同名。命名为 strings.xml，针对 free 风味，将如下内容添加到文件中：

```
<resources>
    <string name="hello_free_world">Hello free world!</string>
</resources>
```

针对 paid 风味，将下面的内容添加到 strings.xml 文件中：

```
<resources>
    <string name="hello_paid_world">Hello paid world!</string>
</resources>
```

(5) 现在，可以开始构建变体了。在 Android Studio 中，可在 IDE 的左下角找到 Build Variants 选项卡。在打开的 Build Variants 选项卡中，可以选择想构建的 Build Variant。选择 freeDebug 和 paidDebug，然后构建或者运行你的项目。如果你运行了两个变种，在 outputs/文件夹下将生成 free 和 paid 的 APK 变种(见图 E.10 的右侧)。

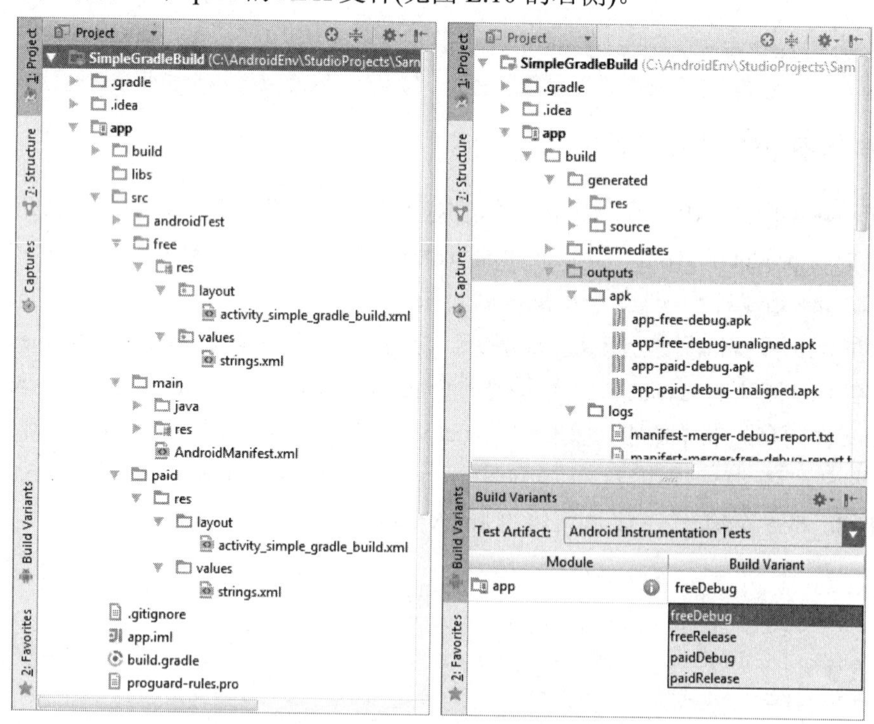

图 E.10 这里是 SimpleGradleBuild 项目层次结构，在 app/src/目录下有 free/和 paid/目录来管理不同的 productFlavors(左侧)，app/build/outputs/apk/文件夹显示了在构建项目后创建的 APK 文件，以及如何在不同的 Build Variants 之间切换(右侧)

图 E.11 显示了构建输出的不同 APK 变种。freeDebug 构建变种在左边的模拟器上运行。构建过程确定了对应的布局和字符串文件，显示文本"Hello free world!"。paidDebug 变种在模拟器中运行，构建过程确定了对应的布局和字符串文件，显示文本"Hello paid world!"。

图 E.11　SimpleGradleBuild 产品的两个不同产品风味：free 版本(左边)和 paid 版本(右边)

E.2.9　运行不同的 Gradle 构建任务

Android Studio 提供了一系列不同的 Gradle 构建任务，可以在项目上运行来验证项目、模块以及源文件是否配置正确。图 E.12 显示了 app 模块中所有可用的 install 任务。这些任务对应项目的特定配置。

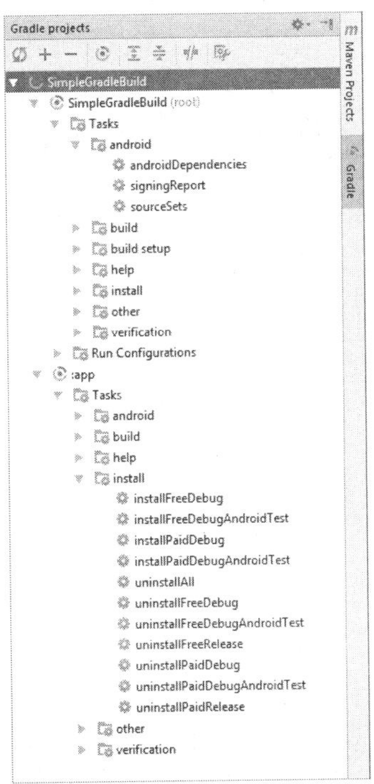

图 E.12　SimpleGradleBuild 应用的 Gradle projects 选项卡显示了多种可用的 Gradle 任务

可以通过双击任务来运行 Gradle 构建任务。然后你将看到 Android Studio 执行该任务，并显示执行结果如图 E.13。执行 androidDependencies 任务的结果在 SimpleGradleBuild 的 android 文件夹中列出。

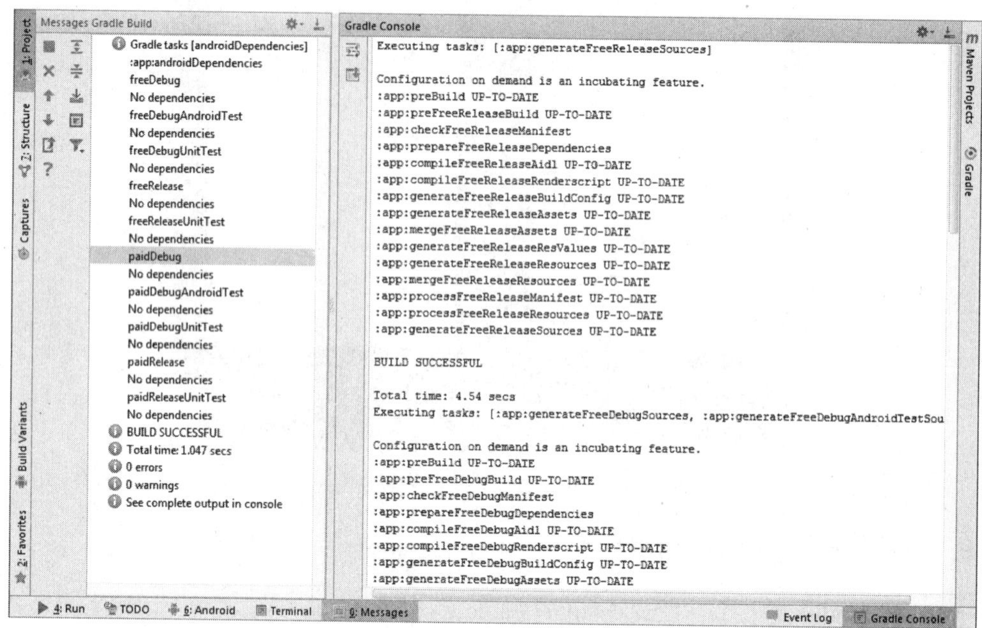

图 E.13 androidDependencies 任务运行后的结果

E.3 本附录小结

本附录阐述了 Gradle 构建系统及其与 Android Studio 的结合。学习了 Gradle 的基础知识以及如何配置不同的应用构建类型和产品风味。还学习了使用 Groovy 语法以普通文本方式编辑 build.gradle 文件，或者使用图形用户界面。还了解了在应用的模块依赖可以使用的支持库。现在可以很轻松地使用 Gradle 并配置你的项目来创建不同的产品风味和构建变种。

E.4 小测验

1. 判断题：gradlew 和 gradlew.bat 文件使用普通文本来配置 Gradle 设置。
2. 判断题：Groovy 是用来编写 Gradle 构建文件的领域特定语言。
3. settings.gradle 是用来做什么的？
4. 为什么要使用 Gradle Wrapper 而不使用系统中安装的 Gradle？
5. 哪个元素用来定义 compileSdkVersion 和 buildToolsVersion？

E.5　练习题

1. 熟悉“Gradle Build Language Reference”：https://docs.gradle.org/current/dsl。

2. 阅读在线文档“Signing Your Applications”：http://d.android.com/tools/publishing/app-signing.html。

3. 在 SimpleGradleBuild 应用中的 free 和 paid 生成版本中添加 signingConfigs 元素。

E.6　参考资料和更多信息

Android Tools: “Build System Overview”:
http://d.android.com/sdk/installing/studio-build.html
Android Tools: “Configuring Gradle Builds”:
http://d.android.com/tools/building/configuring-gradle.html
Android Tools: “Android Plugin for Gradle”:
http://d.android.com/tools/building/plugin-for-gradle.html
Android Tools: “Manifest Merging”:
http://d.android.com/tools/building/manifest-merge.html
Android Tools: “Building Apps with Over 65K Methods”:
http://d.android.com/tools/building/multidex.html
Android Tools: “Support Library”:
http://d.android.com/tools/support-library/index.html
Android Tools: “Data Binding Guide”:
http://d.android.com/tools/data-binding/guide.html
Android Tools Project Site: “Gradle Plugin User Guide”:
http://tools.android.com/tech-docs/new-build-system/user-guide
“Gradle Build Language Reference”:
https://docs.gradle.org/current/dsl/
“Gradle: The New Android Build System”:
https://gradle.org/the-new-gradle-android-build-system/

附录 F

小测验答案

第 1 章

1. Android 开源项目
2. 正确
3. Android 公司
4. G1 是手机名称。HTC 是生产商。T-Mobile 是运营商。
5. Fire OS

第 2 章

1. 版本 7
2. 未知来源
3. USB 调试
4. android.jar
5. junit.*
6. Google Mobile Ads SDK

第 3 章

1. e 表示 ERROR，w 表示 WARN，i 表示 INFO，v 表示 VERBOSE，d 表示 DEBUG。
2. F7 单步进入，F8 单步执行，Shift+F8 单步跳出。

3. Ctrl+Alt+O (Windows 平台)，^+Option+O (Mac 平台)。

4. 在代码缩进行的最左列单击或者按 Ctrl+F8(windows 平台)或 Command+F8(Mac 平台)。

5. 选择 Settings | Developer Options | Debugging，开启 USB 调试。

第 4 章

1. Context
2. getApplicationContext()
3. getResources()
4. getSharedPreferences()
5. getAssets()
6. 回退栈
7. onSaveInstanceState()
8. sendBroadcast()

第 5 章

1. <uses-configuration>
2. <uses-feature>
3. <supports-screens>
4. <permission>
5. android.permission.USE_FINGERPRINT

第 6 章

1. 错误

2. 属性动画、补间动画、颜色状态列表、图片、纹理图片、布局、菜单、任意原始文件、简单数值、任意 XML。

3. getString()

4. getStringArray()

5. PNG、九宫格可拉伸图片、JPEG、GIF、WEBP。

6. @resource_type/variable_name

第 7 章

1. findViewById()
2. getText()
3. EditText
4. AutoCompleteTextView、MultiAutoCompleteTextView
5. 错误
6. 错误

第 8 章

1. 错误
2. 正确
3. setContentView()
4. 错误
5. android:layout_attribute_name="value"
6. 错误
7. ScrollView
8. Toolbar、SwipeRefreshLayout、RecyclerView、CardView、ViewPager、DrawerLayout

第 9 章

1. FragmentManager
2. getFragmentManager() or getSupportFragmentManager()
3. Fragment 的完全限定类名
4. 错误
5. DialogFragment、ListFragment、PreferenceFragment、WebViewFragment、BrowserFragment、DetailsFragment、VerticalGridFragment、SeachFragment、RowsFragment、HeadersFragment、GuidedStepFragment、ErrorFragment 和 PlaybackOverlayFragment
6. ListView
7. 使用 Android 支持库包

第 10 章

1. 这些 Activity 必须处于应用中的同一个层级，再调用 startActivity()。
2. 定义 parentActivityName 并使用正确的 Activity。
3. onBackPressed()
4. setDisplayHomeAsUpEnabled(true);
5. getActionBar().hide();
6. 错误
7. dismiss()
8. AlertDialog

第 11 章

1. 错误
2. ActionBar
3. statusBarColor
4. 错误
5. Toolbar

第 12 章

1. 在应用模块的 build.gradle 文件的依赖中添加 compile 'com.android.support:cardview-v7:23.0.0'这一行。
2. android:transitionName="transition"
3. AppCompatActivity
4. getItemCount()
5. 错误。getItemId()是要重写的方法。
6. 实现一个 RecyclerView.Adapter 和一个 RecyclerView.ViewHolder，重写适当的 RecyclerView.Adapter 方法将数据绑定到视图。

第 13 章

1. 正确

2. 99%
3. <supports-screens>
4. 错误
5. ldltr、ldrtl
6. 错误
7. onConfigurationChanged()
8. 错误

第 14 章

1. Boolean、Float、Integer、Long、String、String Set
2. 正确
3. /data/data/<package name>/shared_prefs/<preferences filename>.xml
4. android:key、android:title、android:summary、android:defaultValue
5. addPreferencesFromResource()
6. android:fullBackupContent

第 15 章

1. 0,32768
2. 错误
3. /data/data/<package name>/
4. openFileOutput()
5. getExternalCacheDir()
6. 错误

第 16 章

1. execSQL()
2. getWritableDatabase()
3. 错误
4. 错误

第 17 章

1. MediaStore
2. 正确
3. READ_CONTACTS
4. addWord()
5. 错误

第 18 章

1. 错误
2. 最小公分母法和自定义法。
3. 尽早，在项目需求和目标设备确定后。
4. 错误
5. 编写并编译代码，在软件模拟器上运行应用，在模拟器或测试设备上测试和调试应用。打包并部署应用到目标设备，在目标设备上测试和调试应用。接收团队提出的改变并重复上面的操作直到应用真正完成。

第 19 章

1. 用户、团队以及其他利益相关者的目标。
2. 姓名、性别、年龄范围、职业、对 Android 的熟悉程度、喜爱的应用、最常用的 Android 功能、对应用目标的认知、教育程度、收入、婚姻状态、兴趣爱好、用户想解决和需要解决的问题。
3. 域模型、类模型以及实体关系模型。
4. 用户流和屏幕地图。
5. 设计草图、线框图以及设计样稿。
6. UI 记事板及原型。

第 20 章

1. 有多少用户安装了此应用？有多少用户首次启动应用？有多少用户定期使用应用？ 最流行的使用模式和趋势是什么？哪些是最少使用的模式和功能？安装应用最多的

是哪种设备？

2. 更新(update)意味着修改 Android manifest 版本信息，并且在用户的设备上重新部署和更新应用。升级(upgrade)意味着创建一个全新的应用包，包含新的功能，作为一个不同的应用部署，用户需要选择安装，并不替换原来旧应用。

3. Android 模拟器使用不同的 AVD、Android 设备监视器、完美查看像素的层次结构查看器、绘制九宫格图的工具、真实设备、特定设备的说明文档。

4. 错误。

5. Android Studio、Android 模拟器、物理设备、设备监视器、adb、sqlite3、层次结构查看器。

6. 错误。

7. 错误。

第 21 章

1. 正确

2. 测试应用集成点、测试应用升级、测试设备升级、测试产品国际化、一致性测试、安装测试、备份测试、性能测试、应用内购买测试、测试意外的情况、为成为“杀手级”应用测试。

3. JUnit

4. test

5. 错误

6. TouchUtils

第 22 章

1. ProGuard

2. 错误

3. Google Analytics SDK v4 for Android

4. versionName 用来向用户显示应用的版本信息，versionCode 是 Google Play 内部用来处理应用升级的整数。

5. 正确

6. 错误

7. 一个 Google 支付商家账户

附录 A

1. 正确。
2. Ctrl+Shift+F12 (Windows 平台)、Command+Shift+F12 (Mac 平台)。
3. 在打开两个源文件窗口时，右键单击源文件标签，然后选择 Move Right 或者 Move Down。
4. 错误。
5. Ctrl+Alt+L (Windows 平台)、Command+Alt+L (Mac 平台)。
6. Ctrl+Alt+V (Windows 平台)、Command+Alt+V (Mac 平台)。
7. Alt+Enter。

附录 B

1. F8
2. Ctrl+F11/Ctrl+F12
3. F6
4. onPause()和 onStop()
5. hw.gpu.enabled
6. telnet localhost <port>
7. geo fix <longitude> <latitude> [<altitude>]

附录 C

1. tools/
2. 正确
3. 连接并调试应用，监视线程，监视堆内存，停止进程，强制 GC。
4. TrafficStats
5. 错误

附录 D

1. 正确
2. platform-tools/

3. Design 视图、Text 视图
4. Hierarchy Viewer

附录 E

1. 错误
2. 错误
3. settings.gradle 文件用来定义包含哪些应用模块。
4. Gradle wrapper 保证你总能构建应用。
5. 应用模块的 build.gradle 文件中的 android 元素。